PROPYLÄEN TECHNIKGESCHICHTE

HERAUSGEGEBEN

VON WOLFGANG KÖNIG

Erster Band
Landbau und Handwerk
750 v. Chr.–1000 n. Chr.

Zweiter Band
Metalle und Macht
1000–1600

Dritter Band
Mechanisierung und Maschinisierung
1600–1840

Vierter Band
Netzwerke, Stahl und Strom
1840–1914

Fünfter Band
Energiewirtschaft · Automatisierung · Information
Seit 1914

PROPYLÄEN

WOLFGANG KÖNIG

WOLFHARD WEBER

NETZWERKE
STAHL UND STROM

1840 bis 1914

PROPYLÄEN

Unveränderte Neuausgabe der 1990 bis 1992 im
Propyläen Verlag erschienenen Originalausgabe

Redaktion: Wolfram Mitte
Landkarten und Graphiken: Erika Baßler

Typographische Einrichtung: Dieter Speck
Umschlag und Kassette: Theodor Bayer-Eynck
Herstellung: Karin Greinert
Satz: Utesch Satztechnik GmbH, Hamburg
Offsetreproduktionen: Haußmann Reprotechnik KG, Darmstadt
Druck und buchbinderische Verarbeitung: Spiegel Buch GmbH, Ulm

Printed in Germany 1997
ISBN 3 549 05635 4

Inhalt

Wolfhard Weber
Verkürzung von Zeit und Raum
Techniken ohne Balance zwischen 1840 und 1880

Wolfgang König
Massenproduktion und Technikkonsum
Entwicklungslinien und Triebkräfte der Technik zwischen 1880 und 1914

Wolfhard Weber

Verkürzung von Zeit und Raum
Techniken ohne Balance zwischen 1840 und 1880

Akzeptanz der industriellen Technik als gesellschaftliches Problem

Technik im historischen gesellschaftlichen wie menschlichen Zusammenleben aufzuspüren heißt zu erkennen, daß sie in ihrer gesamten Breite und Tiefe ein Ergebnis – aber ebenso Ursache – fortgeschrittener gesellschaftlicher Arbeitsteilung ist und daher nur adäquat erfaßt werden kann, wenn andere gesellschaftliche Erscheinungen mit betrachtet werden. Technik tritt erst dann ins Leben, wenn sie als Gerät oder als Organisation tatsächlich ausgeführt worden ist, also den Bereich des Gedachten verlassen hat und in den des Erprobten oder Simulierbaren eingetreten ist. In diesem Augenblick haben bereits viele Menschen daran mitgewirkt.

Eine so verstandene Einbettung von Technik in Gesellschaft, Wirtschaft und Politik ist oft auf Argwohn gestoßen. Die an der unmittelbaren Erzeugung von Technik interessierten Laien, Techniker und Unternehmer, die oft zu den frühen Technikchronisten gehörten, mißtrauten Analysen, welche ihnen »technikfremde« Motive bei der Entwicklung von Technik unterstellten. Die Argumentation, daß es neben der wechselhaften »politischen« Entscheidungsfindung stets eine davon unabhängige, »sachgerechte« ingenieurwissenschaftliche Lösung gäbe, hat zwar in Deutschland eine besonders starke Tradition, kann jedoch nicht überzeugen. Ähnlich wie politisches Handeln sollen technische Initiativen anstehende Probleme für die Zukunft lösen. Obwohl technische Prioritäten sich nicht so rasch veränderten wie politische, machten auch sie Entscheidungen zwischen unterschiedlichen Meinungen erforderlich. Darüber geben die meisten bislang vorliegenden technikhistorischen Arbeiten wenig Auskunft.

Wie intensiv solche Ziele verfolgt werden können, ist oft von sozialpsychologischen Faktoren abhängig, etwa vom Gefühl der Ungleichbehandlung, vom Ärger über faktische Ungleichheit, von der Hoffnung auf sozialen Aufstieg, auf Öffnung neuer sozialer Bewährungsfelder, und im engeren technischen Bereich von Eigenschaften wie Genauigkeit, Kreativität, Gehorsam, Disziplin.

Die bisherige Einschätzung von Technik und ihrer Veränderungen hängt in hohem Maße davon ab, in welcher Weise die historischen Persönlichkeiten, aber auch die heutigen Historiker mit Technik zu tun hatten, ob als Utopisten, Konstrukteure oder Nutzer oder auf mehrfache Art, und davon, auf welcher Qualifikationsebene sie herausgefordert waren, mit Technik umzugehen, in die ingenieurwissenschaftlichen und gesellschaftlichen Zusammenhänge Einblick zu nehmen oder Erfolg beziehungsweise Mißerfolg von technischen Veränderungen zu beeinflussen.

Technische Vorgänge beinhalten eine Fülle von Aspekten. Selbst im engen Sektor instrumenteller Technik gehören grundsätzliche Fragen dazu: Ist die vorgesehene Änderung naturgesetzlich möglich? Welche grundlegenden physikalischen, chemischen oder mathematischen Fertigkeiten stehen bereit? Ist die erwartete Nützlichkeit nicht auch anders zu erreichen, etwa durch Eingriffe in ökonomische, juristische oder wissenschaftliche Handlungsfelder?

Da viele technische Entwicklungen nicht nur als einbahniger Fortschrittsprozeß, sondern auch als Reifungsprozeß verstanden werden müssen, ergeben sich daraus ebenfalls unterschiedliche Beurteilungsperspektiven: Jeder einzelne technische Gegenstand durchläuft Phasen wie Planung, Entwurf, Entwicklung, Herstellung, Vertrieb und Nutzung. Doch technische Entscheidungen sind nur vordergründig an ein Einzelobjekt geheftet; meist werden sie von einem ganzen, menschliches Verhalten normierenden System beeinflußt, etwa vom Fließband, vom Büro, vom Haushalt, vom Straßen- und Schienenverkehr. Phasen der massenhaften Durchsetzung konkurrierender technischer Systeme konnten durchaus überlappend verlaufen, auch wenn die heutige Vielzahl bis 1880 noch nicht erreicht war. Und schließlich sind von jeder Entscheidung die drei Grundstoffe der materiellen Entwicklung betroffen: Materie, Energie und Information.

Die gewählte zeitliche Abgrenzung sollte nicht auf das Jahr genau verstanden werden. Bei näherem Hinsehen läßt sich immerhin erkennen, daß in einer Region oder einer Volkswirtschaft plötzlich bestimmte Technologien um sich greifen, mit allen Problemen, die ein rascher, meist schubweise auftretender Wandel an Instabilität für die bestehenden technologischen Strukturen mit sich bringt. Ein solcher Schub kann in der Einführung der Eisenbahn gesehen werden, stärker in Frankreich und Deutschland als in Großbritannien und den USA. Die hierdurch herausgeforderten Entscheidungen – beispielsweise für die Zulieferer, für andere Produzenten, für das Dienstleistungsgewerbe, für die Organisation der Kapitalgeber oder der politischen Kontrolle – haben der deutschen, französischen oder amerikanischen Gesellschaft eine für unmöglich gehaltene Beweglichkeit abverlangt.

Hatten in Deutschland bis 1840 vornehmlich Angehörige spezieller Berufszweige, Instrumentenmacher, technische Beamte, Mechaniker, Landwirte und Unternehmer von neuen Techniken Kenntnis genommen, so wuchs nun die Zahl der am industriellen Bereich Interessierten schnell an. Sehr früh war das in Handelszentren oder in gewerbereicheren Gegenden der Fall, wo einzelne kapitalkräftige oder einfach absatzorientierte Unternehmer neue Maschinen aufstellten. Das flache Land erfuhr die industrielle Technik zuerst durch die Eisenbahnen und fast gleichzeitig durch den Abbau großer Rohstoffmengen in bis dahin ungestörten Naturräumen. Rauchende Schornsteine wurden für die Zeitgenossen zu Zeichen des Fortschritts und des Beweises, daß die Menschen in der Lage waren, ihre überwiegend miserable ökonomische und soziale Position durch eigene Anstrengungen zu verbessern, langsam zwar, aber immerhin. So war die Begegnung der meisten Menschen mit der neuen Technik von vornherein ambivalent: faszinierend dort, wo es gelungen war, die Kräfte der Natur nutzbar zu machen, beklemmend dort, wo sie menschliche und tierische Kräfte scheinbar mühelos um ein Vielfaches übertraf, rücksichtslos, wo unrentable Herstellungsverfahren beibehalten wurden. Industrielle Technik konnte überall dort installiert werden, wo geschickte Mechaniker und Chemiker sowie geeignete Materialien für Bau und Betrieb der Maschinen und Anlagen vorhanden waren und wo sich ein hoffnungsvoller Markt für ihren Einsatz ausbildete.

Zunächst waren es nicht die industriellen Produzenten, die in den Genuß der politischen Partizipation gelangten, sondern eher die Händler und Bankiers, die schon seit Beginn des Jahrhunderts ihre Unentbehrlichkeit für die wirtschaftliche Entfaltung unter Beweis gestellt hatten. Nach 1840 nahm die Einstellung der Regierungen in Deutschland zum Schutz der Produzenten keinen gradlinigen Verlauf. Während in Großbritannien die Schutzbestimmungen ab 1840 deutlich fielen, wurden junge industrielle Branchen in Deutschland und Frankreich erst einmal geschützt, in Deutschland vor allem die Verarbeitungsseite mit Rückwirkungen auf den Maschinenbau. Nach dem Boom im Umfeld des Krim-Krieges und der Öffnung Chinas sanken mit dem Cobden-Chevalier-Vertrag von 1860, der eine Meistbegünstigungsklausel enthielt und Nachahmung fand, auch auf dem Kontinent die Schutzmauern. Für die Hersteller bestimmter technischer Produkte entspann sich nun der Konflikt mit den mächtigen Abnehmern, besonders mit den Eisenbahngesellschaften.

Die späten siebziger Jahre markierten sowohl eine technologische als auch eine politische Klimawende großen Umfangs: Die liberalen Freihändler in Deutschland gaben ihre führende Rolle in der öffentlichen Auseinandersetzung um die »richtige« Wirtschafts- und Sozialpolitik ab und verloren die Wirtschaftspolitik an die Schwerindustriellen und Agrarier, die Sozialpolitik an die bevormundenden patriarchalischen Vorstellungen von Konservativen und katholischem Zentrum. Zugleich gab die als tiefe Krise empfundene wirtschaftliche Wachstumsstörung den gesellschaftlichen Kräften Auftrieb, die auf neue Technologien, zunächst auf die Elektrotechnik, später auf die Chemie, setzten, doch der bevorstehende Wandel war für die Politiker nicht ausreichend sichtbar. Schwerindustrie und Landwirtschaft konnten 1879 Schutzzölle durchsetzen, die ihnen zusätzliche Renten einbrachten. Die Eisenbahnen waren Ende der siebziger Jahre verstaatlicht. Damit war ein wichtiger Konkurrent um die politische Führungsrolle der Industrie beseitigt. Das Deutsche Reich hatte sich von der Schwerindustrie abhängig gemacht, und die beiden neu aufkommenden Branchen, Elektroindustrie und Chemie, mußten besondere Wege suchen, um mit diesen Kräften erfolgreich konkurrieren zu können. Die Öffentlichkeit identifizierte die neu gewonnene Macht des Deutschen Reiches noch lange mit der Schwerindustrie und ihrer beeindruckenden Technik.

Die internationalen wie die nationalen gesellschaftlichen Ordnungen waren in der Mitte des 19. Jahrhunderts so zerklüftet, so sehr in Wachstum und Umbruch zugleich begriffen, daß eine Meinungsbildung gegenüber technischen Entwicklungspotentialen sich nicht deutlich ausgeformt hat. Deshalb kann die rasante Entfaltung der Technik in den Jahren 1840 bis 1880 eher als Folge ausgebliebener obrigkeitlicher Ansprüche interpretiert werden. Die handlungsfähigen deutschen Bürger, Landwirte, Kaufleute und Gewerbetreibenden glaubten in der Regel in Großbritannien als dem industriell fortgeschrittensten Land und seiner Entwicklung auch die eigene Zukunft erkennen zu können. Begleitet war diese Vorstellung immer von dem Unterton, daß dieser Rückstand unverdient sei, daß – wie die Geschichte zeige – den Deutschen ebenfalls ein Platz unter den gewerbefleißigen Nationen zukäme.

Die dominierenden Aspekte der industriellen Technik zwischen 1840 und 1880 wurden in der Intensivierung des Verkehrs augenfällig. Auf dem Weg dorthin erfolgte die unwiderrufliche Durchsetzung der Steinkohle als eines universellen Ausgangsmittels für die Antriebs- und Transportmaschinen des 19. Jahrhunderts, über den Umweg sowohl der Wasserdampferzeugung als auch der Gasverwendung. Die neuen Maschinen unterschieden sich von den älteren wesentlich darin, daß ihre wichtigen Teile aus immer besserem und billigerem Gußeisen und Stahl hergestellt wurden, die ihrerseits einen völlig neuen Maschinenpark zur Bearbeitung verlangten; die neuen Materialien machten sie zudem leistungsfähiger. Mit der unerschöpflich scheinenden Energiereserve Steinkohle und ihrer breiten Anwendung für energetische, chemische und materiale Zwecke konnten die Gewinne aus der Maschinenwelt auf viele Menschen verteilt werden – ein von zahlreichen sozialen Unruhen begleiteter Prozeß. Die Kosten für die Ausbeutung der Natur wurden nicht unmittelbar, sondern anderwärts präsentiert, und zwar oft räumlich, fast immer aber zeitlich verschoben.

Die Fabrik wurde der neue Ort der Beschäftigung vieler Menschen an Arbeitsmaschinen. Sicherlich gab es schon früher »Fabriquen«, doch erst, als man die Fabriken in England und Deutschland vom Wasserlauf löste, sie ganz mit der Dampfmaschine als Antriebskraft ausstattete und in der Nachbarschaft von Städten errichtete und diese damit zum Magneten für die wandernde Landbevölkerung machte, entstand der typische großstädtische Arbeitsplatz, während in den USA und auch in Frankreich viele Fabrikdörfer und -städte erhalten blieben.

Mechaniker, Techniker und Ingenieure wollten nicht nur ausgebildet werden, sondern sich vor zu rascher und radikaler Ausbeutung ihrer Kenntnisse und Fähigkeiten schützen, sich wehren gegen ein Schicksal, das zu Beginn des 19. Jahrhunderts die wenigen Mechaniker getroffen hatte, die bereits über das Know-how industrieller Maschinenfertigung verfügten und sich mit Höchstlöhnen den kontinentalen Unternehmern angedient hatten, bei erfolgreicher Installation aber entlassen worden waren. Anders als in Großbritannien nahmen auf dem Festland die schulisch ausgebildeten Techniker mit ihren Abschlußzeugnissen immer Maß an den Einstellungsmöglichkeiten, die der öffentliche Dienst bot. Vereine zur Förderung des Gewerbefleißes in fast allen deutschen Residenz- und Handelsstädten bildeten das Scharnier zwischen staatlicher Gewerbeverwaltung und Unternehmertum im frühen 19. Jahrhundert. Danach wurde das Bemühen deutlicher, sich ohne die ständige Einmischung des Staates zu reorganisieren. In diesen »Institutions«, Industrie- und Ingenieurvereinen wurden je nach nationaler Eigenart auch weniger professionell ausgebildete Mitglieder zugelassen; in ihnen suchten die Techniker neben der Fortbildung einen organisierten Zugang auf den Arbeitsmarkt und behielten einen Überblick über die Bewegungen innerhalb ihres »Standes«.

Doch mit dem Fortschreiten der Industrialisierung änderten sich die Möglichkeiten der technisch Interessierten, sich für diese Sparte auszubilden. Der relativ freie Zugang fiel fort. Viele Grundlagen aus der Physik, der Chemie und der Mathematik wurden nun in den allgemeinbildenden Schulen gelehrt, und durch dieses soziale Nadelöhr von Bildung und Besitz hatten nach 1879 auch die Ingenieure zu gehen. Eine solche Verengung des sozialen Zugangs, die zugleich eine erhebliche Anhebung des Lohnniveaus bedeutete, blieb nicht ohne Protest der Industrie, denn ihr fehlten jetzt die Facharbeiter als eine ganz wesentliche Gruppe.

Auch die Orientierung der Ingenieure änderte sich. War ihr Streben im 18. Jahrhundert auf dem Kontinent darauf gerichtet, in vergleichbare Beamtenränge des Staates einzutreten und dort technische Sonderverwaltungen aufzubauen, so stießen sie mit solchem Vorhaben in Deutschland nach 1820 auf das erbittert verfochtene Monopol der Juristen, der Bau- und Bergbeamten. Die Ingenieure und ihre Wortführer an den Technischen Hochschulen und Gewerbeakademien, die bis in die siebziger Jahre um Verallgemeinerung und Abstraktion ihrer Aussagen gekämpft hatten, nahmen danach Abstand von diesem unfruchtbaren Theoretisieren, widmeten sich der Forschung in den technischen Wissenschaften, den Werkstoff- und Reibungsproblemen, kurz, den nur in Maschinenlaboratorien ermittelbaren Problemen, die aus den stärker bemerkbar gewordenen Versagensfällen in der Praxis resultierten oder die zustande kamen, weil neue Maschinen oder Verfahren in unbekannte Grenzbereiche vorstießen.

Die erstmalige Erfahrung für die Westeuropäer und die Nordamerikaner dürfte darin zu sehen sein, daß sie nicht nur der neuen industriellen Technik landläufig begegneten, sondern in ihr auch eine Möglichkeit sahen, der so massiv wahrgenommenen wirtschaftlich und sozial bedrückenden Situation zu entkommen. Dies galt in erster Linie für das an natürlichen Ressourcen unvorstellbar reiche Nordamerika. Durch ihre eigene Mobilität veränderten sie das Bild der Landschaft grundlegend, schufen neue Arbeits- und Wohngegenden oder wanderten in die noch aufnahmefähigen Gebiete Nord- und Südamerikas aus und bedienten sich dabei ebenfalls neuer

Techniken: der gedruckten Informationen über die neuen Länder, der Eisenbahnen, Segel- und Dampfschiffe in die Neue Welt.

Intensive Kommunikation via Telegraphie rationalisierte die Handelsbeziehungen, aber auch die Militärverwaltungen in einem kaum überschätzbaren Ausmaß, konnte man doch jetzt die erforderlichen Truppenbewegungen in aller Welt kostensparender organisieren. Das Militär war ein entscheidender Auftraggeber für den Eisenschiffbau in Frankreich, England und später in den USA sowie zuvor für die neuen massenhaft hergestellten Handfeuerwaffen; es bestimmte den Verstaatlichungsvorgang in Frankreich und Deutschland mit. Sein Interesse an der Photographie war nicht zu übersehen.

Die Papier- und Buchherstellung wurde zum Abbild einer in die Breite gehenden Lektüre. Die Weltausstellungen bildeten den Überbau über die intensiven internationalen Beziehungen: die Welt als Universum von Handel, Produktion, Arbeiten und Wohnen. War um 1840 die unterschiedliche Lebensweise der vielen gesellschaftlichen Schichten noch abschirmbar, so hoben um 1880 Presse und Parteien die auseinanderdriftenden Lebenschancen deutlich ins Bewußtsein, auch wenn die materielle Überlebensnot sich gelindert hatte.

Die durch die Mobilität hervorgerufenen Verdichtungen schufen mit den Fabriken und Wohnungen neue Probleme. Fragen der Stadttechnik, der Versorgung und Entsorgung, waren zu lösen. Es handelte sich hier nicht mehr um die Hauptstadtproblematik der frühen Nationalstaaten, wie man sie aus Paris und London mit ihren großen Armenanteilen seit Jahrhunderten kannte, sondern um Bevölkerungen, deren Krankheiten man wegen der für die Produktion erforderlichen Infrastruktur nicht in der Weise ausweichen konnte, wie das Verlegern oder Kaufleuten möglich war, die in Landhäuser umzogen. Die Städte verloren ihre Ackerbürgervergangenheit. Mit ihren umfassenden Verkehrs- und Kommunikationsstrukturen trugen sie zur Verkürzung von Zeit und Raum maßgeblich bei.

Energetische Grundlagen

Unter den Ressourcen, die den gewerblich und kommerziell weit entwickelten Ländern und Gesellschaften Europas und Nordamerikas um 1840 zur Verfügung standen, um Kraftmaschinen betreiben zu können, spielten Wind und Wasser nach wie vor eine große Rolle, doch die vielen damit betriebenen Maschinen blieben in ihrer technischen Leistungsfähigkeit, aber auch in der technischen Herausforderung, der sie unterlagen, weit hinter der Entfaltung von Dampf- und Gasmaschinen zurück. Die Frage, ob für den in Europa nunmehr anhebenden Industrialisierungsprozeß die Kraftmaschinen oder die Werkzeugmaschinen ausschlaggebend gewesen seien, kann so polarisierend nicht beantwortet werden, auch wenn schon viel Scharfsinn in der Diskussion auf diesen Streit verwendet worden ist. Ohne die Kraftmaschinen mit Dampfantrieb hätte der Energieträger Steinkohle nicht abgebaut werden können, und ein etwa angelaufener industrieller Verdichtungsprozeß hätte an Energiemangel scheitern müssen. Schließlich hatte die Steinkohle ihre zweite wichtige Bedeutung für die Aufschließung vieler Rohstoffe.

Wie die Steinkohle mit ihrer hohen Energiedichte die Antriebskosten senkte, so haben die auf den Instrumentenbau und auf neue Materialien zurückgehenden Werkzeugmaschinen die Herstellungskosten von Gebrauchsgütern entscheidend verringert und Kaufkraft zum Erwerb anderer Güter freigemacht. Die Industrialisierung konnte die Konsumwünsche der Verbraucher ebenso erfüllen wie deren Nahrungsbedürfnisse, weil künstlich erzeugter Dünger und preiswerte Produkte möglich waren. Ein fortgesetzter Streit um globale Bedarfs- oder Angebotsstrukturen im Industrialisierungsprozeß ist also ziemlich müßig. Ob unter dem Blickwinkel ökologischer Ressourcennutzung und drohender Übervölkerung der Welt diese verschwenderische Art im Umgang mit Bodenschätzen unkritisiert bleiben kann, wird die Zukunft zeigen.

Wind und Wasser

Die Elemente Wind und Wasser waren stets vorhanden und wurden neben der menschlichen und tierischen Arbeitskraft seit Jahrtausenden genutzt. Die in der Windmühle repräsentierte Antriebstechnik hat man in den mittleren Jahrzehnten des 19. Jahrhunderts nicht wesentlich verändert. Durch den Einsatz von eisernen an Stelle von hölzernen Laufrädern und Transmissionen wurde der bewegte Apparat allerdings spürbar schneller. Die Mühlen unterlagen jedoch dem Mahlzwang, das heißt landesherrlichen Privilegien, so daß über eine freie Konkurrenz kaum Druck zugunsten technischer Verbesserungen möglich war. Als der Mahlzwang in der Norddeutschen Gewerbeordnung von 1869 endgültig aufgehoben wurde, hatten Dampfmaschinen oder Wasserantriebe die Windtechnik entbehrlich gemacht. Hinzu kam, daß die seit 1840 in Deutschland zunehmende amerikanische Mahltechnik, die Verwendung von Walzen, das Mahlen mittels des Mühlsteins in der Produktivität überrundete.

Der Widerspruch zwischen einer gesamtstatistischen Betrachtung und einer auf die sich verändernden Elemente beziehenden Beobachtung fällt besonders bei den stationären Wasserantrieben ins Auge. Die verbreitetste Antriebsenergie während der ersten siebzig Jahre des 19. Jahrhunderts stammte in allen Industrieländern, mit Ausnahme Englands, aus dem Wasser, nicht aus der Dampfmaschine, die dem 19. Jahrhundert ihren Stempel aufgedrückt hat. Gerade bei einer solchen Betrach-

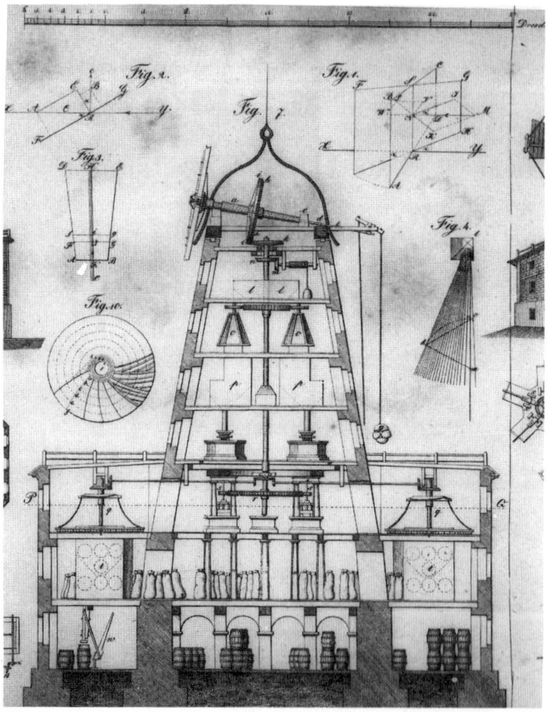

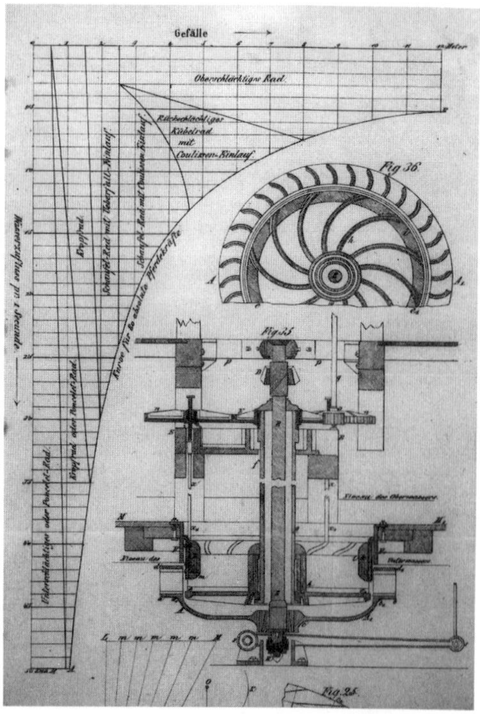

1a. Windmühle nach englisch-amerikanischem System. Steindruck von J. G. Häcker im »Gewerbeblatt für Sachsen«, 1840. Langwiesen, Eisenbibliothek, Stiftung der Georg Fischer AG. – b. Optimierungsdiagramm für einen Wasserradantrieb von 80 PS. Stahlstich in »Neuer Schauplatz der Bergwerkskunde«, 1848. Privatsammlung tung wird deutlich, wie mühsam der Anlauf zur Industrialisierung war, wie spät sie – an der Dampfmaschine gemessen – die Nachfolgeländer erreichte und wie sehr die Ausbreitung der Wasserantriebe dem energetischen Bedarf folgte. Die langjährigen Beobachtungen und Messungen der Kraftnutzung am Wasserrad und die entsprechenden Verbesserungen wurden vor allem in Frankreich vorangetrieben. Praktische Umsetzungen vollzogen sich in den englischen und deutschen Mittelgebirgen, in Deutschland im Bereich des Berg- und Hüttenwesens. Unter dem Eindruck der davoneilenden und auf Kohlebasis beruhenden englischen Maschinenantriebe haben dann vor allem französische, deutsche und amerikanische Ingenieure sich bemüht, dem Wasserantrieb einen höheren Wirkungsgrad abzugewinnen.

Ab 1840 wurden unter-, mittel- und oberschlächtige Wasserräder durch sauber angelegte Kunstkanäle, durch Gußeisen, bessere Zellen, Lager und Gerinne effektiver genutzt. Das nun verfügbare Material Eisen erlaubte genauer berechenbare Elemente eines Wasserrades. Die Entwicklung an Wasserrädern und Turbinen zeigte, wie sehr die unterschiedlichen topographischen Verhältnisse auf die Ausgestaltung der Typen einwirkten. Über die Zahl der in den einzelnen Ländern betriebenen Wasserräder gibt es noch keine verläßlichen Schätzungen. In den gewerbereichen mitteleuropäischen Regionen häuften sich aber in den Jahren nach 1820 die Prozesse, die gegeneinander geführt wurden, weil ein Nutzer dem anderen das Wasser abgrub, das heißt mit der Anlage von Kunstgräben das Wasser aus dem Hauptbach abzog, um jeden Meter Gefällehöhe für Wasserräder auszunutzen.

Genauere Abmessungen und Materialverbesserungen setzten die Mühlenbauer in den Stand, auch größere Gefällesysteme mit Wasserrädern auszustatten, wie seit 1823 die Gefälle des Pawtucket in Rhode Island oder des Merrimack in Lowell, MA, mit einer für die Zeit einmaligen Konzentration von Kraftanlagen für Textilfabriken. Der Bau solcher gewaltigen mittelschlächtigen Wasserräder im Untergeschoß von Fabriken entsprach dem amerikanischen und englischen Standard. Der Engländer William Fairbairn (1787–1874) verband im Mühlenbau seine Erfahrungen mit den alten Materialien mit der Kenntnis der neuen. Als er sich 1817 selbständig machte, führte er Verbesserungen ein. Dazu gehörten leichte, schmiedeeiserne Wellen und kleinere Rollen an Stelle der früheren voluminöseren sowie eine Fülle leichter Montageträger. Auch im allgemeinen Fabrikbau bevorzugte er nun eiserne Rahmen mit Wasserrädern, Getriebe und Maschineneinrichtung. Außerdem setzte er entlüftete Wasserradzellen und das Hängerad ein, so daß die Räder nicht mehr durch schmiedeeiserne Gestänge an die Achse des Mühlrades herangeführt wurden, sondern der Antrieb über einen Zahnkranz im Innern des Mühlrades erfolgte. Er hatte nicht nur in England, sondern auch im Elsaß und in der Schweiz Erfolg mit den Wasserrädern, die er bis zu 20 Meter hoch baute und auch koppelte, so daß 1827 jedes von zweien 120 Pferdestärken abgab. Diese Fabriken machten eine große Zahl von Wellen und Getrieben erforderlich. Um 1830 beschäftigte er 300 Personen. Noch in den fünfziger Jahren baute er für Titus Saltaire die riesige Wollfabrik.

Die Überlegungen für den Turbinenbau wurden intensiver, als die französische Gesellschaft für Gewerbefleiß einen Preis für eine wassergetriebene Maschine ausgeschrieben hatte, bei der das Wasser nicht nur an einer Stelle, wie im Mühlrad, sondern an vielen Stellen auf die Radbewegung einwirken sollte. Den Preis gewann 1826 Benoit Fourneyron (1802–1867). Bei seiner Turbine strömte das Wasser entlang der Achsenumgebung zu, wurde in einem feststehenden innenliegenden Leitapparat auf ein außenliegendes Laufrad umgelenkt, wobei die Reaktionskräfte das Rad dann in Bewegung setzten. Die nach mathematischen Vorstellungen und empirischen Verfahren gebogenen gußeisernen Schaufeln und die senkrechte Antriebsachse der Turbinen waren zuvor nicht verfügbar, gaben den Ingenieuren aber nun neue Freiheiten. Höhere Leistungen, günstigere Transmissionen, geringerer Aufwand für die Wassergerinne, weniger Störungen durch Rückstau und längere Haltbarkeit zeichneten die neue Kraftmaschine aus. Eine frühe Fourneyron-Turbine wurde 1840 in der im Kloster St. Blasien im Schwarzwald untergebrachten badischen Textilfabrik eingebaut; sie war mit 56 Pferdestärken für 8.000 Spindeln ausgelegt.

Da bei dieser Anordnung der Schaufeln jedoch immer wieder Turbulenzen auftraten, vor allem bei stärkerem Zufluß, leiteten Karl Anton Henschel (1780 bis 1861) und Nicolas Joseph Jonval, der eine solche Maschine in Kassel gesehen hatte, das Wasser auf einen anderen Weg. Das Wasser floß zunächst axial durch ein oben sitzendes festes Leitrad und trat dann in das darunter liegende Laufrad ein, das ebenfalls axial durchströmt wurde. Dann floß es durch einen darunter liegenden Zylinder ab, welcher den störungsfreien Wasserablauf sicherstellte. Produziert wurden die Jonval-Turbinen in erheblichen Stückzahlen ab 1841 bei Koechlin im Elsaß. 1850 waren schon 300 Anlagen in Betrieb. In der sächsischen Textilindustrie fanden sie nach 1848 Verwendung. In den engen Tälern dieser frühindustriellen deutschen Gewerbelandschaft konnten wegen fehlender Eisenbahnen Dampfmaschinen nicht eingebaut werden. Aber auch die reinen Installationskosten für eine Wasser-Pferdestärke lagen mit 200 Talern erheblich unter den 354 Talern für eine Dampf-Pferdestärke. So fanden die Turbinen nach 1840 dort schnell ihren Einsatz, wo noch keine Eisenbahnen Steinkohlen für Dampfmaschinen anliefern konnten, wo aber gewerbliche Betriebe bereits nach stärkeren Kraftantrieben verlangten. Als 1865 im Augsburger Wasserwerk ein Wasserrad von 5 Meter Durchmesser und 2 Meter Breite sowie einer Leistung von 25 Pferdestärken nicht mehr ausreichte, konnte es mit der gleichen Wassermenge durch eine Henschel-Jonval-Turbine von 2 Meter Durchmesser, die aber 36 Pferdestärken leistete, ersetzt werden.

Die USA mit ihren umfangreichen Wassermengen widmeten bald dem Turbinen-

2. Traditionelle Kraftübertragung mit der Neuerung eiserner Winkel im sächsischen Silberbergbau. Lithographie von Eduard Heuchler, 1859. Freiberg, Bergakademie, Hochschulbibliothek

bau größte Aufmerksamkeit. Dabei kamen ihren Konstrukteuren die Berechnungen deutscher Ingenieure wie Julius Weisbach (1806–1871) und Ferdinand Redtenbacher (1809–1863) zugute, welche die französischen Überlegungen, beispielsweise die Jean Victoire Poncelets (1788–1867) beim Bau eines mittelschlächtigen Wasserrades mit gekrümmten Schaufeln, zu einer anwendbaren theoretischen Beschreibung der Turbinen fortentwickelt hatten. Weisbach lehrte im sächsischen Freiberg, Redtenbacher in Karlsruhe, beide also in Gegenden mit hoher Nachfrage für solche Maschinen. Es ist bemerkenswert, daß Weisbach Lösungsvorschläge für mechanische Fragen machte, ohne die höhere Mathematik heranzuziehen. Gerade die für Mechaniker ohne Kenntnisse der höheren Mathematik geschriebenen Bücher machten ihn vor allem in England populär, wo er bei der Weltausstellung 1851 auf die Bitte, man möge ihm das beste Buch über technische Mechanik zeigen, sein eigenes vom Buchhändler vorgelegt bekam.

Es war James B. Francis (1815–1892) in Lowell, MA, der, durch die Patente Fourneyrons an einem Nachbau gehindert, die Nachteile dieser Turbine konsequent umging und dabei zu ähnlichen Lösungen wie Jonval kam, indem er den festen äußeren Leitkranz neben beziehungsweise um das Laufrad herumlegte, aber das Wasser radial einfließen ließ, also direkt auf die Achse zu, bis es dann durch die Krümmungen des inneren Laufrades nach unten abgelenkt wurde und dabei seine Kraft abgab. Den Wasserzufluß konnte er durch besondere Klappen leicht regulieren. Auch hierfür war das neue Material Gußeisen unverzichtbar. Francis, der die gesamten Wasserkraftanlagen in Lowell leitete, ging mit groß angelegten Versuchen ans Werk. Seine »Lowell hydraulic experiments« von 1855 dokumentierten diesen experimentellen Lösungsweg. Nach 1840 benutzten die Amerikaner vor allem in Lowell und Philadelphia die neuen Turbinen mit ihrem höheren Wirkungsgrad, zumal sie erheblich größere Wassermengen in Kraft umsetzen konnten. Die Turbinen stammten aus Frankreich, Deutschland oder aus den USA selbst.

Im Jahr 1860 wird für die USA mit einer Führung der Wasserantriebe bei der Gesamtkrafterzeugung gerechnet, um 1870 nur noch mit der knappen Hälfte; der andere Teil entfiel auf die Dampfkraft. In jenem Jahr leisteten Turbinen in England gerade 2 Prozent der Dampfkrafterzeugung. Die Turbinen wurden vor allem von Bryan Donkin (1768–1855) und Williamson Brothers gebaut. 1879 war die Dampfleistung in den USA auf 64 Prozent gestiegen, also auf knapp zwei Drittel bei den Kraftantrieben, 1889 erreichte sie 79 Prozent. Die absoluten Zahlen der Antriebsanlagen stiegen seit den sechziger Jahren in den USA noch an: 1870 waren es 51.000 Wasserräder, 1880 bereits 55.000 mit einer durchschnittlichen Stärke von 21 Pferdestärken, ein deutliches Zeichen dafür, daß überall Kraftantriebe benötigt wurden und je nach energetischen Quellen der kostengünstigere bestellt wurde. Gerade die in den siebziger Jahren sich entwickelnden Gewerbestandorte in der Nähe der Kohlenfelder von Pennsylvanien und Ohio mit ihrer umfangreichen Schwerindustrie gingen zügig zur Dampfmaschine über.

Wichtige Elemente in der Steigerung des Wirkungsgrades von Wasserkraftantrieben waren einmal die Arbeiten am Franklin Institute, dann ab 1859/60 ausführliche Vergleichsmessungen bei den Fairmount Waterworks Philadelphia und 1869 in Lowell durch James Emerson. Hatte bei den ohnehin hohen Wirkungsgraden 1859/60 die Jonval-Turbine noch 10 Prozent Vorsprung vor den anderen, so führten 1876 auf der Weltausstellung in Philadelphia die gemischten amerikanischen Turbinen mit 10 bis 33 Prozent vor allen anderen. In wasserreichen Gebieten, weitab von Steinkohlenlagern, begann man die industrielle Erschließung des Umlandes immer wieder mit Wasserturbinen, so auch in Minneapolis, wo man in den Jahrzehnten nach 1850 die weltgrößte Ballung sowohl für Getreidemühlen als auch für die Holzsägeindustrie schuf. Unter den 1876 ausgestellten Turbinen haben vor allem die von James Leffel (1806–1866) hergestellten die deutschen Beobachter beeindruckt. Die seit 1862 in Springfield, OH, gebauten Turbinen hatten zwei Schaufelräder untereinander; die Schaufeln des oberen lenkten das Wasser einwärts, die des unteren einwärts und abwärts. Um 1880 hatte Leffel über 8.000 dieser Systeme errichtet, die einen Nutzungsgrad von mehr als 95 Prozent aufwiesen. Zugleich hatten die Turbinen insgesamt eine gegenüber 1846 siebenfach höhere Durchlaufkapazität.

Dieser ständige vergleichende Wettbewerb gehörte einmal zu den aus England übernommenen Methoden, technische Überlegenheit zu demonstrieren, zum an-

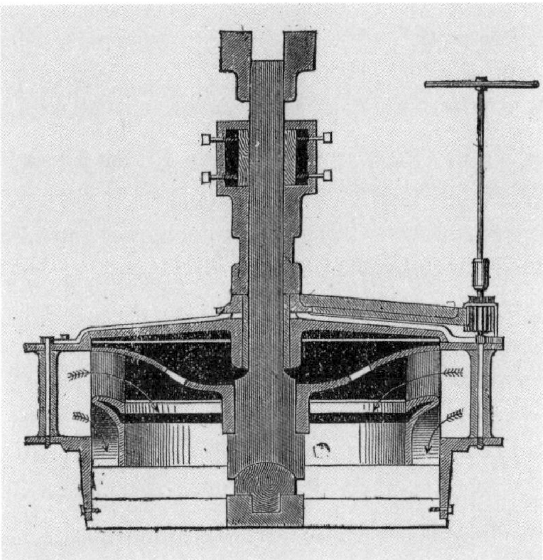

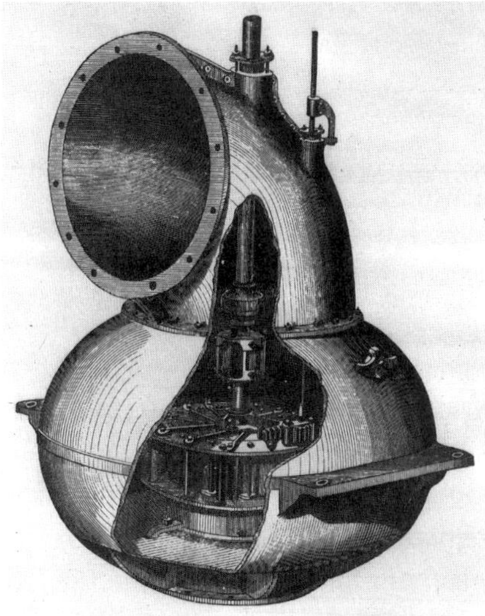

3a. Leffel-Turbine im Schnitt. Stahlstich in einer Firmenwerbung, 1869. North Andover, MA, Museum of American Textile History. – b. Leffel-Turbine in durchbrochener Ansicht. Stahlstich in »Deutsche Allgemeine Polytechnische Zeitung«, 1877. Hannover, Universitätsbibliothek

deren war er gerade in den USA auch Zeichen eines geringeren Patentschutzes für ausländische Produkte. Die Leistungsfähigkeit der Wasserturbinen war mit den Erfolgen auf der Weltausstellung 1876 keinesfalls erschöpft. Die Tendenz in Richtung auf kleinere, einfachere und billigere Maschinen setzte sich fort. Solche Maschinen dienten zu Beginn des Jahrhunderts der breit angelegten Elektrifizierung.

Typ	Einsatz	Kapazität in Kubikmeter	Umdrehungen	Stärke in PS
Standard	1860	50,9	138	64,5
Special	1870	73,4	138	93,0
Samson	1890	131,0	158	155,0
Improved Samson	1897	168,9	163	207,0

Kapazität, Kraft und Geschwindigkeit einer Leffel-Turbine im Durchmesser von 1 Meter unter einem 4,88 Meter hohen Zulauf (nach Mead)

Die bislang erwähnten Turbinen konnten als Überdruck- oder Reaktionsturbinen bei niedrigen und mittleren Fallhöhen durch die 1827 aufgestellte Bernoullische Hauptgleichung für Energieumsatz in strömenden Flüssigkeiten berechnet werden. So nutzte die Gleichdruck- oder Freistrahlturbine die bei direktem Aufschlag eines

Typ	Einsatz	Kapazität in Kubikmeter	Umdrehungen	Stärke in PS
American	1859	65,4	102	79,1
Standard New American	1884	117,3	102	141,8
New American	1894	193,6	107	234,0
Special New American	1900	221,2	107	267,0
Improved New American	1903	264,7	139	325,0

Kapazität, Kraft und Geschwindigkeit einer »amerikanischen« Turbine im Durchmesser von 1,22 Meter unter einem 4,88 Meter hohen Gefälle (nach Mead)

Wasserstrahls auf ein Blatt freiwerdende kinetische Energie als Antriebskraft. Angeregt vor allem durch die Benutzung des Wasserstrahlabbaus im amerikanischen Goldbergbau fertigte Lester A. Pelton (1829–1908) dann 1880 die nach ihm benannte Turbine, bei der ein kräftiger Wasserstrahl das Rad tangential traf und sie nach der Jahrhundertwende für größere Wasserhöhen einsatzfähig machte.

Steinkohlen

Der lange Weg der Steinkohle zum Regelbrennstoff ist oft beschrieben worden. Sie stellt trotz aller noch zu erörternden technischen Begrenztheiten die entscheidende energetische Basis für die industrielle Revolution dar. Aber nicht nur das; denn die Kohle war und ist auch als Rohstoff für die Eisen- und Stahlerzeugung unentbehrlich und von daher doppelter Beschleuniger der Industrialisierung. Um 1840 waren die Kenntnisse zur richtigen Verwendung von Steinkohlen in England und den Niederlanden schon weit verbreitet. Die Steinkohle heizte bereits seit dem 13. Jahrhundert städtische Häuser, vor allem in London, aber inzwischen auch in Berlin, sie heizte die Kessel der Dampfmaschinen in Fabriken und die Lokomotiven, die Bleichflüssigkeiten in Holland und manches mehr. Für die langsame Durchsetzung der Steinkohle kann weniger eine zunehmende Holznot verantwortlich gemacht werden, vielmehr ihre wesentlich höhere Energiedichte pro Volumeneinheit, die etwa für Prozesse der Stahlherstellung erforderlich war. Die parallele Entwicklung in den USA zeigte, daß auch hier trotz reichlich vorhandener Holzbestände der Übergang zu den neuen Technologien unvermeidlich war, wollte man die geeigneten Werkstoffe zum Eisenbahn- und Schiffbau zur Verfügung haben.

Steinkohle ist als Naturprodukt nicht homogen, sondern besteht aus einer Vielzahl von Komponenten, die in Jahrmillionen zusammengewachsen sind. Je nach Art der physikalisch-mechanischen oder chemischen Behandlung reagiert sie unterschiedlich. Die petrographische Struktur ist für die technische Kohleveredelung wichtig; für die Unterscheidung verschiedener Kohlenarten bleibt der Anteil an flüchtigen Bestandteilen wesentlich. Die Eisenindustrie ist an der Backfähigkeit und dem Verkokungsvermögen stark interessiert, da mit härterem und backfähigerem Koks größere Hochöfen betrieben werden können. Solche Erkenntnisse waren um 1840 noch ganz empirischer Art. Erst 1869 wurde das erste chemische Laboratorium der Zechen im Ruhrgebiet eröffnet.

Obwohl die Steinkohle eine zentrale Rolle im technischen Ablauf der Industrialisierung spielte, ist ihre Gewinnung insgesamt alles andere als ein »Hohelied« der Technik. Für sie fehlten im 18. und auch noch im 19. Jahrhundert sowohl das Sozialprestige von heutigen High-Tech-Geräten als auch die finanzielle Sorglosigkeit, mit der Atomkraftwerke errichtet wurden. Die europäischen Zechen mußten sich zudem mit ihren Kohlen gegen die frachtgünstigen englischen Überseekohlen durchsetzen, welche über die Flüsse nach Mitteleuropa lieferbar waren. Da die Konsumenten sich an diesen Preisen orientierten, war an protektionistische Maßnahmen für die Bergbauunternehmer und -techniker nicht zu denken.

Anders als der Erfolg der englischen und belgischen Steinkohlen ist jener der deutschen mit einer grundsätzlichen Veränderung der Abbauorganisation durch die gesetzlichen Rahmenbestimmungen verbunden, die in Preußen von 1851 bis 1865 den Steinkohlenbergbau von einer obrigkeitlich kontrollierten und dirigierten zu einer weitgehend selbstregulierten Tätigkeit der Bergbauunternehmer machten. Auch wenn das Informationswesen seit 1854 durch die »Zeitschrift für das Berg-, Hütten- und Salinenwesen« in ministerieller Hand blieb, läßt sich diesem Organ

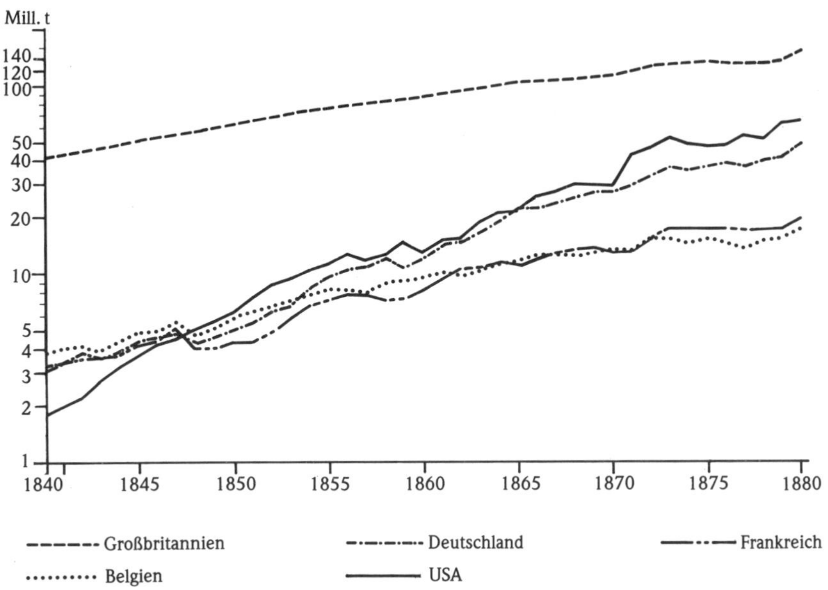

Förderung von Steinkohle in Großbritannien, Deutschland, Frankreich, Belgien und den USA in metrischen Tonnen 1840–1880 (nach Mitchell, Church und Historical Statistics)

4. »Black Country« bei Birmingham. Holzschnitt in »The Illustrated London News«, 1866. Berlin, Staatliche Museen Preußischer Kulturbesitz, Kunstbibliothek

entnehmen, wie sich ein Industriezweig in seinen technischen Auslegungen verhielt, der unter massiver Nachfrage plötzlich von fast allen Beaufsichtigungen frei wurde. Da sich der Befreiungsprozeß in Sachsen noch schneller als in Preußen ereignete und in diesem Land die Mechanisierung weiter vorangeschritten war, wurden hier die meisten Entwicklungen früher als im Ruhrgebiet, in Schlesien oder im Saargebiet versucht. Die Auseinandersetzung um einen erfolgreichen Steinkohlenbergbau war aber weder in Großbritannien noch in Belgien oder Deutschland eine Frage der technischen Überlegenheit, sondern hatte massive politisch-kommerzielle Komponenten, beispielsweise bei den Sondertarifen der Eisenbahn für den Transport von Kohle, so daß viele Entwicklungen im sächsischen Bergbau, nicht zuletzt wegen der geringeren Vorkommen, sich lediglich regional auswirkten, gleichsam Einführungsversuche blieben.

Im Unterschied zum englischen Bergbau auf Zinn oder Steinkohle hatte der ältere deutsche Bergbau – überwiegend auf Silber – eine administrativ-soziale Position zu verteidigen: Er war über Jahrhunderte eine Stütze der Landesherren, verfügte über ein militärähnliches Corpsdenken und bereits über eigene wissenschaftliche Anstalten in Freiberg, Clausthal und Berlin, nach 1815 in Preußen allerdings nicht mehr über ein eigenes Ministerium, sondern nur noch über eine Unterabteilung im Handels- beziehungsweise Finanzministerium.

Der Aufbau eines staatlichen Bergbeamtentums für den Steinkohlenbergbau vollzog sich nach vorgegebenen Linien aus dem ausgehenden 18. Jahrhundert, als er seinen politischen Schwerpunkt in Schlesien hatte. Diese soziale Konstruktion sollte sich hemmend auf den westlichen Teil Preußen-Deutschlands auswirken. Hier war der Bergbau kommerziell-privat, nicht ständisch-privat wie in Schlesien, wurde aber von staatlichen Beamten bis ins kleinste kontrolliert. Eigentum bedeutete nicht zugleich Verfügungsgewalt. Staatliche Bergbeamte, die von den Zecheneignern entlohnt werden mußten, überwachten die leitenden Beamten bis hinunter zu den Steigern auf der Zeche und regelten die Zahl der Bergarbeiter, deren Löhne oder auch Entlassungen. Schlesische Beamte, die oft von einer Bergbauregion in die andere versetzt wurden, versuchten, die »Spekulation« der westlichen Kohlenkaufleute und Bergbauunternehmer zu bremsen, während die wenigen westlichen Beamten in Schlesien sich der Vorbildrolle der preußischen Beamtenschaft anpassen und Rücksicht auf die dortigen gesellschaftlichen Verhältnisse unter den Magnaten nehmen mußten.

Nach Konsolidierung des belgischen Staates 1830 und der Gründung des Deutschen Zollvereins 1834 wurde der Kohlenbergbau im Westen ungemein belebt. Im schwerindustriellen Bereich wirkte Belgien als Motor der kontinentalen Entwicklung. Es gab dem Ruhrgebiet zahlreiche Anstöße zur wirtschaftlichen Entfaltung mit den Merkmalen eines schwerindustriellen Ballungsgebietes, das es bislang in Kontinentaleuropa nicht gab. Das Saargebiet stellte die staatseigene Konkurrenz zum Ruhrgebiet dar, lag jedoch wie Schlesien verkehrsfern. Die Märkte für Steinkohle öffneten sich 1830 in Holland, das nach der Abtrennung Belgiens kaum eigene Kohlenvorkommen besaß.

Die technischen Einrichtungen in den neuen Zechen dienten vor allem zwei Zielen: der Expansion und – zu einem späteren Zeitpunkt – der besseren Ressourcennutzung, wobei gerade sie die deutsche Entwicklung maßgeblich von der englischen oder amerikanischen unterschied. Der Einsatz von Maschinen bezog sich auf das Schachtbohren und Pumpen der zufließenden Wasser, den widerstandsfähigen und kostengünstigen Schachtausbau, die Schachtförderung mit Dampfmaschinen und den Streckentransport wie den Transport über Tage mit Hilfe von Pferde- und Eisenbahnen.

Nach mühsamen, 1834 aber schon erfolgreichen Versuchen, die Flöze von der Erdoberfläche senkrecht, nicht vom Hang aus durch Stollen, anzugehen, schuf man bald nach 1840 hölzerne Bohrtürme und Schachtausbauten. Sie veränderten das bislang dominierende agrarische Landschaftsbild. Die neuen Zechen waren, anders als die Stollenzechen, von vornherein in der unterirdischen Wegeführung regelrecht ausgelegt, so daß zur Wasserförderung und für die Förderung in den Schächten

Dampfmaschinen und zum Transport der Steinkohlen unter Tage Wagen auf Rädern eingesetzt werden konnten. Ein Schacht ließ sich nur zeit- und kostenaufwendig herstellen; seine richtige Führung war von den geologischen Gegebenheiten abhängig. Schließlich war eine Tiefbauzeche größer als eine Stollenzeche und von daher auf Einsatz von Maschinen angewiesen. Anfang der vierziger Jahre konnten die großen Kohlenhändler und -gewerken darangehen, die Steinkohlen des Ruhrgebiets durch Schächte zu erschließen. Nur der Aufschluß des Flözfeldes und die Wahl der Abbautechniken orientierten sich noch an schlesischen oder englischen Vorbildern.

Als 1851 mit dem Beginn der Bergreformgesetze die Unternehmer auch über den Einsatz von Technik auf ihren Zechen bestimmen konnten, wurden Geräte und Maschinen in Größen eingesetzt, die den Wachstumserwartungen der Kaufleute entsprachen. Für das Absenken der Schächte standen zunächst nur handwerkliche Techniken zur Verfügung; doch ohne Dampfmaschine zum Abpumpen des Wassers, das sich über dem undurchlässigen Deckgebirge ansammelte, ließ sich ein tiefer Schacht gar nicht anlegen. Gegen die ansitzenden Wasser kämpften die Bohrmannschaften mit oft »heldenhaftem« Einsatz. Unfälle waren häufig. Die anfallenden Arbeiten im Schacht wurden nach Liberalisierung des Arbeitsmarktes 1860 an außenstehende »Unternehmer« vergeben, die sich zwar an die Normalschichtlohnsätze der staatlichen Bergverwaltung nicht gebunden fühlten, aber einen erheblichen Vorsprung an bohrtechnischer Erfahrung vor den Bergleuten hatten. Der Staatsbergbau im Saargebiet hatte das Vergabesystem schon zuvor erprobt. Für die

5. Steinkohlengrube. Lithographie in »Das Neue Buch der Erfindungen«, 1864. Privatsammlung

Bohrarbeiten bevorzugte man Techniker mit besonderen Qualifikationen, ausländische Experten, besonders aus Belgien, oder erfahrene Betriebsführer von Nachbarzechen.

Bohrverfahren, Fördermaßnahmen und Nutzbarmachung von Brennstoffen

Die Engländer besaßen nach 1840 die umfangreichste Erfahrung im Bohren von Schächten. William Coulson war 1856 im Ruhrgebiet dafür der erste Spezialunternehmer, der angesichts der hohen Risiken vor Beginn eine Kaution zu hinterlegen hatte. Die erfolgreichste Bohrmethode wurde von Karl Gotthelf Kind (1801–1873) entwickelt, der ein Schüler des nach 1800 in Deutschland dominierenden Salzbohrmeisters K. C. Friedrich Glenck (1779–1845) war. Seit 1834 kannte er die von Karl von Oeynhausen (1795–1865) vorgeschlagene Rutschschere, die das Stauchen des Stoßbohrers durch das Gewicht des darüber aufsitzenden Gestänges verhinderte. Kinds eigener Beitrag war 1834 eine Freifallvorrichtung. Erst beide Konstruktionen zusammen machten das Bohrgerät zu einem handhabbaren Werkzeug, denn die Rutschschere setzte die Maschine vorsichtig auf, und die Freifalleinrichtung ließ sie mit aller Wucht aufschlagen. Im Jahr 1846 bohrte Kind ein 736 Meter tiefes Loch; die Kalilager in Staßfurt wurden 1851 bei 581 Meter erreicht. Ab 1848 ging er zum Vorlochbohren über, bevor das Hauptloch im Durchmesser bis zu 4,2 Meter ausgebohrt werden konnte. Schließlich kam die Spülbohrmethode hinzu, bei der das Bohrklein durch eingepumptes Wasser und einen hohlen Bohrer abgezogen wurde. Sie war im Ruhrgebiet seit 1852 verfügbar und verschaffte Kind einen Auftrag bei der deutsch-belgischen Zeche Dahlbusch. Hier stieß er auf den belgischen Ingenieur Joseph Chaudron (1822–1905), der seinerseits eine besondere Methode gefunden hatte, die zufließenden Schwimmsände und Wasser beim Bau einer Schachtwand zurückzuhalten. Mit dieser eisernen Cuvelage, die aus ringförmigen Hälften bestand, die wasserdicht aufeinandersaßen, waren sie und ihre bald in Paris gegründeten Unternehmen sehr erfolgreich, in England seit 1877.

Ebenso waren es nicht die im Silberbergbau erzogenen deutschen Beamten, sondern der Ire Thomas Mulvany (1806–1885), der vielbestaunte gußeiserne Rohrstücke von 3,65 Meter Durchmesser und 0,60 Meter Höhe bei 16 Millimeter Dicke einsetzte, um von losem Gestein umgebene Schächte, die deshalb nicht gemauert werden konnten, für die spätere Benutzung auszubauen. Der größte und schnellste Bohrfortschritt ließ sich aber mit einer Neuentwicklung erzielen, die 1862 der Schweizer Uhrmacher Georg August Leschot (1800–1884) zum Patent angemeldet hatte. Er brachte auf einem Rohrstück Diamanten auf und drehte dann wie beim amerikanischen Seilbohren das Gestänge. Sein Apparat bohrte nicht nur sehr viel schneller ein Loch als der herabfallende Meißel von Kind/Chaudron, sondern ließ

6. Drake mit Zylinder vor seinem Erdöl-Bohrturm bei Titusville in Pennsylvania. Photographie, um 1880. London, Shell Office

auch einen Bohrkern entstehen, der Aussagen über das Gestein erlaubte – eine nützliche Beigabe vor allem für die Erdölgewinnung in Pennsylvanien, wo diese Methode 1870 erstmals angewendet wurde.

Amerikanische Kaufleute, Juristen und Ärzte mußten sich für die Vermarktung des an der Erdoberfläche Pennsylvaniens liegenden und länger bekannten Erdöls etwas einfallen lassen. Der Präsident der amerikanischen Geologenvereinigung, Wissenschaftspopularisator und Chemieprofessor in Yale, Benjamin Silliman jr. (1779–1864), und sein im Auftrag einer Unternehmervereinigung verfaßtes Gutachten von 1855 markieren den Beginn der Verwendung dieser fossilen Energie. Die Amerikaner entwickelten die Bohrtechnik unkonventionell, schnell, ohne staatliche Behinderungen und mit erheblichem Risiko. Da Edwin L. Drake (1819–1880) in Titusville, PA, 1859 mit wenig Aufwand schon bei 23 Meter Tiefe auf Erdöl stieß, folgten ihm Heerscharen von Ölsuchern und begründeten so einen Ölrausch. Kleine Hochdruckdampfmaschinen, mit Öl beheizt, trieben die Bohrgestänge an, die bald zur besseren Kontrolle des nach oben drückenden Öls eingefaßt wurden, um Öl und Gas zu gewinnen. Nachdem man bewiesen hatte, daß Öl bergmännisch zu erreichen war, und das auch unter Verwendung von Explosivstoffen tat, lag das Hauptproblem nicht so sehr im Gewinnen, sondern eher im Verkauf des richtig verarbeiteten Öls.

Wesentlichen Anteil an dem massenhaften Hineinbohren in die Erde, dem

Erbohren neuer Horizonte, hatten der neue Werkstoff Stahl und der Antrieb durch eine transportable Dampfmaschine. Sie eröffneten den Regionen und Nationen den Zugriff auf die für den Industrialisierungsvorgang notwendigen Energien: im bereits laufenden Prozeß große Mengen Steinkohle für Mitteleuropa und in der zukünftigen Entfaltung der Individualmotorisierung hinreichend Erdöl für die Industrieländer, zunächst jedoch als Beleuchtungsmittel: Petroleum.

Nach den provisorischen hölzernen Fördertürmen, die englischen und belgischen Vorbildern glichen, gingen die Techniker und Zechenleitungen in den vierziger Jahren in Belgien und in den fünfziger Jahren in Deutschland zu massiven Türmen über. Die hier aus Bruch-, dann auch Ziegelsteinen errichteten Türme, die man nach einem »mächtigen« Fort im Krim-Krieg als »Malakow-Türme« bezeichnet hat, konnten die Zugkräfte des Förderseils auffangen und zugleich für den Dampfmaschinenbalancier eine feste Grundlage abgeben. Sie waren selbst bei weiter gewachsener Tiefe in den siebziger Jahren stabil genug, um noch einen Aufsatz aus Stahl zu tragen. Mit zunehmender Tiefe mußten die Türme auch über Tage höher gebaut werden, damit man die stärkeren Seile sicher hinabführen konnte. Im Jahr 1858 erlaubte das Dortmunder Oberbergamt die Einfahrt der Bergleute im Korb mit Hilfe eines verdrillten Drahtseils. Damit ließen sich die länger gewordenen Fahrzeiten verkürzen. Dies war für die Bergleute eine physische Erleichterung gegenüber dem gewohnten Ab- und Aufsteigen auf Leitern, obwohl nun die gewonnene Zeit nach dem Willen der Unternehmer als Arbeitszeit verwendet werden sollte.

7. Steinkohlenzeche Oberhausen 1/2 im Rheinland mit Malakow-Türmen. Photographie, 1860. Oberhausen, Historisches Archiv GHH

Die 1861 beim Bau des Mont Cenis-Tunnels verwendeten luftdruckgetriebenen Bohrmaschinen waren für die Zechen des Ruhrgebietes oder die noch kleineren englischen, schottischen oder walisischen Zechen viel zu groß und unhandlich. Außerdem waren sie zu teuer, denn wo Tausende jedes Jahr das Land wegen Übervölkerung verließen, war Arbeitskraft auch unter Tage billig zu haben. Die Deutschen bemühten sich in eigener Regie um die Entwicklung von Bohr- und Vortriebsmaschinen. Gleichzeitig wurden die Bergarbeiter aus der staatlichen Lohnfestsetzung entlassen, und damit begann die schmerzlich empfundene reale Lohnsenkung pro Zeiteinheit. Arbeiten wie Schachtbau oder Gesteinsbau wurden an die niedrigst bietende Submission vergeben, die Arbeitszeit wurde verlängert, und unter solchen Rahmenbedingungen gab es natürlich keinen Bedarf an arbeitssparenden Maschinen. Zudem lieferten die in England laufenden Erprobungen keine günstigen Resultate.

Sobald jedoch die Strecken vom Abbauort zum Schacht zu lang wurden, kamen Wagen auf eisernen Schienen zum Einsatz, die bald auch von Pferden gezogen wurden. England ging hierin um einige Jahre voran. Die ersten Pferde wurden um 1840 in den englischen Gruben eingesetzt, und als 1842 das englische Parlament den Einsatz von Frauen und Kindern in Bergwerken einschränkte, stieg – so merkwürdig das klingt – die Pferdezahl schnell an; für 1913 schätzt man sie auf 73.000, während im Ruhrgebiet 1882 erst 2.200 und um 1900 rund 8.000 benutzt wurden.

Im Unterschied zum Gangbergbau verhielt sich im Flözbergbau das umliegende Gestein beweglich, brach zusammen oder drückte von unten hoch; die Wege mußten also offengehalten werden, und dafür waren eine vielseitige Qualifikation des Bergmanns und viel Grubenholz erforderlich. Bei der Mannschaft wurde die schon aus ständischer Zeit stammende Trennung in Schlepper und Hauer beibehalten. Hinzu kam eine Aufspaltung der Arbeitskräfte. Spezialisten übertrug man die Schießarbeit.

Die Einführung des Nitroglyzerins in den fünfziger Jahren und des Dynamits ab 1867 steigerte zwar die Produktivität bei Schacht- und Gesteinsarbeiten, doch bei den ausgasenden Kohlenflözen im Ruhrgebiet kam ihr Einsatz nicht in Frage. Ein Explosionsunglück im Anschluß an eine Sprengung hatte 1847 im englischen Oaks Colliery 73 Todesopfer gefordert und die Rückkehr zur Keilarbeit veranlaßt. Der Pfeilerbau, bei dem 50 Prozent der Kohle stehenblieb, wurde in Großbritannien zugunsten des Abbaus auf breiter Front allmählich aufgegeben; mit der neuen Methode wurden Mitte der fünfziger Jahre 100 Prozent der englischen und etwa je 50 Prozent der schottischen und walisischen Kohle gewonnen. Im Ruhrgebiet waren zunächst der Pfeilerbau, dann der Strebbau vorherrschend. Seit den siebziger Jahren standen preßluftgetriebene Maschinen zur Verfügung, um Sprenglöcher zu bohren. Solche Bohrarbeiten verursachten in erschreckend hohem Maße die Staub-

Arbeitsbereich	Stollen/frühe Zechen	Tiefbauten 1840–1880
unter Tage		
Gewinnung, Auffahrung	Schlepper, Hauer	Kohlenhauer, Gesteinshauer
horizontale Förderung	Schlepper, Förderleute	Schlepper, Pferdejungen
Schachtförderung	Haspler	Anschläger Aufschieber
sonstige Arbeiten	Hauer	Hauer, Zimmerhauer
über Tage		
Förderung	Haspelknechte	Anschläger, Abnehmer, Fördermaschinisten, Schürer, Heizer
Verarbeitung	Schichtmeister	Wiegemeister, Rangierer, Platzarbeiter
Verwaltung	Schichtmeister	Lohnbüro, Kaue, Magazine
Führung und Aufsicht		
Zechenpersonal	Schichtmeister, Steiger, Hilfssteiger	Steiger, Betriebsführer
Bergbehörde	Oberschichtmeister, Obersteiger, Reviergeschworener, Oberbergamt, Bergamt	Reviergeschworener, Oberbergamt

Die mit wachsender Zechengröße zunehmende Differenzierung der Arbeitsfunktionen (nach Tenfelde)

lungenkrankheit. Maschinelle Abbauhilfen wurden zwar zahlreich vorgeschlagen, in England gelegentlich auch eingesetzt, ließen sich in der Regel aber in den Arbeitsablauf nicht wirtschaftlich integrieren.

Ungelöst blieb lange Jahre, auf welche Weise man Frischluftzufuhr und Kraftantriebe tief unter Tage installieren sollte. Die Pumpen konnten das Wasser viel höher drücken als saugen, und für die größeren Baue war eine ausgeklügelte Frischluftversorgung unerläßlich; vor allem Pferde brauchten reichlich Frischluft. Doch eine Lösung sollte erst das hierfür besonders geeignete Zweischachtsystem bringen. Es war wie die maschinell angetriebenen Ventilatoren, die seit 1862 zur Verfügung standen, den Unternehmern zu kostspielig, so daß sie auf den einfachen Wetterzügen bestanden; aber es setzte sich in den siebziger Jahren langsam durch.

Insgesamt waren im Steinkohlenbergbau Produktivität und Wertschöpfung pro Beschäftigtem gering. Das arbeitsintensive Heraushauen der Kohle und der Abtransport an die Erdoberfläche blieben mit Ausnahme der Schachtförderung Handarbeit;

der erkennbare Zuwachs steckte in der Übernahme von »Tramways« für den Transport unter Tage. Die Kenntnisse für die einzusetzende Mechanik wurden in Gewerbeschulen vermittelt. Dem privaten Steinkohlenbergbau gelang es einzig im Ruhrgebiet, für das betriebliche Führungspersonal private Bergschulen in Bochum und Essen zu betreiben. Die hierfür gegründete Berggewerkschaftskasse versuchte unter Fortsetzung der ehemals staatlichen Traditionen auch unter privatkapitalistischen Verhältnissen übergeordnete Fragen zu lösen, ließ Grubenrisse anfertigen, ein chemisches Laboratorium und eine Seilprüfstelle einrichten. Die erheblich gestiegenen Fördermengen der siebziger Jahre ließen den einfachen Bahnanschluß der Zechen zu großen Verladebahnhöfen anwachsen, auf denen die Kohle aus den Förderwagen direkt in die unterhalb der Verladerampe stehenden Eisenbahnwaggons geschüttet werden konnte. Für diese abermalige Erhöhung der Fördergerüste reichten die Backsteinmauern der Malakow-Türme nicht mehr aus. Aus Stahl oder Eisen erhielten sie zweckmäßige Fördergerüstaufsätze, bis in den neunziger Jahren eine Neugründungswelle mit stählernen Böcken diese Symbiose überholte.

Die neuen größeren Zechen arbeiteten wegen ihrer langen Anlaufphase und wegen der anhaltenden Depression ständig unter Kostendruck. Lösungen wurden eher in Lohnsenkungen als in einer grundlegenden Veränderung der Technik gefunden, die durchaus zur Verfügung stand. Ein wichtiges Element der öffentlichen Diskussion, das viele, auch den Staat erneut auf den Bergbau aufmerksam machte, war die hohe Zahl von Unfällen. Doch dieses Element ist erst im Rahmen der Bismarckschen Sozialgesetzgebung politisch relevant geworden. Als die feste Arbeitszeitregelung 1860 dem freien Arbeitsvertrag überlassen wurde, stieg nicht nur die Förderung pro Beschäftigtem von 150 auf 200 Jahrestonnen, auch die Unfallrate erhöhte sich merklich, von 1,5 auf etwa 2,5 Tote pro Tausend und pro Jahr. Bis zur Unfallversicherung von 1884 hatte der Bergmann nur in den seltensten Fällen die Möglichkeit, bei Betriebsunfällen erfolgreich gegen den Arbeitgeber vorzugehen, weil er dessen Verschulden nachweisen mußte. Gelang es ihm, weil das Haftpflichtgesetz von 1871 ebenso wie die Gewerbeordnung des Norddeutschen Bundes von 1869 die letzte Verantwortung beim Unternehmer festgeschrieben hatte, so wurde er in der Regel entlassen. Unter diesen Umständen war es außerordentlich schwierig, den Unfallursachen und damit letztlich den technischen Versagensfällen auf die Spur zu kommen. Doch die Oberbergämter hatten sich nach der Einführung der Gewerbefreiheit zunächst ganz von den Vorgängen auf der Zeche zurückgezogen. Nicht einmal die Arbeitsordnungen mußten ihnen vorgelegt werden.

Was die Aufbereitung der Steinkohlen anlangt, so erfolgten die Separation der Kohlensorten und -größen sowie die Trennung vom tauben Gestein, in England früher als auf dem Kontinent, zumeist noch unter Tage. Die mechanische Aufbereitung setzte in den dreißiger Jahren ein, als die Rost- und Heizanlagen für die Wasserkessel bestimmte Kohlensorten verlangten und die Eisenbahngesellschaften

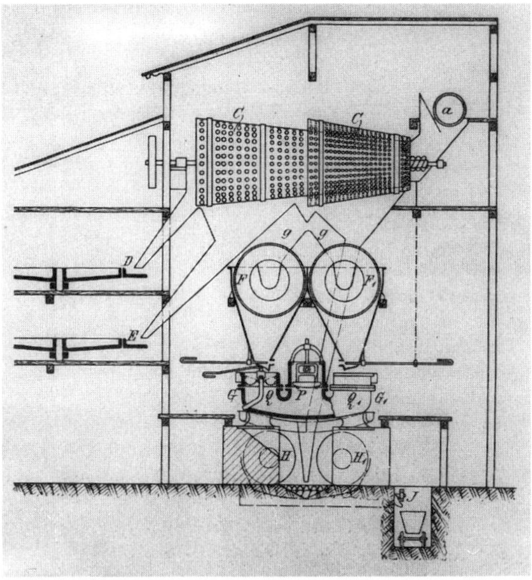

8. Demonstration der Steinkohlenwäsche in Dortmund-Hörde. Steindruck in »Die Entwicklung des Steinkohlenbergbaus« vom Verein für die bergbaulichen Interessen, 1905. Privatsammlung

mit 6 Prozent obere Grenzwerte für den Aschegehalt festsetzten. Über Tage wurde das Material von Frauen, Alten und Kindern an bewegten runden Tischen oder Bändern von Hand separiert, dann gesiebt, gewaschen und gemahlen, je nach dem Verwendungszweck. Hydraulische Setzsiebe, zunächst bewegliche, dann stehende, ab 1860 kontinuierlich arbeitende, trennten die Kohle vom tauben Gestein. Selbst feines Korn ließ sich durch die Verwendung von Carl Lührings (1840–1893) Feldspatbetten, die es – unter Wasser gesetzt – mit Trichterfunktion nach unten durchließen, 1875 in Dortmund gewinnen. Lühring führte sein Verfahren auch in Belgien und England ein. Gemahlene Kohlen machten, weil gleichförmig, ihre Verwendung kalkulierbarer. Die noch feineren Kohlenschlämme blieben ungenutzt, bis Adolph Bessel (1835–1886) in Dresden 1877 das Prinzip der Schaumflotation mit hyperphobischen Teilchen für eine reine Graphitherstellung entdeckte; eine Anwendung ließ aber noch Jahrzehnte auf sich warten.

Die Nutzbarmachung der Kohle stand in den vierziger und fünfziger Jahren in Deutschland eindeutig unter dem Vorzeichen der Leuchtgas- und der Eisenbahngesellschaften, welche die meisten Aufbereitungsstätten in Verbrauchernähe betrieben. Die sächsischen Werke spielten dabei oft eine innovatorische Rolle. Die gesamtwirtschaftliche Bedeutung der ersten Koksverwendung im Eisenhüttenwesen in Gleiwitz ist oft überbewertet worden, denn es stellte kein besonderes Problem mehr dar, Koks herzustellen, wann immer man ihn brauchte. Dafür ließen

9. Hoch- und Koksöfen von Châtelineau in Belgien. Lithographie von A. Canelle in »La Belgique industrielle«, 1852. Brüssel, Collection Crédit Communal

sich Spezialisten gewinnen, wie sich in der Mitte des Jahrhunderts mit den vielen belgischen Ofenbauern und ihren Unternehmungen im Ruhrgebiet zeigte. Koks für Eisenhütten wurde im Ruhrgebiet erst Anfang der fünfziger Jahre benötigt. Kohlenhändler, die hier die Produktion aufnahmen, hatten Probleme mit den bei der Destillation anfallenden vier Produkten Koks, Ammoniakwasser, Teer und Gas, die sich je nach Sorte und Behandlung sehr unterschiedlich ergaben.

Kokserzeugung und Eisenhüttenindustrie traten zu Beginn der vierziger Jahre in ein neues Verhältnis: Der hohe spezifische Einsatz in der Roheisenherstellung sank durch eine Reihe von Verbesserungen in der Eisenherstellung, unter anderem durch die Verwendung erhitzten Windes im Hochofen, schlagartig ab. Zunächst drängten die Eisenbahngesellschaften in diese Abnehmerlücke, bis sie Mitte der fünfziger Jahre Steinkohle als Feuerungsmaterial benutzten. Kohle und Koks erhielten Rationalisierungsanstöße. Leistungsverbesserungen in den Kokereien ergaben sich außer durch Mechanisierung vor allem durch verbesserte Garung des Kokses. Nicht mehr die offenen Meiler, sondern besser kontrollierte Verfahren waren gefragt. Eine Reihe von Ansätzen in England und in Belgien wies diesen Weg.

Das Verkoken ist im Kern eine kontrollierte Teilverbrennung der Steinkohle ohne Luftzufuhr, also eine Destillation, ein »Abschwefeln«, wie die Zeitgenossen sagten, um die unreinen Bestandteile zu entfernen. Die Abfallprodukte und Ausstöße haben von Beginn an die Koks- und Gasherstellung als Problem begleitet. An der Saar hatte man bereits seit 1839 Schornsteine dafür. Eine Reihe von Vorschlägen galt der

Verkokung feiner Kohle, um daraus für Lokomotiven und Hochöfen die gewünschten Ergebnisse zu erhalten. So gelang es Friedrich August Heuser (1797–1875), seine in offener Meilerform angelegten Schaumburger Öfen mit gestampfter Feinkohle zu besetzen, was zum großen Erfolg dieser Öfen auch in England und den USA beitrug. Die Ausbeute blieb jedoch sehr gering; sie lag unter 10 Prozent. Die erfolgreichsten geschlossenen Koksöfen waren die schon im 18. Jahrhundert entwickelten englischen Bienenkorböfen, so benannt nach ihrem Aussehen, die bereits ein Ausbringen von 45 Prozent aufweisen konnten. Achtzehn von ihnen standen 1839 nach Glasgower Vorbild auch in Riesa und produzierten 9.000 Jahrestonnen für die Eisenbahnen, zunächst aus englischer, dann sächsischer Steinkohle.

Unter der kleinen Zahl der naturwissenschaftlich Ausgebildeten waren es vor allem die Chemiker, die in der Kokserzeugung ein Anwendungsfeld für ihre Interessen erhielten. Sie waren zum Beispiel in London und Freiberg Pioniere der wissenschaftlichen Analyse des Teers, Schüler von August Wilhelm von Hofmann (1818–1892) und Eilhard Mitscherlich (1794–1863), und mußten sich als Techniker zudem auf die Auslegung hitzebeständiger Materialien verstehen. Es war gerade dieser Erfahrungsgewinn aus der Optimierung der Steinkohlennutzung, der der Chemie maßgebliche Anstöße gab. Weiterentwicklungen und Verbesserungen bezogen sich auf die Verwendung von außerhalb vorgeheizter Luft in Rekuperatoren, die Weiterverwendung der heißen Abgase zur Vorwärmung der frischen Steinkoh-

<table>
<tr><th>Jahr</th><th>Zechen</th><th>Private</th><th>Hütten</th><th>insgesamt</th></tr>
<tr><td>1850</td><td colspan="2">73</td><td>–</td><td>73</td></tr>
<tr><td>1855</td><td colspan="2">197</td><td>133</td><td>330</td></tr>
<tr><td>1860</td><td colspan="2">135</td><td>200</td><td>335</td></tr>
<tr><td>1865</td><td>188</td><td>100</td><td>416</td><td>704</td></tr>
<tr><td>1870</td><td>341</td><td>250</td><td>636</td><td>1.227</td></tr>
<tr><td>1875</td><td>585</td><td>350</td><td>669</td><td>1.605</td></tr>
<tr><td>1880</td><td>1.306</td><td>974</td><td>971</td><td>3.251</td></tr>
<tr><td>1885</td><td>2.375</td><td>452</td><td>1.068</td><td>3.894</td></tr>
</table>

Kokserzeugung im Ruhrgebiet in 1.000 Tonnen (nach Ress)

len im Koksofen durch Regeneratoren oder zur Wärmung von Wasser für Dampfzwecke, die mechanische Be- und Entladung der Öfen und eine immer umfangreichere Gewinnung von Nebenprodukten. Dabei wurden die zum Vorheizen aufgewendeten Kohlen, bei Leuchtgasherstellung bis zu 33 Prozent des Gesamtverbrauchs, vermindert, und das Ausbringen, also der Anteil des nutzbaren Kokses im Verhältnis zur eingesetzten Kohle, ließ sich erhöhen. Der Coppée-Ofen konnte schon mit Eigengas auskommen.

Das Streben nach Kontrolle des Vorgangs, nach physikalischer Nutzung der Hitze und chemischer Nutzung der Bestandteile führte vom Schaumburger Ofen, der auch in England und Amerika weit verbreitet war, über den Bienenkorbofen, der von England auf den Kontinent kam, zum Flammofen, dem Coppée-Ofen, und weiter zu umfangreicheren Systemen, die nach der wirtschaftlichen Sorgenzeit Mitte der siebziger Jahre die Nebenproduktgewinnung zu einem großen Geschäft machten und auch der Schwerindustrie den Nutzen der chemischen Wissenschaft vor Augen führten. Um den Coppée-Ofen und den Bienenkorbofen wurde vor allem zwischen Engländern und Kontinentaleuropäern eine Art Glaubenskrieg geführt. Weniger beachtet blieb, daß der von Evance Dieudonné Coppée (1827–1875) in Belgien entwickelte Ofen, den er um 1861 in Serien von je 24 Stück und ab 1867 im Ruhrgebiet einsetzte, insbesondere für halbfette und magere Kohle gedacht war und mit einem mechanischen Ausdrück- und Füllmechanismus versehen werden konnte, während der Bienenkorbofen von Hand zu füllen und zu räumen war. Coppées Ofen gehörte zu den ersten Flammöfen mit Horizontalkammern in einer Schütthöhe bis zu 1 Meter und senkrechten Zügen, während später vor allem Vertikalkammern für eine mehr als 3 Meter hohe Schüttung gebaut wurden. Bei einer Breite von 0,45 Metern garte der Koks in 24 Stunden, bei größerer Breite dauerte es entsprechend länger. Das Ausbringen stieg je nach Verfahrensart auf fast 60 Prozent. Konnte man im Bienenkorbofen 40 bis 70 Kilogramm pro Quadratmeter Ofengrundfläche in 24 Stunden verkoken, so waren es im Flammofen bereits 250 Kilogramm.

Die Weiterverwendung des Destillationsproduktes Teer als Bindemittel für die Brikettherstellung aus Feinkohle gelang zuerst 1842 den Franzosen in St. Etienne. Trotz der enormen Abgänge gerade an Feinkohle ließ sich das Produkt jedoch nicht gut absetzen; erst 1853 kam es nach England, 1859 nach Belgien, und der Bau großer Brikettfabriken erfolgte erst um die Jahrhundertwende, als wesentlich besser brennende Bindemittel gefunden worden waren.

Die intensivere Ausnutzung der Steinkohle wurde aber nicht nur durch Umwandlung in Koks und Gewinnung von Nebenprodukten erreicht. Schon bei der Energieeinsparung durch die Verwendung vorgeheizter Luft im Hochofen nach James Beaumont Neilson (1792–1865), der sich 1828 seinen Röhrenwinderhitzer patentieren ließ, und durch die Verwendung von Gichtgasen zur Heizung von Flammöfen im Jahr 1838 nach den Hüttenpraktikern Friedrich von Kerner (1775–1814) und Achilles Wilhelm Christian von Faber du Faur (1786–1855) wurde ein Prinzip erkennbar, welches sehr viele thermische Prozesse ökonomisch beeinflussen sollte und in den fünfziger Jahren zur allgemeinen Anwendung gelangte: Beschleunigung der Reaktionen durch vorgewärmte Luft und Aufheizung der Luft durch Verbrennung von ansonsten nutzlosen Gasen. Faber du Faur erhitzte die Gebläseluft in einem Ofen durch die abgehenden Gichtgase. Diese Rekuperatoren hatten jedoch eine geringe Lebensdauer. Die gußeisernen Röhren, die von außen erhitzt und innen von Wind durchflossen wurden, mußten erhebliche Temperaturdifferenzen aushalten: 660 bis 870 Grad bei den Feuerungsgasen und 370 Grad beim Wind, der sogar auf 540 Grad gebracht werden konnte.

Mitte der fünfziger Jahre kulminierten aus mehreren Richtungen Bemühungen, höhere, konstantere und kostengünstiger zu erreichende Temperaturen bei den Schmelzprozessen zu erzielen. Es zeigte sich, wie allein durch geschicktere Anordnung der Heiz- und Lüftungszüge erhebliche Verbesserungen zu erreichen waren. Friedrich Hoffmann (1818–1900) ließ sich 1858 einen Ringofen patentieren, der, ständig unter Brand gehalten, durch ringförmige Anordnung der Heizgänge und systematische Öffnung und Schließung von Zuglöchern den Energiebedarf für die Ziegel in den bauhungrigen Städten auf ein Drittel senkte. Der wichtigste Anstoß zur Ökonomisierung der Energie kam jedoch von einigen Berufserfindern aus London, denen die vorherrschende Herstellungspraxis von Gußstahl zu aufwendig erschien. Sie wollten, nicht zuletzt angeregt durch die hohen Prämien, die Napoleon III. dafür bezahlen wollte und die die neuen Eisenbahngesellschaften dafür aufbringen konnten, durch Erhöhung der Temperatur Stahlguß im Schmelzbad, statt im Tiegel, möglich machen.

10a und b. Werbung von Produzenten und Händlern für Installationsmaterial. Annoncen im »Journal für Gasbeleuchtung«, 1879. Langwiesen, Eisenbibliothek, Stiftung der Georg Fischer AG

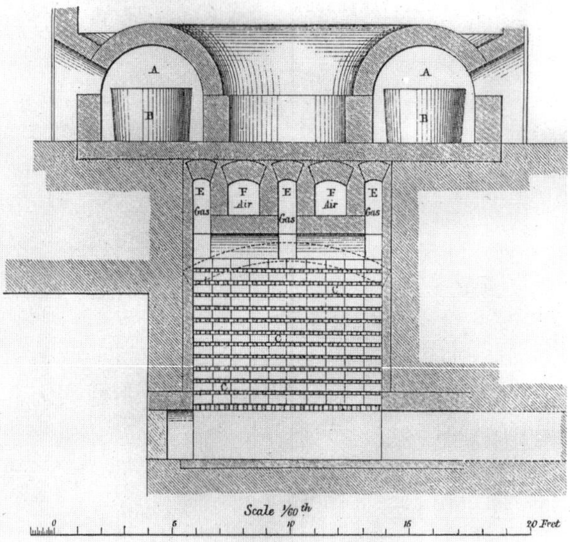

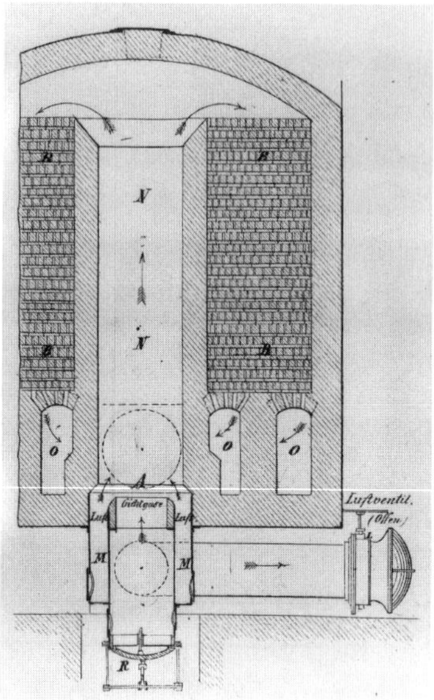

11a. Regenerativofen für Glas von Wilhelm Siemens. Lithographie von Robert J. Cook, 1862. München, Siemens-Museum. – b. Winderhitzer von Cowper. Stahlstich in »Dinglers Polytechnisches Journal«, 1860. London, British Library

Wilhelm (1823–1883) und Friedrich (1826–1904) Siemens waren wie ihre Brüder Werner (1816–1892) und Carl (1829–1906) auf der Suche nach vermarktungsfähigen Erfindungen, die meist in einer erkennbaren Beziehung zur sich dynamisch entwickelnden Eisenbahn standen. So dachte Wilhelm nach seiner Ankunft in London 1843 daran, die Temperaturverluste, die beim Arbeitshub des Dampfmaschinenkolbens im Dampf entstanden, durch jeweilige Nachheizung auszugleichen, also die Restwärme weiterhin zu nutzen und den Dampf wieder zur Arbeitsleistung zu verwenden. Gerade für die Schiffahrt war eine solche Lösung höchst wünschenswert. Seine Versuche scheiterten jedoch, obwohl er auf der Ausstellung der Society of Arts 1850 für eine Regenerativ-Dampfmaschine und einen Regenerativ-Generator eine Goldmedaille erhielt.

Angespornt wurde Wilhelm durch den vielfältigen Wettbewerb, die öffentliche Vorführung eines älteren Patents und die intensive Beschäftigung mit den Motoren und Heißluftmaschinen von Robert Stirling (1790–1879). Friedrich konzentrierte sein Interesse nun auf die Erzeugung heißer Luft, die für einen solchen Motor benötigt wurde. Wenn man den Temperaturverlust durch den Betrieb wieder ersetzte, ansonsten aber eine hohe Betriebstemperatur beibehielt, konnte man ihn durch die Gasfeuerung seit Mitte der vierziger Jahre ökonomischer gestalten. Er nutzte die in Abgasen vorhandene Heizkraft, um damit Heizzüge, die mit feuerfesten Steinen besetzt waren, aufzuwärmen. Durch Umschaltung konnte er dann über die Gebläseluft diese Steine lenken, während die Heizgase einen anderen Teil aufheizten. Die erzielten Temperaturen übertrafen alle bisher gemessenen Werte. Wilhelm teilte das gefundene Grundprinzip 1856 seinem Bruder Werner mit, und beide überlegten mit Friedrich, welche patentfähigen Zwecke sich nun anboten. Drei wichtige Verfahren nahmen hier ihren Ausgangspunkt: eine kostengünstige Glasherstellung, der Siemens-Martin-Stahl und die Cowper-Winderhitzung für Hochöfen.

Friedrich und Wilhelm Siemens trennten sich 1857 für vier Jahre, da sie über die weitere Verfolgung der Idee uneins waren. Friedrich konnte später nach dem Tod seines Bruders Hans (1818–1867) in Dresden eine Glasfabrik erwerben und sie – durch die um 50 Prozent niedrigeren Heizkosten beim Regenerativprinzip, durch eine kontinuierliche Wannenproduktion und ab 1874 durch die Herstellung von Preßglas in einer geheizten eisernen Form – sehr erfolgreich führen. Da der Preis von Hartglas etwa auf ein Drittel sank, eröffnete sich der Herstellung und Verwendung von Glasflaschen in den entstandenen Städten ein großer Markt. Selbst minderwertige Brennstoffe ließen sich über die Verbrennung der Gase als Heizmaterial einsetzen. Friedrich Siemens stellte deshalb die Fabrik von Tafelglas auf Flaschenglas um.

Edgar Alfred Cowper (1819–1893) war Mitarbeiter von Wilhelm Siemens, hatte an den Experimenten teilgenommen und gehörte wie die Siemens-Brüder oder Bessemer ebenfalls der Gruppe der Berufserfinder an. Die von ihm vorgeschlagene Anwendung für die Roheisenherstellung basierte auf folgenden Prinzipien: Der Regenerator zur Erhitzung von Luft oder anderen Gasen wurde in einem luftdichten Blechgehäuse untergebracht, das wiederum durch ein feuerfestes Futter gegen die Einwirkung der heißen Gase geschützt war; er hatte Kanäle für beide Medien; die Verwendung wurde stets wechselweise betrieben, um so einen stetigen Strom von erhitzten Gasen zu erhalten; die Feuerstelle konnte geschlossen werden, während Luft oder Gas durch den Generator erhitzt wurde; er ließ sich von einer oder mehrerer Feuerungen erhitzen, während der andere Generator seine gespeicherte Wärme abgab; es wurde gleicher Druck in beiden Generatoren aufrechterhalten, und der Generator ließ sich durch Hochofengas oder durch in anderen Öfen erzeugte Wärme erhitzen.

Bei den ersten Versuchen wurden schon 650 bis 700 Grad erreicht, die man mit den Schmelzpunkten verschiedener Metalle feststellte. Während bei einer Gichtgastemperatur von 1.100 Grad die Rekuperatoren noch 670 Grad heiße Gase an die Außenluft abgaben, senkte Cowper diese Temperatur auf 110 Grad, so daß statt der 400 Grad-Differenz bei den Rekuperatoren durch Cowper 900 Grad für die Winderhitzung genutzt werden konnten. Bei der Umsetzung in die Praxis störten jedoch die Gasstäube, welche die Kanäle immer wieder zusetzten. Thomas Whitwell ersetzte ab 1865 die engen Durchflußzüge durch parallele Wände, so daß große rechteckige Durchflußschächte entstanden, durch welche die Gase im Zickzackweg strömten. So ließen sich die Winderhitzer leichter reinigen. Erst die spätere Gasreinigung machte die Cowper-Türme wieder aktuell. Im Jahr 1872 gab es in England 70 Whitwell-Apparate, und 34 waren in Bau, in Deutschland 20 in Betrieb und 52 im Bau. Wilhelm Siemens dachte hinsichtlich der Anwendung des Regenerativprinzips auf die Stahlherstellung an eine Alternative zu Bessemers Verfahren, doch seine eigenen Versuche schlugen fehl.

Salz und Petroleum

Während für die Steinkohle ein längst etablierter Verwendungszusammenhang gegeben war, der sich durch die Eisenbahn und die Stahlherstellung gewaltig vergrößerte, mußte für die Vermarktung von Petroleum erst einmal eine Lücke im Lebensalltag der Konsumenten gefunden werden. Und sie bot sich. Stand die Gasbeleuchtung nur der Öffentlichkeit und den wohlhabenden Stadtbewohnern zur Verfügung, so konnte Petroleum für die Land- und für eine schnell ansteigende städtische Bürger- und bald auch Arbeiterschicht angeboten werden. Entscheidend dabei waren der Einsatz einer geeigneten Lampe und die richtige Transportverpakkung, so daß die Furcht vor Bränden gemildert werden konnte. Man gewöhnte sich schnell an das überall verfügbare billige Licht und betrachtete es fortan als sozialen Besitzstand, für den man in einigen Staaten wie im Deutschen Reich ab 1879 ungern Steuern bezahlte. Bei der Vermarktung ergaben sich zwei fortwirkende Aspekte. Einmal mußten in diesem zunächst sehr unübersichtlichen Geschäft – schließlich konnte jeder Öl fördern – Normen gesetzt werden, nach denen das Produkt gehandelt werden konnte, zum anderen unterlag es wegen der leichten Zugänglichkeit einer ungemein großen Preisfluktuation.

Das kaufmännische Interesse an Standardisierung veranlaßte chemische Untersuchungen, vor allem in den USA, so daß bald die physikalische Schwere, gemessen in Grad Beaume, die Farbe – je dunkler, desto schwerer das Öl – und die Entzündungstemperatur sich als Standards herausbildeten und schon 1862 in einem Testgerät ermittelt werden konnten. Die Chemiker, die gerade in den fünfziger Jahren erfolgreich die Struktur der Derivate des Steinkohlenteers entschlüsselten, nahmen nun auch die Analyse des Erdöls auf. Die Konditionierung des Öls für den Transport stand im Vordergrund. Durch die fraktionierte Destillation nach Benjamin Silliman und die kontinuierliche Destillation nach Samuel van Syckel konnte Erdöl »entmischt« und durch »cracken« langer Kohlenwasserstoffmoleküle sogar marktgängiger aufbereitet werden.

Die Ausbreitung des Erdölgeschäfts in den USA hing von der Beherrschung der

Transportwege, der Raffinerien und Pipelines ab. Wie kein zweiter verstand es John D. Rockefeller (1839–1937), den Überlebenskampf der Eisenbahnen in den Jahren 1873 bis 1875 auszunutzen, um die Tarife zu drücken. Die Holzfässer als Transportgefäße ersetzte man in den USA nach und nach durch eiserne Tanks; nur für den bald entscheidenden Export nach Europa wurden Tanker wegen anfänglicher Unglücksfälle erst in den achtziger Jahren üblich. Rockefellers fest organisiertes Monopol fand in der älteren Steinkohlenförderung kein Gegenstück.

Wurde die Nutzbarmachung der Steinkohle nach dem Rückzug des Staates und dem Desinteresse des Bergbaus bald eine Domäne der chemischen Industrie und ließ sich in den USA die monopolistisch organisierte Petroleumindustrie erst nach Aufbau eines russischen Erdölnetzes durch die chemisch und kommerziell versierten Brüder Nobel um 1880 auf eine intensive Erforschung des Erdöls ein, so behauptete sich der Staat weiterhin bei der Analyse des Salzes. Trotz Liberalisierung der Wirtschaft hatte der Krim-Krieg gezeigt, wie sehr die Kriegs- oder Verteidigungsfähigkeit des Staates von regelmäßigen Salpeterlieferungen abhängig war. Das galt wegen der Düngemittel für die Landwirtschaft und wegen des Pulvers für die Munitionsfabriken. Verwendung fand Soda, das sich seit Anfang des 19. Jahrhunderts über das Leblanc-Verfahren herstellen ließ, in der Seifen-, Glas- und Textil-

Petroleum-Äther, Gasoline und Benzin		15,5 %
Lampenöl		55,0 %
Paraffinöl	Schmieröl	17,5 %
	Paraffin	2,0 %
Koks, Gas und Verlust		10,0 %

Pennsylvanisches Rohpetroleum ergab 1876 bei der Destillation (nach Chandler)

Destillationsprodukte aus pennsylvanischem Rohpetroleum 1876 (nach Wagner)

Spezifisches Gewicht	Siedepunkt		
0,65–0,66	40–70°C	Nr. 1:	Petroleum-Äther (Keroselen, Rhigolen, Sherwood-Oil), Lösungsmittel für Harze, Kautschuk und Öl, sowie zur lokalen Anästhesie bei chirurgischen Operationen und zu Kälteerzeugungszwecken;
0,66–0,69	70–90°C	Nr. 2:	Gasoline (Gasolene, Canadol), zur Extraktion von Ölen aus Samen etc., zur Wollentfettung und für Luftgasmaschinen;
0,69–0,70	80–110°C	Nr. 3:	Naphta (Benzin), als Fleckwasser, zum Verfälschen des Kerosens, für Heizzwecke;
0,71–0,73	80–120°C	Nr. 4:	Ligroine, zum Brennen in den Ligroinlampen und zur Bereitung von Leuchtgas;
0,73–0,75	120–170°C	Nr. 5:	Putzöl, zum Putzen von Maschinenteilen, als Terpentinölsurrogat zum Verdünnen von Ölfarben, Lacken

Spezifische Gewichte und Siedepunkte der Petroleumderivate (nach Wagner) fabrikation. Als Großbritannien die Anlieferungen von Salpeter im Umfeld des Krim-Krieges störte, griffen vor allem französische, aber auch deutsche Chemiker auf die reichlich vorhandenen und zugänglichen Abraum-Kalisalze zurück, die durch die staatlichen Geologischen Landesämter festgestellt worden waren. Der Ausbau der Chemie an den Universitäten und der Aufbau von stark kartellierten Salzbergbaugesellschaften haben die Umsetzung chemietechnologischer Erkenntnisse begleitet. Über die Salpeterverwendung hinaus brauchte man Kalisalze zur Desinfektion von Wasser, für Magnesium-Zement, zur Feuerlöschung und Holzimprägnierung.

Betriebsdampfmaschinen

Die Suche nach einem geeigneten Medium, einen Kolben in einem Zylinder zu bewegen, um damit über eine Kraftmaschine zu verfügen, war schon gegen Ende des 17. Jahrhunderts erfolgreich, indem Wasserdampf als ein mögliches Mittel erkannt wurde. Die Kraftmaschine, auch in der Form der Explosionsmaschine, stellte eine greifbare Utopie des Barockzeitalters dar. Mitte des 19. Jahrhunderts war sie alltäglich geworden. Um diese Zeit schälte sich freilich bereits die konkrete Utopie des Elektromotors heraus. Die Jahrzehnte zwischen 1840 und 1880 waren die »Reifejahre« der Dampfmaschine. Als das elektrodynamische Prinzip 1866 von Werner Siemens entdeckt wurde, als andererseits ab den achtziger Jahren Hochdruckturbinen mit wenig bewegten Massen für große Leistungsabmessungen konstruierbar waren, gerieten auch die großen Dampfmaschinen mit ihren umfänglichen und schwer zu kontrollierenden Gewichtsmassen ins technische Abseits. Nur in festgeschriebenen Systemen wie dem der Eisenbahn überlebten sie einige Jahrzehnte.

Die naturwissenschaftlich-technische Entwicklung der Dampfmaschine seit dem 17. Jahrhundert läßt sich auch in Kriterien der Arbeitsteilung beschreiben. Aus dem Arbeitszylinder mit Kolben nach der Vorstellung Denis Papins (1647–1712) wurde durch Thomas Newcomen (1663–1729) zunächst die Dampfherstellung herausgelöst und dann – wiederum aus physikalischen Gründen – durch James Watt (1736–1819) auch die Kondensation. Weitere Kraftverstärkung und höhere Schnelligkeit erfuhr die Maschine durch die Doppelwirkung auf den Kolben, wiederum durch James Watt, und im ersten Jahrzehnt des 19. Jahrhunderts schließlich durch die Ablösung der wirkenden Kraft der Atmosphäre durch den höher gespannten Dampf in einer Hochdruckmaschine. Die im heißen Dampf liegenden Wirkungsmöglichkeiten wurden also Zug um Zug technisch genutzt, oft aber erst später wissenschaftlich entdeckt und erforscht.

Die Anwendung von Dampfmaschinen in Lokomotiven und auf Schiffen hatte vielfältige Rückwirkungen auf die Betriebsdampfmaschinen. So widmeten sich die

Konstrukteure in besonderem Maße der Verbindung der Kraftmaschine mit der Arbeitsmaschine. Die Etablierung des Dampfmaschinenbaus in den Ländern außerhalb Englands, also in Belgien, Frankreich, Deutschland und der Schweiz sowie in den USA, führte nach 1820 nicht mehr zu grundsätzlich anderen Lösungen, dafür aber zu erstaunlichen Leistungssteigerungen durch bessere Koordinierung der Teilsysteme, durch höhere Paßgenauigkeit einschließlich neuartiger Steuerungen der Dampfzufuhr und durch die Verwendung passender Materialien.

Die Kessel waren bis zu Beginn des 19. Jahrhunderts wenig leistungsfähig, da sie für die Niederdruckmaschinen nur atmosphärischen Sattdampf liefern sollten. Mit den Bemühungen, den Dampfdruck zu erhöhen, insbesondere bei den Lokomotiven, rückte auch aus sicherheitstechnischer Sicht der Kessel in das Blickfeld sorgfältigerer Arbeit. Aus den Walzenkesseln waren schon 1810 bei Richard Trevithick (1771–1833) Flammrohrkessel mit einem Flammrohr und 1840 bei Fairbairn mit zwei Flammrohren geworden. Statt gehämmerter kamen nun gewalzte und damit gleichmäßigere und berechenbarere Bleche für die Außen- und Innnenhaut des Kessels hinzu. Die Nietlöcher wurden nicht mehr geschlagen, sondern gebohrt beziehungsweise seit Anfang der vierziger Jahre mit einer Nietmaschine gefertigt, so daß die Kessel insgesamt höheren Druck aushalten konnten. Es kam darauf an, im Kessel möglichst viel Hitze auf das Wasser und die Umhüllung wirken zu lassen. Das Prinzip des Wasserrohrkessels, 1840 von Ernst Alban (1791–1856) vorgeschlagen, führte nicht das Feuer in großen Röhren durch einen Wasserkessel, sondern das Wasser in Röhren und daher mit großer Oberfläche durch das Feuer. Es wurde allerdings erst in den späten sechziger Jahren, von England und den USA kommend, auch in Deutschland üblich. Die schrägen, hartgelöteten Wasserrohre aus Kupfer und Messing mit ausreichendem Dampfreservoir stellten den Wasserumlauf beim Erhitzen sicher. Diese Art des Kesselbaus war jedoch bereits eine komplizierte und arbeitsaufwendige Röhrenkonstruktion, die genaueste Beobachtung verlangte.

Während des Betriebs sind zahlreiche Kessel explodiert. Dies geschah sicher nicht nur wegen Konstruktions- oder Materialfehlern, sondern auch wegen unsachgemäßer Verwendung. In der Öffentlichkeit und in den Unternehmen setzten zunächst in England und seit Anfang der dreißiger Jahre auch in Deutschland Bemühungen ein, Explosionsschäden zu begrenzen. 1830 erließ die preußische Regierung eine Genehmigungspflicht für Dampfkessel, 1845 schrieb eine Gewerbeordnung den eineinhalbfachen Prüfungsdruck für Kessel vor, und 1856 verlangte die Regierung die ständige Überwachung der Kessel. Erst als die englischen Kesselbesitzer unter öffentlichem Druck einer stärkeren Kontrolle der Kessel unterworfen wurden, zugleich aber durch Zerstörung oder Stillstand ihres Produktionsmittelapparates erhebliche finanzielle Verluste drohten, bahnten sich zwei Lösungswege an: der britische, bei dem die Kesselbesitzer Versicherungen gründeten und eigene Inspektoren anstellten, und der französische mit staatlicher Kontrolle. In Deutschland konkurrierte dieser mit jenem. Die privaten Dampfkesselüberwachungsvereine, 1866 zuerst in Baden, später in anderen Ländern, erhielten im Laufe der Zeit immer mehr staatliche Kontrollaufgaben überantwortet und drängten die Befürworter der staatlichen Kontrolle zurück. Seit den dynamischen sechziger Jahren kamen die Vereine in den Genuß eigenverantwortlicher Prüfung, weil die deutschen Staaten keine anderen Beamten als nur Baubeamte einstellen wollten, aber auf die Hilfe der Fachleute angewiesen waren. Immerhin mußten 1879 schon 60.000 Dampfkessel in Deutschland kontrolliert werden. Bismarck, der 1884 schließlich die Aufwertung der Dampfkesselüberwachungsvereine einleitete, tat dies, weil sie sich der Kontrolle des Parlaments entzogen, und integrierte so die ehemals emanzipatorischen Vereine in den großbürgerlichen Wirtschaftsstaat.

Hier lassen sich hinsichtlich der Unglücksfälle bei Eisenbahnen weitergehende Überlegungen über die Art des gesellschaftlichen Umgangs mit Technik anstellen. Wenn eine Maschine oder ein Verfahren vom Mechaniker oder Chemiker in den Regelgebrauch überging, veränderte sich stets die Position der Maschine oder des Verfahrens. Der Bediener rutschte in der Regel zu einer billigen Arbeitskraft ab, je weniger er die Apparate steuern mußte, desto tiefer. Da die Risiken auf dieser qualifikatorischen Abwärtsleiter aber ganz unbekannt oder ungewohnt waren, wurden Risikosignale nicht wahrgenommen beziehungsweise verdrängt, damit Kopf und Hände für andere Aufgaben freiblieben. Anders als bei der Eisenbahn, bei der

12. Boilerexplosion in Gent am 17. Mai 1856. Lithographie, 1856. Gent, Centrale Bibliotheek

die Gefährlichkeit durch die Einführung der Gefährdungshaftung, die nur für die Öffentlichkeit galt, deutlich zum Ausdruck kam, wurde der Beschäftigte an allen technischen Geräten als »Handwerker« verstanden, der seine Werkzeuge voll im Griff hat. Kam es zu Störungen, dann ließen sie sich nur als mangelnde Beherrschung der Geräte erklären. Der ganz neuartige Charakter der Gefährdung durch industrielle Technik sollte in der Rechtssphäre erst gegen Ende des 20. Jahrhunderts erkannt werden. Die Hauptlast im Übergang von einer wenig technisierten, landwirtschaftlich geprägten Lebensweise zu einer industriell-technisch geformten war mit erheblichen Verhaltensänderungen verbunden, deren Risiken weniger von der Öffentlichkeit und von den Eigentümern der Produktionsmittel als vielmehr von den Beschäftigten und den Nutzern getragen werden mußten.

Die Schrägrohrkessel mit einer bald mechanisierten Kohlenzufuhr für die Rostfeuerung, die den Heizern etwas Erleichterung verschaffte, ließen die Herstellung zuerst großer und ab 1880 auch heißer Dampfmengen zu. Seitdem es Dampfmaschinen gab, war die Feuerung ein Ärgernis für die Nachbarn, nicht nur wegen der Brandgefahr durch Funkenflug, sondern mehr noch wegen des Rauchs. Die »Rauchabschaffungsbewegung« der Bürger kämpfte seit Mitte des Jahrhunderts vor allem in England um entsprechende Verbesserungen. Doch die Feuerungsfachleute suchten viele Jahre vergeblich nach einem rauchlosen Verfahren, denn die Kohlen waren nicht genormt, und die geforderten gesetzlichen Auflagen – in England 1853, in Frankreich 1854 – wurden wegen der eindeutigen Interessenkonstellationen zugunsten der Industriellen nicht wirksam. Selbst die öffentliche Beteiligung des Prinzgemahls Albert an dieser Bewegung in England bewirkte wenig in jener heftig umkämpften Frage.

Die Steuerung der Dampfzufuhr geschah schon seit Beginn des 19. Jahrhunderts mit Schiebern an Stelle der von Watt benutzten Klinken. Es kam in den folgenden Jahren darauf an, sie von dem passierenden Druck zu entlasten, der auf die Mechanik ausgeübt wurde, um auf diese Weise die Dampfverteilung verlustfreier und die Mechanik verschleißfreier zu machen. Schneller laufende Maschinen konnten mit der relativ langsamen Schieberfüllung nicht reüssieren, die Oliver Evans (1755–1819) deshalb mit einer Expansionsvorrichtung versehen hatte. Conrad Matschoß, der 1908 mit seiner »Entwicklung der Dampfmaschine« einen Markstein in der wissenschaftlichen Behandlung der Technikgeschichte setzte, hat in dem Übergang von einer lediglich im Prinzip richtig funktionierenden zu einer exakten Steuerung den Beginn einer neuen Epoche im Dampfmaschinenbau gesehen. Für ihn markierten die Bemühungen von George Henry Corliss (1817–1888) um die Mitte des 19. Jahrhunderts den »Übergang zum Präzisionsdampfmaschinenbau«.

Corliss montierte seit 1848 alle vier für einen Zylinder erforderlichen Dampfzu- und Dampfabschaltbewegungen auf einem einzigen beweglichen Steuerrad. Außer-

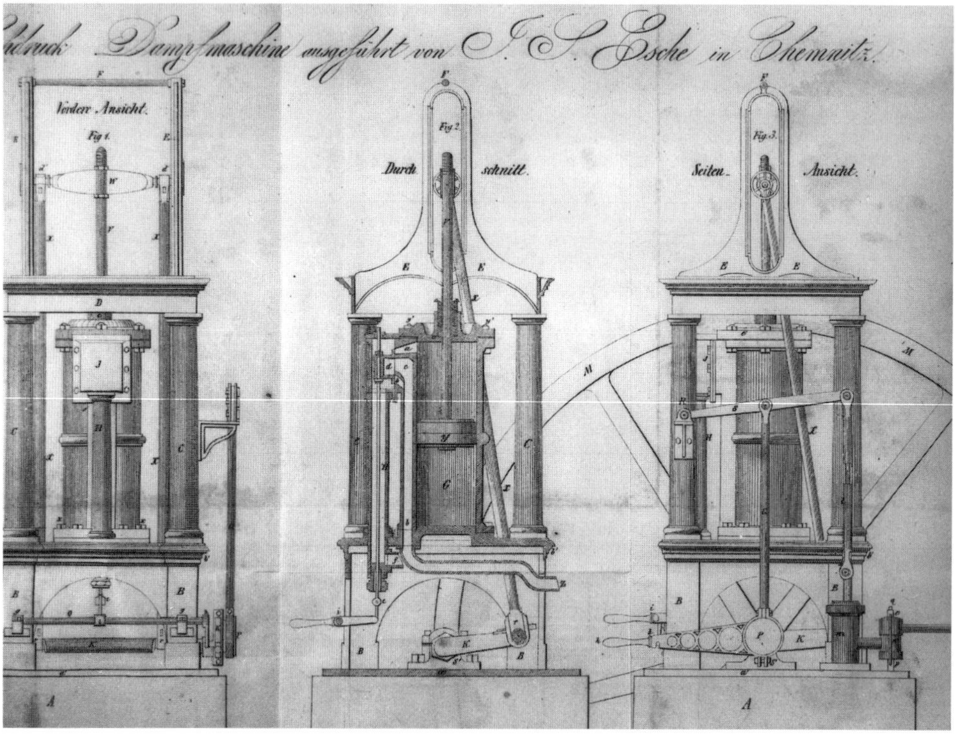

13. Hochdruckdampfmaschine. Steindruck von J. G. Häcker im »Gewerbeblatt für Sachsen«, 1839. Langwiesen, Eisenbibliothek, Stiftung der Georg Fischer AG

dem benutzte er keine Ventile, sondern Schieber, sogenannte Rundschieber, und trennte die Dampfzufuhr von der größer dimensionierten Dampfabführung. Mit dieser Zentralführung war der Maschinenwärter der Einzelregulierungen enthoben; die Maschine konnte mit der konstruktiv vorgegebenen Steuerung laufen. Doch Corliss stand mit seinen Präzisionsmaschinen zunächst allein, da solch komplizierte Mechanismen gerade in Amerika nicht sehr geschätzt wurden. Seine Erfahrung unterschied sich darin nicht von der eines James Watt, der 1770 gegen die noch einfacheren Konstruktionen Newcomens ankämpfen mußte. Corliss verlangte die Hälfte der eingesparten Heizkosten während der ersten beiden Betriebsjahre für sich. Da seine Steuerung den Dampfverbrauch auf etwa die Hälfte reduzieren sollte und er dieses Versprechen, das ihm zunächst keiner glaubte, auch erfüllte, erhielt er schon bald zahlreiche Aufträge. Eine besondere Leistung der Steuerung bestand darin, daß der Füllgrad des Zylinders für die Nutzung der Expansionskraft des Dampfes in Abhängigkeit von der Belastung der Maschine selbständig gesteuert und damit ein gleichmäßiger Lauf der Maschinen sichergestellt werden konnte.

Durch seine geschickt formulierten Patentansprüche gelang es Corliss, das vielversuchte Kopieren seiner Maschinen immer wieder gerichtlich zu verhindern. Im Kern ging es dabei nicht um die Steuerscheibe, sondern um die Art und Weise, wie der Aufschlag des ausgelösten und dann frei fallenden Verteilungsorgans gedämpft werden sollte. Corliss hatte dafür eine Luftfederung, sein schärfster Konkurrent F. E. Sickel (1819–1895) eine Wasserdämpfung und statt der Schieber Ventile vorgeschlagen. Es waren gerade die Leistungen von Corliss, die auf der Weltausstellung in London 1851 und der Ausstellung in New York 1853 die englischen Mechaniker voller Achtung von den amerikanischen Leistungen sprechen ließen. Ab 1857 wurden die ersten Corliss-Maschinen in Deutschland nachgebaut. Corliss galt in Europa als Synonym für die »Amerikaner« und ihre Verbesserungen. Nirgends wurde das deutlicher als auf der Weltausstellung in Philadelphia 1876, wo er eine stehende Riesenmaschine, die größte der Welt, vorführte. Mit ihren 13,5 Meter Höhe und den zwei 11 Tonnen schweren Balanciers leistete sie 2.500 Pferdestärken, die über ein 9-Meter-Schwungrad abgegeben wurden.

Im Wettbewerb um niedrige Betriebskosten stieß Corliss allerdings auf erfolgrei-

14. Kondensationsdampfmaschine von Sulzer. Lithographie in »The Engineer«, 1873. Berlin, Technische Universität, Bibliothek

che Mitbewerber, auf die Gebrüder Johann Jacob (1806–1883) und Salomon Sulzer aus Winterthur, dem Zentrum der Schweizer Textilindustrie, die seit 1834 Dampfmaschinen bauten. Sie engagierten 1851 einen fähigen Schüler von Henry Maudslay (1771–1831) aus London, Charles Brown (1827–1905), der nicht nur das Indikatordiagramm als wichtige Kontrolle seiner konstruktiven Leistungen einführte, sondern sich auch sogleich mit der Verminderung des Dampfverbrauchs befaßte. Er begann zunächst, die Dampfströmungen zu verbessern, und entwickelte dann die Ventilsteuerung entscheidend weiter. Eine parallel zum Zylinder geführte Steuerachse kontrollierte über Kegelräder neuartige Ventile, die mit ihren Federn die Dampfzufuhr exakt lenkten. 1865 unterbot er damit den Verbrauch der Corliss-Maschinen um 30 Prozent. Konkrete Untersuchungen über die Reibungswärme und das mechanische Wärmeäquivalent nahm Sulzers Schwager Gustav Adolph Hirn (1815–1890) im Elsaß vor.

Außer durch genauere Steuerung, also durch Dosieren, ließ sich im Dampf

	1840	1860	1880
Dampfkessel	Walzenkessel Rauchrohrkessel	Flammrohrkessel Rauchrohrkessel Batteriekessel	Flammrohrkessel Rauchrohrkessel kombinierte Kessel Wasserrohrkessel
Feuerung	Unterfeuerung Innenfeuerung Planrost natürlicher Zug	Planrost natürlicher Zug	Planrost Anfänge des Wanderrosts natürlicher Zug
Typ der Dampfmaschine	Balancier mit ein- und zweifacher Expansion	stehende und liegende Maschinen, meist ohne Balancier; Bauart Woolf	stehende und liegende Maschinen, ohne Balancier Schnelläufer
Steuerung und Regler	Schiebersteuerung Fliehkraftregler	Ventil und Schieber Corliss, Regelung durch Veränderung der Füllung	Schieber Ventile Expansionsschieber Achsregler
Kondensation	Einspritzkonden- sation	Einspritzkonden- sation, Oberflächen- kondensation	Einspritzkondensation Oberflächenkonden- sation
Dampfdruck in Atmosphären	5	6,5	11
Dampftemperatur	Sattdampf	Sattdampf	Sattdampf
thermischer Wirkungsgrad	4,6 Prozent	7,5 Prozent	9 Prozent
maximale Leistung	62 PS	400 PS	550 PS
Platzbedarf in Quadratmeter/PS	0,7	0,3	0,07

Technische Entwicklung der Betriebsdampfmaschine 1840–1880 (nach Wagenbreth)

gespeicherte Energie auch besser nutzen, wenn die Restspannung im abgehenden Dampf zur Arbeit in einem weiteren Zylinder herangezogen wurde. Arthur Woolf (1766–1837) hatte solche Vorschläge sehr früh gemacht. Genutzt wurden derartige Maschinen vor allem in der Schiffahrt. Angeboten wurden sie in unterschiedlichen Varianten. Der Dampf konnte in zwei oder mehr Zylindern benutzt werden, die Kolbenstange konnte ein oder zwei Kolben führen, die Arbeitstakte wirkten synchron oder versetzt. Noch stärkere Maschinen erhielt man, wenn zwei Zylinder und Kolben unter 90 Grad gekoppelt und als Verbund-Maschinen eingesetzt wurden, 1829 zuerst durch Gerhard Moritz Roentgen (1795–1852), dann sehr erfolgreich durch den Schiffsmaschinenbauer John Elder (1824–1869) in England. Überhitzter Dampf, später auch Heißdampf, wurde aufgrund der theoretisch-physikalischen Überlegungen als vorteilhaft erkannt, doch erst in der folgenden Generation ließen sich die Aggregate richtig anordnen und die Schmierprobleme lösen.

Auch die sachgemäße Positionierung der verschiedenen Elemente einer Dampfmaschine trug erheblich zu ihrer Wirtschaftlichkeit bei. Im Gegensatz zur Aufstellung ganz großer Maschinen, die senkrecht stehende Zylinder besaßen, wurden die üblicherweise stehenden Turm- und Bockmaschinen, die bis in die dreißiger Jahre mit mächtigen Balanciers und damit mit großen bewegten Massen arbeiteten, in den vierziger Jahren mit Schwungrädern ausgestattet, die kontinuierlich liefen und nicht in einen Ruhezustand zurückgeführt werden mußten, und im folgenden Jahrzehnt durch liegende Zylinder mit einer neuen Anordnung der Antriebsräder. Bis in die vierziger Jahre wurden die Teile durch ein schweres Gestell mit stehendem Zylinder und einem darunter montierten Antriebsrad zusammengehalten. Als die Stöße durch die bessere Steuerung nachließen und elastischer Stahl statt des stoßempfindlichen Gußeisens zur Verfügung stand, konnten alle wesentlichen Teile unter Umgehung von Mauern und Sondergestellen auf einer einzigen Grundplatte montiert und für die Wartung zugänglich gemacht werden. Die Anordnung bei Lokomotiven gab hierfür sicherlich Anregungen. Kolbenringe verhinderten ab 1850 den früheren Dampfabgang bei der Arbeit, und im Liegen konnte ein Kreuzkopf mit Gleitbahnen die Umsetzung auf die Drehbewegung leichter und eleganter zustande bringen als ein Balancier. Ende der vierziger Jahre wurden in Anlehnung an die Raddampfer auch oszillierende Zylinder gebaut, doch hier stellte sich das Problem der Abdichtung und noch stärker das der bewegten Massen. Für die entstandenen Fabriken mit ihren Werkzeugmaschinen, Hobelbänken und anderen Holzbearbeitungsmaschinen wären schneller laufende Dampfmaschinen oft von Vorteil gewesen. Doch noch versagten die üblicherweise verwendeten Schiebersteuerungen ihre Dienste. Allein Charles T. Porter (1826–1910) und John F. Allen (1829–1900) in den USA konnten durch eine andere Steuerung ab 1861 eine schnellaufende Dampfmaschine mit 200 Umdrehungen in der Minute anbieten, während die üblichen Transmissionsmaschinen lediglich zwischen 80 und 150

Umdrehungen abgaben. Zu Beginn der siebziger Jahre entwickelte sich eine genauere theoretische Betrachtung der dynamischen Vorgänge, und zwar durch Johann von Radinger (1842–1901).

Andere Anforderungen an Dampfmaschinen wurden gestellt, als die holländische Regierung 1836 nach einer verheerenden Sturmflut daranging, das vor den Toren Amsterdams gelegene 18.100 Hektar umfassende Haarlemer Meer trockenzulegen und wasserfrei zu halten. Da die in Aussicht genommenen etwa 60 Windmühlen dieses große Gebiet erst nach vier Jahren Pumparbeit von Wasser befreit hätten, bestellte die Regierung seit 1845 in England bei Dean und Gibbs Dampfmaschinen mit den bis dahin größten Zylindern, die jeweils 3 Meter Hub hatten. Diese Maschinen sollten sich nicht nur durch Schnelligkeit, sondern auch durch Zuverlässigkeit und geringeren Verbrauch auszeichnen. Die drei Pumpstationen, die nach früheren Entwässerungsplanern benannt wurden, erhielten jeweils eine Kolbenmaschine mit Expansion und einer Leistung von 350 Pferdestärken. Zur Verminderung von Hitzeverlusten wurden die beiden Zylinder ineinandergesetzt. Der außen liegende Niederdruckzylinder war mit einer Höhe von 3,95 Metern und einem Gewicht von 22 Tonnen ringförmig ausgebildet und hatte fünf Kolbenstangen. Insgesamt 11 Pumpbalanciers ragten aus dem Turm ins Freie und trieben die Saugpumpen an, die jede pro Hub 6 Kubikmeter Wasser 5 Meter hoben; insgesamt 27.000 Kubikmeter konnte die Station stündlich heben. Das Haarlemer Meer war nach einigen Verzögerungen in drei Jahren trockengelegt. Die größten Schwierigkeiten hatten darin bestanden, die schweren Maschinen im Meer einzusetzen beziehungsweise gegen das Meer abzudichten und die Wasserzuflüsse beim Bau zu beherrschen. Diese Maschinen stellten einen Höhepunkt technischer Leistungsfähigkeit vor den marktreifen Lösungen durch Corliss und Brown dar. Aufwand und Ergebnis glichen sich aus: Die rund 9 Millionen Gulden, die investiert werden mußten, konnten durch Verkauf von Grund und Boden wieder eingenommen werden.

Insgesamt folgten die Betriebsdampfmaschinen der rasanten Entwicklung im Eisenbahnbau, was die Schnelligkeit betrifft, und im Dampfschiffbau, was die Sparsamkeit anlangt, mit geringer Verzögerung. Doch seit den sechziger Jahren war ein merkliches Anwachsen von Dampfdruck, Umlauf- und Kolbengeschwindigkeit feststellbar: Die Konstrukteure hatten die Elemente der Maschine passend und materialgerecht zusammengebracht. In den achtziger Jahren folgte dann eine weitere Ausschöpfung der im Heißdampf liegenden Expansionsmöglichkeiten.

»Übrigens muß ich Ihnen gestehen, daß mich diese Steuerungsgeschichten der Dampfmaschine und die ganze Maschine selbst schon seit langer Zeit nicht mehr interessiert. Auf ein paar Prozent Brennstoff mehr oder weniger kommt es nicht an, und mehr kann man durch derlei Tüfteleien nicht gewinnen. Ich halte es von nun an für lohnender, sich über die Wärme den Kopf zu zerbrechen und unseren jetzigen Dampfmaschinen den Garaus zu machen und das wird hoffentlich in nicht gar zu ferner Zeit geschehen, indem das Wesen und die Wirkungen der Wärme allmählich zur Klarheit kommen. Die Kapitalerfindung muß freilich erst noch gemacht werden, damit ... namentlich diese Maschinen ein mäßiges Volumen erhalten; aber das alles wird sich wohl finden, wenn man einmal über das innere Wesen der Sache ganz ins reine gekommen ist.«

Ferdinand Redtenbacher, der Begründer des wissenschaftlichen Maschinenbaus in Deutschland, wagte diese Prognose 1856 während der Hochblüte im Dampfmaschinengeschäft. Er hatte sich einige Jahre lang mit Heißluftmaschinen beschäftigt und wies dem Kraftmaschinenbau in der starken Berücksichtigung naturwissenschaftlicher Phänomene den Weg zur Verwissenschaftlichung von Technik. Doch Verwissenschaftlichung und Systematisierung von Technik war eine Seite, die andere war das mühsame Herumtasten am konkreten technischen Objekt, das weiterentwickelt werden sollte, ohne daß dafür Erfahrungen zur Verfügung standen. Die Förderung solcher Entwicklungen war nicht Sache der kapitalkräftigen Schwerindustrie; sie stellte sich als Aufgabe für junge Mechaniker, die Kenntnisse von den Tendenzen der Maschinenbauwissenschaft hatten und dadurch Naturwissenschaften und Ingenieurwissenschaften einander näherbringen konnten. Die physikalischen oder ingenieurwissenschaftlichen Handlungsanleitungen und Theorien, wie sie in den fünfziger Jahren entstanden, legten einer schon ausgeführten Motorenkonstruktion gewöhnlich ein bestätigendes oder verneinendes Attribut zu. Es handelte sich somit vorwiegend um Praktiker, die bis in die sechziger Jahre Maschinen entwarfen und Prototypen bauten. Theoretische Fragen wurden nur sehr begrenzt für konstruktive Aufgaben herangezogen.

Daß Wärme nach der ubiquitären Dampfmaschine zu den vorzüglichsten Untersuchungsobjekten der Physiker gehörte, war offensichtlich. Auch Watt hatte seinen Kondensator mit Betrachtungen über die Natur der Wärme verbunden. Die Vorstellungen Sadi Carnots (1796–1832) machten zwar deutlich, daß Arbeit nicht von der Natur des Wärmeträgers, sondern von Wärmemenge und Temperaturdifferenz abhing, doch er schrieb der Wärme noch einen Stoffcharakter zu, und erst Julius Robert Mayer (1814–1878) verstand sie 1842 als Energieform. Auf ihn wollte die gelehrte Welt zunächst nicht hören, und die praktische zögerte ebenfalls. Kreislaufvorstellungen stellen eine Denkfigur dar, die bei der Betrachtung der Weltgeschichte unter dem Einfluß der Aufklärung zwar an Anziehungskraft verloren hatte, die sich aber für die Beschreibung von Naturvorgängen auf verschiedensten Gebieten zu halten vermochte. Das Kreislaufkonzept auf Wärmevorstellungen zu übertragen, wie es Sadi Carnot 1824 und um 1843, diesen zitierend, Emile Clapeyron (1799–1864) öffentlich taten, mochte mit den noch vorherrschenden Stoffvorstellungen über Wärme zusammenhängen, aber es brachte für die Motorenbauer zunächst keine unmittelbaren Anregungen. Es war ein Idealmodell. Die jeweiligen Wärmeverluste konnten wegen der fehlenden Meßgeräte und wegen der Meinung, es gäbe keinen Verlust, auch nicht aufgespürt werden. Erst bei Carl Linde (1842–1934) und Rudolf Diesel (1858–1913) wurde das Wärmephänomen zu einer maßgeblichen theoretischen Orientierung. Als wissenschaftliches Hilfsmittel zur Betrachtung des mechanischen Wärmeäquivalents stand dem Ingenieur das Diagramm über den zeitlichen Zusammenhang von Druck und Ausdehnung zur Verfügung, weitere Meßgeräte gab es nach wie vor nicht.

Die Ausnutzung der Expansivkraft erhitzter Luft war zunächst das Ziel der Konstrukteure. Aus der Vielzahl der vorgeschlagenen Lösungen ragten die Entwicklungen von Robert Stirling und von John Ericsson (1803–1889) heraus. Das Grundprinzip des Heißluftmotors bestand darin, in einem Verdichterzylinder Luft zu erhitzen und diese komprimierte Luft in einem Arbeitszylinder expandieren und einen Kolben bewegen zu lassen. Diese Idee funktionierte, wenn die Maschine genau arbeitete und die Wärmedifferenz zwischen Verdichterkolben und Arbeitskolben groß genug blieb. Die Temperatur stieg mit zunehmender Arbeitsleistung, die Temperaturdifferenz sank. Wollte man größeren Druck erreichen, so bremste der nur langsame Wärmefluß solche Absichten. Faszinierend an dieser Idee des Heißluftmotors war, daß man die durch Arbeit aufgezehrte Wärme im Verdichtungszylinder der Luft mittels eines Regenerators wieder zuführen wollte. Hatte man zunächst – unter der Vorstellung, Wärme sei ein Stoff und könnte jeweils zwischen verdichteter und entspannter Luft hin- und hergeschoben und dabei genutzt werden – wieder an ein Perpetuum Mobile gedacht, so mußte man nach Entdeckung des Ersten und Zweiten Hauptsatzes der Wärmelehre und einer ausführlicheren Erforschung der mechanischen Wärmetheorie erkennen, daß Wärmeverluste durch das Material und durch Umsetzung in Arbeit dazu führten, daß die Heißluftmaschinen nur mit geringer Stärke zu bauen waren. Der Regenerator konnte die Hitze nicht schnell genug auf die kühlere Luft im Arbeitszylinder übertragen. Er erfüllte seine Aufgabe nicht effektiv.

Der schottische Prediger Robert Stirling experimentierte seit 1816 mit einem geschlossenen Heißluftmotor, der tatsächlich 1844 in Schottland gelaufen sein soll. Es gelang ihm, in diesem geschlossenen System die vier Phasen – Kühlen, Komprimieren, Erwärmen und Entspannen – mit zwei Kolben so hintereinander zu schalten, daß die Maschine bei 21 Pferdestärken und 28 Touren pro Minute nur 1,13

Kilogramm Kohle pro Stunde verbrauchte. Der Schwede John Ericsson schlug ebenfalls verschiedene Heißluftmotoren vor, bei denen zuletzt Erhitzung und Abkühlung voneinander getrennt wurden, und 1851 erhielt er sogar ein Patent auf einen wirksamen Regenerator, durch den die Luft mit gleichbleibendem Druck hindurchströmte. Aber erst 1860, als er die Kolbenbewegungen von Arbeits- und Regeneratorzylinder gegeneinander verstellbar konstruierte und die Maschine ohne Regenerator auf den Markt brachte, war ein Durchbruch seiner Motoren erreicht. 3.000 Exemplare wurden vor allem in den USA verkauft. Im selben Jahr brachte Étienne Lenoir (1822–1900) seinen Gasmotor auf den Markt.

Wasser, Luft und Gas konnte man über eine jeweils spezifische Art in Energie umwandeln, die sich nutzen ließ, sei es, um damit Stoffe zu verändern, sei es, um mit ihr Kraftmaschinen anzutreiben. Adolf Slaby (1849–1913), der 1883 den Berliner elektrotechnischen Lehrstuhl übernahm, einflußreich auf funktechnischem Gebiet wie auf dem der Politikberatung für Kaiser Wilhelm II., spielte in seinen Anfangsjahren eine führende Rolle bei der Messung der Leistungsdaten von Gasmaschinen. In einem Bericht über die Pariser Weltausstellung 1878, also zur Zeit der Nutzbarmachung des elektrischen Stroms für Kraftantriebe, gab er einen Überblick über die dort bestaunten Kraftmaschinen, in dem die Zeitgenossen die Fülle der wahrgenommenen Möglichkeiten nachzulesen vermochten. Neben der Nutzung der Dampfkraft, die im Vordergrund stand und bei weitem die größte Aufmerksamkeit beanspruchte, wurde augenfällig, daß viele Maschinenbauer an der Lösung der Kleinmotorenfrage arbeiteten. Sie sollte nach den Vorstellungen von Nationalökonomen, Ingenieuren und Gesellschaftsreformern den absehbaren Trend zur Bildung von Großbetrieben bei gleichzeitigem sozialökonomischem Absinken der Handwerker und der Herausbildung radikaler Arbeiterorganisation bremsen. Es zeigte sich dabei, daß die Engländer mit ihrer Vielzahl von kleinen und hochspezialisierten Maschinenbaubetrieben nicht nur ihre eigene Volkswirtschaft, sondern auch den »Rest der Welt« versorgen konnten, daß die Amerikaner mit ihrem schnell expandierenden Markt in anderen Größen produzierten als England und zudem über einen immer schneller wachsenden agrarischen Raum verfügten, daß aber in Deutschland, ähnlich wie in Frankreich, für eine Kopie englischer Verhältnisse keine Chancen bestanden. Die Nische, die sich in Deutschland, Frankreich und den USA auftat, verlangte nach investitionsfreudigen Unternehmern, die sich nicht auf Kleindampfmaschinen beschränkten. Es gab sie, und sie erkannten ihre Chancen in dem breit verfügbaren Leuchtgas, obwohl sie erfahren mußten, daß die Gasmaschinen weltweit nur mit einigen tausend Exemplaren einzusetzen waren. Sie fanden keinen breiten Markt, sollten jedoch für den Otto-Motor erfindungsgeschichtlich wesentlich werden.

Es lag auf der Hand, auch die Explosivkraft des Leuchtgases für motorische Zwecke zu nutzen. Der erste, der Gas als Antriebsenergie verwendete und in größeren Stückzahlen baute, war Étienne Lenoir. Sein doppeltwirkender Zweitaktmotor entstand 1860 und saugte ein Gas-Luft-Gemisch vollständig in den Zylinder, bevor es mit Hilfe einer elektrischen Batterie gezündet wurde. Für die maximal erreichbaren 12 Pferdestärken benötigte er immerhin 3 Kubikmeter Gas pro Pferdestärke und Stunde. Er litt unter den Problemen der Überhitzung und der Schmierung. Der Motor wurde mit seinen 40 Umdrehungen in der Minute trotz erheblichen Werbeaufwands ein moderater Verkaufserfolg. Im Jahr 1865 waren 400 Exemplare in Frankreich und 1.000 in England verkauft.

Die Nachrichten über den spektakulären Motor verbreiteten sich in aller Welt und regten zum Nachbau an, so Nikolaus Otto (1832–1891) in Köln, der keine einschlägige Vorbildung besaß. Er nutzte – wie im Dampfmaschinenbau längst üblich – die Expansionskraft des Gas-Luft-Gemisches nach der Zündung und senkte damit den Verbrauch. Gezündet wurde durch eine Dauerflamme. Die Mechanik des Fliehkolbens, der bei der Explosion frei nach oben schoß und erst beim Rückfall durch Zahnstange und Kupplung in Arbeitsleistung eingebunden wurde, machte allein wegen des Geräusches die Maschine nicht besonders vertrauenerweckend. Auf der Weltausstellung in Paris 1867 wäre man darüber auch wohl hinweggegangen, hätte nicht der Preisrichter des Norddeutschen Bundes, Professor Franz Reuleaux (1829–1903) von der Berliner Gewerbeakademie, das Verbrauchsargument in die Diskussion gebracht und eine Vergleichsmessung mit Lenoir-Motoren verlangt: Die Juroren vergaben die Goldene Medaille, weil er mit 800 Litern Gas pro Pferdestärke und Stunde nur ein Drittel des Verbrauchs des Lenoir-Motors aufwies.

Nikolaus Otto hatte sich 1864 mit Eugen Langen (1833–1895) verbunden, einem Polytechniker, der zusammen mit Franz Reuleaux bei Ferdinand Redtenbacher in Karlsruhe studiert hatte, zur Familie eines reichen Zuckerindustriellen gehörte und auf Anraten Reuleaux' in den so zukunftsträchtigen Kleinmotorenbau investieren wollte. Der sich nun abzeichnende Erfolg der Firma – von dieser Maschine wurden 2.649 Exemplare gebaut – schien jedoch gefährdet, als Reuleaux von einer wesentlich verbesserten Heißluftmaschine erfuhr. Nun griff Otto zwei Ideen auf, von denen die eine, der Viertaktrhythmus, bereits in den sechziger Jahren einmal vorgedacht worden war. Hinzu kam die Erkenntnis, daß vorverdichtetes Gemisch kräftiger zündete, weil es den mittleren Druck erhöhte, und dieses sowie ein Viertaktmotor auf der Weltausstellung in Wien 1873 bereits gezeigt worden waren.

Mehrere Arbeitsvorgänge liefen also nacheinander in einem Zylinder ab: Ansaugen, Verdichten, Zünden und Ausstoßen, während der Zylinder der Dampfmaschine durch Vorschalten des Kessels und Nachschalten des Kondensators gerade von solchen extremen Nutzungsänderungen entlastet worden war. Ottos Augenmerk war darauf gerichtet, die Gasexplosion, die sichtbar nicht sofort den ganzen Zylinderraum erfaßte, sondern durch ihn hindurch»wanderte«, langsamer vonstatten gehen zu lassen, um die Erschütterungen durch die Explosionen zu mildern. Dafür

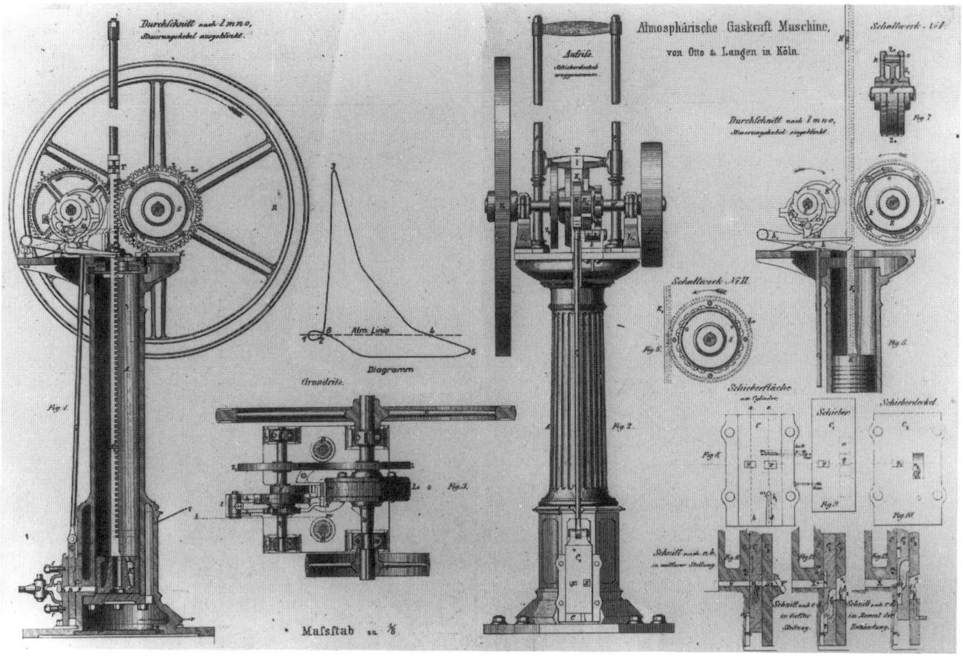

15. Atmosphärische Gaskraftmaschine von Otto und Langen. Stahlstich, 1867. Köln, Unternehmensarchiv KHD

wollte er unterschiedlich fette Gas-Luft-Gemische in den Kolben einsaugen, zunächst Luft, dann Gas. Diese »Rückkehr« zu einer Vorrichtung, in der die Gasexplosion kontrolliert geschah – nur jeder vierte Takt brachte Schub – und die Vorsicht, weiterhin beim Leuchtgas zu bleiben und nicht das bereits experimentell erprobte Benzin-Luft-Gemisch zu verwenden, bedeuteten den Durchbruch. Vorverdichtung und Zündung nacheinander im gleichen Zylinder stattfinden zu lassen, das war die zukunftsweisende, weil herstellbare Konstruktion, die Otto im März 1876 zu einer betriebsfähigen wassergekühlten Maschine zusammenfügte. Sie leistete 2 Pferdestärken, lief mit 180 Umdrehungen pro Minute, und in dem 161 Millimeter weiten Zylinder bewegte sich der Kolben 300 Millimeter und verbrauchte 950 Liter pro Pferdestärke und Stunde. Im Jahr 1877 patentiert, lief der Viertakter kräftig und vor allem staunenswert leise, für die Amerikaner 1876 ein »Silent Otto«.

Es ist schwer, bei diesem Wettlauf um passable mechanische Entwicklungen bei Gas- oder Dampfmaschinen die Rolle des in Deutschland 1877 erlassenen Patentgesetzes einzuschätzen. Es mochte der konzentrierten chemischen Industrie und der Elektroindustrie durch die Betonung des Unternehmernutzens vor dem Erfindernutzen dienen, doch im Motoren- und Maschinenbau dominierte noch nicht die Firmenerfindung, sondern über lange Zeit der Genieblitz und die Hartnäckigkeit des

Einzelerfinders, auch wenn dieser wie Nikolaus Otto von einem kapitalkräftigen Unternehmer gestützt und von dem angesehensten deutschen Mechanikprofessor beraten wurde.

Franz Reuleaux, Werner Siemens und Eugen Langen, die alle an der Entwicklung des Motors ihren großen Anteil hatten, gehörten auch zu den engsten Mitberatern für das Patentgesetz 1877. Langen hat für seine Firma die umfassenden Ansprüche 1876 selbst formuliert; immerhin war er ein führendes Mitglied im »Westdeutschen Verein für Erfindungsschutz«. Mit dieser quasi eigenen Ausfüllung des von ihm selbst vorgeschlagenen Patentgesetzes scheiterte er dann zehn Jahre später vor dem Reichsgericht. Langen und der auf Absicherung drängende Erfinder Otto erhoben eine Reihe von Ansprüchen im Patent, um Varianten des Motors gleich mit zu schützen. In über fünfundzwanzig Verfahren in vielen Ländern waren dann Prozesse zu führen, in Deutschland zogen sie sich über mehrere Jahre hin.

Dabei waren auch Ansprüche formuliert worden, die durch genauen Nachweis des tatsächlichen Vorgangs noch gar nicht belegt werden konnten, beispielsweise die Art der schichtenweise angenommenen Verbrennung. Das Reichsgericht stellte sich auf den Standpunkt, daß der Erfinder die Freiheit habe, sich alle Methoden und Mittel zur Durchführung schützen zu lassen, die das Gesetz erlaube, nur müßten die beiden auch aufeinander bezogen sein. Mit der geballten Expertenmeinung im Rücken hatten Otto und Langen auch gerichtliche Vergleichsangebote bis zuletzt immer abgelehnt. Den Bau des Viertaktmotors durch Konkurrenten unterbinden zu wollen, scheiterte schließlich an dem zu umfassend formulierten Anspruch. In England blieb der Viertaktmotor patentrechtlich geschützt.

Materialien: Eisen und Stahl, Zink und Kupfer

Die materiale Grundlage des Zeitalters der Eisenbahnen und Dampfschiffe war die kostengünstige Herstellung von Eisen und Stahl. Bei der Gewinnung von Eisen handelte es sich um einen bereits mit großer Erfahrung ausgeführten Prozeß zur Herstellung eines Grundstoffes für das gewerbliche, in geringerem Maße auch häusliche Leben. In einem zweistufigen Verfahren wurde zunächst im Hochofen aus Erzen Roheisen gewonnen, das sich nach abermaligem Einschmelzen in Schacht- oder Kupolöfen auch für Gußstücke eignete, die keine hohe Belastung aushalten mußten. Das Roheisen mit seinem hohen Kohlenstoffgehalt konnte man auf verschiedene Art weiterverarbeiten: im Frischfeuer oder Puddelofen durch Oxidation des Kohlenstoffs zu weichem Schmiedeeisen oder durch oft mehrfaches Umschmelzen mit geringer Kohlenstoffbeigabe, zuletzt in Tontiegeln, zu sehr widerstandsfähigem und elastischem Gußstahl.

Die verschiedenen Eisensorten, die zwischen 1840 und 1880 zu einem Massenprodukt wurden, erhielten nun auch festere begriffliche Konturen. Die überlieferten Bewertungskriterien richteten sich nach dem Verhalten des Eisens unter dem Hammer: Es war spröde, weich oder elastisch. Hinzu kamen quantitative Kriterien: »Elemente« aus der Chemie und »Zugfestigkeit« aus den neu entstehenden Werkstoffwissenschaften. In der Sprache des 19. Jahrhunderts wurden die beiden Gefügeformen, das nicht schmiedbare Roheisen und das Schmiedeeisen, deutlich auseinandergehalten. Zurückbleibende Verunreinigungen konnten bei der zweiten Schmelzung zu erheblichen Qualitätsunterschieden führen, so daß wenige Prozente oder auch nur Anteile davon ausreichten, um das Eisen unter dem Hammer bei zuviel Phosphor »kaltbrüchig« oder zuviel Schwefel »rotbrüchig« zu machen, wie Hammerschmiede oder Walzer es nannten. Das spröde Roheisen enthielt meist 4 bis 6 Prozent Kohlenstoff und nahm diese Eigenschaft nach Vorstellung der Eisenhüttenleute ab 2,3 Prozent Kohlenstoffgehalt an. Zu den Erzeugnissen zweiter Schmelzung gehörten das Gußeisen, das weder zug- noch schlagfest war und allenfalls Druckbelastungen als Säule oder Brückenpfeiler aushielt, ferner das nach Werkstoffeigenschaften zu unterscheidende schmiedbare weiche Eisen oder der elastische härtbare Stahl, die damals geschweißt oder geschmolzen werden konnten. In Angleichung an ausländische Sprachgewohnheiten ist heute die Bezeichnung »Stahl« für alles Eisen unter 1,6 Prozent Kohlenstoffanteil festgelegt.

Die neuen Kennzeichnungen haben in unterschiedlichem Ausmaß in Deutsch-

16. Traditionelles Schmiedehandwerk: Sensenherstellung in Sheffield. Gemälde von Godfrey Sykes, 1856. Sheffield, City Art Galleries

land und den USA Kontroversen ausgelöst. Mit dem konjunkturellen Einbruch stieg die Bereitschaft, über mehr Normung nachzudenken. Hüttenbesitzer, Eisenhüttenvereine, Wissenschaft und Staat diskutierten die vorliegenden Ergebnisse 1878 im Verein zur Beförderung des Gewerbfleißes sehr heftig. Unbestritten waren Kesselexplosionen, Achs- und Schienenbrüche trotz Verwendung des neuen Materials Stahl. Wie die Hersteller im Ruhrgebiet in einer Denkschrift an den Handelsminister vom 21. Juni 1875 erkennen ließen, waren sie bereit, aus der Mehrzahl der Kennzeichnungsmöglichkeiten eine einzige zu akzeptieren: entweder das Schliffbild nach Brechen oder Schlagen des Materials oder die Kennziffern des Zug- und Dehnungsverhaltens. Andere Festlegungen nach Schweiß- und Flußstahl oder Kohlenstoffgehalt sollten unbeachtet bleiben, weil man sonst bei der Produktion nicht mehr flexibel sei. Die Unternehmen fürchteten die Auflagen der Eisenbahngesellschaften, die 1878 immer noch 95 unterschiedliche Profile von den Hüttenwerken verlangten und eine hüttenmännische Versuchsstation wünschten, zu deren Funktion aber sowohl der Verein deutscher Eisenhüttenleute als auch einflußreiche Produzenten eine schwankende Haltung einnahmen. Diskutiert wurde auch der amerikanische Vorschlag von der Weltausstellung in Philadelphia, nach Schweiß- und Flußstahl zu unterscheiden.

Die deutschen Eisenhüttenunternehmen konnten sich weder auf ein die Chemie berücksichtigendes Forschungsinstitut noch auf eine Klassifikation nach Kohlenstoffgehalt einigen. Schon 1862 vorgeschlagen, trat das Forschungsinstitut, zunächst nur vom Verein deutscher Eisenhüttenleute gefördert, 1872 innerhalb der neu gegründeten Rheinisch-Westfälischen Technischen Hochschule Aachen ins Leben, während die Berliner Interessenvertreter in der Technischen Deputation es an der neuen Technischen Hochschule installieren wollten. Aufgrund der Versuchsergebnisse in den Materialprüfungsanstalten ging man seit 1889 bei Stahl von einer Zugfestigkeit ab 50 Kilopond pro Quadratmillimeter aus. Der alte Hammerschmied war mit seinem Produkt nun quantitativ festlegbar geworden, sowohl chemisch als auch vom Werkstoff her. In den USA erhielt die Angabe des Kohlenstoffgehalts Vorrang; dahinter blieb die traditionelle Einteilung in Schweiß- und Flußeisen bestehen.

Die besondere Situation in Großbritannien bestand Ende der dreißiger Jahre darin, daß sowohl für die Roheisengewinnung als auch für die Eisenbereitung im Puddelverfahren ökonomische Prozesse entwickelt worden waren, die zu einer erheblichen Absenkung der Energiekosten, der Eisen- und Stahlpreise sowie zu einer ausgedehnteren Anwendung in vielen Gebieten geführt hatten. In der Folgezeit verschoben sich hier die Eisen- und Stahlregionen: Südwales fiel zurück, der englische Nordosten und Schottland, das sich ganz auf die Heißwindtechnik konzentrierte, gewannen große Anteile hinzu. Südwales und Schottland drängten mit ihren Produkten auf den europäischen und nordamerikanischen Eisenmarkt, bis in diesen Ländern um 1880 leistungsfähige nationale Industrien herangewachsen waren.

Richteten sich die Standorte der Bergwerke nach den geologischen Verhältnissen, so waren die Hüttenwerke, meist getrennt nach Roheisengewinnung und Frischfeuern, in wald- und wasserreichen Gegenden angesiedelt. Trotz erkennbarer Einflüsse

17. Mechanische Werkstatt. Lithographie von Nicolas Marie Joseph Chapuy, vor 1850. Privatsammlung

des Weltmarktes versorgten die Hütten enge regionale Räume. Die britische Entwicklung hatte begonnen, diese scharfe geographische Segmentierung aufzubrechen, zunächst im eigenen Land, und mit der Öffnung der großen Flüsse und dem Bau von Eisenbahnen auch auf dem westeuropäischen Kontinent. Die Küstenstandorte für Kohle, Eisen und Stahl erleichterten diesen Vorgang. Kontinentaleuropäische Besucher, die in Scharen die englischen Hüttenwerke besichtigten, konnten sich kaum vorstellen, derart gewaltige Industriekomplexe an anderer Stelle zu errichten. Doch durch die eingeleiteten technischen Veränderungen galt das bald nicht mehr als utopisch. Wenn die Energiekosten anteilig zurückgingen, konnte man auch in weniger bevorzugten Räumen als den englischen Kohlenregionen den Aufbau einer solchen Industrie beginnen. Waren Steinkohlen vorhanden, dann ließen sich diejenigen neuen Prozesse, die für ein gefragtes Produkt wie Stahl eine hohe Energieeinsparung versprachen, ebenso in Belgien und Deutschland in Bergwerksnähe durchführen. Doch dieser Sog war nicht nur energiewirtschaftlich-technologisch, sondern in seiner Sequenz auch wirtschaftspolitisch begründet. Die großen staatlichen Finanzhilfen in Belgien, der Zollschutz von Frankreich, in Deutschland nach 1844 und dann erneut nach 1879, in den USA nach 1871, alles darauf gerichtet, die komparativen Kostenvorteile der Engländer auszugleichen und den heimischen Unternehmern gesichertere Profite zu gewähren, haben in entscheidender Weise den Aufbau der jeweiligen Hüttenindustrie beeinflußt.

Gußstahl

Die Herstellung von besonders hochwertigem Tiegelgußstahl durch Erhitzung von niedrig gekohltem Holzkohlenroheisen mit einer geheimgehaltenen Kohlenstaubmischung in geschlossenen Tiegeln hatte Benjamin Huntsman (1704–1766) in Sheffield schon 1746 entwickelt. Um 1840 erweiterte sich der Kreis der Produzenten in Europa rasch, und um 1880 war die absolute Überlegenheit Sheffields erschüttert. Zu sehr waren die dortigen Tiegelschmelzen das Ausspähungsziel europäischer Konkurrenten; zu häufig brauchte man für Lokomotiven, Wagen und Weichen, aber auch für viele Werkzeugmaschinen wichtige Teile aus diesem hochbelastbaren Material. Als teures »Engpaßprodukt« war es ebenso vom Abnehmermarkt wie von billiger Heizenergie abhängig. Wer den Prozeß beherrschte, und das waren nur wenige außerhalb Sheffields, konnte sehr gute Gewinne damit machen.

Jacob Mayer (1813–1875), der seit 1842 in Bochum ebenfalls Gußstahl herstellte, gelang es ab 1850, ihn sogleich in Formen zu gießen und als für den Maschinenbau unentbehrlichen Stahlformguß auf den Markt zu bringen, während sein Nachbar Alfred Krupp (1812–1887) in Essen es vorzog, die gewünschten Formen durch Schmieden zu erhalten. Er benutzte dafür seit 1860 ein Kopfwalz-

18. Die Gußstahlfabrik Fried. Krupp in Essen. Photographie, 1864. Essen, Historisches Archiv Fried. Krupp GmbH

werk, baute aber 1861 auch den Hammer »Fritz«, mit dem gußstählernes Material wie Kurbelwellen geschmiedet werden konnte. Es war ein aufregendes Unterfangen, wenn große Stücke gegossen werden mußten. In straffer militärischer Organisation mußten dann fast sechshundert Tiegel, jeder von zwei kräftigen Männern getragen, in wenigen Minuten aus dem Glühofen gehoben und im Halbsekundentakt in die Gußlöcher entleert werden, damit der Block eine möglichst einheitliche Temperatur erhielt.

Vorbild für einen erheblich umfangreichen Bau von Ausrüstungsmaschinen für Hüttenwerke wurde James Nasmyth (1808–1890), ein Schüler von Henry Maudslay. Nasmyth betrieb ab 1836 in Bridgewater eine Gießerei mit angeschlossenem Maschinenbau, führte aber auch für hochbelastete Teile das Schmieden im Gesenk ein – ein Verfahren, das sich mit weniger hochwertigem Werkstoff vor allem in den USA durchsetzte, weil der Umformungsvorgang schnell und ohne aufwendige Handarbeit vonstatten gehen konnte.

Robert Forrester Mushet (1811–1891) gehörte wie sein Vater zu den bedeutendsten Metallurgen Englands. Neben seinem entscheidenden Beitrag zum Bessemer-Verfahren wies er der Gußstahlproduktion neue Wege, indem er die Wirkung einer Reihe von Zusätzen auf den Tiegelgußstahl erprobte. Im Jahr 1867 teilte der angesehene Eisensachverständige William Fairbairn der Öffentlichkeit mit, daß

Mushets Stahlmischung mit Titan einen außergewöhnlichen inneren Zusammenhalt habe. Schon 1859 hatte Mushet sowohl ein Patent auf Beigabe von Titan als auch eines auf Beigabe von Wolfram genommen. Bei seinen weiteren Versuchen fand er 1868 einen Stahl, der beim Abkühlen härtete, also nicht unter Wasser abgeschreckt wurde, wobei leicht Risse entstanden. So nahm er spezielles Roheisen und fügte der Tiegelschmelze pulverisiertes Wolframerz hinzu. Anschließend schmiedete er den Guß aus und ließ ihn härten. Mit 1,1 bis 1,2 Prozent Mangangehalt und 8,5 bis 10 Prozent Wolframgehalt, ab 1872 mit Chromanteilen von 0,4 bis 0,5 Prozent und Wolframanteilen von 5,3 bis 6,7 Prozent erzielte dieser Stahl als Drehstahl eine gegenüber Gußeisen um 90 Prozent, gegenüber gewöhnlichem Stahl immer noch um 50 Prozent längere Lebensdauer. Zudem ließ sich die Schnittgeschwindigkeit erhöhen. Die Experimente um eine weitere Härtung des Stahls wurden weitergeführt: Nach der Härtung an der Luft erfolgte die betonte Windbeigabe als Härtungsmittel, später die Steigerung bis zur Weißhitze. Dieser Stahl, dessen Herstellungsmethoden gegen viele Erfahrungsregeln der Stahlmacher verstießen, war zwar teuer, jedoch allen anderen überlegen. Er war insbesondere für die schnellaufenden amerikanischen Werkzeugmaschinen unverzichtbar. Um der Spionage zu entgehen, wurde das Pulver in einem abgeschirmten Gelände außerhalb des Werkes vorbereitet und fertig angeliefert. Mushet ließ diese Arbeiten, wie es in England öfter der Fall war, über eine Patentverwertungsgesellschaft kontrollieren.

Während die Deutschen die Gußstahlherstellung im wesentlichen nach englischen Vorbildern, aber mit einheimischen Arbeitern kopierten, gingen die Amerikaner nach einer anfänglich ähnlichen Strategie auch andere Wege. Ihr Gußstahlzentrum bildete sich mit dem Aufkommen der amerikanischen Werkzeugindustrie etwa seit 1845 in Pittsburgh heraus. Dennoch war der schnell wachsende Markt der USA weitgehend von den Importen aus Sheffield abhängig, insbesondere für die Waffenfabriken in den Staaten Neuenglands. Der Bedarf an Gußstahl für den inneren Ausbau des amerikanischen Landes war sehr groß. Das Material stand für Werkzeuge, wie Sägen, Äxte, landwirtschaftliches Gerät zur Verfügung, die groß und leistungsfähig waren und für die Holzbearbeitung taugten. Im Jahr 1860 führten die USA noch 20.000 Tonnen ein, mehr als Sheffield überhaupt herstellte.

Der Bürgerkrieg machte die Abhängigkeit von Großbritannien deutlich. Zum Aufbau einer eigenen Gußstahlherstellung verbanden sich jetzt Kenntnisse aus der Metallbranche, die Interessen der Werkzeugmacher und die Siemenssche Regenerativfeuerung, die hier mit Erdgas betrieben wurde. Der Versuch, durch Anwerbung von Gußstahlarbeitern aus Sheffield die Kapazität in Pittsburgh auszuweiten, scheiterte vollständig. Die englische Arbeits- und Lebensweise – blauer Montag, keine Unterordnung unter einen Meister, mehr Feiertage, geringere Ausgaben für Mieten, Essen und Kleidung – unterschied sich so augenscheinlich von der amerikanischen, die auf Schnelligkeit, Leistungsfähigkeit und hohe Größenordnungen ausgerichtet war, daß sie die von den Amerikanern vorgeschlagenen Veränderungen im Produktionsprozeß einfach ablehnten und Pittsburgh verließen.

William F. Durfee (1833–1899) schuf wie mancher andere seit 1868 die neuen amerikanischen Tiegelschmelzen. Dazu gehörten die Verwendung des heißen Erdgases, die Materialprobleme mit sich brachte, der Einsatz heimischer statt schwedischer Erze, weniger aufwendig vorbereitetes Einsatzgut für die Tiegel, nunmehr Zementstahl, größere und haltbarere Tiegel, ergonomisch besser eingestellte Öfen, so daß die Tiegelöfen in den USA eine etwa vier- bis fünfmal größere Kapazität als jene in Großbritannien erreichten.

»Puddeleisen«

Die englischen und süddeutschen Verbesserungen in der Heißwindtechnologie schlugen sich sehr bald in der Herstellung von Eisenbahnschienen nieder. Wo es wie in Deutschland um massenhafte Produktion ging, errichtete man jetzt die Puddelöfen in Kohlerevieren. In den deutschen Mittelgebirgen wurde in wenigen Jahrzehnten auch die Kehrseite der Industrialisierung sichtbar, denn sie verödeten, bis sie im 20. Jahrhundert nach der Elektrifizierung wieder Anschluß an die gewerbliche Dynamik fanden.

Der ersten erfolgreichen Puddeleisenherstellung mit belgischer Hilfe 1824 bei Friedrich Christian Remy (1783–1861) in Neuwied am Rhein folgte 1826 Friedrich Harkort (1793–1880) in Wetter am nördlichen Rand des Sauerlandes, weil er für die Verbindung vom textilreichen Tal der Wupper mit dem nur wenige Kilometer nördlich gelegenen Ruhrgebiet eine Eisenbahnverbindung nach englischem Vorbild schaffen wollte. Hermann Dietrich Piepenstocks (1782–1843) Puddelwerk, die Hermannshütte in Dortmund, signalisierte 1841 dann den breiten Beginn der Puddeleisenherstellung. Zwar wurde sie auch an den traditionellen holzreichen Standorten schnell eingeführt, weil deren Energiekosten durch die Windvorwärmung ebenfalls erheblich sanken und weil – dies wird oft übersehen – die Puddeleisenproduktion in der Anfangsphase in Deutschland, etwa bis zur Mitte des Jahrhunderts, die Grundlage des Maschinenbaus war. Der Zollverein förderte diesen Aufbau seit 1844 durch Zollschutz. Zudem war die Puddeleisenindustrie mit ihren kleinen Betriebseinheiten hervorragend anpassungsfähig an alle denkbaren Produktionsfaktoren und wurde als Spezialproduktion trotz der produktionstechnischen Vorteile der neu aufkommenden Verfahren erst durch den Elektrostahl zu Beginn des 20. Jahrhunderts überholt.

Aus Puddeleisen wurden in den dreißiger Jahren vor allem Eisenbahnschienen gemacht, als Gußeisen dem Gewicht der Lokomotiven und Wagen nicht mehr standhielt. Der Herstellungsprozeß setzte sich aus vier verschiedenen Schritten

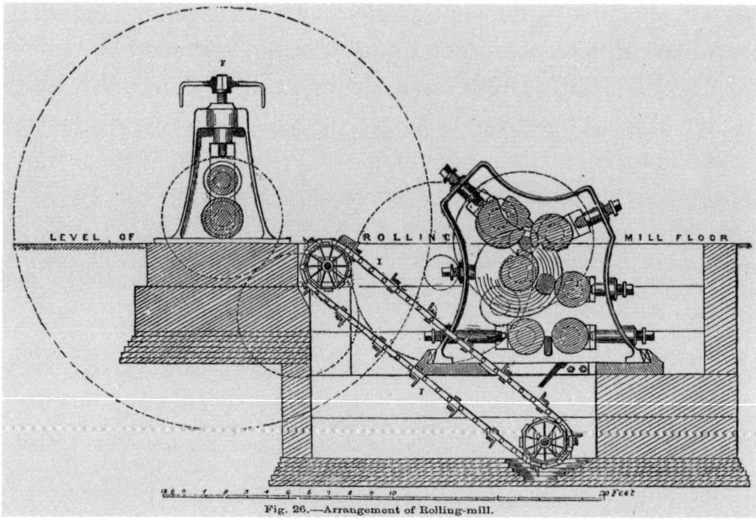

19. Luppenquetsche und Walzgerüst. Stahlstich in »Iron...« von William Fairbairn, 1861. London, British Library

zusammen: dem Flammofenfrischen, das heißt dem Erhitzen von Roheisen im offenen überwölbten Herd; dem Ausquetschen von Schlackenresten und dem Auswalzen zu Rohschienen; dem Paketieren, wobei Rohschienen zerschnitten und neu übereinandergelegt wurden, um eventuelle Ungleichmäßigkeiten in der Zusammensetzung auszugleichen; und dem Schweißen. In Glühöfen erhitzt, kamen diese Pakete dann erneut unter die Walze, wo sie zu Schienen ausgewalzt wurden. Das Ergebnis war ein Werkstoff mit hoher Anbruchsicherheit, geringer Empfindlichkeit gegen Kerbwirkung, niedrigen Eigenspannungen beim Abkühlen, hohem Korrosionswiderstand, hoher Alterungsbeständigkeit und vorzüglicher Schweißbarkeit. Die wesentlichen Verbesserungen auf der Hitzeseite dieses Prozesses waren 1840 gemacht; was folgte, waren Verbesserungen des gehendes Zeugs, der Anordnung und Leistungsfähigkeit der Walzen.

Die meisten der für den schmiedbaren Stahl entwickelten Bearbeitungswerkzeuge und Maschinen dienten der Herstellung von Eisenbahnschienen. Sie mochten Fortentwicklungen bestehender Einrichtungen sein; neu war nun, daß sie weitaus kräftiger gebaut werden mußten, um für den Kraftantrieb und für das Werkstück geeignet zu sein. So konstruierte James Nasmyth für den Bau des größten Eisenschiffes der Welt, der »Great Western«, 1839 einen praktikablen, weil über ein kreisförmiges Balanceventil steuerbaren Dampfhammer, den Robert Wilson (1803–1882) entwickelt hatte. Der Hammer erleichterte Dutzenden von Hilfskräften das Leben, die ständig über ein langes Seil den Hammerkopf hatten hochheben müssen; nunmehr hob Dampf den Hammer und steuerte das Gewicht, bevor er auf das Schmiedeteil, die Schiffswelle, herunterfiel. Weitaus eleganter noch war die Dampfpresse, die sich jedoch erst seit 1859 einsetzen ließ.

Um die Einführung des Dampfhammers gab es eine Kontroverse zwischen britischen und französischen Historikern, die eigentlich nur eine Verlängerung der Patentstreitigkeiten aus den frühen vierziger Jahren darstellte. Nach einem Besuch in Nasmyths Werkstatt in Bridgewater baute François Bourdon (1797–1865) bei Schneider in Creusot einen Dampfhammer und ließ ihn 1841 für sich patentieren, während der vielbeschäftigte und universelle Maschinenbauer Nasmyth erst 1842 in den Besitz eines englischen Patentes kam.

Die unter der rasanten Nachfrage nach Eisenbahnen expandierende Industrie vervielfältigte die Öfen und verbesserte die Leistungsfähigkeit der Walzwerke. So wurde die Luppe nach dem Ausziehen aus dem Ofen gequetscht, nicht gehämmert. Viele Experimente waren darauf gerichtet, die Pakete für die Schienen so zusammenzusetzen, daß sie im Gebrauch wenig abnutzten. Die Walzwerke, anfänglich fast ausschließlich durch Wasserräder angetrieben, mußten für Puddeleisen und seine Bearbeitung mit Dampfmaschinen ausgerüstet werden, zunächst mit stehendem Zylinder, seit Ende der vierziger Jahre – zum halben Preis für die gleiche Leistung – auch mit liegendem Zylinder. Schwungrad und Getriebe waren haltbarer zu machen, die Kupplung zwischen Antrieb und Walze mußte so gestaltet werden, daß sie als Sollbruchstelle funktionierte, wenn es beim Walzen stockte.

Das Puddeleisen mußte nach dem Schweißen beziehungsweise dem Wiederaufwärmen verschiedene Walzstadien durchlaufen, ganz ähnlich den schon bekannten

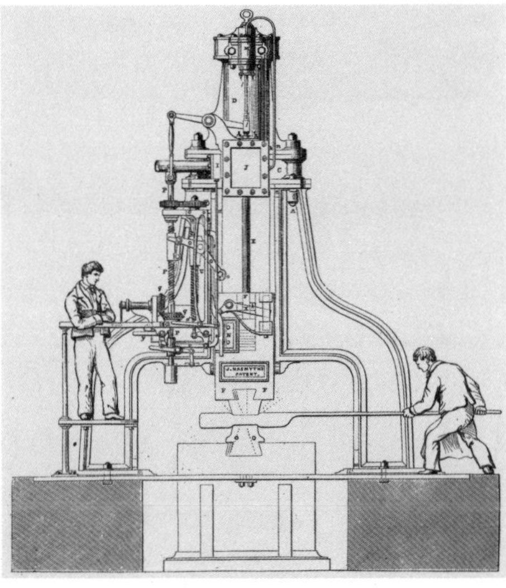

20. Dampfhammer von Nasmyth. Stahlstich in »Iron...« von William Fairbairn, 1861. London, British Library

Verfahren. Eine Grobwalze und eine Feinwalze gehörten zur Mindestausstattung. In den sechziger Jahren kam ein drittes Gerüst hinzu, in Deutschland jeweils als Duowalzwerk ausgelegt, während die Amerikaner bald die Triowalzwerke bevorzugten. Antrieb und Walze waren so koordiniert, daß das Werkstück sicher und schnell ausgewalzt werden konnte. Die Streckwalzen enthielten nebeneinander abgestufte Kaliber, durch die hindurch das Halbzeug meist sieben »Stiche« machen mußte, um die gewünschte Form zu erhalten. Die Kaliber waren nach Erfahrungswerten in die Walzen zu drehen. Auf Flachwalzen erhielten Werkstücke dann eine festere und glattere Oberfläche. Für weitergehende Veredelungsansprüche konnte ein dritter Walzvorgang auf der Feinwalze angeschlossen werden.

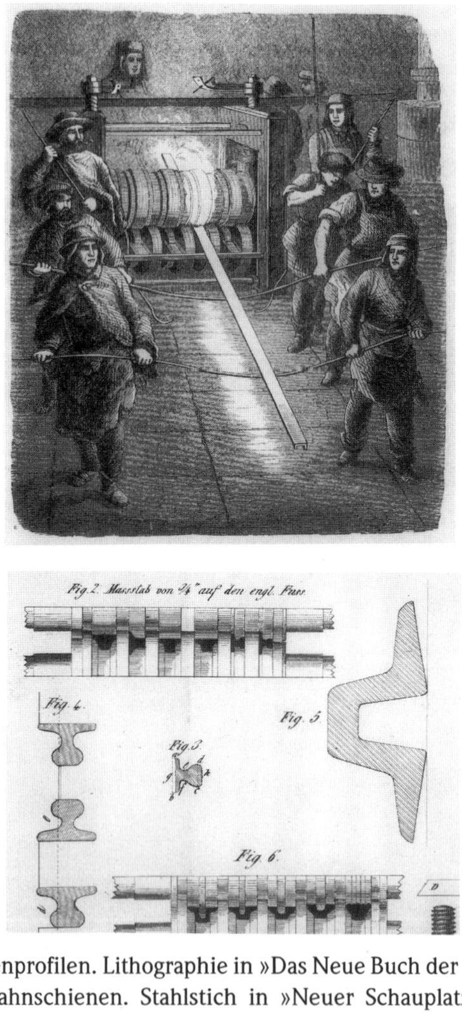

21a. Auswalzen von Eisenprofilen. Lithographie in »Das Neue Buch der Erfindungen«, 1866. – b. Profilwalzen für Eisenbahnschienen. Stahlstich in »Neuer Schauplatz der Bergwerkskunde«, 1848. Beide: Privatsammlung

Doch zuvor gab es viele Fragen zu lösen. Das Drehmoment der Dampfmaschinen war nicht kräftig genug; also mußte ein Schwungrad installiert werden. Wollte man die Walzrichtung ändern, so störte das Schwungrad bei der für das Walzen des glühenden Werkstücks erforderlichen Schnelligkeit. Das erste Kehrwalzwerk, Reversierwalzwerk, baute 1865 John Ramsbottom (1814–1897) im englischen Crewe mit hydraulischem Antrieb. Die An- und Abführung des Materials auf den Tischen vor und hinter den Walzen konnte durch die Einführung angetriebener Rollen beschleunigt werden; die Tische gehörten passend vor die Walzen. Die Amerikaner beschleunigten den Walzvorgang, indem sie die Tische mit verstellbaren Ketten, später mit Zahnrädern und Dampfmaschinenantrieb jeweils vor das richtige Walzenpaar ihrer Triowalzwerke stellten. Dies war eine erhebliche Verbesserung, die auch das Schwungradproblem löste. Die Walzprodukte unterlagen zunächst keiner Normung. Der Markt war aufnahmefähig und der Bedarf sehr vielfältig. Der Technische Verein für das Eisenhüttenwesen scheiterte mit dem Versuch einer volkswirtschaftlichen Rationalisierung, dem Einverständnis über Normalprofile, in den siebziger Jahren.

Insgesamt rückten die Walzen als »Maschinen« aus dem Bereich der alten Mühlentechnologie mit starkem Holzanteil in den Bereich der Mechanik, für den eben Mechaniker Bau und Wartung übernehmen mußten. Gerade in diesen Maschinen verbarg sich aber eine zunächst nicht erwartete Steigerung der Leistungsfähigkeit: Ein Walzgerüst konnte um 1840 rund 3,2 Tonnen pro Tag, ein Duo-Reversierwalzwerk um 1879 bereits 350 Tonnen walzen; sechs Jahre später waren es 700, und um 1900 lag die Spitze bei 2.000 Tagestonnen. Für Panzerplatten, Bleche und Draht mußten ebenfalls jeweils angepaßte Lösungen gefunden werden, die sich meist auf längere Traditionen stützten, nun jedoch viel größeren Präzisionsanforderungen unterlagen. So konnten Bleche bereits 1867 in einer einzigen Hitze bis auf einen Millimeter heruntergewalzt werden.

Ludwig Beck (1841–1918), mit seiner fünfbändigen Geschichte des Eisens einer der Begründer der wissenschaftlichen Technikgeschichte in Deutschland, war gelernter Eisenhüttenmann und faßte gegen Ende seines Lebens das Walzwesen staunend zusammen: »Die Entwicklung des Walzwerkwesens der Neuzeit ist gekennzeichnet durch den automatischen Schnellbetrieb mit dem Streben nach Massenerzeugung und Ersparung der Handarbeit. Welch ein anderes Bild bietet ein solches Walzwerk im Vergleich mit einem vor sechzig Jahren (gemeint ist 1850). Das Heer der bewußten Puddler und Walzer mit ihren Rührkrücken und Zangen ist verschwunden, dagegen lenken zwei Personen von der Kanzel aus durch Hin- und Herdrehen der Schalthebel den ganzen Riesenmechanismus mit Leichtigkeit nach ihrem Willen. Die mächtigen Walzen drehen sich abwechselnd rückwärts und vorwärts, ebenso die Rollgänge, welche die glühenden Walzstücke mit unfehlbarer Sicherheit den Kalibern zuführen. Haben die Walzen ihre Arbeit gethan, so führt ein

22. Zusammenschweißen von Eisenstangen zu Kanonenrohren. Lithographie in »Das Neue Buch der Erfindungen«, 1866. Privatsammlung

weiterer Rollgang das Walzgut zu den Scheren, zur Richtmaschine, zum Warmlager und zum Kaltlager, endlich in Sammeltreffen, aus denen das Eisen durch Kräne direkt verladen wird. Das ganze ist ein wunderbares Schauspiel der Herrschaft des Menschen über den Stoff, ein Triumph des Geistes!«

In der Verbesserung des gehenden Zeuges hatte England aufgrund seiner ausgebildeten Werkzeugmaschinenindustrie einen Vorsprung, der bis 1880 weder von Deutschland noch von Frankreich eingeholt wurde. Allein die Amerikaner entwickelten mit ihren Bemühungen um den Schnellbetrieb der Bessemer-Werke leistungsfähigere, aber auch weniger akkurate Maschinen. Im Ruhrgebiet hatten 1868 schon 27 Werke mit fast 500 Puddelöfen die Puddeleisenproduktion aufgenommen. Die Verzahnung der neuen mit der alten Herstellungsart läßt sich bei der Hermannshütte, dem 1839 gegründeten Puddelwerk in Hörde bei Dortmund, gut erkennen. Hermann Dietrich Piepenstock gehörte zu den märkischen Unternehmern, die in den Tälern des Sauerlandes Eisen und Bleche produziert hatten und sich rechtzeitig auf den beginnenden Eisenbedarf für Maschinen und Werkzeuge sowie für Bleche durch den Bau eines Weißblechwerkes und einer Puddelanlage einstellten. 1852 schaltete er mit dem Hörder Bergwerks- und Hüttenverein eine weitere Stufe, die Roheisenherstellung, vor die vorhandene Stahlproduktion.

Bessemer-Stahl

Der Werkstoff Flußstahl wurde sogleich nach seiner Verfügbarkeit in England 1859 von mehreren industriell entwickelten Ländern übernommen, so groß war die Nachfrage. Zwar konnte der Bessemer-Stahl, der in einem offenen Gefäß erblasen wurde, indem Luft von unten durch flüssiges Roheisen hindurch gedrückt wurde, nicht den Tiegelstahl ersetzen, wie man zunächst annahm. Doch als er billiger wurde, verdrängte er vor allem in Großbritannien und den USA Eisenbahnschienen aus Puddeleisen. Alle Länder investierten heftig in dieses neue, technisch aufwendige Verfahren. Es zeigte sich viel steigerungsfähiger als der Puddelprozeß, so daß bei dem weltweiten Rückgang der Schienenproduktion in der Depression Mitte der siebziger Jahre große Überkapazitäten entstanden.

Nahezu gleichzeitig mit Bessemer war 1864 in Frankreich durch Emile (geboren 1794) und Pierre Martin (1824–1915) eine Verbesserung des Herdverfahrens gelungen. Mit dem Heißwind durch das Regenerativverfahren konnte das Schmelzgut so erhitzt werden, daß es keiner mechanischen Rührung wie beim Puddeln mehr bedurfte. Schrott und selbst bestimmte Roheisensorten ließen sich nun einschmelzen. Wie beim Puddeln stellte es sich als sehr anpassungsfähig dar, blieb aber an Hitzequellen wie Koks- oder Hochöfen gebunden. In Verbindung mit dem Aufkommen einer Schiffbauindustrie – der Stahl war für Schiffsbleche gut geeignet – erfolgte die Verbreitung erst in den neunziger Jahren.

Henry Bessemer (1813–1898) gehörte zu einer größeren Zahl von Berufserfindern, die sich zwischen 1840 und 1870 in London aufhielten und darauf spekulierten, für eine gute Idee ein Patent zu bekommen und dafür Geldgeber zu finden.

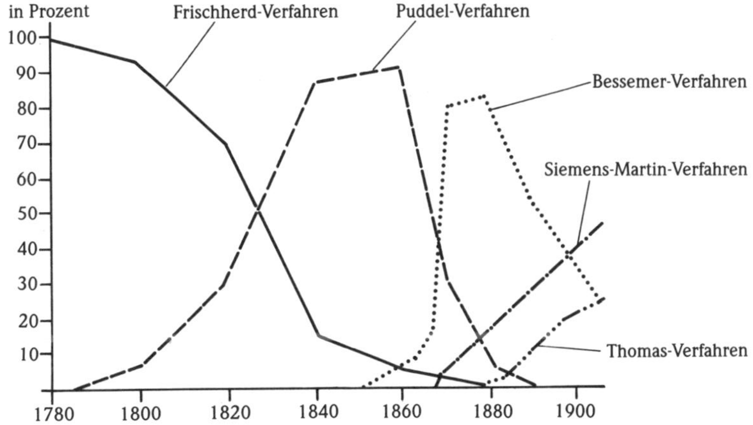

Die Anteile der verschiedenen Verfahren an der Stahlherstellung 1780–1900 (nach Roesch)

Patente zur Zucker-, Glas- und Waffenherstellung besaß er bereits. Kristallisationspunkte für solche Erfinder waren in London traditionell die Münze, die Admiralität oder das Kolonialamt, die in Ermangelung anderer Lenkungsmechanismen teilweise sehr hohe Prämien aussetzten, wenn durch technische Verbesserungen der Zusammenhalt des Kolonialreiches sicherer gestaltet werden konnte. Nach dem Staatsstreich war aber auch Napoleon III. ein großzügiger Prämiengeber, insbesondere wenn es in Konkurrenz zu Großbritannien um den Ausbau der Flotte ging. Bessemer war über die Suche nach einem durchschlagkräftigen Geschoß auf das Problem gestoßen, daß er kein gießbares Kanonenmaterial kannte, welches Jacob Mayer im Formstahl schon gefunden hatte. Nach genauen Beobachtungen bei Schmelzversuchen, zunächst auf einem Herd, führte er in einem ausgekleideten kleinen Hochofen, später »Tiegel« genannt, Luft durch flüssiges Roheisen hindurch, um damit eine Oxidation des Kohlenstoffs im Roheisen zu bewirken.

Das Ergebnis war erstaunlich: Eine heftige Reaktion führte zur Verbrennung des Kohlenstoffs, und die Verbrennung des Siliziums erhitzte das Eisenbad ständig, so daß nicht wie beim Puddelverfahren »von außen« Energie zugeführt werden mußte. Ein gerade für England wichtiger Faktor bestand darin, daß keinerlei Menschenkraft benötigt wurde und daß dennoch, nach nur zwanzig Minuten, nahezu kohlenstofffreies schmiedbares Eisen vorlag. Es wurde dann über eine Gießpfanne in eine Kokille entleert, wo es abkühlen konnte. Vor dem Walzen mußte es in Glühöfen wieder auf Walztemperatur gebracht werden. Als Bessemer in der British Association for the Advancement of Science am 13. August 1856 über die Stahlherstellung als hitzeabgebenden Vorgang referierte, wurde er von den meisten Hüttenbesitzern verlacht; daß ausgerechnet der am meisten energieschluckende Prozeß, die Stahlherstellung, nunmehr Hitze abgeben sollte, stellte alle bisherigen Erfahrungen auf den Kopf.

Es ist kennzeichnend für jene Monate, in denen Friedrich Siemens den Regenerativprozeß fand, daß Bessemer nicht so sehr auf die chemischen Abläufe bei der Stahlherstellung abhob, sondern auf die exotherme Reaktion. In dem festen, doch falschen Glauben, einen dem Gußstahl ähnlichen Stahl zu haben, wollte man nun vor allem die Herstellungskosten senken. Der Prozeß selbst war in der zunächst patentierten Weise technisch nicht einsetzbar. Die Patentnehmer beschwerten sich, als sie bei Verwendung von phosphorhaltigen Erzen brüchiges Eisen erhielten. Bessemer wurde erneut ausgelacht. Um die Patente und seinen Ruf zu sichern, stellte er zahlreiche Experimente in einem Hüttenwerk an.

Die Auskleidung der Birne mit einem »sauren« Futter (SiO_2) machte den Prozeß nur für phosphorfreie Erze zugänglich. Phosphor ließ sich bloß durch entsprechende Erzwahl umgehen. Ungelöst war jedoch, wie das kohlenstoffarme schmiedbare Eisen, das als Ergebnis des Blasvorgangs vorlag, zu Stahl werden sollte. Hier machte Robert Mushet mit zwei Partnern den am 22. September 1856 patentierten ent-

23. Bessemer-Stahlwerk in Wales. Aquatinta, um 1860. London, Science Museum

scheidenden Vorschlag, manganhaltiges Spiegeleisen beizugeben. Mangan schlug den im Eisenoxydul (FeO) enthaltenen Sauerstoff in der Schlacke nieder. Der entstandene Stahl, der 0,2 bis 0,6 Prozent Kohlenstoff enthielt, war härter als Puddeleisen.

Da die Patentgemeinschaft unter dubiosen Umständen die Zahlung der Patentgebühren versäumte, konnte Bessemer 1859 in England dieses Verfahren benutzen, das damit reif für die Anwendung war. Auf der Weltausstellung in London 1862 zeigte er erfolgreich diejenigen Produkte, die aus seinem Stahl hergestellt werden sollten: Röhren für Dampfkessel, Kanonen, Messer und vieles mehr. William Fairbairn publizierte die hervorragenden Eigenschaften des Stahls. Doch lange noch mußten die Praktiker daran arbeiten, die Blasenbildung beim Gießen des Stahls in Kokillen zu vermeiden. Den engen Zusammenhang mit der militärischen Rüstung dokumentierte Bessemer gegen Lebensende in seiner Autobiographie, als darwinistische Überlegungen ganz offen auf technische Entwicklungen übertragen wurden: »Und in diesem harten Kampf hatte ich die Genugtuung, daß in der Waffenherstellung nach dem Prinzip des ›survival of the fittest‹, der zähe Gußstahl universell angewendet wurde.«

Alfred Krupp war 1861/62 der erste auswärtige Patentnehmer, der zahlreiche Aufträge für Eisenbahnschienen und Geschütze nunmehr kostengünstiger erfüllen wollte – ein Irrtum über die Qualität des neuen Bessemer-Stahls, der spröder als Stabeisen und mit Tiegel- oder Gußstahl nicht vergleichbar war. Nach peinlichen Erfahrungen im Geschützbau verzichtete er daher 1863 auf die ihm zugestandene exklusive Nutzung des Bessemer-Verfahrens in Deutschland. Da die preußische Regierung aus fadenscheinigen Gründen dem Verfahren die Patentierung verweigerte, wurden sehr bald Bessemer-Anlagen gebaut, vor allem im Ruhrgebiet. Doch die hohen Investitionen und der nur langsame Anstieg der Produktivität ermunterten lediglich große Firmen zur Investition. Bei ihnen zeigte sich das fortwirkende Interesse belgischer Anleger. Erst als das Verfahren nahezu narrensicher war, griffen Anfang der siebziger Jahre auch andere deutsche Firmen zu, so eine Reihe von reinen Puddel- und Walzwerken, die ihre Produkte für Spezialfabriken oder den Maschinenbau benötigten. 1876 arbeiteten in Deutschland 78 Bessemer-Konverter, die meisten im Ruhrgebiet und in Preußen; in Bayern, Elsaß-Lothringen und Sachsen wurden jeweils vier betrieben.

Kurz nach Fertigstellung dieser Anlagen brach die Eisen- und Stahlkonjunktur zusammen, ausgelöst durch Überspekulation auf amerikanische Eisenbahngesellschaften. Bei Eisenbahnschienen, die 75 Prozent des Inlandabsatzes bei Stahl ausmachten, kam es ab 1875 zu erheblichen Umsatzeinbußen, da auch die deutschen Eisenbahngesellschaften aus vielerlei Gründen, nicht zuletzt wegen der bevorstehenden Verstaatlichung in Preußen, keine Fernbahnen mehr bauten. Der Absatz allein in Preußen sank von 155.000 Tonnen 1875 auf 50.000 im Jahr 1879. Der Export dieser Schienen stieg von 70.000 Tonnen 1872 auf 207.000 Tonnen 1878.

Ganz anders verlief die Entwicklung in den USA. Hier hatte 1856 William Kelly (1811–1888) ein Patent erhalten, als Bessemer darum nachsuchte, ohne daß diese Vergabe sachlich gerechtfertigt gewesen wäre. In den folgenden Versuchen brachte Kelly keinen Stahl zustande. Das Patent verkaufte er an E. Brock Ward (1811–1875) und William Durfee, die 1864 auch Mushets Patent erwarben, damit jedoch nicht viel anfangen konnten, da Alexander Holley (1832–1888) die Rechte zum Kippen des Konverters besaß und dem Stahlmachen ernsthaft nahe war. In diesem Patt bildeten die Patenthalter 1865 eine Patentgemeinschaft – 70 Prozent für Holleys Gruppe, 30 Prozent für Wards Gruppe – und vergaben Nutzungsrechte an Produzenten. Während Ward, aus dessen Cambria-Werken fast alle frühen »Stahlkocher« hervorgingen, zunehmend an der finanziellen Nutzung des Patents interessiert war, verfolgte Holley das Verfahren mit größter Genauigkeit. Unter dem Schutz eines streng kontrollierten Patentpools und der damaligen Abnehmergruppe der Eisenbahngesellschaften, die teilweise eigene Stahlwerke besaßen, wurde die amerikanische Stahlindustrie aufgebaut; die 22 Konverter entstanden bis 1878 in 13 Bessemer-Betrieben in der Nähe von Walzwerken. Diese Werke wurden bis auf eines von Alexander Holley geplant, der die Einrichtungen in Europa ausführlich kennenge-

24. Amerikanisches Bessemer-Stahlwerk in Harrisburg, PA. Lithographie in »Die Industrie Amerikas« von Hermann Grothe, 1877. Langwiesen, Eisenbibliothek, Stiftung der Georg Fischer AG

lernt hatte. Im Jahr 1875 produzierten 17 Konverter in den USA 380.000 Tonnen Bessemer-Stahl, 22.300 Tonnen pro Konverter, die 45 deutschen 230.000 Tonnen, jeder 5.100 – ein Umstand, der Franz Reuleaux auf der Weltausstellung in Philadelphia 1876 an der Leistungsfähigkeit der deutschen Industrie zweifeln ließ.

Wo das Bessemer-Verfahren eingeführt wurde, erzwang es eine erhebliche Ausdehnung der Produktion sowohl auf der Eingabeseite – es mußte mehr und anders zusammengesetztes Roheisen zur Verfügung stehen – als auch auf der Abgabeseite. Einer Blaszeit von 20 Minuten folgte anfänglich eine Unterbrechung von über zwei Stunden, in der der Konverter gekippt, der Stahl herausgegossen und Reparaturen durchgeführt werden mußten. Durch das erst 1859 entwickelte Spektroskop konnte ein Chemiker verfolgen, welche Elemente im Bad vorhanden waren. Es handelte sich hier um den ersten Einbruch der Chemiker in einen Hüttenprozeß, der in den USA allerdings zurückhaltend aufgenommen wurde. Die sich auf lange Erfahrung gründende Qualifikation der Puddler wurde belanglos angesichts der Rolle des Aufsehers, der nach der Stoppuhr und dem Spektroskop Ein- und Abschaltung des Blasvorgangs befahl.

Doch der Umgang mit dem Konverter, der zunächst nur 1,5 Tonnen faßte, raschere Reparaturen, besonders die Bereitstellung eines Reservebodens, schnellere Kranbedienung und bessere Mannschaftsleistung führten dazu, daß 1875 in den USA bereits 30, sogar bis zu 50 Chargen in 5 bis 10-Tonnen-Konvertern innerhalb von 24 Stunden geblasen werden konnten. Die Tagesleistungen der Puddelöfen wuchsen wenig über 5 Tonnen hinaus. Als es Ende der siebziger Jahre gelang, flüssiges Roheisen einzusetzen, also »direkt« zu konvertieren, sparten die Hütten die Kupolöfen und damit einen ganzen Verhüttungsprozeß ein. Als zwei, bald drei Konverter ihre Chargen immer rascher in eine abgesenkte Gießpfanne abgaben, entstand ein Vergrößerungsbedarf in der Anlagenfläche der Hütten.

Die enge Verbindung vieler amerikanischer Stahlwerke mit den Eisenbahngesellschaften und deren hoher Nachfrage führte zum typischen Schnellbetrieb der Stahlwerke mit einer oft nicht den englischen Ansprüchen gerecht werdenden Qualitätskontrolle. Protagonist dieses Schnellbetriebes war Andrew Carnegie (1835–1919) in seinem Edgar-Thomson-Stahlwerk in Pittsburgh, PA, wo ein unerbittlich die Arbeiter antreibender, aber viel bewunderter R. Jones unglaubliche Rekorde aufstellte, so daß das Werk, dessen Aufbau 1872 200.000 Dollar gekostet hatte, nicht zuletzt aufgrund der hohen Schienenpreise 1880 stattliche 1,6 Millionen Dollar Gewinn machte. Jones kam ums Leben, als ein Konverter bei dieser Antreiberei auseinanderbrach.

Auf der Verarbeitungsseite mußten Anzahl und Leistungsfähigkeit der Walzgerüste vergrößert werden. Hier waren es John Fritz (1822–1913) und wiederum

25. Amerikanisches Stahl- und Walzwerk in Barrow, PA. Aquarell, 1874. London, Science Museum

Andrew Carnegie, der die beiden deutschstämmigen Mechaniker Andrew und Anthony Kloman im Edgar-Thomson-Stahlwerk mit dem Aufbau eines Walzwerks beauftragte. Walzwerk für Eisenbahnschwellen, Siemens-Gasfeuerung, Kaltwalzwerk, Kreissäge – Carnegie ließ das Werk modern ausbauen.

Im Jahre 1873 erreichte das Bessemer-Verfahren an der gesamten deutschen und luxemburgischen Stahlherstellung einen Anteil von etwa 15 Prozent, im Ruhrgebiet erheblich mehr. 1880, auf dem Höhepunkt seiner Bedeutung, waren es immerhin 34 Prozent, während sich das Puddeleisen von 86 Prozent (1865) über 80 Prozent (1873) auf 63 Prozent (1880) zurückbewegte. Damit hatte es seinen Höhepunkt überschritten, denn auf dem europäischen Kontinent setzte sich nach 1880 der Thomas-Prozeß als erfolgreichstes Verfahren durch.

Basischer Stahl

Die technischen Unzulänglichkeiten des Bessemer-Verfahrens, phosphorhaltiges Roheisen nicht verarbeiten zu können, riefen sogleich viele Experimente hervor, um diesen Engpaß auszuschalten, und brachten die Hütten mit einer geeigneten Erzbasis in eine günstige Marktposition. Obwohl die Firma Krupp in Essen mit ihren spanischen Erzfeldern für das Bessemern gut versorgt war, versuchte sie erfolgreich, das Phosphor im Roheisen durch »Waschen« zu entfernen. Flüssiges manganhaltiges Roheisen wurde in kleinen Chargen auf einen mit manganhaltigen Eisenerzen ausgekleideten rotierenden Ofen, Pernot-Ofen, aufgebracht und erhielt während der Rotation Zuschläge von eisenoxidreichen Stoffen. Das Manganoxid beförderte die Oxidation und auch die Abscheidung von Phosphor.

Im Frühjahr 1879 berichtete Hermann Wedding (1834–1908), im deutschen Patentamt Berater für das Eisenhüttenwesen im Verein zur Beförderung des Gewerbfleißes, erfreut über die endgültige Lösung dieses leidigen Problems durch das Krupp-Verfahren. Schon seit 1870 hatten sich Chemiker Vorstellungen über die Entphosphorisierung gemacht, ohne dabei das knappe Mangan einzubeziehen. Diese Ergebnisse nahm der Privatchemiker Sidney Gilchrist Thomas (1850–1885) auf. 1878 wollte er auf der Weltausstellung in Paris über sein Verfahren sprechen, doch erst im Frühjahr darauf konnte er es einer Expertengruppe vorführen. Daß magnesiumhaltige oder dolomithaltige Auskleidungen den Prozeß chemisch in die richtige Richtung lenken würden, war schon seit Beginn des Jahrzehnts deutlich. Thomas fand schließlich einen Weg, dieses Dolomit mit Wasserglas so zu stabilisieren, daß es im Konverter dem Verbrennungsvorgang widerstehen konnte, und meldete dieses Patent an. Sein Vetter Percy Carlyle Gilchrist (1851–1935), Chemiker in einem Hüttenwerk, half ihm bei den Versuchen im Großen. Es kam darauf an, Kohlenstoff sowie Phosphor am Ende des Blasvorgangs aus dem Konverter entfernt zu haben. Erst spät bemerkte Thomas, daß der Phosphor erst beim Nachblasen, bei ihm nach der 17. Minute, aus dem Bad verschwand.

In Berlin war es Hermann Wedding zu verdanken, der sich von Thomas die Grundlagen des Verfahrens erklären ließ, daß im Gegensatz zu früheren Gepflogenheiten des Handelsministeriums das Kaiserliche Patentamt dieses Verfahren anerkannte. Wütende Proteste der Firma Krupp, die sich um den Erfolg ihrer aufwendigen Arbeiten betrogen sah, aber auch aller anderen Unternehmen, die bessemerten, waren die Folge. Alle bislang benachteiligten Firmen, besonders aus dem Westen und Südwesten sowie aus Schlesien, schlossen jedoch mit den beiden deutschen Lizenzgebern – Rheinische Stahlwerke und Hörder Verein in Dortmund – Verträge ab. Der Erfolg des Verfahrens stärkte erneut die Rolle der Chemiker im Eisenhüttenprozeß, die von »Praktikern« immer wieder negativ beurteilt wurde.

Roheisen

Noch stärker war die Konzentration auf die Kohle, die von der seit 1849 im Ruhrgebiet einsetzenden Roheisenherstellung ausging. Auch hierbei ließen sich durch den Heißwind die Produktionskosten erheblich senken. Immerhin verdankte die schottische Roheisenindustrie der schnellen Einführung dieser Neuerung ihren Aufstieg. Ihr Anteil an der britischen Produktion stieg von 1815 bis 1871 von 6 auf 34 Prozent, während Südwales von 35 auf 16 Prozent absank. Insgesamt war die britische Eisenindustrie zwischen 1850 und 1870 weltweit führend. Allein ihr Export erreichte 1873 den Umfang der europäischen und amerikanischen Produktion.

Vor allem die Belgier und Franzosen, die in ihren Ländern bereits Erfahrungen mit der Weiterentwicklung englischer Technik besaßen, bauten die um Aachen, am Rhein und im Ruhrgebiet entstehende nationale deutsche Industrie mit auf. So gründete Jacques F. Bicheroux (1799–1876), der zuvor in Eschweiler tätig war, ab 1855 in Duisburg mehrere Blechwalzwerke. Es gab kein Hochofenwerk, an dem nicht belgische Spezialisten in irgendeiner Form mitgearbeitet hätten. Äußerer Anlaß für diesen Schritt vieler Kapitalgeber war die 1851 auslaufende Zollpräferenz für belgisches Roheisen. Für die Puddelwerke wie für die Bessemer-Anlagen in Europa und den USA stand nicht der Bezug eigenen, sondern billigen englischen und belgischen Roheisens am Anfang der Entwicklung. Die niedrigen Einstandskosten beziehungsweise Weltmarktpreise lassen sich als Entwicklungsschübe für die Industrialisierung dieser Länder interpretieren.

Im Westen, am Rhein, gelang die Verwendung von Koks oder zumindest eines Holzkohlen-Koks-Gemisches 1850 auf der Friedrich-Wilhelms-Hütte bei Mülheim an der Ruhr und 1851 auf der Eintrachthütte bei Hochdahl. Julius Römheld (1823–1904), gelernter Mechaniker und studierter Polytechniker, war nach zwei-

26a und b. Schwerstarbeit im Hüttenwerk und in der Eisengießerei. Gemälde von Carl Geyling, um 1840. Schweinfurt, Sammlung Georg Schäfer. – Lithographie von Ernst Wilhelm Knippel, um 1856. München, Deutsches Museum

jährigen Versuchen 1849/50 in Mülheim in der Lage, die richtigen Erzsorten mit dem passenden Koks und vor allem die zugehörigen Maschinenausrüstungen wie Gichtturm, Dampfmaschinen, Kessel und Gebläse so in Gang zu bringen, daß ihm die Herstellung von Koksroheisen gelang. Er selbst ging 1855 nach Duisburg, wo er weitere Kokshochöfen baute. Der Nachweis für eine technisch erfolgreiche Koksroheisenherstellung war gemacht. In Hochdahl stellte Julius Schimmelbusch (1826–1881), der am Berliner Gewerbeinstitut und bei Cockerill in Seraing bei Lüttich gelernt hatte, 1851 Koksroheisen her. Die Koksöfen sowie weitere Hochöfen wurden von belgischen Fachleuten errichtet. In den Jahren 1852 bis 1854 entstanden allein im aufblühenden Ruhrgebiet 12 Hochöfen, bis 1857 außerdem 18 Kokshochöfen. Damit war im Ruhrgebiet, im Saargebiet und später in Schlesien eine völlig neue Branche herangewachsen, die zugleich als Lieferant für die Weiterverarbeitung im Stahlbereich auftreten konnte. In wenigen Jahren schnellte der Anteil des Ruhrgebietes, wo bis 1872 allein 22 Hochofenwerke ihren Betrieb aufnahmen, an der deutschen Roheisenherstellung von Null auf 25 Prozent, 1870 auf 30 Prozent empor.

Da der apparative Aufwand der neuen Hochöfen gegenüber den bisherigen beträchtlich war, band er erheblich mehr Kapital. Die hohen Investitionen waren nur zu rechtfertigen, wenn der Betrieb kontinuierlicher als zuvor verlief, und das ließ sich allein mit zuverlässigen technischen Hilfsaggregaten bewerkstelligen. Anders als die Hochöfen der vorindustriellen Zeit, mit denen stets die Fertigung von Gußmaterial für den Endverbrauch verknüpft war, bestand für die neuen Roheisenwerke die vorrangige Aufgabe darin, die bestehenden Puddelwerke und ab 1870 die neuen Bessemer-Werke zu beliefern.

Zwei Grundtendenzen veränderten die Technik der Roheisenproduktion: einmal die Abschließung des Reaktionsraumes gegen die Außenwelt, so daß aus dem Schachtraum ein überdimensionales Reaktionsgefäß wurde, zum andern seine Vergrößerung. Die Abschließung galt für den Wind wie für das Material, die sich gegenläufig begegneten. Das Gichtgas, das im Ruhrgebiet ab etwa 1857 durch Gasfänge abgesogen wurde, heizte an der Ruhr seit 1873 die Wärmetauscher, die wiederum der Windvorwärmung dienten. Die Temperatur des Windes stieg von 400 auf 700 Grad; hieraus folgte eine Einsparung von 250 bis 300 Kilogramm Kohle pro Tonne Roheisen. Auf der Kostenseite verringerten sich die Aufwendungen zur Herstellung einer Tonne Roheisen allein hierdurch um 20 Prozent.

Das Äußere des neuen Hochofens wirkte nicht mehr wild oder urtümlich, denn das Rauhgemäuer verschwand. Der Hochofen erhielt, zuerst in Schottland und Belgien, einen Blechmantel mit gußeisernen Ringen und ruhte auf gußeisernen Säulen. Der untere Teil des Gestells wurde frei zugänglich, und von drei Seiten führten Windformen heran. Seine technischen Merkmale waren sichtbar geworden. Auf der Eingabeseite kam es darauf an, den Hochofen ohne Unterbrechung zu begichten, also aufzufüllen. Ähnliches galt für den Abstich vor dem Mundloch. Hier half eine kleine wassergekühlte Öffnung unterhalb der ebenfalls wassergekühlten Windform, die ab 1867 eingebaut wurde. Erze, Koks und Möller wurden nun mit Aufzügen auf die Gicht transportiert, aber erst gegen Ende der siebziger Jahre mit Kübeln automatisch eingefüllt. In England steigerten diese Neuerungen die Produktivität allerdings weniger als in Deutschland und den USA.

Mit der Roheisenherstellung war die Gießerei technisch eng verbunden. Durch abermaliges Verhütten in einem ab 1853 neu konstruierten Schachtofen, dem Kupolofen, konnte Roheisen zu Gießereieisen verfeinert und zu Gußstücken ge-

27. Hochofen aus Rauhmauerwerk mit eisernen Ringen. Lithographie in »Das Neue Buch der Erfindungen«, 1866. Privatsammlung

formt werden, die allerdings keine größeren Belastungen vertrugen. Hier half vor allem in den USA für viele einfache Maschinenteile das Härten der Oberfläche, das heißt das Eintauchen des heißen Werkstücks in Öl. Doch auch für die Herstellung der Walzen im Walzwerk waren Guß und Härtung unverzichtbar.

Trotz der Krise 1873 und des Rückgangs der Werke von 31 auf 16 im Ruhrgebiet stieg die Roheisen- und Stahlherstellung hier bald nach 1875 wieder an. Die Leistung je Hochofen verdoppelte sich bis 1877, ebenso die Arbeitsproduktivität.

Die Eisenhüttenindustrie setzte erstmals auf den Export. So erreichten Krupp und der Bochumer Verein von 0 Prozent im Jahr 1870 Mitte der siebziger Jahre Exportanteile von über 50 Prozent. Die Politik ähnelte der englischen, die von einem Exportanteil von 25 Prozent um 1830 auf über 60 Prozent um 1870 anlangte. Konkret reagierten die Eisen- und Stahlunternehmer mit ihren viel zu großen Kapazitäten auf Überproduktion und sinkende Preise in mehrfacher Hinsicht: einmal durch Kostensenkungen, also technische Rationalisierung, durch die sie ihre Produktionskapazität noch weiter ausweiteten, dann durch massive Lohnsenkungen und Entlassungen, schließlich, obwohl anfangs noch wenig wirkungsvoll, durch eine sich schnell vermehrende Zahl von Kartellen. Das Absatzgebiet der amerikanischen Roheisenindustrie lag im Süden. Nach Beendigung des Bürgerkrieges stellte der Eisenbahnbau die Hauptursache für den unaufhaltsamen Anstieg der Eisenherstellung dar. Aus den neuen Fördergebieten in Michigan ließ sich das Erz über den Oberen See nach Cleveland und Pennsylvanien bringen.

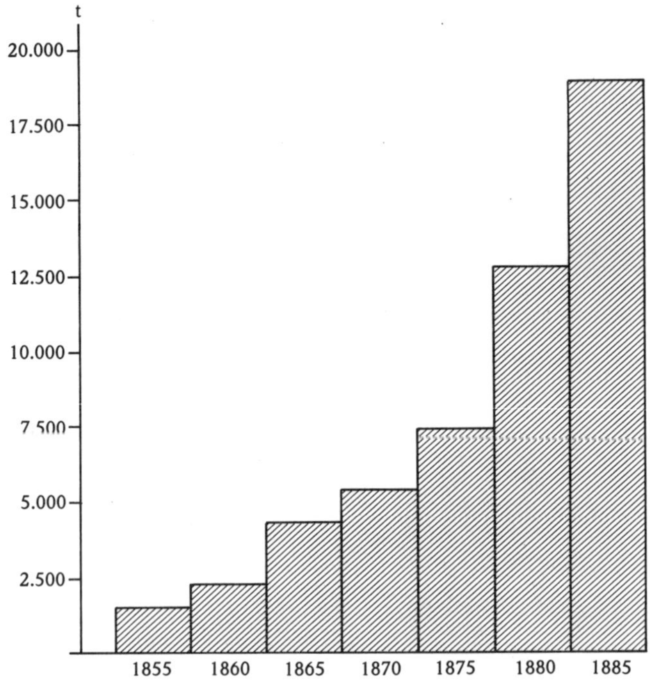

Durchschnittliche Roheisenerzeugung je Hochofen und Jahr in Rheinland/Westfalen 1855–1885 (nach Köllmann)

Die Schwerindustrie in Deutschland wurde Schrittmacher in einem Klimawechsel der deutschen Wirtschaftspolitik und darüber hinaus in der politischen, weniger in der wissenschaftlich-technischen Kultur. Die industriell-kapitalistische Entwicklung begann, sich nach dreimaliger Krisenerfahrung in den Jahren 1857, 1866 und 1873 vom Konkurrenzkapitalismus zu lösen und sich stärker der Konkurrenzminderung zuzuwenden. Darauf wirkten politische Tendenzen ein, die auf Sicherung und Ausbau eines kräftigen deutschen Nationalstaates gerichtet waren.

Wie verbreitet selbst bei nationalliberalen Ingenieuren unter dem Eindruck nationalistischer Strömungen technokratisches Gedankengut wiederbelebt wurde, machte eine Äußerung Weddings im Jahr 1880 deutlich: »Eisen soll niemals erheblichen Gewinn abwerfen, weil es anderen Gewerbezweigen zur Verfügung gestellt werden muß. Es gibt nur ein Mittel, die Ungleichheiten, welche teils in der Natur der Verhältnisse, teils in ungleichmäßig aufgewendeten Kapitalien für bestehende Werke liegen, auszugleichen, das ist die Errichtung einer Zentralverwaltung für die gesamten deutschen Eisenhütten von seiten der Industriellen.« Der Professor für Eisenhüttenkunde an der Technischen Hochschule Berlin konnte sich mit den neuen Spielregeln der Eisenkartelle nicht anfreunden und wollte zum nationalen

Monopol zurück. Den industriellen Interessenten kam die spezifische Form der politischen Praxis im deutschen Kaiserreich zugute: die starke Stellung der Bundesstaaten in der Reichsverfassung, am Parlament vorbei der sichere Zugang über die preußische Regierung zum Bundesrat und damit zur Ausgestaltung der Gesetze, was die Einflußnahme durch Vereine, Kartelle und später Syndikate erleichterte.

Wie sich in den USA die Eisenbahngesellschaften und bald die Marineinteressen als wichtige Veranlasser protektionistischer Wirtschaftspolitik herausschälten, so vermochte dies in Deutschland die Schwerindustrie, die ähnlich oligopolistisch strukturiert war. Nach dem Übergang zur Organisation der Gesamtinteressen einer Branche in der Volkswirtschaft stieg aber auch das Interesse, technisch-wissenschaftliche Entwicklungen durch eigene Beiträge zu fördern. Der ausgeschaltete Markt machte dieses Vorhaben leichter. Die Amerikaner begannen, ihre Monopolgewinne in großzügige Stiftungen fließen zu lassen. In Deutschland, das im Kaiserreich auf manche föderative Strukturen achtete, waren sie in der technischen Bildung wenig erkennbar. Preußen führte das Feld zwar an, doch es hatte bei der Reichsgründung keine klare Konzeption. Diese wurde nicht vor dem Übergang zur Schutzzollpolitik gewonnen und im Bereich der Eisen- und Stahlforschung erst 1917 realisiert: mit dem Kaiser-Wilhelm-Institut für Eisenforschung.

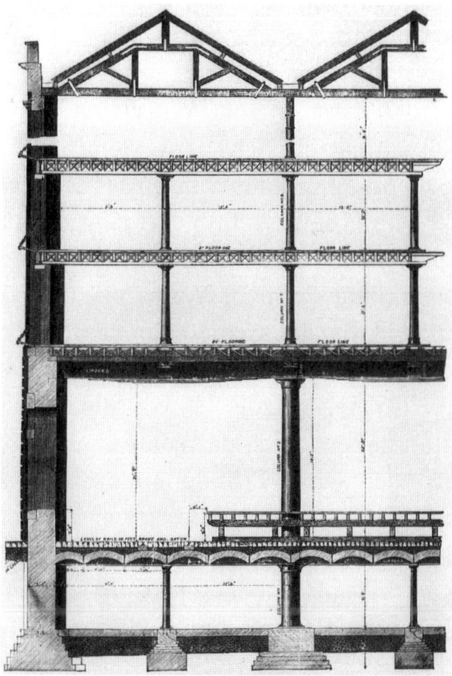

28. Englisches Lagerhaus mit gußeisernen Säulen. Lithographie in »The Engineer«, 1873. Berlin, Technische Universität, Bibliothek

Zink und Kupfer

In der Mitte des 19. Jahrhunderts wirkten die Neuerungen im Eisenbereich auf Verbesserungen bei der Darstellung anderer Metalle zurück. Die Zinkherstellung war am Anfang des Jahrhunderts auf neue Grundlagen gestellt worden. Der Übergang zur Steinkohlenfeuerung minderte die hohen Brennstoffkosten in Belgien und wenig später in Schlesien. Zink verflüchtigte sich aber schon bei 412 Grad und mußte daher in gasförmigem Zustand aufgefangen werden. Durch Brennen von Galmeierzen und durch die Reduktion von Zinkoxid bei hohen Temperaturen wurde Zink gasförmig aus den Erzen herausgelöst. In Belgien benutzte man für diesen Vorgang Retortenöfen ähnlich den Leuchtgasretortenöfen, bei denen die Retorten mit den Ballons schräg abwärts aus den Öfen herausragten, wo sich Zink als Staub oder in fester Form niederschlug. In Schlesien waren den Glasöfen entlehnte Herde in Gebrauch, die nach 1860 durch Gasfeuerung erhitzt wurden und ein flacheres Gewölbe besaßen, um die von Friedrich Siemens empfohlene Strahlungshitze zu nutzen. Doch arbeiteten auch sie mit Tonretorten. Die Verwendung von Zink als Rostschutz auf Eisenblechen, bei Schiffsbeschlägen, für Kunstgegenstände, für die Messingherstellung sowie für die chemische Industrie ließ die Produktion 1876 in Schlesien auf 49.000 Tonnen, in Rheinland-Westfalen auf 12.000 und in Belgien auf 50.000 Tonnen anwachsen.

Die Kupferherstellung bedurfte noch zahlreicher Schritte, um aus den meist schwefelhaltigen Erzen das bis zur Elektrifizierung nicht massenhaft benötigte Metall zu bereiten. Für den »trockenen« Weg waren zumeist fünf Erhitzungen erforderlich: Rösten, Rohschmelzen, Schwarzkupferschmelzen, Raffinieren, Konzentrationsschmelzen oder Spuren. Dafür wurden auf dem europäischen Kontinent Schachtöfen, in England bereits seit zweihundert Jahren Flammöfen genutzt. Hier wirkten nun die neuen Möglichkeiten der Roheisenhochöfen zurück: freies Gestell, erhitzter Wind, wassergekühlte Formen, Wassermantel; dies alles wurde nach Maßgabe der staatlichen Lenkung des sächsischen Bergbaus ab 1866, besonders in Freiberg, vorangetrieben. Geröstet wurde nicht mehr in offenen Haufen, sondern in Öfen, sogenannten Kilns, in denen sich die Schwefeldioxide auffangen und später zu Schwefelsäure verarbeiten ließen. Auch der von Bessemer entwickelte Konverter wurde in England sofort nach seiner Erfindung eingesetzt. Alle Stufen vom Rohschmelzen bis zum Spuren überspringend, lieferte er 98prozentiges Kupfer. Beim »nassen« Verfahren wurde das Kupfer aus seinen Erzen mit Schwefelsäure ausgelaugt und dann entweder chemisch oder elektrolytisch zurückgewonnen. Emil Wohlwill (geboren 1835) baute die erste Anlage dieser Art 1876 in Hamburg.

Maschinen und Fabriken

Die Mechanisierung der Welt stellt, wie Sigfried Gideon ausführlich beschrieben hat, ein kompliziertes Wechselspiel zwischen realer Mechanisierung von physischen Vorgängen und solchen der gelebten Beziehungen dar. Sie ist wegen ihrer fortwirkenden Steigerung der Produktivität in definierten Bezirken ein nach wie vor verfolgtes Paradigma, so in vielen wirtschaftlichen Branchen und in vielen menschlichen Köpfen. Diese Segmentierung beschert den Menschen in erheblichem Maße wirtschaftlichen Reichtum, aber sie führt auch zur Verarmung menschlicher wie gesellschaftlicher Erfahrung und Betroffenheit. Ein Ende dieser Entwicklung ist nicht abzusehen. Der ohne eigenen Willen bewegliche und mechanisierte Androide mochte für gläubige Christen eine Verunglimpfung der Schöpfung Gottes sein, doch zu Beginn des 19. Jahrhunderts verlor diese Vorstellung an Attraktivität. Denn jetzt war der Boden bereitet, um statt des Gesamtstaates als Maschine eine kleinere durch die Produktion gestiftete Einheit, die Fabrik oder die Mühle, zu entwerfen und zu realisieren. Der Ausgangspunkt einer solchen Fabrik fand sich in der Werkstatt zur Herstellung von Maschinen. Die Erfahrung der englischen Gesellschaft mit diesen Fabriken war um die Mitte des 19. Jahrhunderts überall in Europa und in den USA präsent. Alles, was wie eine Zügelung des unerbittlichen Drangs nach materiellem Wohlstand aussah, ließ sich erfolgreich denunzieren. Doch jede Unterdrückung und jede Klassentrennung beim Aufbau von Reichtum machten bestimmte gesellschaftliche Gruppen zu Verlierern; und erst im 20. Jahrhundert, im »nachmechanischen Zeitalter«, sollte sich zeigen, daß es seit Beginn der industriellen Revolution einen weiteren Verlierer gibt: die Umwelt.

Während die Androidenvorstellungen verblaßten, entstanden mit Hilfe von Dampf und Eisen Maschinen und Fabriken, deren Wirkungen in eine nicht abzuschätzende Dimension hineinwuchsen. Die arbeitsteilige Nützlichkeitsauffassung des 18. Jahrhunderts war in der Mitte des 19. Jahrhunderts Maschinenrealität geworden. Als mechanische Verbesserungen nicht mehr der kollektiven Verfolgung unterlagen, sondern geschützt und belohnt wurden, und der einzelne wie in England sich einen Anteil daran sichern zu können glaubte, entstand eine breite Bewegung in Westeuropa mit der Absicht, Verbesserungen auf den Markt zu bringen. Die neue Herausforderung bestand vor allem in Großbritannien und den USA darin, die Arbeitsmaschinen in den belasteten Teilen dauerhaft aus Eisen und Stahl herzustellen und sie so genaugehend zu machen, daß man aus ihnen auch

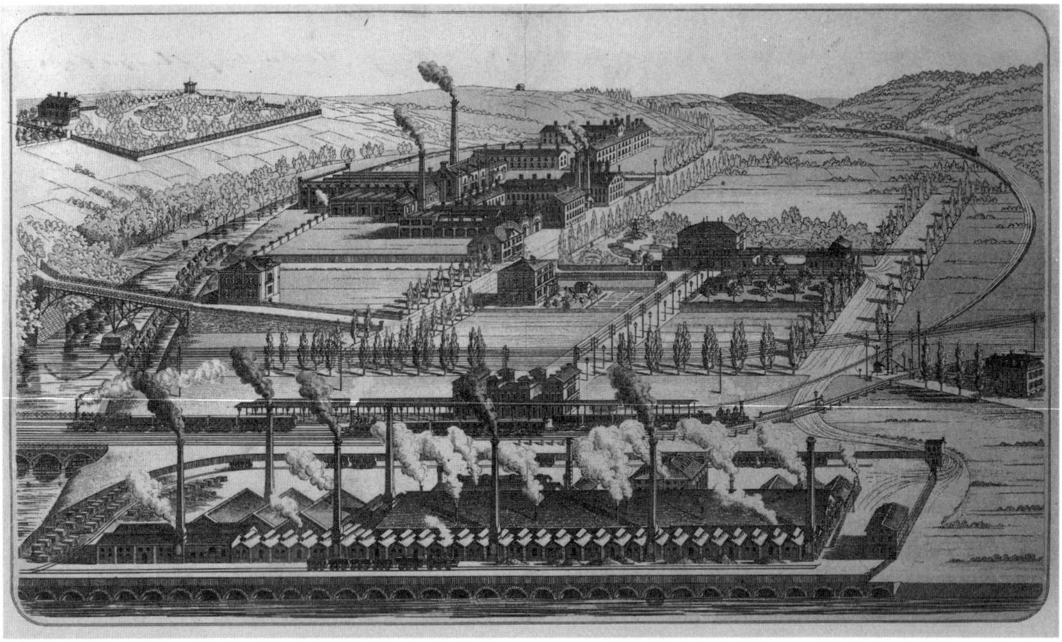

29. Das Eisenwalzwerk Funcke in Hagen mit Bahnanschlüssen, Unternehmervilla, Beamtenwohnungen und Arbeiterquartieren. Lithographie, 1870. Berlin, Geheimes Staatsarchiv Preußischer Kulturbesitz

kleinformatige Werkstücke erhielt. Die dazu erforderlichen Werkzeuge mochten zwar aus der Instrumententechnik stammen und aus Messing bestehen, doch bei der Anwendung für die neuen Textilmaschinen beispielsweise mußten sie aus Eisen oder Stahl sein, wiederum zuerst in den belasteten Teilen.

Werkzeugmaschinen

Für die Formveränderung von Metallen kann man technologisch vier Möglichkeiten unterscheiden: das Urformen, etwa durch Umschmelzen, das Umformen, beispielsweise durch Gießen oder Walzen – für beide Vorgänge standen auch für Eisen bereits Lösungen zur Verfügung, während das Trennen und Fügen, für viele Stoffe schon bekannt, für Eisen und Stahl erst noch entfaltet werden mußte. Um die Jahrhundertmitte kam als neueste gewerbliche Aktivität das mechanisierte Herstellen von Maschinenteilen hinzu.

Vornehmlich begabtere Mechaniker ruhten nicht, die Grundoperationen Bohren, Drehen und Hobeln in einfache und zuverlässige maschinelle Bewegung umzuformen. Es galt, eine stabile Relativbewegung zwischen Werkstück und Werkzeug zu konstruieren. Für die Herstellung vieler Maschinen in den Fabriken kam es darauf an, die Werkstücke nicht der rein handwerklichen Bearbeitung mit den vielen Möglichkeiten individueller Abweichung zu überlassen, sondern sie fest einzuspannen und durch ihrerseits fest eingespannte Werkzeuge bearbeiten zu lassen, also die Hand-Werkzeug-Technik durch eine Maschinen-Werkzeug-Technik abzulösen. Damit würde zweierlei gewonnen: die einheitliche Form und die Unabhängigkeit von der Qualifikation des Handwerkers. Dieser Übergang erfolgte freilich Schritt für Schritt. In der Mitte des Jahrhunderts mußte der Mechaniker die An-»Passung« noch in Handarbeit verrichten.

Auf dem Gebiet des Werkzeugmaschinenbaus waren die Engländer vorangegangen und die Amerikaner ihnen sehr bald gefolgt. Sie schufen die produktionstechnischen Vorstufen für die Textilindustrie, die Eisenbahnindustrie und die Waffenindustrie, die Engländer außerdem für den Schiffbau. Die vielfältigen wirtschaftlichen und persönlichen Beziehungen ließen eine wirksame Kontrolle des personalen technischen Transfers zwischen beiden Staaten nicht zu; das Verbot von Maschinenexporten aus England hatte bis 1844 Bestand. Während man die Produktionsstätten für leichte englische Werkzeugmaschinen in der Nähe der Textilindustrie in Lancashire und um Manchester und in den USA ebenfalls in den textilreichen Neuenglandstaaten errichtete, baute man die Fabriken für den Schwermaschinenbau, wie sie für die Eisenbahnen und den Schiffbau benötigt wurden, unter anderem in London und Newcastle sowie in Philadelphia.

30. Gewehrmontage mit Einzelanpassung in Springfield. Holzschnitt in »Harper's New Monthly Magazine«, 1852. Privatsammlung

Mit dem Fortfall des Exportverbots erhielten die englischen Maschinenbaufirmen die Gelegenheit, ihre Produkte offiziell in den USA und in anderen westeuropäischen Ländern anzubieten. Der führende Werkzeugmaschinenbauer Henry Maudslay hatte noch nicht für den Markt gearbeitet. Dies taten erst James Nasmyth und Joseph Whitworth (1803–1887), Richard Roberts (1809–1864) und James Fox (1803–1887). Zu ihren Exportgütern gehörten die Drehmaschinen mit Werkzeugschlitten und Geschwindigkeitsanpassung, die Bolzen- und Schraubenschneidemaschine, die Nutenstoßmaschine, die Hobelmaschine und die Bohrmaschine. Zu diesen Maschinen, die für den Eisenbahn- und Schiffbau bald größer und kräftiger ausgelegt wurden, kamen nun solche, die kompliziertere und zusammengesetzte oder genauer kontrollierte Bewegungen durchzuführen vermochten.

Als sich die englischen Techniker und Kaufleute in London auf der ersten Weltausstellung 1851 als Werkstatt der Welt präsentierten, machten sie die Erfahrung, daß die Amerikaner ihnen in der Herstellung von Handfeuerwaffen, von Holzbearbeitungsgeräten und von landwirtschaftlichen Geräten ebenbürtig, in einigen Dingen sogar überlegen waren. Der amerikanische Maschinenbau hatte eine spezielle Richtung genommen. Die Maschinen für Nähmaschinen und Handfeuerwaffen, vor allem für leichtere Gegenstände des täglichen Bedarfs, mit denen die Amerikaner den Engländern und Kontinentaleuropäern weit vorauseilten, entwickelten sich in den Staaten Neuenglands in rationeller Weise weiter: leichter, genauer, schneller und arbeitssparender, aber rohstoffverschwendender als in England. Die Amerikaner selbst sahen Schulbesuch, freiheitliche Erziehung zu Unvoreingenommenheit und schließlich die hohen Löhne für gelernte Handarbeit als Ursachen an.

Der häufige Gebrauch von leichteren Waffen ließ vor allem in Hartford in Connecticut eine breite industrielle Produktion entstehen, auch von Ausrüstungsfirmen. Samuel Colt (1814–1862) erhielt zwar schon 1835 das Patent für seinen »Colt«, ließ ihn nach einem Fehlschlag aber erst ab 1847 in der Firma von Eli Whitney jr. fertigen. Nach seinem beeindruckenden Erfolg errichtete er 1852/53 in London an der Themse eine eigene Fabrik, die zum Wallfahrtsort der britischen Werkzeugmaschinenhersteller und Militärs wurde. Allerdings ist bis heute umstritten, ob die dort gefertigten Teile wirklich austauschbar waren. Colt selbst sprach davon, daß es nicht schwierig sei, dies zu erreichen. Er arbeitete mit amerikanischen Werkzeugmaschinen, und zwar auch für Gewehrkolben, welche die Produzenten aus Birmingham als maschinell nicht herstellbar erklärt hatten. Auf Bitten der britischen Regierung half er, die neue staatliche Handfeuerwaffenfabrik in Enfield mit Werkzeugmaschinen auszustatten. Schließlich baute er 1854/55 in Hartford eine eigene Fabrik nach den modernsten Methoden mit Austauschbarkeit der Einzelteile.

Die folgenreichste Werkzeugmaschine für die vierziger und fünfziger Jahre war zweifellos die Fräsmaschine. Nach dem Drehen, Bohren, Hobeln und Stoßen von Gleitflächen war die Herstellung von Zahnrädern, also von kraftschlüssigen Übertra-

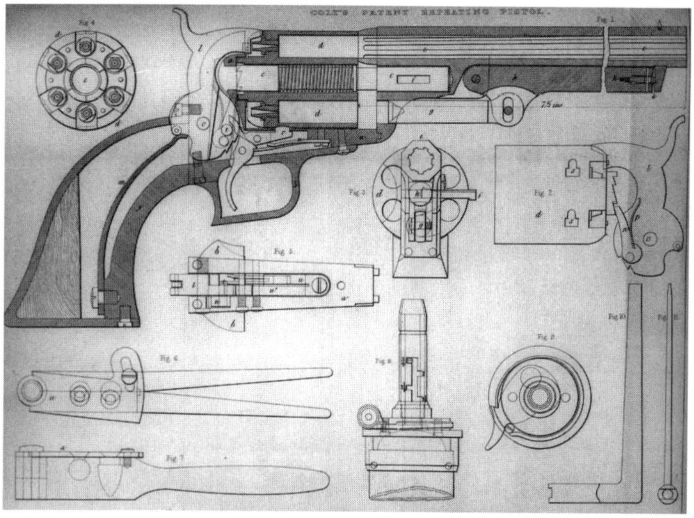

31. Amerikanischer Revolver von Colt. Lithographie in »The Artizan«, 1852. Langwiesen, Eisenbibliothek, Stiftung der Georg Fischer AG

gungen, ohne diese Maschinen nur sehr unvollkommen möglich. Erst das exakte Herausfräsen von Zähnen, die jeder für sich eine identische Form haben, aber auch insgesamt auf dem Rad regelmäßig angebracht sein mußten, erlaubte es, die vielfach verwendeten und schnell abgenutzten Holzzahnräder zu ersetzen. Die frühen Schiffsmaschinen arbeiteten noch bis in die fünfziger Jahre mit hölzernen Zähnen. Von der 1852 durch Browne & Sharpe vorgestellten Fräse wurden bis 1880 immerhin 100.000 Stück verkauft; sie wurde 1867 als Universalfräse auf der Weltausstellung in Paris gezeigt. Das mühsame Feilen von Blechen nach komplizierten Formen von Hand am Schraubstock konnte entfallen, als es Frederic W. Howe (1822–1891) gelang, Formfräsen zu produzieren. Hier lag das entscheidende Problem darin, daß es möglich wurde, die wegen fehlender harter Stähle schnell abgenutzte Fräse nachzuschärfen, also ein Schleifgerät zu bauen, das auch diese Arbeit entscheidend erleichterte, was durch den Einsatz entsprechender Formschleifscheiben tatsächlich glückte. Erst mit der Fräs- und Schleifmaschine erhielten die meisten flachen Teile, vor allem für die Nähmaschine, diejenige Paßgenauigkeit, die für den erfolgreichen Zusammenbau und ihr Funktionieren notwendig war.

Dem britischen Kriegsministerium wurde die amerikanische Überlegenheit in der Waffenherstellung sehr bewußt, als Frankreich wieder die Führung auf dem Kontinent zu erlangen versuchte und die Regierung Großbritanniens glaubte, aufrüsten zu müssen. Als sie 1852 ihre Truppen mit Perkussionsgewehren ausstatten wollte – gebraucht wurden 23.000 Minié-Gewehre – machten ihr die Gewehrbauer in Birmingham einen Strich durch die Rechnung. Das verlagsmäßig organisierte

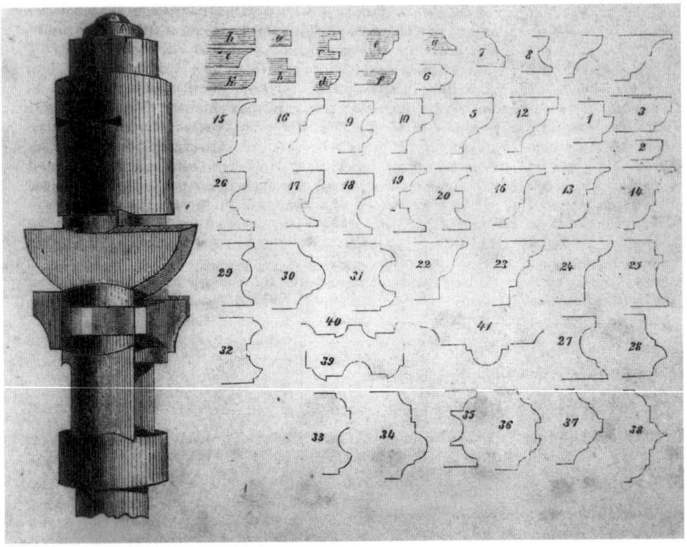

32a und b. Universalhobelmaschine mit Messer und den erzeugten Profilen. Holzschnitte in »Der praktische Maschinenkonstrukteur«, 1870. Langwiesen, Eisenbibliothek, Stiftung der Georg Fischer AG

Gewerbe, das über ausgebliebene Bestellungen in der Vergangenheit verärgert war, schlug zurück, und zwar mit der Begründung, die Gewehre seien in dieser Form nicht schnell genug und nicht zu den gewünschten Preisen lieferbar. Selbst erfüllungsbereite Verleger scheiterten am verbissenen Widerstand der Gewehrteilbauer und -zusammensetzer sowie ihrer Organisationen, die mit hohen Löhnen entschädigt werden wollten. Die Regierung war machtlos, da im Arsenal von Woolwich nur Kanonen und Schiffsausrüstungen hergestellt werden konnten. Das Kriegsministerium setzte ein Handfeuerwaffenkomitee ein, und das Waffenamt entsandte mit Joseph Whitworth den besten Werkzeugmaschinenbauer in die USA, wo 1853 die nächste Weltausstellung stattfinden sollte. Der von Samuel Colt in London vorgestellte Revolver mit seinen Austauschteilen war für das Ministerium und seinen maschinentechnischen Leiter John Anderson (1814–1886) eine Attraktion. Whitworth lobte in seinem Bericht die Austauschbarkeit der Teile, die Schnelligkeit und die Qualität der Herstellung überschwenglich und konsternierte damit die Regierung. Die »Werkstatt der Welt« hatte gegen die »Yankee ingenuity« mitten im industriellen Siegesgefühl von 1851 eine Schlacht verloren, was im nationalen England-Jubel unterging. Die britische Regierung bestellte schließlich eine komplette Waffenfabrik in den USA und erhielt für diese Fabrik in Enfield die Genehmigung des sonst kritischen Parlaments.

Waren in den zwanziger Jahren viele englische Werkzeugmacher nach Springfield, MA, gegangen, so kamen mit der Waffenfabrik für Enfield einige Instrukteure von dort nach Großbritannien zurück, die den englischen Arbeitern die Bedienung erläuterten. Das Umstürzende dabei waren jedoch nicht die einzelnen Maschinen, wie etwa die Drehbank zur Herstellung von Gewehrkolben, auch nicht die erst 1850 entwickelten Fräsmaschinen oder die neuen Schleifmaschinen, sondern die Art und Weise, wie die präzis produzierten Einzelteile zusammengesetzt wurden, während man in Birmingham jede Flinte aus einzeln gefeilten Teilen zusammenfügte. Es ist charakteristisch, daß die so unterschiedliche Art des Zusammenbaus in der englischen Sprache einen Niederschlag gefunden hat, im Deutschen jedoch nicht. Aus dem bisherigen »fitting« oder »setting« mit Nachfeilen wurde nun ein »assembling« ohne größeres Nacharbeiten. Die geschickten Handwerker und Mechaniker, in Birmingham von den 7.400 Gewehrarbeitern immerhin 4.000, waren überflüssig geworden. Der bewußte Einsatz von technischen und organisatorischen

33a und b. Fräsmaschine von W. Sellers & Co. und Fräsräder. Lithographien in »Die Industrie Amerikas« von Hermann Grothe, 1877. Privatsammlung

Neuerungen gegen die Streikfreudigkeit der englischen Arbeiter ist für die siebziger Jahre wiederholt belegt. Was jedoch in der englischen Textilindustrie beim Übergang von der Hausindustrie zum Fabriksystem in den zwanziger und dreißiger Jahren noch zur Entstehung von Luddismus und Chartismus beigetragen hatte, führte nunmehr nicht zu einer neuen sozialen Bewegung. Einmal blieb die Handfeuerwaffenherstellung für die ganze englische Wirtschaft marginal und zum andern konnten die betroffenen Arbeiter von den expandierenden Eisenbahn- und Schiffsindustrien aufgenommen werden.

Homogener Stahl und exakte Bearbeitbarkeit beeinflußten in erheblichem Maße auch die Herstellung größerer und gefährlicherer Waffen als nur die von Revolvern. Hält man sich vor Augen, wie langsam das Vorderlader-Perkussionsgewehr Verbreitung fand und wie schnell das Dreysesche Zündnadelgewehr, eine Zusammenfügung von Zündung und Patrone, seit 1839 in vielen Variationen bis hin zum Standardgewehr M71 als gasdichtes, 1866 eingesetztes Hinterladergewehr Anklang fand, und bezieht man die Produktion gezogener Rohre zum Zweck stabilerer Flugeigenschaften mit ein, dann findet sich hier das traditionelle Muster – baldige kriegerische Nutzung technischer Neuerungen – mitten im liberalen Zeitalter wieder. Bei diesen Produkten lagen die Anforderungen, fast parallel zu denen der Eisenbahnen, im Höchstmaß an Zuverlässigkeit, Exaktheit und Leistungsvermögen, und dieses stellte jeweils eine technisch-instrumentelle Herausforderung für Mechaniker und Ingenieure dar.

Die Konsequenzen aus diesem »Sprung« in der Bearbeitungsqualität lassen sich in viele Richtungen und bei vielen Produkten verfolgen. Das auf zuverlässiges und

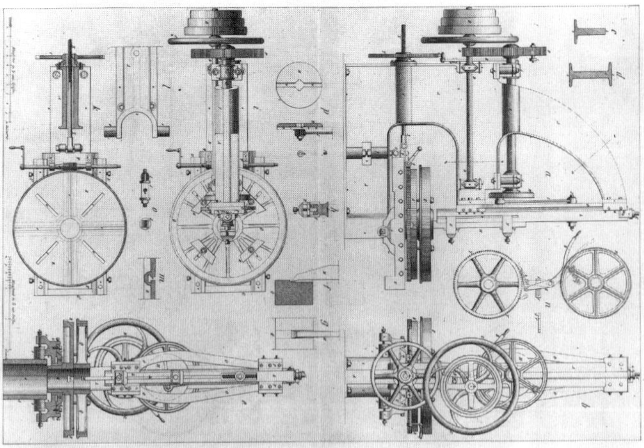

34. Nutenstoßmaschine. Stahlstich in »...Maschinen-Baumaterialien...« von F.K.H. Wiebe, 1858. Stuttgart, Württembergische Landesbibliothek

exaktes Ineinandergreifen aller Teile angewiesene Maschinengewehr, das Richard Jordan Gatling (1818–1903) bei Ausbruch des amerikanischen Bürgerkrieges 1861 entwickelte, nachdem er Sä- und Flachsbrechmaschinen produziert hatte, gehörte ebenso dazu wie die Nähmaschinen. Diese waren mit ihren komplizierten Mechanismen an sehr enge Toleranzen bei den Einzelteilen gebunden. Die führenden Techniker der ersten Nähmaschinen stammten aus Werkstätten, die entweder mit dem Handfeuerwaffenbau oder mit dem Meßlehrenbau zu tun gehabt hatten. Sie gingen von vornherein einen anderen Weg: Bei ihnen war die Verwendung von Grenzlehren schon seit der frühen Empfehlung Whitworths verbreitet. Sie führten das Nachmessen der Einzelteile an Grenzrechenlehren, Kontrollmeßscheiben und Grenzlehrdornen ein, so daß ungenaue Teile nicht weiter verwendet und nachgearbeitet beziehungsweise zurückgegeben werden mußten. Ein Satz von »Lehren« verfügte immer über drei Exemplare – das Mutter- oder Urmaß, das Inspektionsmaß und das Produktionsmaß –, die in den Fabriken Neuenglands in den fünfziger Jahren eingesetzt wurden. Die Firma Pratt & Whitney in Hartford, die solche genau gearbeiteten Lehren herstellte, war zugleich Ausbildungsstätte für viele spätere Betriebsleiter oder Unternehmensgründer.

Nähmaschinen

Im Nähmaschinenbau gab es eine Reihe von Veränderungen, die der künftigen Entwicklung von Maschinen den Weg wiesen. Das begann damit, daß Nähmaschinen nicht zu schwer sein durften. Die Basis wurde deshalb im Hohlguß hergestellt. Die Platten fertigte man durch Gesenkschmieden, das in den USA sehr verbreitet war. So wurden Fallhämmer eingesetzt, die zu viert um eine Säule montiert waren und durch entsprechende Steuerung nacheinander herabfielen, so daß die Arbeiter ständig um die Säule herumgingen und das Werkstück in das Gesenk einlegten oder wieder herausnahmen. Diese einfachste Form der Werkzeugmaschine war in den USA höchst populär.

Wie bei den meisten komplizierten Maschinen hatten sich an der Nähmaschine viele Erfinder versucht. 1846 erlangte Elias Howe (1819–1867) ein Patent, in dem die gefurchte Nadel mit Loch und der dazugehörende Schlitten (Schiffchen), der als Fadenträger den Knoten herstellte, geschützt wurden. Doch auch andere erhielten jeweils einzelne Mechanismen patentiert. Der sprichwörtliche amerikanische Pragmatismus führte zur Gründung eines Patentpools, der den Mitgliedern gegen eine Gebühr die Herstellung ihrer Nähmaschinen erlaubte und dessen Einnahmen zugleich den erfolgreichen Patentabwehrprozessen dienten. Im Jahr 1876 lagen 2.000 Patente auf Nähmaschinen vor, ein Vorgeschmack der amerikanischen Gesellschaft auf das Automobil und seine Patentpools.

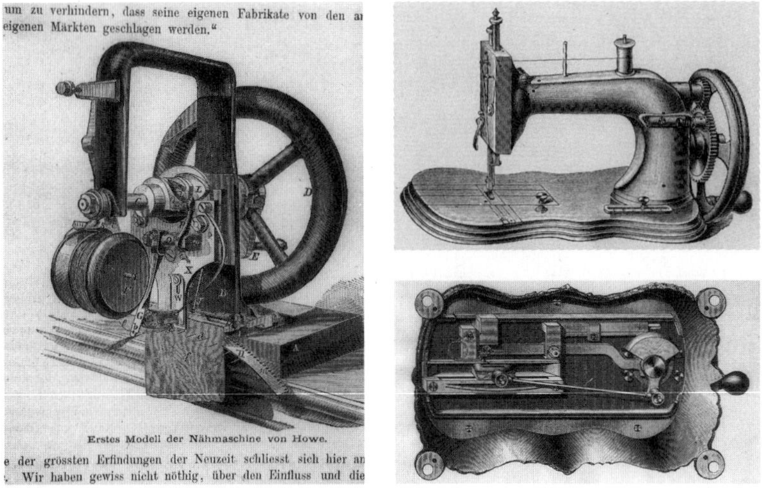

35a. Nähmaschine von Howe. Lithographie in »Die Industrie Amerikas« von Hermann Grothe, 1877. Langwiesen, Eisenbibliothek, Stiftung der Georg Fischer AG. – b und c. Nähmaschine nach Singer. Lithographien in »Meyers Konversations-Lexikon«, 1876. Privatsammlung

Für die Nähmaschine gab es eine große Nachfrage, sogar für weniger perfekte Modelle. Isaac Merritt Singer (1811–1875), der ab 1853 in den USA und bereits zwei Jahre später in Paris sein Modell noch nach dem Fitting-Verfahren zusammenbauen ließ, verdankte seinen Erfolg der heftigen Werbung und dem Finanzierungsangebot in Raten, nicht der perfekten Herstellung. Er ließ die Einzelteile, zumindest in den USA, auch von Fremdfirmen anliefern und je nach Bedarf zufeilen. Die Unzulänglichkeiten in der Montage und bei der Instandsetzung wuchsen sehr schnell. Erst mit dem neuen Modell der Familiennähmaschine ab 1865 bot Singer Qualitätsware. Jetzt übertrug die Firma die Herstellungsmethoden aus der Waffenproduktion auf seine Fabriken. Durch geeignete Assembling-Methoden verdoppelte sie von 1875 bis 1885 die Produktivität. Am Ende dieser Entwicklungsreihe, 1883, stand die entscheidende organisatorische Veränderung: Die Herstellung der Einzelteile wurde räumlich und verantwortungsmäßig von der Montage getrennt, so daß eine klare Kontrolle über jeden Einzelbereich vorhanden und heimliches Nacharbeiten nicht mehr möglich war. Von kaum 1.000 Nähmaschinen im Jahr 1855, über 10.000 im Jahr 1860 und knapp 128.000 im Jahr 1870 war Singer 1880 immerhin bei einer halben Million verkaufter Maschinen angelangt.

Der Wettbewerb zwischen der englischen und amerikanischen Maschinenbauindustrie, der 1851 einsetzte, obwohl man in Großbritannien das »American system« erst allmählich nachahmte, veränderte sich Ende der sechziger Jahre, als den Europäern die Leistungsfähigkeit der amerikanischen Maschinen deutlich wurde. Nach der Weltausstellung in Wien 1873, als sich die Industrie der USA vom

Bürgerkrieg erholt hatte, gelangten amerikanische Maschinen massenhaft nach Europa, bis sie hier Ende der siebziger Jahre erfolgreich nachgebaut und weiterentwickelt werden konnten, vor allem im Zusammenhang mit dem Elektromotorenbau. Nach 1880 kam der englische Maschinenexport nach den USA praktisch zum Erliegen.

Deutschland war bis in die siebziger Jahre hinein nicht in der Lage, sich an diesem Wettbewerb zu beteiligen. Ankauf und Nachbau standen im Vordergrund. Dann aber holte es auf. Zählte man in Preußen 1846 lediglich 131 Maschinenbaufirmen, so waren es 1875 immerhin 1.196 Unternehmen dieser Branche. Das früheste Zentrum des deutschen Werkzeugmaschinenbaus lag in Chemnitz, wo Unternehmen von jeweils unterschiedlicher Herkunft zu diesem Produktionszweig übergingen. Richard Hartmann (1809–1878) hatte mit dem Dampfmaschinenbau begonnen, dann 1848 den Lokomotivbau aufgenommen und 1857 seinem Werk eine weitere Abteilung, eben den Werkzeugmaschinenbau, angegliedert. Diesem in Deutschland allgemein vorherrschenden universellen Firmenkonzept stand die

36. Verkaufsraum für Singer-Nähmaschinen auf dem Broadway in New York. Lithographie von Keating in »Frank Leslie's Illustrated Newspapers«, 1857. Washington, DC, Smithsonian Institution

Entwicklung des Unternehmens von Johann Zimmermann (1820–1901) gegenüber, der zwar mit dem Bau von Textilmaschinen angefangen hatte, sich aber ab 1854 auf den Werkzeugmaschinenbau konzentrierte.

In dieser Branche, die in Deutschland etwa 1846 begann, orientierten sich die Firmen allgemein am englischen Vorbild: Die maschinell gefertigten Teile mußten beim Zusammenbau nachgearbeitet werden – eine Tätigkeit, die sich die qualifizierten Maschinenbauer Großbritanniens nicht aus der Hand nehmen ließen, die allerdings durch die amerikanischen Maschinen möglichst vermieden werden sollte. Doch solange das Lohnniveau in Deutschland niedrig blieb – das sächsische stagnierte nach 1861, der Einführung der Gewerbefreiheit in Sachsen, durch viele aus dem Handwerk in die Fabriken abwandernden Gesellen –, bestand kein Drang zur Anschaffung teurer Präzisionsmaschinen, die das Fräsen, Schleifen, Stanzen und automatische Revolverdrehen übernahmen und das Einpassen von Hand einschränkten. Im Prinzip war zur Herstellung vieler verschiedenartiger Arbeitsmaschinen eine Reihe ähnlicher Vorgänge erforderlich. Technologische Konvergenz war also ein wichtiges Kennzeichen dieser Branche. Die amerikanische Stanztechnik an Stelle des Aussägens verbilligte beispielsweie den Bau einfacher Uhren erheblich und belebte beispielsweise den Markt mit Schwarzwald-Uhren.

Der Import der genauer arbeitenden amerikanischen Maschinen wurde zunächst nicht über den Markt induziert. Ähnlich wie in England zwanzig Jahre zuvor ließ die preußische Regierung amerikanische Maschinen importieren, als das junge Deutsche Reich 1871 seine Handfeuerwaffen erneuern wollte, hier mit dem Infanteriegewehr 71. Der Anbieter mit der höchsten Genauigkeit, Pratt & Whitney aus Hartford, baute in Preußen drei Gewehrfabriken. Der Import amerikanischer Werkzeugmaschinen wurde durch die Weltausstellung in Philadelphia 1876 merklich intensiviert. Neben Professor Reuleaux hat vor allem Hermann Grothe aus dem Verein zur Beförderung des Gewerbfleißes von dort minutiös über alle maschinentechnischen Entwicklungen berichtet und in Verbindung mit dem 1877 diskutierten Patentgesetz für einen gemäßigten Schutzzoll votiert.

Den frühesten Widerhall auf dem freien deutschen Markt fand die Herstellung von Nähmaschinen bei Ludwig Loewe (1839–1886), der sich zu diesem Zweck mehrfach in den USA aufhielt und 1869 in Berlin eine eigene Nähmaschinenfabrik errichtete. Noch 1867 hatten Ringlehren und Kaliberkontrollen in Deutschland als unbekannt gegolten. Nach dem Import amerikanischer Werkzeugmaschinen 1871 ging Loewe zunehmend zur Herstellung von Gewehrteilen über und gab 1879 die Nähmaschinenproduktion ganz auf. Das Waffengeschäft war lukrativer. Während die Chemnitzer Industrie noch viele Jahre am englischen Standard der Nachbesserung bei der Montage festhielt, orientierte sich der Berliner Werkzeugmaschinenbau stärker am amerikanischen Vorbild. Er konnte und mußte dies tun, weil mit dem Aufkommen der Elektroindustrie eine viel höhere Präzision vonnöten war. Auf dem einmal eingeschlagenen Weg konnte die Berliner Elektroindustrie sich daher erfolgreich ausdehnen.

Die mechanische Ausstattung von Fabriken besteht in der Regel, wie schon Karl Marx festgestellt hat, aus der Kraftmaschine, der Arbeitsmaschine und der die Verbindung zwischen beiden herstellenden Transmission. Die mußte jedoch bald flexibel, das heißt steuerbar sein. Die langsam laufenden Wasserräder und Niederdruckdampfmaschinen waren daher zu Beginn des Jahrhunderts durch Wellen und Kegelräder mit den Maschinen auf den verschiedenen Stockwerken verbunden. Für stärkere Belastungen, die der amerikanische Schnellbetrieb anstrebte, wurden neue Wege gesucht. Man konnte die hölzernen Zapfen an gußeisernen Rädern befestigen oder diese gänzlich aus Gußeisen fertigen. Dann mußten die Zähne beziehungsweise die Radsegmente sorgfältig gegossen und nachgearbeitet werden. Für extrem

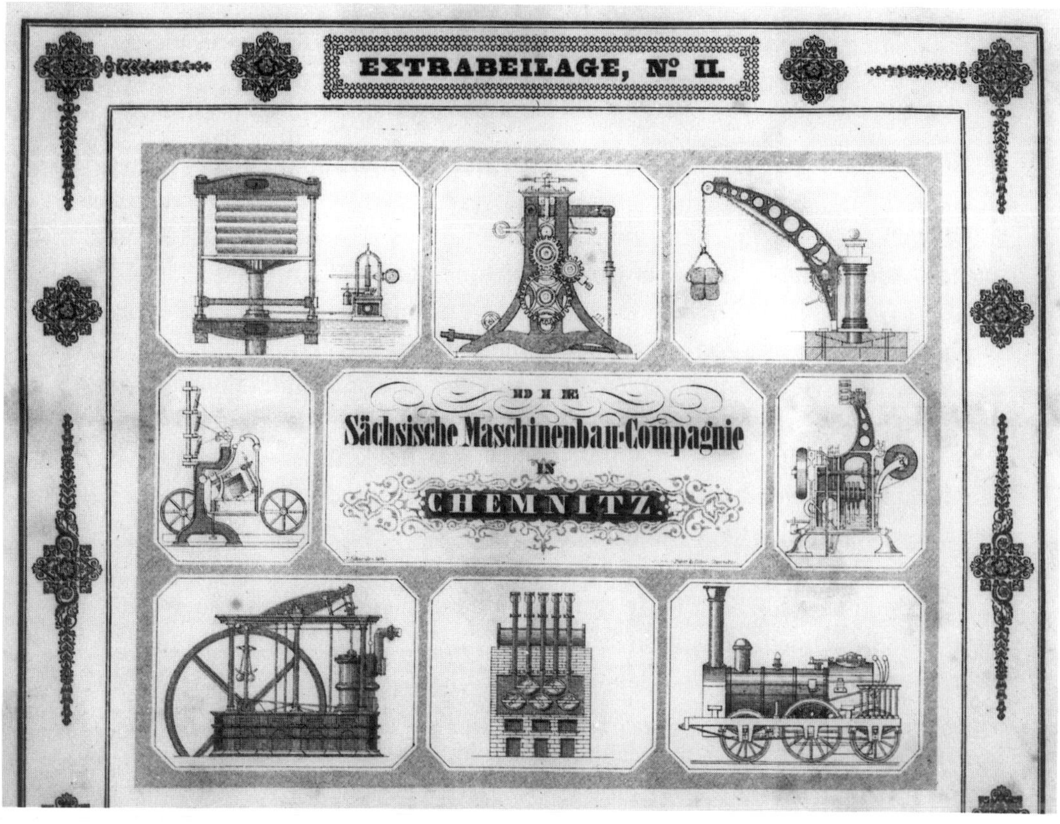

37. Stoffpresse, Walzgerüst, Hebekran nach Fairbairn, Feinspinnmaschine, Drosselspinnmaschine, Balancierdampfmaschine, Leuchtgasretortenofen und Lokomotive vom Typ Patentee. Oberer Teil eines Werbemittels der Sächsischen Maschinenbau-Compagnie als Beilage im »Gewerbeblatt für Sachsen«, 1839. Langwiesen, Eisenbibliothek, Stiftung der Georg Fischer AG

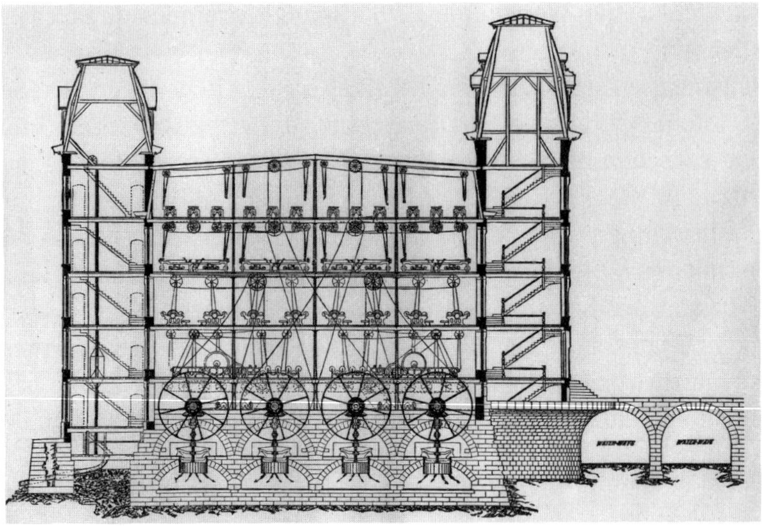

38. Textilfabrik mit Wasserturbinenantrieb in Manville, RI. Stahlstich, 1874. North Andover, MA, Museum of American Textile History

belastete Zahnräder, etwa in Walzwerken, kam auch Gußstahl in Frage, nach 1860 oft Flußstahl, der jedoch mühsam bearbeitet werden mußte. Hierfür war die Weiterentwicklung der Fräs- und Schleifmaschinen von größter Bedeutung. Das Schneiden solcher Räder erlaubte auch schräg stehende und besser eingreifende Zähne.

Robert Willis (1800–1875) kam es wie anderen Mathematikern darauf an, aus der empirischen Kunst des Zahnschneidens eine wissenschaftlich begründbare Strategie zu machen. Der Eingriff der Zähne mußte einen Kraftschluß zulassen, der für stärkere Belastungen groß genug war und vor allem das Material nicht überforderte. Eine Unterschneidung, also das tiefe Eindringen der Zähne eines Rades in die Zahnlücken des anderen mit der Gefahr des Herausbrechens, sollte vermieden werden. Willis wollte die Zykloiden- und selbst die geeigneteren Evolventen-Formen durch praktische Kompromisse überbieten. An der Praxis, besonders in den USA, hat sich aber über die Jahre wenig geändert: Die Räder jaulten und quietschten, sobald sie schneller liefen, so daß man ständig um ihren Ausfall fürchten mußte. Selbst Charles Porter, der mit seinen schnellaufenden Maschinen auf die richtige Zahnformung angewiesen war, verbesserte seine Zahnräder durch Probieren, indem er durch Schwärzen der Zähne ein wiederholtes Schaben an den blanken Stellen erkannte. Das in Philadelphia 1876 so leise laufende riesige Schwungrad der Corliss-Maschine setzte mit einer Umfangsgeschwindigkeit von 17 Metern pro Sekunde die Welt in Staunen.

Die ersten englischen Dampfsägemühlen arbeiteten im ersten Jahrzehnt des 19. Jahrhunderts, als bereits Hochdruckdampfmaschinen und Puddelstahl zur Verfügung standen. Dreißig Jahre später wurden amerikanische Sägemühlen in Sachsen in Betrieb genommen. In den USA waren sie vor allem für die Holzverarbeitung in den eroberten Territorien von Nutzen, zumal sich das Sägemehl zum Heizen eignete. Die weltweit größte Konzentration von Sägemühlen fand sich nach 1850 am Mississippi in Minneapolis. Kraftantriebe waren entweder Lokomobilen oder in der Regel Wasserräder beziehungsweise Turbinen.

Gelöst werden mußten die Probleme, die sich aus dem Antrieb ergaben: Die Gattersägemaschine, die beim Abwärtsgang mit mehreren parallelen senkrecht eingespannten Sägeblättern im guß-, später schmiedeeisernen Gatterrahmen sägte, löste die wasser- oder windradgetriebene Bundsäge ab, zuerst im Arsenal von Woolwich. Der Holzstamm konnte auf einem Vorschubwagen an das Gatter herangebracht und entweder während des Leerhubs oder – wie bei Dampfbetrieb – während des Sägevorgangs vorgeschoben werden, was eine dreifach höhere Leistung erbrachte. Oder aber das Bundgatter fuhr über den ruhenden Stamm. Die Horizontalsäge erlaubte einen ununterbrochenen Vorschub, da jeder Schub zum Sägen benutzt wurde. Die Amerikaner zögerten, die Gattersägen umfangreich einzusetzen, da diese meist sehr schwere Rahmen hatten und schlecht zu bewegen waren.

Die Produktivitätszuwächse nach 1840 lagen in der Verkürzung der Pausen zum Auf- und Abspannen des Holzes. Eine schnellere Bearbeitung der Baumstämme zu Brettern, Balken und Planken, beispielsweise für den Schiffbau, war mit der Kreis-

39. Holzbearbeitungswerke in Dortmund und Papenburg. Briefkopf der Firma W. Brügmann & Sohn, 1868. Dortmund, Stiftung Westfälisches Wirtschaftsarchiv

säge möglich. Spezielle Versionen mit taumelndem Blatt erlaubten ab 1855 das Schneiden von Nuten. Aber die Kreissäge verbrauchte relativ viel Holz beim Schnitt und hat sich deshalb nicht so rasch durchgesetzt, wie man vermuten könnte. Anders verhielt es sich mit der Bandsäge. Mit ihr konnte gesägtes Holz weiterverarbeitet und leichter in Formen gebracht werden. Sie fand vor allem im Haus- und Möbelbau Verwendung. Wie die Gattersäge verfügte sie über das gespannte »Blatt«, wie die Kreissäge über den fortlaufenden Sägevorgang. Erst 1855 in Paris vorgestellt, war sie zwanzig Jahre später bereits weltweit verbreitet. Voraussetzung war die Herstellung eines durchgängigen Stahlsägebandes ähnlich den Bandagen für die Eisenbahnräder. Um niedrige Betriebskosten zu erhalten, mußte eine kostengünstige Zahnschärfmethode geschaffen werden. Die Dynamik der Entwicklung von Holzbearbeitungsmaschinen ging für die gröberen und für die arbeitsaufwendigen Prozesse sicherlich von den USA aus. Doch waren die Maschinen einmal vorhanden, beeinflußten sie auch nachhaltig die Gewerbe- und Beschäftigungsstruktur der anderen Länder.

Spinnmaschinen

Mit dem Bau und Einsatz von Maschinen in Textilfabriken war die aufbrechende englische Gesellschaftsordnung im 18. Jahrhundert auf einen neuen Pfad gewiesen worden. Die umfangreichste gewerbliche Aktivität der vorindustriellen Zeit, die Herstellung von Kleidung, wurde auf neue Grundlagen gestellt, im einzelnen aber nur jeweils Schritt für Schritt mechanisiert. Kleidung wurde billiger und angenehmer im Tragen. Die Menschen konnten nun eine Vielzahl von Kleidungsstücken erwerben und nach Verwendung differenzieren.

Die Veränderungen vollzogen sich jedoch nicht über die volle Breite des technologischen Vorgangs der Kleidungsherstellung. Sie unterschieden sich nach Regionen, Fasern und Produktionsstadien. Um 1835/1840 waren das Spinnen und Krempeln von Baumwolle und das Weben von Baumwollstoffen in Großbritannien mechanisiert, nachdem das Spinnen längst von einem landwirtschaftlichen Nebenerwerb zu einem Vollerwerb geworden war. Unter dem Freisetzungs- oder besser Vertreibungsdruck der Spinnmaschinen hatten sich viele Bewohner kärglicher Gegenden Webstühle zugelegt und an dem Kleidungshunger für Baumwollprodukte in der Neuen Welt und in Europa zunächst gut verdient. Die erneute Vertreibung durch den fortgesetzten technischen Wandel der Weberei und durch weitergehende Veränderungen beim Spinnen brachte abermals erhebliche Wanderungsbewegungen der immer schneller wachsenden Bevölkerung mit sich, eine Welle, die nicht mehr allein durch Abwandern in einen neuen Gewerbezweig aufgefangen werden konnte. Die Entlastung der ländlichen Gebiete und die Abwanderung in die sich

40. Baumwollspinnerei bei Urach in Baden-Württemberg. Lithographie von Eberhard Emminger, 1852. Stuttgart, Württembergische Landesbibliothek

rasch ausdehnenden Städte gehörten in England, aber auch in Amerika und Deutschland ebenso zu diesen Folgen wie schließlich die Auswanderung nach Übersee.

Die Faser der Baumwolle eignete sich dank ihrer gleichförmigen Länge, des Stapels, für die mechanische Verarbeitung am besten. Die feuchte und wirtschaftlich rückständige, weil mit wenigen Rohstoffen ausgestattete Grafschaft Lancashire, hatte sich bis 1840 im Zusammenspiel mit dem führenden europäischen Im- und Exporthafen Liverpool, einer ganz Europa dominierenden Börse, sowie mit Manchester als dem Sitz der Textilverarbeitung und des Maschinenbaus zum Weltzentrum der Baumwollverarbeitung entwickelt. Wenige Jahre später ergab sich eine völlig neue Situation. Die Abschaffung der Kornzölle und die Aufhebung der Navigationsakte schwächten traditionelle gesellschaftliche Gruppen wie die Grundbesitzer und den Landadel, stärkten aber die gewerbetreibenden Kaufleute und die auswärtigen Reeder. Es scheint so, als habe erst der Krim-Krieg, der die Phase einer als friedliebend gefeierten Industrieepoche beendete, mit seinen Wachstums- und Verdienstmöglichkeiten diese sozialen Gruppen mit den freihändlerischen Gedanken versöhnt.

Im Feinspinnen gab es keine umwälzenden Neuerungen. Es blieb bei Jenny,

Drossel und Mule. Als es 1835 Richard Roberts gelungen war, die Mulemaschine von der Körperkraft und der über das Auge vermittelten Geschicklichkeit des Spinners unabhängig zu machen und den Streckwagen automatisch aus- und einzufahren, war der eigentliche Fachmann der frühen Textilfabrik, der Mulespinner, entmachtet, was im Sinne der Erfindung war und beispielsweise von Karl Marx in seiner Abhandlung über die Armut der Philosophie wie von seinem ideologischen Gegenspieler Andrew Ure deutlich ausgesprochen worden ist. Statt des handwerklich qualifizierten Eingriffs in das Spinngeschehen konnten zunehmend niedriger entlohnte Frauen die Maschinen überwachen. Weitere Verbesserungen am Selfaktor folgten so rasch, daß Mules bereits 1847 über Patentpools produziert wurden. So trafen beide Vorgänge, die Entmachtung der handwerklichen Qualifikation und die fließende Rohstoffaufbereitung, zusammen. Erst die Elektrifizierung der Textilmaschinen für Antrieb und Kontrolle setzte ab 1890 abermals neue Akzente. Die Konzentration sämtlicher zum Spinnen gehörender Verfahren und die augenfällige Vergrößerung der Spindelzahl senkten die Garnkosten in England konkurrenzlos ab.

Die wichtigste Verbesserung im engeren Spinnprozeß bestand in der Einführung

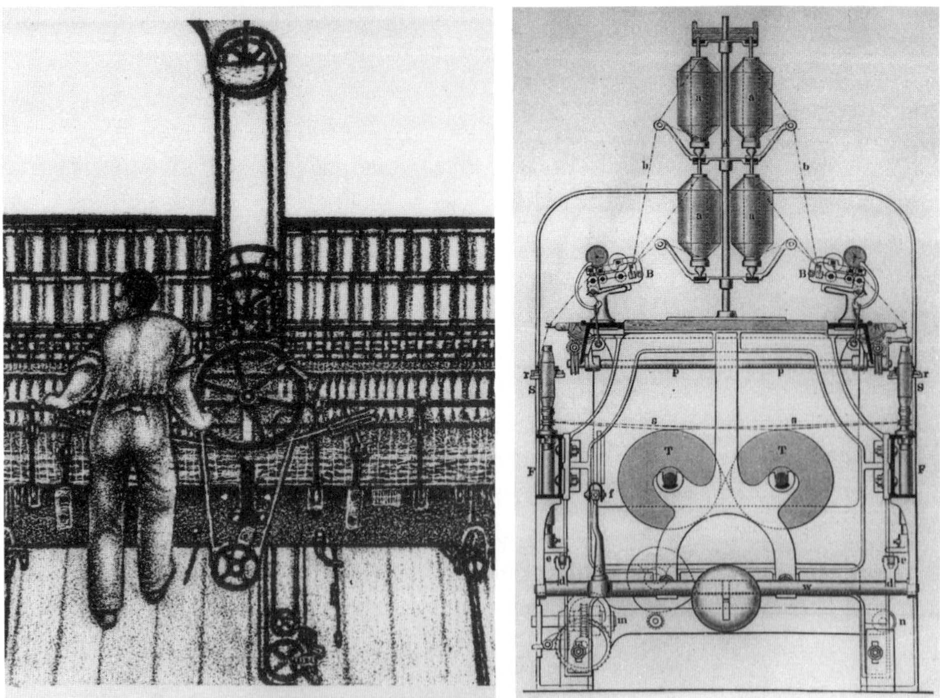

41a. Feinspinnen. Zeichnung auf einem Gedenkblatt der Mechanischen Baumwoll-Spinnerei und Weberei Augsburg, 1851. München, Deutsches Museum. – b. Ringspindelbank. Stahlstich in »Meyers Konversations-Lexikon«, 1907. Privatsammlung

einer neuen Spindel, der Ringspindel, die seit 1844 verwendet wurde. Ihre amerikanischen Urheber sind umstritten. Sie zeichnete sich dadurch aus, daß sie weniger bewegte Teile als ihr Ausgangsmodell enthielt und daher schneller und reibungsloser betrieben werden konnte. Der bereits gestreckte Faden passierte zunächst eine Führungsöse, Sauschwänzchen genannt, über der Spindel und dann eine Klammer, die Fliege, neben ihr. Diese saß auf einem Läuferring, dem wichtigsten Teil der neuen Spindel, und umkreiste die angetriebene Spindel, die vorlief und den Faden praktisch nachschleppte. Der Läufer ersetzte also die Flügel, gab dem Faden die Drehung und leitete ihn bei der Aufwindung. Die Läufer oder Stahlringe vieler Spindeln waren auf einer Bank montiert und konnten an den Spulen langsam herauf- und herabgeführt werden, um die Bildung geeigneter Garnwickel zu ermöglichen. Da die Fäden zunächst nicht so fest waren wie die der Mule, wurde die Ringspindel von den englischen Herstellern hochwertiger Garne gemieden. Die heimische Maschinenbauindustrie unterstützte diesen Konservativismus – allein auf dem Selfaktor lagen noch 1875 über 600 Patente –, während die amerikanischen Märkte die weniger festen Garne nachfragten. Eine dynamische Entwicklung der Ringspindel setzte in den siebziger Jahren ein, als eine Reihe von Betriebsproblemen gelöst war, etwa die Reinigung und Schmierung. Die 1.500 Umdrehungen der Mules wurden von den Ringspindeln lange nicht übertroffen; sie schafften erst in den achtziger Jahren 5.000 bis 8.000 Umdrehungen.

Im monostrukturierten Lancashire wurden nach dem Baumwollmangel durch den amerikanischen Bürgerkrieg größere organisatorische Veränderungen spürbar. In Oldham entstanden aus den kooperativen Reformgesellschaften bald die potentesten Aktiengesellschaften für mechanische Spinnerei auf der ganzen Welt. Hier waren mehr Spindeln in Betrieb als in Manchester, da man mit einem Surrogat 1862 begann, den indischen Markt zu erobern. Nach 1870 übernahmen die Pächter ihre Betriebe als Aktiengesellschaften, und 1873 erfolgten deren Fusionen.

Nachdem der eigentliche Spinnprozeß mechanisiert worden war, zeigte sich, daß er ganz wesentlich von der Qualität des vorgelegten Rohstoffs abhängig war. Mithin richteten sich viele Bemühungen auf Verbesserung und Verbilligung des zu verarbeitenden Materials. Zunächst war der gepreßte Rohstoff maschinell aufzulockern. Dann war auf der Krempel-, Kratz- oder Streichmaschine ein gleichmäßiges Vlies herzustellen. Dieses Vlies wurde gestreckt, aufeinandergelegt und neu gestreckt, um eine noch größere Gleichmäßigkeit zu erhalten. Anders war die gewaschene, weitaus schmutzigere und in der Faser kräftigere und gekräuselte Wolle zu behandeln. Sie gelangte zunächst zum Maschinieren auf den Wolf, wurde dort eingefettet und durch Streichen, Kardätschen, Krempeln gekratzt, während die noch schwieriger zu behandelnde Kammwolle gekämmt, gestreckt, zu Bändern zusammengelegt und schwach gedreht wurde, um ihren Fasern Stabilität zu geben. Es folgte das Vorspinnen bis zu einem stabilen Halt der Fäden, für das sehr variantenreiche

Maschinen erfunden wurden. Man bemühte sich, die säubernde und fließende Arbeit an den Karden und Krempeln soweit zu verfeinern, daß der separate Arbeitsgang des Vorspinnens eingespart werden konnte, zumindest beim Streichgarn und bei der Baumwolle. Die Maschinen, von Hand angetrieben oder bedient, hatten viel Aufmerksamkeit erfordert, die nun reduziert wurde. Bei Baumwolle ging es darum, mit einer einfachen Kardage auszukommen. Eine Strecke, die beim Vorspinnen riß, legte die Maschine still. Für Streichgarn gelang es, Reißkrempel-, Feinkrempel- und Vorspinnkrempelmaschinen so hintereinander zu stellen, daß am Ende der Maschinenfolge durch Florteiler seit etwa 1860 Vorspinngarn zur Verfügung stand, ohne daß bei einem solchen Dreisatzkrempel eine menschliche Hand hätte zugreifen müssen. Zur besseren Sammlung und ersten Drehung passierten die Flore Trichter. Richard Hartmann in Chemnitz baute ab 1865 die weltweit erfolgreichsten Streichgarnselfaktoren.

Die Baumwolle, die Lancashire in der Neuen Welt zu großem Profit verhalf und andere Fasern zu verdrängen versuchte, vermochte weder die Streich- und Kamm-

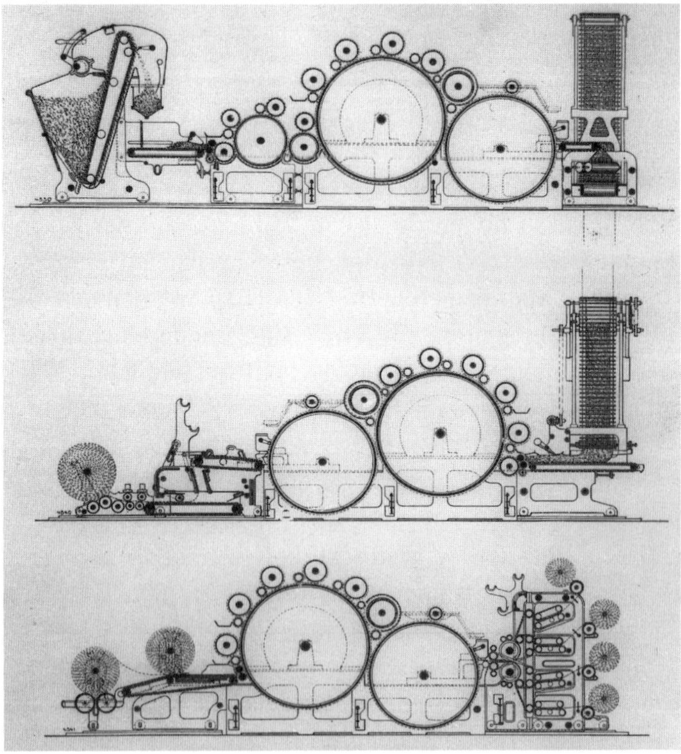

42. Demonstration einer Krempelmaschine in Dreierfolge. Stahlstich in »Die Geschichte der Textil-Industrie« von E. H. O. Johannsen u. a., 1932. Privatsammlung

43. Flachsmühle in Leeds. Holzschnitt, 1840. Privatsammlung.

wolle noch den Flachs vom Markt auszuschließen. Gerade für die Wolle gelangen in Frankreich und Deutschland viele maschinelle Verbesserungen. Die längeren Kammhaare allerdings bildeten während des gesamten 19. Jahrhunderts ein Problem, da sie sich immer wieder kräuselten und nicht in ein gleichmäßiges Vlies einordnen lassen wollten. Hier griff der Elsässer Josua Heilmann (1796–1848) auf ein ungewöhnliches, der menschlichen Handbewegung abgeschautes Verfahren zurück. Mit einem Greifer wurden die langen Haare festgehalten und gekämmt. Die 1845 erfundene Neuerung erschien 1851 in Paris auf einer Ausstellung und unterwarf die Kammwolle dem mechanisierten Spinnverfahren, so daß einstmals häusliche Arbeit fabrikkonform wurde.

Die Amerikaner hatten ihre Textilindustrie in den wasserreichen Staaten Neuenglands und im maschinenbaureichen Philadelphia aufgebaut. Samuel Slater (1768–1835), der als Junge die rigorose Ausbeutung von Waisen und Familien in den englischen Spinnfabriken erlebt hatte, baute in Rhode Island, MA, Textilfabriken nach etwas anderem Muster: Er stellte in seinen Familienbetrieben ausgesuchte und zuverlässige Familien ein und entlohnte sie mit einem hohen Maß an sozialer Kontrolle. Nach seinem Tod reorganisierten die Söhne die Betriebe. Sie kümmerten sich vor allem um genaue Kostenanalysen und Rechnungslegungen, die monatsweise durchgeführt wurden, während viele andere Textilfabriken noch das System der doppelten Buchführung pflegten, das keine exakte Kostenkontrolle zuließ.

Alternativ zu Slaters Vorstellungen band Francis Cabot Lowell (1775–1817), ein Kaufmann aus Boston, nach der Entwicklung des ersten amerikanischen Kraftwebstuhls die Spinnerei mit der Weberei zusammen und stellte kompetente Meister ein, die vor allem Frauen, aber keine Familien beschäftigten. In der Weberei wurden einfache Stoffe an Kraftstühlen für den Westen produziert. Die Fabriken erlebten nicht zuletzt durch die Beherrschung der zufließenden Turbinenwässer bis 1845 einen für die amerikanische Industriegeschichte paradigmatischen Boom. Sie gerieten allerdings durch den Baumwollmangel mit Ausbruch des Bürgerkrieges 1862 in eine tiefe Krise. Weniger anfällig als diese hochkapitalisierten Fabriken für Massenwaren stellte sich die Textilindustrie im maschinenbaureichen Philadelphia dar. Hier produzierten Eigentümerfirmen mit immerhin 55.000 Beschäftigten im Jahre 1880 Spezialartikel in Baumwolle, Wolle, Seide, und zweckmäßigerweise entstanden in der Nachbarschaft chemische Betriebe. Die Absatzkrisen 1837 bis 1842, 1847 bis 1850 und 1855 produzierten immer wieder Neuerungen im Bau der Textilmaschinen. Rohstoffmangel und Rohstoffteuerung bei Baumwolle 1862 waren verantwortlich für die Konstruktion sparsamerer Textilmaschinen. Meist lagen Erfindung und Einsatz zeitlich weit auseinander, so daß von einem effektiven Schutz der Patentgesetzgebung für kleinere Verbesserungen nicht gesprochen werden kann.

Webmaschinen

Die sächsische Maschinenbauindustrie bestand Anfang der vierziger Jahre aus Universalbaubetrieben, wie die Auslobung im Gewerbeblatt 1839 für die Sächsische Maschinenbau-Compagnie ausweist. Louis Schönherr (1817–1911), der den Tuchwebstuhl, den Webstuhl für Wollgarne, 1836 konzipierte, aber erst 1852 selbständig baute, war einige Jahre bei dieser Firma beschäftigt, ehe er sie erwarb.

Der Schützenwebstuhl für mehrere Spulen vereinte in der Konstruktion die Exaktheit der Nähmaschinentechnik mit der Robustheit stählerner Rahmen. Aus den Webstühlen mit zwei Schäften, die einfaches Gewebe herstellten, wurden Mitte der sechziger Jahre Stühle mit bis zu zwölf Schäften, auf denen sich viele modische Gewebe herstellen ließen. Der Durchbruch zum Webautomaten, der leere Schützen automatisch gegen volle austauschte, gelang erst 1888. Sein Einsatz reduzierte das Aufsichtspersonal noch mehr, als dies mit den seit 1843 bekannten automatischen Zetteln möglich war oder mit der auf Schützenwechsel eingerichteten Crompton-Webmaschine, deren Rechte 1867, im Anschluß an die Weltausstellung in Paris, Richard Hartmann für Deutschland erwarb.

44. Mechanisches Weben. Zeichnung auf einam Gedenkblatt der Mechanischen Baumwoll-Spinnerei und Weberei Augsburg, 1851. München, Deutsches Museum

45. Kontorgebäude der Mechanischen Weberei in Bielefeld, erbaut seit 1864. Photographie von Manfred Hamm

Der Maschinenweber konkurrierte noch Jahre mit den Hausindustriellen, die ebenfalls wegen der vielen verschiedenen Gewebe und Bearbeitungsmöglichkeiten bei zunehmend schlechteren Löhnen immer länger arbeiteten, um nicht zu verhungern. Anders als für die Spinnfabriken bedurfte es nur weniger hundert Pfund für die Einrichtung von Maschinenwebereien, für die man sich in Lancashire von den Eigentümern der Wasserrechte und der Gebäude den Teil eines Arbeitsraumes pachtete. Die Gebäude für die schweren Webmaschinen blieben flach. Die Kapitalintensität pro Beschäftigtem war zwar hoch, doch diejenige pro Fabrik gering. Wegen der größeren Marktnähe und der späteren Entwicklung gegenüber den Spinnmaschinen vermochten auf dem Websektor auch die Länder der zweiten Industrialisierungswelle mitzuhalten. Die Fabriken, die in den USA, Frankreich, der Schweiz, Deutschland und Belgien entstanden, konnten mit durchaus eigenen Beiträgen zur Fortentwicklung der Webtechnik beitragen.

Fabrikarbeiterschaft

Neuerungen im Fabrikbereich erfolgten nicht kontinuierlich, sondern schubweise. Im Großmaschinenbau blieb die traditionelle Struktur der Beschäftigten erhalten. Hier gab es weiterhin qualifizierte Meister und Mechaniker, angelerntes, später geschultes Fachpersonal, Hilfskräfte und Lehrlinge, diese allerdings nicht in der Textilindustrie. Im Handfeuerwaffen- und Maschinenbau löste sich die alte Struktur bereits auf. Bei der Waffenherstellung setzten große Veränderungen ein, während die Nähmaschinenherstellung als neuer Industriezweig von solchen Veränderungen der traditionell handwerklichen Produktionsstruktur unberührt blieb.

Der Übergang von der hausindustriellen Textilherstellung zur Fabrikarbeit vollzog sich über mehrere Generationen. Was ihn sozialgeschichtlich so bedeutsam machte, war die erzwungene graduelle Auflösung des Familienverbandes, ohne daß an seine Stelle sofort eine andere tragfähige gesellschaftliche Suborganisation hätte treten können. Die Auflösung war in der durch Verleger organisierten, sehr arbeitsteiligen Hausindustrie bereits vorbereitet. Nun gingen die Familien in den Fabrikdörfern und -städten zunächst mit allen Mitgliedern in die Fabriken, wo der Vater seine bestimmende Rolle fortführte, wenn nicht sogar verstärkte, weil er Frau und Kinder den ganzen Tag »unter Aufsicht« hatte. Als jedoch bei wachsender Technisierung und Maschinisierung etwa der Rohstoffaufbereitung handwerkliche Fachkenntnisse und flexibler Arbeitseinsatz entbehrlich wurden, weil die Maschinen vieles davon vorgaben, rückte der technisch qualifizierte Aufseher in den Vordergrund, der gering entlohnte Frauen und Kinder überwachte. Fabrikregeln erzwangen Arbeitsdisziplin und längere Arbeitszeiten auch von Kindern, die sehr bald als schlecht erzogen, hygienisch verwahrlost und sexuell gefährdet von den

46a. Treibriemenherstellung in den USA. Holzschnitte in »Deutsche Allgemeine Polytechnische Zeitung«, 1880. Hannover, Universitätsbibliothek. – b. Unfall in einer Maschinenfabrik. Holzschnitt nach einer Zeichnung von Johann Bahr in »Leipziger Illustrierte Zeitung«, 1889. München, Deutsches Museum bürgerlichen Sozialreformern entdeckt und mit den Frauen in ihrer Rolle als Mütter zum Gegenstand der Sozialgesetzgebung gemacht wurden, beginnend mit der Festlegung von Höchstarbeitszeiten für Kinder und Frauen in England, 1839 dann in Preußen und 1840 in Bayern.

Mit den gesetzgeberischen Maßnahmen sollte auch den radikaleren Bewegungen zur Begrenzung der unternehmerischen Macht entgegengearbeitet werden. Die »Wohlfahrtseinrichtungen«, die von Firmen aus den Gewinnen und vorenthaltenen Löhnen aufgeboten wurden – Wohnungen, Einkaufsgelegenheiten, Versicherungskassen gegen Unfall, Krankheit und Invalidität, Schulen, Kindergärten, Bibliotheken, Sparkassen –, wiesen eine große Streuung auf. Je wichtiger das Personal für die Betriebe war, um so eher wurden diese Einrichtungen geschaffen. In den jeweiligen Anfangsphasen einer Fabrikproduktion konnten die entsprechenden Know-how-Träger sogar Teilhaber am Unternehmen werden; dies galt besonders im Spezialmaschinenbau. Die Bemühungen um eine kollektive und gesetzliche Verbesserung der Lage der männlichen und weiblichen Fabrikarbeiter wurden je nach den gesellschaftlichen Traditionen in den einzelnen Ländern sehr unterschiedlich in Angriff genommen. Sie reichten vom Aufbau separater arbeits- und fabrikbezogener Inseln bei vielen Sozialutopisten über die politisch-gewerkschaftliche Emanzipation bis hin zu Vorstellungen der Verbürgerlichung der Arbeiterschaft.

Dieser Aufbruch sich neu formierender Schichten wurde durch die bürgerlichen Nationalstaatsbestrebungen überrollt. Briten und Franzosen trugen ihre mühsam unterdrückten inneren Konflikte im gemeinsamen Krieg gegen Rußland nach außen und schufen eine waffenstarrende Marine. Die Amerikaner stellten mit dem Sieg der französisch unterstützten Nordstaaten gegen die englandfreundlichen Südstaaten die Überlegenheit der Industrieproduktion sicher. Die Deutschen, die in ihrer politisch maßgeblichen liberalen Partei lange unentschieden waren, in welcher Form sie die Interessen der Industriearbeiter einbinden sollten, mußten 1878 das Sozialistengesetz der Konservativen ebenso dulden wie das verkündete Staatssozialismusprogramm von Konservativen und Zentrum, das eine staatsinterventionistische Richtung hatte. Der Staat, von den politischen Parteien in der Freihandelszeit mühsam bekämpft, hatte mit der Lösung politisch-nationaler Aufgaben seine Ordnungsfunktion zurückgewonnen. Er regulierte als ordnende Instanz Bildungsberechtigungen und soziale Absicherung, weniger dagegen die Anerkennung der freiberuflichen technischen Professionen.

Ingenieure und Technik in Staat und Wirtschaft

Technische Bildung und Berufsstand

Die Rolle von Ingenieuren in Staat und Wirtschaft, ihrer Ansprüche auf gute Bildung und auf professionelle Mitgestaltung des politischen wie gesellschaftlichen Lebens muß im vorgegebenen Rahmen dieser Technikgeschichte auf das wesentliche beschränkt werden. Weder lassen sich die Ingenieure abstrakt auf ihr Wissen, ihr technisches Know-how und damit auf den Produktionsfaktor »Technischer Fortschritt« reduzieren, wie es in makroökonomischen Studien üblich ist, noch haben sie sich mit den angeblich so sachlogischen, technokratischen Vorstellungen zur Regelung gesellschaftlicher Fragen durchgesetzt. Ein Nachvollzug der technischen Ausbildung und des beruflichen Organisationswesens der Ingenieure allein kann die wirtschaftlich-technische Expansion des jeweiligen Landes nicht hinreichend erklären; dazu fehlt der Geschichtswissenschaft noch immer eine Soziologie der Technik, obwohl sie in Deutschland bereits nach 1840 an Interesse gewann. Immerhin hatten die frühen Sozialisten der Technik ein beträchtliches gesellschaftliches Problemlösungspotential zugetraut, von dem auch Karl Marx (1818–1883) überzeugt war. Als expliziter Gegenstand der Philosophie wurde Technik erst 1877 durch Ernst Kapp (1808–1896) bekannt, der ihr durch seine Amerika-Erfahrungen in der Form als Organisation einen bedeutenden Stellenwert zuordnete, den fast alle, die noch in platonischen Konstruktionen befangen waren, ihr nicht geben wollten.

Um 1840 zeigte sich in den Ländern, die in den Industrialisierungsvorgang eingetreten waren, daß außer durch Gewerbefreiheit nur durch die Hilfe spezieller Fachleute für die neuen industriellen Verfahrensarten eine Fortentwicklung zu erreichen war. In den frühen Jahren, etwa in der elsässischen, sächsischen oder preußischen Wollverarbeitung, hatten die Verleger, oft mit Regierungshilfe, folgerichtig englische Mechaniker eingestellt, in der Hoffnung, die britische Entwicklung nachholen zu können. Sie wurden bei diesem Bemühen in mehrfacher Hinsicht enttäuscht, da den englischen Mechanikern oft die notwendige Qualifikation beziehungsweise Motivation fehlte und sie aufgrund überhöhter Lohnforderungen selten zu halten waren.

Auf das englische Vorbild reagierten nicht nur die Staaten des Deutschen Bundes, sondern auch Frankreich, Belgien und die USA, jeweils in unterschiedlicher Art, die den eigenen Traditionen entsprach. Die Kaufleute und Verleger hatten in der Regel nicht die Absicht, ihre durch die Gewerbefreiheit gewonnenen finanziellen Spiel-

47. Diorama der Gebrüder Gropius an der Georgenstraße in Berlin, seit 1868 vorübergehende Behausung des Deutschen Gewerbe-Museums. Stahlstich nach einer Zeichnung von Klos, um 1830. Berlin, Archiv für Kunst und Geschichte

räume mit Technikern zu teilen, jedenfalls nicht in der Textilindustrie. Um in diese Position zu gelangen, mußten die Techniker selbst Unternehmen gründen, was in dieser Branche relativ selten war. Dort, wo Maschinenkomplexe im Betrieb eine überragende Rolle spielten, im Maschinenbau, Eisenbahn- und Schiffbau oder bei der Infrastruktur der städtischen Netze, vermochten in den Anfangsphasen Techniker, Mechaniker und Ingenieure in leitender Stellung Fuß zu fassen. Großbritannien eröffnete den sozialen Aufstieg der neuen Berufsgruppe in unternehmerische Funktionen, während sie auf dem Kontinent lange an den Staats- und Militärdienst gebunden blieb.

Frankreich, wo es seit 1794 eine École Polytechnique für höhere Mathematik und Physik gab, war das Land mit der besonders militärisch-bürokratisch verankerten wissenschaftlichen Durchdringung technischer Belange. Was die Wirtschaft jedoch vermißte, waren interessierte Männer, die nicht sofort in den Staatsdienst abwanderten. Die 1829 gegründete private École Centrale des Arts et Manufactures bildete die Absolventen ähnlich wie die École Polytechnique aus, jedoch nicht für den Staatsdienst. 1857 wurde sie vom Staat übernommen, behielt aber ihre Funktion bei. Für die Werkmeisterebene bestanden in Frankreich nur drei Écoles des Arts et Métiers, während es in Deutschland um 1860 aufgrund der föderativen Struktur schon zahlreiche Fachschulen gab, die sich von Teilzeitschulen zu meist zweijährigen Vollzeitschulen mit bestimmten Schwerpunkten entwickelt hatten. An staatlichen Schulen wurden meist mechanische Fächer unterrichtet, doch es gab auch erfolgreiche private Technika, zum Beispiel seit 1863 im sächsischen Mittweida, insbesondere für Bautechniker.

Der nach der Befreiung von der französischen Herrschaft begonnene Neuaufbau der Wirtschaft in den deutschen Bundesstaaten fußte ebenfalls auf französischem Vorbild. Das begann 1806 mit Prag, 1815 folgte Wien, 1825 Karlsruhe, während Berlin mit vielen Stipendien und einem Überangebot an Technikern, die ohne hochwertige Vorbildung aufgenommen wurden, ab 1821 einen anderen Weg einschlug. Erreicht wurde das Vorbild der École Polytechnique nirgendwo. Der Begriff »polytechnisch« veränderte seine Bedeutung. War er zunächst mit den Grundlagen für viele oder mehrere wissenschaftliche Gewerbe verbunden, so wurde bis 1844 daraus das hoffnungsvolle Prinzip einer Nationalerziehung, die sich positiv-wissenschaftlich verstand und von der spekulativ-wissenschaftlichen Vorgehensweise der romantischen Naturphilosophie radikal unterschied. Mit diesem Selbstverständnis bezogen Ingenieure in der nationalen deutschen Frage klar Stellung, die von den meisten Regierungen nur skeptisch betrachtet wurde.

Obwohl diese Schulen gelegentlich »polytechnisch« genannt wurden, waren sie mit Ausnahme von Karlsruhe nicht auf die Vermittlung der Infinitesimalrechnung ausgerichtet, sondern für alle Schüler mit bestimmten minimalen theoretischen Kenntnissen offen; sie berücksichtigten vor allem die drei wichtigsten Berufsrichtungen – mechanisch, chemisch, bautechnisch – und verlangten nicht von jedem Schüler eine Abschlußprüfung. Erst in den vierziger Jahren wurden Differential- und Integralrechnung fest in den Lehrbetrieb aufgenommen; in den sechziger Jahren, als unterhalb dieser Gewerbeakademien eine Zahl von Provinzialgewerbeschulen mit Beteiligung der regionalen Wirtschaft herangewachsen waren, wurde ihre Behandlung Pflicht.

In Deutschland dominierte die Hochbewertung von humanistischer »Menschen-

48. Der Neubau für die aus der Herzoglichen Polytechnischen Schule 1877 entstandene Technische Hochschule in Braunschweig. Lithographie, 1877. Privatsammlung

bildung«, die in der Regel in seminaristischer Form auf der Universität erlangt und für die Karriere in staatlichen Diensten vorausgesetzt wurde. Sie ließ den Naturwissenschaften und der eher schulmäßigen Organisation technischer Bildung und Erziehung kaum Anerkennungsmöglichkeiten. Im Umfeld der politischen Zentralen mit ihren vielfältigen und zunehmenden technischen Beratungsbedürfnissen entstanden dann doch Gewerbeschulen, Gewerbeakademien, Polytechnische Schulen, die ihre Schüler in die aufkeimende Wirtschaft entließen und weit mehr Fachkräfte ausbildeten, als von der Wirtschaft nachgefragt wurden. Um 1860 erhielten gewerbliche Schulen langsam den Charakter einer technischen Hochschule. Auf vorrangig industrielle Bedürfnisse ging auch die Gründung der Technischen Hochschulen in Zürich 1856 und Aachen 1870 zurück.

Nach 1840 änderte sich in den beginnenden Industriewirtschaften das Karrieremuster. Mechaniker und Ingenieure erreichten in der freien Wirtschaft angesehene

49. Schwäbischer Gewerbeverein: ein Zusammenschluß verschiedener Handwerke. Gerahmtes Ölbild als Vereinstafel, 1841. München, Deutsches Museum

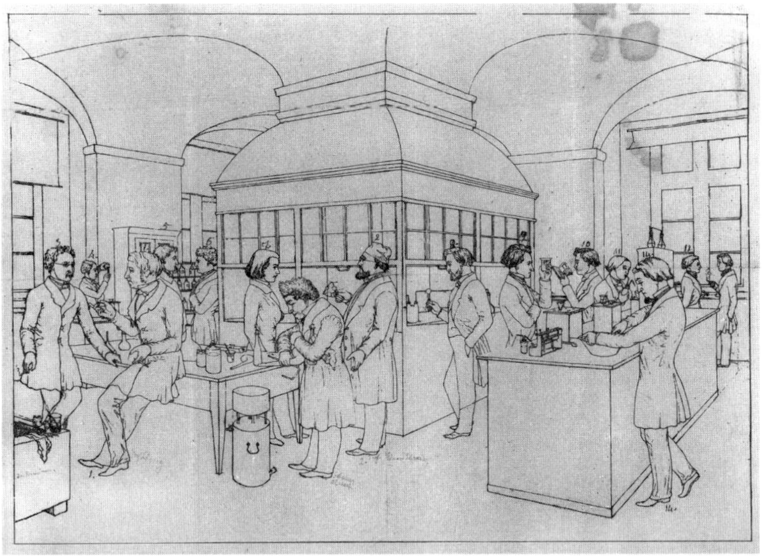

50. Das chemische Laboratorium der Universität Zürich. Zeichnung vermutlich von H. Hartmann Krauer, 1851. Zürich, Zentralbibliothek, Graphische Sammlung

Positionen, ähnlich der englischen Entwicklung, und konnten sie auch halten, vor allem bei der Eisenbahn beziehungsweise beim Bau der Eisenbahnausrüstungen. Der Ingenieur wurde als »Zivil«-Ingenieur akzeptiert, und zwar zum einen als nichtstaatlicher Ingenieur und zum anderen als ein mit Baufragen betrauter Ingenieur neben dem Maschinenbauer, dem Berg- und Eisenhüttentechniker oder später dem Elektrotechniker.

Der Zusammenschluß der Techniker zur Wahrung ihrer Interessen folgte den nationalen Traditionen. In England hatte schon 1771 John Smeaton (1724–1792) mit der Society of Civil Engineers versucht, die Zivilingenieure zusammenzuschließen. Aber erst die Institution of Civil Engineers ab 1818, an deren Gründung renommierte Eisenbahningenieure mitwirkten, war eine dauerhafte und zugleich angesehene Vereinigung, deren Mitglieder gegenüber den üblichen Handwerkervereinigungen durch eigene Veröffentlichungen auffallen mußten. Freilich glich sie eher einem Klub, der seine Neulinge streng an den konstruktiven Leistungen maß und durch Kooptation aufnahm. Ihr stand seit 1848 die weniger exklusive Vereinigung der Institution of Mechanical Engineers gegenüber. Die Eisenhüttenleute kamen seit 1869 im Iron und Steel Institute zusammen, und die Telegraphenspezialisten trafen sich seit 1871 in einer Vereinigung als Vorläufer der 1888 gegründeten Institution of Electrical Engineers.

Die deutschen und französischen Vereinigungen gingen andere Wege. Sie erklärten sich aus der »Schulkultur«, zeigten aber auch, daß die in der Industrialisierung später Kommenden sich effektiver organisieren mußten, wollten sie ihre Interessen erfolgreich vertreten. In Frankreich waren es neben den Staatsingenieuren der Ecoles Polytechniques, die sich 1865 zusammenfanden, die Absolventen der École des Arts et Manufactures und der drei Écoles des Arts et Métiers, die sich 1848 zur Societé des Ingénieurs Civils vereinigten. Die vier Jahrzehnte zwischen 1840 und 1880 sahen in Deutschland im Anschluß an die frühen staatlich geförderten Gewerbevereine nun die Selbstorganisation der Techniker, voran die der Architekten, dann der Eisenbahningenieure, der Maschineningenieure, der Eisenhüttenleute, der Gas- und Wasserfachmänner, zunächst auf regionaler, dann auf nationaler Basis. Ehemalige Absolventen des Berliner Gewerbeinstituts gründeten 1846/56 den Verein Deutscher Ingenieure (VDI), die ab 1870 umfassendste Ingenieurvereinigung der Welt. Eine eigene Organisation stellte der Verein Deutscher Eisenhüttenleute dar, der allerdings 1862 bis 1880 mit dem VDI zusammenging, ebenso der Verband Deutscher Architekten- und Ingenieurvereine ab 1871.

Während in Großbritannien das Lehrlingssystem mit seinen bis zu sieben Jahren dauernden Ausbildungszeiten fortbestand und hohe empirisch vermittelte Fertigkeiten tradierte, von der Wirtschaftsstruktur her aber bei relativ kleinen und sehr spezialisierten Betrieben im Maschinenbau stehen blieb, folgten die Amerikaner zunächst ihrer ehemaligen Kolonialmacht. Die »Shop-culture« mit ihrer Bewertung der jeweiligen Werkstatt, aus der ein Ingenieur kam, bestimmte dessen Wertschätzung. Erst als während des Bürgerkrieges die Abhängigkeit von England überdeutlich spürbar wurde, als auch viele Deutschamerikaner nach systematischer Schulbildung verlangten, gingen amerikanische Colleges, spezielle technische Institute, wie Rensselaer in Troy, NY, schon seit 1849 und das Massachusetts Institute of Technology in Boston ab 1865, den deutsch-französischen Weg der Schulbildung, ohne ihren Absolventen formelle oder gar gestufte Privilegien einzuräumen. Zugleich wurden die Ansprüche der Absolventen der nach der École Polytechnique organisierten Militärakademie in West Point zurückgedrängt. Sie durften keine öffentlichen Aufträge ausführen. Die technischen Schulen begannen bei einem recht bescheidenen Niveau, das sich erst Ende der siebziger Jahre steigerte. Die Zahl der technischen Schulen stieg von 6 um 1860 auf 70 um 1870.

Abitur und höhere Fachausbildung gehörten in Deutschland schon Ende des 19. Jahrhunderts zur Standardausbildung aller Ingenieure. Dabei ist zu bedenken, daß die Ingenieurausbildung viele Jahre hindurch einen Einstieg auch der Praktiker zuließ, während in Frankreich auf formale Qualifikationen streng geachtet wurde. Entsprechend sah die soziale Herkunft der Schüler der École Centrale des Arts et Manufactures in den Jahren 1830 bis 1847 aus: Die Grundeigentümer mit 20 Prozent, die Großkaufleute mit 35 Prozent, die akademischen Berufe mit 7 Prozent und spezialisierte Handwerker mit 10 Prozent führten mit über zwei Dritteln die Herkunft der Absolventen an.

51. Berufsständische, sozialen Aufgaben verpflichtete Vereinigung in Großbritannien. Farblithographie als Gedenkblatt auf den 1809 erfolgten Zusammenschluß, um 1850. Telford, Shropshire, Ironbridge Gorge Museum Trust

Der Einstieg in die Rolle des Unternehmers oder zumindest des verantwortlichen Technikers im Unternehmen war in einem Land wie England wohl mühsam, aber möglich, obschon gewöhnlich gleich bei Patentanmeldung die Kapitalgeber beteiligt waren und es blieben. In Frankreich und Deutschland wachte trotz Gewerbefreiheit immer eine umfängliche Bürokratie darüber, daß neue Betriebe die alten nicht so schnell an den Rand drängten. Da es jedoch für die neuen Organisationsformen Fabrik und Eisenbahn zunächst keine Rivalen gab, konnten sich diese, jeweils mit staatlichen Privilegien versehen, gut entfalten. Der ab 1834 wirksame Deutsche Zollverein, der nun den nationalen wie internationalen Wettbewerb auch auf dem

Vereinigung	Gründungsjahr	Anzahl der Mitglieder		
		1860	1870	1880
England				
Institution of Civil Engineers	1818	900	1.600	3.000
Institution of Mechanical Engineers	1848	400	1.000	1.500
USA				
American Society of Civil Engineers	1852		250	600
American Society of Mechanical Engineers	1880			1.000
Frankreich				
Société des Ingénieurs Civils	1848	500	1.000	1.800
Deutschland				
VDI	1856	350	1.800	3.950
VDEh	1860			300
VDAI	1872		3.550	6.500

Technikervereinigungen und ihre Mitgliederzahlen (nach Lundgreen)

Kontinent und auf größeren Märkten zuließ, veränderte die Situation. Die deutsche Industrie wich auf ihren vermeintlich stärksten Aktivposten, die niedrigen Löhne, aus, und fertigte englische Garne zu lohnintensiven Webwaren oder baute Maschinen einfach nach beziehungsweise kopierte sie, da es etwa in Preußen keinen effektiven Patentschutz für Ausländer gab. Erst in den sechziger Jahren fand der deutsche Maschinenbau, zum Beispiel in der Herstellung von Webstühlen, breite Erfolge. Die Entfaltung durch schnellen Nachbau gehörte auch in Frankreich und in den USA zu den Grundlagen. Dabei wurde in Frankreich zuviel in ausgefeilte und dann überladene Mechanismen hineingebaut, während es die Amerikaner oft an Sorgfalt im Umfeld und für die Lebensdauer einer arbeitenden Maschine fehlen ließen.

Der Verein Deutscher Ingenieure vereinigte in sich Techniker, Unternehmer, Industrielle, Lehrer, auch Beamte, und wollte durch ein »inniges Zusammenwirken der geistigen Kräfte deutscher Technik zur gegenseitigen Anregung und Fortbildung im Interesse der gesamten Industrie Deutschlands wirken«. Seinem Bemühen ist es zu verdanken, daß die im Maschinenbau wenig kenntnisreiche, aber auf Wirtschaftsförderung eingestellte preußisch-deutsche Ministerialbürokratie die Eingangs- und Abschlußvorstellungen der Gewerbeschulen in Richtung auf eine exklusive bürgerliche Allgemeinbildung änderte. Dabei nahm der VDI sogar in Kauf, daß während der Wirtschaftskrise nach 1873 – um einer Orientierung an den Bildungsansprüchen des Wirtschaftsbürgertums willen – die eigenständige mittlere, das heißt aus der Berufspraxis herauswachsende technische Ausbildung eingestellt wurde. Der preußische Landtag beschloß für 1879 die Zusammenführung der bislang exklusiven Bauakademie mit der Gewerbeakademie zur Technischen Hochschule in Charlottenburg. Damit war die Bildung Technischer Hochschulen mit

Selbstverwaltung und freier Studiengestaltung in Deutschland formell abgeschlossen. Gegentendenzen zur stärkeren Berücksichtigung der Praxis bahnten sich jedoch bald einen Weg.

Technische Normen waren nach englischem Vorbild durch Marktführerschaft entstanden, etwa mit der Spurweite von Eisenbahnen. Im reich gegliederten Deutschland, in den weiten USA und in Frankreich mußte für die später aufkommenden Technologien nach anderen Wegen gesucht werden. Die Interessenorganisationen der Ingenieure halfen dabei kräftig mit. Diese industrielle Vielzahl wurde von der nächsten Generation auch als Chaos empfunden und beklagt. Wollten sich Kunden moderner Technik umorientieren und von einem anderen Lieferanten kaufen, dann stimmten meist weder Maße noch Profile, oft mußten sogar die

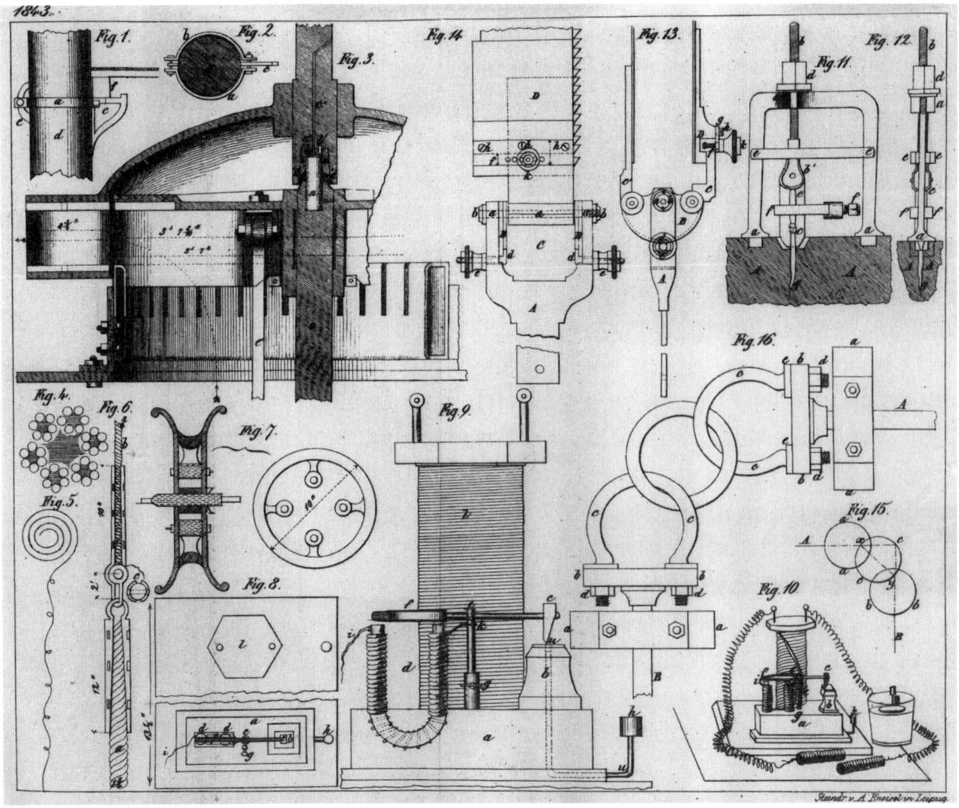

52. »Polytechnisches Centralblatt«, ein Organ für alle Zweige der »modernen« Technik. 1 und 2: über Baugerüste in Stuttgart; 3: Weddings Turbine in Sagan; 4 bis 7: über die Drahtseile auf den schiefen Ebenen englischer Eisenbahnen; 8 bis 10: Grüels elektromagnetischer Hammer; 11 und 12: Böttchers Apparat zum Ausziehen der Nägel aus Baumstämmen; 13 und 14: doppelte Schlitzsäge von Lincke; 15 und 16: Poppes Universalkupplung. Steindruck von A. Kneisel im »Centralblatt«, 1843. Hannover, Universitätsbibliothek

Alltagsmaterialien erst in Auftrag gegeben werden. Das sahen selbst die Produzenten allmählich mit Sorge. Hatte die Forderung nach guter technischer Ausbildung die sechziger Jahre bestimmt, so rückten in den siebziger Jahren in den Beiträgen der ingenieurwissenschaftlichen Zeitschriften die Wünsche nach »Normalien« in den Vordergrund. Bethel Henry Strousberg (1823–1884) setzte als kreativer Großkunde erstmals die Konstruktion und die Lieferung von »Normal«-Lokomotiven durch. Die Diskussion um Normalprofile wurde von den Eisenbahngesellschaften aufgenommen; sie ließ sich jedoch gegen die in immer neuen technischen Umbrüchen arbeitenden Walzwerke noch nicht durchsetzen.

Diese »Normalien« spielten bei dem in Deutschland breiten Bedürfnis, technische Leistungen vergleichbar zu machen, bald eine große Rolle. Bis 1860/70 gab es dafür zwei Möglichkeiten: einmal den Wettbewerb Maschine gegen Maschine, Lokomotive gegen Lokomotive oder Schiff gegen Schiff, den man als die angloamerikanische, »sportliche« Variante bezeichnen könnte, zum anderen den Vergleich auf den zahlreichen Ausstellungen, wobei nicht immer Funktionstests dazugehörten. Ebenso aber stellten Darlegungen der Prinzipien, Konstruktionsnormen und Materialqualitäten, nach denen Wettbewerbe, Kaufentscheidungen oder Sicherheit zu organisieren waren, einen möglichen Weg dar, den man als kontinentale und zukunftssichere Variante betrachten könnte. Für Vereinbarungen von wirklicher Tragweite mußten sich jedoch Akteure dreier ganz verschieden gestalteter Handlungsfelder zusammenfinden: die Produzenten von Technik, die Abnehmer von Technik, jeweils beraten von Ingenieuren und Wissenschaftlern, sowie die staatlichen Behörden, die solchen Vereinbarungen Geltung zu verschaffen hatten. Normierungsansprüche waren in Frankreich und Deutschland eine lang gepflegte landesherrliche Aufgabe und über den ansonsten wirtschaftlich wenig aktiven Staat zu erreichen. Ingenieure fanden also mit Unternehmen und Staatsbeamten zu solchen »Gemeinschaftsaufgaben« zusammen. In Großbritannien fehlten die Grundlagen für derartige Absprachen.

Sicherheit und Zuverlässigkeit der Produkte sollten nicht nur für deren Konstruktion, sondern auch für deren Verwendung gelten, die man zumal von deutschen Erzeugnissen zunehmend verlangte. Die Vorstellung, daß Sicherheit und Wirtschaftlichkeit zwar konkurrierende Prinzipien, aber erst zusammen Kundenvertrauen und Marktsicherheit schufen, setzte sich allerdings nur langsam durch. Der VDI war überzeugt, daß seine Mitglieder die erforderliche Sachkompetenz für Normen- und Sicherheitsvorschläge besaßen. Die politische Zuständigkeit für solche Normregelungen, für Materialprüfungen und Sicherheitstechnik lag jedoch, wie beim Patentwesen, bei den deutschen Staaten und dann beim Deutschen Reich. Mit dem Aufbau einer Normaleichungskommission 1869, welche die Umstellung auf das Meter und das Gewichtskilogramm durchsetzte, und dem 1876 geschaffenen Gesundheitsamt änderte sich daran nicht viel. Die Ansatzpunkte des Staates als

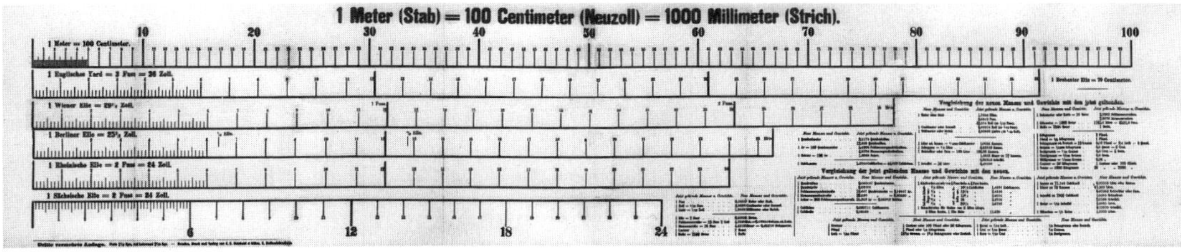

53. Altes und neues Maß- und Gewichtsystem im Deutschen Reich. Vergleichende Tabelle, um 1874. Nürnberg, Germanisches Nationalmuseum

technischen Regulators blieben schwach und ließen den Verbänden größere Entfaltungsmöglichkeiten. Auf der Ebene der Einzelstaaten bestand eine Reihe von Test- und Regulatorfunktionen, die jedoch erst nach der innenpolitischen Wende am Ende der siebziger Jahre und dem durch die neuen Techniken, Elektrizität und Chemie, gegebenen Bedürfnis nach Normsetzung zu kräftigen Reichseinrichtungen ausgebaut wurden. Für die Werkstoffe und die chemischen Stubstanzen bildeten sich 1871 und 1877 solche Grundlageninstitutionen. Für Eisen und Stahl entstanden neuartige Prüferfordernisse, die auf die Gründung einer Mechanisch-Technischen Versuchsanstalt hinausliefen. Später fanden sich die drei Prüffelder im Materialprüfungsamt zusammen.

Patente – monopolartige Nutzung technischer Kreativität

Um 1840 waren in den USA, in Deutschland und Frankreich wichtige Entscheidungen schon gefallen, wie man der davoneilenden britischen Wirtschaft erfolgreich folgen könnte. Die Staaten hatten Anreize gegeben, einzelne Neuerungen zu kaufen oder nachzubauen. Sie hatten Reisen und Begegnungen unterstützt, Literatur und Zeitschriften beschafft und eine organisatorische Form gefunden, den Abstand schnell zu verkleinern, nämlich Schulen gegründet, in denen das Knowhow der englischen Mechaniker und Wissenschaftler rasch und systematisch aufgeholt werden sollte. Die so ausgebildeten Absolventen standen als Fachleute zur Verfügung, um Wirtschaft und Staat mit neuen technischen Entwicklungen auszustatten.

Aber die Bereitstellung von Ausbildungsstätten allein genügte nicht. Es mußte sich für die betreffenden Techniker auch lohnen, sich einer solchen Ausbildung anzuvertrauen; sie mußte attraktiv sein, und zwar für die angestrebte Wirtschaftsgesellschaft, nicht nur für den Staatsdienst, der durch übervorsichtige Regelungen technische Entwicklungen eher bremste als förderte. Hier halfen die halbherzigen Bemühungen um Einführung der Gewerbefreiheit in Deutschland und in Frankreich wenig. Am ungezwungensten verhielten sich die Amerikaner mit ihren großen Rohstoffressourcen, deren Nutzung allerdings durch eine unzureichende Infrastruktur behindert wurde. Erst die massive Vergrößerung der Märkte, sei es über Schiffs- oder Eisenbahnverbindungen, sei es über den Abbau von Zöllen und die Förderung »freihändlerischer« Positionen, brachte die internationale Arbeitsteilung voran und forcierte den Bau von Spezialeinrichtungen und -maschinen.

Doch die staatlichen Steuerungen begünstigten nicht alle Branchen gleichmäßig. Waren bestimmte Schulen und Unterrichtsprogramme für einige Zweige nützlich, so glaubten andere, sie kritisieren zu müssen, wie der Kampf der Schwerindustrie gegen die theoretisch-mathematische Ausbildung der Maschinenbauingenieure in der zweiten Hälfte der siebziger Jahre zeigte. Zollerhebungen mochten den Rohstoffproduzenten nutzen, dem Verarbeiter hingegen schadeten sie. Daher gab es für alle Staaten einen schwankenden Lernprozeß. Er bestand in den vierziger Jahren darin, die verzweifelte Hungersituation in vielen Ländern durch Schiff- und Eisenbahnbau oder wie in Baden durch die Förderung der Chemie zu überwinden. Seit den siebziger Jahren vertrauten die Staaten mehr auf die eigene Leistungsfähigkeit als auf die Erfolge und Unwägbarkeiten der internationalen Arbeitsteilung.

Eine solche Verschiebung der Interessen spiegelte sich auch im Patentrecht dieser Länder. Ausschließliche Nutzungsrechte, also Monopole, zu vergeben, war in Europa stets Sache des höchsten Souveräns. Solange kein Parlament dieses Recht einschränkte, blieb es bei den regierenden Fürsten oder Senaten. Das englische Parlament beschnitt das königliche Recht schon 1624 im »Statute of Monopolies«. Dennoch verblieb dem König die Verwaltung der technischen Erfindungen. Er ließ das Patent für eine Laufzeit von maximal siebzehn Jahren gegen Abgabe einer mäßigen Gebühr registrieren. Aus diesem Mittel zur Bereicherung höfischer Verwaltung war im Verlaufe des 18. und insbesondere des 19. Jahrhunderts ein Instrument geworden, Kaufleute und Gewerbetreibende zu stützen, bis in der Änderung von 1852 auch Merkmale eines öffentlich kontrollierten Verfahrens aufgenommen wurden. Die ehemalige Überlegung, ein ausschließliches Nutzungsrecht zu gewähren, weil der Antragsteller – es konnte eine Gruppe von maximal vier Personen sein – erhebliche Vorausinvestitionen zugunsten des Königs getätigt hatte und dafür mit dem Monopol entschädigt wurde, war seit der Aufklärung und der amerikanischen Unabhängigkeit zwei neuen Vorstellungen gewichen: Der einzelne Erfinder habe Anspruch auf Schutz seiner Idee vor der Ausbeutung durch andere, mit Ausnahme des Staates wie des Militärs, und die nationale Volkswirtschaft müsse von der Offenlegung des Patentes profitieren.

In Großbritannien war der Aufwand, um in den Besitz eines Patentes zu gelangen, viel größer als unter den bürokratischen Strukturen Kontinentaleuropas. Umfangreiche Gelder mußten bewegt werden, um die konkurrierenden Parteien zurückzuhalten. Der Patentnehmer durfte ab 1832 nicht mehr als zwölf Interessenten mit seinem Patent vertreten und mußte zudem schwören, daß ihm der vorherige Gebrauch dieses Verfahrens in England nicht bekannt sei. Entscheidend war wohl, daß in England nicht Schulen, die anonymes Wissen schnell vermittelten, sondern langsam erworbenes Können, gebunden an eine lange Lehrzeit, und Solidarität zum Arbeitgeber, verbunden mit den Eiden zur Bewahrung der Geheimnisse, den unerwünschten Abzug in neue Betriebe verhindern sollten. Fehlten Spezialisten, so warb man sie auf dem Kontinent ab.

In Frankreich war 1791 der Schutz des geistigen Eigentums zu einem einforderbaren Verfassungsrecht gemacht und in ein besonderes Patentgesetz aufgenommen worden, das Auswirkungen auf alle europäischen Länder hatte. Der Anspruch des Einzelnen wurde durch bloße Anmeldung eines Patentes begründet. Die aus dem Ancien Régime stammende Regelung, daß die Akademie der Wissenschaften die Neuheit bestätigen mußte, bevor die königliche Belohnung erfolgte, war gefallen. 1844 wurden dann vor allem industrielle Erzeugnisse patentrechtlich geschützt, und hier zeigte sich, daß sich in Frankreich ebenfalls ein neues Bewußtsein durchgesetzt hatte. War das nachgesuchte Patent im Ausland bereits ausgelegt, so konnte ein französisches Patent nicht erteilt werden, womit der Weg zur kostengünstigen Übernahme ausländischer, zumal englischer Erfindungen möglich wurde. Während Frankreich in bewußter Abkehr von der alten Praxis der Königlichen Akademie der Wissenschaften abging und die Neuheit nicht mehr überprüfte, sondern lediglich anmelden ließ, wichen Preußen, Holland und die USA von der Vorprüfung nicht ab. Die Vorprüfung schuf einen Kreis von Experten im Dienst der Wissenschaft oder der Regierung. Das ehemals königliche Privileg, einzelnen für die Erfindung eine Belohnung zu gewähren und damit dem Staat einen Gefallen zu tun, machte in den vierziger Jahren der Vorstellung Platz, daß auch kurzfristige Monopole einer vielgestaltigen wirtschaftlichen Entwicklung im Weg standen und der Staat sich bei der erstrebten Trennung von der Wirtschaft zurückhalten sollte.

Die Deutschen – 1870 mit immerhin 29 verschiedenen Patentgesetzen – und die Preußen konnten sich mit ihrer starken Bürokratie weder zu dem kostenaufwendigen englischen noch zu dem unübersichtlichen französischen Verfahren verstehen. Sie behielten die Praxis aus der Zeit des aufgeklärten Absolutismus bei: Ein Privileg wurde erteilt, wenn Experten die Erfindung für patentfähig hielten. Begutachtet wurde in Preußen in der Technischen Deputation, in der sich der Sachverstand der Spitzen der Berliner Industrie, der Ministerien und Schulen versammelte. Ihr Votum bestimmte in der Regel, ob ein Verfahren oder eine Maschine oder ein Produkt schützenswert war. Diese Bedingungen änderten sich nach Einführung der Gewerbefreiheit durch die Bekanntgabe des »Publicandum(s) über die Erteilung der Patente« von 1815 nur wenig. Der Staat wollte die wirtschaftliche Entwicklung Preußens voranbringen und half entweder direkt über Kapitalhilfen oder indirekt über die Bereitstellung von Know-how beim Landstraßen- und Eisenbahnbau.

Die »Allgemeine Gewerbeordnung« von 1845, die insgesamt einer liberalen Wirtschaft verpflichtet war, sah mit ihren Urhebern in einer betonten Patentvergabe einen Bremsklotz für die wirtschaftliche und industrielle Entfaltung; das Zeitalter Peter Christian Wilhelm Beuths (1781–1853), der technische Ausbildung nicht mit Staatsstellungen, sondern mit Patentnutzungen hatte belohnen wollen, ging dem Ende zu. Größere wirtschaftliche Krisen sollten nach weitgehender Übereinstimmung des handeltreibenden Publikums und der Ministerialbürokratie durch bessere Nutzung vorhandener technischer Neuerungen überwunden werden, nicht durch den Aufbau neuer Hürden in der Nutzung. Die Freihandelsschule lehnte die Rechte einzelner an technischen Erfindungen ab; sie folgte dem Beispiel der Schweiz, die keinerlei Patentschutz kannte. Konservative Staatsverwaltungen, die kostengünstig an englische Patente gelangen wollten, konnten somit moderne Positionen beziehen, ohne ihre obrigkeitliche Rolle aufgeben zu müssen.

Erste Versuche, ein gemeinsames Patentrecht im Deutschen Bund zu schaffen, stammten aus Österreich, das 1860 zusammen mit einigen Bundesstaaten wie Sachsen und Bayern die starken öffentlichen Antipatentauffassungen in Preußen und auf dem Kongreß Deutscher Volkswirte zu Fall bringen wollte. Geschickt lehnten sich die schutzinteressierten Staaten an die englische Diskussion an und verlangten den Wegfall der Vorprüfung und die Anmeldung ohne Neuheits- oder Nützlichkeitsprüfung, Gewährung des Produktions-, aber Verbot des Verkaufmonopols. Gegen diese Politik setzte Preußen auf wirtschaftliche Expansion und verlangte den Fortfall des Patentschutzes – eine Politik, die 1862 von zwei Gutachtern des angesehenen Eidgenössischen Polytechnikums in Zürich gestützt wurde. Der österreichische Vorstoß wurde abgewehrt, als Preußen 1862 den Freihandelsvertrag des Zollvereins mit Frankreich abschloß, der die Staaten auf die Vorteile wachsenden Handels mit den westlichen Ländern verwies und sie zugleich von den österreichischen Vorstellungen trennte.

Den Höhepunkt des Freihandelseinflusses stellte 1868 sicherlich die Initiative des Reichstages des Norddeutschen Bundes dar, dem niederländischen Vorbild zu folgen und auch für den Norddeutschen Bund die Patentierung aufzuheben: Die geringe Zahl der tatsächlich gewährten Patente und der wirtschaftliche Aufschwung mache eine solche Politik obsolet. Auf energische Proteste des Vereins Deutscher Ingenieure sowie Werner von Siemens', der selbst sehr schlechte Erfahrungen mit dem alten Patentsystem und der Unkenntnis der Technischen Deputation gemacht hatte, schließlich auch wegen mancher Einsprüche vom 1867 gegründeten Verein Deutscher Chemiker, zögerte Bismarck und ließ die Initiative versanden.

Je umfangreicher oder komplizierter die Maschinen oder Verfahren wurden, desto aufwendiger gestalteten sich die Vorbereitungen für Patente. Da die Grundlagen durch ein staatliches Schulsystem geschaffen worden waren, hätte es nahe gelegen, dem einzelnen eine nur geringe Anerkennung zukommen zu lassen. Aber inzwischen forschten auch bedeutende Unternehmen auf Feldern, die durch systematische Erfindungen auf ganz unterschiedlichen Gebieten erst entwickelt wurden: die Elektrotechnik und Telegraphie sowie das Arznei- und Düngemittelwesen. Sie waren ihrerseits interessiert, einen Anteil an den in ihren Werken gemachten Erfindungen zu erhalten. Nicht der Erfinder stand daher im Mittelpunkt der Patentnahme, wie etwa in den USA, sondern der Anmelder, der sich mit dem Erfinder vergleichen mußte.

Aktueller Hintergrund der gesamten Bewegung, sich mehr auf die Leistungen im eigenen Land zu konzentrieren, war die wirtschaftliche Depression zu Anfang der siebziger Jahre, die das ganze Konzept des Freihandels zur Disposition stellte, und zwar außen- wie innenpolitisch. Die Amerikaner wollten nach dem Bürgerkrieg ihr Land mit eigenen Mitteln erschließen, die Franzosen sich stark machen gegen das siegreiche Deutschland; nur die Engländer verharrten bei älteren Technologien, expandierten aber wirtschaftlich nunmehr in die Kolonien, die ihnen die Expansion nicht verbieten konnten. Die schmerzhaften Erfahrungen, die in der deutschen Industrie mit dem Konkurrenzkapitalismus in den Krisen von 1857, 1866 und schließlich 1873 gemacht worden waren, sollten sich nicht wiederholen. Die vielen Neuerungen entwerteten das investierte Kapital in den älteren Anlagen schneller, als es den Unternehmern lieb war; auch der Nachbau noch so fortschrittlicher englischer Anlagen konnte diesen Prozeß nicht verhindern. Die deutschen Textilindustriellen hatten bis etwa 1855 zu kleine Fabriken gebaut; die Kohlenzechen mußten aufwendige Anlagen errichten und konnten die Kohlen nicht so rasch verkaufen, wie sie wollten; die Eisenindustriellen besaßen zu kleine Hoch- und Puddelöfen, die durch das Bessemer-Verfahren obsolet zu werden drohten.

Erst im Jahr 1877 konnte der starke Einfluß der Freihändler und der deutsch-preußischen Ministerialbürokratie zurückgedrängt werden. Der Sieg im Patentgesetz wurde im wesentlichen von drei Faktorenbündeln mitbewirkt: Staatsbildung und Wirtschaftskrise, internationaler Wettbewerb auf den Weltausstellungen und die USA als Vorbild. England und die USA, Magneten für erfindungsfreudige Zeitgenossen, mußten erleben, wie rasch und skrupellos andere Länder, voran Deutschland, technische Neuerungen nachbauten. Die sächsischen Ausstellungsberichte verkündeten diese Fähigkeit voller Stolz. Es war die mit der Liberalisierung einhergehende schnelle Enteignung von Erfindern, die zunehmend Ärger bereitete. Denn der sozial verlockende reibungslose Übergang vom Erfinder zum Industriellen stellte sich nach wenigen Jahren der Etablierung einer neuen Branche als Illusion heraus. Wer das nötige Geld besaß, kaufte sich Erfindungen.

Auf der Weltausstellung in Wien 1873 hatte es im Vorfeld großen Ärger gegeben, weil die amerikanischen Aussteller, die selbst gerade eine lebhafte Patentdiskussion führten, ihre neuen Produkte nicht zeigen wollten, da ihnen der Patentschutz nicht ausreichte und sie berechtigte Sorge davor haben mußten, daß ihre Exponate sehr bald in Deutschland kopiert würden. Österreich reagierte darauf nicht nur mit besonderen Schutzbestimmungen, sondern veranstaltete auch einen großen Patentschutzkongreß, auf dem die Notwendigkeit einer gültigen Regelung allgemein anerkannt wurde. Die Kommentatoren, die über Wien und 1876 über Philadelphia berichteten, wurden angesichts der lang anhaltenden wirtschaftlichen Depression in der Befürwortung freihändlerischer Positionen schwankend. Die hohe Zahl der amerikanischen Patente, jährlich über 14.000 gegenüber 36 Patenten 1871 in Preußen, und die schlechte Qualität deutscher Produkte sprachen aus der Sicht des VDI und Werner Siemens' für einen Patentschutz auch in Deutschland.

Als 1876 der wichtigste Träger freihändlerischer Positionen im Reichskanzleramt, Rudolf Delbrück (1817–1903), seinen Posten verließ und auch ein neuer Leiter der Technischen Deputation, Karl Rudolf Jacobi (1828–1903), ernannt wurde, fielen die Bemühungen der Patentfreunde auf fruchtbaren Boden. Werner Siemens hatte 1874 im Anschluß an Wien einen einflußreichen Patentschutzverein gegründet, der die publizistische Bearbeitung des Themas aufnahm. Als die deprimierenden Berichte aus Philadelphia die Öffentlichkeit erreichten, konnte sein schon 1872 verfaßter Gesetzesentwurf in die Beratungen des Reichstages einfließen. Die erfolgreiche Interessenbündelung mit dem VDI signalisierte eine Änderung der wirtschaftlichen und technischen Strukturen, war nach Wilhelm Treue ein »großbürgerliches Patentgesetz« zuungunsten der Einzelerfinder. Folgende wichtige Punkte enthielt das 1877 verabschiedete Gesetz: Patentnehmer wurde der Anmelder; das Patent wurde ein übertragbarer materieller Rechtstitel und damit handelbar; den Lizenzzwang und den Ausführungszwang hatte Siemens durchgesetzt, um Sperrpatente für größere Entwicklungen durchbrechen zu können; die Veröffentlichung und die Vorprüfung durch sachkundige Experten blieben erhalten.

Daß die deutschen Produkte sehr bald einen besseren Ruf auf dem Weltmarkt erhielten, dürfte freilich weniger an dem Patentgesetz gelegen haben als vielmehr an dem Umstand, daß man bei der Halbzeugfabrikation eher als in anderen Ländern zu bestimmten Normen überging und daß mit dem Aufkommen neuer Branchen wie der Chemie und der Elektrotechnik ganz anders strukturierte Industriezweige heranwuchsen, für die eine gute Schulbildung in den Naturwissenschaften entscheidend wurde.

Anfänge der chemischen Industrie

Wie fortschreitende Kenntnisse in der thermischen Behandlung von Stoffen mit Hilfe von Steinkohle oder Koks den Einsatz neuer Materialien ermöglichten, so bewirkte – oft Hand in Hand damit – der wachsende Kenntnisstand der chemischen Zusammensetzung und der chemischen Reaktionen, daß vertraute Wege der Herstellung verlassen und kostengünstigere Methoden angewendet und dabei meist genauer definierbare Produkte hergestellt wurden. Zur Vielzahl der chemisch gewonnenen Erzeugnisse seit Mitte des 19. Jahrhunderts gehören Schwefelsäure und Soda sowie Teer, also bekannte Rohstoffe, für die veränderte Herstellungsverfahren gefunden wurden.

Schon bei der Darstellung von Zink und Kupfer war den Zeitgenossen deutlich geworden, wie sehr eine umfangreiche Produktion die Umgebung und somit die beschäftigten Menschen in Mitleidenschaft zog. Speziell Schwefel und Chlor sowie ihre Verbindungen, die in engem Zusammenhang mit der höheren Heizkraft der Steinkohle in größeren Mengen freigesetzt wurden, waren die Ursachen vieler Krankheiten und Klagen. Dabei war man auf diese Elemente in den richtigen Zusammensetzungen angewiesen, um für das Bleichen und Färben, für Papier und Textilien, dann auch zum Beizen, für die Metallbehandlung, die Teerfarben und die Düngemittel jeweils die geeigneten Substanzen einzubringen. Zwei Tendenzen in der technischen Entwicklung waren erkennbar: zum einen die Übergänge von der diskontinuierlichen zur kontinuierlichen Produktion, wie sie in der Behandlung des Leuchtgases zu Beginn des 19. Jahrhunderts vorgezeichnet worden war, zum anderen eine kostengünstige Verbindung der Verwendung von Nebenprodukten anderer Prozesse mit der Bemühung, daß am Ende nur wertlose Abfallstoffe übrigblieben.

Das Rösten von Eisenkiesen, also schwefelhaltigen Eisenerzen, in Öfen mit Abführung oder Sammlung des dabei gewonnenen Schwefeldioxids seit den dreißiger Jahren schonte die geschundene Umwelt erheblich und machte zugleich von dem sizilianischen Schwefelmonopol unabhängig. Gewonnen hatte man die Schwefelsäure seit Ende des 18. Jahrhunderts in widerstandsfähigen Bleikammern durch Zusammenführung von Schwefeloxid, Luftstickstoff und Wasserdampf, wobei über die Stickoxide schließlich die weitere Oxidation zu SO_2 erfolgte, mit der anschließenden Lösung in Wasser zu Schwefelsäure (H_2SO_4). Am Ende des Kammerverfahrens stand die umfangreiche Abgabe von SO_3 und Stickoxiden an die Atmosphäre.

Schon 1827 hatte der Absolvent der École Polytechnique, Joseph Louis Gay-Lussac (1778–1850), vorgeschlagen, diese abziehenden Gase durch einen mit Koks ausgefüllten Turm zu leiten und dabei Nitrose, also mit Stickoxiden angereicherte Schwefelsäure, auszuwaschen. Doch wohin damit? Erst als 1859/61 John Glover (1817–1902) einen weiteren Turm dem Prozeß vorschaltete und die 400 Grad heißen Röstgase der Nitrose und der 60prozentigen Kammersäure entgegenströmen ließ, wurden diese Verbesserungen von der Industrie übernommen. Auf diese Weise erhöhten die Röstgase die Konzentration der Glover-Säure auf 70 Prozent. Es sollte nicht unbeachtet bleiben, daß damals in England bereits gesetzgeberische Maßnahmen gegen diese Vergiftung der Umwelt drohten.

Schwefelsäure war zusammen mit Salz seit langem für die Sodaherstellung unerläßlich. Soda war schon gegen Ende des 18. Jahrhunderts von Nicolas Leblanc

(1742–1806) mit Hilfe neuer pyrotechnischer Kenntnisse hergestellt worden. Der schnell steigende Bedarf nach Soda ($Na_2CO_3 \times 10\,H_2O$) oder Pottasche (K_2CO_3) aufgrund des Leblanc-Verfahrens galt Wissenschaftlern wie Gesellschaftsreformern als ein Musterbeispiel für die segensreichen Wirkungen angewandter pyrotechnischer und chemischer Kenntnisse, aber auch gerechtfertigter staatlicher Prämien, die dieses Verfahren in Frankreich in Gang gebracht hatten. Denn nun konnten die Preise für Seife und Glas, deren Herstellung von Pottasche entscheidend abhing, erheblich gesenkt werden. Der wirtschaftliche Nutznießer dieses Verfahrens war in England der Ire James Muspratt (1793–1886), der damit die neuen industriellen Märkte wie Glasherstellung und Textilindustrie versorgte. Mitte des Jahrhunderts wurde die schwere körperliche Rührarbeit am Flammofen durch einen großen Drehrohrofen ersetzt, durch den die Hitze des Flammofens entwich.

Einer der Einsatzstoffe im Leblanc-Verfahren war Natriumsulfat. Um die Produktion dieses Stoffes gab es heftige Kontroversen, weil die Fabrikanten den dabei freiwerdenden Chlorwasserstoff in die Luft abließen, statt ihn zu Salzsäure zu kondensieren und mit gelöschtem Kalk zu Chlorkalk, einem gesuchten Bleichmittel, weiterzuverarbeiten. Erst ein englisches Gesetz von 1863 machte diesem Treiben ein Ende. Mehrere Neuerungen, wie die Vergrößerung der Bleikammern oder die Röstung von sulfidischen Zinkerzen durch F. W. Hasenclever in Stolberg bei Aachen ab 1852, senkten die Betriebskosten, änderten aber wenig am Grundübel der Umweltverschmutzung. Insgesamt waren die verschiedenen Bereitungsverfahren für Soda, Natronlauge, Bleichlauge, Chlorkalk und Salzsäure miteinander verzahnt, doch keineswegs ineinander integriert, so daß die nicht verwertbaren Rückstände ein immerwährendes Problem darstellten. Das abgeschüttete Calciumsulfit zersetzte sich unter atmosphärischen Bedingungen und verpestete die Luft mit Gestank nach faulen Eiern. Das einstmals begeistert begrüßte Verfahren war in einer industriell gewandelten Welt zu einer Plage geworden.

Ernest Solvay (1838–1922) hatte im Gaswerklaboratorium seines Onkels mit dem Problem des nicht verwenbaren Ammoniaks aus den Gaswäschen der Leuchtgasherstellung zu tun. Als junger Autodidakt der Chemie glaubte er, zusammen mit seinem Bruder, eine sinnvolle Lösung gefunden zu haben, die nach einigen Jahren der Entwicklung tatsächlich ein gangbarer Weg zur Darstellung von Soda wurde und zugleich die Sodaherstellung nach Leblanc überflüssig machte. Das Verfahren war auf Integration, auf bessere Verwertung der vielen anfallenden Nebenprodukte, auf mehr Rentabilität und auf Größe angelegt. Solvay blieb bei Kochsalz als Ausgangspunkt seiner Sodadarstellung, brauchte allerdings erheblich größere Mengen als Leblanc. Solvay-Fabriken standen daher in der Nähe der durch Schächte erschlossenen Salzbergwerke. In Kochsalzlösung, die mit Ammoniak gesättigt war, führte Solvay Kohlendioxid ein, so daß schwerlösliches Natriumcarbonat ausfiel, während das Ammoniumchlorid einem Erneuerungskreislauf zugeführt wurde, um dann als

Ammoniak eingesetzt zu werden. Natriumcorbanat mußte durch Glühen zu Soda verarbeitet werden.

Anders als Leblanc konnte sich Solvay sechzig Jahre später nicht nur die verbesserten chemischen Kenntnisse zueigen machen, sondern von den verfeinerten Konstruktionstechniken seiner Anlage und von den neuen Ideen aus den Destillationstürmen für Gas und Petroleum profitieren. Leblanc hatte nach einem »trockenen« Verfahren gearbeitet, Solvay wählte das »nasse« und senkte damit den Koksverbrauch von 350 Kilogramm auf 15 pro 100 Kilogramm Soda. Das Ausfällen von Natriumcarbonat fand bei ihm nicht durch Rühren statt, sondern in einem gut abgedichteten gußeisernen Turm mit Kolonnenböden, durch die das Kohlendioxid der herabrieselnden Lösung entgegenstieg. Auch der Kalkofen, in dem Kohlendioxid produziert wurde, und der Kalzinierofen, in dem CO_2 zurückgewonnen wurde, waren so gearbeitet, daß wenig Gas entweichen konnte, selbst wenn hieran später noch manches zu verbessern war. Solvay suchte und fand bei diesem nassen Verfahren die weitgehend kontinuierliche Produktion von Soda. Die Verdrängung des Leblanc-Verfahrens, das in England inzwischen ein fest eingewobenes industrielles Strukturmerkmal geworden war, dauerte jedoch lange Jahrzehnte. Ludwig Mohn (1839–1909) und sein Partner Brunner, die 1872 auf das Solvay-Verfahren gesetzt hatten, mußten erkennen, wie stark im industriell aufgesplitterten England einmal die Anpassungsfähigkeit der kleinen Leblanc-Produzenten und zum anderen der Widerstand gegen die chemisch-technischen Großbetriebe war.

In die Jahre zwischen 1840 und 1880 fiel die Erfüllung zweier Menschheitsträume. Zum einen gelang es Justus von Liebig (1803–1873), einen Kreislauf chemischer Wirksubstanzen beim Wachstum von Pflanzen nachzuweisen. Umgesetzt in den konkreten Vollzug von Landwirtschaft hieß das, durch entsprechende Beigaben die nachlassende Ertragsfähigkeit vieler Böden mildern zu können. Chemische Technik sollte also den Hunger auf der Welt bekämpfen. Liebig rechtfertigte den durch die chemische Wissenschaft heraufbeschworenen manipulativen Eingriff in den Haushalt der Natur im wesentlichen durch den Nutzen. Es ist verständlich, daß die Vertreter der Humboldtschen Bildungsvorstellungen, zumal solche, die der Naturphilosophie anhingen, diesem Konzept skeptisch gegenüberstanden. Deshalb schuf man für Chemiker auch nicht viele Positionen, vor allem nicht in Preußen, eher schon in Ländern wie Baden, denen die Bekämpfung des Hungers vorrangiger erschien.

Ein zweiter Traum ging in Erfüllung, als genauere Untersuchungen des Steinkohlenteers ergaben, daß sich Farbstoffe und in der Zusammensetzung ähnliche Substanzen für Arzneien daraus synthetisieren ließen. In dem Zeitraum zwischen den erfolgreichen Destillationen des Teers und der Produktion bestimmter Verbindungen schrieb der optimistische Justus von Liebig 1844: »Wir glauben, daß morgen oder übermorgen ein Verfahren entdeckt wird, aus Steinkohlenteer den herrlichen

54. Die Gesellschaft Deutscher Naturforscher und Ärzte während ihrer Tagung 1845 in Nürnberg: Festmahl im Rathaussaal am 18. September. Aquarellierte Zeichnung von Georg Christian Wilder, 1845. Nürnberg, Stadtmuseum

Farbstoff des Krapps oder das wohltätige Chinin oder das Morphin zu machen.« Es gelang auf diese Weise, die teuren und für die Großproduktion von Textilien viel zu schwankend anfallenden Farben aus Pflanzen durch künstlich erzeugte Farbsubstanzen zu ersetzen. Durch beständige Analysen des Steinkohlenteers wurden so völlig neue Industriezweige eröffnet, die über die übliche Substitution von natürlichen Erzeugnissen hinaus bislang gänzlich unbekannte, aber begehrte Produkte anzubieten vermochten. Die Wissenschaftler konnten erfolgreich Substanzen für bestimmte Reaktionen isolieren und im Labor für die ersten Arzneimittel sowie für die entstehende Farbenindustrie künstlich erzeugen.

Grundlage der Konstruierbarkeit, der Synthese chemischer Wirkstoffe, war die 1858 bis 1865 von Friedrich August Kekulé (1829–1896) über die bekannte chemische Summenformel einer Substanz hinaus vorgestellte Strukturformel, vor allem der Benzolring, mit dessen Kenntnis man nun durch die Anlagerung entsprechender Atome an bestimmten Stellen die Entstehung unterschiedlicher Wirkstoffe erklären konnte. In dem im Steinkohlenteer 1840 durch Friedrich Ferdinand Runge

(1795–1865) entdeckten Benzol beziehungsweise Nitrobenzol als den Ausgangsstoff des Anilin hatte August Wilhelm Hofmann Indigo entdeckt, und 1856 stellte Henry Perkin (1838–1907) die erste Anilinfarbe, das violettfarbene Mauvein, her. Derartige Innovationen öffneten der chemischen Industrie ein neues Feld. Neuartige wissenschaftliche Forschungsstrategien und wirtschaftliche Interessengruppen, die sich ihnen nicht entgegenstellten, ließen die deutsche Teerfarbenindustrie bald zur führenden in der Welt werden.

Das Vorbild vieler deutscher Staaten, ein Überangebot von Mechanikern auf staatlichen Schulen heranzuziehen und sie den »freien Kräften« des Marktes zu überlassen, muß auch für die badische Regierung Pate gestanden haben, als sie sich Ende der vierziger Jahre dazu entschloß, das Chemiestudium in ihrem Lande auf ganze neue Grundlagen zu stellen. Die Hungersnöte in der zweiten Hälfte der vierziger Jahre hatten die Auswanderungszahlen in die Höhe getrieben, zu Unruhen in Deutschland und nach der Niederschlagung der Revolution zu massiver gesellschaftlicher Verhärtung, Unterdrückung und Repression geführt.

Justus von Liebig machte Gießen zum Ausggangspunkt eines völlig veränderten Chemie-Unterrichts: Experiment und Anwendbarkeit der wissenschaftlichen Ergebnisse wurden jetzt anstatt der philosophischen Spekulation honoriert. Er begründete zudem durch Pflanzenuntersuchungen die Agrikulturchemie, die eine Mindestversorgung der Pflanzen mit bestimmten Mineralien als unverzichtbar für gutes

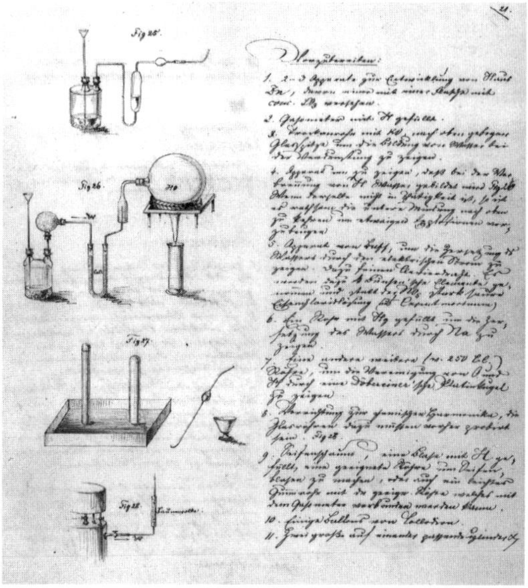

55. Liebigs Experimentalvorlesungen an der Universität in München. Eine Seite mit den notierten Vorbereitungen zu den chemischen Experimenten in der unter seiner Aufsicht hergestellten Kopie des verschollenen Vorlesungsbuches, um 1860. München, Bayerische Staatsbibliothek

Wachstum erkannte. Darüber hinaus war er in der Lage, diese Mineralien herzustellen, zunächst vor allem Superphosphat, ein Gemisch aus Calciumphosphat, und zwar durch Aufschließen von Knochen, später von Phosphorit mit Schwefelsäure.

Die badische Regierung begann Ende der vierziger Jahre, die Chemie an den Universitäten personell auszubauen, die Liebigsche Unterrichtsmethode und den damit verbundenen Praxisbezug zu akzeptieren. So löste sie die Chemie aus ihrer Rolle als Hilfswissenschaft der Pharmazie und der Metallurgie und gab ihr eine eigenständige nützliche Funktion, die schon bald bedeutsame Folgen sichtbar machte. Ausgebildet wurden nun Wissenschaftler für die Tätigkeit außerhalb der Hochschule. Auf der Suche nach Beschäftigungen schufen sie eine eigenständige Düngemittelindustrie, bis 1873 allein 73 Fabriken in Deutschland. Durch die Entdeckung des Kaliummangels in der Pflanzennahrung und aufgrund der Öffnung vieler Salzbergwerke mit wertlosen Kalisalzen als Abraum bot sich hier ein lukrativer Markt.

Hatten die Engländer bislang von französischen Chemikern oder von eigenen gelernt, so wuchs ihnen mittlerweile eine Generation von Chemikern zu, die es gewohnt war, Experimente selbst durchzuführen und über die Umsetzung in Großproduktion nachzudenken, sie sogar zu vollbringen. Es war nur konsequent, wenn wenige Jahre nach der von Nützlichkeitsvorstellungen diktierten Vergrößerung der Chemikerausbildung diese Experten auch in den Fabriken zum Nutzen des Ackerbaus arbeiteten, wenn Professoren Kontakte zur Industrie aufnahmen, die nach der verengten Humboldtschen Wissenschaftsvorstellung eigentlich nicht geduldet werden sollten. Zunächst noch verdeckt begann dann in den sechziger Jahren die eingestandene Zusammenarbeit, die schließlich Ende des folgenden Jahrzehnts, als die Produkte in der Technologie anspruchsvoller wurden, die Einstellung einer größeren Zahl von Chemikern in Forschungsabteilungen der Unternehmen nach sich zog. Die industrielle Kontrolle durch Chemiker für die Firmen war um so notwendiger, als die durch die Strukturtheorie Kekulés angeregte systematische Erforschung, die ständige Verbesserung der Produkte und die patentrechtliche Absicherung erforderte, die man ungern den Universitätsinstituten überlassen wollte. Im praktischen Vollzug der Gründung von chemischen Industriebetrieben lagen, wie insbesondere für Mannheim gezeigt werden kann, das Professionalierungsinteresse der Chemiker, das Kartellbestreben der Industrie, staatlich gewährte Gewerbefreiheit und territoriale Konkurrenz eng beieinander und förderten den Aufstieg dieser neuen Branche, nicht zuletzt zum Nutzen der Landwirtschaft. Die Ingenieure hatten also Konkurrenz erhalten, wenn nach dem technisch-wissenschaftlichen Kern der industriellen Prozesse gefragt wurde.

Ganz anders als die Stadt, die sehr bald von der neuen industriellen Technik beeinflußt wurde, erlebte das Land mit seinen Dörfern, Höfen und Hütten keine so vordergründig sichtbare Umwälzung. Der Bevölkerungsüberschuß konnte an die Städte und die Neue Welt abgegeben werden. Wer blieb, mußte sich in die überkommene Sozialordnung einfügen, denn deren Veränderungen geschahen sehr langsam. Im Agrarbereich konnte die in der industriellen Stadt sich ausdehnende Produktionstechnik nicht Fuß fassen. Hier bestimmten die Wetterverhältnisse, die Bodenfruchtbarkeit und die Art der Viehpflege die Ergebnisse bäuerlicher Tätigkeit. Im Unterschied zu den europäischen Bauern nahmen die amerikanischen Farmer und Siedler, wenn sie das Geld dazu hatten, gern die Annehmlichkeiten städtischer Zivilisation und Kultur in Anspruch; sie setzten in der Landwirtschaft viele Geräte, etwa einen Pflug mit Sitzgelegenheit, unbedenklicher ein als beispielsweise die Deutschen oder Franzosen.

Produktivitätsanstieg – und darum ging es sowohl im städtischen Gewerbe als auch in der Landwirtschaft – ließ sich nur erreichen, wenn der für einen bestimmten Zeitraum überblickbare Einsatz bei gleichem Ergebnis geringer wurde, oder wenn das Ergebnis bei ähnlich hohem Einsatz größer und besser ausfiel. Investitionen im landwirtschaftlichen Bereich konnten in ihren Konsequenzen nicht so leicht übersehen werden wie im Gewerbe, weil der naturbestimmte Verlauf des Wachstums bei Pflanzen wie beim Vieh über wirtschaftlichen Erfolg oder Mißerfolg entschied. Gegenüber den angebotenen Neuerungen technisch-mechanischer, be-

56. Feldarbeit mit Pflug und Sämaschine in England. Gemälde von John Frederick Herring sen., zwischen 1854 und 1856. London, Victoria and Albert Museum

sonders aber biologischer und chemischer Art verhielt man sich von Land zu Land und von Region zu Region unterschiedlich. Abgesehen davon, daß nahezu in ganz Europa durch die Vergrößerung der Bauernhöfe wirtschaftliche Abhängigkeit erzeugt und der Lohn der Abhängigen niedrig gehalten werden konnte, zeigten sich mechanische Verbesserungen zunächst dort, wo sich Wachstumsbedingungen verbessern oder Arbeitshäufungen und damit überproportionale Lohnkosten entschärfen ließen.

Die schon lange bekannte Verlegung von Drainageröhren wurde preiswerter, weil man die Röhren mit einer Presse formen konnte. Die größten Engpässe waren bei der Ernte zu überwinden, wenn die Frucht innerhalb weniger Tage oder Wochen vom Feld geholt werden mußte. Mähmaschinen, Sämaschinen, Pflüge und Grasmäher, alle aus dem neuen Werkstoff Gußeisen und Stahl, wurden nach und nach Bestandteile der bäuerlichen Arbeitswelt und mußten von Pferden gezogen werden. Die Mähmaschine führte vorwiegend in den USA zu großen Auseinandersetzungen um Priorität und Leistungsfähigkeit. Diese Maschinen benötigten bei geringem Gewicht ein problemlos arbeitendes Messer, eine Ablage mit passender Abgabe für die folgenden Arbeitsgänge und einen Sitz für den Fahrer, später eine Bindemöglichkeit, die ab 1857 durch einen aus der Nähmaschinenindustrie stammenden Knotenmechanismus erreicht wurde.

Gegen Konkurrenten setzte sich Cyrus McCormick (1809–1884) durch, der nicht die Methoden der amerikanischen Fertigung anwandte, sondern von den ersten Maschinen 1841 über die Chicagoer Fabrik von 1848 bis 1880 hin stets handwerkliche Fertigung betrieb und seinen großen Verkaufserfolg dem Wettmähen anläßlich der Londoner Weltausstellung 1851 verdankte. Daß er dennoch der größte amerikanische Produzent wurde, ähnlich wie Singer mit seinen Nähmaschinen, hing mit dem frühen experimentellen und ständigen Modellwechsel seiner Maschinen zusammen. Hohe Investitionen für die Massenproduktion hätten eine Einbuße an Flexibilität zur Folge gehabt.

Dreschmaschinen wurden mit zwei unterschiedlichen, obschon benachbarten Überlegungen eingesetzt. Zunächst ging es darum, überhaupt genügend »Hände« für den Drusch zu erhalten, und Engländer und Schotten benutzten bald nach 1800 verschiedene Systeme zur Abtrennung der Ähren vom Halm. Nach einem Aufstand der Drescher 1830/31, bei dem in Großbritannien 400 Dreschmaschinen zerstört wurden, begannen die amerikanischen Hersteller dieser Maschinen wegen der dort angelegten Weizenfelder am Mississippi die englischen zu überflügeln. Die ab 1843 entwickelte Breitdreschmaschine schonte das Stroh, das unter den ab 1841 verfügbaren Lokomobilen verfeuert wurde, welche die Dreschmaschinen antreiben konnten. Zudem, und dies überall, ließ sich mit der entwickelten Dreschtechnik die winterliche Druschzeit verkürzen.

Später legte man den Drusch nahe an die Ernte heran, um die Arbeiter, die in

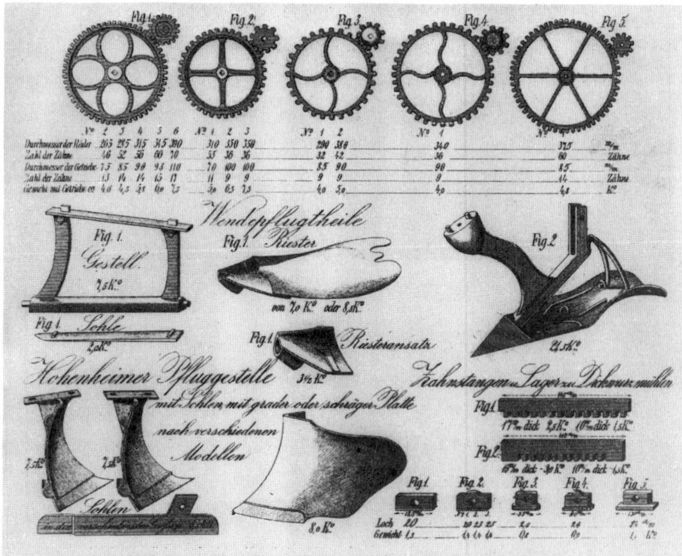

57a. Mähmaschine noch ohne Binder. Holzschnitt in »The Artizan«, 1851. Langwiesen, Eisenbibliothek, Stiftung der Georg Fischer AG. – b. Landwirtschaftliches Gerät eines Eisenhüttenwerkes. Stahlstich im »Musterbuch der Concordia-Hütte« in der Eifel, 1880. Privatsammlung

Deutschland zunehmend durch »Gängerei« aus Polen und Holland über die Grenze kamen, zahlenmäßig klein und zeitlich kurz zu halten. Aus der landwirtschaftlichen Arbeit mit gewerblicher Nebentätigkeit war schon vor 1850 eine nur noch landwirtschaftliche Beschäftigung geworden. Als auch sie nicht mehr für das ganze Jahr erforderlich war, begann eine weitere Auswanderungsbewegung; und für die Zeit des hohen Bedarfs standen dann lediglich ausländische Saisonarbeiter zur Verfügung.

58a und b. Pflug und Lokomobile von Fowler. Holzschnitte in »Deutsche Allgemeine Polytechnische Zeitung«, 1878. Hannover, Universitätsbibliothek

Der Dampfpflug John Fowlers (1826–1884) seit 1856 war zu schwer, um erfolgreich verwendet zu werden. Aber die vielen Drillmaschinen und der anpassungsfähige Universalpflug reduzierten die Personalkosten erkennbar und garantierten eine gleichmäßigere Arbeit. In viel stärkerem Maße trugen freilich die Erkenntnisse Justus von Liebigs und Emil Wolffs (1818–1896) über die Mineraldüngung und den Stickstoffbedarf des Bodens dazu bei, die Erträge zu steigern. Das aufkommende Wissen um die Kreuzungsmöglichkeiten bei der Viehzucht verhalf den Landwirten ebenfalls zu größeren Erträgen.

Abgesehen von den USA war die Verarbeitungstiefe der Landwirtschaft noch gering, da die häusliche Zubereitung der Nahrungsmittel dominierte. Doch auch die Verarbeitungsfortschritte waren unverkennbar. So konnte die Trennung von Rahm und Milch, die früher durch langes Abstellen von Milchschalen erreicht wurde, nach 1877 von einer Zentrifuge übernommen werden. Ebenso war die Nahrungsmittelkonservierung durch Kochen in Gläsern oder durch Luftentzug in aus Weißblech gefertigten Büchsen bekannt und in den USA weit verbreitet, auch wenn sich 1845 sämtliche Teilnehmer der John-Franklin-Expedition am Bleilot der Konserven vergifteten.

Ein repräsentativer Band über die englische Industrie glaubte 1880 die Situation des britischen Königreiches festhalten zu können und erklärte zumindest teilweise die eingefahrenen, vorindustriellen und sehr hartnäckigen Vorstellungen, wie der Wohlstand in der Welt zu verteilen sei: »Großbritannien und seine glänzenden Kolonien bilden schlicht und einfach ein Industriereich. Es ist Großbritanniens Aufgabe und Bestimmung, in der Welt industriell zu sein, ebenso wie es die Aufgabe anderer Reiche ist, landwirtschaftlich oder kriegerisch zu sein. Jedes Jahr treibt uns schneller in eine Position, welche die Amerikaner ›unverrückbares Schicksal‹ nennen würden, die uns zwingt, uns als reiner Rohmaterialproduzent zurückzuziehen und uns unsere Energien immer mehr darauf zu verwenden, die Welt mit diesem in fertige Produkte umgeformten Rohmaterial zu versorgen. England wird jedes Jahr mehr zum Handwerker, Spinner, Weber, Schiffsbauer, Fabrikanten, Ingenieur der Welt. Jedes Jahr entwickelt sich die Welt mehr und mehr zu einer Art kolossalem Agrikulturisten, dessen Aufgabe es ist, die Produkte der Fabriken und der Fabrikanten Englands auf dem Markt zu erwerben.« Hier wurde zu einem Zeitpunkt, der als Zenit der britischen Vorherrschaft verstanden werden kann, eine Vergangenheit beschrieben. Die USA und Deutschland hatten angesetzt, diese Vorherrschaft in eine Konkurrenzsituation umzuformen, bei der jedes Land unterschiedliche Stärken ins Feld führen konnte. Die zunehmende Bodenfruchtbarkeit in Deutschland erlaubte größere Entfaltungsmöglichkeiten in industrieller Hinsicht.

Industrielle Konzentrationen

Technikhistoriker bemühen sich darzulegen, welche Gewinne und Verluste mit dem technischen Wandel verbunden sind. Sie vermögen das freilich nicht ohne Beeinflussung durch die jeweilige Zeit zu tun, in der sie leben. Kaum ein deutlicheres Beispiel dafür ist denkbar als die Behandlung industrieller Konzentrationen. Seit Beginn der industriellen Zeit galten diejenigen als Helden, die wagemutig an der Beschleunigung des Verkehrs mitgewirkt hatten: Schiffbauer, Eisenbahnpioniere, Telegraphenunternehmer, später auch Auto- und Flugzeug-, Funk- und Raketenspezialisten, alle mit der Absicht, die räumliche Distanz zum Ziel schneller zu überwinden. Die kürzeren Transportzeiten und die kostengünstigen Transportmöglichkeiten machten sich zuerst Menschen zunutze, dann galten sie auch für Waren oder Rohstoffe, während Informationen praktisch ohne jeden Zeitverlust übertragen werden konnten. Diese »Verkürzung von Raum und Zeit«, die im Kern eine Verbilligung der Transportkosten war, hat ökonomisch in nicht vorhergesehener Weise Produktionsfaktoren begünstigt und verschoben und das Bild von und in der Welt verändert. Schnell über die Nahrungsgrenzen hinauswachsende Bevölkerungsgruppen zogen nun den Überlebens- und Erwerbschancen entgegen, halfen beim Aufbau gänzlich neuer gewerblicher Standorte oder machten Steppenland und Urwald zu Ackerland. Daß mit diesem Vorgang durch die ständigen technischen Verbesserungen die Absenkung der Transportkosten anhielt und die volkswirtschaftliche Arbeitsteilung fortschritt, hat der ganzen Entwicklung erhebliche Dynamik verliehen.

Die Aufbauleistungen für die Verkehrssysteme und die neuen Wohn- und Arbeitsstätten führten zu industriellen Konzentrationen von nie gesehenem Ausmaß. Sie gaben seit dem zweiten Drittel des 19. Jahrhunderts auch immer wieder zu kulturkritischen Äußerungen Anlaß, bis zu Beginn des 20. Jahrhunderts zwei mächtige kultur- und gesellschaftskritische Bewegungen daraus entstanden, welche die Konsequenzen dieser Entwurzelung planerisch auffangen wollten: eine konservativliberale und eine sozialistische Richtung.

Es ist heute müßig zu fragen, ob diese Konzentrationen sein mußten. Sie sind entstanden. Die altindustriellen Reviere mit ihren neuartigen Großbetrieben und ihren verdichteten Gewerbelandschaften schufen in den hochindustriellen Ländern erhebliche Strukturprobleme. Zugleich veränderte sich die Bewertung dieser Strukturen: Wurden die großbetrieblichen Konzentrationen noch bis in die Zeit nach

59. Idealansicht einer Eisenbahnanlage. Holzschnitt in »Das Neue Buch der Erfindungen«, 1864. Privatsammlung

dem Zweiten Weltkrieg als Stätten der nationalen Leistungsfähigkeit verstanden, so gelten sie heute eher als unflexibel und möglicherweise hinderlich – Auffassungen, die freilich übersehen, welche große Bedeutung nach wie vor die Transportindustrien – Auto, Flugzeug, Raumfahrt – haben.

Die Komponenten für diese Entwicklung im frühen 19. Jahrhundert sind über einen langen Zeitraum vorbereitet worden. Doch sie erhielten um 1840 eine Praktikabilität, einen Einfluß auf die gesamtwirtschaftliche Entwicklung, auf Konjunkturen und Welthandel, womit eine neue Stufe erreicht wurde. So entstanden die modernen hochseefähigen Schraubenschiffe nach 1845, die Eisenbahnnetze ab 1840, gleichzeitig die telegraphischen Netze. In völlig neuartigem Ausmaß lernten sich Fremde aus aller Welt auf den Weltausstellungen kennen, diesen »Festen der Industrie«, die anfangs allein vom technischen und kulturellen Fortschritt Zeugnis ablegen sollten. Diese Aufbruchstimmung ging um 1880 zu Ende: Nationale Emotionen hatten sich der technischen Errungenschaften bemächtigt, sie durchdrungen und für ihre leidenschaftlich verfolgten Ziele eingespannt.

Ansehen und Leistungsfähigkeit von Wasser- und Landtransporten hatten sich seit Beginn des 19. Jahrhunderts erheblich verändert. Erst als die Geschwindigkeit der Lokomotiven Stephensons deutlich die der Schnellkutschen überstieg, die auf den sehr gut ausgebauten, aber gebührenpflichtigen Straßen Englands verkehrten, kam es über die begrenzten technischen Auswirkungen hinaus zu fühlbaren gesamtwirtschaftlichen Effekten. Es mochte anfangs ein Abenteuer gewesen sein, sich den zugigen und rumpelnden Eisenbahnwagen anzuvertrauen, doch bestimmte Gruppen von Reisenden nahmen daran keinen Anstoß. Dazu gehörten weniger diejenigen, die als ganz Reiche ohnehin nur von Haus zu Haus, von Landsitz zu Landsitz, von Schloß zu Schloß fuhren und dabei eine Dienermannschaft mit sich führten; es waren eher diejenigen, die von dem Zeitgewinn profitierten, die eine Übernachtung in der nahen Stadt einsparten, weil sie wieder zurückfahren konnten, oder diejenigen, welche die Region mit hochwertigen Gütern versorgten. Der Wandel, der sich seit den Tagen vollzogen hatte, als man sich von Arbeitsstelle zu Arbeitsstelle zu Fuß durchschlagen mußte oder abgewiesen wurde, weil man einer bestimmten Zunft nicht angehörte, bis zur Ausbildung des Eisenbahnnetzes in den Jahren seit 1840 war nicht zu übersehen.

Die Eisenbahn wurde – zumal in Großbritannien – zum Konkurrenten für die Binnenschiffahrt, denn das in die Kanalbauten investierte Kapital verzinste sich schlechter als das in den neuen Schienennetzen. Hier ergaben sich Rivalitäten bis hin zum offenen Konflikt. Der Zeitgewinn beim Warenumschlag sprach für die Eisenbahn. Auch in der Seeschiffahrt gingen schon um 1840 Zu- und Ablieferungen durch die Eisenbahn schneller vonstatten, vor allem in Liverpool, dem Zentrum der englischen »Packet«-Schiffahrt nach den USA. Die von Reedern den Produzenten und Händlern angebotenen sicheren Liefertermine dürften wegen des Termindrucks bei den Hafenarbeitern allerdings kaum Begeisterung ausgelöst haben. Von Vorteil war die Eisenbahn auch für die vielen Auswanderer, die nun schneller an die Hochseehäfen gelangen konnten.

Schiffsverkehr und Technik

In der Literatur wird gelegentlich darüber geklagt, daß technische Neuerungen in der Schiffahrt eine sehr lange Anlaufzeit gehabt hätten. Doch eine solche Kritik greift in der Regel zu kurz. Wie heute der staatlich vorangetriebene Einbau von Katalysatoren bei Kraftfahrzeugen Jahrzehnte benötigt, um in der Gesamtzahl statistisch relevant aufzufallen, so galt für die unregulierte Handelsschiffahrt noch stärker der Gesichtspunkt, daß technisch ältere oder anders gebaute Schiffe nicht aus dem Verkehr genommen werden mußten; der schnell expandierende Weltmarkt bot auch für sie sehr viel Raum. Für die Segel- wie für Dampfschiffe blieb trotz der Anwendung von Dampf und Eisen die alte hierarchisch orientierte Bedienungspraxis erhalten. Der Schiffsverkehr belegte jedoch als erstes komplexes Verkehrssystem, daß in einer vielfältigen sich öffnenden Weltwirtschaft ganz unterschiedliche technische Lösungen ihren Platz zu finden vermochten.

Die wichtigsten Ursachen für die Entwicklung im Schiffbau der Jahre nach 1840 können auf vier Gebieten ausgemacht werden. Erstens: Die Bedienungskosten von Segelschiffen sollten vor allem in Amerika gesenkt werden. Diese Tendenz wurde allerdings durch den Klipperbau, der ganz der Schnelligkeit von Teeimporten und Warentransporten um Südamerika herum diente, zwischen 1845 und 1870 gedrosselt, setzte sich danach aber wieder durch. Zweitens: Neue Baumaterialien und Antriebsmaschinen wurden eingesetzt, zunächst in der Binnenschiffahrt Englands, Schottlands und Amerikas, später besonders in der britischen Seeschiffahrt. Die Amerikaner waren in erster Linie mit dem Klipperbau beschäftigt; außerdem besaßen sie keine industriellen Zulieferer im Bereich der Eisen- und Stahlindustrie und des Maschinenbaus. Drittens: Die gesamte Entwicklung wurde langfristig durch die große Emigrationswelle aus Europa bestimmt. Wer hier Auswanderung und Rücktransport von Waren, Postsubventionen und Fahrtrouten richtig und zur rechten Zeit miteinander verknüpfte und dabei von Unfällen und Konjunktureinbrüchen verschont blieb, vermochte seine Reederei in eine glanzvolle Position zu bringen. Aber das waren nicht viele. Die Werften waren gefordert, schnellere und sparsamere Schiffe zu bauen. Hier war der Wettbewerb vornehmlich zwischen England und Schottland sehr groß. Viertens: In der Führung der Schiffe ergaben sich Verschiebungen. Der Kapitän verlor bei den Werften seinen dominierenden Einfluß, denn ihm fehlten die Kenntnisse sowohl über das eiserne Schiffsgerippe als auch über den Maschinenbau. Er mußte nun mit dem Eisenbauingenieur auf der Werft

60. Lösch- und Ladekran am Sandtorkai in Hamburg. Lithographie, 1877. München, Deutsches Museum

und dem Maschinenbauingenieur auf dem Schiff kooperieren. Die erfolgreichen Schiffbauer waren oft nicht die alten; sie kamen aus ganz anderen handwerklichen Traditionen, waren nicht mehr dem Holz, sondern dem Eisen und dem Maschinenbau verhaftet.

Im Bereich der Binnenschiffahrt nahmen Briten wie Amerikaner sehr schnell Anregungen auf, die sich aus der Dampfmaschinenentwicklung ergeben hatten. Die Vorstellung, mechanische Antriebe auf dem Schiff zur Fortbewegung zu verwenden, war allgegenwärtig und in der amerikanischen wie englischen Binnen- und Küstenschiffahrt längst Alltagsgeschehen. Sie stellten in diesen Gewässern eine bis dahin nicht gekannte Regelmäßigkeit und Zuverlässigkeit her. Nachdem Robert Fulton (1765–1815) mit seinem Schiff die technische Kombination von Dampfmaschine und großem Küstenboot bewiesen hatte, verzeichnete 1821 New Orleans bereits über 1.000 Dampfschiffankünfte. Im Jahr 1838 waren von 3.010 Dampfmaschinen in den Vereinigten Staaten 800 auf Binnenschiffen in Betrieb. 1840 verkehrten auf dem Hudson fünf Gesellschaften mit 39 Dampfschiffen. Eine Schiffsreise von New Orleans nach New York, für die 1817 noch fast 30 Tage erforderlich waren, dauerte 1835 nur noch 9 Tage. Auf dem Rhein verkehrten 1830 erst 12 Dampfschiffe, an deren Konstruktion auch Gerhard Moritz Roentgen aus Rotterdam beteiligt war.

Diese Raddampfer waren aus Holz erbaut und konnten sehr unterschiedliche Antriebsmaschinen besitzen. Äußerlich bevorzugten die Amerikaner leichte Maschinen mit hoch aufragendem Balancier, den Robert Livingstone Stevens (1787–1856) entwickelt hatte, die Europäer eher die von der Firma Watt erbaute, eleganter aussehende Seitenhebelmaschine, bei der der Balancier neben der Maschine arbeitete; sie war bis 1837 auf den europäischen Flüssen dominant und blieb als Prinzip über dreißig Jahre lang erhalten. Die Seitenhebelmaschinen waren zwar sehr schwer, ließen sich aber leicht umsteuern und vermochten mittels langer Kolbenstangen die Kraft gut auf die Räder zu übertragen.

Die von Stevens erbauten Balanciermaschinen kamen ab 1834 über Frankreich nach Europa. Bei diesem indirekten Antriebssystem waren die Lager auch am Schiffsrumpf und in der Nähe der Radkästen angebracht. Da dort während des Betriebs durch Widerstand an den Schaufelrädern Schläge oder Stöße auftraten, wurden die Lager der Dampfmaschine belastet. Man kehrte daher trotz des amerikanischen Vorbildes zu Maschinen zurück, die über das Fundament hinaus keine Verbindung mit dem Schiffsrumpf hatten und sich durch direktes Arbeiten viel leichter vor- und rückwärts steuern ließen.

Die vierziger Jahre waren durch die Suche nach einem direkt wirkenden Maschinentyp gekennzeichnet, der mehr Kraft auf die Räder abgab. Ein solcher sehr erfolgreicher Typ stammte seit den dreißiger Jahren aus den USA: Die längs im Schiff liegende Maschine war auf der Seite, auf der sie die Räder antreiben sollte, angehoben und konnte über eine Kurbel direkt auf sie einwirken. Die Pleuelstangen konnten in den USA sogar aus Holz sein; diese Anlage machte auch lange Hubwege möglich und erlaubte zugleich schmale Schiffskörper. Auch die oszillierende Maschine von Henry Maudslay, später eine andere von John Penn (1805–1878), tauglich auch für Seedampfschiffe, gehörten zu den direkten Versionen, die allerdings Hochdruckmaschinen waren. Penns durchschlagender Erfolg bestand darin, eine regulierbare Kulissenschiebersteuerung angeboten zu haben. Alle bemühten sich um eine Verringerung des Gewichts der bewegten Teile sowie des beanspruchten Raumes, doch gerade bei den komprimierten Versionen mußten die auftretenden großen Kräfte wiederum durch vermehrten Materialeinsatz im Zaum gehalten werden.

Gerhard Moritz Roentgen, der in Rotterdam eine Schiffswerft betrieb, hatte die schon von Arthur Woolf vorgeschlagene Idee einer Expansionsmaschine aufgenommen, war über die bislang vorliegenden Lösungen hinausgegangen und hatte eine Kopplung zwischen den beiden Kolben herbeigeführt, die nach seiner Anleitung auch bei der Gutehoffnungshütte in Ruhrort hergestellt wurde. Die Vorstellung eines Dampfdrucks von 10 Atmosphären war der Zeit weit vorausgegriffen, und der technische Mehraufwand lag noch weit über den Einsparungen im Dampfverbrauch. Erst die theoretischen Darlegungen William John Rankines (1820–1872) und die technischen Ergänzungen John Elders in den sechziger Jahren – Oberflächenkondensation, höherer Druck, Überhitzung – machten die Dampfexpansion technisch besser nutzbar.

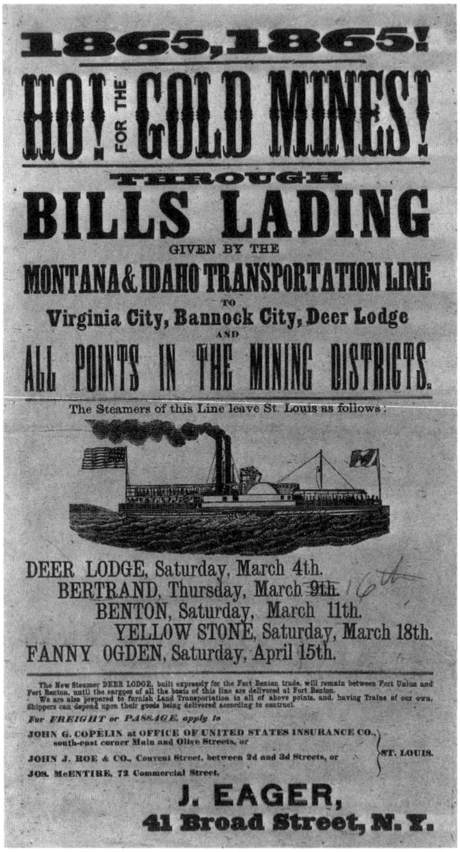

61. Mit dem Dampfer zu den Goldminen von Montana und Idaho. Dampferfahrplan auf einem Plakat, 1865. New-York Historical Society

In den fünfziger Jahren ließ sich der Kohlenverbrauch pro indizierter Pferdestärke und Stunde von etwa 3 auf 0,75 Kilogramm senken, was vor allem in den USA den Schiffen einen ungemein größeren Einsatzradius verschaffte. Gleichzeitig gab es Fortschritte vor allem durch die Reduktion des Gewichts des Maschinenfundaments, das nicht mehr aus Guß-, sondern aus Schmiedeeisen gefertigt wurde und pro Pferdestärke statt 354 schließlich nur noch 120 Kilogramm wog. Daraus resultierten Verbesserungen für die Lage des Schiffes, für einen geringeren Kohlenraum und eine höhere Ladekapazität. In der Wahl der Maschinen orientierte man sich zunächst am Grundsatz der Zuverlässigkeit. In den dreißiger Jahren war durch einen neben der Radwelle fixierten Exzenter bereits die Blätterführung der Schaufeln im Unterwasserbereich erheblich verbessert worden; sie blieben stets fast senkrecht zur Wasseroberfläche und gaben dem Schiff einen größeren Vortrieb.

Raddampfer wurden bald nach ihrer Einsatzfähigkeit auch als Schlepper in den Häfen eingesetzt, um die einkommenden und ausgehenden Schiffe ohne großen Zeitverlust in die richtige Liegeposition zu bringen. Hier war, wie auf engen Flüssen, eine schnelle Umsteuerung der Maschinen erforderlich, was sich gerade bei den indirekt arbeitenden nur mit Mühe bewerkstelligen ließ. Manche Häfen, in Deutschland vor allem jene an der Ostsee, verwehrten den Dampfschiffen wegen des Funkenflugs die Benutzung, und das nicht nur wie in Danzig wegen des dort ausgebreiteten Pulvers. Auf dem Rhein gerieten die Schleppschiffe um 1848 in den Streit um die soziale Situation der Treidler, die von den »Remorqueuren« eines Mathias Stinnes oder auch eines Franz Haniel verdrängt wurden.

Angesichts der breiten Ströme bauten die Amerikaner sehr bald große Flußdampfer, die eine Länge von mehr als hundert Meter haben konnten. Lange vor der Eisenbahn besorgten sie den Binnenverkehr in den Staaten, auch über den Mississippi, und übernahmen den Personentransport, den Export von Tabak und Baumwolle und die Einfuhr industrieller Ausstattungsgüter bis hin zu Kohle und Eisen. Genau nachrechnende Wirtschaftshistoriker haben ernsthaft die Absicht vertreten, daß mit diesem Schiffsverkehr ein Großteil der amerikanischen Industrialisierung hätte bewerkstelligt werden können.

Betrieb und Navigation der Binnenschiffe waren in den Staaten so eingerichtet, daß sie an das Personal keine zu hohen Anforderungen stellten. Was den Betrieb in den USA von dem in Europa grundlegend unterschied, war die Leichtfertigkeit im Umgang mit diesen »Lasteseln« auf den großen Strömen. Etliche Flußdampfer sind durch viele Unglücksfälle auf traurige Weise berühmt geworden. Da Mechaniker

62. Showboats auf dem Mississippi. Lithographie, 1866. Washington, DC, Library of Congress

mit einschlägigen Kenntnissen teuer und rar waren, blieben Sicherheitsgrenzen gerade bei den Kesseln unbeachtet. Wettrennen zwischen konkurrierenden Kapitänen und Gesellschaften waren Trumpf und immer wieder ein Gaudi der mitfahrenden Passagiere, bis es zu spät war. Bis in das 20. Jahrhundert hinein stellten die Kessel den Schwachpunkt des gesamten Antriebssystems dar, weil sie nicht sauber genietet werden konnten und deshalb dem Druck häufig nicht standhielten. So waren Kesselexplosionen eine ständige Gefahr auf diesen Schiffen, die in zwei Typen, dem Hudson- und dem Mississippi-Dampfer, ab 1860 ohne wesentliche Verbesserungen in großer Stückzahl hergestellt wurden. Mußten in Großbritannien zwischen 1827 und 1839 bei 23 Explosionen 77 Tote beklagt werden, so waren es in den USA bei den größeren und leichteren Maschinen 500 Tote allein im Jahr 1838. Staatliche Sicherheitsbestimmungen stellten für die meisten Kongreßabgeordneten eine Einschränkung der persönlichen Freiheit der Reeder dar – eine Vorwegnahme der gegenwärtigen Diskussion um die Höchstgeschwindigkeit auf den deutschen Autobahnen.

Es wäre zu einseitig, die Binnenschiffahrt auf ihre Rolle bei der Entwicklung der bundesstaatlichen Gewalt in den USA zu reduzieren. Obwohl sie weniger als die Hochseeschiffahrt Anlaß zu technischer Herausforderung gewesen ist, hat sie in England bis gegen Ende des 19. Jahrhunderts die Hauptlast der Versorgung mit wichtigen Industriegütern, vor allem mit Kohle für die Gaswerke getragen. So bezog London 1845 noch 100 Prozent, 1854: 78 Prozent, 1864: 57 Prozent, 1874: 37 Prozent und 1884: 38 Prozent seiner Kohle über die Küstenschiffahrt. Das erste Schraubenschiff für die Küstenschiffahrt wurde 1844 in Fahrt gesetzt. Die bald fahrplanmäßig verkehrenden Küstenschiffe wie die »John Bowles« brauchten 1852 für 1.650 Tonnen Kohle nur fünf Tage von Newcastle nach London und zurück einschließlich der Entladung mit hydraulischen Hilfen, während zwei Kohlenbriggs für dieselbe Frachtmenge einen Monat benötigten. An der Umschlagstelle vom Schiff auf die Leichter schaffte eine achtköpfige Mannschaft etwa 50 bis 60 Tagestonnen, eine Leistung, die von hydraulischen Maschinen bald mehrfach übertroffen wurde. Der Übergang in der Küstenschiffahrt zum eisernen Dampfschiff vollzog sich um die Mitte der siebziger Jahre. Hatte die Union der 12.000 Küstenschiffer noch 1856 genaue Bemannungsvorschriften durchgesetzt, so wurden diese durch die neue Ladetechnik in der Praxis außer Kraft gesetzt. Daß die Küstenschiffahrt ihre Bedeutung in Großbritannien so lange halten konnte, hing nicht zuletzt mit der flexibel gehandhabten Kostensenkung zusammen. Kostete eine Kabine von Edinburgh nach London 1826 noch 5 Pfund, so sank dieser Preis 1846 auf 3 Pfund, 1849 auf 2,5 Pfund und 1885 auf etwas unter 1 Pfund mit entsprechenden Konsequenzen für Bemannung und Heuer.

Der Auslöser für den Bau schneller Segelschiffe war das Ende des schmutzigen Opiumkrieges, den Großbritannien gegen China führte und 1844 gewann. China mußte sich öffnen, und die Amerikaner holten sich selbst den Tee dort ab. Zu diesem Zweck ließen interessierte Handelshäuser geeignete Segler bauen, über die man bereits nachgedacht hatte und mit denen experimentiert worden war. Nach 1848 setzte man sie zunehmend auf dem langen Weg von der amerikanischen Ostküste zur Westküste und nach Australien ein, wo hier wie dort Gold entdeckt worden war, das nun große Wanderungs- und Versorgungsströme auslöste.

Klipper, also am Bug scharf geschnittene Schiffe, wurden erstmals 1832 als »Baltimore Klipper« gebaut. Sie waren französischen Luggern und Fregatten nachgebildet, die den Amerikanern in ihrem Freiheitskampf gegen die Engländer geholfen hatten, stellten aber nur eine Vorstufe dar, weil sie insbesondere eine zu geringe Ladekapazität besaßen. Mit der Öffnung Chinas wurden die Konstrukteure beauftragt, schnittigere Schiffe zu bauen. So entstanden im Wettbewerb zweier Konstrukteure unterschiedlicher Herkunft zwei Schiffstypen.

Der gelernte Zeichner John Willis Griffith (1809–1882), der bei der Werft der US Navy in Portsmouth, Neuengland, beschäftigt gewesen war, entwickelte bei der Werft Smith & Dillon in New York Vorstellungen über ein schnelleres Segelschiff. Unter Aufnahme älterer Experimente, auch mit Modellen, wollte er die traditionelle Form »vorn Dorsch, hinten Makrele« überwinden: Der vorn breite Schiffskörper sollte bislang ein Eintauchen des Bugs unter die Welle verhindern, also oben schwimmen. Griffith dachte an ein schmaleres Schiff, das zugleich länger sein und nicht auf den Wellen reiten, sondern durch sie schneiden sollte; ihm schwebte ein Verhältnis 5 zu 1 für Länge zu Breite vor. Im hinteren Teil sollte das Schiff nicht die gegenläufige Kurve eines Makrelenschwanzes aufweisen, also ohne Gegenkurve glatt in das bauchige Heck einmünden. Zudem waren hohe Masten vorgesehen, damit die Segel viel Wind einfangen konnten. Nach dem Opiumkrieg erhielt Griffiths Werft von der Firma Holland & Aspinwall einen Auftrag zum Bau eines solchen Schiffes, der »Rainbow«, der aber sofort die Kritiker auf den Plan rief, die den Untergang vorhersagten, wenn der Bug unter die Welle geraten sollte.

Während Griffiths Auftraggeber zögerten, hatte Kapitän Nathaniel B. Palmer (1799–1877), der lange auf der New-Orleans-Route gefahren war, durch Probieren mit Modellen ebenfalls einen schnittigen Schiffstyp, allerdings mit flachem Boden, der Reederei A. A. Low & Bro empfohlen: die »Houqua«, welche die Route nach China 1844 auf der Hinfahrt in 95 statt 111 und die Rückfahrt in 93 statt 116 Tagen schaffte. Die »Rainbow« machte die Hin- und Rückfahrt ein Jahr später trotz erheblicher Sturmschäden in jeweils 102 Tagen. Ein neues Konzept – schnittiger Körper und mehr Segelfläche – hatte sich technisch bewährt.

Aus dem Frachterlös einer einzigen Fahrt hätten sich drei solcher Schiffe bauen lassen. Ein weiteres wurde in Auftrag gegeben: die »Sea Witch« in einer Länge von 52 Metern bei einer Breite von 10 Metern und mit einem 42,7 Meter hohen Mast, der fünf Rahen Segel übereinander aufziehen konnte und jede Lücke im, vor und

63. Die Flotte der HAPAG. Detail einer Lithographie, um 1860. Hamburg, Museum für Hamburgische Geschichte

hinter dem Schiff durch Segelflächen – Winden-, Stag- und Klüversegel – ausnutzte; ein erfahrener Kapitän namens Watermann hatte Griffith bei der Besegelung beraten. Erneut warnten die Traditionalisten, das Schiff sei mit 5 zu 1 viel zu lang, doch es erzielte immer neue Rekorde. Unter Starkwind konnte es mit 21 Knoten leicht Dampfschiffe überholen. Als Watermann 1848 auf der Fahrt nach China nicht um Afrika, sondern um Südamerika segelte, benötigte er für den Rückweg 81 und ein Jahr später sogar nur 74 Tage; das war die bis dahin kürzeste Segelzeit von Hongkong nach New York – fast unglaublich im Vergleich zu den 125 bis 130 Tagen bei traditioneller Schiffstechnik zehn Jahre zuvor.

Diese Schiffe konnten vor allem auch auf der Route um Südamerika nach Kalifornien eingesetzt werden, wo im Goldrausch zehntausende von Glücksrittern aus aller Welt zusammenströmten. Statt der 200 Tage gelang die Route 1849 in der Rekordzeit von 122 Tagen, und ein Ende des Wettstreits war nicht in Sicht, da die Auftragsbücher der amerikanischen Werften 1850 zum Bersten voll waren. Als Konstrukteur und Werftbesitzer trat vor allem Donald McKay (1810–1880) hervor, der beim Vater des amerikanischen Schiffbaus, Isaac Webb, gelernt hatte und mit

Griffith befreundet war. Seine »Flying Cloud« hatte bis zu 61 Meter hohe Masten und brauchte 1851 nur 89 Tage bis nach Kalifornien. Doch der Zeitgewinn ließ sich nicht allein durch schiffstechnische Verbesserungen vergrößern, Matthew Fontaine Maury (1806–1873) konnte wegen eines Unfalls seine Karriere bei der Navy nicht fortsetzen, entdeckte aber im Archiv bislang ungehobene Schätze: die Logbücher vieler Navy-Schiffe. Er ging daran, die Strömungsverhältnisse auf den Meeren systematisch herauszuschreiben, um sie für bestimmte Kurse, etwa nach Afrika oder nach Südamerika zu nutzen. Sein Buch »Wind and current charts« von 1847 ermöglichte es aufmerksamen Kapitänen, die Segelzeit von Baltimore nach Rio de Janeiro zu halbieren, von 72 Tagen auf 35 Tage. Auch ungläubige Kapitäne konnte er zur Mitarbeit bewegen und immer weitere Informationen sammeln. Im Jahr 1855 veröffentlichte er »The physical geography of the sea«. Wie auf kaum einem anderen Gebiet – und schon gar nicht in dem von Heimlichkeiten umgebenen Maschinenbau – eigneten sich diese Informationen für eine internationale Zusammenarbeit: Meteorologie und Strömungskunde der Weltmeere wurden auf einer internationalen Konferenz in Brüssel auf Initiative Maurys diskutiert und gemeinsam in Arbeit genommen.

Als England nach langem Kampf der Freihandelspartei 1849 endlich die Navigationsakte aufhob, erschienen auch amerikanische Klipper in den Häfen des Mutterlandes, das schon vorher begonnen hatte, die schnellen Schiffe mit dem schnittigen Bug nachzubauen. Die Schiffsreisen nach Indien und China verkürzten sich entsprechend, und Kaufleute wie Techniker verbanden ihre Interessen in der Veranstaltung von Wettrennen. Die frisch verpackte Tee-Ernte wurde sofort nach Europa gebracht, um möglichst wenig Schaden zu nehmen. An einem der größten Teerennen nahmen 1866 auf dem Weg von China nach London sechzehn Klipper teil. Da sie alle ziemlich kurz hintereinander eintrafen, rutschte der Teepreis allerdings unter die Rentabilitätsgrenze für die Reeder.

Mit der Eröffnung des Suez-Kanals 1869 hatten die Klipper, die ihn wegen des fehlenden Windes im Roten Meer nicht benutzten, an Bedeutung verloren. Im selben Jahr wurde die transkontinentale Eisenbahn in den USA fertiggestellt. Damit waren die Auswanderer in den Westen auf die Klipper nicht mehr angewiesen. Eine Eisenbahnlinie über die Landenge bei Panama verkürzte die Fahrt von der Ost- an die Westküste. Ein letztes großes Exemplar eines Klippers, die 1878 gebaute »Cutty Sark« ist in Greenwich als Museumsschiff zu besichtigen, nachdem sie viele Jahre aus Australien Wolle transportiert hatte.

Die Klipper waren anders als die ihnen nachfolgenden großen Vollschiffe, die eiserne oder stählerne Rümpfe erhielten, als Kompositbau ausgelegt: Die hölzerne Schiffshaut war im Unterwasserbereich mit Kupferblech beschlagen, damit der Bewuchs in den warmen Gewässern gering blieb, oberhalb davon mit Eisen. Aus den vorliegenden Berechnungen geht eine genaue Kostengegenüberstellung für den Betrieb von Klippern nicht hervor. Sie mußten wegen der großflächigen Besegelung mit einer großen Mannschaft gefahren werden. Das war nicht nur teuer, sondern auch gefährlich. Angesichts der vielen erforderlichen Kräfte wurden die Besatzungen oft »schanghait«, so daß sie in der Regel unfreiwillig an Bord waren. Ihre Behandlung spottete meist jeder Beschreibung, und die Überlebenschancen waren nicht besonders gut. Es gibt Ansichten der Bay von San Francisco aus den fünfziger Jahren, auf denen fast siebzig stillgelegte Klipper zu sehen sind, die von den Mannschaften verlassen wurden, weil die Goldsuche attraktiver war als die Heuer.

In der Hochseeschiffahrt veränderte sich der Gesamtkörper der zugelassenen Tonnage in seiner Zusammensetzung nur langsam. Dennoch war sowohl hinsichtlich der empirischen Schiffstechnik als auch mit dem Blick auf die Herausforderungen der neuen Materialien und Antriebsmaschinen ein krasser Wandel eingetreten, der in das Bewußtsein der Bevölkerung drang. Die Halbierung der Fahrzeiten rückte die Welt enger zusammen und machte manche Region erstmals für viele erreichbar. Zugleich wurden jedoch neue Abhängigkeiten geschaffen.

Zwar blieb der Kapitän unumschränkter Herrscher auf seinem Schiff, aber er mußte sich nun der kaufmännischen Rationalität der Reeder unterwerfen, und das hieß Fahrpläne wie bei der Paketpost einhalten. Doch dafür hatten ihn die Ingenieure nur unzureichend ausgerüstet. Es gab keinerlei Orientierungssystem über Wetterlagen, das der Geschwindigkeit der neuen Schiffe, die nicht mehr dem Wind folgten, auch nur entfernt angemessen war. Die Unglücksfälle, an die sich Mannschaften und Passagiere auf Segelschiffen gewöhnen mußten, stellten bei Dampfschiffen öffentlich diskutierte Versagensfälle dar, die nicht zuletzt den Technikern insgesamt zur Last gelegt wurden. Diese Furcht bremste im Schiffsmaschinenbau die Experimentierlust erheblich und ließ sichere und schwere Maschinen lange überleben.

Die neue Eisen-Maschinen-Technologie trat in der Schiffahrt nur mit Hilfe erheblicher staatlicher Subventionen ins Leben. Die USA zahlten an Postsubventionen bis 1861 etwa 25,5 Millionen Dollar an heimische und 9,5 Millionen an ausländische Schiffsreeder, um eine sichere Postverbindung aufrechtzuerhalten. Die britische Postverwaltung hatte vor allem ein politisches Interesse daran, den Verkehr mit ihrer Kolonie Kanada über sichere Wege zu leiten, während die USA bei gleichem Interesse verhindern wollten, daß dies vom ehemaligen Mutterland wahrgenommen wurde, das noch 1814 versucht hatte, die Selbständigkeit seiner Kolonie zu beschneiden. Nach Fertigstellung der telegraphischen Kabel sank die Bereitschaft für Subventionen schlagartig; man beschränkte sich auf diejenigen Routen, die über Kabel nicht zu erreichen waren. Doch außer den politischen Gesichtspunkten gab es auch militärische. Die Subventionen waren mit dem Einverständnis des Empfängers verknüpft, im Bedarfsfall Kanonen oder Geschütze aufzustellen.

64. Die »Great Eastern« auf der Werft mit Brunel im Zylinder. Photographie von Robert Howlett, um 1857. London, Institution of Mechanical Engineers

Sobald eine regelmäßige Atlantik-Überquerung möglich wurde, griff das Militär in die Entwicklung auch der zivilen Technik ein. Die englische Admiralität trat 1838 mit einem Subventionsvorschlag an die Öffentlichkeit: Wer einmal im Monat die Post von Liverpool nach Halifax und von dort nach New York befördere, könne mit erheblichen Zuschüssen rechnen. An diesem Subventionsrennen beteiligten sich zunächst die St. George Packet Co., die seit 1822 zwischen der Britischen Insel und Irland mit der »Sirius« Post und Passagiere transportierte, und die Great Western Steamship Co. mit der »Great Western«, die 1838 das Wettrennen nach New York gewann; sie benötigte 4 Tage weniger als die »Sirius«, ganze 15 Tage. Die »Great Western« nahm daraufhin den regelmäßigen Dienst zwischen Bristol und New York auf.

Sie war auf Betreiben von Isambard Kingdom Brunel (1806–1869), der Galionsfigur für die Umgestaltung der technischen Schiffseinrichtungen, erbaut worden. Brunel, der einen Ruf als erfolgreicher Ingenieur im Eisenbahnwesen mitbrachte, wollte ihn auf die Schiffahrt ausdehnen. Dieses in Bristol erbaute Schiff war mit 1.340 Bruttoregistertonnen dreimal so groß wie die bisherigen Dampfschiffe. Eiserne Bänder verstärkten den Rumpf. Es wurde durch Schaufelräder und eine Seitenhebelmaschine der Firma Maudslay angetrieben, die doppelt so stark war wie die bislang stärkste. Trotz aller Warnungen, etwa in der British Association of the Advancement on Science, wurde das Schiff technisch ein Erfolg. Liverpool und London bestellten noch während des Bauvorgangs ähnliche Schiffe, die sie später im Irland-Dienst fahren ließen. Die Reise nach Übersee mit neun Knoten Geschwindigkeit bot gegenüber den Seglern keinen entscheidenden Zeitvorteil.

Kaum war die »Great Western« von ihrer Jungfernreise zurück, drängte Brunel auf ein größeres, besseres Schiff. Zu viele Neuerungen hatte er bei der hölzernen »Great Western« nicht zu berücksichtigen vermocht. Unbestritten war, daß das Eigengewicht von Holzschiffen etwa 46 bis 50 Prozent ihres verdrängten Wassers ausmachte, während das Eisenschiff nur 36 bis 44 Prozent seines Eigengewichts verdrängte und daher mehr Ladung aufnehmen konnte. Die laufenden Kosten rechneten sich bei Holzschiffen auf rund 10 Prozent, bei Eisenschiffen nach einigen Jahren der Erfahrung auf 5 Prozent der Bausumme. Zunächst kam dieses günstigere Verhältnis bei den Dampfschiffen nicht zur Wirkung.

Erst als Brunel sich in den Bereich des Eisenschiffbaus hineinwagte, wendete sich das Blatt. Jetzt wurde das moderne Transatlantik-Schiff konzipiert: eiserne Schiffshaut auf eisernen Spanten, 98 Meter lang und 15,5 Meter breit, oszillierende Vierzylinder-Niederdruckmaschinen mit 1.500 indizierten Pferdestärken. Brunel hatte die Bemühungen um einen unter Wasser liegenden Schiffsantrieb aufmerksam verfolgt. Die bisherigen Erfahrungen mit den Schaufelrädern waren nicht ermutigend, denn jeder Sturm gefährdete sie und auch die Maschine selbst, die wie wild durchdrehte, wenn Teile der Schaufeln abrissen und der Widerstand fehlte. Er wählte als neuen Antrieb die seit 1829 entwickelte Schraube mit sechs Blättern, die sich in den USA bewährt hatte. Fünf Schotten sollten den Schiffskörper wenig anfällig machen, sechs Masten und ein Klipperbug für schnelle Fahrt auch bei schwachem Wind sorgen, viele eiserne Bänder den eisernen Rumpf verstärken und Deckaufbauten den Passagieren zugute kommen.

Die Great Western Steamship Company in Bristol ließ Brunels neues Schiff, die »Great Britain« in einem eigens errichteten Dock bauen und 1845 in London ausstatten, wo es von Königin Viktoria besucht wurde. Als der Dampfer 1845 nach nur 15 Tagen im Hafen von New York einlief, hatte er eine Geschwindigkeit von 9 Knoten erreicht. Mit seinen 3.270 Bruttoregistertonnen war er fast zweieinhalbmal so groß wie die »Great Western« sieben Jahre zuvor; er konnte maximal 360 Passagiere – gegenüber 148 bei der »Great Western« – erstklassig befördern, bei vergleichsweise geringen Betriebskosten. Die Baukosten betrugen 55.000 Pfund allein für das Dock und 117.300 Pfund für das Schiff. 1846 strandete es mit 180 Passagieren an Bord vor der irischen Küste. Für die Presse war die Rettung der Schiffbrüchigen weniger wichtig als die Bergung des Dampfers. Brunel und andere Bergungsfachleute konnten das Schiff trotz der Winterstürme im flachen Wasser sichern und 1847 auf einer Werft wiederherstellen. 1852, nach einem Eignerwechsel, wurden das balancierte Ruder hinter der Schraube gegen ein konventionelles und die anfällige Schraube gegen eine auskuppelbare ausgetauscht, weil die »Great Britain« auf lange Fahrt nach Australien gehen sollte. Seit 1886 fand sie Verwendung als Kohlenbunker vor den Falklandinseln, wo sie 1937 im flachen Wasser versenkt wurde. Heute ist sie in Bristol als Museumsschiff zu besichtigen.

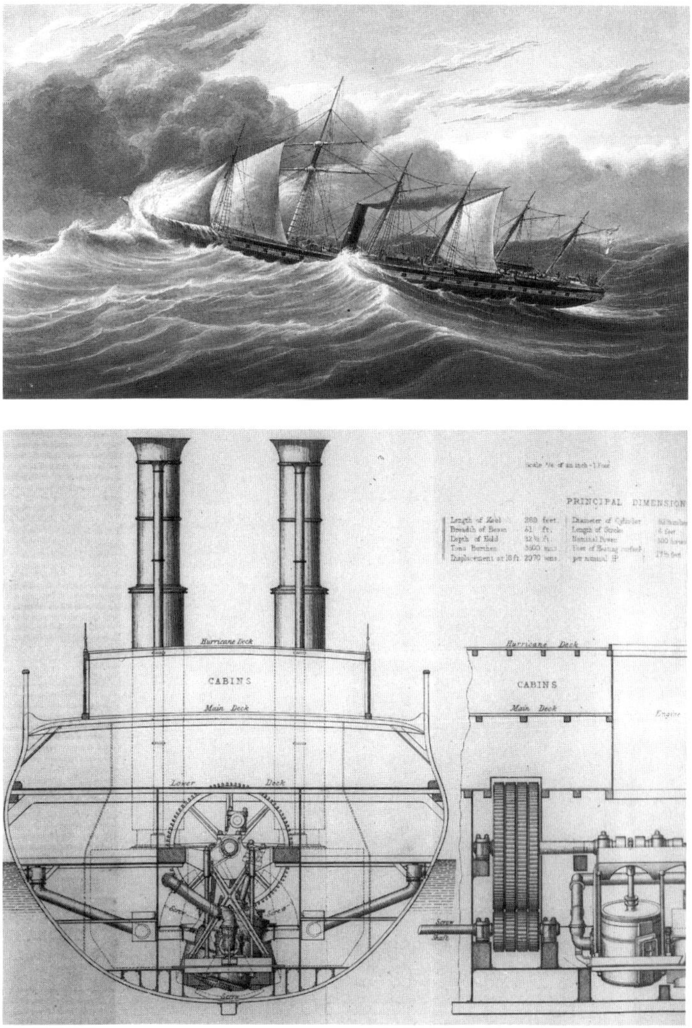

65a. Die »Great Britain«. Lithographie, nach 1845. München, Deutsches Museum. – b. Maschine der »Great Britain« nach dem Umbau. Lithographie in »The Artizan«, 1852. Langwiesen, Eisenbibliothek, Stiftung der Georg Fischer AG

Brunel stand mit seiner »Great Britain« im Wettlauf mit dem Amerikaner Samuel Cunard (1787–1865), der 1840 begann, auf das dampfgetriebene Überseeschiff zu setzen und recht kärglich ausgebaute hölzerne Raddampfer in Fahrt brachte. Darin bestärkt wurde er von der britischen Post, die für ihre Transporte solche Schiffe verlangte, was Cunard noch 1856 zum Bau der »Persia« veranlaßte. Hielten die Maschinen durch, dann erreichten die Passagiere in zwei statt in sechs Wochen den anderen Kontinent.

Eine der größten Dampfschifflinien, die Peninsular & Oriental Steamship Company (P & O), konnte ihren regelmäßigen Dienst nach Indien ab 1845 nur mit Hilfe reichlicher Postsubventionen aufnehmen, stand also ebenso wie andere europäische Postgesellschaften ganz im Zeichen der Sicherung von Kolonialreichen. Neben dem Amerikaner Cunard, der seine Schiffe von Robert Napier (1791–1876) hatte konstruieren lassen, verwirklichte der Amerikaner Edward Knights Collins (1802–1878) eine Transportidee mit Hilfe der amerikanischen Postverwaltung, die für die Gegenleistung von 20 Rundreisen auf 5 Schiffen die ungemein große Summe von 385.000 Dollar im Jahr, später noch mehr, zur Verfügung stellte. Collins, der sein Geld im Frachttransport an der amerikanischen Küste verdient hatte, wollte für den Atlantik-Verkehr die gleichen luxuriös ausgestatteten Schiffsreisen wie auf den Küsten- und Binnengewässern anbieten. Er nahm damit vor der ausgeprägten Hochseeschiffahrt das Wettrennen mit Cunard um die Gunst der Passagiere auf. Nach anfänglichen Erfolgen geriet er jedoch in die roten Zahlen und mußte deshalb sein Unternehmen 1858 liquidieren.

In den vielen begeisterten Berichten über die Schnellfahrten der Dampfschiffe wie der Klipper wird über die oft mörderischen Begleitumstände wenig gesagt; man schien sie als naturgegeben hinzunehmen. 1854 sank das Luxusschiff »Arctic« und nahm Collins' Frau und Kinder samt aller Passagiere mit in den Tod, weil es im Nebel viel zu schnell gefahren war. Die für die Orientierung erforderliche Technik war noch nicht vorhanden, aber die Dampfer sollten den Fahrplan einhalten, den sich die großen Reedereien als Werbeinstrument zugelegt hatten. Einmal alle drei Wochen in die USA, bald alle zwei, schließlich wöchentlich und später, Anfang der neunziger Jahre, sogar zweimal in der Woche –, da durfte der Kapitän nicht vom Kurs abweichen.

Für die Rettung verunglückter Seefahrer gab es um die Jahrhundertmitte noch keine festen Regeln. Auf See konnte man bei entsprechendem Wetter helfen, wenn die Passagierzahl die Möglichkeit des rettenden Schiffes nicht überstieg. Viele Schiffe gingen aber auch durch Strandung verloren, und hier setzte schon seit dem 18. Jahrhundert eine Vielzahl von Bemühungen ein. Das Gefühl der Hilflosigkeit, vom Land aus zusehen zu müssen, wie Menschen in der Brandung umkamen, ließ schon früh Gesellschaften zur Rettung von Schiffbrüchigen in den USA entstehen, so in England 1780 die British Royal Humane Society, in den USA 1785, in Deutschland 1865. Diese Hilfsgesellschaften, die sich aus dem bürgerlichen Reformpotential speisten, waren mit der Überwachung ganzer Küstenstriche überfordert. Mit den größeren Auswandererzahlen stieg auch die Zahl der Toten, und die amerikanische Bundesregierung schuf ab 1847 zumindest für New York, bald auch für die Staaten Neuenglands entsprechende Überwachungsstationen, übrigens unter Leitung des Finanzministeriums. Der Staat setzte fest besoldete Wärter ein, die neben der schnellen Meldung vor allem das Ausgeliefertsein der Gestrandeten an die einheimischen Küstenbewohner verhindern sollten. Totschlag und Raub sowie Lösegeldforderungen waren nicht nur im Mittelmeer noch gängige Praxis, sondern auch an den englischen, irischen, deutschen oder amerikanischen Küsten weit verbreitet. Versuche, unsinkbare Rettungsboote zu konstruieren, gab es reichlich, und um die Mitte des Jahrhunderts konnte in den USA ein metallenes Boot angeboten werden. Damit mag mancher Passagier gerettet worden sein, doch die großen Unglücke mit hunderten von Toten selbst bei ruhiger See, beispielsweise durch Brand, zeigen, daß es gerade die vielfältigen Unglücksursachen waren, die einen effektiven Einsatz der Rettungsboote unmöglich machten. Die Entscheidungen zum Bau von Schiffen wurden wie heute nicht von den Werften, sondern von den Reedereien getroffen, die einen Markt für eine ganz bestimmte Fracht sahen. Die britischen Werften waren seit dem Ende der vierziger Jahre ganz damit ausgelastet, der heftigen Nachfrage nach Schnellseglern für die Ostasien-Route nachzukommen. Ein paar Jahre später war dann schlagartig das Dampfschiff für den Personenverkehr über den Atlantik gefragt. Das besondere an der Situation der eisernen Dampfschiffproduktion war die Tatsache, daß fast sämtliche Schiffe dieses neuen Transportsystems in England gebaut und von hier in die ganze Welt verkauft wurden. Wie war das möglich und wie lange hat diese Phase gedauert? Hier spielten einige Ursachen zusammen: die Auswandererfrage wie die Geschwindigkeit beziehungsweise der Zeitgewinn beim Auswandern, die technische Zuverlässigkeit und ein kostengünstiger Antrieb.

Hochseeschiffahrt und Auswanderer

Die Hauptlast des gesamten Transportvolumens um 1840 trugen noch nicht die Dampfschiffe, sondern die sogenannten »Packet«-Schiffe, die Segelvollschiffe. Sie transportierten sowohl Frachtgut als auch Personen. Neben den Passagieren für die Erste und Zweite Klasse, die an Bord versorgt wurden und auf dem Oberdeck im hinteren Teil des Schiffes vor den Wellen geschützt untergebracht waren, verschiffte man als profitabelste Fracht die Auswanderer. Für sie hatte man unter dem Vorderdeck im Bereich der einschlagenden Wellen, aber über dem Laderaum für das Frachtgut ein Zwischendeck eingezogen, das ohne Zugang zu Frischluft durch die Bordwand ein niedriger Laderaum war.

Ein »Packet«-Schiff der vierziger Jahre hatte als Vollschiff einen rahgetakelten Fock-, Besan- und Großmast, etwa 1.000 Registertonnen und war vielleicht 51 Meter lang; der Laderaum war 6 Meter tief, der Mast 27 Meter hoch. Aufgemalte Schießscharten sollten zumindest bei den amerikanischen Packetschiffen, aber auch noch bei der »Great Britain« von 1845 Gegner auf Distanz halten. In Richtung Osten transportierte ein solches Schiff Baumwolle, Getreide und Tabak, in den

66. Auswanderer bei der Einschiffung. Holzschnitt nach einer Zeichnung von Knut Eckwall, 1874. Berlin, Archiv für Kunst und Geschichte

Westen Töpferware, Textilien, Kohle, Eisen und Stahl, aber vor allem Auswanderer. Sie lebten und schliefen durcheinander und waren trotz Bezahlung einer Vollverpflegung in der Proviantversorgung in der Regel auf die Schiffsbesatzung angewiesen, die ihrerseits möglichst viel verdienen wollte.

Der Ire Stephen de Vere hat 1847 eine solche Reise miterlebt und dem englischen Parlament darüber berichtet. Er machte die bürgerliche Öffentlichkeit, die gewöhnlich keinen Zugang zu den Auswandererdecks erhielt, auf die unglaublichen hygienischen Verhältnisse an Bord aufmerksam: auf herumliegende Nahrungsmittel, faulendes Bettstroh voller Würmer, Exkremente, die sexuellen Probleme durch das beengte Zusammenleben von so vielen Familien, Kindern und Jugendlichen, die schnelle Ausbreitung von Krankheiten, die rigorose Behandlung der nicht sehr begüterten und in diesem Metier völlig unerfahrenen Auswanderer durch Kapitän und Mannschaft, beispielsweise wenn bei Sturm die Luken geschlossen wurden und die Eingesperrten bis zur Öffnung der Zugänge ohne jede Versorgung blieben. Es ist kein Wunder, daß etwa 1847 auf dem Weg von Liverpool nach New York rund 10 Prozent der Menschen starben: 25.000 von 250.000, vor allem an Typhus, dem sogenannten Schiffsfieber. Die Erwartungen vor allem der englischen Auswanderer erfüllten sich vergleichsweise selten, denn sonst wären die 18.000 Rückwanderer nach Liverpool im Jahr 1855 kaum zu erklären. Das Parlament verabschiedete zwar als Norm, daß für jeden Auswanderer zwei Kubikmeter Schiffsraum zur Verfügung stehen sollten, doch dies ließ sich in der Praxis nicht durchsetzen.

Ein Blick auf das Wachstum der Schiffstonnage in der Welt offenbart konjunkturelle Schwankungen, die deutlich an die Wirtschaftskonjunkturen angekoppelt waren.

	Großbritannien		Deutschland		Frankreich		USA	
1841	2.500	(82)	–		546	(12)	655	(2)
1850	3.159	(149)	499	(5)	658	(17)	1.229	(30)
1860	4.669	(484)	807	(30)	1.001	(86)	2.027	(65)
1870	5.800	(1.062)	998	(78)	1.384	(190)	1.348	(142)
1880	8.325	(5.280)	1.320	(618)	954	(581)	–	

Die Werte in Klammern geben die Anzahl der Dampfschiffe an.

Handelsflotten in 1.000 Bruttoregistertonnen 1841–1880 (nach Schwarz)

Für den Reeder rechnete sich ein Schiff aber nicht allein nach solchen Daten. Ein Dampfschiff konnte häufiger im Jahr auslaufen als ein Segelschiff, und insgesamt »wog« eine Registertonne auf einem Dampfschiff für den Kaufmann drei- bis viermal soviel wie jene auf einem Segelschiff. Die Jahre stärksten Wachstums weltweiter Schiffstonnage waren 1840: 7 Prozent gegenüber dem Vorjahr, 1854: 8,3 Prozent, 1865: 6,1 Prozent, 1873: 5,4 Prozent und 1883: 6,6 Prozent – alles Jahre, denen eine erhebliche Wirtschaftskonjunktur vorangegangen war. Direkt läßt sich mit den Auswandererziffern hieran nicht anknüpfen: Zum einen gab es regional sehr unterschiedliche Konjunkturen, zum anderen hatten sie eher einen gegenteiligen Effekt, nämlich von der Auswanderung abzuhalten, wohingegen amerikanische Wirtschaftsbarometer in deutlicher Weise die Einwanderung beschleunigten. Zudem waren viele Entschlüsse zur Auswanderung nicht von heute auf morgen, sondern langfristiger geplant. Die Auswandererwellen spiegeln nicht in gleichem Maße wie die Bauschübe auf den Werften die wirtschaftlichen Boom- und Depressionszeiten.

Auf Segelschiffen auszuwandern bedeutete oft, mehr als einen Monat im Zwischendeck auszuharren. Mit dem Dampfschiff ließ sich diese qualvolle Zeit auf zwei Wochen verringern. Doch erst als der Dampfer »City of Glasgow« 1850 mit 400 Deckspassagieren im Hafen von New York angelangt war und dabei noch Profit gemacht hatte, begann der Bauboom für solche Schiffe. Eine Fülle von Bestellungen, sicherlich durch das Interesse der Reeder auf der großen Weltausstellung in London 1851 und durch die anlaufende Konjunktur beschleunigt, überschwemmte die schottischen und englischen Werften, die sich fast alle aus London zurückgezogen

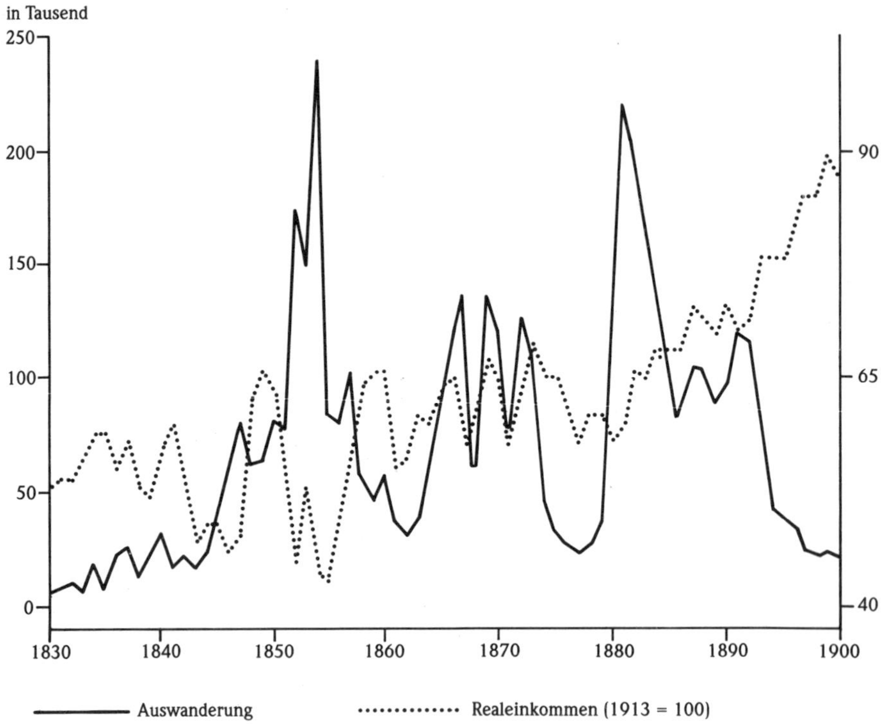

Auswanderung aus Deutschland 1830–1900 (nach Helbich)

und in der Nähe der in den Jahrzehnten zuvor errichteten Hüttenwerke angesiedelt hatten.

Die Auswanderer nahmen verständlicherweise lieber einen Platz auf dem Zwischendeck eines Dampfers als auf dem eines Segelschiffes. 1866 fuhren von 44.000 Auswanderern 16.000, also 36 Prozent, mit einem Dampfer, 1871 bereits 84 Prozent, und 1875 hörte die Auswanderung ab Bremen nach New York auf Segelschiffen auf. Ganz ähnlich wie hinsichtlich der Eisenbahn, doch wegen der fehlenden Landschaft besonders eindringlich, beschrieben Beobachter den neuen Zugriff auf die Welt: »Zeit und Raum sind aufgehoben; ... zehn Tage von Land zu Land über die riesige Wasserwüste!«

Deutsche Reeder erkannten diese Konjunktur bald nach 1852. Ihnen war es ohnehin ein Dorn im Auge, daß die sehr starke Auswanderung aus Deutschland weitgehend durch klug organisierte Agenten über französische und englische Häfen gelenkt wurde. Die 1847 gegründete Hamburg-Amerikanische Packetfahrt Actien-Gesellschaft (HAPAG) nahm anfangs vor allem Frachtgeschäfte wahr. In Bremen erfolgten 1847 die Gründung der Ocean Steam Navigation Co. und 1857 die des

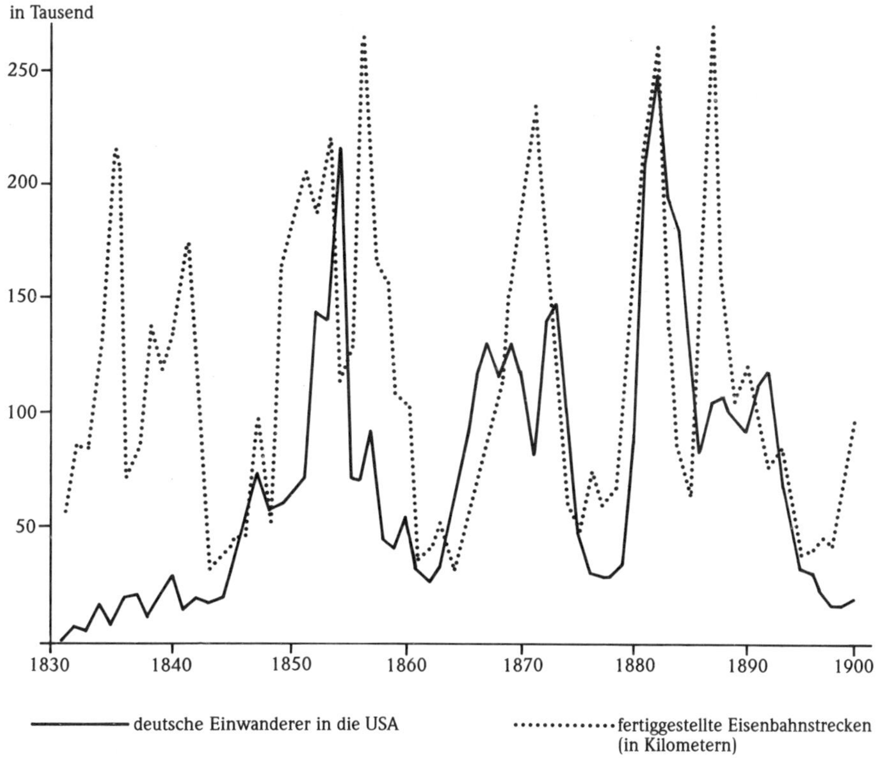

Deutsche Einwanderung in die USA und die Entwicklung im Eisenbahnbau 1830–1900 (nach Helbich)

Nachfolgers, des Norddeutschen Lloyd (NDL); beide dachten eher an die Subventionen der amerikanischen Postverwaltung, die sie auch erhielten, sogar mit Verlängerung über 1860 hinaus.

Konsequenter als die HAPAG setzte der Norddeutsche Lloyd auf die Konjunkturen der Emigration und des Postverkehrs. Sein Kapital in Höhe von 3 Millionen Talern lag überwiegend in bremischen Händen. Für das Auswanderungsgeschäft schuf Bremen 1854 eine Behörde, das Nachweisbüro. Eine Werbung für die Auswanderung war in den Staaten des Deutschen Bundes nicht möglich, da sie die Abwanderung gerade der Militärpflichtigen gar nicht gern sahen. Der NDL ließ in Großbritannien vier Dampfschiffe bauen. Postverträge mit den USA verbesserten den Ertrag der Linienreederei. Ab 1862 verkehrten die konkurrierenden Reedereien aus Hamburg und Bremen wöchentlich im Wechsel von Deutschland nach den USA. Die 1862 fertiggestellte Bahnlinie von Bremen nach Bremerhaven erleichterte nun das Einschiffen erheblich. Seit 1867 fuhr der NDL jede Woche nach New York.

Die ungebrochen steigenden Auswandererzahlen veranlaßten aber auch die HAPAG und ihren Direktor Adolph Godeffroy (1814–1893) zur Bestellung solcher

67. Zwischendeckpassagiere auf einem Schiff der Amerika-Route. Holzschnitt nach einer Zeichnung von Carl Heinrich Küchler, Ende des 19. Jahrhunderts. Berlin, Archiv für Kunst und Geschichte

eisernen Schrauben-Dampfschiffe: der »Hammonia« für 200 Passagiere in der Ersten und Zweiten Klasse und 310 auf dem Zwischendeck sowie der »Borussia«. Dabei bestand die Reederei nicht nur auf einer Schraubenwelle aus Schmiedeeisen, sondern auch auf einem Vorgelege mit Zähnen aus Buchenholz und einer Schiffsschraube aus Gußeisen samt Reserveschraube. Die HAPAG vercharterte ihre Schiffe – wie der Lloyd –, aber 1856/57 zunächst als Truppentransporter an die britische Regierung.

Der Auswandererstrom konnte allmählich erfolgreich über die deutschen Nordseehäfen gelenkt werden. Mit den schnellen Schiffen verlor der Wettbewerb zwischen Liverpool und den deutschen Häfen seine Bedeutung, und die Ostseehäfen schieden seit 1855 aufgrund der Fahrten ab Hamburg/Bremen endgültig aus dem Nordatlantik-Verkehr aus. Die englischen Häfen, hier vor allem Liverpool, lagen um eine Zweitagesfahrt den USA näher. Die Verkürzung der Reisezeit gegenüber der früheren langen Segelschiffahrtspassage machte das »Umsteigen« in England immer überflüssiger. Die ab Deutschland fahrenden Schiffe mußten etwas anders ausgelegt sein als die englischen, denn selbst bei gleichen Verbrauchszahlen benötigten sie rund 25 Prozent mehr an Bunkerraum. Solche Schiffe in Großbritannien zu bestellen oder bauen zu lassen, erforderte von den Reedern Selbstbewußtsein und Einsicht, die anfangs noch fehlten, zumal sich die englischen Schiffbauer zu Recht für die besten der Welt hielten. Der Bau von hochseetüchtigen Schiffen blieb Großbritannien vorbehalten.

Nachdem Brunel mit der »Great Western« eine neue Größenordnung geschaffen hatte, versuchte er seit 1852, mit der »Great Eastern« in die Dimension eines »Riesenschiffes« vorzustoßen. Nicht 2.000 oder 3.000, sondern 19.000 Registertonnen sollte sie erhalten. Nach einem simplen Multiplizierverfahren hatte Brunel ausgerechnet, welchen Kohlenvorrat ein Dampfschiff auf dem Weg nach Australien mitnehmen mußte. Damit ließ sich – trotz der Klipper – Zeit einsparen und Geld verdienen, so dachte er. Als »Leviathan« auf Kiel gelegt, maß das Schiff bei einer Breite von 25,3 Metern 210 Meter, eine Länge, die erst durch die Riesenschiffe Ende des Jahrhunderts wieder erreicht werden sollte. Stabilität erzielte Brunel, indem er aus dem Bau der Eisenbahnbrücke »Britannia« die Kastenbauweise für die Hülle übernahm und auch zwei solche Kiele längs unter dem Schiff befestigte. Angetrieben wurde es durch zwei Maschinensysteme: zwei Seitenräder mit 3.410 Pferdestärken und eine Maschine für die Schraube mit 4.890 Pferdestärken. Es bot 596 Passagieren in Kabinen und 2.400 Auswanderern im Zwischendeck Platz. Brunel und sein Sohn haben sorgfältig darauf geachtet, daß der Ruhm nicht an seinem Namen vorbeiging. Gleichwohl hatte der verantwortliche Werftbesitzer und Ingenieur John Scott Russel (1808–1882) einen erheblichen Anteil an der Durchführung des Baus, vor allem an den praktischen Einzellösungen.

Für die »Great Eastern«, die äußerlich alle Dimensionen sprengte, stand ausreichende Ladung nicht zur Verfügung. Die gesamte Hilfsmaschinerie in den Häfen und bei den Frachtkontoren war nicht darauf eingestellt. Ein Brand im Maschinenraum brachte die Firma, die schon vor dem mißlungenen Stapellauf die Verfügungsrechte an die Banken hatte abtreten müssen, in Konkurs. Das Schiff, das 1860 nach seiner Jungfernfahrt als Werk der englischen Ingenieurkunst in New York von einer Menschenmenge bestaunt wurde, erlitt später immer wieder Defekte, zumal an den Schaufelrädern. Schließlich kaufte Cyrus Fields (1819–1892) den für Passagiertransporte unbrauchbaren Riesen für das Auslegen mehrerer transatlantischer Kabel. 3.200 Kilometer Kabel ließen sich in seinem Rumpf unterbringen. Damit wurden nach 1866 ein großer Teil der Postsubventionen überflüssig. Der technische Fortschritt hatte also schon damals positive wie negative Merkmale. Nachdem die »Great Eastern« mehrere Jahre aufgelegt worden war, wurde sie 1887 versteigert und 1891 abgewrackt.

Sollten in anderen Ländern eigenständige Werften entstehen, so mußten bei dem weltweit überragenden Stand der englischen Maschinenfabriken andere Kriterien als rein ökonomisch-technische hinzukommen. Schwarz und Halle haben 1902 formuliert, daß der moderne Schiffbau insgesamt acht Kriterien erfüllen müsse, um lebensfähig zu sein. Es müßten Reedereien oder eine Kriegsmarine vorhanden sein, in erheblichem Ausmaß auch Kapitalien, Unterrichtsanstalten für Maschinenbau und Schiffahrt, die entsprechend ausgebildeten Facharbeitskräfte, Zulieferindustrien aus dem Stahl-, Walz- und Kleineisenbereich, ebenso eine Maschinenbauindustrie, ein Zulieferbetrieb zwischen diesen Industriezweigen und den Werften; schließlich müßte eine politische und administrative Infrastruktur den Schiffbau sichern.

Das nationale Eigeninteresse vor allem Frankreichs, der USA und Deutschlands setzte die Schwerpunkte anders als nach rein wirtschaftlichen Maßstäben. Napoleon III. beschloß schon Ende der vierziger Jahre ein Bauprogramm neuester Schiffe. Gegen die überalterte englische Flottenführung hoffte er mit neuer Technik aufschließen zu können. Nicht zuletzt aufgrund der guten Erfahrungen mit Dampfschiffen und schwimmenden Batterien im Krim-Krieg leitete er mit über 142 Dampfschiffen von 369 Schiffen Frankreichs Rückkehr zur Weltseemacht ein. Er setzte 1860 die »Gloire« als erstes gepanzertes Schiff und als symbolträchtiges Prestigeobjekt in Fahrt und erschreckte damit die Engländer, die noch im selben Jahr mit der »Warrior« nachzogen. Nur wenige Jahre darauf lieferten die amerikanischen Bürgerkriegsparteien mit der »Merrimac« und der »Monitor« ebenfalls ein Beispiel für die beginnende Jagd nach besser gepanzerten Schiffen und höherer Durchschlagskraft der Artillerie.

68. Kanonenboot in Virginia aus dem Sezessionskrieg. Photographie, vermutlich Anfang des 20. Jahrhunderts. Verlagsarchiv

Auch der Norddeutsche Bundestag empfahl 1868 den Bau von Kriegsschiffen auf deutschen Werften, allerdings mit dem ernst gemeinten liberalen Zusatz, falls sie mit den auswärtigen Herstellern konkurrieren könnten. Dieser Zusatz wurde zwei Jahre nach der Gründung des Kaiserreiches gestrichen. Die deutsche Admiralität verlangte, daß ihre Kriegsschiffe in Zukunft auf deutschen Werften gebaut werden müßten, vorzugsweise auf den Staatswerften in Danzig, Kiel und Wilhelmshaven oder auf der Vulkanwerft in Stettin; kaum in Frage kamen die Werften für die Handelsschiffahrt bei den Hansestädten Hamburg und Bremen, die sich dem Zollgebiet des Deutschen Reiches erst 1888 anschlossen. Dessen ungeachtet ließ der Norddeutsche Lloyd noch nach 1881 wegen der besseren Qualität neun Schnelldampfer in England bauen – für die Marine nicht gerade ein patriotischer Vertrauensbeweis. Gleichwohl änderte sich die Situation, als der Reichstag 1885 Postsubventionen für die Asien-Linien und die dortigen deutschen Kolonien bewilligte und der Norddeutsche Lloyd dann konsequenterweise in Deutschland bauen ließ.

Alle früheren Leiter der deutschen Werften für den industriellen Eisenschiffbau hatten in Großbritannien oder in Holland gelernt. Sie sorgten seit 1844 in Bremen, Stettin und andernorts für Neugründungen. Eine Unterrichtsanstalt für Schiffbauer entstand zuerst am Königlichen Gewerbeinstitut Berlin, wo 1861 die Schiffstechnik aufgenommen wurde – ein bescheidener Anfang gegenüber den allerdings vor allem für die Kriegsflotten gedachten Schulen, der Royal Navy School in Greenwich, der Ecole de Génie Maritime in Paris oder dem Naval War College im amerikanischen Newport.

Doch der Schiffbau in diesen kapitalistische Strukturen ausbauenden Volkswirtschaften bedurfte weiterer Regelinstrumente. Einerseits wollten viele Eigner ihre Schiffe und die Fracht gegen Verluste versichern, andererseits befuhren ihre Kapitäne weltweit die Meere und waren schlecht zu kontrollieren. Die Registrierung, die aus einem eher praktischen Bedürfnis in London bei Lloyds geschah – 1880 fuhr die Hälfte aller Eisenschiffe der Welt unter britischer Flagge –, war nichts Neues: Sie hatte im Pariser Bureau Veritas 1828 eine Konkurrenz gefunden und sich 1834 als Lloyds Register of British Shipping organisiert. Doch im heraufziehenden Zeitalter der Nationalstaaten war eine zufriedenstellende internationale Aktivität dieser Organisation nicht zu erreichen. In Rostock wurde 1867 der Germanische Lloyd, in den USA 1857/1867 der Record of American Shipping gegründet. Diese in die Öffentlichkeit hineinwirkenden Büros hatten auf den Schiffbau erheblichen Einfluß, weil sie nach Unfällen Sicherheitsstandards setzten, deren Einhaltung über die Genehmigung eines anzumeldenden Schiffes und damit über die Bewilligung der Versicherung entschied. So war aus dem Handelsinstrument der Registration auch ein Lenkungsinstrument für die Schiffbauindustrie geworden.

Die 1863 für den Norddeutschen Lloyd in Fahrt gesetzte »America« repräsentierte die erste entwickelte Stufe der technischen Ausstattung der Nordatlantik-Passagierschiffe. Die Firma Caird hatte eine stehende Zweizylinder-Niederdruckdampfmaschine eingebaut, deren Wirkungsgrad durch einen dazwischen geschalteten Oberflächenkondensator erheblich verbessert und im Betrieb verbilligt wurde. Nach der Arbeitsleistung wurde der heiße Dampf nicht mehr durch Einspritzung kondensiert, sondern in einem mit Röhren ausgestatteten Tauscher durch das vorbeifließende kalte Wasser niedergeschlagen beziehungsweise entspannt. Auf

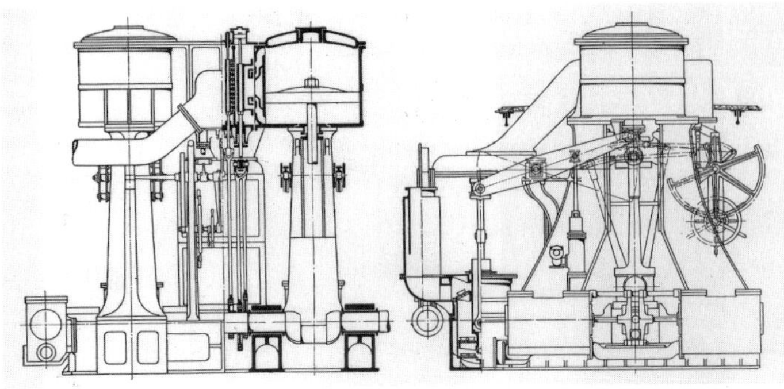

69. Dampfniederdruckmaschine der »Amerika« von Caird aus dem Jahr 1863. Stahlstich in »Die Entwicklung der Dampfmaschine« von Conrad Matschoß, 1908. Privatsammlung

diese Weise wurde das Speisewasser im Kreislauf gehalten, und die im Meerwasser sonst enthaltenen Salzreste konnten die engen Röhren des Kondensators nicht mehr verstopfen, obwohl es bei der Verschmutzung durch die Schmiermittel blieb. All dies stellte einen wichtigen schrittweisen Lernprozeß dar, denn der Oberflächenkondensator war schon 1834 in England patentrechtlich geschützt worden.

Ein weiteres Charakteristikum war die Überhitzung des Dampfes. John Penn, der dieses Prinzip seit 1857 in die Praxis einführte, wollte mit der zusätzlichen Erhitzung trockenen Dampf herstellen, so daß nach dem Arbeitshub keine Feuchtigkeit aus dem Dampf im Zylinder verblieb. Tatsächlich gelang es ihm, durch die Umsetzung physikalischer Vorstellungen bis zu 20 Prozent Brennstoffersparnis zu erreichen. Der nach wie vor verwendete niedrige Dampfdruck von zwei bis drei Bar ließ jedoch keine so große Überhitzung zu wie später bei den Hochdruckmaschinen; die Einsparungserfolge hielten sich im Vergleich daher mit 10 Prozent in Grenzen.

Mit den Konstruktionen von John Elder ging man ab 1858 von den Niederdruckmaschinen mit Einspritzkondensation zu den Zweifach-Expansionsmaschinen mit Receiver über. Elder kombinierte die von Gerhard Moritz Roentgen 1834 vorgeschlagene Hochdruck-Compound-Maschine, die wegen des mangelhaften Kesselbaus wenig praktische Bedeutung erlangte, 1858 mit dem Hallschen Oberflächenkondensator bei gleichzeitiger Steigerung des Dampfdrucks auf 6 Bar.

Zugleich ging die Phase der Nachahmung hölzerner Schiffe – Kiellegung mit Aufbau des Spantengerippes und der dann folgenden eisernen Beplattung – zu Ende. Nun wurden die aus dem Bau von Eisenbahnbrücken gewonnenen Erkenntnisse auf den Schiffbau übertragen, wie sie Brunel mit der »Great Eastern« vorgestellt hatte. Die allseitige Verwendung von Eisen erforderte aber auch die Veränderung der Werkzeuge und Werkzeugmaschinen, die noch nicht entwickelt waren. Daß Maschinen hierfür unerläßlich waren, hatte man bereits beim Bau der »Great Eastern«

festgestellt, wo immerhin 3 Millionen Nieten und 10.000 Schiffsplatten verarbeitet werden mußten. Zumindest für den Kiel war eine Nietmaschine bald unentbehrlich. In Großbritannien, genauer im Grenzgebiet zwischen England und Schottland, dort, wo die neuen Hüttenanlagen und Maschinenbaubetriebe standen, wurden in den siebziger Jahren etwa 85 Prozent aller Dampfer in der Welt hergestellt sowie immerhin noch 25 Prozent aller Segelschiffe. Es zeigte sich, daß das neue Material und seine Bearbeitung für den Aufbau einer Werft zum entscheidenden Kriterium wurden. Und in der Vielfalt von Lösungsangeboten war die englische Maschinenbauindustrie mit ihrer individualistischen Form absolut führend: Sie war gleichsam die Werkstatt der Welt.

Aufgrund der guten Konjunktur bestellte der Norddeutsche Lloyd 1866 bei Caird sechs neue Schiffe, so daß er im Jahr darauf zu wöchentlichen Abfahrten übergehen konnte. In den Schiffen kam die von John Elder entwickelte Verbundmaschine zum Einsatz. Sie nutzte die Temperaturdifferenz des Dampfes in zwei Zylindern aus, wobei der zweite wegen der geringeren Dampfspannung stets einen größeren Durchmesser hatte. Wurden die Zylinder gekuppelt – dabei war ein Zwischenbehälter für den Dampf erforderlich – sprach man von einer Compound-Maschine, deren Prinzip allerdings schon älter war. Erst diese Verbundmaschinen senkten den Brennstoffverbrauch auf ein Maß, das den Seglern ein wirtschaftliches Ende bereiten sollte. Da das Expansionsprinzip auch mehrfach angewendet werden konnte, kam es jetzt vor allem auf betriebssichere Hochdruckkessel und Oberflächenkondensatoren an. Eine Wettfahrt zwischen Schiffen mit den beiden Maschinentypen ging 1872/73 eindeutig zugunsten der Verbundmaschine aus. Schließlich mußten

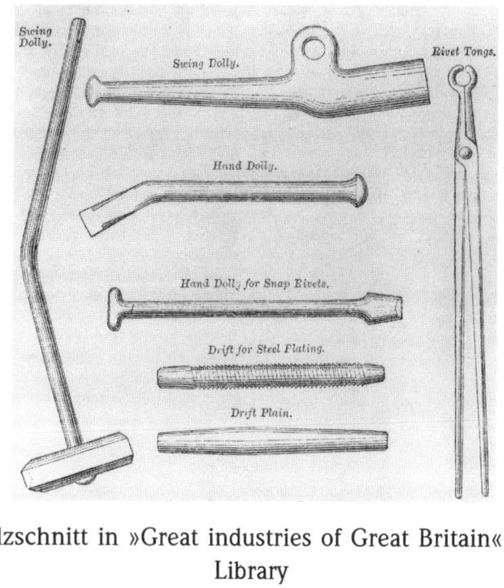

70. Nietwerkzeuge. Holzschnitt in »Great industries of Great Britain«, 1883. London, British Library

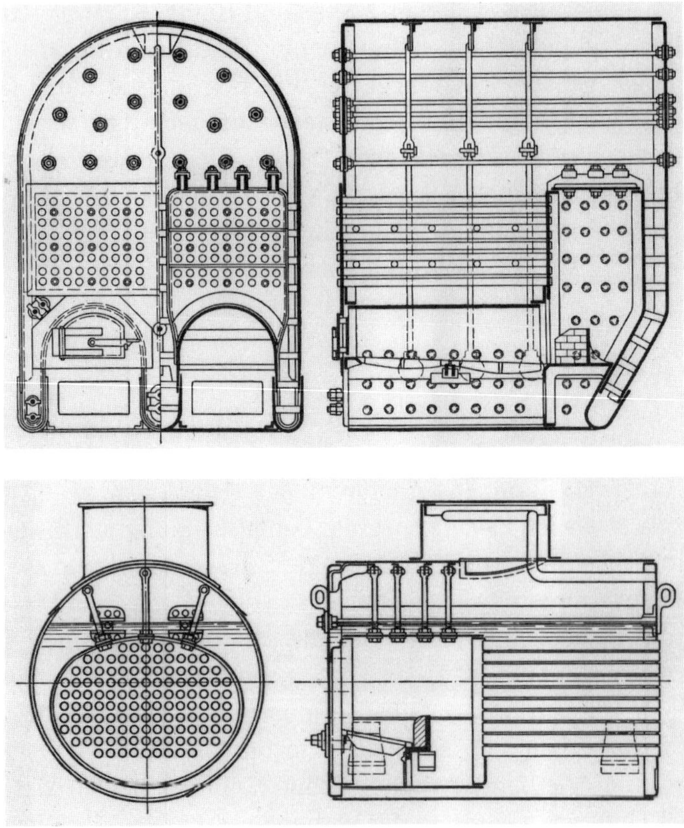

71a und b. Kofferkessel von Caird aus dem Jahr 1870 und Zylinderkessel aus der Zeit um 1880. Stahlstiche in »Die Entwicklung der Dampfmaschine« von Conrad Matschoß, 1908. Privatsammlung

auch die langsam laufenden Raddampfermaschinen mit 30 Umdrehungen pro Minute auf die für Schrauben erforderliche Umdrehungszahl von 100 bis 120 gebracht werden, was eine Verdoppelung der Kolbengeschwindigkeit und Schmierungsprobleme mit sich brachte.

Der für eine moderne technikgeschichtliche Betrachtung pionierhafte S. C. Gilfillian hat schon 1935 die zwei Gruppen bildenden Elemente im Schiffsmaschinenbau dargestellt:

Niederdruck	Hochdruck
niedrige Temperatur	hohe Temperatur
organische Schmiermittel	mineralische Schmiermittel
Holz und Eisen	Stahl
einfache Entwürfe und Ausführung	ingenieurmäßige Ausführung, metallurgische Kenntnisse
Einspritzung	Oberflächenkondensator
langsame Umdrehung	schnelldrehend
große Schaufelräder	Schraube, Doppelschraube
plumpe und schwere Bauweise	leichtere Bauweise
niedrig gesetzte Zylinder	aufrechte Zylinder
schwache Maschine, langsames Schiff	kräftige Maschine, schnelles Schiff
Hilfssegel	nur Dampfkraft
an Frischwasserversorgung gebunden	ohne diesen Zwang freie Ozean-Überquerung

Am Ende des Betrachtungszeitraums stand die »Spree« des NDL mit einer durch Kesseldruck von 12 Bar betriebenen Dreifach-Expansionsmaschine mit 5 Zylindern und mit einem Verbrauch von 30 Prozent unter dem der Compound-Maschine, oder 23 Prozent des Verbrauchs des HAPAG-Dampfers »Hammonia«. Die Wirtschaftlichkeit errechneten die Kaufleute stets nach dem Kohleverbrauch pro indizierter Pferdestärke und Stunde. Die helfenden Hände auf und unter Deck waren noch kein entscheidender Kostenfaktor; sie lagen für Segelschiffe bei rund 20 Prozent und für Dampfschiffe bei etwa 10 Prozent der Betriebskosten. Dies war auch der Grund dafür, daß der Frachtverkehr in jenen Jahren seinen Betrieb langsamer auf Dampf umstellte als die Nordatlantik-Schiffahrt.

Eine Einsparung von Kohle brachte nicht nur einfache Kostenvorteile, sondern steigerte auch den Gewinn durch mehr Laderaum für die Fracht, beispielsweise für so wertvolle Erzeugnisse wie Baumwolle und Tabak. Schon in der zweiten Hälfte der sechziger Jahre setzte sich der Getreideexport auf Dampfschiffen nach England durch. Dagegen wurde von dem Inselstaat 1870 erst zu 10 Prozent, 1875 bereits zu 50 Prozent und 1880 dann zu 70 Prozent mit dem Dampfer importiert. Es überrascht nach dem erfolgreichen Einsatz der Klipper im Ostasien-Verkehr, daß mit Eröffnung des Suez-Kanals ein wahrer Bauboom für Dampfer dieser Linien begann, so daß von 1870 bis 1873 deren Frachtanteil von 28 Prozent auf 65 Prozent hochschnellte. Noch stärker war das Wachstum im China-Geschäft, bei dem sich die Route von 14.000 auf 11.000 Meilen verkürzt hatte. Die Engländer importierten

1869 erst 14 Prozent aller Waren aus China per Dampfer, 1873 schon 70 Prozent und 1880 90 Prozent. Hierbei spielte eine große Rolle, daß trotz aller bravourösen Leistungen der Klipper die Reisezeit der Dampfer nach China nur halb so lang war wie die der Segler.

Die betriebswirtschaftlichen Auswirkungen der technischen Verbesserungen im Schiffbau waren so stark, daß alle Versuche zur Abstimmung der Tarife mit den Engländern, besonders in Liverpool, immer wieder scheiterten. Glaubte eine Reederei, durch geschickte Einpassung von Terminen und Technik in den Markt ein profitables Geschäft gefunden zu haben, dann nahm sie den Linienverkehr auf. Die 1874 durchgeführte Liverpool North Atlantic Conference zur Absprache von Tarifen und Quoten blieb daher auf Dauer wirkungslos.

Ein früher Rivale der europäischen Mächte, die USA, fiel im Wettbewerb nach 1865 zurück. Die Stagnation der amerikanischen Handelsflotte nach dem Bürgerkrieg kam den europäischen Reedereien sehr gelegen. Das wesentliche Interesse der amerikanischen Investoren lag nicht so sehr auf dem Kauf von Dampfschiffen in Großbritannien, sondern auf der Erschließung ihres Landes durch Eisenbahnen. In den USA ließen sich hinter hohen Schutzmauern große Gewinne erzielen, welche die junge amerikanische Industrie im Wettbewerb mit europäischen Schiffahrtsnationen nicht hätte erreichen können.

Die oft privaten Hafengesellschaften mußten auf die technischen Entwicklungen reagieren, taten dies aber in sehr unterschiedlicher Weise. Am frühesten reagierte die versandete Hafenstadt Bremen, die 1827 bis 1830 an der Weser-Mündung einen hochseegängigen Hafen baute. In England war es Liverpool, das seine Docks, also durch Schleusen abgetrennte Hafenbecken, am Mersey 1830 bis 1859 ständig vermehrte und vergrößerte, zunächst für die Paketboote, dann für die breiten Raddampfer, später für die viel längeren Schraubendampfer. London mit seinen festen Lösch- und Ladeeinrichtungen sowie seinen Speicherhäusern vermochte aus Grundstücksgründen nicht so schnell mitzuhalten, zumal die bebauten Gebiete die Streckenführung für die Eisenbahnen als Zubringer zu den Docks erschwerten. Der Passagierverkehr konzentrierte sich daher im ausgebauten Hafen von Southampton. Erst in den achtziger Jahren setzte noch einmal ein Schub zur Anlage großer Docks in London ein. Konkurrenzhäfen konnten ihre Bedeutung schnell steigern, wenn man Eisenbahngleise an deren Kaimauern legte; für Kohlenhäfen an der englischen Küste war dies ohnehin erforderlich.

Die etwa 150 Kilometer breite Landbrücke zwischen Asien und Afrika bei Suez machte für die Indien-, China- und Australien-Fahrten der europäischen Schiffe einen langen Umweg um Afrika herum notwendig. Der Kanal aus pharaonischer Zeit war mit der arabischen und später türkischen Inbesitznahme dieser Region in Vergessenheit geraten. Hoffnungen auf einen neuen Kanalbau waren von politisch-maritimen Wünschen auf Herrschaftsausdehnung und -sicherung getragen. Auch Ferdinand von Lesseps (1804–1894) stand im diplomatischen Dienst, bevor er unter Mithilfe des ägyptischen Khediven Said und der französischen Finanzoligarchie eine Suez-Kanal-Gesellschaft zusammenbrachte und 1859 mit dem Bau des Kanals beginnen konnte. Die Pläne waren schon zuvor von dem Österreicher Alois Negrelli (1799–1858) detailliert ausgearbeitet worden.

Mit ihrer Schiffs- und Kanaltechnologie forderten Lesseps und Said die Engländer heraus, die gerade 1858 eine Eisenbahnverbindung von Alexandria nach Suez in Betrieb genommen hatten und intensiv, nicht zuletzt für Postzwecke, benutzten. Die Engländer gaben der anpassungsfähigeren Eisenbahn viel größere Entwicklungschancen als dem gigantischen Kanalprojekt, das eher im Umfeld zentraler Nationalstaatlichkeit angesiedelt war. Weil die Reisezeiteinsparung nach Indien, China und Australien, also ins britische Empire, per Bahn gewaltig war, hatten englische Schiffahrtslinien die Landverbindung ab Alexandria genutzt. Erst als die Aktien 1875 billig zu haben waren, weil sich der Pascha finanziell übernommen hatte, geriet der Kanal in englische Hände, ohne daß er hohe Gewinne abgeworfen hätte. Er war ein Instrument der politischen Herrschaft geworden, und insofern war die Einverleibung Ägyptens in das britische Weltreich 1883 nur eine konsequente Fortentwicklung dieser staatlichen Politik.

Die Vielzahl der politischen Ereignisse, die Einfluß auf die Fortführung der Kanalarbeiten hatten, jeweils überwunden zu haben, ist wohl das größte Verdienst von Lesseps, der 1869 mit erheblichem »Medien«-Aufwand diesen Kanal dem Verkehr übergeben konnte. Er war 160 Kilometer lang und, bei 8 Meter Tiefe, an der Sohle 22 Meter und an der Oberfläche 58 bis 100 Meter breit. Vorangegangen waren Lösungen zur Bewältigung der Transportprobleme durch den Einsatz von neuartigen Baggern. Der ägyptische Pascha hatte keine große Freude an den enormen Investitionen, die er immer wieder aufbringen mußte.

Der kürzere Weg stimulierte den Bau von Dampfschiffen und verbrauchsgünstigen Dampfmaschinen für den nun möglichen Schiffsweg durch den Kanal von Suez. Er gab zugleich Anregung, sich mit einer großen Anzahl anderer Kanalprojekte zu beschäftigen, die jedoch nach Bekanntwerden der geringen Rendite des Suez-Kanals meist wieder zurückgestellt wurden. 1879 übernahm Lesseps den Bau des Kanals durch die Landenge von Panama. Doch hier war dem französischen Diplomaten, der

72a. Die »Fürstenschiffe« auf der ersten Fahrt durch den Suez-Kanal am 17. November 1869. Farbdruck nach einem Aquarell von M. Riou. Berlin, Archiv für Kunst und Geschichte. – b. Bau des Panama-Kanals. Photographie, Anfang des 20. Jahrhunderts. Verlagsarchiv bald erkrankte, kein Glück beschieden. Er scheiterte vor allem an dem verfehlten technischen Konzept eines schleusenlosen Kanals sowie an den Finanzierungsschwierigkeiten und Korruptionsfällen in Frankreich. Daraufhin bauten die Amerikaner den Kanal zu Ende, in erster Linie aus imperialistischen Gründen. Eröffnet wurde er nach Ausbruch des Ersten Weltkrieges.

Es sieht so aus, als konnte der Suez-Kanal in der Mitte des 19. Jahrhunderts deshalb gebaut werden, weil die vorherrschende freihändlerische Orientierung einer beginnenden Weltöffentlichkeit das Projekt ebenso stützte wie der napoleonische Anspruch auf Weltgeltung im Anschluß an den Krim-Krieg, den Frankreich und England zwar gemeinsam, aber auch untereinander ausgefochten hatten, und aus dem Frankreich glaubte, »siegreicher« hervorgegangen zu sein als das konkurrierende Großbritannien.

Das Eisenbahnwesen

Die Eisenbahn als das schlechthin revolutionäre Transportsystem des 19. Jahrhunderts hat gesellschaftliches wie individuelles Leben in den Regionen und Städten umstürzend beeinflußt. Anders als die Hochsee-, Küsten- und Flußschifffahrt, die zu einem merklichen Wachstum der Häfen und Hafenstädte beitrug, hat die Eisenbahn die Gesamtheit des Landes »vernetzt« und eine volkswirtschaftliche Arbeitsteilung möglich gemacht, die sich selbst Optimisten nicht hatten vorstellen können. Sie ist ein »Werk des Kapitalismus«, wie es Werner Sombart 1903 formuliert hat, und sie ist zugleich das erste industriell-technische System, welches vielen Klassen und Schichten der Bevölkerung einen Nutzen von industrieller Technik versprach.

Wie jeder technische Wandel brachte auch der Bau der Eisenbahn Nachteile mit sich: Die Ruhe wurde gestört, der Schmutz der Lokomotiven erschwerte das Bleichen auf den Wiesen entlang der Bahndämme. Der Parlamentsabgeordnete Sir Isaac Coffin im Eisenbahnausschuß des englischen Parlaments hat aus seiner Auffassung um 1840 kein Hehl gemacht: »Für jeden muß es höchst unangenehm sein, eine Eisenbahn unter seinem Fenster zu haben. Und was soll, so frage ich, aus allen jenen werden, die zur Herstellung und Verbesserung der Landstraßen ihr Geld hergegeben haben? Was aus denen, die auch ferner wie ihre Vorfahren zu reisen wünschen, das heißt in ihren eigenen oder gemieteten Wagen, die es bald nicht mehr geben wird? Was aus Sattlern und Herstellern von Kutschen, aus Wagenbesitzern und Kutschern, Gastwirten, Pferdezüchtern, Pferdehändlern? Weiß das Haus auch, welchen Rauch, welches Geräusch, Gezisch und Gerassel die rasch vorübereilenden Lokomotiven verursachen werden? Weder das auf dem Feld pflügende, noch das auf den Triften weidende Vieh wird dieses Ungeheuer ohne Entsetzen wahrnehmen.

Die Eisenpreise werden sich mindestens verdoppeln, wenn die Vorräte an diesem Material, was wahrscheinlich ist, nicht ganz und gar erschöpft werden. Die Eisenbahn wird der größte Unfug sein, sie wird die vollständige Störung der Ruhe und des körperlichen sowohl wie des geistigen Wohlbefindens der Menschen bringen, die jemals der Scharfsinn zu erfinden vermochte.«

Aber selbst wenn der direkte Nutzen für viele noch in der Zukunft lag, den indirekten Nutzen bekam jeder zu spüren. Die Reisezeit von Dresden nach Leipzig verringerte sich 1838 mit der Eisenbahn von 21 auf 3 Stunden; von Köln nach Berlin 1852 von einer Woche auf 14 Stunden. Die Zeit wurde schnellebiger: Die Post brauchte statt Wochen nur noch Tage für die Beförderung über dieselbe Strecke; die

73. Schrecken verbreitende Technik vor den Toren Münchens. Aquarell von Johann Adam Klein, 1841. Nürnberg, Stadtgeschichtliches Museum, Graphische Sammlung

Verwaltungsanordnungen der Regierungen kamen nun ebenso schnell ans Ziel; die Hauptstädte wurden enger mit den Provinzen verbunden. Für den Einzelnen oder den Kleinproduzenten ließ sich die Ware an die kaufkräftigere Großstadtbevölkerung rascher und besser absetzen als über den Verleger. Und selbst wenn ein Auswanderer den Zug nur in eine Richtung benutzte, vermochte er Geld zu sparen, weil die schnelle Fahrt Verpflegungs- und Übernachtungskosten reduzierte.

Die Beschleunigung des Postverkehrs, der als kaiserliches Privileg des 18. Jahrhunderts überwiegend in den Händen derer von Thurn und Taxis lag, war sicherlich das auffälligste Kennzeichen dieser technischen Neuerung. Die Staaten verlegten schon sehr bald die Verteilung der Post als Bahnpost in die fahrenden Wagen und gewannen so Sortierzeit; der Norddeutsche Bund löste die Privilegien von Thurn und Taxis 1867 ab.

Die Menschen und Völker rückten also enger aneinander. Das führte zu erheblichen Anpassungsproblemen, gerade im so zerspaltenen mitteleuropäischen Raum. Selbst wenn dem weisen Goethe nicht Angst war um die deutsche Einigung, als er von der Eisenbahn hörte, und Friedrich List und Friedrich Harkort einen deutschen Nationalstaat durch die verbindende Eisenbahn erleichtert sahen, wird man für Deutschland wie für die flußreichen Vereinigten Staaten kaum davon sprechen können, daß ein heftiges gesellschaftliches Bedürfnis für diese Art des Transports geherrscht habe, das Karl Marx zu erkennen glaubte.

Die Frage nach dem gesellschaftlichen Transportbedürfnis für eine Eisenbahn muß für England und die USA sicherlich anders als für das kontinentale Europa beantwortet werden. Technisch vorhersehbar dürfte die Entwicklung wohl kaum gewesen sein, denn die fabelhaften Produktivitätsfortschritte im Maschinen- und Materialwesen waren der älteren Mühlen- und Holztechnologie im 19. Jahrhundert unbekannt. Die Schiffahrt zeigte gerade in den zwanziger Jahren, wie sehr sie verbesserungsfähig war, so daß die Eisenbahn nicht erforderlich zu sein schien. Die im englischen Bergbau tätigen Industriellen benutzten auch weiterhin die Kanäle, auf denen noch bis in die achtziger Jahre zumindest die Anlieferung für die Londoner Gasanstalten erfolgte.

Für die Zufuhr zu den Kanälen gab es die meilenlangen Pferdebahnen, die gelegentlich mit Lokomotiven betrieben wurden. Auf diese Lokomotivbauten hatte sich eine Reihe von Maschinenbauern spezialisiert. Den Bau der Strecke Liverpool–Manchester hatten mit dem Kanaltransport unzufriedene Textilindustrielle für einen schnellen Transport ihrer Baumwolle vom Hafen in die Fabriken angeregt. Sie waren am Bau neuer Linien interessiert. Aber den Betreibern genügten die Leistungsdaten nicht. Für das Wettrennen von Rainhill 1829, vor der Eröffnung der Eisenbahn von Liverpool nach Manchester, forderten sie eine Mindestgeschwindigkeit von 16 Kilometern in der Stunde, eine Leistung, die nur George Stephensons »Rocket« erreichte. Die Figur der Rakete begleitete die Eisenbahn auch in den Karikaturen der Zeit.

Doch schnelle Lokomotiven allein ergaben noch keine Eisenbahn. Sie erforderte, mehr als die Kanäle, hohe Kapitalinvestitionen. Doch die Anlagemöglichkeiten für das Kapital waren im England der dreißiger Jahre nicht besonders gut. Als die Preise von Eisen und Kupfer, jenen für den Maschinenbau wichtigen Rohstoffen, dann fielen und damit die Baupreise für die Eisenbahnen sanken, zugleich aber die Kanalgebühren stiegen, war dies ein Startsignal für die Eisenbahninvestoren. Die beachtliche Verzinsung löste in England weitere Bau-»Manias« aus: in den Jahren 1837 bis 1840, 1845 bis 1847 und 1861 bis 1865 – eine Wiederholung der Erfahrungen vom Kanalbau. Großbritannien baute seine Eisenbahnstrecken bis in die achtziger Jahre hinein nicht nur technisch besser, sondern auch achtmal so teuer wie die USA oder viermal teurer als Deutschland: 1844 kostete in England die Meile

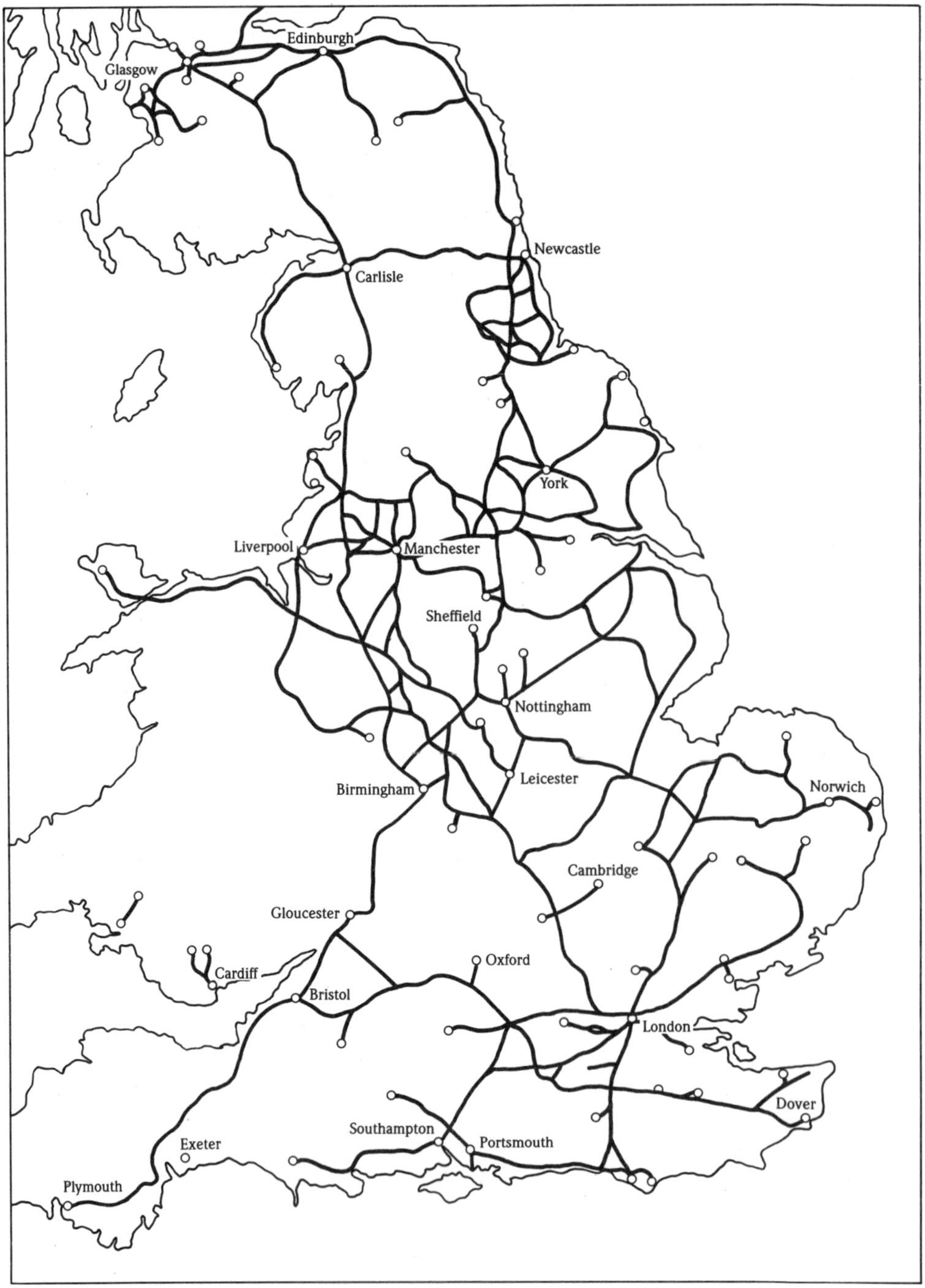

Das Eisenbahnnetz in Großbritannien 1849 (nach Morgan)

rund 33.000 Pfund, von denen 8.000 zur Bestechung der Parlamentarier benötigt wurden; 1862 wurden von London nach Dover sogar 120.000 Pfund pro Meile investiert.

Zu weiteren Nutzern, die auf die Eisenbahn setzten, gehörten die Fahrgäste. Dazu zählten auch die Politiker und bald die Bahnbürokraten selbst, die rasch bemerkten, daß sie mit der Festlegung von Fahrplänen und Tarifen nicht nur der Eisenbahngesellschaft und deren Aktionären dienten, sondern zugleich Strukturpolitik betrieben, indem sie bestimmte Güter, Personen oder Städte bevorzugten, andere benachteiligten. Das Eisenbahnwesen wurde, sobald es einmal vorhanden war, der beste Anwalt seines eigenen Erfolges, weil es immer die richtige soziale und regionale Klientel ansprechen konnte, die ihr Teilinteresse für das Gesamtinteresse ausgab.

Der Widerstand vorhandener Kanalgesellschaften wäre unüberwindlich gewesen, hätten sie gewußt, daß die Eisenbahnen ihnen den Garaus machen würden. Doch vorerst galten die vielen Experimente und Brandunglücke der Eisenbahnen als Zeichen von Unausgereiftheit und technischer Überforderung. Die dampfenden Ungeheuer wurden nicht wirklich ernst genommen. Das gewaltige Entwicklungspotential, das der englische Maschinenbau durch die Verwendung von Stahl einerseits und besser konstruierten Maschinen andererseits zur Ökonomisierung der Eisenbahn – Lokomotiven, Wagen und Gleisanlagen – einsetzen konnte, stellte eine völlig neue Erfahrung dar und wurde angesichts der gut arbeitenden Binnendampfschiffe von den Kaufleuten nicht für möglich gehalten.

»Eine Eisenbahn ist ein Unternehmen, gerichtet auf wiederholte Fortbewegung von Personen oder Sachen über nicht ganz unbedeutende Raumstrecken auf metallener Grundlage, welche durch ihre Konsistenz, Konstruktion und Glätte den Transport großer Gewichtmassen beziehungsweise die Erzielung einer verhältnismäßig bedeutenden Schnelligkeit der Transportbewegung zu ermöglichen bestimmt ist und durch die Eigenart in Verbindung mit den außerdem zur Erzeugung der Transportbewegung benutzten Naturkräften, wie Dampf, Elektrizität, tierische, menschliche Muskelkraft, bei geneigter Bahn auch der eigenen Schwere der Transportgefäße und deren Ladung und so weiter bei dem Betriebe des Unternehmens auf derselben eine verhältnismäßig gewaltige, je nach den Umständen nur in bezweckter Weise oder auch Menschenleben vernichtende und die menschliche Gesundheit verletzende Wirkung zu erzeugen fähig ist.« So ein Urteil des Reichsgerichts Leipzig vom Jahr 1879.

Als eine »richtige Eisenbahn« wird seit geraumer Zeit ein Transportsystem verstanden, dessen Fahrweg exklusiv für dafür genormte Wagen bestimmt ist, das dem öffentlichen Verkehr dient, welches Passagiere aufnimmt, eine mechanische Traktion aufweist und – in Abstufungen – auch der öffentlichen Kontrolle unterliegt. Das preußische Eisenbahngesetz unterschied schon 1838 zwischen Verkehr und Betrieb, das heißt zwischen der Transportaufgabe, beispielsweise Gepäck, Ladeein-

74a. Konkurrierende Verkehrsträger: Eisenbahn, Postkutsche und Schiff am Ludwigskanal bei Erlangen. Holzschnitt in »Leipziger Illustrierte Zeitung«, 1844. Berlin, Bildarchiv Preußischer Kulturbesitz. – b. Trassenbau. Aquarell von Carl Herrle, 1853. Nürnberg, Deutsche Bundesbahn, Verkehrsmuseum richtungen, Lagerplätze, und allen Leistungen, die diesen Transport möglich machen, wie Weichen, Stellwerke, Bahnsteige und Signale.

Mit dem Gleisnetz der Eisenbahnen waren bis 1840 vielfältige Versuche angestellt worden; um diese Zeit hatten sich die Schienen aus Puddeleisen an Stelle der gußeisernen durchgesetzt. Sie waren gegenüber den erheblichen Stoßbelastungen am widerstandsfähigsten, freilich auch beträchtlich teurer als die Gußschienen. Aufgrund ihrer Herstellung im Puddelverfahren konnte ihnen je nach den Einlagen in den Paketierungsprozeß eine unterschiedliche Qualität gegeben werden; zugleich war dieses Verfahren eine Quelle langwieriger Auseinandersetzungen, weil sich eine einheitliche Qualität nicht erzielen ließ. Bei der gelegentlich verwendeten Compound-Schiene wurde das Puddeleisen oben auf eine eiserne Schiene aufgeschweißt. In der Form noch nicht ganz festgelegt, sollten die Schienen materialsparend, abnutzungsarm und tragfähig zugleich sein. Der Übergang zur Stahlschiene brachte sowohl eine sehr hohe Abnutzungssenkung als auch eine viel größere Betriebssicherheit. Für die Gleise stellten Achslast, Toleranzen in der Spurweite des rollenden Materials und Frequenz die wichtigsten Kriterien für die Haltbarkeit dar. Für besonders belastete Teile wie die Herzstücke von Weichen oder Kreuzungen kam nur das widerstandsfähigste Material in Frage.

Die ältere Unterbefestigung aus großen Steinblöcken, zum Beispiel auf der Strecke von Liverpool nach Manchester, verursachte wegen der häufigen Senkungen manche Entgleisung. Schon bald nach 1840 wurden daher eng gelegte Holzschwellen verwendet, wobei die Enden der Schienen sowohl auf einer Schwelle als auch genau dazwischen zusammenstoßen konnten, da man auf diese Weise irrtümlich glaubte, den Schienenstoß auf die Räder und die Wagen zu vermindern. Bald waren statt der ursprünglich etwa 7 Meter langen 10 bis 11 Meter lange Schienen lieferbar.

Konnten sich zur Zeit der Pferdebahnen die Betreiber auf örtlich genehme Spurweiten einlassen, so gerieten die Eisenbahngesellschaften in dem Augenblick, als ein Netz möglich wurde, in einen tiefen Zwiespalt: Sollten sie in traditioneller Manier ein eigenes System aufbauen, das den Konkurrenten die Mitbenutzung unmöglich machte, damit aber das eigene Leistungsangebot begrenzte, oder sollten sie sich doch auf eine Norm einigen? Diese Frage mußte nicht durch ein Aushandeln entschieden werden; sie setzte sich nach einem Muster durch, das seitdem immer wieder Geltung erlangt hat: Das erste auf dem Markt erfolgreiche Produkt bestimmt die Norm, und hier war es die von Stephenson gewählte Spurweite von 1.435 Millimetern, die 1845, als es bereits 500 Meilen dieser Spur in England gab, auch vom Parlament als Norm empfohlen wurde. Einflußreiche Konkurrenten wie Brunel versuchten die Durchsetzung einer besseren Norm und bauten die Great Western-Eisenbahn mit einer Spur von 2.134 Millimetern; doch der Systemzwang holte Brunel 1864 ebenso ein wie die Badischen Staatsbahnen, die ihre Spur von 1.600

Millimetern bereits 1854/55 wieder umgestellt hatten, um dem aufwendigen Umladen der Güter zu entgehen.

Die Unterschiede in der historischen Erfahrung mit dem Bau von Verkehrslinien schlugen sich auch in der Trassenführung nieder. Die Vermesser bevorzugten aus ökonomischen Gründen Linienführungen, bei denen sich das Material für die Dämme aus den jeweiligen Einschnitten gewinnen ließ. Erweitert wurde der Trassenbau gegenüber dem der Kanäle durch den Damm- und den Brückenbau, obwohl man anfangs nicht in allem von der Praxis abweichen mußte: Durch den Bau von

75. Umsetzen eines Postkutschenkastens auf einen Eisenbahnwagen. Holzschnitt, 1844. München, Deutsches Museum

Kanälen war man gewohnt, Steigungen zu vermeiden und Niveauunterschiede mittels verschiedener Vorrichtungen auszugleichen; die Zugkraft der vorhandenen Lokomotiven hätte auch nicht ausgereicht, größere Steigungen zu überwinden. Es wurden daher »Inclines« oder »Schrägen« geschaffen: entweder seitlich zur Fahrtrichtung mit mechanischer Hebeeinrichtung wie bei Booten oder Rampen, bei Steilstrecken mit Seilzug durch stationäre Dampfmaschinen oder mit zusätzlichen Lokomotiven. Diese »zeitfressenden Manöver« wurden schon in den fünfziger Jahren wieder abgebaut, auch wenn Schlepphilfen mit Seilzug und Dampfkraft vielerorts bis weit ins 20. Jahrhundert in Betrieb blieben, beispielsweise auf der Strecke von Düsseldorf nach Wuppertal.

Die jeweiligen Bauentscheidungen für bestimmte Trassen mußten vom Stand der Technik ausgehen, vor allem auch von den geplanten Baukosten und von der Bereitwilligkeit der Aktionäre, gegebenenfalls mehr zu investieren. Gerade am nicht vorhersehbaren Gesteinsverhalten im Tunnel scheiterte mancher Bauunternehmer, auf den das Risiko oft abgewälzt wurde – von der Knochenarbeit, die beim

Trassenbau mit Loren und Körben zu leisten war, ganz abgesehen. Man kann davon ausgehen, daß bis 1870 in England 30.000 Meilen Schienen gelegt und damit durchschnittlich 60.000 Arbeiter jährlich beschäftigt worden sind, in Spitzenjahren wie 1848 sogar ganz erheblich mehr. In Deutschland arbeiteten 1879/80 570.000 Menschen für den Bau sämtlicher Eisenbahnanlagen und -geräte. Einige geschulte Teams verstanden das Geschäft der Erdbewegung. Ihre Anführer waren gefürchtet. Ihr organisatorisches Know-how und weitreichendes Netz von Agenten konnten im Konfliktfall den Bau einer Linie stark verzögern. Sie agierten auch im Ausland und wirkten international zusammen. Manche Linie ist in Deutschland aber auch wegen Fehlkalkulation steckengeblieben und nach dem Konkurs in andere Hände übergegangen. Ein Versuch zur Gründung eines Konzerns zur Vereinigung von Eisenbahnunternehmen und Hüttenwerk, wie ihn der Verleger Joseph Meyer (1796–1856) in Thüringen schon 1848 anstrebte, war zum Scheitern verurteilt.

Tunnel- und Brückenbau hatte es auch für die Kanäle bereits gegeben, und es war gerade der Vorzug der Eisenbahn, hierin landschaftlich anpassungsfähiger zu sein. Doch die Fülle der Verbindungsstrecken und die gewünschte Schnelligkeit der Verbindungen führte dazu, daß die topographischen Bedingungen immer stärker ausgeschaltet werden konnten – eine der faszinierenden Eigenschaften, die im Zusammenhang mit dem Eisenbahnbau von den Reisenden und Bewohnern in den davon tangierten Landstrichen erkannt wurden und insgesamt eine völlig neue Art der Wahrnehmung mit sich brachten, die man als Panoramablick, angeregt auch durch die zunehmende Eroberung der Gebirge, mit Dioramen bald in die Städte holte: Tiefe Einschnitte, Tunnels und vor allem Brücken, zunächst aus Stein, dann aus dem gleichen Material wie die Schienen, machten die Eisenbahn in der Landschaft plötzlich weithin sichtbar, und zwar in einem viel stärkeren Maße, als das beim Kanalbau der Fall gewesen war. In Deutschland standen die Bautechniker der Eisenbahn Dresden–Leipzig damals vor einer Reihe von Problemen, nämlich für Tunnel- und Brückenbau, Schienenprofil und Lokomotiven eigene Lösungen finden zu müssen und anbieten zu können. Die wichtigste Einzelentwicklung beim Aufbau eines Eisenbahnnetzes lag in der Herstellung einer nicht mit Muskelkraft angetriebenen Lokomotive. Zu ihren Komponenten gehörten die Dampferzeugung im Kessel, die Feuerbüchse, der Rahmen, das Triebwerk mit den Antriebszylindern, die Steuerungen, das Laufwerk mit der Kurbelwelle und den Rädern beziehungsweise ihre Anordnung der Tender und die Wetterschutzeinrichtungen.

Unter einer größeren Zahl von Konstrukteuren errangen George Stephenson (1781–1848) und sein Sohn Robert (1803–1859) eine herausragende Position in England und auf dem Kontinent. Stephenson bot den Eisenbahngesellschaften immer wieder Gesamtlösungen an: Bahnhöfe, Unter- und Oberbau, Lokomotiven und Wagenparks. Die Käufer hatten die Sicherheit, daß eine solche Anlage tatsächlich funktionierte. Stephenson, dessen Überlegenheit im Lokomotivbau zu einem großen Teil auf seine Röhrenkessel zurückging und der durch seine geniale Umsteuerung mit Kulisse auch in diesen Fragen ein hohes Renommee behielt, löste das Problem unzureichender Dampferzeugung zunächst durch den Bau von Langkesseln. Anfangs war die Führung der heißen Gase durch den Kessel von besonderer Bedeutung, um ein vorzeitiges Durchrosten zu verhindern. Konnte man später im Kessel einen hohen Druck erzeugen, dann kam es darauf an, durch eine entsprechende Gestaltung der Räder Schnelligkeit oder Kraft auf die Schienen zu bringen. Große Räder bis zu einem Durchmesser von 2 Metern verhalfen zur Schnelligkeit, kleinere, gekuppelte zur Kraft. Diese Unterscheidung vollzog sich schon in den fünfziger Jahren. Doch die materialgerechte Konstruktion der Räder blieb viele Zwischenstufen hindurch bis zum Rad aus Gußstahl Ende des Jahrhunderts eine ungelöste Aufgabe. Besonders in den Anfangsjahren zerbrachen Kompositkonstruktionen immer wieder an der intensiven Nutzung.

Die wichtigsten Herausforderungen für den Lokomotivbau stellten hinsichtlich der technischen Zuverlässigkeit Schnelligkeit und Zugkraft dar, weniger der geringe Steinkohlenverbrauch. Die Zuverlässigkeit konnte im wesentlichen durch die Verwendung besserer und homogenerer Materialien, durch Eisen und Stahl, erreicht werden. Dies machten den Wettlauf der Eisenhüttenwerke nach dem Stahl erfolgversprechend.

Wer, wie Krupp und später der Bochumer Verein, Bandagen, stählerne Reifenbänder, die über die Laufflächen der eisernen Räder gezogen wurden, oder ganze Räder aus Stahl herzustellen vermochte, lieferte ein äußerst begehrenswertes Produkt, für das die Eisenbahngesellschaften fast jeden Preis zahlten. Gleiches galt für Achsen, Feuerbüchsen oder andere hochbelastete Teile. Ebenso erfolgreich konnte ein Maschinenbaubetrieb sein, wenn es ihm gelang, Röhrenkessel herzustellen, die 1850 zehn und mehr Atmosphären Druck aushielten, ohne zu explodieren. Hier spielten wiederum das homogene Material und die zuverlässige Nietung eine entscheidende Rolle.

Der Lokomotivbau begann in Deutschland viel später als in England und den USA. 1816 war ein von der Leitung des preußischen Berg- und Hüttenwesens verantworteter Versuch gescheitert. Als dann 1839 Johann Andreas Schubert (1808–1878), 1841 August Borsig (1804–1854) und bald danach Josef Andreas Maffei (1790–1870) in der Herstellung von Lokomotiven tätig wurden, zunächst mit Nachbauten amerikanischer und englischer Vorbilder, wuchs eine deutsche Konkurrenz heran. Bis 1855 war man in Deutschland in der Lage, die auswärtigen Maschinen vom Markt zu verdrängen.

Auch in Frankreich waren Anregungen zum Eisenbahnbau früh aufgenommen worden. Schon 1832 verkehrte die erste Bahn, doch der Lokomotivbau blieb hier ebenfalls von den englischen Vorbildern abhängig, selbst wenn Marc Séguin (1786–1875) im gleichen Jahr wie Stephenson einen Röhrenkessel zum Patent

76. Lokomotivmontage in den Berliner Borsig-Werken. Gemälde von Paul Friedrich Meyerheim, 1875/76. Berlin, Deutsches Technikmuseum

anmeldete. 1837 gab es ausschließlich ausländische Erzeugnisse auf französischen Schienen, und erst zwei Jahre später begann die heimische Produktion. Im Jahr 1843 standen 129 eigene 127 fremden Maschinen gegenüber.

Die Konstruktionsprinzipien bewegten sich bis zur Nationalisierung der französischen Eisenbahnen unter Napoleon III. Im Nachvollzug der englischen. Auf die Kopie der ersten Stephensonschen Lokomotiven folgten dessen Patentee-Maschinen – ein größeres Treibrad zwischen zwei kleineren Laufrädern –, dann die Langkesselmaschinen und schließlich Cramptons Achsfolge – zwei kleinere Laufräder vor dem großen Antriebsrad –, die auf dem Kontinent in den fünfziger und sechziger Jahren verbreitet war, in England selbst aber nicht.

77a. Lokomotive 11 auf der Strecke Paris–Rouen. Photographie, 1843. München, Deutsches Museum. – b. Lokomobile der Reichenbachschen Maschinenfabrik Augsburg. Aquarellierte technische Zeichnung, 1856. Augsburg, Historisches Archiv der MAN AG

Anfang der vierziger Jahre hatten die Lokomotiven eine Leistung von 40 bis 50 Pferdestärken, die am Ende des Jahrzehnts durch höheren Dampfdruck bis auf 100 und sogar 270 Pferdestärken bei der Güterzuglokomotive »Behaim« der Firma Maffei steigen konnte. Erst die zu Netzen zusammengewachsenen Strecken zwangen zur Konzentration auf einen ökonomischeren Betrieb. Über eine geeignete Steuerung glaubte man während der vierziger und fünfziger Jahre Dampf einsparen zu können. Von allen Schiebersteuerungen überdauerten allerdings nur die von Edmund Heusinger von Waldegg (1817–1886) und von Stephenson, während es für die Ventilsteuerungen auch brauchbare französische und italienische Vorschläge gab.

Einige größere Brennstoffeinsparungen hoffte man durch die Übertragung der in der Schiffahrt bewährten Verbundmaschinen auf die Eisenbahn erzielen zu können, die 1876 Anatole Mallet (1837–1919) vorschlug. Die Kombination eines Hochdruck- mit einem Niederdruckzylinder ergab jedoch nur eine Einsparung von 15 Prozent. Der überhitzte Dampf, der bei den Schiffen in den sechziger Jahren wichtig war, fand bei den Lokomotiven kaum Anwendung. Als dann in den neunziger Jahren die Schmierprobleme gelöst waren, wurde der Heißdampf wesentlich.

In der Zeit der großen Expansion des Eisenbahnwesens, in den fünfziger und sechziger Jahren, war bei den zahlreichen Eisenbahngesellschaften in den USA, Großbritannien und Deutschland an Normung oder Vereinheitlichung kaum zu denken. Dennoch hatte die Bayerische Staatsbahn bereits 1844 identische Lokomotiven bei drei verschiedenen Unternehmen bestellt. Bethel Henry Strousberg, der ab 1868 einen großen, an amerikanischen Vorbildern orientierten Konzern aus Eisenbahngesellschaften und Produktionsbetrieben bis hin zu Eisen- und Stahlhütten zusammenkaufte, versuchte, für die verschiedenen Zwecke – Güter-, Personen- und Schnellzug sowie Tenderlok – genormte Lokomotivbauarten einzuführen, die er zwar nicht erfolgreich durchsetzen konnte, weil sein Unternehmen in der Wirtschaftsflaute 1873 in Konkurs ging, die aber auf die preußischen Normalbauarten anregend gewirkt haben, die im Zuge der Verstaatlichung der preußischen Eisenbahnen 1877/78 eingeführt wurden. So lassen sich um 1880 die ersten ernsthaften Bemühungen feststellen, die Typenvielfalt zu reduzieren. Wie heftig die Frage der Typisierung noch in den siebziger Jahren im Vordergrund stand, kann man etwa den Berichten von der Weltausstellung in Wien 1873 oder in Philadelphia 1876 entnehmen, in denen nicht mehr die einzelne individuelle Maschine, sondern eine Skizze wiedergegeben wurde, bei der Räderfolge und -kupplung die entscheidenden Kriterien abgaben.

Wenn überhaupt, dann müßte sich die These vom gesellschaftlichen Bedürfnis der Eisenbahnentwicklung an den Personenwagen nachweisen lassen. Hier gab es tatsächlich charakteristische Unterschiede und Entwicklungsphasen. Die ersten offenen Postkutschen auf Eisenbahnwagen, lose aufgestellt oder fest verbunden, wichen in den frühen vierziger Jahren Abteilen, in denen die Reisenden Schutz vor Regen, Sturm, Hitze und Kälte fanden. In Europa blieb ihre Form den Kutschen nachgebildet. Jedes Coupé hatte auf beiden Seiten Türen, die der Schaffner von außen verschloß, doch keinerlei Verbindung mit einem anderen Abteil. So konnte kein Zahlungsunwilliger entkommen, aber bei Unfällen oder Brand auch niemand den Wagen verlassen. Als man die Abteile dann offen ließ, waren Raubüberfälle mit tödlichem Ausgang keine Seltenheit mehr.

Diese Form der Abteil-Reise läßt sich mit der stärker sektionierten europäischen Gesellschaft und der Postkutschentradition in Verbindung bringen. Die Amerikaner bevorzugten dagegen den großen Innenraum, der zur besseren Kommunikation der

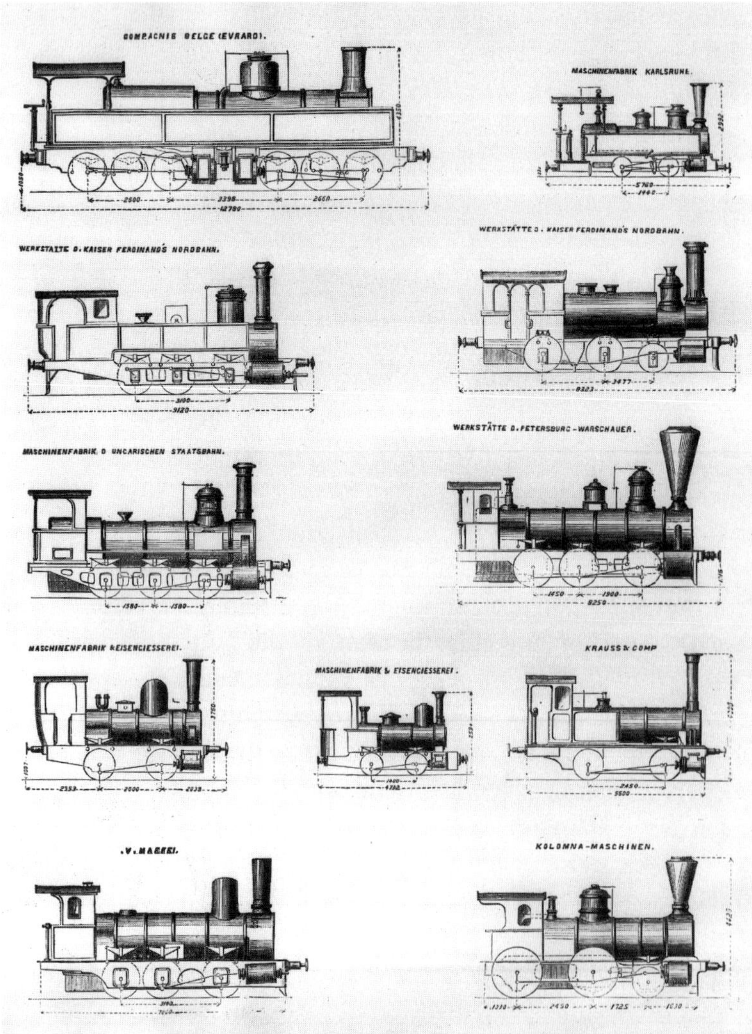

78. Belgische, deutsche, österreichische und ungarische Lokomotiven auf der Wiener Weltausstellung 1873. Lithographie in »The Engineer«, 1874. Berlin, Technische Universität, Bibliothek

Reisenden entscheidend beitrug. In den sechziger Jahren, als lange Strecken befahrbar waren, wurden Bettkojen, ähnlich wie auf den Binnenschiffen, seitlich in die Wagen eingebaut. Eine Art Verbindung von amerikanischer Großraum- und europäischer Abteillösung stellte seit 1865 der Durchgangswagen dar, dessen Gang entweder an der Seite des Wagens oder in dessen Mitte liegen konnte. Zudem mußten die Wagen miteinander verbunden werden, um dem Schaffner das gefährliche Entlangturnen auf den Trittbrettern, auch bei Eis, Regen und Sturm, zu ersparen. Schutzeinrichtungen für die Eisenbahnbeschäftigten ließen aber lange auf sich warten. Die Lokomotivführerschaft mußte trotz der nach 1855 aufkommenden Führerhäuser auf den Lokomotiven stets hohe Erkrankungszahlen verzeichnen; ernsthafte Kapazitäten meinten, fehlende Schutzeinrichtungen könnten das Personal wach halten. Gerade hierin zeigte sich, wie sehr Einstellungen aus einer viel älteren Zeit in die industrielle Phase hineinwirkten.

Trotz der schönen und reichlich verwendeten Polster in den besseren Klassen mußte die Öffentlichkeit immer wieder feststellen, mit welcher Leichtfertigkeit man beim Bau der Fahrzeuge umgegangen war. Hier stellte sich das Problem der passiven Sicherheit im Industriezeitalter zum ersten Mal, nachdem es wohl bei den Postkutschen wegen deren langsamer Geschwindigkeit und dezentraler Organisation nicht ernsthaft angegangen worden war. Die außerordentliche Vorliebe gerade der preußischen und sächsichen Eisenbahnverwaltungen für den Abteilwagen bedeutete zugleich ein erhebliches Risiko für die Insassen. Da keine wirkliche Verbindung zwischen dem Chassis und dem Oberteil bestand und die vielen Totaldurchbrechungen bei den Außentüren dem Oberbau keine Stabilität geben konnten, wurde das Oberteil bei Auffahrunfällen buchstäblich in seine Einzelteile zerlegt, mit schrecklichen Folgen für die Passagiere. Erst ab 1859 wurden die Rahmen der Wagen aus Walzeisen hergestellt.

Mit den längeren Strecken, vor allem in den USA, wuchsen die Versorgungsbedürfnisse der Reisenden. Heizung und Beleuchtung gehörten zu den ersten Bequemlichkeiten; Toiletten und Waschbecken, Übernachtungs- und Eßgelegenheiten machten aus dem privaten Erlebnis einer Reise nun ein dauerndes Instrument für

79. Geräumiger amerikanischer Eisenbahnwagen mit Mittelgang. Holzschnitt nach einer Zeichnung von R. T. Zogbaum in »Harper's Weekly«, 1886. Washington, DC, Library of Congress

den geschäftlichen Verkehr. Anders als die Europäer mit ihren vielen Klassen legten die Amerikaner wie auf den Binnenschiffen Wert auf eine bequeme Ausstattung. Diese erfüllte bei den Passagieren nicht nur ein vorhandenes Bedürfnis, sondern half auch über manche Unbequemlichkeit des Reisens hinweg, wie Wolfgang Schivelbusch dargestellt hat: In Europa setzte die Polsterung ganz plötzlich Mitte der fünfziger Jahre ein. Sie sollte die starken, rhythmischen Stöße aufnehmen, die bei den kurzen Schienen unvermeidlich waren. Die Polsterung nährte aber auch die Illusion des Dahingleitens und stärkte das Panorama-Erlebnis der Reisenden.

Angesichts der explosionsartig wachsenden Beförderungskilometer war die Eisenbahn aus statistischer Sicht sicherlich das unfallärmste Verkehrsmittel der Zeit. Vor allem nach Ausreifung des Systems, also seit den siebziger Jahren, machten die Gesellschaften, später auch die deutschen, gern auf die jeweils von ihnen geschaffene sichere Technik aufmerksam. Das Bremssystem war zwar das einzige, das später tatsächlich zu internationalen Abkommen geführt hat, das aber auch zeigt, in welchem Maße nationale Engstirnigkeit, positiv gewendet: nationale Vielfalt, die Eisenbahn als nationalen Verkehrsträger verstand.

Seit den Anfängen des Eisenbahnverkehrs wurden die Wagen von Bremsern auf Befehl des Lokomotivführers gebremst. Doch nicht nur die zunehmenden Geschwindigkeiten, sondern auch der Tag- und Nachtbetrieb und die relativ isolierte Warteposition der Bremser in ihren Häuschen verlangten nach einer zentralen Steuerung. Unfallanalytiker wiesen schon seit den siebziger Jahren immer wieder darauf hin, daß schwere Unfälle bei gleichzeitiger Bremsung aller Wagen nicht oder zumindest erheblich glimpflicher abgelaufen wären.

Schon bevor in Deutschland einheitliche Schienennetze entstanden, überlegte man sich, wie man innerhalb der deutschen Staaten die Strecken gegenseitig benutzbar machen konnte. Von 1840 datieren die ersten Versuche, die Bremsen zu vereinheitlichen. Als Anfang der fünfziger Jahre die Fahrtgeschwindigkeit der Züge zunahm, blieben die zu schwachen Bremsen ein Hindernis für die Durchsetzung schnellerer Durchschnittsgeschwindigkeiten in der betrieblichen Praxis. Nun wurden die unterschiedlichsten Systeme entwickelt. Parallel zum wachsenden Gewicht der Wagen und Züge ging man bald von den Hebelbremsen ab und benutzte Schrauben- oder Spindelbremsen. Andere Vorschläge zielten auf eine Wasserdruckbremse, eine elektrisch gesteuerte Bremse, die 1856 auf der hannoverschen Südbahn erprobt wurde, eine Seilzugbremse, die in der Bayerischen Staatsbahn ab 1847 Verwendung fand, eine Magnetschienenbremse oder eine Pufferbremse, die ähnlich den heutigen Auflaufbremsen den Auflaufdruck zum Bremsen nutzte, und eine Druckluftbremse.

Als erstes und verbreitetes Bremssystem fand das von Jakob Heberlein (1825–1881) bei den Bayerischen Staatsbahnen Verwendung. Es wurde 1863 vorgestellt und 1872 eingeführt. Hier konnte der Lokomotivführer durch eine

80. Doppelstöckige Nahverkehrswagen auf dem Bahnhof St.-Lazare in Paris. Photographie, 1866. München, Deutsches Museum

durchgehende Leine die Bremsbefehle an die einzelnen Wagen weitergeben, deren Bremsen ausgelöst wurden, wobei die Drehkraft der Achsen für den Bremsvorgang genutzt wurde. Heberlein stellte drei wesentliche Anforderungen an die selbsttätigen Bremsen: schnelle, gleichzeitig einsetzende Wirkung; die bei Zugtrennungen wichtige Selbstbremsung; Gesamtbremsbarkeit von jedem Wagen aus. Das System bewährte sich für kleinere, überschaubare Größenordnungen.

Der Entwicklungsstand der Mechanik ließ aber eine weitere Verfeinerung auch selbständiger Bremsanlagen in längeren Zügen bereits zu. Luft als Steuerungs- und kraftwirkendes Medium wurde hierzu vorgeschlagen, entweder in Form der Vakuumbremse, besonders von Österreich wegen der besseren Dosierbarkeit bevorzugt, oder in Form der Druckluftbremse, die sich schließlich in der wesentlich von George Westinghouse (1846–1914), Ende des Jahrhunderts in der von Georg Knorr (1859–1911) gefundenen Lösung durchsetzte. Die Amerikaner hatten mit ihren schweren Wagen und teuren Arbeitskräften ein besonders dringendes Bedürfnis nach einer praktikablen Lösung. Die immer noch zu langen Ansprechzeiten dieser Bremsen bescherten ihnen jedoch nur einen verzögerten Erfolg. Für die kürzeren Personenzüge führte man sie bereits 1883 in Preußen ein. Bei den viel längeren Güterzügen waren die Auflauf- und Entspannungsbelastungen so groß, daß die Kupplungen ihnen nicht immer standhielten. Nur allmähliche Verbesserungen schufen hier Einsatzmöglichkeiten, so daß erst 1918 die preußisch-hessische Bahnverwaltung die ersten durchgehenden Druckluftbremsen bei Güterzügen einsetzte.

Die amerikanische Firma Westinghouse hatte zwar schon 1869 selbsttätige Druckluftbremsen geliefert, doch sie erfüllten nicht die Erwartungen der europäischen, vor allem der deutschen Eisenbahnverwaltungen, weil sie entweder bei Zugtrennungen nicht selbsttätig waren oder ein Bremsen von jeder Stelle des Zuges aus nicht zuließen oder kein abgestuftes Lösen der Bremsen erlaubten. Nach einem Zehn-Jahres-Versuch für Personenwagen mit Carpenter-Bremsen gingen die Preußischen Staatsbahnen dann zu der von Westinghouse angebotenen und verbesserten Schnellbremsvorrichtung über, von der um 1910 schon über eine halbe Million im Einsatz war; dazu kamen 130.000 Knorr-Bremsen. Zu einer internationalen Vereinbarung sollte es erst 1926/27 kommen. Bei den Zug- und Stoßvorrichtungen, die das automatische An- und Abkuppeln ermöglicht hätten, blieb eine kompatible europäische Lösung aus.

Anfänglich bestanden die Verbindungen zwischen den einzelnen Wagen aus im Stillstand durchhängenden Ketten, und als Puffer dienten Verlängerungen der Wagen-Längsträger mit verdickten Köpfen. Erst 1863 setzten die Bayerischen Staatsbahnen die Pufferhöhe ihrer Wagen von 610 Millimetern auf die neue Norm von 1.050 Millimeter Höhe herauf. Die Ketten rissen aber zu schnell, und die Puffer schoben sich beim Auflaufen unter- oder übereinander und »teleskopierten« die davorfahrenden Wagen. Auch in dieser Frage hatte der Verein Deutscher Eisenbahnverwaltungen bereits 1850 einheitliche Regeln aufgestellt, mit Nachteilen: Die Kupplungen waren handbetätigt und verlangten daher einen hohen Personalaufwand; sie waren zudem gefährlich, weil die Arbeiter zwischen die Wagen treten mußten, und die Stärke der Kupplungen, 30 bis 36 Kilogramm schwer, ermöglichte lediglich eine maximale Zugkraft von 2.500 bis 3.000 Tonnen Zuggewicht.

81. Eisenbahnunglück aufgrund unzureichender Bremsvorrichtungen. Holzschnitt in »The Engineer«, 1873. Berlin, Technische Universität, Bibliothek

Als Antwort auf die scharfe Kritik an den unfallträchtigen Kupplungsarbeiten schrieb der Verein deutscher Eisenbahnverwaltungen 1873 einen Wettbewerb für eine von der Seite zu bedienende Kupplung aus, ohne daß diese für die Eisenbahnarbeiter gefährliche Tätigkeit entschärft werden konnte. In den USA erwies sich die hohe Unfallrate sogar als ein nationaler Notstand, den der amerikanische Präsident mit den Worten geißelte: »Es ist ein Vorwurf für unsere Zivilisation, daß eine Klasse von Arbeitern unseres Landes, die einen notwendigen und nützlichen Beruf ausübt, einer Leibes- und Lebensgefahr ausgesetzt ist, die ebenso groß ist wie diejenige, die einem Soldaten im Kriege droht.« Bei so starkem politischen Druck kam hier eine Mittelpufferkupplung zustande, die sich automatisch schloß und öffnete, allerdings nicht die Leitungen schloß, so daß nur die schwere Hebearbeit, nicht aber das Ankuppeln der Leitungen automatisiert war. Sie bot auch keinen Kletterschutz bei Auffahrunfällen. Die Unfallzahlen, die in den USA durchschnittlich erheblich über denen in Europa lagen, verringerten sich bei den Kupplungsarbeiten auf ein Drittel. Solche Sicherheitselemente scheinen im Denken der deutschen Eisenbahner weniger dringlich gewesen zu sein, je weiter sie sich von Antrieb und Bremse entfernten. Das fällt besonders bei der Ausstattung der Personenwagen mit elektrischer Beleuchtung auf. Gerade hierbei zeigt sich wieder, daß das Wissen um sicherheitstechnische Nachteile noch lange nicht ihre Beseitigung bedeutete.

Schon 1844 waren »Sicherheit und Anstand« für Friedrich Wilhelm IV. von Preußen Anlaß, die Beleuchtung der Eisenbahnwagen während der nächtlichen Fahrt zu verlangen. Die vorherrschenden Brennstoffe, Kerzen und Rüböl, waren jedoch nicht nur teuer, sondern auch luftverpestend. Auf Petroleum wollte man sich nicht einlassen, da es in den USA den Ruf außerordentlicher Feuergefährlichkeit hatte. Es war schließlich die von der Firma Julius Pintsch nach 1870/71 entwickelte Ölgasbeleuchtung, die sich auf den deutschen Eisenbahnen durchsetzte, ehe ihr nach 1900 das viel hellere Gasglühlicht den Rang streitig machte, das dem Gas noch eine erheblich lange Anwendungsdauer bis zu dessen Ablösung durch elektrisches Licht gewährte. Bei der Beleuchtung mit Gas mußte der Brennstoff in Behältern mitgeführt oder von einem Speicher herangeführt werden, mit den offen zutage liegenden Risiken bei Unfällen. Daher gingen die deutschen Eisenbahnverwaltungen nur dort zu elektrischem Licht über, wo ein besonders hoher Sicherheitsbedarf bestand, wo das Ein- und Ausschalten problemlos funktionieren mußte, in Bahnpost- Schlaf- und Salonwagen.

Erkenntnisse über das Verhalten des neuen Materials Puddeleisen und seine Verwendung reichten aus, um auch auf einem anderen Gebiet des Eisenbahnwesens große, bis dahin nicht vorstellbare Leistungen zu erbringen: beim Brückenbau. Hier wirkten Louis Naviers (1785–1836) theoretische Vorstellungen und die praktischen Erprobungen von William Fairbairn zusammen, um den Brückenbau zu revolutionieren.

Auf dem vielbenutzten Weg von Chester in England nach Irland waren in Richtung Westen bei Conway ein Fluß und die Meerenge Menai Strait zu überqueren, bis sich der Reisende bei Holyhead nach Dublin einschiffen konnte. Mit dem raschen Ausbau des britischen Straßennetzes hatte Thomas Telford (1757–1834) für diese Überquerungen bereits 1819 bis 1826 zwei Straßenbrücken als erste schmiedeeiserne Hängebrücken über diese Meerenge errichtet. Da die Chester-Holyhead-Eisenbahngesellschaft und ihr leitender Ingenieur Robert Stephenson mit seiner Eisenbahntrasse 1844 der Straße folgten, planten sie Eisenbahnbrücken in unmittelbarer Nähe. Folgende Gesichtspunkte veranlaßten Stephenson aber, über neue Konstruktionswege nachzudenken: Die Admiralität verbot ein Leergerüst unter der Brücke während der Bauzeit; eine Hängebrücke geriet bei der punktuellen Belastung durch einen schweren Zug zu sehr in Bewegung; eine gußeiserne Brücke auf der gleichen Linie war bei Dee eingestürzt und hatte Todesopfer gefordert. Das Parlament lehnte deshalb 1844 Stephensons Plan einer Bogenbrücke mit zwei Bögen aus Gußeisen zu je 110 Meter Spannweite ab, weil der Mittelpfeiler die Schiffahrt behinderte. Stephenson nahm nun den Gedanken an eine Hängebrücke wieder auf, verband sie aber bald mit einer Erfahrung aus dem Schiffbau: Er hatte beobachtet, wie das Eisenschiff »Prince of Wales« beim Stapellauf auf seinen äußersten Enden liegenblieb, aber nicht zusammenknickte.

Die Britannia-Brücke, wie Stephenson seine neuartige Brücke nannte, der das Parlament 1845 zustimmte, wies vier wesentliche Neuerungen auf. Erstens: Die Schienen waren nicht auf einer an Seilen aufgehängten Fahrbahn befestigt, sondern in kastenförmigen Röhren. William Fairbairn untersuchte im Modell 1 zu 6 eine andere Form der Stabilisierung und fand eine im Boden und im Dach ausgesteifte Kastenform, die zunächst noch von den eisernen Ketten getragen, aber bald als freischwebend entworfen wurde. Zweitens: Das Material bestand aus Puddel- und nicht mehr aus Gußeisen, konnte also auch auf Zug beansprucht werden. Drittens: Die auf drei tragenden Pfeilern ruhenden Röhren wurden in der Mitte miteinander verbunden, um sie besonders widerstandsfähig gegen Knickgefahr zu machen. Viertens: Zum Stabilisieren der Seitenwände reichten relativ dünne Bleche aus.

Stephenson arbeitete bei der Konstruktion mit William Fairbairn zusammen. Dieser hatte schon Stephensons Vater geholfen und besaß reiche Erfahrungen in der Verwendung von Schmiede- beziehungsweise Puddeleisen. Er hatte zahlreiche Faustregeln für die Praxis des Eisenbaus entwickelt und war einer der herausragenden Ingenieure Englands, auch wenn er mit seiner Betonung der technischen Bildung eher untypisch war. Mit seiner Vielseitigkeit repräsentierte er die zweite Generation der englischen Maschinenbauer, indem er die Kluft zwischen dem Kunstmeister und Mechaniker in seiner Person überbrückte. Seine Betätigungsfelder waren der Bau von Mühlen, Fabriken und Wasserrädern, was ihn mit der älteren Zeit verband, sowie Lokomotiv-, Schiff- und Brückenbau aus Eisen.

82. Die Britannia-Brücke über die Menai Strait, Caernarvonshire, erbaut 1846–1850. Photographie. London, Radio Times Hulton Picture Library

Das Jahrzehnt nach 1840 war in besonderer Weise ein Übergang vom Werkstoff Gußeisen zum Werkstoff Puddeleisen, also Stahl, und diesen Übergang gestaltete Fairbairn durch die Entwicklung entsprechender Werkzeugmaschinen entscheidend mit. Wie das Select Committee on Exportation des Unterhauses 1841 feststellte, hatte es Hobel-, Nut- und Modellmaschinen zwanzig Jahre zuvor noch gar nicht gegeben. So nahm Fairbairn zusammen mit seinem Mitarbeiter Robert Smith ebenso ein Patent auf eine Nietmaschine wie Richard Roberts, der bekannte Maschinenbauer im Textilbereich. Nun konnten zwei Männer und ein Junge in einer Stunde so viele Nieten setzen wie sonst drei Männer und ein Junge in zwölf Stunden. Durchschlagend erwies sich vor allem die bessere Qualität und Haltbarkeit der Nietverbindungen, die auch wachsenden Druck in den Kesseln zuließen.

Die zuerst erbaute kleinere Röhrenbrücke in Conway hatte in jeder Fahrtrichtung eine Länge von 130 Metern und eine Viertelmillion Nieten, während die Britannia-Brücke über die Menai Strait vier Röhren erhielt, je zwei für jede Fahrtrichtung, die jeweils in der Mitte – von einem Pfeiler unterstützt – zusammengenietet wurden. Jede Röhre in einer Länge von 465 Metern wurde von etwa 900.000 Nieten gehalten, deren Verarbeitung fachmännische Könner aus der Dampfkesselherstellung und dem Schiffbau verlangte. Kam die Conway-Brücke noch mit etwa 2.900 Tonnen Schmiedeeisen aus, so mußten für die Britannia-Brücke 10.500 Tonnen in Form von Platten, Winkeleisen, T-Eisen und Nieten hergestellt werden. Auch die Montage erprobte man an der kleineren Conway-Brücke. Die Röhren wurden an

Land weitgehend fertiggestellt, unter Belastung genommen, dann eingeschwommen, hydraulisch gehoben, ergänzt und abgesetzt. Die Pfeiler, die sicherheitshalber noch so ausgelegt waren, daß sie auch eine Kette tragen konnten, waren ab Frühjahr 1846 im Bau. Das Einschwimmen und Einsetzen der riesigen Britannia-Röhren im Sommer 1849 und 1850 war mit Unfällen verbunden, die aber durch Nachführen der provisorischen Widerlager keine katastrophalen Folgen hatten. Der in ähnlichen Dimensionen denkende und handelnde Brunel gehörte zu den Gästen, als man die ersten Röhren einschwamm. Die hydraulische Hebemaschine wurde 1851 auf der Weltausstellung in London einem staunenden Publikum vorgeführt. Im Frühjahr 1850 konnte das erste Gleis benutzt werden.

Bereits im Sommer 1848 war Fairbairn vom Auftrag der technisch-organisatorischen Gesamtleitung zurückgetreten, weil er sah, daß der Überwachungsaufwand an der Brücke kaum Zeit für seine eigenen Geschäfte ließ und zudem der ganze Ruhm auf Robert Stephenson fiel. Seine Erfahrungen veröffentlichte Fairbairn 1849 als Buch »An account of the construction of the Britannia and Conway tubular bridges«. Für die gefundene und überzeugende Lösung gab es weitere Verwendungen. Brunel nahm den Gedanken der stabilen Kastenform hinüber in die Konstruktion des Riesenschiffes »Great Eastern«, die zwei Kiele in Kastenform und damit die

83. Die Hamburger Eisenbahnbrücke über die Norderelbe, errichtet seit 1868. Lithographie in »The Engineer«, 1880. London, British Library

I. »Regen, Dampf und Geschwindigkeit.« Gemälde von William Turner, 1844. London, National Gallery

II a und b. Allegorie auf die Kraft und auf die Kommunikation. Gemälde von Hans Canon, 1863.
Karlsruhe, Staatliche Kunsthalle

III a. Bleierztagebau bei Mechernich in Nordrhein-Westfalen. Gemälde von Joseph Leiendecker, 1854. Mechernich, Stadtarchiv. – b. Eisenhütte in der englischen Grafschaft Lancashire. Gemälde von James Sharples, zwischen 1849 und 1859. Blackburn, Museum and Art Gallery

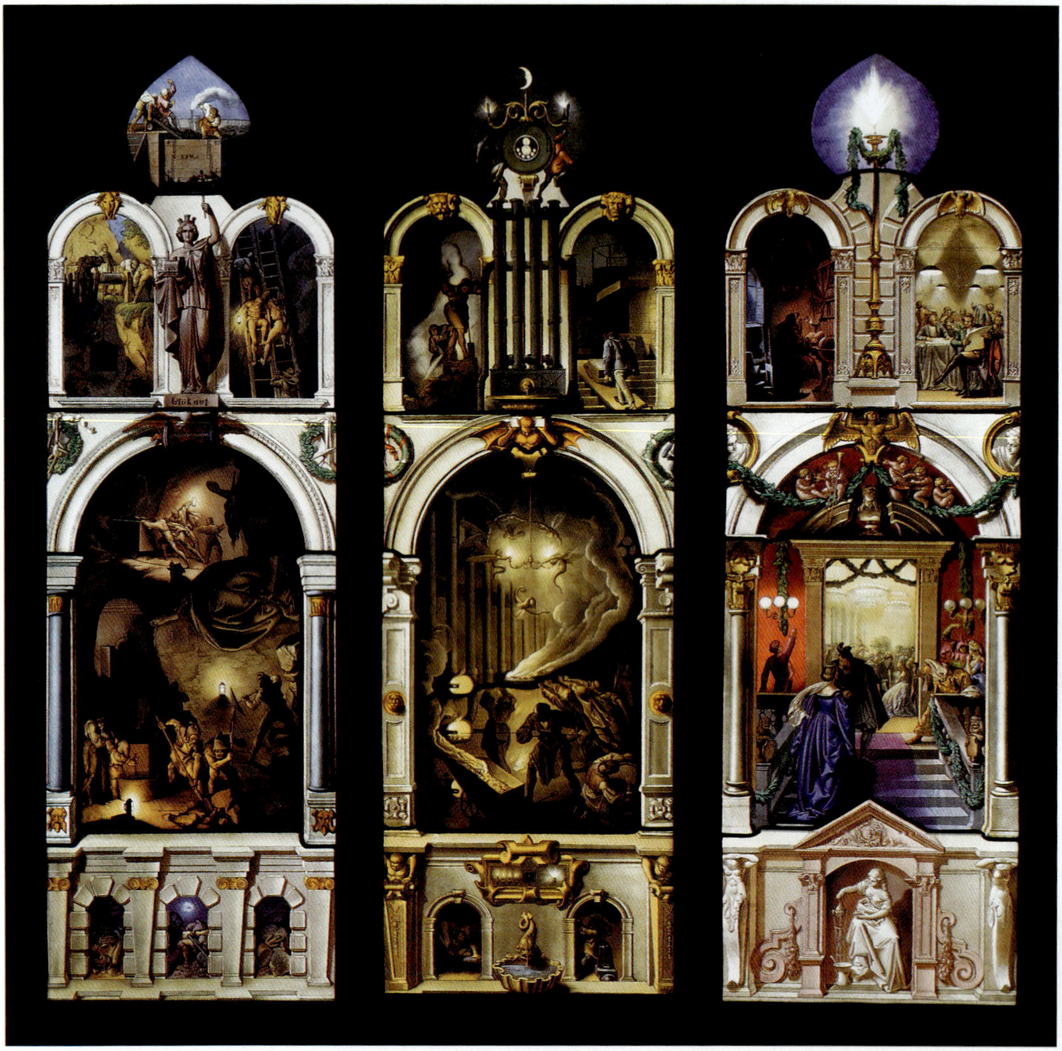

IV. Abbau der Kohle, Gewinnung von Leuchtgas, Nutzanwendung des Gaslichts. Dreiteiliges Glasfenster nach einem Entwurf des August von Kreling aus dem großen Saal der Villa des Nürnberger Gaswerkdirektors Emil Spreng,1864–1867. Nürnberg, Germanisches Nationalmuseum

V. Lokomotivschmiede der Berliner Borsig-Werke. Gemälde von Paul Friedrich Meyerheim, 1873. Berlin, Märkisches Museum

VI. Die Lokomotivfabrik Krauss & Comp. auf dem Marsfeld in München: Produktionsstätten und die Villa des Gründers Georg Krauss. Gemälde von Friedrich Perlberg, 1882. München, Krauss-Maffei AG

VII a. Michael Faraday während eines Vortrags in der Londoner Royal Institution am 27. Dezember 1855. Gemälde von Alexander Blaikley. London, Royal Society of Chemistry. – b. »Männer des Fortschritts«: Erfinder, Forscher und Unternehmer aus Wissenschaft und Technik. Gemälde von Christian Schussele, 1862. Washington, D C, National Portrait Gallery, Smithsonian Institution, Gift of Andrew W. Mellon

VIII. Eines der ersten Periodika für Mechanik. Schutzumschlag der 1824 in London und Dublin erschienenen zweiten Ausgabe des Magazins. Langwiesen, Eisenbibliothek, Stiftung der Georg Fischer AG

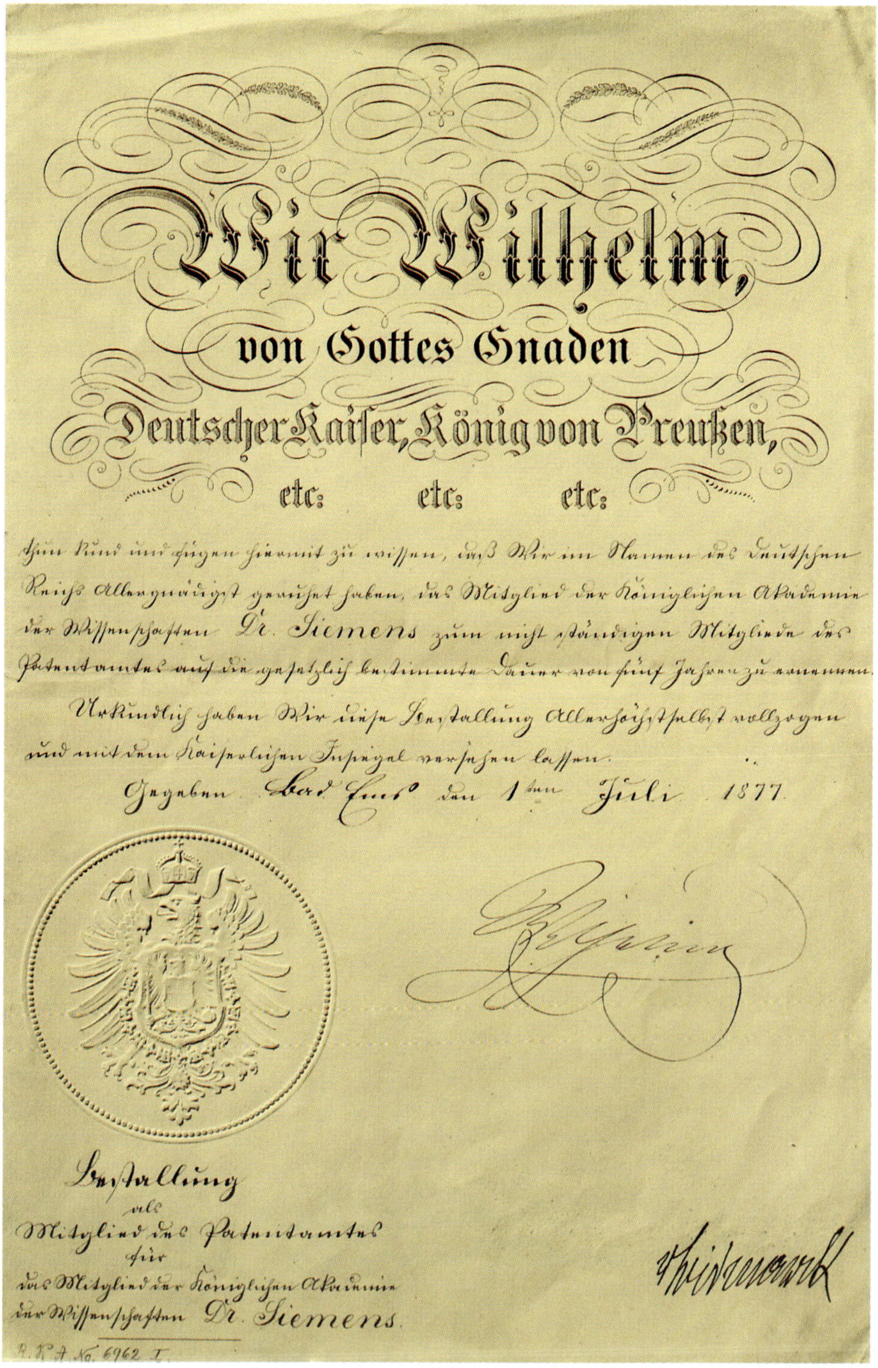

IX. Bestallung Werner Siemens' als Mitglied des Patentamtes des Deutschen Reiches. Urkunde vom 1. Juli 1877. München, Siemens-Archiv

X. Justus Liebigs Laboratorium in Gießen. Aquarellierte Zeichnung von Wilhelm Trautschold, 1842. Gießen, Liebig-Museum

XI a. Ankunft des deutsch-amerikanischen Postdampfers »Washington« in Bremerhaven am 19. Juni 1847. Aquarell eines Unbekannten, um 1850. Berlin, Archiv für Kunst und Geschichte. – b. Der Seehafen von New Orleans im Mississippi-Delta. Aquatinta von William James Bennett, 1841. New Haven, CT, Yale University Art Gallery, Mabel Brady Garvan Collection

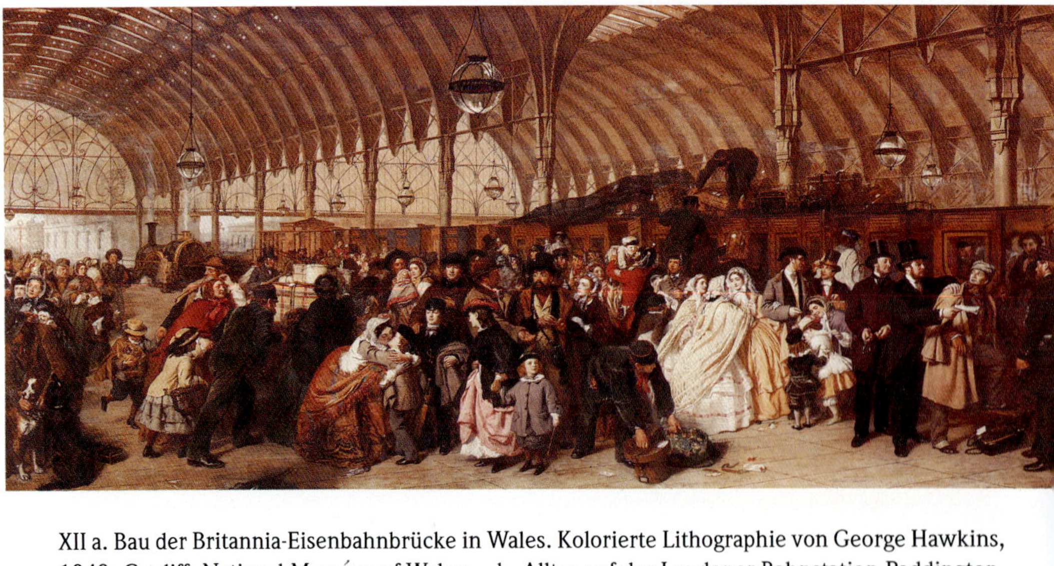

XII a. Bau der Britannia-Eisenbahnbrücke in Wales. Kolorierte Lithographie von George Hawkins, 1848. Cardiff, National Museúm of Wales. – b. Alltag auf der Londoner Bahnstation Paddington. Gemälde von William Powell Frith, 1862/63. Egham, Surrey, Royal Holloway and Bedford New College

XIII. Drei Transportmittel: Postkutsche, Eisenbahn und Schiffe bei Ehrenbreitstein. Gemälde von Paul Friedrich Meyerheim, 1875. Berlin, Museum für Verkehr und Technik

XIV a. Entwicklung der Nachrichtenübermittlung mit den Bildnissen von Werner Siemens und Johann Georg Halske, den Gründern der Telegraphenbauanstalt Siemens & Halske in Berlin. Kolorierte Lithographie von Ludwig Burger, 1855. Berlin-Museum. – b. Entwicklung der Druckmaschinen mit den Porträts von Friedrich Koenig und Andreas Friedrich Bauer, den Gründern der Schnellpressenfabrik in Würzburg. Einband des Firmenkatalogs für das Jahr 1896. Würzburg, Koenig & Bauer AG

XV. Eröffnung der ersten Weltausstellung durch Königin Viktoria im Londoner Kristallpalast im Jahr 1851. Aquarell von Eugène Louis Lami. Windsor Castle, Royal Library

XVI. Die Neusser Hütte am Rhein als »Dreckschleuder«. Gemälde von Andreas Achenbach, 1860 oder 1867. Düsseldorf, Stadtmuseum notwendige Stabilität in den Wellen erhielt. Fairbairn benutzte die Kastenform, um einen neuartigen Kran zu konstruieren, der statt eines geraden einen gebogenen Ausleger erhielt und derart mehr Bewegungsfreiheit für niedrigere Kräne bis etwa 60 Tonnen Hebelast erzielen konnte. Als Fachmann wurde er in Europa, besonders in Frankreich und in Deutschland, konsultiert.

Zwar bauten hier die Gesellschaften die meisten Brücken zunächst in Holz, um die Linie schnell in Betrieb zu setzen, doch für aufwendige Überquerungen wollten sie sich auch modernster technischer Konstruktionen bedienen. Fairbairn wurde im Herbst 1849 in die Auseinandersetzung um den Bau der ersten großen Rhein-Brücke in Köln einbezogen. Der alte Alexander von Humboldt regte erfolgreich einen Besuch Fairbairns beim König an. Der Hauptbahnhof neben dem Dom mußte mit der Deutzer Seite verbunden werden. Soweit erkennbar, war man in Köln für eine innerstädtische Brücke für Fußgänger und Fahrzeuge und wollte die Eisenbahnwagen mit hydraulischen Kränen auf die Brücke heben und hinüberziehen lassen, weil Lokomotiven zu schwer erschienen. Ganz ähnlich hatte die Stadt Conway 1842 gegenüber Stephenson argumentiert. Das Berliner Ministerium für öffentliche Arbeiten bestand auf einer Eisenbahnbrücke, die direkt auf den Dom zuführen sollte.

Schließlich votierte man doch für eine richtige Eisenbahnbrücke, allerdings nicht im Kastenröhrensystem, da es den Blick auf den Dom versperrt hätte. Nach dem Besuch von zwei Expertendelegationen kam es zur Ausschreibung, jedoch nicht zu prämierten Lösungen. Später erhielten Wallbaum und Lohse den Auftrag und bauten die Brücke ab 1855, wobei sich mit Ausnahme des Gitterwerks statt der Seitenbleche die Ideen Fairbairns durchsetzten, Eisenbahn sowie Straßenverkehr gemeinsam auf der Brücke zu führen. In dem für Preußen typischen politischen Ost-West-Denken bedingte eine Brücke über den Rhein auch eine über die Weichsel, die bei Dirschau errichtet wurde. Sie war 837 Meter lang und zeigte Gitterwerksystem. Eine im industriereichen Ruhrort am Rhein 1852 fertiggestellte Eisenbahnfähre, bei der Kohlenwagen über eine schiefe Ebene auf das Schiff liefen, konnte erst 1873, nachdem das Kriegsministerium seine Einwände zurückgestellt hatte, durch eine Gitterbrücke nach einem Vorbild bei Koblenz ersetzt werden, wobei diese Gitter die Spannungen aufnahmen, die zuvor über die Bleche geleitet worden waren.

In der englischen Eisenbahntechnik sind große und größte Lösungen mit dem neuen Schweißeisen früh erprobt worden. Aber im Fortgang dieser revolutionären Leistungen zeigten sich die Grenzen einer ohne öffentliche Kontrolle sich ausbildenden Ingenieurtätigkeit. Das spektakulärste Unglück in dieser Hinsicht ereignete sich am Tay in Schottland, der bei Dundee seit 1873 von der mit 3,55 Kilometer längsten Balken-Eisenbahnbrücke Europas überspannt war. Da man die Arbeiten nachlässig durchgeführt und gerade die Nietverbindungen nicht Stück für Stück kontrolliert hatte, konnte ein Sturm 1879 die Brücke zum Schwanken bringen, so daß sie beim Befahren durch einen Personenzug zusammenstürzte und zweihun-

84. Die in den Winterstürmen 1879/80 eingestürzte Eisenbahnbrücke über den Fluß Tay. Lithographie in »The Engineer«, 1880. Berlin, Technische Universität, Bibliothek

dert Menschen tötete. Max Maria von Weber und Theodor Fontane haben dieses Desaster beschrieben, das eine ähnliche Wirkung in der Öffentlichkeit hatte wie 1912 das Unglück der »Titanic«, das auf den leichtfertigen Umgang mit dem Prinzip von Versuch und Irrtum aufmerksam machte, einem Prinzip, mit dem industrielle Technik im Alltag vorzugsweise durchgesetzt wurde. Andererseits ließ die Topographie gerade den amerikanischen Brückenbauern nicht immer die Wahl. Weiträumige Schluchten mußten überbrückt werden. Die Vielzahl der Formen und die Schnelligkeit der Fertigstellung haben deutsche Beobachter stets überrascht.

Erst das Zusammenwachsen von Einzellinien zu Netzen machte die Eisenbahn zu einem attraktiven Verkehrsmittel, erzwang aber durch den Betrieb auf jeweils anderen Gebieten auch ein Mindestmaß an technischer Kompatibilität und organisatorischer Zusammenarbeit. Zugleich schuf es die Grundlage für einen Güterverkehr mit der Eisenbahn. Diese Zwänge schränkten die technische Vielfalt der Eisenbahnhersteller zwar ein, vor allem auf dem Kontinent, aber in den Mutterländern der Eisenbahn, in England und den USA, hielt sich mit den vielen Gesellschaften auch eine breite Palette technischer Varianten. In Deutschland bewahrte die föderale Struktur bis etwa 1880 eine vielfältige Eisenbahnwirtschaft.

85a. Eiffels Eisenbahnbrücke bei Porto im Bau. Lithographie in »The Engineer«, 1877. Berlin, Technische Universität, Bibliothek. – b. Die Eisenbahnbrücke über die Weichsel bei Dirschau, errichtet seit 1857. Holzschnitt in »Das Neue Buch der Erfindungen«, 1864. Privatsammlung

Absprachen über die technischen und organisatorischen Erfordernisse wickelte seit 1846 der Verband der Privatbahngesellschaften ab, der sich ein Jahr später in Hamburg im Verein Deutscher Eisenbahnverwaltungen neu gründete und auch ausländische Gesellschaften zu Mitgliedern hatte. Er sollte für die gesamte technische Entwicklung des mitteleuropäischen Raumes eine zentrale Bedeutung als Koordinator erhalten. Schon 1850 verabschiedete er die Grundzüge für die Gestaltung der Eisenbahnen Deutschlands. So beschloß er 1870 wegweisend, eine Eisenbahnstrecke in Blöcke aufzuteilen, in welche die Züge nur einfahren durften, wenn der vorangegangene Zug diesen verlassen hatte. Für ihn gab der lange Zeit aus Hannover wirkende Edmund Heusinger von Waldegg ab 1864 das seit 1846 erscheinende, einflußreiche Organ für die Fortschritte des Eisenbahnwesens in technischer Beziehung heraus. Die Zeitschrift enthielt auch Abschnitte über die Organisation des Eisenbahndienstes, über Bahnoberbau, Bahnhofseinrichtungen, Maschinen-, Wagen- und Signalwesen, eine Übersicht über die bei den deutschen Eisenbahnverwaltungen angestellten Beamten und über die technische Literatur.

Die Schienen mußten in einem Netz angelegt werden, das einmal den Bedürfnissen der Kunden entsprach, zum anderen einen rentablen Betrieb erwarten ließ. Das bedeutete, die Knotenpunkte und Rangierbahnhöfe rechtzeitig zu planen. In England mußten auch die Konkurrenten, die Küsten- und die Kanalschiffe, in die Überlegungen einbezogen werden. Innerstädtische Wünsche auf Berücksichtigung bestimmter Trassen in und um die Stadt herum wurden den Bahngesellschaften ebenfalls vorgetragen. In den siebziger Jahren war die technische Entwicklung so weit vorangeschritten, daß zusätzlich zu den Hauptstrecken sogenannte Sekundärbahnen eingerichtet werden konnten. Sie unterlagen nicht den strengen Vorschriften des Betriebsreglements für Hauptbahnen. Großbritannien ging damit voran, die deutschen Staaten folgten erst in den achtziger Jahren, als nach der Verstaatlichung Lokomotivfabriken und Agrarier auf die Einbindung dünner besiedelter Räume drängten. So wichtig diese Linien für die Erschließung der ländlichen Regionen wurden – unter dem Gesichtspunkt einer rentablen Wirtschaftsführung blieben sie defizitär und allenfalls zur Zeit der Ernte sechs Wochen lang ausgelastet. Die Hauptstrecken waren in Deutschland bis 1850 zu einem Viertel und selbst bis 1880 zu einem Drittel nur eingleisig befahrbar.

	Großbritannien	Frankreich	Deutschland	USA	Rußland	Welt
1840	2.400	500	500	4.500	–	7.700
1850	10.556	3.100	6.000	15.600	–	38.600
1860	17.000	9.500	9.400	50.000	1.600	108.000
1870	25.000	18.000	19.500	85.000	11.000	210.800
1880	28.900	26.000	34.000	150.000	24.000	372.400
1890	32.300	37.000	43.000	269.000	31.000	617.800

Schienenlänge in ausgewählten Industrieländern 1830–1890 in Kilometer (Weber nach Handwörterbuch der Staatswissenschaften)

86. Das Eisenbahnnetz als Gefahr bringende Spinne. Karikatur im »Punch«, 1865. London, Punch Library

Die Eisenbahn trug weder in Großbritannien noch auf dem europäischen Kontinent erkennbar zur Bildung neuer Städte bei. Anders verhielt es sich in den USA. Hier waren die Eisenbahngesellschaften vom Parlament sehr reichlich mit Land »beschenkt« worden, das diese an Auswanderer und Siedler verkauften, um auf diese Weise ihre Strecken zu sichern. Die Bahnhöfe, anfangs eher bescheidene Holzbauten als Schutzvorrichtungen gegen Regen und Wind, wurden erst seit den fünfziger Jahren durch nüchterne Steinbauten mit weiten Hallen für die Bahngleise ersetzt. In England begann schon in den sechziger Jahren ein Wettbewerb um repräsentative Bauten, etwa mit dem Hallengebäude der St. Pancras Station in London, das vom Wohlstand der Linie, aber auch vom Selbstbewußtsein der diesen modernen Transport ermöglichenden Technik kündete. In den englischen Städten, vor allem in London, setzten sich die kapitalistischen Elemente des Wettbewerbs eher durch; hier wurden mit Hilfe entsprechender Gesetze die billigen und abgewirtschafteten Wohnquartiere nahe der Innenstadt aufgekauft und abgerissen. Die verdrängten Einwohner mußten an den Rand der Städte ausweichen und zur Arbeit in der City – wenn überhaupt – mit den neuen Trams fahren.

Das Eisenbahnwesen wirkte entscheidend auf das Stadtbild und die städtische Infrastruktur ein. Die Bahnhöfe lagen in Großbritannien bereits innerhalb der sich schnell ausdehnenden Städte, in Deutschland vielerorts jenseits der in der Napoleon-Zeit geschleiften Wallringe. In England wurden 5 bis 10 Prozent der 1840 bis 1900 für städtische Zwecke erschlossenen Gebiete für Eisenbahnanlagen verwendet. Trotz ihrer oft stadtteiltrennenden Rolle haben sie die Ansiedlung von Industrie und Dienstleistungsbetrieben, von Hotels und Restaurants vorangetrieben. Ganze Wohnviertel entstanden für Eisenbahnarbeiter in der Nähe von Bahnhöfen und Werkstätten. Der vorübergehende Einfluß der Eisenbahnbaukolonnen auf die Stadt

87a. Der Ludwigsbahnhof in Nürnberg, vollendet 1835. Kupferstich, um 1840. – b. Der Staatsbahnhof in Nürnberg, vollendet 1844. Photographie. Beide: München, Deutsches Museum

wurde nun durch permanente Strukturen der Beschäftigten abgelöst. Und diese Stellen waren begehrt, weil sie eine dauerhafte Anstellung versprachen. In den USA bildeten manche Beschäftigungsverhältnisse den Ausgangspunkt für Traumkarrieren.

Die ersten Bahnhöfe verbanden die Endpunkte der Linien miteinander, und es lag nahe, sie als Kopfbahnhöfe anzulegen. Hierbei waren geringer Flächenbedarf und große Stadtnähe durch die breite Öffnung zur Stadt hin positive Charakteristika. In Paris, London oder New York sind diese frühen Kopfbahnhöfe noch heute in Betrieb. Sie wurden allerdings zu »Sackbahnhöfen«, als die Linien vernetzt waren und beim Umspannen der Lokomotiven viel Zeit verloren ging. So hatte der Hamburger Bahnhof in Berlin wie mancher andere Kopfbahnhof eine Durchfahrt für die Lokomotiven, die vor oder hinter der Halle auf einer Drehscheibe in die geplante Fahrtrichtung gestellt wurden. Die Bahnsteige blieben nach An- und Abfahrgleis getrennt, boten Gelegenheit zum Mittagessen und zur Erholung von der Fahrt. Ein direkter Zugang zum Bahnsteig war ohnehin bis in die sechziger Jahre nicht möglich. Die Reisenden durften erst nach dem Einlaufen eines Zuges das Restaurant oder die Wartehalle verlassen und den Bahnsteig betreten.

Die Durchgangsbahnhöfe konnten pro Gleis das Doppelte an Zugverkehr bewältigen. Zu diesem Zweck mußten jedoch die Bahnsteige durch Brücken oder Tunnels miteinander verbunden werden, was auch die Freigabe der Bahnsteige für den Publikumsverkehr mit sich brachte. Der neue Lehrter Bahnhof in Berlin, noch ein Kopfbahnhof, hatte 1870 einen solchen Übergang zu frei zugänglichen Bahnsteigen. Aufwendige Bahnsteighallen, der Architektur der Glaspaläste der Weltausstellungen nachempfunden, aus gußeisernen Trägern und schweißeisernen Glaseinfassungen, und mit Hilfe der bei den Brückenbauten so erfolgreich praktizierten Gitterträger errichtet, vermittelten in den Großstädten eine nie zuvor empfundene Geschäftigkeit und eine Beherrschbarkeit von Technik.

In Deutschland setzte der Bau großer Bahnhöfe erst Mitte der siebziger Jahre ein – eine Folge der Verstaatlichung des Eisenbahnwesens. Bis zur Jahrhundertwende wurden verschiedene Linienbahnhöfe zu einem Hauptbahnhof zusammengefaßt. Hannover, München und Frankfurt begannen damit. Hatten die Eisenbahngesellschaften bis dahin die Bahnhöfe nach eigenem Geschmack bauen können, so gab das preußische Fluchtliniengesetz seit 1875 den Kommunen die Möglichkeit, auf Veränderungen zu drängen. Aus diesem Grund mußte beispielsweise der Frankfurter Bahnhof einen guten halben Kilometer stadtauswärts gelegt werden.

Mit den sich schnell ausdehnenden Städten vergrößerten sich die Entfernungen der Wohngebiete von den Geschäftsvierteln in der Innenstadt. Bei anhaltendem Wachstum mußten neue Wohnviertel am Stadtrand errichtet werden. Für die Verbindung zur Innenstadt wurden nun verschiedene Systeme entwickelt: Der Verkehr mit dem Omnibus, mit der Straßenbahn, der Hoch- und Untergrundbahn.

Der pferdegezogene Omnibus faßte im Wagen etwa 15 Personen. Er eroberte London gleichzeitig mit der Eröffnung der ersten Eisenbahnnetze um 1840. Um 1850 verkehrten hier etwa 1.000 dieser Doppeldecker, die auf festgelegten Routen nach Wunsch anhielten. Seit 1838 waren sie in Dresden und seit 1847 in Berlin in Betrieb. In den sechziger Jahren kam in London der Ausbau der vorhandenen Eisenbahnen hinzu, mit ungelösten Schmutz- und Lärmproblemen. Berlin entschied sich 1874 zum Bau einer Stadtbahn als Hochbahn. Diese Linien konnten in den frühen achtziger Jahren elektrifiziert werden.

Das erfolgreichste Personenbeförderungsmittel stammte seit 1832 aus New York. Es waren die Pferdebahnen auf Eisenschienen in den vorhandenen oder ausgebauten Straßen. Andernorts hatten sie Schwierigkeiten, sich in das Gewühl der belebten Straßen einzuordnen, und so fuhren sie in London erst 1860 und in Berlin sogar erst 1865, nachdem eine Schiene entwickelt worden war, die eine gewisse Sicher-

88a. Der Hamburger Bahnhof in Berlin, errichtet 1845–1847. Photographie, um 1865. Sammlung Holger Steinle. – b. Der Bayrische Bahnhof in Leipzig, vollendet 1842. Photographie, 20. Jahrhundert. Dresden, Deutsche Fotothek

heit im Straßenverkehr garantierte. Die Schienen wurden in England von den Kommunen gelegt und an Betreibergesellschaften vermietet. In Deutschland wurde diese Aufgabe zuerst von rein privaten Gesellschaften erledigt, bevor dann die Systeme – meist im Zusammenhang mit der Elektrifizierung – in kommunale oder gemischte Trägerschaften übergingen. Eine gewaltige Ausdehnung nahmen solche

Straßenbahnen oder Tramways in den siebziger Jahren an. 1875 wurden in London damit 50 Millionen Personen befördert, ebenso viele wie mit den Omnibussen. Versuche, die umfangreiche Pferdehaltung für diese Bahnen durch Dampflokomotiven zu ersetzen, begannen in Deutschland 1877 in Kassel, kamen aber wegen der technischen Unzulänglichkeiten für die Innenstädte nicht erfolgreich voran. Immerhin boten sie – vor der Elektrifizierung – eine geeignete Möglichkeit für den zwischenstädtischen Verkehr.

Fahrstühle

Der Vertikaltransport in den Städten und Fabriken folgte der Verdichtung durch den Eisenbahn- und Schiffstransport. Lastenhebungen mit Rolle oder Welle waren in den Gepäckhäusern oder Bergwerken bekannt. In Fabriken oder Lagerhallen fanden sich Aufzüge dort, wo schwere Gegenstände transportiert werden mußten; als Antriebe dienten Dampfmaschinen etwa ab 1835. In Wohnhäusern wurden sie erst zwanzig Jahre später interessant, als sich in den großen Städten die Bevölkerung und die Bodenpreise so stark erhöhten, daß die aufwendige Installation eines kleinen Dampfmaschinenantriebs und eines Aufzugs als Fahrstuhl sich rentierte und dieser Luxus den Bewohnern finanzierbar erschien. Vier Teile bildeten ein solches Aufzugsystem: der Antrieb, die Windenvorrichtung, das Fördergestell, der Fahrkorb; hinzu kamen die Sicherheitsvorrichtungen.

Die industrielle Technik mit ihrem ausgedehnten Maschinenbau entwickelte schon früh zwei konkurrierende Systeme: die Transmission und die Hydraulik. Das Transmissionssystem, bei dem Antrieb, Winde und Korb eine untrennbare Einheit bildeten, wurde zwar durch das Drahtseil erheblich sicherer, doch Absturzsicherheit und Kontrolle des gesamten Hebevorgangs blieben problematisch – Fragen, die bei dem seit 1864 entwickelten Konkurrenzsystem, der Hydraulik, erheblich einfacher gelöst waren.

Gegen die Absturzgefahr bei Transmissionssystemen bot 1854 Elisha Graves Otis (1811–1861) eine neuartige Fangvorrichtung an. Im Kristallpalast von New York, der im Jahr zuvor die Weltausstellung aufgenommen hatte, führte er eine Radikallösung vor: Erschlaffte das Seil, an dem der Korb hing, dann drangen auf Spannung gehaltene Wagenfedern links und rechts aus dem Korb heraus, bohrten sich in das aus Holz bestehende Lattensystem beziehungsweise in eine dort durchgängig angebrachte Zahnleiste hinein und brachten den Fahrkorb damit sofort zum Stehen. Ein zeitgenössisches Bild zeigt Otis, der zwischen Waren auf einer Plattform steht, deren Hängeseil gerade durchschlagen worden ist, wie er die zuschauenden Interessenten mit den Worten beruhigt: »All safe, gentlemen, all safe.« Zu einer gleitenden Abbremsung bei Seilsystemen kam es erst im folgenden Jahrhundert.

89. Hydraulischer Fahrstuhl in der Maschinenhalle der Pariser Weltausstellung 1867. Lithographie in »L'Exposition de Paris 1867«. München, Staatliches Museum für angewandte Kunst

Nur wenige Jahre später, 1857, baute ein Kaufmann für Silber- und Glaswaren in New York den ersten Personenaufzug in ein vierstöckiges Gebäude ein, das heute noch als Denkmal erhalten wird. Umfangreiche Versuche galten den Sicherheitsvorrichtungen, den Brems- wie den Fangsystemen. Die hohe Belastung des Seils in den Liftanlagen ließ große Vorsicht angeraten sein. Experimente mit Bremssystemen, beispielsweise durch komprimierte Luft, wurden immer wieder durchgeführt, haben aber auch Todesopfer gefordert: Ein mit acht Personen beladener Fahrstuhl drückte 1879 in Boston die Luft in der »Polster«-Anlage derart zusammen, daß diese gesprengt wurde und der Fahrstuhl für alle zum tödlichen Grab wurde.

Diese Seilsysteme, die den großen Vorteil hatten, schnelle Transportleistungen zu erbringen, wurden in Europa, vor allem in Frankreich und England, in ihrer Ausdehnung durch hydraulische Systeme »gebremst«. Als technisch aufwendig erwies sich die seit 1864 in Frankreich von Léon Edoux (1827–1893) entwickelte und 1867 auf der Weltausstellung vorgestellte Hydraulik, die ab 1878 auch von Otis gebaut wurde, deren Höhe begrenzt blieb, obwohl auf der Weltausstellung in Paris 1878 immerhin 62 Meter Hubhöhe erreicht wurden.

Zwei wichtige Verbesserungen leiteten dann gegen Ende der siebziger Jahre den unaufhaltsamen Aufstieg des Fahrstuhls als Vertikaltransportsystem für die Hochhäuser in den Ballungsgebieten ein: die Auflösung des Transmissionsbetriebs in einen Motor- und einen Windenteil und die Übernahme des Kraftteils durch den Elektromotor.

Wirtschaftliche Aspekte der konkurrierenden Transportsysteme

Zwischen den einzelnen Verkehrssystemen und deren Trägern gab es auf nationalen Ebenen sehr bald harte Konkurrenzkämpfe. Im industriell entwickelten Großbritannien wurde der stattliche Warenverkehr nicht durch die Eisenbahn, sondern bis in die sechziger Jahre durch die Küstenschiffahrt und auf den Kanälen abgewickelt, die Zugang zu allen wichtigen gewerblichen und landwirtschaftlichen Zentren hatten. Doch die Eisenbahn konnte nach 1830 mehr anbieten: die Verwendung billiger Abfallkohle, eine höhere Geschwindigkeit und damit pünktlichere Lieferung und geringere Gebühren. Daran entzündete sich der Streit zwischen den Betreibern des Bridgewater-Kanals zwischen Liverpool und Manchester und den dortigen Kaufleuten und Textilindustriellen. Anfang der vierziger Jahre hatten die britischen Eisenbahngesellschaften die Linie Liverpool–Manchester bereits betriebsfähig gemacht, London mit Birmingham als dem gewerblichen Zentrum Englands und mit Liverpool, York, Bristol, Southampton und Brighton verbunden. 1849 war daraus schon ein recht engmaschiges Netz geworden. Bis 1851 kamen unter stets hektischen Schüben folgende Linien hinzu: South Eastern, Great Western, Sheffield & Lincoln und Great Central; damit waren zunächst gravierende Überkapazitäten geschaffen. Nach 1865 gab es auch schon Parallelstrecken.

Das englische Parlament mit seinen Händlerinteressen sorgte seit Beginn des öffentlichen Personenverkehrs für die Zulassung konkurrierender Linien, um die Fahrpreise und Frachtkosten gering zu halten. Die Gesellschaften verstanden es, durch zusätzliche kleine Streckenverbindungen oder durch Zusammenschluß monopolartige Versorgungsgebiete aufzubauen, die einschließlich Küstenschiffahrt und Kohlenversorgung unabhängig waren.

Im Jahr 1870 waren für 25.000 Kilometer insgesamt 530 Millionen Pfund investiert worden, davon 130 Millionen für die »Bearbeitung« von Parlament und

Grundbesitzern. Eng mit den Ingenieuren arbeiteten die Rechtsanwälte und Grundstücksmakler zusammen, ohne deren Hilfe die Linien nicht entstanden wären. Die halbjährliche Rechnungslegung der Eisenbahngesellschaften machte die Kontenführung, überhaupt das gesamte Kassen- und Abrechnungswesen zu einem äußerst zukunftsträchtigen Arbeitsfeld. Da sich auch hier Qualifizierte mit weniger Qualifizierten auseinandersetzen mußten, kam es beispielsweise bei den Vermessern 1868 zu einer eigenen Berufsvereinigung, dem Institute of Surveyors.

Die Eisenbahn war in England weniger Pionier eines kostengünstigen Transports, vielmehr Konkurrent eines bestehenden Systems, das allerdings manche Wünsche offenließ. Konkurrent einerseits zu den Kanalbooten, andererseits und viel heftiger zur Küstenschiffahrt, die den Eisenbahnen keine beliebige Frachtkostenberechnung ermöglichte. Die Frachten der Küstenschiffahrt sanken drastisch, so daß viele Quadratmeilen Ackerland zu Weideland umgewandelt wurden, weil sich der Ackerbau nicht mehr lohnte – eine Rückwirkung, vor der sich die deutschen Großagrarier vierzig Jahre später auf ganz andere Weise schützten.

In Deutschland stellten sich die Hindernisse doppelt dar: als Zoll- und als topographische Schranken. Die gewerbereichsten und kommerziell am weitesten entwikkelten Gebiete schufen sich über eine investitionsfreudige Kaufmannschaft die ersten Eisenbahnen, und wo die politische Not, durch den Zollverein vom mächtigen Preußen oder von anderen Nachbarn behindert zu werden, am größten war, fanden sich auch die ersten Staatslinien. Wo, wie vorwiegend in Großbritannien, Bergwerksgesellschaften den Anstoß zum Bau von Eisenbahnlinien gaben, waren sie so sehr an der wirtschaftlichen Existenz ihrer Bahngesellschaft interessiert, daß sie zwecks Vermeidung einer Konkurrenzlinie auch Hafenbau und Verschiffung über See nach London betrieben. Derartige Gebietsmonopole wurden bereits um 1850 geschaffen und stießen sogleich auf heftige Kritik im Parlament, das gerade eine Konkurrenz der Verkehrsträger anstrebte, weil hier nicht die Produzenten der Verkehrsmittel, sondern deren Nutzer, die Kaufleute, den Ton angaben. Die weniger zentral organisierte Technologie der Küstenschiffahrt eignete sich leichter zur Ausbeutung als die genauen Berechnungen unterliegenden finanzkräftigeren Eisenbahnen.

In Großbritannien dürfte die Eisenbahn als Frachtguttransportmittel gedacht gewesen sein, zumindest von der Kaufmannschaft Manchesters, doch in Wirklichkeit verdiente sie ihr erstes Geld mit dem Personentransport. Da aber der Eisenbahnbau nicht so schnell stieg wie das Transportvolumen, erhöhten sich die Frachtmengen auf den Kanälen. Hatten um 1838 die zwölf wichtigsten Kanäle 10,5 Millionen Tonnen transportiert, so waren es 1848 immerhin 14 Millionen Tonnen. Auf die Eisenbahn gelangten die Waren erst, als die Zu- und Abfahrten und sonstigen Serviceeinrichtungen für den Verkehr günstiger waren. Es ist daher kaum verwunderlich, daß große Debatten im Parlament einsetzten, als Anfang der siebziger Jahre

90. Die Halle vom St. Pancras-Bahnhof in London, errichtet 1863–1865. Stahlstich in »Building News«, 1869. London, Museum of British Transport

ein ausgebautes Netz zur Verfügung stand und die Gewinne stagnierten, weil der Wettbewerb nun über Differentialtarife abgewickelt wurde, mit denen die Gesellschaften sehr großzügig verfuhren. Jetzt kollidierten die Interessen der Eisenbahneigentümer mit denen der dort lange vertretenen Kaufleute.

Eine umfassende Untersuchung über das Tarifwesen 1881/82 führte schließlich zum Railway and Canal Traffic Act von 1888, der die Tarifhoheit neu faßte. Um der doppelten Schere auszuweichen, die den Eisenbahngesellschaften vom Parlament wie von den Eignern drohte, versuchten diese, ihre Hauptkunden durch besondere Angebote zufriedenzustellen.

Doch auch die amerikanischen Gesellschaften gerieten in große Schwierigkeiten, als die Weltwirtschaft und damit das Transportvolumen in den USA nach 1871 stagnierte. Relativ ungehindert von öffentlichen Auflagen gingen sie daran, durch Marktmanipulation ihre Kapitalverzinsung zu sichern. Das gelang ihnen erst, nachdem sie versucht hatten, mit ausgeklügelten Differentialtarifen und dann mit Kartellen zu überleben. Nach vielen Verschmelzungen und tiefgreifender Reorganisation erreichten sie schließlich die Durchsetzung höherer Fahrpreise.

Die Eisenbahnen in Großbritannien übernahmen, als sie auf den Markt kamen, vor allem die Passagiere aus den Postkutschen und den Transport für Hochpreiswaren. Da Regierung und Publikum die Konkurrenz förderten, verstärkte sich das Interesse der Gesellschaften an der Fracht. In nur fünf Jahren, von 1845 bis 1850, sank der Erlös aus dem Personenverkehr von 75 auf 49 Prozent am Gesamterlös,

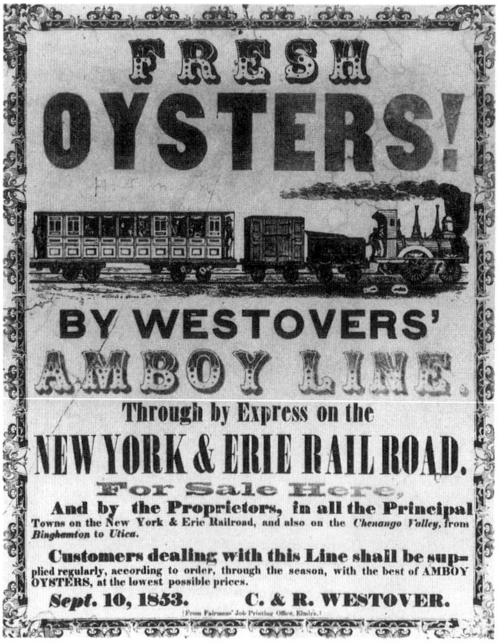

91a und b. Erschließung von Märkten und Siedlungsgebieten durch die amerikanische Eisenbahn. Plakate aus den USA, 1853 und 1879. New-York Historical Society

1870 auf 44 Prozent. Andererseits setzte sich im Personenverkehr die zwangsweise eingeführte Dritte Klasse, sinnigerweise »Parlamentsklasse« genannt, durch. Ihr Anteil machte 1845/46 rund 20 Prozent, 1870 dann 44 Prozent und 1875 schließlich 61 Prozent aus. Die hohen Baukosten und die anhaltende Konkurrenz ließen die Nettoerlöse der führenden fünfzehn Gesellschaften sinken, von über 6 Prozent 1846 auf wenig über 3,5 Prozent für die Zeit danach.

Anders als in Deutschland, wo sich der Staat auch dort, wo er die Vorteile des Eisenbahnsystems zunächst nicht erkannt hatte, bald zum jeweils größten Eisenbahnunternehmer entwickelte, hielten die Engländer an der Konkurrenz der Verkehrsträger untereinander fest. Das war zugleich ein Sieg der Liberalen und Händler gegen das Interesse der Produzenten und Kommunen, sicherlich zu einem erheblichen Teil mitverantwortet durch die Existenz vorhandener Konkurrenten, der Küsten- und Kanalschiffahrt. Die Gesellschaften belasteten die Fracht nach Gutdünken möglichst hoch, und das englische Tarifwesen räumte ihnen viele Jahre die Möglichkeit ein, neben dem eigentlichen Beförderungsvorgang auch die Schienenbenutzung und die Inanspruchnahme der Lokomotive mit einem eigenen Tarif zu belegen. So ist es kein Wunder, daß das Select Committee on Railways des Parlaments, als es 1881/82 die Wettbewerbsbedingungen untersuchte, stärkste Verzerrungen feststellte, die beispielsweise London dicht an die industriellen Midlands heranrückte und zugleich kleinere Orte in der Nähe der Midlands entfernungsmäßig ganz weit zurückstuften.

Die von englischen Linien eingeführten Differentialtarife stellten auch in Deutschland das Hauptärgernis der Kunden dar. Je nach Warenart und Zielort erhoben die Gesellschaften sehr unterschiedliche Tarife, die sich in der Regel an der Frage orientierten, ob eine Stadt durch konkurrierende Linien getrennt wurde; Entfernung und technischer Aufwand blieben weniger wichtig. In Deutschland wurde in der Wirtschaftskrise 1876 versucht, die Tarife nach Gewicht und Entfernung umzugestalten, doch mit keinem durchschlagenden Erfolg. In den ersten Jahren verstand man Eisenbahnstrecken auch hier als Kampflinien, etwa in der Nachfolge der Politisierung des Straßenbaus, den Preußen so erfolgreich zur Erlangung des Zollvereins eingesetzt hatte. Die wenig kooperative Form, in der Hannover wohl Harburg, aber nicht Hamburg an sein Netz anschloß, trug – neben anderen Faktoren – 1866 schließlich zu seiner Übernahme durch Preußen bei.

Auch in der Finanzierung wich das Eisenbahnwesen von der Kanalschiffahrt ab. Hatten der englische Kanalbau und -verkehr vor allem Geld aus den Provinzen, zumal vom Landadel auf sich gezogen, wodurch London das Schwergewicht der finanziellen Industrie-Aktivitäten verlor, so gewann die Hauptstadt mit den Eisen-

92. Alltag auf einem Bahnhof im Mittleren Westen der USA. Holzschnitt in »Leslie's Weekly«, 1868. Washington, DC, Library of Congress

93. Der Pangbourne-Bahnhof im ländlichen Großbritannien. Kolorierte Lithographie, 1846. Cambridge, University Library

bahnen ihre Rolle als Finanzplatz zurück. Das Versicherungsgeschäft, aber auch Import und Export entwickelten sich sehr positiv. Die Penny-Post, die 1840 für alle Postsendungen ein einheitliches Porto festlegte, brachte für die Londoner Büros manchen Vorteil. Nach 1860 gab es eindeutige Anzeichen dafür, daß nunmehr der Eisenbahnbau die Wirtschaft insgesamt bestimmte; zugleich war der dämpfende Einfluß, den die über die Jahre sich hinziehenden Investitionen der Eisenbahn hatten, nicht mehr so stark fühlbar.

Blieb die Kapitalkonzentration im britischen produzierenden Gewerbe gering, von wenigen großen Textilfabriken abgesehen, so stellte sie sich bei den Eisenbahngesellschaften um so spürbarer ein. Um 1850 waren 60 Prozent aller Eisenbahninvestitionen bei fünfzehn Gesellschaften vereint, um 1855 zählte die London-North Western 15.000 Aktionäre. So konnte sich eine neue Politik formieren. Sie war weniger an einer maximalen Rente für die Eigentümer als vielmehr an Wachstum und damit an Mehrung des Einflusses und des Ansehens der Manager interessiert. Befand sich die Eisenbahngesellschaft in Privatbesitz, so ließen sich die Interessen der Eigner nicht verleugnen; waren sie zugleich Besitzer von Kohlenbergwerken, Textilfabriken, Brauereien oder Gaswerken, so nahmen sie bei Tariffestlegungen selbstverständlich auch immer eigene Interessen wahr; und selbst der Staat als Eigner konnte seine gewerbefördernden Absichten nicht immer hinter den betriebsökonomisch sinnvollen Vorhaben der Bahngesellschaft zurückstellen.

Die Eisenbahngesellschaften waren wegen ihrer Größe sowohl in Großbritannien als auch in den USA ein absolutes Novum, das durch neuartige Organisationen des Managements bewältigt werden mußte. Gerade die Engländer, die bei Firmen mit technischer Know-how-Pflege eher auf kleine Unternehmen setzten, sahen sich nun zu hierarchischen Strukturen gezwungen, die bürokratisch und flexibel zugleich sein mußten; es galt mit der Trennung von Eigentum und Leitung umgehen zu lernen. So notwendig diese neuen Strukturen auch gewesen sein mögen, sie gaben der bürokratischen Hierarchie die Möglichkeit, einer allzu straffen Erfolgskontrolle ihrer Arbeit auszuweichen und beispielsweise eher auf die Vergrößerung des Netzes oder auf Verbesserung des Angebots als auf Erhöhung des Gewinns zu setzen.

Staat und Eisenbahn

Das Verhältnis des Eisenbahnwesens zum Staat ist in mehrfacher Differenzierung zu sehen. Zum einen hatte der Staat als Gesetzgeber Einfluß auf die Genehmigung und die Schaffung der Rahmenbedingungen. Zum anderen nahm die staatliche Exekutive als Betreiber entweder allein oder als Konkurrent an der Ausgestaltung des Eisenbahnwesens teil. Entscheidende Bedeutung kam der Zeitspanne von 1870 bis 1875 zu. Die Reaktion auf die Bewältigung dieser Krise entschied auch über das Schicksal der Eisenbahngesellschaften. Generell läßt sich sagen, daß die Gesellschaften in Großbritannien und den USA privat blieben, während sie auf dem europäischen Kontinent über kurz oder lang unter maßgeblichen Einfluß des Staates gerieten. Hier stellten die Linien und ihr Betrieb auch Anforderungen an den Staat und seine Organe, insbesondere durch seine Beschäftigten oder durch Kunden, die im staatlichen Leben eine außergewöhnliche Bedeutung hatten. Schließlich war die Eisenbahn der nach dem Militär erste technisch bestimmte Großbetrieb, der die staatliche Verwaltungsorganisation herausforderte, während er in den USA und in England höchst arbeitsteilige Formen des Managerkapitalismus hervorbrachte. Militärische Überlegungen haben auch für die Eisenbahnen eine bedeutende Rolle gespielt: in Deutschland für deren Finanzierung, in Frankreich und Deutschland für deren Streckenführung, in den USA für deren Betriebsreglement.

Als die ersten Vorstellungen einer funktionierenden Pferde- oder Dampfeisenbahn Deutschland erreichten, gleich nach der Niederlage Napoleons, setzten die Regierungen der deutschen Bundesstaaten zunächst auf den Straßenbau. So vergrößerte sich das preußische Straßennetz von 3.800 Kilometern im Jahr 1816 auf 16.700 Kilometer im Jahr 1852. Der Straßenbau war als ein Instrument zur Umlenkung von Handelsströmen gedacht. Die Denkschriften für den Eisenbahnbau von Friedrich Harkort oder von Friedrich List argumentierten gleichfalls mit der Lenkung von Handelswegen, und die Regierungen verzögerten und beschleunigten die Genehmigung von Eisenbahnen, um die Handelsströme zu beeinflussen. Allein in den kräftigeren Wirtschaftsregionen, in Rheinland und in Sachsen, setzten sich auch Privatbahnen durch.

Die von Preußen im »Gesetz über Eisenbahn-Unternehmungen« vom 3. November 1838 festgelegten Rahmenbestimmungen sind aufschlußreich für das Verhältnis zwischen Staat und Eisenbahnwesen. § 1: Jede Gesellschaft, welche die Anlegung einer Eisenbahn beabsichtigt, hat sich an das Handelsministerium zu wenden, um demselben die Hauptpunkte der Bahnlinie, sowie die Größe des zu der Unternehmung bestimmten Aktien-Kapitals genau anzugeben ... § 8: Für den Fall, daß über den Erwerb der für die Bahn-Anlage nothwendigen Grundstücke eine Einigung mit den Grundbesitzern nicht zustande kommt, wird der Gesellschaft das Recht zur Expropriation, welchem auch die Nutzungsberechtigten unterworfen sind, verliehen ... § 25: Die Gesellschaft ist zum Ersatz verpflichtet für allen Schaden, welcher bei der Beförderung auf der Bahn, an den auf derselben beförderten Personen und Gütern, oder auch an anderen Personen und deren Sachen, entsteht ... § 36: Die aus dem Postregale entspringenden Vorrechte des Staats, an festgesetzten Tagen und zwischen bestimmten Orten Personen und Sachen zu befördern, gehen ... auf dieselben über, wobei der Postverwaltung die Berechtigung vorbehalten bleibt, die Eisenbahnen zur Beförderung von postmäßigen Versendungen ... zu benutzen ... § 38: Von den Eisenbahnen ist eine Abgabe zu entrichten, welche ... nach Ertrag sich abstuft ... § 42: Dem Staate bleibt vorbehalten, das Eigenthum der Bahn mit allem Zubehör gegen vollständige Entschädigung anzukaufen ... § 45: Die Gesellschaft ist verpflichtet, ... den Anschluß anderer Eisenbahn-Unternehmungen an ihre Bahn ... zuzulassen.

In diesen vergleichsweise liberalen Bestimmungen kamen die Befürchtungen vor den Abgründen englischer kapitalistischer Verhaltensweisen ebenso zum Ausdruck wie die Absicht, den privaten Interessen der Eisenbahnunternehmer entgegenzukommen, zugleich aber für die Hergabe einer Konzession Vorteile für die Öffentlichkeit einzuhandeln. Tatsächlich setzte sich dann schnell der Staatsbahngedanke auch in Preußen durch. 1853 erhielt die Regierung die Genehmigung zum Ankauf der Bahnen, doch es fehlten ihr die Mittel dazu. Die angesparten Summen wurden 1859/60 für den Krieg gegen Österreich ausgegeben, und das erstarkte Parlament des Norddeutschen Bundes drängte 1866 sogar auf den Verkauf der schon bestehenden staatlichen Bahnen. Nach der Verstaatlichung der französischen Bahnen seit 1857, dem vergeblichen Versuch Bismarcks, die Eisenbahnen zu »verreichlichen« und der Krise der frühen siebziger Jahre, die eine Reform der deutschen Wirtschafts- und Gesellschaftspolitik einleitete, wurde um 1884 der Aufkauf der privaten Bahnen für den preußischen Staat im wesentlichen abgeschlossen; die Gründung der Königlich Preußischen Eisenbahnverwaltung (KPEV) war der nächste Schritt.

94. Utopische Einsatzmöglichkeiten der Dampfkraft. Kolorierte Radierung, 1828. München, Deutsches Museum

In England hatten die Differentialtarife der Eisenbahnen weitgehende und teilweise groteske Ungleichbehandlungen der Frachtkunden zur Folge, und in den USA versuchten die unter großen Überkapazitäten leidenden Gesellschaften nach dem Bürgerkrieg das gleiche, ohne daß der Staat drohend eingegriffen hätte. Entsprechende Beschwerden in Deutschland führten 1876 zum Fortfall der Differentialtarife, lieferten aber hinreichende Argumente zur Verstaatlichung der meisten Eisenbahngesellschaften. Eine Verstaatlichungsdiskussion gab es ebenfalls in England, besonders in den Jahren 1866 bis 1873, und zwar mit dem Resultat einer Fusion von mehreren Gesellschaften.

Die Bestimmungen des preußischen Eisenbahngesetzes besagten, daß der Staat die öffentliche Sicherheit einschließlich der Gewähr für die in einem Zug Fahrenden unter besonderen Schutz gestellt wissen wollte. Damit bekannte er sich zum Prinzip der Gefährdungshaftung, das er später nicht mehr konsequent weiterverfolgte, für die Eisenbahn aber aufrechterhielt. Er vermochte es wohl nur durchzusetzen, weil es für den Eisenbahnverkehr noch keine etablierten Interessen gab. Gegenüber der Industrie war ein solches Prinzip jedenfalls nicht durchsetzbar, wie das Haftpflichtgesetz von 1871 zeigte, auch wenn im Unfallversicherungsgesetz von 1884 die Unternehmer die volle – auch finanzielle – Verantwortlichkeit für Schäden aus einer unsicheren Technik übernehmen mußten. Diesem Gesetzeswerk von 1838 lag noch eine konservative, industrieskeptische Haltung des Staates zugrunde, während

Länder mit schwächerer staatlicher Aufsicht wie England und die USA sehr wohl Versicherungslösungen für das neue Transportmittel fanden.

Unausweichlich für alle Verkehrsnetze war die Normierung der Uhrzeit. Vor allem in den USA mit den weit auseinanderliegenden Siedlungen benötigte der Prozeß viele Jahre, weil die Interessen der oft landwirtschaftlich bestimmten Orte, der Staaten und der Eisenbahngesellschaften vielfach voneinander abwichen. Selbst die so mächtigen Eisenbahngesellschaften, die in dieser Frage seit Anfang der fünfziger Jahre, seit Fertigstellung der ersten Telegraphenleitungen, und aufgrund vieler schwerer Unfälle auf eine einheitliche Uhrzeit drängten, brauchten hierfür die Hilfe der Wissenschaft – die Astronomen verlangten ab 1874 einheitliche Zeiten – und konnten nicht vor 1883 eine Standardzeit für sich durchsetzen, neben der die lokalen Zeiten weiterbestanden, die erst 1918 mit der Einrichtung von Zeitzonen für das gesamte öffentliche Leben der USA vereinheitlicht wurden.

Technische Risiken entsprangen bei der Eisenbahn erkennbar auch den verwendeten neuen Materialien. »Industrielle Ermüdung« hat Wolfgang Schivelbusch unter Aufnahme zeitgenössischer Diskussionen diesen doppeldeutig zu verstehenden Begriff genannt. Das neue begehrte Material Puddeleisen oder Stahl, welches die junge Generation von Ingenieuren, Polytechnikern und Maschinenbauern zum Bau von Brücken, Eisenbahnachsen und Schienen benutzten, versagte häufig durch einen unbekannten Mechanismus. Versagen also nicht nur wegen konstruktiver oder organisatorischer Defekte? Das erste in die europäische Öffentlichkeit nachhaltig einwirkende Unglück auf der Strecke Paris–Versailles im Mai 1842 mit 55 getöteten und weiteren 100 verletzten Reisenden war auf eine gebrochene Antriebsachse der Lokomotive zurückzuführen. Viele ähnliche Versagensfälle machten die Konstrukteure darauf aufmerksam, daß allein mathematisch berechnete Maschinen- oder Getriebekonstruktionen den technischen Herausforderungen der industriellen Zeit nicht entsprachen. Diese bald als Materialermüdung bezeichneten Erscheinungen traten nicht überwiegend an statisch belasteten Teilen auf, sondern ergaben sich gerade aus der Vielzahl der wechselnden Belastungen, aus der Dynamik oder aus der Arbeit der Materialien. Die Ursachen der Ermüdungen genau zu ermitteln, wurde ein neues Aufgabenfeld, das allerdings nur mühsam Erfolge aufweisen konnte. Die Aufklärung der komplizierten Zusammenhänge erfolgte erst im ersten Drittel des 20. Jahrhunderts. Die bei Marktfragen sonst so organisationskräftige deutsche Eisen- und Stahlindustrie schuf dafür im 19. Jahrhundert noch keine eigenen Forschungsinstitute. Immerhin gab es frühzeitig Hinweise auf die Dynamik als Ursache von Materialermüdungen, so durch Frederick Braithwaite (1797–1870) vor der renommierten Institution of Civil Engineers in London 1854.

Fragen nach der Sicherheit der eingesetzten Materialien wurden dem Staat überlassen, der sich freilich der Kompetenz der in Privatfirmen tätigen Polytechniker bedienen mußte. Ludwig Werder (1808–1885) arbeitete seit 1848 bei der

Maschinenfabrik Klett in Nürnberg und baute auf Anforderung für den bayerischen Staat eine universale Zug-, Druck-, Biege- und Torsionsmaschine. Die Materialprüfung, die bis dahin allenfalls beim Militär eine Rolle gespielt hatte, wurde nun eine zivile Forschungseinrichtung. In Zürich, Berlin und München schuf man dafür Landes- oder Universitätsinstitute für Mechanik. Bei ihnen wurden diese Werder-Maschinen Ausgangspunkt für viele Messungen. Es war dann aber der Eisenbahningenieur und Polytechniker August Wöhler (1819–1914), der den begrenzten Widerstand auch von Stahl gegenüber Durchbiegungen, wie sie bei Eisenbahnachsen vorkamen, erkannte. Ab 1872 konnte Johann Bauschinger (1834–1893) in München, ab 1879 das Königliche Materialprüfungsamt in Berlin-Lichterfelde die vom Verein Deutscher Eisenbahnverwaltungen verlangten und von der Stahlindustrie zurückgewiesenen Festigkeitsprüfungen vornehmen, die vor allem in genauen Zugversuchen bestanden.

Insgesamt war das Eisenbahnwesen auch in Deutschland gegen Ende des Jahrhunderts so sehr zu einem festen technischen Infrastrukturelement geworden, daß es fast den Charakter einer sozialen Grundversorgung erhalten hatte. Gerade den Versuchen, die Eisenbahnen zu verstaatlichen, lag nicht nur die Anerkennung der militärischen oder fiskalischen Berechtigung dieses profitablen Transportmittels, sondern auch die Überzeugung zugrunde, daß nun nahezu jeder ein Anrecht auf schnelle, regelmäßige und – zu Beginn des 20. Jahrhunderts – auch kostengünstige

95. Der Sieg des Sozialismus als Fortschrittsbewegung über Kapital, Kirche und Nationalstaat. Farbige Karikatur in »Der Wahre Jacob« vom Mai 1892. Berlin, Geheimes Staatsarchiv Preußischer Kulturbesitz

Beförderung habe. Nur so läßt sich erklären, daß die Eisenbahn, die doch als höchste industrielle Ausformung kapitalistischer Wirtschaft ins Leben trat, noch vor 1900 als Symbol dafür verstanden werden konnte, diesen Kapitalismus aufzuhalten – ein grandioses Mißverständnis oder eine Art von Ironie?

Telegraphie

Die schnelle Übermittlung von Informationen war bis in das erste Drittel des 19. Jahrhunderts eine vorwiegend für staatspolitische Zwecke durchgesetzte Notwendigkeit. Die noch 1832 eingerichtete optische Telegraphenlinie von Berlin nach Köln an die preußische Westgrenze gegen Frankreich war ein Beleg für dieses Selbstverständnis, auch wenn, oder besser, gerade weil es sich dabei um eine verbesserte Kopie der napoleonischen optischen Telegraphen von Claude Chappe (1763–1805) handelte. Es ist daher auch nicht überraschend, daß die naturwissenschaftlich-technischen Versuche, elektrische Impulse zur Nachrichtenübermittlung zu verwenden, sich von Anfang an großer Unterstützung erfreuten. Sie reichte vom russischen Zaren über den bayerischen König bis zu einflußreichen Unternehmern in England, die damit die Eisenbahnen lenken wollten. Naturwissenschaftlich Interessierte wie Carl Friedrich Gauß (1777–1855) und Wilhelm Eduard Weber (1804–1891) sahen zwar das hohe Potential hinter dieser grundsätzlichen technischen Möglichkeit, wollten sich aber nicht industriell engagieren. Die Eisenbahngesellschaften, die über kein zuverlässiges Informationssystem verfügten, das schneller als die Eisenbahn war, gerieten nach 1835 in große Schwierigkeiten, vor allem, als man die Linien vernetzte. Überall dort, wo Länder wie Großbritannien, Frankreich und Deutschland die handwerklich-feinmechanisch-organisatorische Infrastruktur für die Herstellung und Anwendung der Telegraphie besaßen, gab die Eisenbahn den entscheidenden finanziellen Anreiz zur Serienreife der Telegraphenapparate. Erst als das System praktikabel war, nahm es auch der Staat für die Post, das Militär und seine Eisenbahn in Anspruch.

Der großen Mehrheit der beteiligten Techniker schwebte eine konkrete Umsetzung in die Praxis vor. Die einzelnen Vorschläge waren abhängig vom Stand der naturwissenschaftlichen Kenntnisse beziehungsweise der jeweiligen Gesetze der Elektrizität und vor allem von der Praktikabilität der Apparaturen und verwendeten Systeme. Entscheidend wurden Erkenntnisse zur galvanischen Elektrizität von Hans Christian Ørsted (1777–1851), Humphry Davy (1778–1829), André Marie Ampère (1775–1836) und Michael Faraday (1791–1867). Ørsted und J. S. Christoph Schweigger (1779–1857) in Halle bauten 1820 beziehungsweise 1821 Galvanometer, welche auch geringe Ströme deutlich sichtbar machten und so das entscheidende Signal für die Anwendbarkeit und den Instrumentenbau setzten. Georg

96. Optischer Telegraph auf dem Turm der Akademie hinter dem Atelier der Gebrüder Gropius in Berlin. Detail eines Stahlstichs nach einer Vorlage von Eduard Gärtner, nach 1830. Berlin, Archiv für Kunst und Geschichte

Simon Ohm (1789–1854) fand 1826 den Zusammenhang von Spannung, Stärke und Widerstand und machte auf diese Weise längere Leitungen und wirkungsvollere Geräte konstruierbar. In den folgenden Jahren konkurrierten zwei Systeme der Informationsverarbeitung: das System der Selektion und das der Codierung. Zunächst begannen Paul Schilling von Canstadt (1786–1837) in München und Petersburg, Carl August Steinheil (1801–1870) in München und, ankúpfend an Schillings Apparat, William Fothergill Cooke (1806–1879) zusammen mit Charles Wheatstone (1802–1875) in England mit dem Selektionssystem, bei dem die Buchstaben weitgehend uncodiert waren und mehrere Zeiger und Leitungen dabei verwendet wurden.

Während Steinheil, der 1839 nur einen Draht pro Linie verwendete und mit seinem Vorhaben, die Nürnberg–Fürther Bahn telegraphisch auszustatten, noch an den Bedenken der Obrigkeit scheiterte, konnten die beiden Engländer die elektri-

97. Telegraphenstation in Valencia. Holzschnitt, 1856. Berlin, Bildarchiv Preußischer Kulturbesitz

sche Informationsweitergabe im Bereich des Signalwesens mit einem Zwei-Nadelsystem auf der Great Western-Eisenbahn 1838 vorführen, nachdem sie bis dahin mit fünf Nadeln experimentiert hatten. Die Versuche an der Eisenbahnlinie waren nicht erfolglos. Für die große und bedeutende Linie, welche London mit dem gewerblichen Zentrum Englands, mit Birmingham, verband, bestellte man die Installation bei Cooke und Wheatstone. Der Zeigertelegraph wurde zum Kennzeichen des ersten kommerziell erfolgreichen Telegraphen in England und auf dem Kontinent.

Die bei industriellen Betrieben sich verstärkende Divergenz in der Leitung zwischen der kaufmännischen und der technischen Seite blieb auch Wheatstone und Cooke nicht erspart. Ab 1844 verbanden sie London mit einer Reihe wichtiger englischer Städte. Für den Zuschlag zur telegraphischen Verbindung London–Paris gründeten sie 1846 die Electrical Telegraph Company, aber über die Politik und die Prioritäten bei der Entwicklung der Telegraphie zerstritten sie sich. 1848 konnte die von Cooke aufgebaute Telegraphengesellschaft als erste private Gesellschaft der Welt ihren Betrieb aufnehmen. Im Jahr 1852 hatte sie bereits 6.400 Kilometer Kabel verlegt. Betrieben wurden die Telegraphen als tote Leitungen durch Induktionsspulen oder mit Gleichstrom aus Batterien oder magnet-elektrischen Maschinen nach dem von Faraday entwickelten Prinzip.

In den USA standen die Eisenbahnen vor ähnlichen Problemen. Der Historienmaler Samuel Morse (1791–1872) hatte 1835 bis 1837 mit Hilfe vor allem von Alfred

Vail (1807–1859) ein Übertragungssystem mit Schablone und Zahlencode ausgedacht und einen einfachen Apparat mit Aufzeichnungsmöglichkeit dafür gebaut. Obwohl die Regierung 1843 die Versuche entlang der Bahnlinie Washington–Baltimore finanzierte, nahm sie die Option auf Einführung einer staatlichen Telegrapheneinrichtung nicht wahr, sondern überließ sie Morse und einer großen Zahl anderer Gesellschaften. Eisenbahn- und Telegraphengesellschaften blieben in den USA privat organisiert. Ein Jahr später wurden die amerikanischen Eisenbahnen bereits durch 1.500 Kilometer lange Leitungen kontrolliert. Als Morses Signalgeber 1847 in Europa bekannt wurde, setzte er sich schnell durch, unter anderem weil die Information auf einem Papierstreifen aufgezeichnet wurde und der Empfänger bei Nachrichteneingang nicht unbedingt anwesend sein mußte.

In Deutschland, wo noch bis in die siebziger Jahre optische Telegraphenstationen benutzt wurden, setzte 1843 die Rheinische Eisenbahn bei Aachen den ersten elektrischen Telegraphen mit Wheatstone-Apparaten in Betrieb. In Berlin erkannte der preußische Offiziersanwärter Werner Siemens, der das hauptstädtische Angebot zur naturwissenschaftlichen Fortbildung intensiv nutzte, als Militär sogleich die Bedeutung der Telegraphie, nachdem sein Bruder Wilhelm aus London ihn mit einem Zeigertelegraphen von Wheatstone bekannt gemacht hatte. Zusammen mit dem Universitätsmechaniker Johann Georg Halske (1814–1890) baute er einen Zeigertelegraphen mit Selbstunterbrechung und isochroner Fortschaltung, wobei Sender und Empfänger in ein und demselben Gerät untergebracht waren. 1847 gründete er mit dem Geld seines Onkels und zusammen mit Halske ein Unternehmen. Das Patent wurde anerkannt, was für gewinnträchtige Verfahren in Preußen überraschend war. Allerdings setzte der verantwortliche preußische Telegraphendirektor Friedrich Wilhelm Nottebohm (1808–1875) erfolgreich Morse-Apparate gegen die Siemensschen Zeigertelegraphen durch, was Werner Siemens noch jahrelang verstimmte. Doch der preußische Staat beziehungsweise das Militär erkannten die Bedeutung des elektrischen Telegraphen sehr bald. 1852 wurde die Linie Berlin–Köln aufgenommen und die optische Linie stillgelegt. Siemens erfüllte auch die Forderung, die elektrischen Leitungen unterirdisch zu verlegen – ein überzeugendes Argument für die Staatsmacht, die den Zugang Privater zur Telegraphie noch lange als Sicherheitsrisiko verstand. Erst nach der Revolution, während der Siemens eine Telegraphenlinie nach Frankfurt einrichtete, erhielten 1849 Private überhaupt eine Benutzungsgenehmigung. Doch es waren gerade die privaten Depeschen, die einen lukrativen Betrieb der Telegraphenlinien möglich machten. Die Gesellschaften, gleich ob private in England oder staatliche auf dem Kontinent, verdienten an dieser Nutzung sehr hohe Summen. Entsprechend rasch erfolgte der Ausbau.

Mitteleuropa als Zentrum des europäischen Netzes erhielt 1854 mit dem Deutsch-Österreichischen Telegraphen-Verein eine verbindliche internationale Basis, und 1865 einigten sich die Staaten im Pariser Vertrag über die Grundlagen der

98. Teilnehmer an der vierten Konferenz des Deutsch-Österreichischen Telegraphen-Vereins in München im Jahr 1855. Photographie. Nürnberg, Deutsche Bundespost, Verkehrsmuseum

telegraphischen Linienbenutzung in Europa. Diese Daten verraten nichts über die rasant erfolgte Ausdehnung des Telegraphennetzes. Die Linien wurden von machtpolitischen Interessen der Staaten vorangetrieben und von privaten Interessen wirtschaftlich lebendig gehalten. Trotz häufiger Fehlschläge fanden sich immer die erforderlichen Mittel, um neue Linien zu finanzieren, vor allem in London, dem Zentrum des Handels und des britischen Kolonialreiches. Seit dem Ende der vierziger Jahre waren die Verbindungen schnell, sicher, billig und erlaubten die Aufzeichnung auf einem Papierstreifen, so daß auch die bürokratischen Organisationen zugriffen und in ganz Europa Telegraphenlinien installierten.

Nur ein gutes Jahrzehnt nach Aufnahme der Telegraphie für die Eisenbahnen und nach kommerziellem Erfolg wagten Unternehmer mit staatlicher Rückendeckung den Schritt in eine neue Dimension: in die weltweite Verbindung durch Telegraphie. Der Einsatz der Induktion und die damit mögliche Verstärkung der elektrischen Impulse erlaubten rasch eine Verlängerung der Linien. Telegraphenrelais hießen die neuen Geräte in Anlehnung an die Wechselstationen für Postpferde. 1851 nahm die Linie London–Paris ihren Betrieb auf. 1866 konnte man dauerhaft von London nach New York telegraphieren. 1869, im Jahr der Eröffnung des Suez-Kanals, war England über das 18.000 Kilometer lange, von Siemens verlegte indo-europäische Kabel und über ein zweites Kabel durch das Mittelmeer mit Indien verbunden. Statt einen Monat benötigte eine Nachricht dorthin nur noch anderthalb Stunden. Es handelte sich um den größten Schub von Verwaltungsrationalisierung, den es bis dahin gegeben hat, und das galt auch für die kommerziellen

Interessen der Londoner City zwischen Europa und den USA, wohin selbst die schnellsten Dampfschiffe immer noch zwölf Tage unterwegs waren.

Über den Bau dieser weltweiten Linien ist viel geschrieben worden, denn es war ein kulturmissionarischer, ein machtpolitischer, aber auch ein kapitalistischer Effekt, der in der Erschließung der Welt zu einem Informationsnetz zur Geltung kam. Es war erforderlich, die Kabel wassertauglich herzustellen und zu verlegen, die schwachen Signale erkennbar zu machen, vor der Verlegung den Kapitalmarkt zu beobachten und die Genehmigungen der souveränen Regierungen einzuholen – eine Fülle von Aufgaben, die zudem bei der Verlegung über See und in einsamen Gegenden den Anstrich des oft Lebensgefährlichen hatten.

Den Zuschlag für das erste größere Unterwasserkabel von Dover nach Calais erhielt in englischer Tradition nicht die stärkste Gesellschaft, sondern eine Konkurrenz. Wie auf den anderen großen Linien versagte die erste Verlegung. Erst der Einsatz des Eisenbahningenieurs Thomas Russel Crampton (1816–1888) erbrachte die Funktionsfähigkeit des Kabels. Versuche zur Überquerung des Atlantik von Irland nach Neufundland wurden von dem Amerikaner Cyrus W. Field finanziert und vorangetrieben. Sie scheiterten trotz der Beratung durch William Thomson (1824–1907) und der Hilfe von Bremsdynamometern sowohl 1857 als auch 1858. Die Kabel rissen, weil sie nicht stabil genug hergestellt oder nicht sanft genug verlegt worden waren, oder sie wurden nach wenigen Wochen unbenutzbar.

Eine englische Regierungskommission, in der auch Werner und Wilhelm Siemens mitarbeiteten, beschäftigte sich 1859 mit der grundsätzlichen Möglichkeit eines Atlantik-Kabels. Schließlich gelang es Field noch einmal, das erforderliche Kapital zusammenzubringen. Inzwischen gab es ausreichende Erfahrung bei der Konstruktion von Kabeln und der Isolierung mit Guttapercha; zudem lag das unbeschäftigte Riesenschiff »Great Eastern« bereit, welches das gesamte Kabel von 4.260 Kilome-

99. Depeschenübermittlung mit Hilfe des Telegraphenapparats von Mayer. Holzschnitt, 1875. Berlin, Bildarchiv Preußischer Kulturbesitz

ter Länge an Bord nahm und am 14. Juli 1865 auslief. Das Kabel riß zwar erneut, aber es gelang ein Jahr später mit Hilfe verbesserter Techniken, das abgerissene Kabel aufzufischen und ebenfalls in Betrieb zu nehmen, so daß eine ständige Verbindung mit den USA hergestellt war.

Schließlich galt es auch, bei langen Kontinentalkabeln erhebliche Probleme zu überwinden. Daß sie von Werner Siemens und seinen Brüdern gemeistert wurden, hat vielfältige Gründe. Ausgangspunkt war sicherlich die mutige Entscheidung von Werner Siemens, seine Brüder Wilhelm in London und Carl in Petersburg nach Verdienstmöglichkeiten suchen zu lassen. Er selbst geriet nach seiner ersten großen Lieferung in eine Vertrauenskrise mit seinem Abnehmer, der staatlichen preußischen Telegraphenverwaltung, weil er 1851 öffentlich über dieses Geschäft räsonniert hatte: »Kurzdarstellung der an den preußischen Telegraphenlinien mit unterirdischen Leitungen gemachten Erfahrungen«. Das 3.000 Kilometer lange Kabel mußte auftragsgemäß unterirdisch verlegt werden, obwohl Werner Siemens davor gewarnt hatte, dem technisch Machbaren vorauszugreifen, und tatsächlich war das Netz nicht funktionsfähig. Da weitere Aufträge nun ausblieben, mußte er sich andernorts umsehen. Er wandte sich nach Petersburg, wo ein Staatsnetz von dort ans Schwarze Meer aufgebaut werden sollte, und erhielt tatsächlich den Auftrag einschließlich der Wartung für zwölf Jahre.

Während das Eisenbahngeschäft zusehends anstieg und die Firma finanziell trug, entwickelten Wilhelm und Carl »telegraphische« Interessen für das Berliner Unternehmen. Vor allem Wilhelm mit seinen Mittelmeer-Erfahrungen traf mit dem Bau einer Kabelfabrik in Woolwich 1860 die richtige Entscheidung, denn die Qualitätskontrolle schon bei der Kabelherstellung war ein durchschlagendes, weil die Betriebssicherheit steigerndes Verkaufsargument. Schließlich gelang es den drei Brüdern, von der britischen, der preußischen und der russischen Regierung die Genehmigung zu einem privaten Überlandkabel von England über Norderney, die preußisch-russisch/polnische Grenze, den Kaukasus bis nach Teheran zu erhalten, von wo die Engländer die Fortleitung übernahmen. Als die Störung nach einem Erdrutsch im Kaukasus 1870 behoben war, verfügte die britische Regierung über eine sichere Linie nach Indien.

Nach diesen Erfolgen schalteten sich die Siemens-Brüder auch in die transatlantische Telegraphie ein. Wilhelm ließ Anfang der siebziger Jahre ein Dampfschiff, die »Faraday«, für die Kabelverlegung bauen und konnte 1874 unter technischer Aufsicht von Bruder Carl, der seit 1868/69 in London die Fabrik leitete, mit dem ersten Kabel von Irland, unter Umgehung von Neufundland, die USA direkt erreichen. Das damit gesprengte Monopol der Kabelbetreiber nahm auch dieses Kabel in das Kartell auf. Die »Faraday« erwies sich als ein hervorragend geeignetes Schiff, das weitere Kabel nach Nordamerika verlegte, während ein anderes Unternehmen, das Brasilien-Kabel, mit dem Verlust von Mannschaft, Schiff und Kabel in der Biskaya endete.

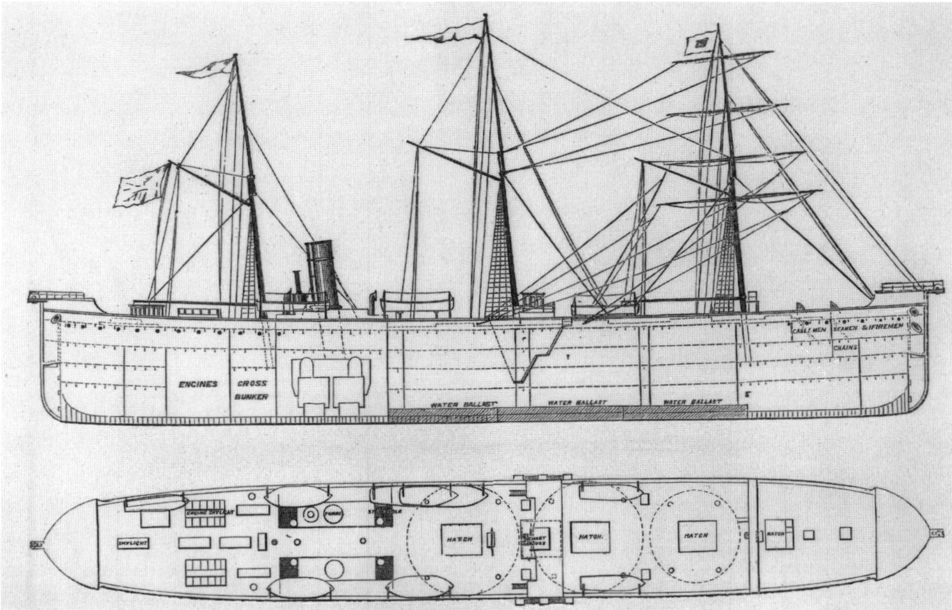

100. Das Dampfschiff »Faraday« für die Verlegung von Telegraphenkabeln. Schematische Zeichnung in »The Engineer«, 1876. München, Deutsches Museum

Die Einstellung der preußischen Postverwaltung gegenüber den Kabelangeboten von Siemens veränderte sich nur langsam. Felten & Guilleaume rückte zum bedeutendsten deutschen Kabellieferanten auf und lieferte für die Freileitungen bald billigere und widerstandsfähigere verzinkte Drähte. Unter Generalpostmeister Heinrich Stephan (1831–1897), der ab 1875 Post und Telegraphen zusammen verwaltete, erhielt Siemens den Auftrag, ein telegraphisches Grundnetz von 5.000 Kilometer Länge aus einem siebenadrigen Kabel zu legen. Den Auftrag, das Kabel, das die Firma auf Wunsch der Regierung nicht aus London bezog, sondern in einer eigens dafür erbauten Fabrik in Berlin fertigen ließ, teilte sich Siemens mit Felten & Guilleaume aus Köln.

Diese rasche Ausdehnung der telegraphischen Technik hatte Konsequenzen. Einmal war sie Anlaß zu Gründungen von Telegraphenbüros, die mit Nachrichten handelten – eine der ganz wesentlichen Grundlagen der nun entstehenden bürgerlichen Gesellschaft, die unabhängig vom Staat mit Informationen versorgt werden wollte. Zum anderen resultierte daraus der Vorsprung der großen Firmen in der Entwicklung der Schwachstromtechnik. Ihr Potential war so stark, daß sie für das Mitte der siebziger Jahre aufkommende Telephon häufig Produktion und Verteilung übernahmen – eine ungewöhnliche Konzentration in der noch vielgestalteten Industriewirtschaft, die außer in England und den USA vornehmlich durch staatli-

101. Unterirdische Kabellegung des Reichstelegraphen von Berlin über Magdeburg und Hannover nach Köln in Anwesenheit Heinrich Stephans im Jahr 1878. Gemälde von Hubert Ritzenhofen. München, Deutsches Museum

che Aufträge begründet war, aber Ursachen auch in der Einheitlichkeit der Systeme hatte, mit der man glaubte operieren zu müssen.

Zu jenen, die einen großen Erfahrungsvorsprung im Umgang mit der Elektrizität besaßen, gehörte Siemens. Vielen Regierungen erschien gerade der familiäre Zusammenhalt der international arbeitenden Brüder quasi als eine frühe Stufe der »Multis«, eine Garantie für die Aufrechterhaltung des neuen technischen Systems gegen die aufkommenden Spekulationsgeschäfte auf dem Aktienmarkt zu sein. Eine eminent praktische Begabung ließ Werner Siemens sogleich nach der Entdeckung des dynamoelektrischen Prinzips Ende des Jahres 1866 an einen Motor denken, der einmal die elektrische Traktion übernehmen sollte. Die Art der Bekanntmachung und der Effektuierung mit Doppel-T-Anker und Trommelanker war von bewundernswerter Zielgerichtetheit. Das Telephon, das auf der Weltausstellung 1876 in Philadelphia von Alexander Graham Bell (1847–1922) vorgeführt wurde und großes Interesse erregte, war für Siemens dagegen zunächst nur ein Spielzeug und kein großes Investitionsvorhaben in einer Zeit, in der er gerade das deutsche Grundnetz für die Telegraphie legte.

Neue Maßstäbe in der Informationsvermittlung setzten spätestens seit Mitte des 19. Jahrhunderts auch die Papierproduktion, der Druckvorgang und die photographische Abbildung. Der Herstellungsprozeß des Papiers hatte sich schon im 18. Jahrhundert als arbeitsteiliges, manufakturmäßiges Verfahren entwickelt. Im frühen 19. Jahrhundert erfolgte die Differenzierung vieler Spezialpapiere bis hin für die Verpackung rostempfindlicher Metallwaren. Auch künstliche, also chemische Hilfsmittel zum Bleichen und Verfeinern wurden in der Hadernaufbereitung bereits angewendet. Engpässe gab es jedoch bei der Beschaffung des Rohstoffes Hadern, so daß aufwendige, zum Teil international organisierte Im- und Exportgeschäfte dafür erforderlich wurden.

Für das in Deutschland hergestellte hochwertige Papier wurde für eine zwischen 1840 und 1850 von 20.000 Tonnen auf 50.000 ansteigende Produktion etwa 1 Million Zentner Lumpen pro Jahr benötigt. Dafür importierten die Papierproduzenten zunehmend Lumpen aus Rußland, während in den sechziger und siebziger Jahren in Deutschland zusammengestellte Lumpensammlungen in die USA exportiert wurden. Der Aufbruch in völlig neue Größenordnungen der Papierherstellung fiel in die siebziger Jahre. Papier erhielt nun einen neuen Rohstoff als Ausgangspunkt: das Holz. Von 40.000 Tonnen im Jahr 1872 stieg die Produktion auf 80.000 im Jahr 1880. Um 1900 wurden etwa 674.000 Tonnen Papier und Pappe hergestellt; danach folgte ein noch steilerer Anstieg.

Holz und Stroh waren als faserhaltige Stoffe längst bekannt. Aus ihnen ließen sich Fasern gewinnen und zu Papier mit 30 bis 40 Prozent Holzschliffanteil oder Pappe, die bis zu 80 Prozent Holzschliffanteil hatte, verwenden, vor allem für den Massen- und Tagespapierbedarf. Da die etablierten kleinen Papierfabriken die eingefahrene Produktionsweise in der Regel beibehalten wollten, fand ein Austausch statt: Sie gaben auf, und auf Holzgrundlage errichtete Papierfabriken wurden gegründet, besonders in den sechziger Jahren, ohne daß deren Gesamtzahl anstieg. Der grundsätzliche Ablauf der Papierherstellung wurde wenig verändert. Auf das Zerreißen und Entstauben der Lumpen, das Schneiden, Kochen und Mahlen zwecks Halbzeugherstellung folgte durch Zusatz von Füllstoffen die Herstellung des Ganzzeuges. Dann wurde das Ganzzeug in dünnen Schichten auf Filz aufgebracht, entwässert, gepreßt und getrocknet. Vielseitiger verwendbare Papiersorten, neue Rohstoffgrundlagen und die kontinuierliche Produktion – der Übergang vom handgeschöpften Bütten zum Maschinenpapier – stellten die wesentlichen Veränderungen in der Mitte des 19. Jahrhunderts dar.

Der mechanische Lösevorgang mochte beim Strohschliff noch am einfachsten erscheinen. Schwierig war nur, die vielen Verunreinigungen und Verhärtungen herauszulösen. Erfahrungen aus der Wiederverwendung von Altpapier und staatlich

102. »Papierenes Zeitalter«. Karikatur in »Fliegende Blätter«, 1878. Berlin, Staatliche Museen Preußischer Kulturbesitz, Kunstbibliothek

geförderte Strohnutzung führten freilich erst durch chemische Verbesserungen zum Erfolg, als ab 1854/55 C. Ch. Mellier die Fasern mit Hilfe von Natronlauge freilegte. Da Stroh aber nicht punktuell anfiel, sondern über einen weiten Raum hin eingesammelt werden mußte, in Gegenden, die in aller Regel verkehrsmäßig nicht gut versorgt waren, hielt sich die Strohpapierherstellung in Grenzen. Der Einsatz von Stroh zeigte jedoch den Weg an, auf dem die Holzverwendung zum Erfolg kommen sollte. Leistungsstarke Schleifmaschinen und entsprechend präpariertes Holz kamen allerdings erst nach langjährigen Versuchen zusammen.

Friedrich Gottlob Keller (1816–1895), Weber und Blattbinder im sächsischen Hainichen mit Wandergesellenzeit in Wien und Prag, experimentierte mit Rohstoffersatz, seit er in Leuchs »Allgemeiner Polytechnischer Zeitung und Handlungszeitung« über den Rohstoffmangel für Papier gelesen hatte. Sein selbstgebauter Schleifapparat war im Prinzip funktionsfähig, und Papier ließ sich mit dem gewonnenen Schliff herstellen. Doch die sächsische Regierung verweigerte ihm die Patentierung, und ein kapitalkräftiger Kaufmann fand sich nicht sogleich. Erst als er seine Patente an den Bautzener Papierfabrikdirektor Heinrich Voelter (1817–1887) verkaufte, dessen Vater in Heidenheim eine Papierfabrik betrieb, und dieser zusammen mit dem Heidenheimer Unternehmen J. M. Voith in den fünfziger Jahren eine Papierschleifmaschine herstellte, die über fünf Preßkästen verfügte, in denen Weichholz wie Fichte oder Tanne entsprechend stark auf die Schleifwalze aufgedrückt werden konnte, gelang auf der Weltausstellung in Paris 1867 der Durchbruch. Der Export ins holzreiche Amerika lief an. 1879 arbeiteten allein in Deutschland 340 Holzschleifereien, allesamt mit Schleifmaschinen von Voelter-Voith ausgestattet. Voelter ergänzte das Verfahren mit dem direkten Angriff der Schleifmaschine auf das Holz, den Weißschliff, 1860 durch den Braunschliff. Durch Kochen färbte sich das Holz braun, aber die Fasern ließen sich leichter lösen, und nun konnten auch Laubbäume und Kiefern verwendet werden.

Außer der mechanischen bestand die Möglichkeit der chemischen Aufschließung des Rohstoffes Holz. Der Zellstoffgehalt von etwa 40 Prozent im Holz ließ sich durch Beigaben von saurem Ammoniumsulfit (NH_4SO_3) bewerkstelligen. Vorgemacht hatten es Charles Watt und Hugh Burgess, die in ihrem 1854 patentierten Verfahren geschnitzeltes Holz und Ätznatron sechs Stunden bei 6 bis 8 Bar Druck und 160 bis 170 Grad zu Zellstoff verarbeiteten. Jedes saure Sulfitzellstoffverfahren belastete die Gewässer. Die später verwendete Sulfatzellstoffherstellung (NA_2SO_4) schonte zwar das Wasser ein wenig, verpestete dafür aber die Luft. Ab 1873 wuchs in Deutschland die Zellstoffherstellung langsam an, seit 1884 schneller. Die bald aufgenommene Beigabe von Aluminiumsulfat, die im Papier die Ablagerung von Wasserkalk verhindern sollte, führte langfristig zur Bildung von Schwefelsäure im Papier und damit zu seiner Zerstörung, worunter heute viele Bücher und Zeitschriften aus dieser Zeit leiden.

Die Zeitgenossen reagierten verstört und empört auf die mit der chemischen Bleiche und Zellstoffgewinnung verbundene Zerstörung der Natur. Im Jahr 1855 berichtete ein Augenzeuge über das Ablassen der Abwässer aus der Chlorbleiche in Sebnitz im Erzgebirge: »Unmittelbar nach der Einströmung der ... Flüssigkeit wurde das ganze Wasser des unteren Mühlgrabens der Papierfabrik ... und hierauf auch das ganze Wasser der Sebnitzbach von dem Einflusse des Mühlgrabens abwärts eine weite Strecke in die Hainersdorfer Flur hinunter milchweiß gefärbt ... gleichzeitig bemerkte Zeuge, daß das Wasser nach Einströmung der ... Flüssigkeit ... eine dem Kochen ähnliche, mit zischendem Geräusch verbundene Bewegung machte, so wie, daß Blasen in großer Menge aus demselben aufstiegen.« Fünf Jahre später gab die Gemeinde, die wegen ihrer geschmälerten Fischrechte gegen die Fabrik, die seit 1827 Maschinenpapier herstellte, klagte, ihre Opposition auf, ohne daß die Ursache für diesen Sinneswandel bekannt geworden ist. Die Wahrnehmung von Umweltzerstörung wurde im Rausch der technischen Möglichkeiten meist verdrängt.

Neben der nun viel stärker mechanisierten Halbzeugherstellung, für die kaum noch menschliche Arbeitskraft eingesetzt werden mußte, wenn man vom Fällen und Transportieren des Holzes absah, und der chemischen Bleiche beziehungsweise Zellstoffproduktion wurde die Papierherstellung bald in einer einzigen Maschine möglich. Das galt zunächst weniger für die spezialisierten kleinen Betriebe in

103a. Maschine für »endloses« Papier. Lithographie in »Das Neue Buch der Erfindungen«, 1864. Privatsammlung. – b. Rotationsdruck einer illustrierten Zeitung. Holzschnitt in »The Illustrated London News«, 1879. Berlin, Staatliche Museen Preußischer Kulturbesitz, Kunstbibliothek

Deutschland, die seit Mitte der zwanziger Jahre Maschinenpapier herstellten, als für die englischen und französischen, die überwiegend Papiermaschinen von Bryan Donkin (1768–1855) verwendeten; die deutschen Betriebe hatten bis 1853 erst 46 Donkin-Maschinen eingeführt.

Mit den sinkenden Kosten für den Rohstoff auf der einen Seite und dem Maschinenprozeß auf der anderen wurden die Zeitungen, Broschüren und Bücher sehr bald zu einem breit eingeführten Mittel für die Meinungsbildung. Die Schulen mit ihrem Fächerunterricht hatten einen steigenden Bedarf an Büchern, und das Bildungsbürgertum stattete sich gern mit Klassikerausgaben aus. Mit Buchstaben bedrucktes, preiswerter gewordenes Papier allein machte den Markt der Bücher und Zeitschriften jedoch nicht attraktiv. Ähnlich wie die Herstellung des Maschinenpapiers wurde auch der Druckvorgang in einen Fließprozeß überführt. In den USA nahm 1846 Robert Hoe (1839–1909) die erste Rotationsmaschine in Betrieb. Die Druckformen, auf einer Walze befestigt, erlaubten anfangs nur das Bedrucken einzelner Seiten, doch schon 1851 war der Druck von der Rolle möglich. Formatveränderungen, Falt- und Schnittprobleme wurden ebenfalls durch die Maschinenbaubetriebe gelöst, so daß die Verlage nunmehr vor dem Problem des schnelleren Satzes standen, das ab 1884, wiederum in den USA, durch Mergenthalers Linotype erfolgreich angegangen wurde.

Hinzu kam die Möglichkeit der wirklichkeitsnahen Illustration, die durch Halbtöne erzeugt wurde. Die Plastizität bei medizinischen, biologischen oder technischen Zeichnungen war erst mit Halbtonwerten überzeugend. Ab 1850 gelang es, die von Alois Senefelder bereits um 1798 entwickelte Lithographie mit Farben als Chromlithographie zu drucken. Das erste technische Werk, das den Holzstich aus Hirnholz verwendete, war das von Karl Karmarsch seit 1833 herausgegebene »Technische Wörterbuch«.

Weitaus stärker als an der Verbreiterung der Rohstoffgrundlagen für die Papierherstellung haben chemisch Interessierte daran gearbeitet, ein realistisches, quasi mechanisches, tatsächlich aber chemisch abgeleitetes Abbild der Gegenstände dieser Welt zu bekommen. Man wußte seit dem frühen 18. Jahrhundert um die Existenz lichtempfindlicher Substanzen, die nun auf einem Träger festgehalten werden sollten, um nach der Belichtung das gewonnene Bild dauerhaft zu machen.

104. Ausrüstungszubehör eines Daguerreotypisten. Holzschnitt in »Daguerréotypie« von I. Thierry, 1847. Austin, TX, University of Texas, Photography Collection

Der entscheidende Durchbruch gelang dem geschäftstüchtigen Dioramenmaler Louis Jacques Mandé Daguerre (1787–1851), der seit 1829 dem begüterten Wissenschaftsamateur Joseph Nicéphore Niepce (1765–1833) vertraglich verbunden war. Dieser hatte seit 1793 die Grundideen der Photographie ausgearbeitet und die ersten Photographien geschaffen. Daguerre trug auf einer silberbeschichteten Kupferplatte lichtempfindliches Jodsilber auf und belichtete sie in der Camera obscura. Er fand 1835/37 eine Möglichkeit, das entstandene Bild mit einer Kochsalzlösung zu fixieren. So entstanden Unikate, die das ohnehin eifrige Suchen nach anderen Chemikalien und Trägern intensivierten. William Henry Fox Talbot (1800–1877), ein reicher, privat arbeitender Wissenschaftsamateur, hatte schon Jahre zuvor mit Chlorsilberpapier gearbeitet. Seine Bilder waren zwar längst nicht so brillant wie die von Daguerre, aber er war in der Lage, Negative und damit auch mehrere Positive herzustellen. Seine Kalotypien benötigten nur wenige Sekunden Belichtungszeit gegenüber den Minuten bei Daguerre. Technische Verbesserungen an der Kamera gelangen Carl August Steinheil und Franz Kobell (1803–1875) in München bald nach 1840. In den fünfziger Jahren drängte die Papierphotographie die Daguerreotypie zurück. Die ab 1850 auf Glasplatten aufgebrachte feuchte Kolloidbeschichtung

105. Abtragung der Erdwälle am Gögginger Tor in Augsburg. Photographie aus dem Atelier Carl Jochner, um 1860. Augsburg, Städtische Kunstsammlungen

konnte sehr bald von Richard Lead Maddox (1817–1902) durch eine trockene ersetzt werden, so daß kein großes Laboratorium mehr mitgeführt werden mußte. Durch orthochromatische Platten vermochte Hermann Wilhelm Vogel (1834 bis 1898) das bislang nicht wahrnehmbare Rot und Gelb einzufangen.

Porträts und Landschaftsaufnahmen führten bei der wohlhabenderen Bevölkerung zum Ausbau eines ganz neuartigen Bewußtseinssektors: Jetzt war es möglich, sich mit Hilfe von Chemie, die man zwar noch nicht völlig verstand, die man aber durch Experiment wirksam in Szene setzen konnte, ein realistisches Abbild zu schaffen. Eine große Zahl von Reproduktionskünstlern sah sich um die Existenz gebracht. Der durch Eisenbahnfahrten gewonnene Freiheitsraum, der in jenen Jahren »erfahrbar« wurde, konnte durch die Photographie noch einmal nachvollzogen werden, so daß sich hier in ganz ähnlicher Weise, wie sich das neunzig Jahre später mit Flugzeug und Filmkamera wiederholen sollte, ein Spannungsbogen zwischen tatsächlicher und nachempfundener Welt auftat. Die Landschaftsphotographien wurden von Künstlern benutzt, um die Dioramen weiter zu verfeinern, die sogleich mit der Daguerreotypie einen ungeahnten Aufschwung nahmen. In den Dioramen, die man in Städten oder auf Kirmessen fand, drängten sich die Besucher, um der geographischen Gebundenheit zu entfliehen und sich in Unbekanntes entführen zu lassen. Um 1880 entstanden solche Dioramen sogar mit stereoskopischen Bildern.

Weltausstellungen

Ausstellungen von gewerblichen Erzeugnissen haben eine lange Tradition. Wo immer eine Art Wettbewerb unter geregelter Kontrolle ablaufen sollte, wurden die Produkte einer Öffentlichkeit vorgeführt. Daran erinnern die Zunftordnungen, aber auch die steingewordenen historischen Zeugnisse wie die Tuchhallen Krakaus. Als relativ offener Wettbewerb unter anfangs selbständigen Produzenten waren sie einerseits ein Zeichen der Anbieterkonkurrenz, andererseits, besonders im 17. und 18. Jahrhundert, ein Zeichen der landesherrlichen Kontrolle. Auch die Großkaufleute, traditionell in einer besseren Position als die Produzenten, wurden mit ihren Messen immer stärker unter Wirtschaftsaufsicht gezwungen. Sowohl die 1761 ins Leben gerufene englische Society of Arts als auch die junge französische Republik stellten die von ihren Bürgern geschaffenen Leistungsbeweise aus, um damit zu informieren und zur Nachahmung anzuregen, in jedem Fall aber, um Ehrgeiz anzustacheln und Wohlstand zu fördern. Alle Länder, die sich der Förderung des Gewerbefleißes oder der »Industrie« verschrieben hatten, sorgten für Ausstellungen. Seitdem läßt sich eine an Zahl und Umfang zunehmende Bedeutung von lokalen, regionalen und nationalen Ausstellungen beobachten, auf denen vor allem

Produzenten ihre Waren vorführten, also Männer der Wirtschaft, die mit Produktion und Technik bestens vertraut waren.

Waren in Frankreich die nationalen Ausstellungen mit der Wehrhaftmachung und der Verteidigung der Revolution gegen die äußeren Feinde verbunden, so drangen die Industrievereine der deutschen Einzelstaaten immer wieder auf Vergleichsschauen, doch zu einem »nationalen« Vergleich kam es erst zehn Jahre nach Gründung des Zollvereins, im Jahr 1844 in Berlin, gedacht als Anfang einer ganzen Serie solcher Ausstellungen, die alle fünf Jahre in einem anderen Staat des Zollvereins stattfinden sollten. Die sächsischen Berichte über die Gewerbeausstellungen in Dresden verraten einen Strukturwandel. War man anfangs noch stolz auf die Fähigkeit der Sachsen, die englischen Produkte und Werkzeuge zu imitieren, so rückte nach 1834 das Selbstbewußtsein in den Vordergrund, Verbesserungen an diesen Produkten entwickelt zu haben, so daß sie den auswärtigen doch zumindest ebenbürtig waren. Mainz hatte 1842 eine Demonstration der Leistungsfähigkeit des Zollvereins sein wollen, aber nicht können, weil die Initiatoren und Träger als privater Gewerbeverein viel zu schwach waren. Dies gelang dagegen zwei Jahre später in Berlin mit staatlicher Unterstützung. Die Ausstellung war primär das Ergebnis der Gewerbeförderungspolitik Peter Beuths. Ein Besuch auf der 10. Nationalausstellung in Paris hatte zuvor Erkenntnisse gebracht, wie Prämien, Preisrichter und Wettbewerbe auszuwählen waren. Die Teilnehmer und die Multiplikatoren, Journalisten, Berichterstatter, feierten die Berlin-Ausstellung 1844 im Zeughaus Unter den Linden, gleich den französischen Vorbildern, euphorisch als »Deutsches Nationalfest« oder »Vereinigungsfest«.

Von den 3.040 Ausstellern kamen gut 1.900 aus Preußen. Berlin war zu einem Zentrum der Textilindustrie und des Maschinenbaus geworden, zu dem auch Magdeburg, Schlesien, Westfalen und die Rheinlande Leistungen beisteuerten. Die Umerziehung der Produzenten von zünftisch und geheimnisvoll mit ihren Verfahren hantierenden Handwerkern zu solchen, die Eisen, Stahl oder Kupfer einsetzten, mit Werkzeugmaschinen bearbeiteten und diese zum Teil maschinell antrieben, war gelungen. Trotz der nur wenige Wochen zuvor revoltierenden Weber in Schlesien hatte Preußen nebst Sachsen einen wenn auch schmalen Weg zur gewerblichen Bewältigung des Pauperismusproblems gefunden. Die erste preußische Gewerbeordnung im folgenden Jahr enthielt einige soziale Komponenten, so daß Innungen und Gewerberäte mitsprechen sollten. Die folgende Ausstellung des Zollvereins, 1849 in München geplant, scheiterte an politischen Umständen, und jene in Leipzig 1850 litt ebenfalls unter den revolutionären Zeitläuften. Der Allgemeinen Deutschen Industrieausstellung in München 1854 war die Weltausstellung in London vorangegangen. Von dort übernahm man den Glaspalast, der in veränderter Form ein Jahr zuvor auch die in Europa nicht voll wahrgenommene Weltausstellung in New York geziert hatte.

106. Zeigerspiel zur Londoner Weltausstellung 1851. Süddeutsche Arbeit. Nürnberg, Germanisches Nationalmuseum

Kann man die Berliner Ausstellung als Erfüllung einer seit 1821 betriebenen Gewerbeförderung interpretieren, die »ambulanten« Industrieausstellungen im Zollverein hingegen als den Versuch einer föderalistischen Technik- und Industriewerbung, so stand die erste Weltausstellung in London 1851 unter dem Einfluß mehrerer sich kreuzender Traditionen. Die Engländer sahen aus ihrer technisch und kommerziell führenden Situation heraus weniger Anlaß für einen internationalen Vergleich. Sie standen diesen Versuchen zur Objektivierung der Leistungsfähigkeit skeptischer gegenüber, auch wenn gerade unter einigen Maschinenbauern wie Scott Russell (1808–1882), dem Sekretär der Society of Arts, ein starkes Bedürfnis nach einer öffentlichen Schaustellung vorhanden war. Großbritannien nutzte Mitte des 19. Jahrhunderts die Gelegenheit, nach innen, gegenüber den Gegnern des Freihandels, vor allem aber nach außen, gegenüber dem »Rest der Welt«, die Leistungsfähigkeit seiner Industrie vorzuführen. Dem reisenden Publikum aus aller Welt, der öffentlichen Meinung, bot sich jetzt die Chance zur Kommentierung. Dabei wurden die Argumente zur Sozialbezogenheit von Technik im weitesten Sinne gewöhnlich hinter der Bewunderung und Anerkennung als der vordergründigsten Äußerung und dem nationalen Rivalitätenkampf versteckt; der soziale Nutzen der Technik war für die Investoren überwältigend positiv.

Zum einen geschah dies im Rahmen der allgemeinen Friedenserwartung, die sich auf die Industrie wie auf das liberale Wirtschaftssystem insgesamt bezog. Zum anderen sollten Randergebnisse der technischen Leistungsfähigkeit auch den Arbeitern zugute kommen, zunächst überwiegend in Form von besseren Wohnungen und besseren hygienischen Verhältnissen, den beiden Hauptaufgaben für die kommunalen Verwaltungen in den neu entstandenen industriellen Ballungszonen Englands. Theoretische Überlegungen zur Lösung dieser Problembündel fanden sich bei den frühen Sozialisten. Erste Vorstöße zur Umsetzung traten im letzten Jahrzehnt vor der Jahrhundertmitte in England, nach 1850 auch in Frankreich, Deutschland, Belgien und den USA deutlicher hervor. Der Versuch des Prinzgemahls Albert, auf der Londoner Weltausstellung mit einem Arbeiterwohnhaus zur Diskussion beizutragen, scheiterte zwar, doch Ansätze gerieten auf dem Kontinent in Mühlhausen schnell zu fortwirkenden Lösungen.

Die in den europäischen bürgerlichen Bewegungen vorhandenen Bemühungen, die industriellen Notwendigkeiten mit den ästhetischen Kulturbedürfnissen in einen überzeugenden Argumentationszusammenhang zu bringen, veranlaßte die englische Society of Arts – von den deutschen Autoren überraschenderweise als »Polytechnische Gesellschaft« übersetzt – schon 1847, über die begrenzte Londoner Ausstellung hinaus eine nationale Ausstellung von »industry and arts« zu verlangen. Dieses Bemühen wurde dann von mehreren Seiten bekräftigt und verändert: Nach den europäischen Revolutionen gehörte Napoleon III. zu den frühen Förderern; zugleich drängte Albert, der 1844 die Berliner Ausstellung besucht hatte, auf eine internationale Ausstellung für Industrie und Künste.

Die Royal Commission für die Ausstellung war aus den wichtigen Londoner gesellschaftlichen Gruppierungen ausgewogen zusammengesetzt. Führende Ingenieure und Industrielle, bedeutende Konstrukteure wie Robert Stephenson oder William Cubitt (1795–1861), der auch in Frankreich und Deutschland Eisenbahnen und Wasserwerke gebaut hatte, waren dabei. Ausgewogenheit herrschte auch bei den Vertretern des gerade siegreichen Freihandels und des abgeschlagenen Landwirtschaftsschutzes. Aber es gab hier kein führendes Mitglied der British Association of the Advancement of Science, einer jüngeren Vereinigung, der auch Charles Babbage (1792–1871) angehörte und die in scharfer Form die englische Rückständigkeit im Bereich Wissenschaft und Erziehung kritisierte. Präsentation von Technik und zumal Kultur mußte zudem von Beginn des industriellen Zeitalters an gesellschaftlich »ausgeglichen« sein, ohne daß Sympathisanten der Unions, der Arbeitervereinigungen, eine Chance hatten.

Sehr früh im Stadium der Vorbereitungen im Dezember 1849 hatte Isambard Kingdom Brunel geltend gemacht, daß die Ausstellung durch einen besonders großen und eindrucksvollen architektonischen Blickfang ein markantes Zeichen setzen müsse. Schließlich konnte Joseph Paxton (1803–1865) gewonnen werden,

107. Der Glaspalast in München für die Allgemeine Deutsche Industrie-Ausstellung 1854. Photographie von Franz Hanfstaengl, 1854. München, Stadtmuseum

das Konzept seiner Wintergärten in gewaltige Dimensionen zu steigern, so daß die Ausstellungshalle, »Kristallpalast« genannt, 563 Meter lang war und an der breitesten Stelle 139 Meter maß; sie verfügte über 83.260 Quadratmeter verglaste Flächen. Hohle gußeiserne Säulen und hölzerne, gußeiserne und schmiedeeiserne Bögen wurden in einem Raster von 7,32 Metern und dem Mehrfachen davon zusammengefügt. Derart herausfordernde Baumaße setzten das Zeichen für eine Epoche, die durch neue Konstruktionsprinzipien, vorwiegend durch Übertragung empirischer Gitterwerksysteme aus dem Holzbau auf den Eisenbau, gewonnen wurden. Der Kristallpalast entsprach ganz der Brunelschen Tradition, durch Addition vorhandener Elemente bis an die Grenzen des Materials vorzudringen und dabei Rentabilitätsgesichtspunkte zurückzudrängen. So waren über 2.000 Bauarbeiter sechs Monate lang zum Aufbau der vorgefertigten Teile zu organisieren. Vorstufen lassen sich zwar im Eisenbahn- und Schiffbau finden, aber die Konzentration auf eine einzige Baustelle war eine beachtliche Leistung, die mit älteren Materialien wie Holz oder Stein nicht hätte erreicht werden können; das sollte auch der Aufbau des Münchener Glaspalastes nur wenige Jahre später zeigen.

Die Kommission des Deutschen Zollvereins, die 1851 nach London reiste, sah die überwältigende Leistungsschau mit gemischten Gefühlen. Da die zollvereinsländischen Produkte an die Qualität der englischen und französischen nicht heranreichten, zog sie sich stark auf die Beurteilungskriterien »guter Geschmack und Preiswürdigkeit« zurück, weil sie glaubte, hier läge für die deutschen Erzeugnisse eine

Nische im Markt. Johann Wilhelm Wedding (1798–1872) beobachtete sehr genau, daß der deutsche Maschinenbau wegen seiner vielfältigen Nachbauten englischer Vorbilder nicht nach London gekommen war, wo Armstrong, Fairbairn, Maudslay, Watt, Nasmyth und Whitworth die erdrückende Übermacht der »Werkstatt der Welt« demonstrierten. Die Amerikaner waren da selbstbewußter und konnten ihre landwirtschaftlichen Maschinen und ersten Werkzeugmaschinen anbieten.

Die Londoner Ausstellung hatte weitere und weitreichende Konsequenzen. Thomas Cook (1808–1892) organisierte für weit über 20.000 Besucher die An- und Abreise sowie den Aufenthalt: mit ihm begann der moderne Massentourismus. Paul Julius Reuter (1816–1899), der gute Beziehungen zum Hause Siemens hatte, folgte den Brüdern Friedrich und Wilhelm vom Kontinent nach London, wo er durch die schnelle Mitteilung des Staatsstreiches von Napoleon die Unentbehrlichkeit des Telegraphen für die politische und kommerzielle Welt bewies. Außerdem ließ das erstmalige internationale Zusammentreffen so vieler unterschiedlicher Menschen aus allen Teilen der Welt Forderungen nach internationaler Zusammenarbeit aufkommen, etwa im Bereich des Handelsrechts oder des Schutzes geistigen Eigentums, des Copyrights, welches die Verlage geschützt wissen wollten.

Für Großbritannien war die Weltausstellung ein wichtiger Anstoß, die Frage der technischen Bildung intensiver in Angriff zu nehmen. Die Engländer mußten erleben, wie sich eine unerwartet große Zahl von Handwerkern oder Gewerbeschülern vom Kontinent und aus den USA auf der Ausstellung einfanden, um sich über Trends zu informieren und bestimmte Verfahren überhaupt erst einmal kennenzulernen. Gerade die deutschen, französischen, schweizerischen und österreichischen Handwerker waren äußerst lernbegierig und erkundigten sich bei ihren in England lebenden Landsleuten. Den Mangel an systematischer Ausbildung hatte Charles Babbage immer wieder beklagt. Auch Prinz Albert, der zu den wichtigen Initiatoren der Ausstellung gehörte, wies wiederholt auf dieses Defizit hin, das jedoch erst einmal bestehen blieb. Die Regierung gründete 1852 ein Department of Science and Art, aber erst nach der Weltausstellung 1867 in Paris, auf der neue Entwicklungen zu sehen waren, die sich nicht mit den Mitteln des traditionellen Maschinenbaus auf Lehrlingsbasis ausbauen ließen, konnte ein Erfolg für die technische Berufsausbildung erreicht werden. Auf der Londoner Weltausstellung 1862 waren mit den Exponaten der Siemens-Martin-Öfen und mit den Verbesserungen an den telegraphischen Apparaten neuartige Technologien aufgetaucht, die erhebliches systematisches Vorwissen auch der Endnutzer erforderten.

Eines der wichtigsten Kennzeichen von Ausstellungen ist sicherlich die Absicht, damit Öffentlichkeit zu konstituieren. Sie ließ sich auf ganz unterschiedliche Ziele richten. Als Organisatoren kamen die Regierungen in ihrer Funktion als Wirtschaftsförderer ebenso in Frage wie die Kaufleute oder die Produzenten von Waren, wenn sie denn kräftig genug waren, ihre Interessen gegenüber anderen durchzusetzen.

Einer der wesentlichen Reformprogrammpunkte zur wirtschaftlichen Entwicklung der kontinentalen Länder war die Förderung des Gewerbes. Das hatte steuerliche, aber auch sehr dezidierte Gründe in der Volks- und Industriepädagogik. Seit dem 18. Jahrhundert gehörten zu Ausstellungen noch andere Elemente: das Reisen der Aussteller wie der Besucher; die gedruckte Information über Exponate; der Vergleich und der Wettbewerb zwischen den ausgestellten Gegenständen nach vorgegebenen Gesichtspunkten; die Berücksichtigung von Kommerz und Handelspolitik; auf den lokalen und regionalen Veranstaltungen das Sach- oder Branchenprinzip. Je überregionaler oder auch weltweiter die Ausstellungen waren, um so stärker trat das nationale Prinzip in den Vordergrund, der »friedliche Wettkampf« der Nationen. Diese euphorische Vorstellung lief parallel zur Friedensidee im Freihandel. Sie nahm im Krim-Krieg 1855 ihr Ende. Die friedenstiftende Rolle wurde aber nicht nur nach außen, sondern auch nach innen verstanden und verbreitet.

Einen wesentlichen Schritt voran in der Berücksichtigung von Arbeiterfragen machte – nach der Schweiz – früh das bonapartistische Frankreich. Zunächst richtete es auf der Weltausstellung 1855 eine 31. Klasse für Gegenstände des Hausbedarfs der arbeitenden Klasse ein, was Franz Reuleaux als »Eröffnung der moralischen Wirkungsphäre« der Ausstellungen begrüßte. Sie ging auf Thomas Twining jr. (1806–1895) zurück, der auch für die Ausstellungen in Brüssel 1856 und Wien 1857 die Einrichtung einer Abteilung Sozialökonomie erfolgreich betrieb. Er schuf daraus 1856 in London im Gebäude der Society of Arts ein Museum für die arbeitenden Klassen. Die trotz Twining eher »kontinentalen« Ausstellungstendenzen wurden auf der Londoner Weltausstellung 1862 nicht weitergeführt. Nun wandte man sich stärker den Seenotrettungsmitteln zu und zollte damit dem voll angelaufenen Umstellungsprozeß vom Segel- zum Dampfschiff mehr Aufmerksamkeit. Sicherheitstechnische Exponate im engeren Sinne zeigte die Pariser Weltausstellung 1867 in ihrer 47. Klasse für Materialien und Verfahrensweisen beim Bergbau und in der Metallurgie und in ihrer 53. Klasse für Motoren, Dampferzeu-

108. Stand der Fried. Krupp-Gußstahlfabrik auf der Londoner Weltausstellung 1862. Essen, Historisches Archiv Fried. Krupp GmbH

gungsvorrichtungen und mechanische Apparate. Ein englisches Unternehmen stellte hier Hähne vor, die bei hydraulischer Erprobung einen Druck von zehn Atmosphären aushielten. Auffällig gegenüber vorangegangenen Ausstellungen war, daß die gezeigten Maschinen gegen die Besucher mit Schutzgittern abgesperrt waren – eine Tendenz, die sich bei der nächsten Ausstellung, jener in Wien 1873, noch verstärkte.

Die Pariser Weltausstellung 1867 nahm als Ergebnis dieser Entwicklungen eine umfassende Darlegung der von bürgerlichen Reformern vorgeschlagenen »Palliativmittel« der Klassengegensätze – Unterrichtsmittel, Bibliotheken, Hausgeräte, Kleidung, Erzeugnisse selbständiger Handwerker – auf. Dies wurde durch ein kaiserliches Dekret nachdrücklich zur Geltung gebracht und von den Organisatoren der Ausstellung als »neue philosophische Idee« beansprucht. Außerdem zeichnete sich diese Schau dadurch aus, daß die Herstellungsverfahren in die Ausstellung einbezogen wurden. Damit konnte die französische Luxusindustrie einen großen Erfolg für sich verbuchen. Neu aufgenommen waren unter Drängen Napoleons erneut Mittel zur Hebung der Lebensumstände des Volkes. Darin lag eine sozialpolitische Komponente dieses auch von den Pariser Massen abhängigen Kaisers, und es wurden Inhalte vorweggenommen, die gegen Ende des Jahrhunderts zu den »Großtaten« der deutschen Reichsregierung gehörten, die das Reichsversicherungsamt allen Ländern immer wieder vorführte. Nur aus dem Kolonialwettlauf mit England heraus zu verstehen wurde besonders werbend auf die Kulturen der Inder, Perser, Japaner und Chinesen hingewiesen. Was die Händlerinteressen Londons 1851 naiv und diffus als etwas Exotisches angesprochen hatten, wurde in Paris als kulturell wertvoll in den Vordergrund geschoben. Kultur in ihren verschiedenen Schattierungen gehörte zu den politischen Seiten der Pariser Ausstellung 1867, deren geschmackvolle Exponate sich gegen die Warenlager der englischen wie amerikanischen Ausstellungen positiv abhoben. Die Kulturen fremder Länder konnten als real und durch Handel erschlossen, als der Weltwirtschaft zugehörig vorgestellt und begriffen werden.

Die Deutschen waren inzwischen dreigeteilt auf der Ausstellung vertreten: als Norddeutscher Bund, als Süddeutschland und als Österreich. Der Photographie war ein ganzer Palast gewidmet. Die deutschen Produzenten fielen mit der Ottoschen Gasmaschine und mit den Textilmaschinen aus Chemnitz vorteilhaft auf. Außerdem deutete sich durch Werner Siemens mit der Ausstellung seiner Dynamomaschine, die allerdings nicht in Aktion gezeigt wurde, eine weitere Umwälzung des industriellen Systems an, das auch aus technischer Sicht mit Recht ein »Palliativmittel« hätte genannt werden können.

Die Kommentatoren lobten vor allem, daß es den Organisatoren gelungen sei, das öde, sandige und trostlose Exerziergebiet des Marsfeldes innerhalb eines Jahres in eine grüne Landschaft verwandelt zu haben. Das Hauptgebäude war rund gehalten, beherbergte in den Sektoren die verschiedenen Nationen und im Abstand vom Mittelpunkt der Halle die einzelnen Branchen. Die Amerikaner hatten die Ausstellung augenfällig stark beschickt, mit Metall- und Holzbearbeitungsmaschinen, Näh- und Strickmaschinen, Dampf- und Mähmaschinen sowie mit Pianos von Steinway.

Die bürgerliche Philanthropie hatte seit den dreißiger jahren die Absicht, den Arbeiter, der als Entwurzelter verstanden wurde, durch Individualisierung, Bildung und Eigentum mit den Lebensformen des Bürgertums vertraut zu machen. Wenn er die hohen Mieten in den Neubauten der Pariser Innenstadt, die auf den Slum- und Arbeitervierteln entstanden waren, nicht bezahlen konnte, mußte er vor den Städten in den neu erbauten Wohnhäusern nahe den Fabriken untergebracht werden. Den Anfang machte man im elsässischen Mülhausen mit seinem weit entwickelten Textilgewerbe, dessen »Industrielle Gesellschaft«, die seit 1826 bestand, sich von der Londoner Weltausstellung 1851 inspirieren ließ, nicht nur hinsichtlich des Wohnungsbaus, sondern 1853 auch auf dem Gebiet des Unfallschutzes. Österreich führte auf der großen Weltausstellung in Wien 1873 Fürsorgemaßnahmen für Arbeiter, die Förderung der Volkswohlfahrt und die Pflege der Volkswirtschaft ebenfalls vor. Als neue Gruppen kamen im Bau- und Zivilingenieurwesen die Anlage von Wohnhäusern und öffentlichen Gebäuden mit Einrichtungen wie Ventilation und Heizung hinzu.

Das Marinewesen war auf allen Weltausstellungen in London und Paris stark vertreten; es sollte auf Triest und – nach Öffnung des Suez-Kanals – auf die

109. Das Areal der Pariser Weltausstellung 1867 auf dem Marsfeld. Photographie. München, Deutsches Museum

Hemisphäre des Handels nach Osten und Westen aufmerksam machen. Zumindest war es gelungen, den Kaiser von China zur Entsendung einer Delegation zu veranlassen. Auch für den Schiffbau spielten die international gewordenen Bemühungen zur Erhöhung der technischen Sicherheit im Dampfkesselwesen eine große Rolle. Dabei ging es um das richtige Zueinander von Blechstärke, Dampfdruck, Speisewasserbereitung und Nietung. Die Vorschriften und Handhabungen in den einzelnen Ländern erwiesen sich als sehr unterschiedlich. Stahl als Werkstoff war vorerst zu ungleichmäßig in der Qualität und zu teuer, als daß er schon regelmäßig verwendet wurde. Die Hoffnung richtete sich auf nahtlose gewalzte Stahltrommeln, die man aber noch nicht herstellen konnte. Nicht zuletzt diesem Problembereich galt die Wiener Ausstellung 1873. Sie litt allerdings unter dem zur Ausstellungszeit ausgebrochenen Wirtschaftskrach, der sich als Beginn einer lang anhaltenden wirtschaftlichen Depression herausstellen sollte, sowie unter der Choleraepidemie.

Mit den Ausstellungen in Philadelphia 1876 und Paris 1878 zeigte sich nun, daß die seit den vierziger Jahren angewachsene Kluft zwischen technischen Möglichkeiten und sozialer Bewältigung zumindest erkannt und durch Parlamentsbeschlüsse formuliert worden war. Zwei Wege zeichneten sich ab; der erste: Die liberale Glaubensvorstellung, daß Sozialpolitik in einem auf Angebot und Nachfrage beruhenden Wirtschaftssystem entbehrlich sei, hatte besonders in Belgien zu unerträglichen Verhältnissen an vielen Arbeitsplätzen geführt. Eine der Behebung dieser Situation dienende Reformgesellschaft, die Societé Royale et Centrale de Sauveteurs de Belgique, drängte ab 1871 auf eine besondere Ausstellung, die sich allein diesen humanen Bestrebungen widmen sollte. Sie kam zustande, als sich der belgische König einschaltete. 1876 fand in Brüssel die Internationale Ausstellung für Gesundheitspflege und Rettungswesen statt, die mit 28.000 Besuchern allerdings nur einen bescheidenen Publikumserfolg aufweisen konnte. In der 6. Klasse »Hygiene, Schutz- und Rettungsmittel in der Industrie« waren Pläne für Fabrikanlagen, Sicherheitsvorkehrungen an Maschinen im weitesten Sinne, auch das Dampfkesselsicherungswesen und die Sicherung der Arbeiter gegen gefährliche industrielle Operationen öffentlich vorgestellt. Zum ersten Mal war damit thematisiert, daß Unfälle am Arbeitsplatz nicht allein auf menschliches Versagen der Arbeiter zurückgeführt werden können. Derart erhielten Arbeiterschutz und Maschinenschutz einen Rückhalt in der Öffentlichkeit und in den Parlamenten. Die Ausstellung wirkte stark auf Deutschland herein. Die Berliner Arbeitsschutz-Ausstellung 1883, die bereits in engstem Zusammenhang mit der Bismarckschen Sozialgesetzgebung stand, konnte an die Brüsseler anknüpfen. Erheblichen Einfluß hatte zudem die Weltausstellung 1878 in Paris, mit 16 Millionen die meistbesuchte des 19. Jahrhunderts, wohingegen diejenigen von 1851, 1855, 1862, 1873 und 1876 lediglich zwischen 5 und 7 Millionen Besucher hatten.

Mit der Ausstellung 1878 erlebte die Darstellung von öffentlichen Einrichtungen zur Rein- und Gesunderhaltung von Städten durch Kanalisation und Frischwasser einen bemerkenswerten Höhepunkt. Hier spiegelten sich einerseits die Erfahrungen beim Umbau der Stadt Paris in den fünfziger und sechziger Jahren, andererseits die großen aktuellen Bedürfnisse der Urbanisation, die im Zusammenhang mit großflächigen Eisenbahnanlagen im letzten Viertel des 19. Jahrhunderts alle großen europäischen Städte durchzogen. Auf dieser Ausstellung kamen aber auch die ersten Ergebnisse systematischer Materialuntersuchungen zum Vorschein. Maschinen zur Untersuchung von Festigkeiten, Bruchkräften, Elastizitätsverhalten und Schmiermitteln zeigten an, daß die jeweils gefundenen technischen Lösungen noch lange nicht optimal waren.

Der zweite Weg führte über veränderte Maschinen, die für den Arbeiter weniger Bewegungsfreiheit und Manipulationen offenließen. Sie waren es, die in Philadelphia im Vordergrund standen. Beeindruckend waren zunächst einmal die Werkzeugmaschinen, die nicht den universellen Handwerker durch eine Maschine ersetzen sollten, sondern für jede Einzeltätigkeit ausgelegt waren und so eine Ausbildung des Handwerkers auf breiter Basis einsparten: Pressen, Scheren, Fräsen. Der deutsche Kommissar Reuleaux empfand mit Scharfblick, daß die Ausstellung der Königlichen Porzellanmanufaktur Berlin, diejenige Krupps, Otto & Langens und der chemischen Industrie gut gelungen waren. Fast unbemerkt von den deutschen Beobachtern stellte Bell sein Telephon aus. Für die Europäer war auch die praktische Herstellung von Blechbüchsen für Petroleum neuartig, denn hier wurde Leuchtöl noch in Fässern und wiederverwendbaren Gefäßen verkauft. Die Organisation der Ausstellung mit insgesamt fast 10 Milionen Besuchern war eine Herausforderung, die mit 10 an das Gelände heranführenden Eisenbahnlinien gemeistert wurde: mit täglich 154 Zügen, mit 6 Tramway-Bahnen und 200 Wagen pro Stunde. Richard Wagner komponierte den Einweihungsmarsch. Wie sehr die USA den Wettlauf der Giganten für sich entscheiden wollten, kam symbolisch zum Ausdruck: Präsident Ulysses S. Grant (1822–1885) eröffnete die Schau am 10. März 1876 mit der Inbetriebsetzung der riesigen Corliss-Dampfmaschine und schloß sie am 10. November mit deren Stillegung. Dabei war es gerade nicht die Kraft-, sondern die amerikanische Werkzeugmaschinentechnik, die für den europäischen Kontinent und insbesondere für Deutschland Anlaß zum Umdenken gab.

Die sich nun anbahnende Integration industrietechnischer Elemente in weite Bereiche auch des Alltags machte wiederum eine Bemerkung Reuleaux' zu der Weltausstellung in Philadelphia deutlich. Er wies auf die schnelle Verbreitung von hochwertigen Konsumgütern beziehungsweise Hausarbeitsgeräten hin, die mit der Nähmaschine und dem Fahrrad ihren Anfang nahmen. In Philadelphia hatte man beispielsweise für Aufzüge »erstaunlich viele Sicherheitsvorrichtungen« vorgesehen: »Wer etwa denken möchte, daß die Yankees bei ihrer sprichwörtlichen Verachtung des Menschenlebens in der Bauart der gebräuchlichen Aufzüge leichtsinnig sind, würde irren.« Selbsttätige Bremsen und andere Abstellvorrichtungen bei Störungen überraschten die Deutschen, also Einrichtungen, die besonders bei starker Anspannung und entsprechender Unaufmerksamkeit die Arbeiter vor Schäden bewahren und den fortlaufenden Betrieb sichern sollten.

In Philadelphia fielen zudem zwei allgemeine Entwicklungen auf. Sie spiegelten sowohl die entstandene Weltwirtschaft als auch die gleichzeitig gewachsenen nationalstaatlichen Tendenzen. Erstmals rückte Amerika in das volle Bewußtsein einer breiteren Öffentlichkeit und machte aus der spannungsreichen Polarität zwischen London und Paris nicht ohne Mithilfe der Franzosen ein Dreieck der industriellen Weltöffentlichkeit, zu der die föderativ organisierten Deutschen trotz aller verbaler Selbstbelobigungen noch nicht gehörten. In Philadelphia erhielt die Ausstellung durch die Hundertjahrfeier der amerikanischen Unabhängigkeit ohnehin eine antienglische Prägung.

Die Ausstellung war vom Franklin Institute angeregt worden und fand im frühen Zentrum des amerikanischen Maschinenbaus statt. Eingebettet war sie in eine Parklandschaft, damit das Wiener Vorbild von 1873 weiterführend. Neben dem Industriepalast mit dem Kraftmaschinenbau wurden in der Memorial Hall die Väter der Industrie verehrt. Die Maschinenhalle, die Agrikulturhalle und die Gartenbauhalle mit zusammen 27.000 Ausstellern zogen das Augenmerk der Welt auf eine neue industrielle Großmacht, die zwar im Augenblick noch mit der inneren Kolonisation beschäftigt war, deren Großorganisationen in ihrem oft leichtfertigen Umgang mit der Technik, etwa im Verkehrswesen, aber auch Kopfschütteln und zugleich Hoffnungen auf große Märkte hervorriefen.

Die Amerikaner hatten zu der gewerblichen Überlegenheit ihres Mutterlandes meist ein gespaltenes Verhältnis. Wenn notwendig, übernahmen sie die neuen Entwicklungen; doch das war bei der ausgedehnten agrarischen Struktur nicht immer wünschenswert, und gerade für diese Bereiche gab es in England häufig keine Vorbilder. Dagegen benutzten die Engländer ihre technologische Überlegenheit, um die ehemaligen Kolonien in die Schranken zu weisen. So mußten die USA sämtliche Eisenbahnschienen aus England importieren. Der Streit um das Bessemer-Verfahren, für das die Engländer in den USA kein Patent erhielten, spiegelte das amerikanische Gefühl des Zurückgesetztseins wider.

Frankreich stellte sich immer wieder als Helfer in der Not dar. Dabei konnten sich die Franzosen je nach Bedarf auf bonapartistische Traditionen berufen oder nach 1871 die gemeinsamen revolutionären Traditionen ansprechen, die zu Hilfeleistungen an die USA eine Rechtfertigung abgaben. Zudem ließen sich in den USA während des Bürgerkrieges beide Parteien helfen, bei denen der Süden eher an seinen Baumwollabsatz nach England dachte und der Norden eher an die industriellen und demokratischen Bindungen.

Die Rolle Deutschlands auf dieser Weltausstellung ist sorgfältig beobachtet und kontrovers diskutiert worden. Hermann Grothe – im Verein zur Beförderung des Gewerbfleißes in Berlin aktiv, seit 1871, unter Mitwirkung von Mitgliedern der Genossenschaft deutscher Zivilingenieure, der Polytechnischen Gesellschaft in Berlin, Herausgeber der einflußreichen »Deutschen Allgemeinen Polytechnischen Zeitung (Engineering, Revue Polytechnique)«, die dem konkurrenzorientierten Maschinenbau verbunden war – machte aus seiner Enttäuschung kein Hehl. Er schrieb 1876 über die Weltausstellung: »Wie haben sich nun die übrigen Staaten beteiligt, diese Frage will beantwortet sein! Zunächst will ich über Deutschland reden. Ich behaupte, daß Deutschland selbst auf Ausstellungen zweiter Größe, wie in Moskau 1872, Neapel 1870, Amsterdam 1869 sich nicht so jämmerlich präsentiert hat wie hier. Abgesehen von der unverantwortlichen Lückenhaftigkeit der Vorführung ist auch für eine schöne Anordnung der vorhandenen Objekte nichts getan. Mit Ausnahme der Buchhändlerausstellung, der Ausstellung chemischer Industrie, der Kruppschen Kanonen, der Gasmaschinen, der Berg- und Hüttenprodukte präsentiert sich alles schlecht geordnet und schlecht arrangiert. Und alle diese Ausstellungen enthalten nichts Neues, ja, sie enthalten meist Altes, Unschönes und längst Bekanntes in keineswegs vollendeter Ausführung. Selbst die Königliche Porzellanfabrik darf hiervon leider nicht ausgeschlossen wurden ... Die Schamröte steigt jedem Deutschen auf, wenn er diese deutsche Stümperei an einem Ehrenplatz in der Ausstellung erblickt. Ich will mich hier nicht verbreiten über die direkten Ursachen dieser Niederlage! Dieselbe ist da und wird dahin führen, daß die Zusammengehörigkeit des deutschen Elements in Amerika mit unserem Vaterlande gelockert wird! Wir Deutsche verstehen es meisterhaft, uns unsere besten Freunde zu entfremden.« Es folgte ein Lob Frankreichs.

Grothe ist mit seinem 1877 erschienenen Buch selbst ein Beispiel für den veränderten Blickwinkel, unter dem Weltausstellungen nun betrachtet werden. Die Absicht von Schwerindustrie, Agrariern und Teilen der deutschen Regierung, das deutsche Zollsystem zu ändern, motivierte ihn, sich in den USA als einem Land mit erheblich höherer Protektion nach den dortigen Auswirkungen umzusehen. So lobte er den hohen Patentschutz, der dazu geführt habe, daß die USA nun für den Export gerüstet seien: Ackerbaugeräte, Nähmaschinen, Lokomotiven, Musketen, Turmuhren, Eisenbahnwagen, Baumwollwaren gehörten dazu. Die Offenlegung der Patente, eine der Grundlagen auch des 1877 verabschiedeten deutschen Patentgesetzes, habe in den USA zu einer schnelleren Verbreitung von Produkten wie Fahrrad, Kleidung, Kleiderschnitte geführt.

Aber es waren nicht diese Worte eines angesehenen Ingenieurs, sondern die ebenso kritischen des deutschen Jurymitgliedes für Paris, Wien und Philadelphia, des Direktors der Berliner Gewerbeakademie Franz Reuleaux, die in der Zeit des Übergangs von einer liberal organisierten Wirtschaft und Verfassung zu einer konservativ-korporativ verfaßten Gesellschaftsordnung eine erhebliche Kontro-

CENTENNIAL MIRRO
E PLURIBUS
UNUM
1776
1876
DRAWN & LITHOGRAPH BY THE

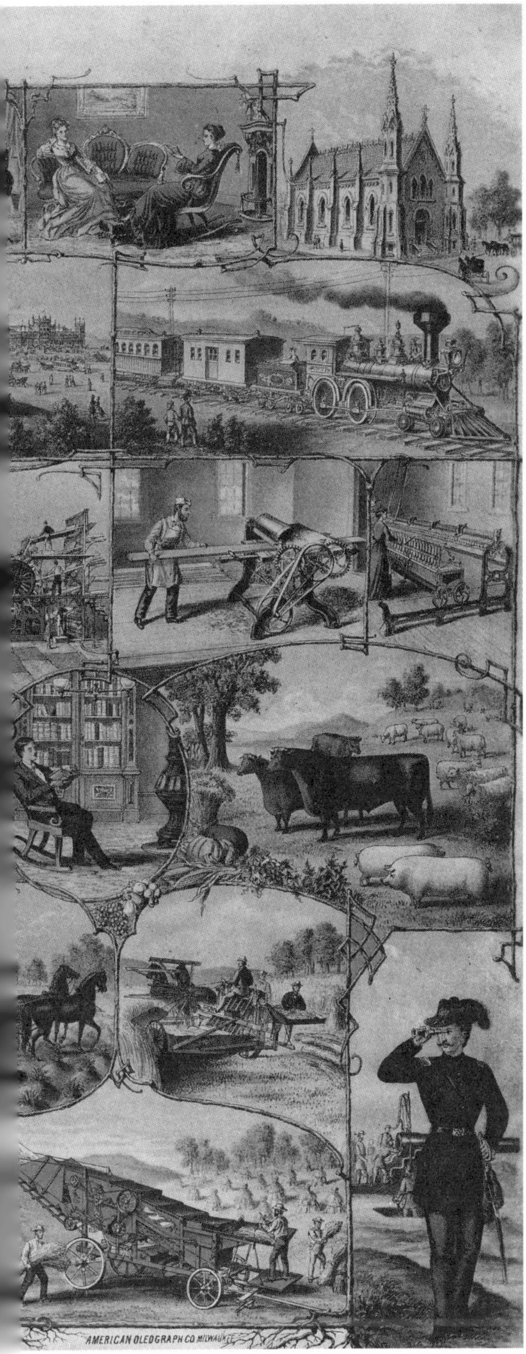

110. Betrachtung über hundert Jahre Fortschritt in den USA aus Anlaß der Weltausstellung in Philadelphia 1876. Öldruck. Washington, DC, Library of Congress

verse auslösten. Deren Auswirkungen machten deutlich, daß Technik nicht mehr das gesellschaftliche Bewährungsfeld einer kleinen Randgruppe von begeisterten Mechanikern, sondern existentielles Selbstverständnis der Wirtschaftsbourgeoisie bis hin zur entstehenden Facharbeiterschaft geworden war und daher eine neue Rolle in der Öffentlichkeit spielte, wie sie beispielsweise in der durch das Parlament erzwungenen Gründung der Technischen Hochschule Berlin zum Ausdruck kam. So erhielt sie in Deutschland neue Inhalte, um mit der englischen, französischen oder amerikanischen Industrie mithalten zu können, und reflektierte, wie in Frankreich, die entstandenen nationalstaatlichen Sentiments.

Reuleaux hat 1876 zehn Briefe aus Philadelphia in der Tagespresse veröffentlicht und dann zu einem Buch zusammengefaßt, um über die Weltausstellung zu berichten. Seine Auffassung von Technik trennte ihn von der Geschäftspolitik vieler deutscher Firmen, welche die Krisenzeiten mittels Preisunterbietung und Massenware durchstehen wollten. Eher Techniker als Kaufmann dachte er mit Stolz an die technische Leistungsfähigkeit der deutschen Industrie und wußte, wie sehr sich die Engländer darüber aufregten, daß noch in den sechziger Jahren die Markenzeichen

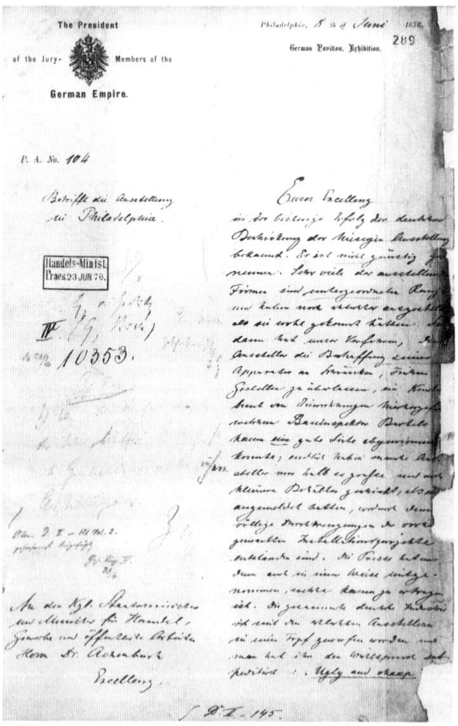
The President of the Jury-Members of the German Empire.

Philadelphia, 8 th of June 1876.

289

German Pavilion, Exhibition.

P. A. No. 104

Betrifft die Ausstellung in Philadelphia.

Handels-Minist. Praes. 23 JUN 76.

10353.

Euer Excellenz

[illegible]

111. Franz Reuleaux an den Handelsminister Heinrich von Achenbach. Erste Seite seines Briefes vom 8. Juni 1876. Berlin, Geheimes Staatsarchiv

112. Stand der Königlichen Porzellan-Manufactur Berlin auf der Weltausstellung in Philadelphia 1876. Photographie. Berlin, Schloß Charlottenburg, KPM-Archiv

hochwertiger Stahlwaren aus Sheffield in Solingen einfach auf mindere Produkte aufgedrückt wurden. Werner Siemens stimmte 1862/63 als Abgeordneter des Preußischen Landtages ebenfalls gegen diese Art des Broterwerbs, nur saßen die Piraten seinerzeit in Deutschland. Diese Kopiermethode sollte dazu beitragen, daß im internationalen Handel durch das britische Handelsrecht 1887 deutsche Produkte das »Made in Germany« tragen mußten, welches zu dieser Zeit allerdings bereits ein Qualitätsmerkmal zu werden versprach. Auf der Weltausstellung in Sydney 1880 nahm Reuleaux Abstand von der früheren Verurteilung der deutschen Industrie und lobte sie über den Klee. Reuleaux' immer wieder vorgetragene Vorstellung einer Vereinigung von Kunstgewerbe und Industrie machte ihn sensibel für die Art der Präsentation; und vieles mißfiel ihm an den deutschen Beiträgen, welche immerhin die ersten waren, mit denen sich das Deutsche Reich außerhalb des deutschen Sprachraums international vorstellte.

Reuleaux' theoretische Anliegen waren im Bereich einer Systematisierung der vorhandenen Technik zu finden. Dabei dachte er politisch eher an eine vielfältige, technisch hochstehende Maschinenbauindustrie in klein- und mittelständischem Format als an Großbetriebe, mithin eher an eine englische denn amerikanische Lösung. Seinen ihm so übelgenommenen Diskussionsbeitrag zu einer schon öffentlichen Kontroverse über die Bewältigung der Wirtschaftskrise machte er am 8. Juni 1876 auch dem Handelsminister Heinrich von Achenbach (1829–1899) zugänglich, der 1879 im Zuge der protektionistischen Umbildung seine Stellung aufgab. Die Kritiker regten sich über zweierlei auf: Sie tadelten, daß er die Auffassung der amerikanischen Presse als »billig und schlecht« wiedergab und teilweise für richtig hielt, und mokierten sich darüber, daß er den in den Exponaten des Kunstgewerbes gezeigten deutschen Chauvinismus als unerträglich hinstellte. In dem Schreiben an Achenbach prangert er die Beschickungs- und Ausstellungspraxis der deutschen Firmen ebenso an wie die mangelnde Qualität ihrer vorgeführten Produkte, aber auch die betont nationale Zurschaustellung durch Herrscherporträts und Schlachtenbilder. Nach seiner Rückkehr aus den USA reichte er im September 1876 dem Reichskanzleramt Reformvorschläge ein, die weit über rein technische Vorstellungen hinausgingen. Sie erwiesen sich als eine Mischung aus liberalen Ideen, aus denen seine politische Herkunft sprach, und protektionistischen Maßnahmen, mit denen er die nationale Wirtschaftsentwicklung fördern wollte: Patentgesetz, Qualitätsforderungen bei öffentlichen Ausschreibungen, Zolltarifreform, Eisenbahntarife, Verfolgung von Markenmißbrauch, Stärkung der Innungen, Fachgewerbeschulen, Förderung von Landesindustrieausstellungen und dergleichen mehr.

Bei der in Philadelphia überhastet angekündigten Weltausstellung für Paris 1878 zeigte sich nun einer Weltöffentlichkeit in aller Ernüchterung, daß Weltausstellungen immer mehr den industriellen Geltungsdrang einer Nation spiegelten. Bismarck und die Schwerindustrie lehnten für das Deutsche Reich die Teilnahme ab, obwohl der Kaiser dafür plädiert hatte. Die Paris-Ausstellung sollte ein Fest der Republik sein, die sich von der prunkvollen napoleonischen Vergangenheit absetzte, ein Fest des Lichtes, das durch Bogenlampen mit Jablotschkowschen Kerzen erhellt wurde. Das Reich initiierte nur die Teilnahme an der Kunstausstellung. An technischen Objekten kündigten sich Neuheiten an, welche die Entwicklung der kommenden vierzig Jahre erheblich mitbestimmen sollten: Motoren, die mit Benzin oder mit Elektrizität betrieben werden konnten, atmosphärische Antriebe für den Lokalverkehr, elektrische Beleuchtung und künstliche Herstellung von Eis zum Nutzen der Nahrungsmittelherstellung und -verteilung. – Weltausstellungen der Industrie waren immer weniger in der Lage, den Besuchern einen sinnvollen Gesamtüberblick zu geben. Seit der Mitte der siebziger Jahre mußten verstärkt auch die unbedachten und gefährlichen Fehlverwendungen von Technik mit Hilfe besserer Technik eingegrenzt und überwunden werden. Daß dazu nicht ein Mittel allein taugliche Maßnahmen anbieten konnte, wurde zunehmend deutlicher. Die einzelnen Länder reagierten sehr unterschiedlich auf derartige Herausforderungen.

Es gibt wohl keinen besseren Beweis dafür, daß Technik in allen vorkommenden Variationen schon zur Zeit ihres industriellen Aufschwungs als ein weitgehend in Wirtschaft, Politik, Gesellschaft und Bildung eingebetteter Gegenstand angesehen worden ist, als die Ausstellungen unterschiedlichster Art, auf denen Technik einem Fach- oder Allgemeinpublikum vorgeführt wurde. Die Ausstellungen bildeten sich dabei zu einer sozialen Institution sui generis heraus, mit spezifischen Leistungen, aber auch mit einer Rolle in der neu entstandenen Weltwirtschaft, die in vieler Hinsicht das erwachte Bewußtsein von einer verkehrsmäßig und damit kulturell nahezu voll erschlossenen Welt widerspiegelte. Als soziale Institution standen sie im Schnittpunkt so unterschiedlicher Interessen wie denen der Unternehmer und ihrer Interessenverbände, denen oft die Techniker angehörten, und denen des Staates oder gemeinsamer Einrichtungen wie der Handelskammern. Sie waren in ihrer konkreten Ausformung ein Leistungsbeweis bürgerlicher industrieller Entfaltung, aber auf internationaler Ebene. Die Besucher konnten sich mit ihren eigenen Produkten in den anderen Ländern wiederfinden. Ein Gefühl der Gemeinsamkeit in der neuen industriellen Welt war unverkennbar.

Stadttechnik

Im Verständnis für die industrielle Großstadt vereinigten sich Vorstellungen von Industrie und Fortschritt, wobei einige bereits das Potential gesund zu erhaltender Arbeitskräfte im Auge behielten. Obwohl die steuerzahlenden bürgerlichen Träger der Stadtpolitik kein Interesse an der Erhöhung der Steuerlast hatten, beschlossen sie entsprechende Maßnahmen. Sie waren davon überzeugt, den Übergang von einer dörflich-kleinstädtischen Siedlungsweise zu einer großstädtischen unter Kontrolle zu halten. Aus Kostengründen standen ihnen dazu allerdings sehr selten die Möglichkeiten eines Baron Georges Haussmann (1809–1891) zur Verfügung, der für Napoleon III. ein großbürgerliches Paris ausbaute, so daß sie sich vorzugsweise an der englischen Innenstadtversorgung orientierten.

Das markanteste großstädtische Kennzeichen war die Verkehrsinfrastruktur mit pferdegezogenen Trambahnen sowie Eisenbahnen, die die Stadtbezirke miteinander verbanden. Auch wenn für diese Transportmittel eine ausgereifte industrielle Technik noch fehlte, wurde ihre Funktion durch Produkte aus der Eisentechnologie ständig verbessert. Im Individualverkehr herrschten die alten Transportmittel vor; die Kutschen und Wagen erhielten allerdings stabilere Räder, Fahrgestelle mit reduziertem Reibungswiderstand und stählerne Bandagen; ihr Gewicht wurde schrittweise verringert. In Großbritannien fiel bis 1840 die Häufung von Automobilen mit Dampfantrieb und Omnibussen auf. Als ausgefeilte, sparsamere und leichtere Dampfmaschinen ab 1870 zur Verfügung standen, belebten sich auch die Straßen der französischen Großstädte mit Dampfautomobilen.

Zum Ausbau einer Industriestadt gehörten außerdem eine geordnete Wasserversorgung, später eine Abwasserbeseitigung, aber schon sehr bald eine Gasversor-

113. Gasanstalt in Gent. Lithographie von A. Canelle in »La Belgique industrielle«, 1852. Brüssel, Collection Crédit Communal

gung. Die Gasgesellschaften waren private Aktiengesellschaften, die mit ihren Verhandlungspartnern, den Kommunen, meist leichtes Spiel hatten, da dort in der Regel die technischen Fachleute zur Beurteilung der neuen Beleuchtungstechnik fehlten, während die politischen Repräsentanten in den Kommunen an der Nutzung der neuen Technik sehr interessiert waren. Weniger die Versorgung der Bevölkerung, vielmehr die profitable Verwendung von Technik zur Befriedigung eng sektorierter gesellschaftlicher Bedürfnisse stand im Vordergrund der Unternehmensstrategie englischer Ingenieure und Kaufleute, aber auch deutscher Kapitalgeber, die Gasgesellschaften gründeten und von den Gemeinden, die über die Überleitungsrechte am Boden verfügten, meist auf fünfundzwanzig Jahre ein Versorgungsmonopol erhielten. War ein solches Versorgungssystem vorhanden, dann wollten viele daran partizipieren, vor allem die zahlenmäßig stärkeren, aber geringer verdienenden Bürger. Der Streit um die Ausdehung der Versorgungsnetze und die Kosten in den Kommunalverwaltungen wurde übermächtig, als angesichts bester Dividenden Kohlenpreissteigerungen zur Erhöhung der Gaspreise benutzt wurden. Um 1860 übernahmen daher finanzkräftige Kommunen die Gaswerke. Die Stadtobrigkeiten betrachteten kommunale Einnahmen als Beweis für ihre gute Geschäftstätigkeit. Die Versorgung der Arbeiterviertel mit Gas stand nicht zur Diskussion.

Die öffentliche Beleuchtung wurde in sozialpsychologischer Hinsicht schon von den Zeitgenossen als ein begehrtes Disziplinierungsinstrument zugunsten der bürgerlichen Gesellschaft verstanden; sie öffnete durch Behinderung der Straßendiebe und -räuber Freiheitsräume für die innerstädtische Bevölkerung. Dagegen fielen die theologischen Bedenken, daß mit der künstlichen nächtlichen Beleuchtung in die göttliche Ordnung eingegriffen werde, auf Dauer kaum ins Gewicht. Die Leuchtgasherstellung stellte die verbreitetste Methode der Kohlendestillation dar, und sie fand in den Jahren nach 1840 vor allem auf dem Kontinent in immer neuen Gasgesellschaften unter englischer Anleitung schnelle Verbreitung. Im wesentlichen wurde die in England verwendete Technik eingesetzt, und das waren gußeiserne Retorten mit Rostfeuerung und gußeisernen Versorgungsrohren, die Öfen von Antoine Pauwels (1796–1852).

Die Schamotte-Retorten waren oft zu sechst in einem Ofen liegend untergebracht, 2 bis 3 Meter lang und 40 bis 48 Zentimeter breit mit ovalem Querschnitt. In sie wurde glühende Steinkohle eingelegt und dann 4 bis 6 Stunden unter Luftabschluß destilliert. Aus der englischen Kohle ergaben sich pro Zentner 22 Kubikmeter Gas, während es die deutsche nur auf 12 bis 17 brachte. 50 bis 70 Prozent der eingebrachten Masse blieben als Gaskoks zurück, 5 bis 6 Prozent wurden als Teer, 8

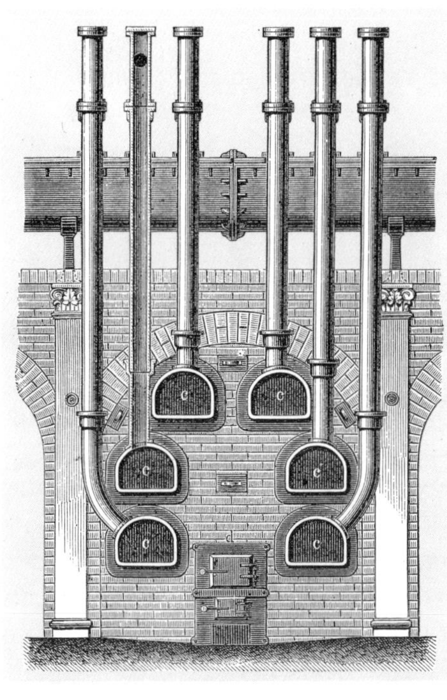

114. Retortenofen zur Leuchtgasherstellung. Stahlstich in »Meyers Konversations-Lexikon«, 1877. Privatsammlung

bis 12 Prozent als Ammoniakwasser ($NH_3 + H_2O$) abgefangen. Das Gas kühlte sich im Kondensator ab, wurde von Schwefelwasserstoff und Ammoniak gereinigt, vom Exhaustor in den Gasometer gesogen, der etwa den zwei- bis dreifachen Tageskonsum eines Versorgungsgebietes hielt, um dann über einen Druckregulator an die Kunden abgegeben zu werden.

Erste Interessenvereinigungen hatten sich zunächst für Naturforscher und seit 1845 aus Schülern der Berliner Gewerbeinstitute bereits für Ingenieure gebildet. Für die Gasfachmänner war jedoch weder eine gemeinsame Ausbildungsstätte noch eine kriselnde Branche vorhanden, die ihre Interessen hätten verteidigen müssen. Sie taten sich zu einer heute noch bestehenden Interessengemeinschaft zusammen. Als Katalysator der Vereinsbildung in Deutschland spielte eine Zeitschrift eine wichtige Rolle: das »Journal für Gasbeleuchtung und verwandte Beleuchtungsarten«, das ab 1858 in München erschien. Der Schriftleiter Nicolaus Heinrich Schilling (1826–1894) war 1850 in den Dienst der Gasbeleuchtungsgesellschaft in Hamburg getreten, wo er als Inspektor für öffentliche »Erleuchtung« schrittweise die Produktion von Gas kennenlernte. Eine Studienreise nach Belgien, England und Holland, die Verlegung von Gasröhren durch die Elbe und die Bekanntschaft mit bedeutenden Londoner Gastechnikern führten ihn in die internationale Gesellschaft der Gasingenieure ein. Erste Veröffentlichungen in Dinglers »Polytechnischem Journal« machten ihn bekannt, so daß er 1859 ein Angebot zur Leitung der Münchener Gasanstalt erhielt, das er auch annahm. Nur ein Jahr später veröffentlichte er das »Handbuch der Steinkohlenbeleuchtung«, und 1865 gründete er den Bayrischen Dampfkessel-Revisionsverein. Ihm waren vergleichbare Zeitschriften in Großbritannien, Frankreich und den USA bestens vertraut.

In der »Rundschau«, die das Meinungsbild der Branche spiegelte, beklagte sich Schilling nicht nur über die zu hohen Frachttarife für Steinkohlentransporte auf den Eisenbahnen, sondern auch über die deutsche Gründlichkeit. Bei den Gutachten in den Städten würden Nebensachen zu Hauptsachen erhoben. Die gute Jahreszeit würde mit Sitzungen vertan, in der schlechten müßte dann gebaut werden, was die Sache teurer mache. Das Journal wehrte sich auch gegen die übertriebenen Darstellungen von Unglücksfällen in der Tagespresse. Die Einbindung der Kommunalbehörden in den Ansprechkreis der Zeitschrift sollte sich als fruchtbar erweisen. Das Journal zielte darauf ab, den Produzenten von Gaseinrichtungen jeglicher Art einen größeren Markt zu verschaffen. Die Ingenieure und Verwaltungsfachleute aus Regierungen und Kommunen, die alle am Aufbau eines dezentralen Gasnetzes in Mitteleuropa beteiligt waren, erhielten hier ihren Orientierungsrahmen.

Im Jahr 1859 organisierten sich die Gasfachleute als »Verein deutscher Gasfachmänner und Bevollmächtigter deutscher Gasanstalten« in Frankfurt am Main. Wie in den schon bestehenden technischen Vereinigungen arbeiteten hier Techniker wie Unternehmervertreter zusammen. Das Gemeinschaftsgefühl der Gas- und bald auch Wasserfachleute, daß ihre Arbeit hygienisch und damit volksgesundheitlich und zivilisatorisch unverzichtbar sei, wurde auch durch den internationalen Charakter der Mitteilungen im Journal unterstrichen, die in den ersten fünfzehn Jahren von der Überlegenheit des Auslandes berichteten, später allerdings die überzeugenden Leistungen der deutschen Gasmänner betonten. Im Jahr 1862 bestanden im Bereich des Zollvereins 266, im Jahr 1877 im Deutschen Reich 481 und sechs Jahre später 610 Gaswerke.

Bei seinem Rückblick auf die ersten fünfundzwanzig Jahre des Vereins stellte Schilling fest, daß die Deutschen vor allem in der Anwendung der Regenerativfeuerung große Fortschritte gemacht hätten. Während die Engländer mehr in der »Massenproduktion auf meist beschränktem Areal« ihre Hauptaufgabe gesehen hätten, habe es die deutsche Technik verstanden, in bezug auf »Rationalität und Ökonomie des Betriebes« Fortschritte zu erreichen, »wie sie bei der frühen Abgeschiedenheit undenkbar gewesen wären«.

Mit der Entstehung der Gewerbelandschaften spätestens im 18. Jahrhundert sowie mit den Fabrikbauten und Stadtkonzentrationen seit Anfang des 19. Jahrhunderts wurde die Verfügbarkeit von reinem Wasser zunehmend wichtig. Die Verantwortlichen der Stadthonoratioren erkannten die entscheidende Rolle des Wassers aber erst nach den großen Cholera-Epidemien 1832, und selbst dann nicht in der ganzen Schärfe. Die ohnehin vorhandene Hygiene-Diskussion mit ihren starken politisch-pazifizierenden Aspekten geriet in Bewegung, konnte sich jedoch gegen die repressiven Vorstellungen nur langsam durchsetzen.

In der Abfolge lassen sich für die Eingabe- und Abgabeseite des Wassers typische Verlaufsformen erkennen. Der Trinkwasserzufuhr folgten Bemühungen um eine bessere Abfall- und Fäkalienabfuhr. Ab Mitte des Jahrhunderts baute man die Schwemmkanalisation aus und ließ Wasserklosetts zu, die schon 1775 patentiert wurden. Sie erforderten erhebliche Wassermengen. Dafür reichten Fernleitungen aus Frischwassergebieten nicht mehr aus, so daß filtriertes Flußwasser abgepumpt werden mußte. Der Mischkanal wurde die attraktive große Lösung für alle. Mit dem Wasserzustrom konnten nun auch Wasch- und Badeanstalten von den zunehmend verunreinigten Flüssen fort- und in die Stadt verlegt werden, was sich in England seit 1842, auf dem Kontinent seit 1851 ausbildete. Die Möglichkeiten zur Abhilfe der Wassernot waren äußerst begrenzt, weil die Ursachenforschung an theoretische Annahmen geknüpft blieb. So wußte man nicht, ob das Wasser oder die Luft Seuchen verursacht. Erst allmählich mehrten sich die Stimmen derer, die darauf hinwiesen, daß Flußwasser, das man für die Trinkwasserleitungen abzog, Bakterien in die Haushalte brachte, so daß Typhus-Epidemien wie jene 1872 in Stuttgart die Folge waren.

In London, das bis Mitte des 19. Jahrhunderts keine übergreifende Stadtverwaltung besaß, sondern aus einer Vielzahl kleiner Verwaltungseinheiten bestand, waren große Teile der neuerbauten Häuser auf Themse-Wasser angewiesen. Hier war das aus Flußwasser gewonnene Trinkwasser ein elementarer Bedarf. Doch das galt ebenso für andere Länder und Großstädte. So war der gesellschaftliche und politische Handlungsbedarf überall gefordert, denn Seuchen und penetranter Gestank durch Abfall oder Fäkalien trafen jeden, unabhängig von seiner sozialen Position. Zentrale Wasserwerke wurden beispielsweise in Hamburg 1848, in Berlin 1856 und in Essen 1864 gebaut. Sie lösten die Gewinnung des Trinkwassers aus Brunnen ab, die unter der Verseuchung durch nahegelegene Fäkaliengruben litten. Als nach 1860 die Vorstellung Oberhand gewann, man könne durch sandfiltriertes Flußwasser den Trinkwasserbedarf befriedigen, begann die mit Hilfe von Dampfpumpen intensiv betriebene Grundwasserförderung, die zur Absenkung des Grundwassers erheblich beitrug und ökologische Folgen haben sollte.

Weit schlimmer als bei der Trinkwasserbeschaffung sah es bei der geordneten Ableitung des gebrauchten Wassers aus. Jeder Fabrikationsbetrieb außer- oder innerhalb von Städten gab das benötigte, durch die Produktionsabläufe chemisch verunreinigte Wasser in Bäche und Flüsse ab. Und die städtische Bevölkerung in den sich ausdehnenden Wohnblocks schuf ähnlich gravierende Probleme für die Abwas-

115. Das Wasserwerk in Berlin-Tegel mit dem zentral gelegenen Gebäude der Sandwäsche und elf hufeisenförmig angeordneten Filtern, erbaut 1874–1877. Photographie von Manfred Hamm

116. Die Förderanlage des Wasserwerkes am Stralauer Tor bei Berlin, erbaut 1851–1857. Farblithographie nach einer Vorlage von Th. Dettmers. Berlin-Museum

serbeseitigung. Die vergleichsweise größte kollektive Bereitschaft zum Bau von Kanalisationen bestand bei urbanen Neugestaltungen beispielsweise in Hamburg nach dem großen Feuer 1842. Hier begann der Eisenbahntechniker William Lindley (1808–1900), zum Wasserwerk auch eine Schwemmkanalisation zu bauen, die ab 1848 in Betrieb genommen wurde. Als seine übermächtige Stellung auf Kritik stieß, verließ er Hamburg und beriet die Stadt Frankfurt am Main beim Bau der Kanalisation, allerdings ebenfalls mit Problemen, da er sich zu einer Reinigung der Kanalabwässer nicht durchzuringen vermochte.

In London wurde die hygienische Frage sehr früh diskutiert, weil hier 1832 die Cholera stark gewütet hatte. Edwin Chadwick (1800–1890) hatte die Armenfrage umfassend studiert und 1842 einen Bericht vorgelegt, der eine Reihe von konkreten Vorschlägen enthielt, wie die hygienischen Lebensumstände zu verbessern seien. Die Public Health Movement und die Society for the Improvement of the Conditions of the Labouring Classes nahmen sich der publizistischen und gesellschaftlichen Lösung dieser Frage an. In Preußen gab es wenige Jahre später nach britischem Vorbild Einrichtungen mit ähnlichen Namen.

Chadwick bestand auf einem System mit kleinen und billigen Tonröhren, die nicht gereinigt werden konnten. Selbst als Vorsitzender der Metropolitan Commission of Sewers vermochte er sich nicht durchzusetzen und mußte zurücktreten. Wiederholt löste sich die Baukommission auf, weil entweder den Hauseigentümern oder den Kommunalvertretern, den Bauingenieuren oder den korrupten Parlamentariern das Vorhaben mißfiel. Nach seinem Rücktritt kam eine Mischkanalisation zustande. Bei dem zuerst gebauten Kanal unter der Victoria Street, der sehr bald zusammenfiel, mündeten die Sammler nur wenig unterhalb Londons in die Themse, die mit der Flut die Reste in die Stadt zurückdrückte. Seit dem »Great stink« 1857, der sogar die Arbeit des Parlamentes lähmte, mußte von der Notwendigkeit der Kanalisation niemand mehr überzeugt werden. Umfangreiche Berichte über den nicht enden wollenden Gestank und Unrat aus den Flüssen beeinflußten anderswo Kanalisationsentscheidungen, zum Beispiel in Berlin.

Die 1865 in Großbritannien eingesetzte Rivers' Pollution Commission stellte fest, daß viele Flüsse in Yorkshire so verschmutzt seien, daß tonnenweise Kesselasche, zerbrochenes Tongeschirr, alte Metallreste, Abfälle aus Steinbrüchen, Straßenkehricht, verbrauchte Farbhölzer der Baumwoll- und Wollfärbereien dort herumschwammen. Dazu gesellten sich Kadaver von Hunden, Katzen und Schweinen, die an den Ufern die Luft verpesteten. Hinzu kamen Millionen Kubikmeter von Abwasser aus Bergwerken, chemischen Fabriken, Gerbereien, Färbereien oder Schlachthäusern, die mit der Flut erneut flußaufwärts getrieben wurden. Die unzureichende

117a. »Great stink«: Anspielung auf die Hilflosigkeit der Naturwissenschaftler gegenüber technisch-hygienischen Fragen. Karikatur im »Punch«, 1845. London, Punch Library. – b. »Der Frühling und die Industrie.« Satire in »Fliegende Blätter«, 1878. Berlin, Staatliche Museen Preußischer Kulturbesitz, Kunstbibliothek

Müllbeseitigung hat in Großbritannien eine noch heute beklagte Tradition und gehört anders als der Maschinenbau nicht zu den gelobten Vorbildern des Umgangs mit Technik.

An der Frage, ob die Ableitung in die Flüsse richtig sei, entzündeten sich weit heftigere Kontroversen als an der nun praktizierten Art, filtriertes Flußwasser ohne weitere Bearbeitung als Trinkwasser in die städtischen Haushalte zu pumpen. Aus der Städtereinigungsfrage wurde Anfang der sechziger Jahre die Flußverunreinigungsfrage. Hier zeigte sich ein erheblicher Unterschied zur Luftverunreinigung, die in größeren Zusammenhängen nicht gesehen wurde, weil der frische Wind über den britischen Inseln den Schmutz der Nordsee und den anderen Anrainern zutrug.

Die Kanalisationsbauer in Großbritannien konnten auf Erfahrungen zurückgreifen, die man beim Bau von Eisenbahnen, Viadukten und Brücken gemacht hatte, bei denen die Verbindung von Ziegelsteinen und Gußeisen ein sehr flexibles Leitungssystem ergab. Ihr Wissen mußte mit den Erkenntnissen der Hygieniker zusammengebracht werden. Für sie gab es Persönlichkeiten wie Robert Koch (1843–1910), Max Pettenkofer (1818–1901) oder Rudolf Virchow (1821–1902). Die Städtereinigungsfrage wurde durch die Gesellschaft Deutscher Naturforscher und Ärzte in das Bewußtsein des Publikums gehoben. Schon seit 1851 trafen sich in Brüssel die Hygieniker auf internationalen Kongressen.

Die Befürworter der Grubenabfuhr hatten gegenüber der Misch- und Schwemmkanalisation an Überzeugungskraft gewonnen, als Justus Liebig 1862 in die Diskussion eingriff und die ersten Ergebnisse aus London vorlagen. Er verteidigte die Wasserspülung und die Sammlung der Fäkalien, um sie auf den landwirtschaftlichen Nutzflächen auszubringen, also den Kreislauf der Wirkstoffe zu schließen. Die Liebig-Jünger verwiesen auf die übelriechenden Kanalgase und verbesserten das Kübelsystem, konnten aber langfristig die Transport- und Geruchsprobleme während der Verladung in den Großstädten nicht lösen. Die Freunde der Schwemmkanalisation betonten die nachgewiesene Absenkung der Seuchen, wobei die Begründung späteren wissenschaftlichen Erkenntnissen nicht immer standhielt. Hier bot sich ein Kompromiß an, nämlich die Fäkalien in der durch die Schwemmkanalisierung verdünnten Form auf Rieselfelder zu bringen. Damit konnte auch die Flußreinigungsfrage angegangen werden. London hatte gezeigt, wie ambivalent es war, der Schwemmkanalisation allein sämtliche Problem- und Reinigungsfälle zu übergeben. Sie konnte eben nicht, wie anfangs behauptet, an die Flüsse angebunden werden, deren sogenannte Selbstreinigungskraft in keiner Weise ausreichte. Die Entwicklung der Pariser und Berliner Kanalisationspläne in den Jahren 1854 bis 1870 offenbarten den Umschwung in der Meinung der Experten besonders deutlich.

Der Bau des Pariser Kanalnetzes oblag Georges Haussmann, als er für Napoleon III. ab 1854 im Zentrum der Stadt die Quartiere der Armen abriß und Häuser und Paläste plante und errichtete. Für die neuen Viertel ließ er im Querschnitt eiförmige und damit strömungsgünstige Kanäle legen, die so groß waren, daß darin auch Rohre für Gas und Frischwasser untergebracht werden konnten, sogar auf Schienen rollende Wagen, die den Stadtmüll aufnehmen sollten. Hier wurde die Stadt als Ver- und Entsorgungsmaschine vorgedacht, aber nur zur Hälfte, denn die Sammler rechts und links der Seine waren überschwemmungsgefährdet und gaben zudem ihren Inhalt ohne Klärung weiter flußabwärts direkt in die Seine. Für die älteren Viertel behielt er die Abfuhr bei. Insgesamt ließ er 500 Kilometer Kanäle unterschiedlicher Konstruktion bauen, ohne daß Paris die stinkende Abtrittabfuhr los wurde.

Die Berliner Stadtverwaltung hatte noch 1852 einen Unternehmer mit der Abfuhr der Fäkalien beauftragt und war 1856 auf das erste Wasserwerk stolz. Doch das reichte bei weitem nicht aus. Ein umfänglicher Bericht des leitenden Baubeamten Eduard Wiebe (1804–1892) sah ein für 750.000 Einwohner gedachtes ringförmiges, von außen zur Innenstadt geführtes Kanalisationssystem vor, das zu großen Sammlern führte, die hinter Charlottenburg in die Spree münden sollten. Gegen diese Lösung wandten sich Liebig und schließlich Virchow als Vorsitzender der Königlichen Wissenschaftlichen Deputation für das Medizinalwesen. Unter dem Vorwand, die schnell wachsende Stadt benötige andere Planungen, übernahm 1869 James Hobrecht (1825–1902), der Bruder des Bürgermeisters, eine Neugestaltung. Unter Einbeziehung der Liebigschen Kritik und der Londoner Ergebnisse sah er Rieselfelder vor allem im Nordosten, aber auch an anderen Stadträndern vor, die zwar ebenfalls durch ein radiales Kanalnetz, doch nun umgekehrt, von innen nach außen fließend, erreicht wurden. Mit dem Wachstum der Stadt ließen sich die Rieselfelder verlegen, ohne daß es in der City bei Überschwemmung zum Austritt der Kanalinhalte kommen konnte. Nachdem 1872 Edwin Chadwick den Berlinern noch einmal deutlich gesagt hatte, daß man an ihrer Kleidung röche, woher sie kämen, wurde dieses Kanalsystem tatsächlich gebaut.

Die Rieselfelder mit ihrem vermeintlichen Nutzen für die Landwirtschaft wollten Virchow und die Kommission sogar zu einer Zwangseinrichtung in Preußen machen. Ein Erlaß verbot 1877 die direkte Einleitung der Abwässer in die Flüsse, was wegen der finanziellen Folgen nicht durchsetzbar war und daher durch Festlegung von Grenzwerten unterlaufen wurde. Frankfurt, das sich von Lindley ein umfangreiches Schwemmkanalsystem hatte bauen lassen, erhielt daher keine Genehmigung, die Abwässer direkt, obwohl weit außerhalb in den Rhein zu leiten, während München und die bayerische Regierung eine solche Genehmigung noch 1873/74 für die Isar erteilt hatten. Frankfurt erhielt ab 1882 das erste Klärwerk.

Wichtige Interessenwahrer für die städtebauliche Umsetzung der Entsorgungspläne wurden der 1873 ins Leben gerufene Deutsche Verein für Öffentliche Gesundheitspflege und der 1877 in Köln gegründete Internationale Verein gegen Verunreinigung der Flüsse, des Bodens und der Luft, der auch als Reaktion gegen die staatliche Auflage der preußischen Regierung verstanden werden kann, nur Riesel-

118. Das unterirdische Paris: Kanalsystem, Steinbrüche und Katakomben. Stahlstich in »Das Neue Buch der Erfindungen«, 1864. Privatsammlung

felder für die Reinigung der Kloaken zuzulassen. Er war überzeugt, daß erstens die Städte das Rieselfeldsystem nicht bezahlen konnten und zweitens die Abfuhr weiterhin für die Landwirtschaft die beste Lösung darstellte. Kam der Bau von Kanalisationen in Deutschland erst in den achtziger Jahren richtig in Schwung, so dauerte hier der Bau von Kläranlagen noch länger. Im Jahr 1883 waren in Preußen erst 27,3 Prozent der städtischen Bevölkerung an eine Kanalisation angeschlossen.

Mit dem wachsenden Verbrauch von Trinkwasser und Industriewasser war der

119. Öffentliches Flußbad an der Donau in Wien. Lithographie in »The Engineer«, 1877. Berlin, Technische Universität, Bibliothek

Bedarf keineswegs abgeschlossen. Die Hygienebewegung als Teil der bürgerlichen Reformbewegung, die der Schwemmkanalisation zum Sieg verholfen hatte, befürwortete ebenso nachhaltig die Reinigung von Körper und Wäsche durch Wasser. Vorangegangen war seit dem letzten Drittel des 18. Jahrhunderts ein neues Verständnis für die Natur und ihre Schönheiten sowie für Körperertüchtigung und Schwimmen. Frühen Flußbadeanstalten in Hamburg und Lübeck folgten ab 1850 solche in Berlin und anderen großen Städten; sie setzten saubere Flüsse und Seen voraus. Da deren Wasserqualität jedoch schlechter zu werden begann, richtete man geschlossene Badeanstalten ein, zunehmend für Wannenbäder, wie sie durch den 1873 gegründeten Berliner Verein für Volksbäder gefordert wurden. Vorbilder für Wasch- und Badehäuser, die den weniger Bemittelten zur Verfügung standen, gab es in Liverpool seit 1842, bald danach in mehreren Städten Mittel- und Nordeuropas. Sie spiegelten den Glauben der Sozialreformer, mit der Reinlichkeit der Menschen auch deren gesellschaftliches Verhalten »sauber«, das heißt nicht auf Umsturz der bürgerlichen Ordnung gerichtet, gestalten zu können.

Der gewaltig wachsende Vorsprung, den die industrielle Entfaltung der Wirtschaft vor den gesundheitlichen Bedürfnissen der breiten Bevölkerung hatte, kam zum Stillstand; die erworbenen Ressourcen wurden jetzt auch für andere als wirtschaftliche Erfordernisse eingesetzt. Zwar konnte die Integration der Arbeiterschichten in die bürgerliche Gesellschaft durch Reinlichkeit und Hygiene noch nicht politisch greifen, aber die sozialreformerischen Anstrengungen begründeten in Zusammenarbeit mit den betrieblichen Disziplinanforderungen Verhaltensnormen, die weit über das 19. Jahrhundert hinauswirkten: Das Ungleichgewicht hatte sein Maximum erreicht.

Vier Jahrzehnte mit fehlendem Gleichgewicht

Noch ist kein Versuch unternommen worden, die vier Jahrzehnte zwischen 1840 und 1880 in Phasen aufzugliedern, denen technische Schlagworte zugeordnet werden können, so wie das mit der politischen Entwicklung geschehen ist. Dabei häufen sich in der Tagespublizistik jener Zeit bestimmte charakteristische Begriffe, die so etwas wie die Stimmungslage wiedergeben. So sind die vierziger Jahre noch ganz von Enge und hohen Transportkosten bestimmt, das »Packetieren« von Ladung und Menschen auf Schiffen ist ebenso allgegenwärtig wie das »Packetieren« bei der Herstellung von Puddelstahl. Für den wirtschaftlichen Aufbruch der fünfziger Jahre ließ sich – noch – kein passender technischer Begriff finden, zu sehr überdeckte die wirtschaftliche »Spekulation« alle anderen Aktivitäten.

Die sechziger Jahre traten unter dem Schlagwort des »Regenerierens« auf, und die siebziger Jahre lassen sich unter dem vielbeschworenen Stichwort »Normalien« am eindringlichsten subsumieren. Die Vielzahl der vorangegangenen Entwicklungen drängte zu bestimmten Standardisierungen, zu Einheitstypen, aber auch die technische Forschung drängte angesichts der Vielfalt des Denkbaren und Vorhandenen auf die vereinbarte »Normalie«, die allerdings angesichts der wirtschaftlichen Krisensituation noch nicht zu erreichen war. Nun könnte der Versuch einer solchen Zuordnung die Illusion einer stabilen Entwicklung suggerieren. Das Gegenteil jedoch war der Fall.

Wandel zeigt neben Gewinnen stets Verluste. Dies kann für die Zeit von 1840 bis 1880 nicht als etwas Neuartiges konstatiert werden. Doch die erstmalige Erfahrung mit dem industriellen Ansturm, den die Gesellschaften in Westeuropa und den USA zu verkraften hatten, ließ auch die Orientierung an Leitvorstellungen, die das politische Handeln bestimmen sollten, unsicher und brüchig werden. Die Lasten, die sich aus der Entwicklung ergaben, waren zu ungleich verteilt, sozial, wirtschaftlich und technisch. Sozial wurden die vorsichtigen Öffnungstendenzen während des Umbruchs zwischen 1830 und 1848 sehr bald durch Betonung von Besitz und Bildung wieder geschlossen. Wirtschaftlich konnte nur der überleben, der seine Eigentumsrechte auf dem Markt der sich entfaltenden Industriewirtschaft geltend zu machen verstand. Technisch hatten nur diejenigen eine Chance auf Selbständigkeit, die gleich zu Anfang einer Entwicklung dabei waren. Für Deutschland war charakteristisch, daß die soziale Frage nach 1866 und stärker noch nach 1871 unter den Blickwinkel der nationalen Frage gestellt wurde, und daß hier die politische Führung eine Bindung mit den Industriellen einging.

Der Betrachtungszeitraum endet mit dem Versuch des Staates, die durch die Industrialisierung geschaffenen Ungleichheiten zu entschärfen. Nach der Wirtschaftskrise von 1873, deren soziale Erschütterungen tendenziell auf eine Gefährdung des Reichszusammenhalts hinausliefen, wollte Bismarck durch Reformen eine

120. Alltagsverkehr in London. Gemälde »Ludgate Hill« von Wilhelm Trübner, 1884/85. Luzern, Kunstmuseum

Stabilisierung des nationalen Staates erreichen. Seine Bemühungen lassen sich auch als Nachhinken hinter den USA und Frankreich betrachten, in denen ähnlich stabilisierende Maßnahmen vorangegangen waren. Die Verantwortungsfunktion der Regierung des Kaiserreiches für Unterdrückung der Arbeiterbewegung, für Sozialversicherung, Zoll- und Patentschutz sowie für die Übernahme der Ausbildungskosten von Technikern signalisierte das Ende des englischen Vorbildes in Deutschland. Für die Industrie wurden die USA mit ihrem weiten Spannungsbogen zwischen gigantischer Rohstoffausstattung und peinlich genauen Meßmethoden in der Massenproduktion das neue Leitbild in technisch-ökonomischen Fragen.

Das fehlende Gleichgewicht ist vor allem auch im Technischen selbst zu sehen. Sämtliche Vorstellungen, wie die im Umbruch und Aufruhr befindliche deutsche Gesellschaft sich auf politischem, wirtschaftlichem und sozialem Gebiet gestalten sollte, wiesen der Technik einen mehr oder minder bedeutenden Part zu. Aber die industrielle Technik verlangte nicht allein wirtschaftliche und politische, sondern auch organisatorische und soziale Anpassungen, die noch nicht oder nur teilweise mitvollzogen wurden.

Wolfgang König

Massenproduktion und Technikkonsum
Entwicklungslinien und Triebkräfte der Technik zwischen 1880 und 1914

Zentren der technisch-industriellen Entwicklung: Grossbritannien, USA, Deutschland, Frankreich

Großbritannien, das Mutterland der Industriellen Revolution, blieb bis zum Ersten Weltkrieg die Industrienation schlechthin. Welche Indikatoren man immer wählen mag – den Anteil des industriellen Sektors an der Volkswirtschaft, den Export von Kapital und industrieller Güter oder die Industrieproduktion und das Volkseinkommen pro Kopf –, Großbritannien stand in jeder Hinsicht an der Spitze. Es besaß die größte Handelsflotte, und London bildete das unbestrittene Handelszentrum der Welt. Bei allen genannten wirtschaftlichen Größen hielt das Wachstum an, auch wenn sich in manchen seine Geschwindigkeit verringerte.

Obwohl die absoluten und relativen Zahlen die Stärke der britischen Volkswirtschaft unter Beweis stellen, zeigt eine Betrachtung ihrer Entwicklung über die Zeitachse hinweg, daß die industrielle Führungsposition Großbritanniens nicht mehr unangefochten war. Andere Industriestaaten wie die USA, Deutschland und Frankreich holten auf, während Großbritanniens Anteil an der Weltindustrieproduktion sank, ebenso am Welthandel, hierbei allerdings in wesentlich geringerem Umfang. Verlagerungen der Handelsströme lassen ebenfalls strukturelle Schwächen der britischen Industrie erkennen. Die Exporte in die konkurrierenden europäischen Industriestaaten und in die USA gingen zurück, während diese ihre Position auf dem britischen Markt verbesserten. Einen Ausgleich für seine Verluste fand der britische Handel im Empire; er profitierte also von der in der Vergangenheit errungenen politischen Vormachtstellung Großbritanniens. Daß der Inselstaat als einziges großes Industrieland beim Freihandel blieb, hingegen die anderen zu einem mehr oder weniger ausgeprägten Protektionismus übergingen, reicht als Erklärung für die weltwirtschaftlichen Veränderungen nicht aus.

Noch schwerwiegendere negative Tendenzen für Großbritannien werden augenfällig, wenn man die generellen quantitativen Betrachtungen durch spezielle qualitative ergänzt. Großbritannien behauptete zwar seine industrielle Dominanz in abgeschwächter Form bis zum Ersten Weltkrieg, geriet aber bei jenen Industriesparten ins Hintertreffen, die besonders zukunftsträchtige Produkte herstellten: in der optischen und chemischen Industrie gegenüber Deutschland, in der Elektrotechnik und im Werkzeugmaschinenbau gegenüber Deutschland und den USA und im Automobilbau gegenüber den USA und Frankreich. Selbst wenn diese Produktgruppen und Industriezweige in ökonomischen Gesamtbilanzen noch kaum zu Buche schlugen, wiesen sie die größten Wachstumsraten auf.

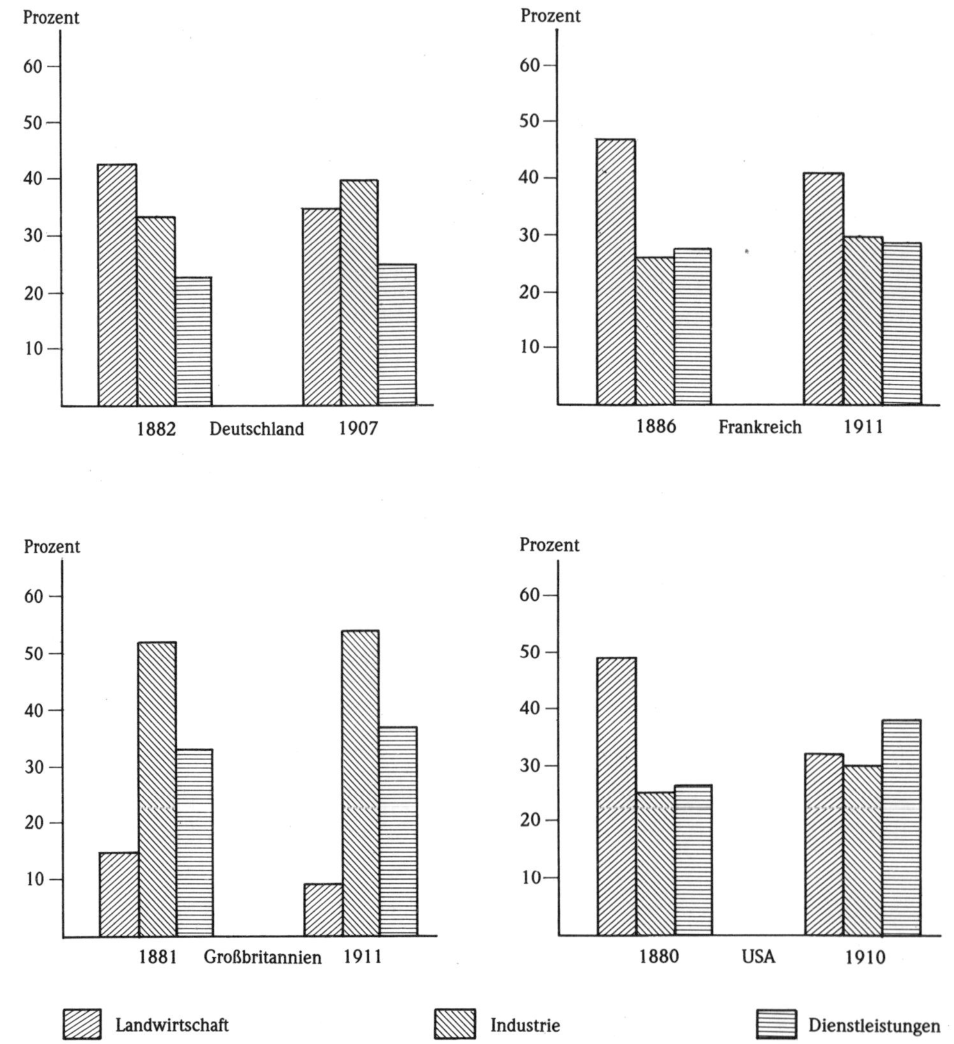

Anteil der drei volkswirtschaftlichen Sektoren an den Beschäftigten um 1880 und um 1910 (nach Fischer und Léon)

Die Stärke der britischen Industrie lag in traditionellen Bereichen: in der Textilindustrie, im Bergbau und Hüttenwesen sowie beim Bau von Schiffen, Großmaschinen und Textilmaschinen. In der Elektrotechnik war die Telegraphie auf den internationalen Märkten vorrangig, während die Starkstromtechnik hinterherhinkte. Auf die zunehmende internationale Konkurrenz reagierte die britische Industrie, indem sie – zugespitzt formuliert – mit alten Produkten auf neue Märkte im Empire auswich. Damit stellte sie sich nicht dem technisch-industriellen Strukturwandel, sondern zehrte von den politischen und technischen Leistungen der

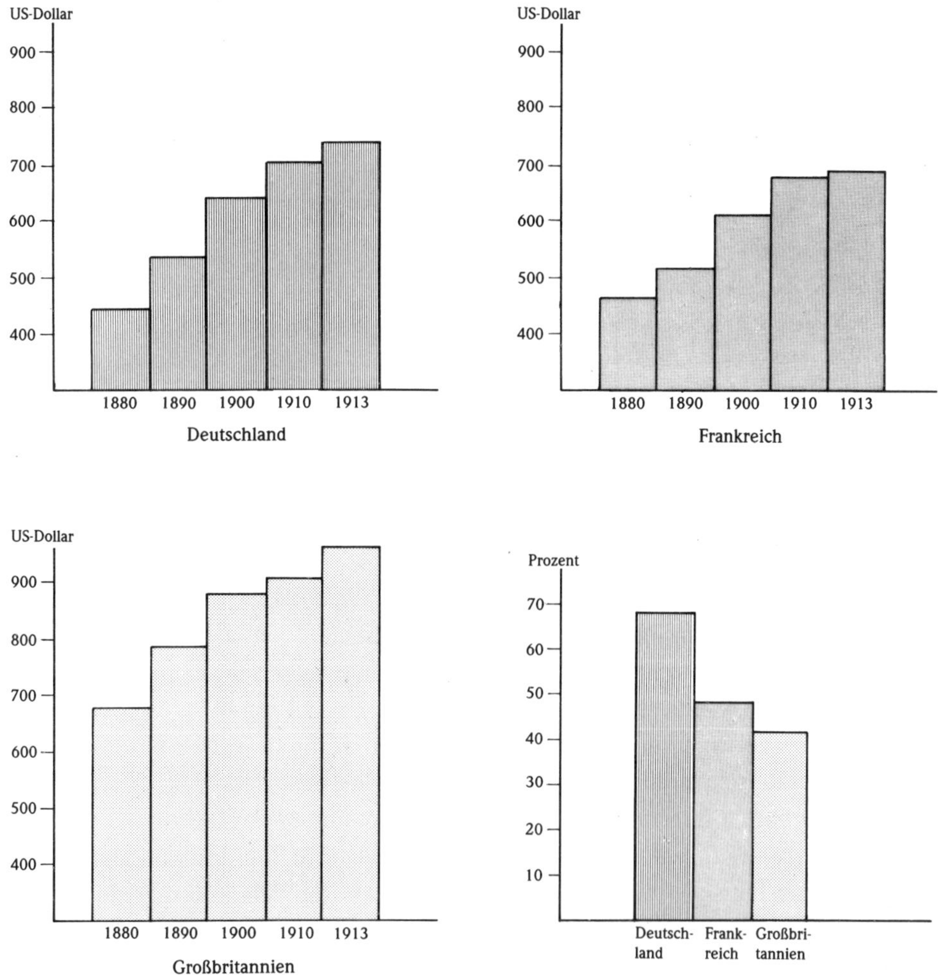

Volumen des Bruttosozialprodukts pro Kopf in US-Dollar nach dem Preisstand von 1960 und das Wachstum 1880 – 1913 (nach Fischer)

Vergangenheit. Solange die einzelnen Kapitalgeber und Unternehmer in den alten Industrien noch gute und zum Teil hervorragende Gewinne erzielen konnten, scheuten sie risikoreiche Investitionen in neue Technologien. Betriebswirtschaftlich rationales Verhalten führte so zu kurz- und mittelfristigen Erfolgen, langfristig jedoch zu volkswirtschaftlichen Strukturproblemen und zu einem relativen Bedeutungsverlust des Inselstaates in der Weltwirtschaft.

In welchem Tempo und in welchen Bereichen die jüngeren Industriestaaten USA und Deutschland den britischen Lehrmeister übertrafen, hing von den jeweiligen wirtschaftlichen Entwicklungsbedingungen ab. Die Industrie in den USA profitierte

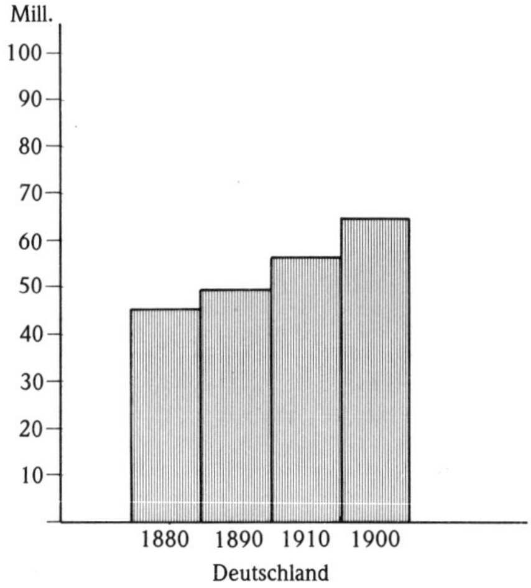

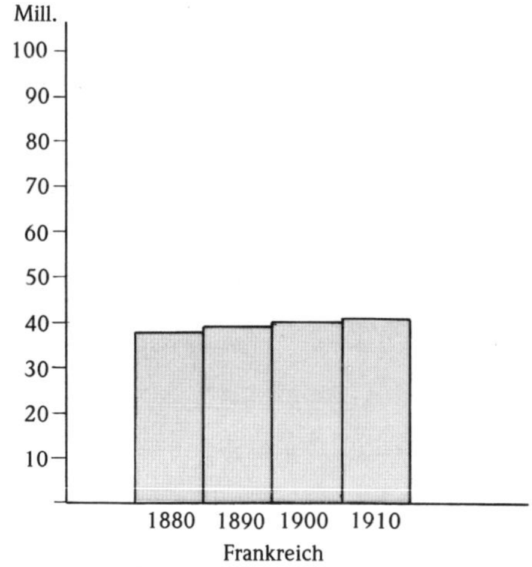

davon, daß weltweit kein Markt so rasant wuchs wie der amerikanische Binnenmarkt. Um die Jahrhundertmitte war die territoriale Entwicklung der USA durch Erwerbungen im Süden und Südwesten im großen und ganzen abgeschlossen, obwohl man noch 1867 von Rußland, mehr aus strategischen denn aus wirtschaftlichen Motiven, Alaska kaufte, dessen ökonomische Bedeutung bis weit ins 20. Jahrhundert hinein gering blieb. Die Erschließung der riesigen Territorien im Westen und Süden setzte besonders nach dem Ende des Bürgerkrieges eine enorme wirtschaftliche Dynamik in Gang. Hinzu kam das beispiellose Bevölkerungswachstum, das zu mehr als einem Viertel auf Einwanderung beruhte. Die Einwanderer brachten Kenntnisse, Fertigkeiten und Kapital mit sich, zudem den festen Willen, in der Neuen Welt mit harter Arbeit ihr Glück zu machen. Frauen, Alte und Kinder waren unter den Immigranten unterrepräsentiert, so daß die erwerbstätige Bevölkerung überproportional anstieg. Wenngleich die Einwanderung aus Europa starken zeitlichen Schwankungen unterworfen war, nahm sie in der Gesamttendenz zwischen 1880 und dem Ersten Weltkrieg zu. Während zunächst die meisten Immigranten aus West-, Nord- und Mitteleuropa stammten – Großbritannien und Deutschland standen als Auswanderungsländer an der Spitze –, kamen sie später vorwiegend aus ost-, südost- und südeuropäischen Ländern. Die Einwanderung aus Agrarstaaten löste also die aus stärker industrialisierten Ländern ab, und damit ging ein technischer Qualifikationsschwund einher.

Von dem Bevölkerungswachstum profitierten ausschließlich die Städte, die zahlenmäßig immer noch dominierende Landbevölkerung hingegen stagnierte. Die allgemeinen Tendenzen wurden durch umfangreiche Binnenwanderungsströme verstärkt. Die Immigranten gingen in den alten Industriegebieten an der Ostküste an Land. Eingesessene und eingewanderte Ostküstenbewohner zogen in den Mittle-

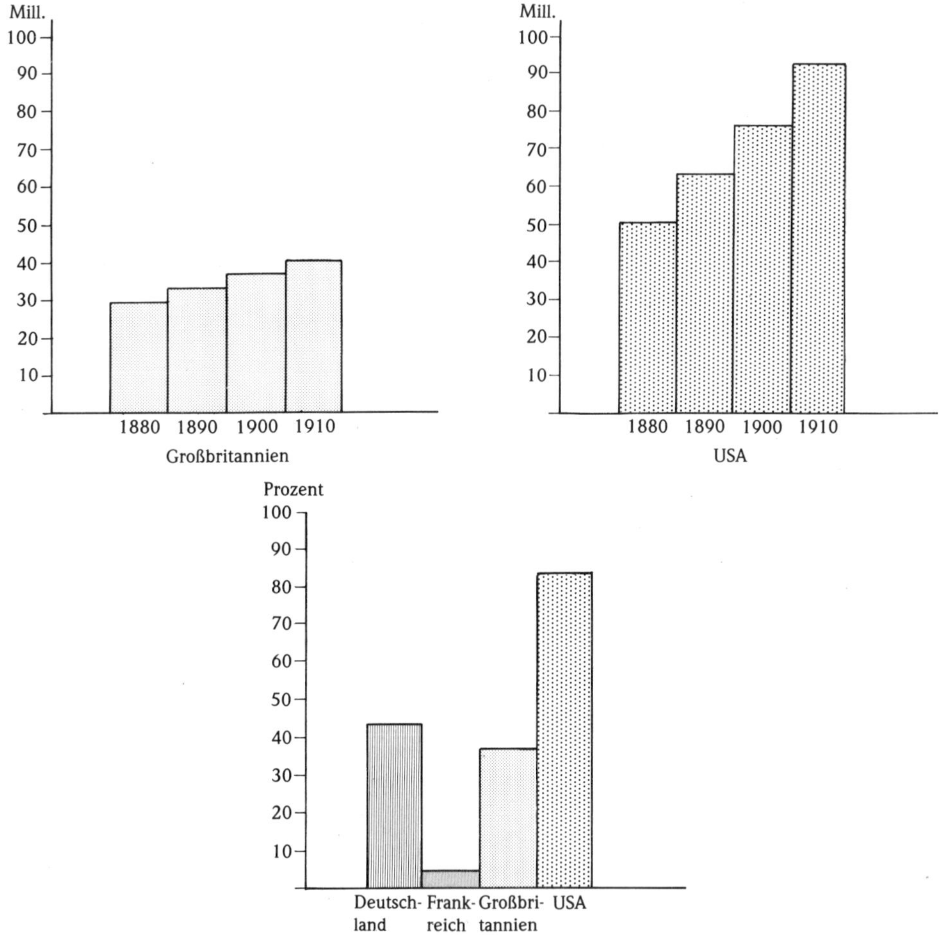

Die Bevölkerung der wichtigsten Industriestaaten sowie das Wachstum 1880 – 1910 (nach Historical Statistics und Fischer)

ren Westen, wo um die Großen Seen neue Industriezentren entstanden. Siedler erschlossen neues Agrarland im Westen und Süden. Solange die Landnahme andauerte und die agrarische Produktion entsprechend wuchs, konnten die Farmer für ihre Produkte kaum höhere Preise durchsetzen. Die soziale Lage der Landbevölkerung blieb gedrückt, was periodisch zu Protestbewegungen führte. Mit dem allmählichen Ende der Landerschließung um die Jahrhundertwende wuchs die Nachfrage in höherem Maße als das Angebot, und die Preise zogen an. Ihr steigendes Einkommen machte die Farmer zu einer wichtigen Kundengruppe für technische Güter. So entstand in den USA für landwirtschaftliche Maschinen, aber auch für Kraftfahrzeuge und Telephone ein bemerkenswerter ländlicher Markt, der in den europäischen Industriestaaten nicht einmal ansatzweise vorhanden war. Obwohl der Anteil der Landwirtschaft an den Gesamtbeschäftigten in den USA zurückging, behielt sie eine große Bedeutung für die amerikanische Volkswirtschaft, während der Stellenwert der Landwirtschaft in den europäischen Industriestaaten sank.

Der riesige, schnell wachsende und durch hohe Zollmauern geschützte Binnenmarkt machte die amerikanische Industrie im Vergleich zur europäischen unabhängiger von Exporten. Noch 1911 überwog zudem der Wert exportierter landwirt-

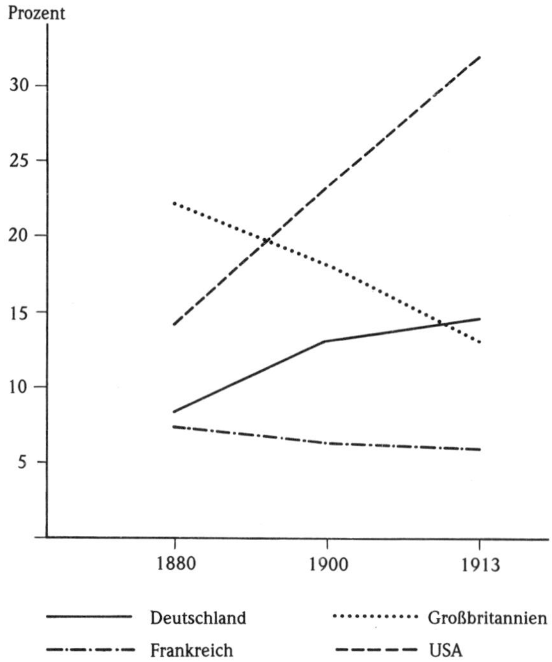

Anteil an der Weltindustrieproduktion (nach Fischer)

schaftlicher Güter den der Industrieexporte. In manchen Bereichen hatte die Industrie Schwierigkeiten, die Binnennachfrage zu decken, so daß die Exportanstrengungen beschränkt blieben. Die größten Erfolge erzielte noch der Maschinenbau mit hochwertigen Massenprodukten wie Nähmaschinen, landwirtschaftlichen Maschinen und Büromaschinen. Hauptexportregion blieb Europa, auch wenn sein Anteil zugunsten von Asien und Lateinamerika zurückging.

Die amerikanische Technik hatte an der das ganze Land erfüllenden Aufbruchs- und Pionierstimmung Anteil. Wie der Goldrausch große Massen in den Westen gezogen hatte, so ließ ein wahrer Technologierausch viele Handwerker und Techniker, aber auch zahlreiche technische Laien sich an neuen Konstruktionen und

Erfindungen versuchen. Erfindungswerkstätten schossen aus dem Boden, und die Zahl der genommenen Patente stieg exponentiell an. Obwohl es nur wenige vermochten, ihre Produkte zur technischen Reife zu entwickeln und zu vermarkten, regten die Erfolge eines Edison, Bell oder Hollerith doch verstärkte Anstrengungen weiterer Technikenthusiasten an. Der freie Erfinder, der in den USA ein günstigeres Innovationsklima und bessere wirtschaftliche Rahmenbedingungen vorfand als in europäischen Industriestaaten, konnte besonders in den letzten Jahrzehnten des 19. Jahrhunderts erfolgreich sein, wenn es ihm gelang, seine Neuerungen durch Patente abzusichern. Doch für die wirtschaftliche Verwertung der Erfindung im großen Stil reichten die eigenen Geldmittel meist nicht aus. Einige häuften zwar große Vermögen an, büßten aber in ihren Unternehmen den entscheidenden Einfluß bald zugunsten neu aufgenommener Geldgeber ein.

In dem Maße, in dem sich das vertikal und horizontal differenzierte Großunternehmen entwickelte, verloren die freien Erfinder im 20. Jahrhundert an Bedeutung. Mit ihrer Marktmacht, ihrem Kapital, ihren Forschungsabteilungen und einem das Produktionsprogramm absichernden Netz von Patenten wurden die Großunternehmen zu Zentren der technischen Entwicklung. Nirgendwo auf der Welt setzte sich das moderne Großunternehmen mit seiner Integration von Massenproduktion und Massendistribution von Gütern in solchem Umfang durch wie in den USA. Für die Versorgung des riesigen Landes wurden neue Vertriebsformen aufgebaut: Warenhäuser, Ladenketten, Versandhandel, Vertreterbesuche, Ratenzahlungen und Werbekampagnen. All dies trug dazu bei, daß der Dienstleistungssektor im Vergleich zu den europäischen Industriestaaten überproportional wuchs.

Die amerikanische Industrie litt permanent unter einem Mangel an Arbeitskräften, insbesondere an qualifizierten – eine Situation, die sich um die Jahrhundertwende noch zuspitzte, als das Qualifikationsniveau der Einwanderer abbröckelte. Da zudem die Löhne hoch waren, unternahm die amerikanische Industrie große Anstrengungen, um Arbeit durch Kapital zu ersetzen. Sie bemühte sich, in der Produktion Maschinen einzusetzen, die auch geringer qualifizierte Arbeitskräfte bedienen konnten, oder die Produktion arbeitssparend zu organisieren. Die Arbeiter erhielten als Kompensation für die häufig damit einhergehende Dequalifizierung und Verdichtung der Arbeit höhere Löhne, was wiederum die Massenkaufkraft ansteigen ließ. Die amerikanischen Kunden waren eher als die europäischen geneigt, Sonderwünsche zugunsten standardisierter preiswerter Produkte zurückzustellen. Offensichtlich dissolvierte der amerikanische Schmelztiegel der Nationen auch das Kaufverhalten und die Käuferwünsche seiner Bevölkerung. Der Maschineneinsatz ermöglichte eine den Kundenwünschen entsprechende Serien- und Massenproduktion standardisierter Investitions- und Konsumgüter. Entgegen den hierfür häufig verwendeten negativen Wertungen erfordert Massenproduktion eine besonders hohe Fertigungsqualität mittels erstklassiger Werkzeugmaschinen. In der amerikanischen Industrie stand somit, anders als in der europäischen, die Produktion im Vordergrund. Man konzentrierte sich darauf, Güter in großen Mengen mit möglichst wenigen Arbeitskräften zu produzieren, während es in der europäischen Industrie in erster Linie darum ging, den differenzierten Wünschen der Kunden mit Produkten gerecht zu werden, deren Herstellung nicht allzuviel Rohstoffe und Energie verschlang. Mit gutem Recht kann man für die amerikanische Industrie von einer Produktionskultur sprechen, für die europäische von einer Konstruktionskultur.

In Deutschland war der Industrialisierungsprozeß ein halbes Jahrhundert später als in Großbritannien in Gang gekommen. Dabei spielte der Technologietransfer aus westeuropäischen Ländern, insbesondere aus Großbritannien, eine wichtige Rolle. Neuen Schwung erhielt die deutsche Industrialisierung nach der Verbesserung der politischen und wirtschaftlichen Rahmenbedingungen, so durch die Gründung des Zollvereins 1833/34 und durch die Reichsgründung 1871. Um 1880 hatte sich die deutsche Industrie in wichtigen Bereichen wie dem Maschinenbau bereits erfolgreich von britischem Know-how abgenabelt, und die deutsche Industrieproduktion lag schon höher als die französische. Doch noch immer übertraf das volkswirtschaftliche Gewicht der Landwirtschaft das der Industrie, und nach wie vor lebten auf dem Lande mehr Menschen als in den Städten.

Das deutsche Gewerbe und die deutsche Industrie exportierten um 1880 weniger anspruchsvolle Maschinen als konventionelle handwerkliche Produkte wie Schwarzwald-Uhren, Spielzeug und Haushaltswaren, bei denen man vom relativ niedrigen deutschen Lohnniveau profitierte. Wenn in Großbritannien die deutschen Importe mißtrauisch betrachtet wurden und eine kritische Diskussion über die britische Freihandelspolitik einsetzte, dann macht dies deutlich, wie sehr man sich an die wirtschaftliche und industrielle Führungsrolle gewöhnt hatte. Als das Parlament 1887 den »Merchandise Marks Act« verabschiedete, nach dem alle eingeführten Güter eine Herkunftsbezeichnung, wie »Made in Germany«, tragen sollten, wandte man sich vor allem gegen den unlauteren Wettbewerb deutscher Firmen, die minderwertige Produkte, den Qualitätswaren britischer Firmen täuschend ähnlich sehend, auf den Markt gebracht hatten. Als sich in den folgenden Jahren die Struktur der deutschen Industrie und ihrer Exporte änderte, wandelte sich auch das »Made in Germany« von einer diskriminierenden Bezeichnung für Minderwertiges zu einem Qualitätsbegriff.

Die deutsche Industrie entwickelte sich in beachtlicher Breite, errang aber besonders mit jenen Branchen eine starke internationale Position, in denen hohe technische Qualifikationen eine wichtige Rolle spielten. Die optische und die feinmechanische Industrie sowie der Maschinenbau profitierten ebenso vom hohen Stand der Facharbeiterausbildung und des Handwerks wie von dem differenzierten System der deutschen Ingenieurausbildung. Besonders die elektrotechnische und die chemische Industrie nahmen in größerem Umfang Absolventen Technischer Hochschulen und der Universitäten auf, die neues Wissen in die Betriebe hineintrugen. Daneben kooperierten die Großunternehmen dieser Branchen in vielfältiger Weise mit der Hochschulwissenschaft. Die größten Erfolge erzielten Unternehmen, denen es gelang, wissenschaftliche und technische Innovationen schnell in marktfähige Produkte umzusetzen und diese auf internationalen Märkte zu etablieren, wie es in der Chemie mit Farbstoffen und Pharmazeutika geschah, in der Elektrotechnik mit elektrischen Maschinen und im Maschinenbau mit Verbrennungsmotoren. Bei anderen Innovationen verhinderten der begrenzte Binnenmarkt oder unternehmerische Schwächen schnelle Erfolge. Benzinautos, elektrische Straßenbahnen und Differential-Bogenlampen wurden zwar zuerst in Deutschland entwickelt, doch das große Geschäft machten amerikanische und französische Firmen. Dabei war die deutsche Industrie in viel höherem Maße als die amerikanische auf Exporte angewiesen. Selbst wenn sich in der Zeit vor dem Ersten Weltkrieg der britische Weltexportanteil an Industriegütern nicht ganz erreichen ließ, besaß die deutsche Industrie gerade in den Wachstumsbereichen größere Anteile, was zu den schönsten Zukunftshoffnungen berechtigte.

Obgleich die französische Industrie – in absoluten Zahlen gerechnet – in den Jahrzehnten um die Jahrhundertwende expandierte, ging ihr Anteil an der Weltindustrieproduktion kontinuierlich zurück. Sie konnte sich nicht auf einen schnell wachsenden Binnenmarkt stützen, denn die Einwohnerzahl Frankreichs erhöhte sich nur wenig. Die Reparationszahlungen und der Verlust von Elsaß-Lothringen als Folge des Deutsch-französischen Krieges schufen zusätzlich ungünstige wirtschaftliche Rahmenbedingungen. Die Einbuße der lothringischen Schwerindustrie verteuerte die Versorgung des Landes mit Kohle, Eisen und Stahl als den Grundstoffen der Technik und Industrie, und der Ausfall der elsässischen Baumwollindustrie dämpfte die Entwicklung der Teerfarbenindustrie. Die wirtschaftliche Struktur Frankreichs wies krassere Gegensätze auf als die anderer europäischer Industrieländer. Dem überragenden Ballungszentrum Paris standen wesentlich kleinere Industriestädte und große rein agrarische Landstriche gegenüber. Der Markt von Paris, wo sich der Adel und die Bourgeoisie Europas ein Stelldichein gaben, reichte aus, um Luxusindustrien wie dem Automobilbau eine Initialzündung zu geben. Ihre international starke Position konnte die französische Automobilindustrie aber nur durch Exporterfolge, vor allem nach Großbritannien, erringen. Ebenso gelang dies durch Exporte in europäische Länder und die USA der französischen Filmindustrie, die sozial weitaus differenziertere Zielgruppen anpeilte als der Automobilbau.

In anderen expansiven Industriezweigen wie der Elektrotechnik und der Chemie blieb Frankreich erheblich hinter den USA und Deutschland zurück, obwohl die Anfänge aufgrund der Tradition und des hohen Standes der französischen chemischen, physikalischen und elektrotechnischen Wissenschaft vielversprechend waren. Wirtschaftliche Rahmenbedingungen waren wichtiger für die Entwicklung der Technik als die Wissenschaft. Hinderlich für die technisch-industrielle Entwicklung des Landes war zudem, daß Staat und Wissenschaft auf der einen Seite und die Industrie auf der anderen durch einen sozialen und kulturellen Graben getrennt wurden, wie er sich im französischen Bildungssystem zeigte.

Der Welthandel wuchs im hier betrachteten Zeitraum schneller als die Weltproduktion – ein deutliches Zeichen dafür, daß sich ein System der Weltwirtschaft herausgebildet hatte. Auf dem Weltmarkt für Industrieprodukte konkurrierten vor allem Großbritannien und Deutschland und in geringerem Maße die USA und Frankreich miteinander. Bis zu einem gewissen Grad entwickelte sich ein System internationaler Arbeitsteilung. Mit unterschiedlichen Märkten und Produktgruppen offenbarten die einzelnen Staaten ihre Stärken und Schwächen. Diese spiegelten ihre jeweilige naturräumliche Ausstattung, ihre Rohstoffsituation, ihre politischen und wirtschaftlichen Traditionen und die Struktur ihres Arbeitsmarktes wider. Die britische Industrie stützte sich auf das Empire als Rohstoffquelle und Markt und lebte in erster Linie von klassischen Erzeugnissen. Die amerikanische profitierte von dem außerordentlich schnell wachsenden Binnenmarkt und produzierte mit arbeitssparenden Maschinen hochwertige, preiswerte Massengüter. Exportabhängige deutsche Industriezweige setzten die hohen Qualifikationen ihrer Mitarbeiter in »intelligente« Produkte um. Und der durch wirtschaftliche und kulturelle Strukturen benachteiligten französischen Industrie gelang es nur in wenigen Fällen, diese Restriktionen mittels forcierter Exporte zu überwinden.

Grundstoffe der Technik

Obwohl in den Jahrzehnten um die Jahrhundertwende keine revolutionären technischen Veränderungen bei der Gewinnung und Verarbeitung von Kohle, Eisen und Stahl stattfanden, bildeten Kohle als Energieträger sowie Eisen und Stahl als Werk- und Baustoffe notwendige Voraussetzungen für zahlreiche Innovationen in anderen Bereichen der Technik. Der rasch wachsende Bedarf der Industrie an Kohle und Stahl ließ die Förder- und Produktionszahlen steil ansteigen. Dabei zeigen die Zahlen auch, daß Großbritannien als die Wiege der Industriellen Revolution Konkurrenz durch andere Industrieländer, insbesondere durch die USA und Deutschland, erhalten hatte, selbst wenn es im Welthandel mit Kohle und Stahl seine führende Position in der Zeit vor dem Ersten Weltkrieg bewahren konnte. Die Zeitgenossen schielten zwar besonders auf die volkswirtschaftlich wichtigen Grundstoffindustrien und deren Produktionszahlen, aber es zeichnete sich die Wachablösung in der Weltwirtschaft eher in neuen Industrien ab, wie der Elektrotechnik und der chemischen Industrie, deren volkswirtschaftliche Bedeutung noch kaum ins Gewicht fiel.

Technisch spektakulärer als die Veränderungen in den Grundstoffindustrien waren die Verbindung, die die neuen Baustoffe des 19. Jahrhunderts, Stahl und Beton, im Stahlbeton eingingen, und die Verwendung des Baustoffes Stahl in der Stahlskelettbauweise. Nachdem die Innovation des Fahrstuhls Hochhausbauten erst sinnvoll gemacht hatte, ermöglichte die Stahlbeton-, insbesondere aber die Stahlskelettbauweise die Errichtung von Wolkenkratzern, die heute die Skyline der meisten Metropolen bestimmen.

Kohle als Energiequelle

Bis weit ins 20. Jahrhundert hinein bildete Steinkohle den wichtigsten Primärenergieträger. Schätzungen besagen, daß um die Jahrhundertwende Kohle etwa 60 Prozent des Energiebedarfs der Welt deckte, bei einem beträchtlich höheren Anteil in den Industrieländern. Bei den fossilen Brennstoffen besaß Kohle sogar einen Anteil von über 90 Prozent. Kohle benötigte die Industrie, um ihre Dampfmaschinen zu betreiben, immer noch die weitaus wichtigsten Kraftmaschinen, und zur Erzeugung von Prozeßwärme. Die Hüttenwerke waren auf Kohle als Energieträger wie als Reduktionsmittel angewiesen, und für die Gasanstalten und die chemische Industrie stellte die Kohle einen unverzichtbaren Grundstoff dar. Mit Kohle heizten Eisenbahnen, Wärmekraftwerke und ein großer Teil der privaten Haushalte. Kohle stillte den Energiehunger von Industrie, Verkehr und städtischen Agglomerationen, von Bereichen also, die in den Jahrzehnten um die Jahrhundertwende ein rapides Wachstum erlebten.

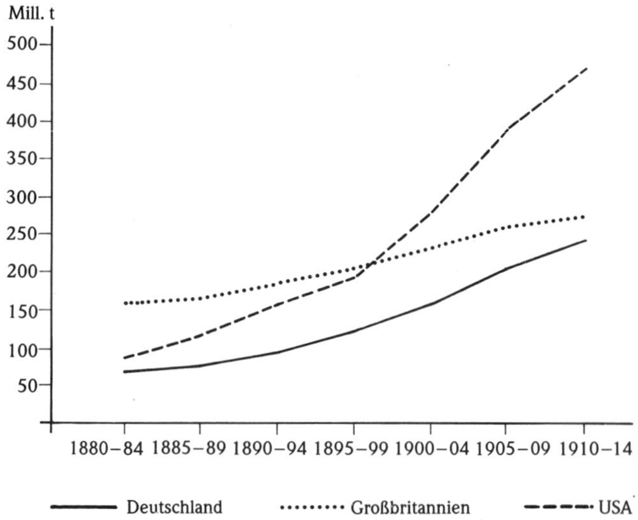

Durchschnittswerte der Stein- und Braunkohlenförderung (nach Woytinsky)

Die steigende Energienachfrage ließ die großen Kohleförderländer, Großbritannien, die USA und Deutschland, die um 1900 einen Anteil von 80 Prozent an der Weltproduktion besaßen, ihre Förderung stark ausbauen. Beschäftigte der britische Steinkohlenbergbau 1875 eine halbe Million Menschen, so stieg die Belegschaft bis 1914 auf weit über eine Million an. Die mit Abstand höchsten Zuwachsraten verzeichneten die USA, die nach 1870 etwa alle zehn Jahre ihre Fördermenge verdoppelten und Großbritannien als führendes Kohleförderland ablösten. Um 1912 kamen aus den amerikanischen Gruben mehr als 470 Millionen Tonnen Steinkohle, aus den britischen mehr als 270 und den deutschen nahezu 170. Großbritannien blieb jedoch mit mehr als 30 Prozent seiner Förderung der maßgebende Exporteur. Die günstigen Transportkosten der britischen Kohle über See wogen die niedrigeren Förderkosten der im Landesinneren liegenden amerikanischen Gruben allemal auf.

In den Jahrzehnten um die Jahrhundertwende stieg die Arbeitsproduktivität in den amerikanischen Gruben an, während sie in den britischen und deutschen sank oder stagnierte. Diese unterschiedliche Entwicklung hing in erster Linie mit dem Alter der jeweiligen Bergbaugebiete zusammen, aber auch mit den für eine Ausweitung der Förderung ergriffenen Maßnahmen. Während man in den USA neue oberflächennahe Kohlenlager erschloß, baute man in den europäischen Revieren eher die bestehenden Gruben aus. Man ging in größere Tiefen und erweiterte das Streckennetz, was die Förderkosten erhöhte und die Produktivität verminderte. Belegschaft und Kohle mußten längere Wege zurücklegen, und die Bewetterung, die Versorgung des Bergwerks mit Frischluft, bedurfte des Ausbaus.

Die steigende Nachfrage nach Kohle und die Erhöhung der Förderung legten auch Bemühungen um eine stärkere Mechanisierung nahe, besonders in den Revieren, wo es an qualifizierten Arbeitskräften mangelte. Doch gerade an den entscheidenden Punkten, bei der Gewinnung der Kohle vor Ort und ihrer Förderung aus dem Streb, stellten sich einer Mechanisierung beträchtliche Hindernisse entgegen. Die Vielfältigkeit der Lagerverhältnisse, die ständige Veränderung der Abbaupunkte und das Problem, Gewinnungsmaschinen über größere Entfernungen mit Energie zu versorgen, erlaubten Mechanisierungsmaßnahmen nur in wenigen Fällen, bei besonders günstigen Lagerungen, und bewahrten der traditionellen Handarbeit noch lange Zeit ihren Stellenwert. Wie seit urdenklichen Zeiten erfolgte der Abbau vor Ort nach wie vor überwiegend mit Hacke, Schlägel und Eisen. Der Bergmann brachte unterhalb der Kohle mit seinen Werkzeugen einen waagerechten Spalt an, den sogenannten Schram. Danach wurde die oberhalb des Schrams befindliche Kohle abgeschlagen oder, wenn keine Schlagwettergefahr bestand, mit speziellen Sicherheitssprengstoffen abgesprengt. Die Sprenglöcher setzte der Bergmann ebenfalls mit seinen Werkzeugen per Hand. Schließlich schaufelte er die Kohle aus dem Streb, es sei denn, die räumlichen Verhältnisse erlaubten den Einsatz von kleinen Wagen oder – bei steiler Lagerung – von Rutschen.

Ob und in welchem Umfang sich für die Gewinnung vor Ort Maschinen einsetzen ließen, hing vor allem von den geologischen Verhältnissen ab, von der Härte der Kohle und von der Lagerung und Mächtigkeit der kohleführenden Schichten. Seit den sechziger Jahren entwickelten vornehmlich britische Innovatoren Maschinen für die Einschnitte im Flöz. Diese Schrämmaschinen konnten stoßend arbeiten, also die Arbeit der Hacke nachahmen, oder auch nach dem Rotationsprinzip. Dabei saßen Meißel auf rotierenden Scheiben oder Stangen oder an Ketten. Besonders geeignet waren die Schrämmaschinen für die amerikanische und britische Hartkohle. Um die Jahrhundertwende baute man in den USA etwa 20 Prozent der Kohle mit Schrämmaschinen ab, in Großbritannien bis zu 2 Prozent; um 1914 lagen die Zahlen in den USA schon bei fast 50 und in Großbritannien bei etwa 8 Prozent, womit der britische Bergbau in Europa eine Spitzenposition innehatte. Der amerikanische Vorsprung resultierte in erster Linie daraus, daß hier die Flöze eine größere Mächtigkeit aufwiesen. Dagegen setzte man im britischen Bergbau Schrämmaschinen vorzugsweise bei dünnen Flözen ein, die mit Hand nur schwer abzubauen waren. Die amerikanischen Kumpel brachten den häufig verwendeten Stoß- und Kettenschrämmaschinen keine ungeteilte Zustimmung entgegen; denn der Maschinenlärm stellte nicht nur eine Belastung dar, sondern verhinderte auch die Wahrnehmung von Geräuschen, mit denen sich Einstürze ankündigten. Die Staubentwicklung beim Schrämmaschineneinsatz vergrößerte die Gefahr von Kohlenstaubexplosionen.

Dem amerikanischen Bergbau kamen die außerordentlich günstigen geologischen Bedingungen zugute. Die Kohle lag hier nicht so tief wie in den europäischen Bergbaugebieten, so daß sie teilweise durch Horizontalstollen anstelle von Schächten erschlossen werden konnte. Das dünnere Deckgebirge und der dadurch geringere Gebirgsdruck ermöglichten zusammen mit der Mächtigkeit der Flöze den sogenannten Kammerbau statt des europäischen Strebbaus. Dabei ließen sich von den Hauptförderstrecken aus ganze Kammern im Kohlenflöz ausräumen. Zwischen den einzelnen Kammern blieben Wände und Pfeiler stehen, damit das Gebirge nicht einstürzte. Beim Kammerbau entfiel also der aufwendige Ausbau des Strebs mit Holz oder zunehmend bereits mit Metall.

121. Traditionelle Handarbeit beim Vortreiben einer Strecke im sächsischen Kohlenflöz. Photographie, um 1890. – 122. Bergleute mit einer stoßend arbeitenden Säulen-Schrämmaschine. Photographie, um 1900. Beide: Bochum, Deutsches Bergbau-Museum

123. Elektrische Fördermaschine im Kohlenbergbau des Ruhrgebiets. Photographie, 1907. Bochum, Deutsches Bergbau-Museum

Die Schrämmaschinen wurden zunächst mit Druckluft angetrieben, mit der man im Bergbau seit der Mitte des 19. Jahrhunderts experimentierte. Druckluft stellte wegen ihrer Sicherheit ein ideales Arbeitsmedium unter Tage dar, erwies sich wegen der hohen Verluste aber auch als recht teuer. Deswegen setzte man seit den achtziger Jahren große Hoffnungen in die Elektrizität. Die Funkengefahr und die Empfindlichkeit elektrischer Maschinen gegen Schmutz verzögerten jedoch ihre Verwendung im Berg. Einen kontinuierlichen Aufschwung nahm elektrische Energie im Bergbau seit der Jahrhundertwende, zunächst über Tage, bei der Schachtförderung, Wasserhaltung, Bewetterung, Aufbereitung und Beleuchtung, dann auch unter Tage, mit Schrämmaschinen, die durch eingekapselte Elektromotoren betrieben wurden, Elektrolokomotiven für die Streckenförderung und mit elektrischen Beleuchtungsanlagen. Im deutschen und amerikanischen Bergbau machte die Elektrifizierung schnellere Fortschritte als im britischen, wobei auch die Dampfkraft in allen Ländern weiterhin Zuwachsraten aufwies. Zechen des Ruhr-Bergbaus, wo Unternehmenszusammenschlüsse in größerem Umfang als in britischen oder amerikanischen Revieren stattfanden, gingen nach der Jahrhundertwende mehr und mehr Verflechtungen mit der Elektrizitätswirtschaft ein, was die Elektrifizierung voranbrachte.

Gegenüber Großbritannien und den USA machte im deutschen Bergbau nicht nur die häufig steile Lagerung der Flöze, sondern auch die weiche, mürbe Fettkohle des Ruhrgebiets die Verwendung von Schrämmaschinen schwierig. Es kam häufig vor, daß sich die Oberbank absetzte und die Schrämvorrichtung einklemmte. Eine Lösung brachte hier kurz vor dem Weltkrieg eine alternative Technik, nämlich die

124. Grubenbahn mit Akkumulatorlokomotive. Photographie, nach 1900. – 125. Gewinnungsarbeit mit einem Preßlufthammer. Photographie, um 1920. Beide: Bochum, Deutsches Bergbau-Museum

Gewinnung von Kohle mit Hilfe von Abbauhämmern. Seit den achtziger Jahren hatte man im Bergbau begonnen, die Sprenglöcher nicht mehr mit Hand, sondern mit schweren, auf Gestellen befestigten Preßluftbohrern zu setzen. Leichtere, mit Hand zu führende Abbauhämmer verwandte man im Mansfelder Kupferbergbau zwar schon Ende der achtziger Jahre, doch diese Hämmer besaßen eine für die weiche Ruhr-Kohle zu geringe Schlagtiefe. Einen Anstoß für die Weiterentwicklung der Hämmer gab im belgischen Steinkohlebergbau eine durch Schießen, das heißt durch Sprengarbeiten, ausgelöste Bergwerkskatastrophe. Die Benutzung von Abbauhämmern verminderte im Vergleich zum Schießen den anfallenden Kohlenstaub und damit die Gefahr von Kohlenstaubexplosionen. Außerdem lag, ein wichtiger wirtschaftlicher Faktor, der Stückkohlenanteil beim Abbau mit Hämmern höher. Von belgischen Zechen übernahm man bald auch an der Ruhr den Abbauhammer; seine weite Verbreitung fällt allerdings erst in die Zwischenkriegszeit. Im britischen und amerikanischen Bergbau spielten Abbauhämmer dagegen eine geringere Rolle, weil die dortige Kohle härter war und mit den Schrämmaschinen eine geeignetere Technik zur Verfügung stand.

Der Einsatz von Schrämmaschinen bedeutete den Übergang von einem mehr punktförmigen Abbau zu einem streckenförmigen. Auch bei Kohlegewinnung per Hand konnte man die Ausbeute steigern, wenn man sie auf möglichst breiter Front durchführte. Bei dem sogenannten Langfrontstrebbau ergab sich bei flacher und leicht geneigter Lagerung allerdings das Problem, die gewonnene Kohle aus dem Streb abzutransportieren. In den engen deutschen Streben fand man die Lösung in Schüttelrutschen, die zunächst, an Ketten aufgehängt, per Hand und später mit Hilfe von Preßluft bewegt wurden. Die Ruhr-Zechen stellten bis 1914 etwa die Hälfte der Gewinnung und Förderung aus flacher Lagerung auf Langfrontstrebbau mit Schüttelrutschen um, was mehr als 15 Prozent der Gesamtförderung ausmachte. Bei der Streckenförderung dominierte weiterhin der Pferdebetrieb, auch wenn sich Preßluft- und Elektrolokomotiven oder andere mechanische Antriebsformen auf dem Vormarsch befanden.

Sieht man von einzelnen Bereichen des amerikanischen Steinkohlenbergbaus ab, so erfolgte in der Zeit vor dem Ersten Weltkrieg der weit überwiegende Teil der Kohlegewinnung vor Ort immer noch mit Handarbeitsmethoden, die sich nicht grundsätzlich von denen des Erzbergbaus im späten Mittelalter und in der frühen Neuzeit unterschieden. Die mechanischen Gewinnungsmethoden verbreiteten sich nur langsam, was nicht nur mit den teilweise ungünstigen geologischen Verhältnissen zusammenhing. Solange die expandierende Nachfrage noch durch eine vermehrte Einstellung von Arbeitern zu stillen war und sich die daraus resultierenden höheren Preise am Markt durchsetzen ließen, hielt sich der Rationalisierungs- und Mechanisierungsdruck in Grenzen. Die unterschiedlichen regionalen und lokalen geologischen Verhältnisse machten die Kalkulation von Produktivitätsgewinnen durch Technisierung außerordentlich unsicher. Denn selbst bei einer umfangreichen Mechanisierung blieb ein Engpaß bestehen, für den es noch keine technische Lösung gab: das Verladen der Kohle im Streb. Erst als sich in der Zwischenkriegszeit die ökonomischen Rahmenbedingungen änderten, waren die Bergwerksbesitzer willens, bereits in der Vorkriegszeit entwickelte Techniken in größerem Umfang in ihren Zechen einzuführen.

Die Mechanisierung veränderte die Arbeit unter Tage in zweierlei Hinsicht. Die

126. Bergung der verunglückten Bergleute von Courrières. Titelillustration der Zeitschrift »Le Petit Journal« vom 25. März 1906. Bochum, Deutsches Bergbau-Museum

Gruppen, die Arbeiten vom Streckenvortrieb über die Gewinnung der Kohle bis zum Ausbau des Strebs gemeinsam durchführten, begannen sich aufzulösen; an ihre Stelle traten Spezialisten für die verschiedenen Tätigkeiten, für den Abbau, die Förderung sowie die Einrichtung, Überwachung und Reparatur der Maschinen. Außerdem verschob sich das Belastungsprofil der Bergarbeiter. Während der Maschineneinsatz manche körperliche Anstrengung minderte, nahm die psychische Beanspruchung mit den größeren Abraum- und Abbaumengen und die damit verbundene Lärmentwicklung eher zu. Obwohl die Unfallzahlen keine eindeutige Tendenz aufweisen, die sich mit der Mechanisierung in Zusammenhang bringen läßt, gehört der Bergbau bis heute zu den gefährlichsten Arbeitsbereichen überhaupt. Sicherheit stellt hier in erster Linie ein mentales und organisatorisches Problem dar; denn das Bewußtsein der Gefahr verliert sich mit der alltäglichen Routine. Sicherheitsvorschriften wirken auf Dauer nur, wenn sie praktikabel und einsichtig sind und überwacht werden. Seit den achtziger Jahren widmete man diesen Problemen im Steinkohlenbergbau vermehrte Aufmerksamkeit.

Um 1880 gewann man auch Braunkohle noch überwiegend im Tiefbau. Die gewaltige Ausweitung der Förderung in der Zeit vor dem Ersten Weltkrieg resultierte aus dem Umstieg auf Tagebau in großen Gruben. 1913 förderten die deutschen Braunkohlengruben 87 Millionen Tonnen bei einer Weltproduktion von 125 Millionen; der Hauptanteil kam aus den mitteldeutschen Revieren, nahezu ein Viertel aus dem rheinischen Revier. Im Tagebau war eine Mechanisierung von vornherein leichter als im Tiefbau. Schon in den achtziger Jahren benutzte man vereinzelt Greif- und sogar Eimerkettenbagger sowie Lokomotiven und andere mechanische Fördereinrichtungen. Einen kräftigen Anstoß erhielt die Mechanisierung um die Jahrhundertwende, als der Bedarf an Braunkohle für die Kraftwerke neuer Industriebetriebe stieg. In den Grundzügen entwickelte sich der Braunkohlenabbau mit Großmaschinen, wie man ihn heute kennt, obschon der Transport der Braunkohle in die Fabriken und Kraftwerke noch nicht kontinuierlich auf Bändern erfolgte.

Im Tagebau gewonnene Braunkohle kostet weniger als im Tiefbau geförderte Steinkohle, besitzt aber einen wesentlich geringeren Energiegehalt. Zur Vermei-

127. Braunkohlentagebau mit elektrisch betriebener Schrämmaschine und Laden durch Becherwerk über Schüttrumpf in Förderwagen. Photographie, 1907. Freiberg, Bergakademie, Hochschulfilm- und Bildstelle

dung hoher Transportkosten errichtete man große, energieintensive Industriekomplexe unmittelbar neben den Braunkohlefeldern. So wählten in den neunziger Jahren elektrochemische Betriebe das Braunkohlenrevier um Bitterfeld als Standort. Zudem lieferte die Braunkohle Prozeßwärme für Zuckersiedereien, Ziegeleien und Glashütten oder durch Verschwelung Gas und Teer für chemische und andere Betriebe. Die volkswirtschaftliche Bedeutung der Braunkohle nahm um die Jahrhundertwende zu, als man sie in großem Umfang brikettierte; dadurch entzog man ihr das Wasser und machte sie transportfähiger.

Stahl als Werkstoff und Machtfaktor

Seit der Industriellen Revolution war Holz als wichtigster Werk- und Baustoff zunehmend durch Eisen und Stahl ersetzt worden. Ebenso wie der Dampf und die Dampfmaschine stellten Eisen und Stahl geradezu ein Symbol für die Industrialisierung dar. Eiserne Großbauten, zum Beispiel die zwischen 1883 und 1889 errichtete 2.500 Meter lange Eisenbahnbrücke über den Firth of Forth oder der 1889 für die Pariser Weltausstellung fertiggestellte 300 Meter hohe Eiffel-Turm, aber auch die ausgedehnten Schienennetze der Eisenbahnen und die riesigen Ozeandampfer kennzeichneten unübersehbar diesen im Laufe eines Jahrhunderts vollzogenen Wandel. Kann es da noch verwundern, daß in jenem »ehernen Zeitalter« die Rangfolge im internationalen Industrialisierungswettlauf nach den Produktionszahlen von Eisen und Stahl festgelegt wurde? Und bestand nicht beim Bau von Schlachtschiffen und Kanonen ein Zusammenhang zwischen der Leistungsfähigkeit der nationalen Stahlindustrien und dem machtpolitischen Streben nach kolonialen Imperien? Jedenfalls bejubelte man es in Deutschland als einen nationalen Erfolg, als um die Jahrhundertwende die deutschen Produktionszahlen erstmals die britischen

128. Die Eisenbahnbrücke über den Firth of Forth bei Queensferry in Schottland, erbaut 1883–1889. Photographie, nach 1900. München, Deutsches Museum

129. Der Eiffel-Turm, erbaut zur Pariser Weltausstellung 1889. Holzschnitt in der in Paris erschienenen Schrift »L'Exposition de Paris 1889«. München, Deutsches Museum

übertrafen. Dabei übersah man geflissentlich, daß hier teilweise billiger Massenstahl mit Qualitätsstahl verglichen wurde. Außerdem überstiegen die deutschen Exportzahlen erst kurz vor dem Ersten Weltkrieg die der Briten. Und wenn man nicht die absoluten Zahlen betrachtet, sondern die relativen, welche auf die Bevölkerung bezogen sind, dann lag Großbritannien im gesamten Zeitraum bis 1914 an der Spitze. Der relative Rückgang der britischen und die relative Zunahme der amerikanischen und deutschen Produktionsanteile beruhten in erster Linie auf dem stärkeren Wachstum der durch hohe Zollmauern geschützten Binnenmärkte in

Deutschland und in den USA, die als Nachfolgeländer im Industrialisierungsprozeß einen größeren Nachholbedarf hatten.

Der außerordentlichen Ausweitung der Produktion von Eisen und Stahl im gesamten 19. Jahrhundert lagen vielfältige technische Innovationen zugrunde. Die Eisenhütten und ihre Komponenten wurden ständig vergrößert, und immer mehr Arbeiten wie die Beschickung der Hochöfen wurden mechanisiert. Schließlich

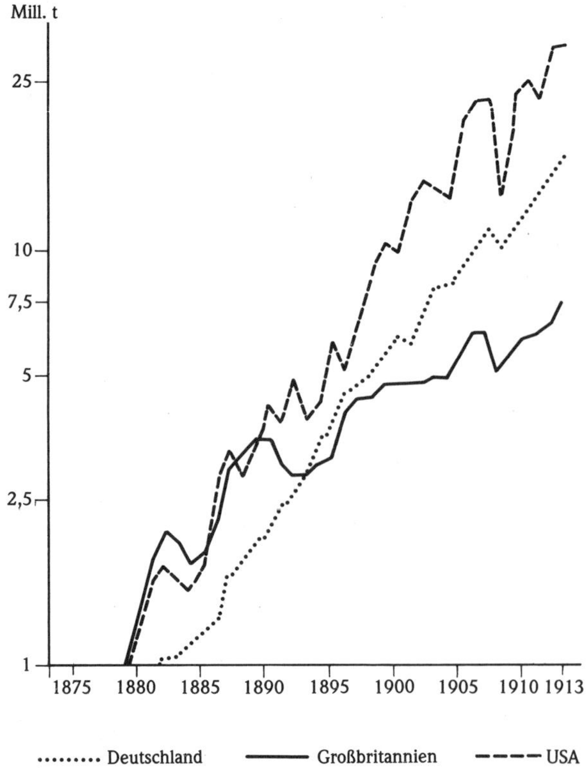

Stahlproduktion in den USA, Deutschland und Großbritannien 1875 – 1913 (nach Payne)

verbesserte man durch verschiedene Maßnahmen die Wärmeökonomie und senkte damit den Brennstoffverbrauch, so daß sich die Bedeutung von Kohle und Eisenerz für die Standortwahl der Hütten umkehrte. Wurden im 19. Jahrhundert die Hochöfen vorzugsweise in Kohlerevieren errichtet, so begann man seit Anfang des 20. Jahrhunderts, sie auch in der Nähe von Erzvorkommen zu bauen, da mittlerweile wegen des sinkenden Brennstoffbedarfs die Transportkosten für das Erz die für Kohle übertrafen. Vor allem aber entwickelte sich das Eisenfrischen, die Umwandlung des Roheisens zu Stahl durch Verminderung seines Kohlenstoffgehalts, von einem handwerklichen zu einem industriellen Prozeß mit viel größerem Durchsatz. Je nach Art der verhütteten Erze und des Roheisens kamen dabei zwischen den fünfziger und den achtziger Jahren gefundene unterschiedliche Frischverfahren, das Bessemer-, das Thomas- und das Siemens-Martin-Verfahren, zum Einsatz. Zunächst führten die Stahlwerke der wichtigen Erzeugerländer Technisierungs- und Rationalisierungskonzepte durch, die sich nach der Rohstoffsituation, dem Lohnniveau und den Marktgegebenheiten richteten. Gegen Ende des Jahrhunderts wuchsen die einzelnen technischen Lösungen zusammen und bildeten die Grundlage des modernen Stahlwerks.

In Großbritannien hatte man die günstigsten Rohstoffkosten auf der ganzen Welt. Die Stahlwerke verarbeiteten einheimische oder spanische Erze, deren Transport auf dem Seeweg kostensparend war. Da die Erzpreise etwa 80 Prozent der Gesamtkosten des fertigen Stahlblocks ausmachten, schlug dieser Faktor erheblich zu Buch. In England wurde vor allem Bessemer-Stahl oder der qualitativ hochwertigere Siemens-Martin-Stahl hergestellt. Damit besaß man die beste Ausgangsbasis für die Belieferung der beiden großen Massenmärkte des 19. Jahrhunderts. Bessemer-Stahl eignete sich vorzüglich zur Herstellung von Eisenbahnschienen; der saure Siemens-Martin-Stahl entsprach den hohen Qualitätsanforderungen für Schiffsbleche. Außerdem machte man aus Siemens-Martin-Stahl auch Weißblech insbesondere für die amerikanische Behälterindustrie, ehe dort unter dem Schutz von Zollmauern in den neunziger Jahren eigene Kapazitäten aufgebaut wurden. Auf diesen Massenmärkten erzielten die britischen Hersteller hohe Gewinne. In den Bessemer-Werken stimmte man seit der zweiten Hälfte der siebziger Jahre die einzelnen Produktionsstufen, die Verarbeitung des Erzes zu Roheisen, die Weiterverarbeitung des Roheisens zu Stahl und die Formgebung des Stahls durch Gießen und Walzen, so aufeinander ab, daß ein kontinuierlicher Betrieb möglich war. Er bildete den britischen Beitrag zur Entstehung des modernen Stahlwerks. Schließlich gestaltete man ihn so aus, daß die Zwischenprodukte möglichst wenig erkalteten und nicht wieder aufgeheizt werden mußten, womit man beträchtlich Energie sparte. Ein wichtiges Glied dieser Verarbeitungskette zwischen Hochofen und Stahlkonverter war der um 1890 eingeführte Roheisenmischer, ein Flammofen, in dem das Roheisen flüssig gehalten wurde und verschiedene Abstiche vermischt werden konnten, was relativ einheitliche Qualitäten garantierte.

In den USA erlaubten die ökonomischen Rahmenbedingungen weiterreichende Lösungen. Wie in Großbritannien stellte man vor allem Bessemer-, später zunehmend auch Siemens-Martin-Stahl her. Zwar hatten die amerikanischen Eisenhütten insofern Kostennachteile, als Kohle- und Erzlager weit auseinander lagen, doch sie fielen de facto nicht ins Gewicht, weil hohe Zölle den amerikanischen Markt abschotteten. Auf Export war man weniger angewiesen, zumal man wegen des eigenen Eisenbahnbaus kaum die Inlandsnachfrage befriedigen konnte. Da Arbeits-

130. Das Bessemer-Stahlwerk der Firma Friedrich Krupp in Essen. Photographie, um 1910. Essen, Friedrich Krupp GmbH, Historisches Archiv

kräfteknappheit herrschte, konnten die Kapazitäten auch nicht beliebig vergrößert werden. Die amerikanische Antwort auf diese Herausforderung bildete der seit den siebziger Jahren in den Stahlwerken eingeführte Schnellbetrieb, bei dem sich alle zwölf Minuten ein Konverter entleeren ließ. Hierbei wirkten technische und arbeitsorganisatorische Maßnahmen zusammen. Beim Transport aller Roh-, Zwischen- und Fertigprodukte ersetzte man Handarbeit soweit wie möglich durch Maschinenarbeit. Während man sich in Europa bemühte, die Böden der Stahlkonverter haltbarer zu machen, entwickelte man in den USA Methoden, sie schneller auszuwechseln. Auf Kosten war man zunächst weniger bedacht als auf erhöhten Ausstoß. Dies galt auch für den Hochofenbetrieb, für den man stärkere Gebläse verwendete als in Europa, was den Energieverbrauch erhöhte und die Lebensdauer der Öfen verminderte. Der Schnellbetrieb brachte eine Verdichtung der Arbeit und eine höhere Arbeitsbelastung mit sich. Es ist kein Zufall, daß Frederick Winslow Taylor (1856–1915), der wichtigste Propagandist der Rationalisierungsbewegung, seine Ausbildung in der Stahlindustrie der USA erhalten hat. Die Arbeitsbeanspruchung und die Gewinne in einem amerikanischen Stahlwerk mit Schnellbetrieb müssen so hoch gewesen sein, daß einzelne Unternehmer im Schichtbetrieb vorübergehend gravierende Arbeitszeitverkürzungen bei vollem Lohnausgleich zugestanden, damit die Werktätigen überhaupt bereit und in der Lage waren, in einem solchen »Tollhaus« zu arbeiten.

In Deutschland verhüttete man vorwiegend billige phosphorhaltige Erze, die zunächst aus Lothringen und dem Siegerland, später in großen Mengen aus Schweden kamen. Erst mit dem Thomas-Verfahren stand für das aus diesen Erzen gewonnene Roheisen ein geeignetes Verfahren der Massenstahlherstellung zur Verfügung. Allerdings konnte sich der Thomas-Stahl qualitativ nicht mit dem Bessemer-Stahl messen; wegen seines geringen Kohlenstoffgehalts war er für die Produktion von Eisenbahnschienen zu weich. Wenn die deutschen Eisenbahngesellschaften den Thomas-Stahlwerken trotzdem die Schienen abkauften, dann aufgrund wirtschaftspolitischer Erwägungen. Als in den neunziger Jahren in Großbritannien entwickelte Rückkohlungsverfahren in Deutschland genutzt wurden, war der Anteil des Schienenmarkts inzwischen zurückgegangen.

Für den zweiten großen Massenmarkt, den Schiffbau, eignete sich der Thomas-Stahl ebenfalls wenig; denn der beim Frischen eingeblasene Luftstickstoff versprödete ihn, und er entsprach somit nicht den Elastizitätsanforderungen. Aus Thomas-Stahl fertigte man deshalb vor allem Draht, Röhren oder Halbzeug, das die Ausgangsbasis für zahlreiche Produkte bildete: für Nägel, Hufeisen, landwirtschaftliche Geräte, Baustahl oder Gitter. Dabei stellte sich bald heraus, daß das Gießen des Stahls den Produktionsablauf verlangsamte. Einerseits erforderte der Thomas-Stahl aus technischen Gründen längere Gießzeiten als der Bessemer-Stahl, andererseits benötigte das Gießen zahlreicher kleinerer Stücke sowieso mehr Zeit. Diesen Nachteil beseitigte man, indem mit Beginn der neunziger Jahre Frischen und Gießen räumlich voneinander getrennt wurden. Ein dampfgetriebener Wagen nahm den Konverterstahl auf und brachte ihn in eine eigene Halle, wo man Zeit und Platz hatte, um ihn zu vergießen. Als seit den späten achtziger Jahren auch ein basisches Siemens-Martin-Verfahren zur Verarbeitung phosphorhaltigen Roheisens zur Verfügung stand, gewann die deutsche Stahlindustrie ein zweites Standbein. Bis zum Ersten Weltkrieg erreichte der Siemens-Martin-Stahl, der den steigenden Qualitätsanforderungen eher gerecht wurde, nahezu die Produktionsmengen des Thomas-Stahls.

Aufgrund unterschiedlicher ökonomischer und sozialer Gegebenheiten setzten sich in den großen stahlproduzierenden Ländern spezifische technische Lösungen durch: in Großbritannien der kontinuierliche Betrieb, in den USA der Schnellbetrieb und in Deutschland die räumliche Trennung von Frischen und Gießen. Im späten 19. Jahrhundert wurden diese drei Innovationen bei den fortgeschrittensten Stahlerzeugern zusammengeführt und bildeten mit den vorher entwickelten Massenstahlverfahren die Grundlage des modernen Stahlwerks. Eine weitere wichtige allgemeine Tendenz bei der Stahlproduktion seit den achtziger Jahren lag in der wachsenden Bedeutung des Siemens-Martin-Stahls gegenüber den Konverterstählen, das heißt gegenüber Bessemer- und Thomas-Stahl. In Großbritannien übertrafen die Produktionsmengen von Siemens-Martin-Stahl die der Konverterstähle seit Mitte der neunziger Jahre, in den USA seit 1908. Das läßt den Trend zu hochwertigerem Stahl erkennen. Während der Massenmarkt für Eisenbahnschienen zurückging, gewann die Nachfrage aus dem vielfältig differenzierten Maschinenbau und der Bauindustrie an Bedeutung. In relativ kleinen Mengen stellte man im Siemens-Martin-Ofen und im Elektrostahlofen bereits Stahllegierungen her, die für besonders beanspruchte Maschinenteile Verwendung fanden. Wiewohl die Produktion von Massenstahl noch lange nicht ihren Höhepunkt erreicht hatte, wurden die Ansprüche an die Stahlqualitäten zunehmend spezialisierter.

Stahl und Beton als Grundlagen neuen Bauens

In der Zeit vor der Industriellen Revolution baute man traditionell mit Holz und Lehm, Kunst- und Naturstein. In der Epoche der Industrialisierung kamen zunächst Eisen und Stahl und schließlich mit künstlichem Zement hergestellter Beton hinzu. Die britischen Großbauwerke, Kanäle, Eisenbahnen, Brücken oder Fabriken, planten freiberuflich tätige Beratende Ingenieure, die auch die Durchführung der Arbeiten überwachten und dafür Arbeiter zumeist aus der näheren Umgebung rekrutierten. Die Ingenieure als Universalisten bauten erst einmal alles. Im Laufe des 19. Jahrhunderts fand dann eine zunehmende Spezialisierung statt: entweder nach Art des Bauwerks oder nach dem vorzugsweise verwendeten Baustoff. Außerdem begannen sich die Kompetenzen von Bauingenieur und Architekt zu trennen. Der technisch ausgebildete Bauingenieur berechnete den Bau, während der Architekt für die künstlerische Gestaltung zuständig war. Die meisten Großbauten errichteten jetzt Baufirmen, die zwar nach wie vor ad hoc Arbeiter für Hilfstätigkeiten anwarben, sich aber bereits auf einen größeren festen Arbeiterstamm stützten. Im Zuge dieser Entwicklung zur Spezialisierung entstanden große Firmen, die sich auf den Betonbau spezialisierten und über den lokalen Bereich hinaus wirkten. Besonders bei städtischen Tiefbauten, zum Beispiel beim Bau von Trinkwasser- und Abwasserleitungen, fanden sie ein umfangreiches Betätigungsfeld.

Eine Verbindung der beiden neuen Baustoffe des industriellen Zeitalters, Stahl und Beton, lag nahe und wurde angewendet, ohne daß sie in den Kanon des bautechnischen Wissens eindrang. Eine kontinuierliche Entwicklung des Stahlbetons erfolgte jedoch erst um die Mitte des 19. Jahrhunderts. Dabei ging es den einzelnen Innovatoren in erster Linie darum, durch die Stahlbewehrung, zum Beispiel ein Drahtgeflecht, die Formgebung des Bauteils zu erleichtern. Die Erkenntnis, daß die Verbindung zwischen Stahl und Beton ideal war, weil der Beton die auf das Bauteil wirkenden Druckkräfte und der Stahl die Zugkräfte aufnahm, stellte sich erst im Verlauf von Jahrzehnten ein.

Die Stahlbetonbauweise hatte ihren Ursprung vor allem in Frankreich und wurde dann in verschiedenen Ländern zur Reife entwickelt, ohne daß die einzelnen

Entwicklungszentren sich anfangs wechselseitig befruchteten. Eine direkte Verbindungslinie zur Entstehung des deutschen Stahlbetonbaus ging von den Arbeiten des französischen Gartenarchitekten und Fabrikanten für Gartenzubehör Joseph Monier (1823–1906) aus. Er hatte sich 1867 ein Verfahren für die Herstellung von Blumenkübeln mit Drahtbewehrung patentieren lassen. In den siebziger Jahren erwarb er weitere Patente für Bauten und Bauteile aus Stahlbeton, so für Säulen, Tragbalken und Brücken. Die von ihm gegründete Bauunternehmung schuf vorwiegend große Wasserbehälter und Häuser mit Betondecken, war aber nicht sehr erfolgreich. Bekannt wurde Moniers Name eher dadurch, daß in den achtziger Jahren verschiedene deutsche Firmen seine Patente erwarben und die Stahlbetonbauweise weiterentwickelten. Besonders der Bauunternehmer Gustav Adolf Wayss (1851–1917) und seine Mitarbeiter führten systematische Versuche durch, bei denen sie lernten, die Stahleinlagen in richtiger Menge und am richtigen Ort anzubringen. Indem sie die Ergebnisse ihrer Untersuchungen unter dem Begriff des Monier-Baus veröffentlichten, wurde der Name des Franzosen im deutschsprachigen Raum zum Synonym für die neue Stahlbetonbauweise und breitete sich später durch deutsche Firmen im Norden, Osten und Südosten Europas aus. In den USA errichtete seit Ende der achtziger Jahre Ernest L. Ransome (1844–1917), ein geborener Engländer, der in San Francisco eine auf Betonbauten spezialisierte Firma ins Leben rief, Bauten mit Stahlbetonelementen. Eine weitere Firma Ransomes stellte Spezialmaschinen für die Betonbauweise her, zum Beispiel Mischer. Seit der Jahrhundertwende bauten andere Firmen auch nach deutschen Patenten, das heißt in der Monier-Bauweise.

Frankreich war mit verschiedenen Innovatoren nicht nur das Ursprungsland, sondern wurde auch das weltweit wichtigste Zentrum des Stahlbetonbaus. Die größte Bedeutung gewann dabei seit den neunziger Jahren der Bauunternehmer François Hennebique (1842–1921), der sowohl technische als auch wirtschaftliche Neuerungen in den Stahlbetonbau einführte. Während bislang vor allem einzelne Bauteile aus Stahlbeton gefertigt worden waren, ging Hennebique zur Massivbauweise über, zur Herstellung ganzer Häuser aus Stahlbeton. Besonderes Aufsehen erregten seine großen Fabrikbauten mit weiten, lichten Innenräumen und schlanken Stützen. Ebenso wichtig für seinen Erfolg wie seine bautechnischen Neuerungen wurde die neuartige Organisation seines Geschäfts. Wie es noch heute bei den meisten Bauten üblich ist, trennte Hennebique die Planung von der Ausführung. Sein Ingenieurbüro mit Hauptsitz in Paris – später kamen noch zahlreiche Agenturen in anderen Städten dazu – war für die Planungsunterlagen zuständig, während die Ausführung zahlreiche Konzessionsfirmen übernahmen, die sich in mehreren europäischen Ländern befanden. Auf diese Art verbreitete sich die neue Bauweise außerordentlich schnell. Allerdings barg das System auch die Gefahr in sich, daß einzelne Firmen mit noch wenig entwickeltem Know-how schlampig arbeiteten.

Um die Jahrhundertwende erlebte die Stahlbetonbauweise schließlich ihren Durchbruch, wobei nicht zuletzt die Pariser Weltausstellung im Jahr 1900 mit zahlreichen Bauten und ausstellenden Firmen der neuen Bauweise die Türen aufstieß. Allein die Firma von Hennebique mit einem jährlichen Umsatz von vielen Millionen Goldfranc verwirklichte bis zum Ersten Weltkrieg Zehntausende von Stahlbetonbauten.

Zwischen den späten sechziger Jahren und dem Ersten Weltkrieg wurde Stahlbeton zum universellen Baustoff. Die weitgehende Gestaltbarkeit des Materials erlaubte es, ihn für alle möglichen Zwecke zu verwenden. Quasi als Fortsetzung der Monierschen Blumenkübel wurden aus Stahlbeton Großbehälter jeder Art hergestellt: Wasserbehälter, Wassertürme oder Silos. Wasser- und Abwasserleitungen mit großem Querschnitt, für die man schon vorher Beton benutzt hatte, wurden jetzt mit Armierung versehen. Bereits Monier hatte in den siebziger Jahren in einem Park eine Stahlbetonbrücke gebaut. Bis 1914 errichtete man mit Hilfe riesiger hölzerner Lehrgerüste Hunderte von Großbrücken aus Stahlbeton. Die hohe Festigkeit des Materials machte man sich bei schlanken Bauformen zunutze, so bei Schornsteinen, Masten für Stromleitungen und Rammpfählen. Stahlbeton wurde nicht nur als Fundament für Neubauten benutzt, sondern auch zum Unterfangen gefährdeter historischer Bauwerke, beispielsweise beim Straßburger Münster. Seit den neunziger Jahren begann das Militär, Stahlbeton als optimalen Baustoff für Befestigungsanlagen zu entdecken; denn ihm waren auch Feuersicherheit und Feuerfestigkeit eigen. Diesen Vorteil erkannte man ebenso für die Holzbauten der Filmtheater, deren Vorführkabinen wegen der Feuergefährlichkeit der Zelluloidfilme jetzt mit Stahlbeton umgerüstet wurden. Die Kostenersparnis im Vergleich zu traditionellen Baustoffen brachte dem neuen Material auch den Durchbruch bei Fabriken, Wohn- und Geschäftshäusern. Dabei nutzte man die Gestaltbarkeit des Materials anfangs vor allem dazu, etablierte historistische Baustile in Stahlbeton nachzubilden. Doch schon 1900 auf der Pariser Weltausstellung dominierten phantasievolle, überladene

131. Fußgängerbrücke aus Stahlbeton auf der Bremer Gewerbe- und Industrie-Ausstellung 1890. Photographie. Bremen, Staatsarchiv

132. Das sogenannte Wasserschloß aus Stahlbeton auf der Pariser Weltausstellung 1900. Photographie. Paris, Bibliothèque Nationale

Jugendstilformen. Bei einzelnen in den Jahren vor dem Ersten Weltkrieg geschaffenen großen Markthallen und Bahnhöfen begann man, die tragenden Teile aufzulösen, so daß Weiträumigkeit und Helligkeit der Hallenbauweise noch verstärkt wurden. Alles in allem hatte man für das neue Material noch keine eigenen Ausdrucksformen gefunden. Erst in der Zwischenkriegszeit wurden mit den massiven Schalenbauwerken Gebäude errichtet, die nur mit dem neuen Baustoff und der neuen Bautechnik möglich waren.

Die Stahlbetonfirmen griffen auch ältere Tendenzen zur Vorfabrikation von Bauelementen und sogar zur Fertigbauweise auf. Schon früh wurden einzelne Elemente wie Decken- und Wandteile oder Säulen vorgefertigt und in den neunziger Jahren bauten einzelne Firmen bereits kleine Fertighäuser aus Stahlbeton, so Hennebique Signalwärterhäuschen für Eisenbahnlinien. Thomas Alva Edison (1847–1931), berühmt durch seine Innovationen auf dem Gebiet der Elektrotechnik, und andere benutzten bei ihren in den Jahren vor 1914 errichteten Häusern normierte Schalungselemente. Von einem Turm aus wurde dünnflüssiger Beton vergossen, der sich aufgrund der Schwerkraft verdichtete. Wegen der damit zu erzielenden kürzeren Bauzeiten hatte Gußbeton besonders in den USA mit ihrem hohen Lohnniveau gute Chancen. Vorfabrikation, Fertigbauweise und Gußtechnik im Stahlbetonbau waren in der Zeit vor dem Ersten Weltkrieg nicht weit verbreitet und bedeuteten – aus heutiger Sicht – teilweise Sackgassen der technischen Entwicklung. Immerhin repräsentierten sie damals Tendenzen, Elemente der rationellen industriellen Produktion und Serienfertigung auf die Bautechnik zu übertragen. Bis heute sind solche Bemühungen um eine grundlegende Umgestaltung des Bauens immer an Grenzen gestoßen, die durch den individuellen Kundengeschmack gezogen werden. Wie bei der Kleidung sind auch beim Bauen Standardisierungs- und Normierungsbemühungen nur bedingt erfolgreich.

Beim Stahlbetonbau fand nach der Jahrhundertwende eine stärkere Differenzierung unter den Beschäftigten statt. Die Facharbeiter, die die Schalungen errichteten, entstammten vor allem dem Zimmererhandwerk. Um die Armierungen anzubringen und miteinander zu verbinden, mußten die Firmen Spezialisten heranzie-

133. Die Stahlbeton-Rippenkuppel der in Bau befindlichen neuen Synagoge in Augsburg. Photographie, 1913. Augsburg, WTB Walter Thosti Boswau Bauaktiengesellschaft

hen. Den Beton stellte man auf der Baustelle her. Seit Ende des Jahrhunderts kamen dabei schon in großem Umfang Mischmaschinen zum Einsatz, mit denen nicht nur eine Produktivitätserhöhung, sondern auch eine bessere Durchmischung erzielt wurde. Mit Karren, Wagen und Aufzügen transportierte man den Beton an Ort und Stelle, wo ihn im allgemeinen ungelernte Hilfskräfte mit Handstampfen verdichteten. Da von dieser Arbeit die Qualität des Bauwerks in hohem Maße abhing, waren Fachkräfte zur Überwachung unerläßlich.

Die Baubehörden standen dem neuen Material anfangs eher mißtrauisch gegenüber. Erst allmählich, aufgrund einer zunehmenden Zahl von ausgeführten Stahlbetonbauten, modifizierten sie ihre häufig restriktive Genehmigungspraxis. Gerade in der Frühzeit der Stahlbetonbauweise kam es zu einigen spektakulären Unfällen, die meist auf eine schlampige Bauausführung zurückzuführen waren. Nach der Jahrhundertwende schuf man deswegen in den meisten Industriestaaten auf nationaler, regionaler oder lokaler Ebene Normen für die Verwendung von Stahlbeton, an die sich die Bauindustrie zu halten hatte.

Inzwischen waren die Eigenschaften von Stahlbeton systematisch untersucht worden. Bereits 1877 hatte der in London arbeitende amerikanische Erfinder Thaddeus Hyatt (1816–1901) als Ergebnis seiner Untersuchungen veröffentlicht, daß Stahl und Beton etwa die gleiche Wärmeausdehnung aufwiesen und sich unter Belastung ähnlich verhielten. Damit waren die Eigenschaften benannt, die die Verwendung von Stahlbeton als universellen Baustoff ermöglichten. Außerdem wies Hyatt ausdrücklich auf die beiden großen Vorteile des neuen Baustoffs hin: seine hohe Festigkeit und seine Feuersicherheit. Auch wenn Hyatts Untersuchungsergebnisse damals wenig Beachtung fanden, so stellten die Pioniere der Stahlbetonbauweise in der Folgezeit doch systematische Versuche über die Art und Weise der Armierung und die damit zu erzielende Festigkeit an. In Deutschland wirkten dabei die Materialprüfungsanstalten mit, die an den Technischen Hochschulen seit den späten sechziger Jahren eingerichtet worden waren. Während man für die Eisentragwerke auf theoretischem Weg Berechnungsmethoden entwickelte, fanden bei der massiven Stahlbetonbauweise mit ihren viel komplexeren Belastungsverhältnissen eher auf empirischem Weg, also durch systematische Versuchsreihen, ermittelte Kennzahlen Verwendung.

Schon seit den späten achtziger Jahren wurden Überlegungen angestellt, daß es günstig sei, die tragenden Teile durch Vorspannen der Stahldrähte oder Stahlstangen vorzubelasten. Beim Spannbetonverfahren benötigt man weniger Material, um ein Gleichgewicht zwischen den auftretenden Zug- und Druckkräften zu erzielen. Die Bauten können damit leichter und kostengünstiger gefertigt oder auch weiter gespannt werden. Diese Überlegungen setzte man jedoch erst in der Zwischenkriegszeit praktisch um, und erst nach dem Zweiten Weltkrieg fand Spannbeton eine weite Verbreitung. Dies hing damit zusammen, daß die vor dem Ersten Weltkrieg verwendeten Baustähle für höhere Vorspannungen nicht geeignet waren und Veränderungen des Betons die erzielbaren Vorspannungen aufhoben.

Skeptiker bezweifelten in den Anfangsjahrzehnten der Stahlbetonbauweise, daß die Bauten korrosionsbeständig seien. Erst als man die Armierungen älterer Bauten freilegte und diese nicht korrodiert waren, verstummten die kritischen Stimmen allmählich. Über viele Jahrzehnte hinweg war man der Meinung, mit Stahlbeton und besonders Spannbeton einen »Baustoff für die Ewigkeit« gefunden zu haben. Mittlerweile ist bekannt, daß dies ein Irrtum war. Über Haarrisse kann Feuchtigkeit in den Beton eindringen und die Armierung angreifen, so daß heute viele Stahlbetonbauten mit hohem Kostenaufwand saniert werden müssen.

Neue Materialien und Bauweisen wirkten auch bei den gravierenden Veränderungen im Erscheinungsbild der amerikanischen Großstädte in der Zeit vor dem Ersten Weltkrieg mit. Dies soll am Beispiel Chicagos gezeigt werden. In Chicago, 1870 mit etwa 300.000 Einwohnern die drittgrößte amerikanische Stadt, wurden landwirtschaftliche Produkte wie Getreide und Fleisch sowie forstwirtschaftliche wie Holz weiterverarbeitet und gehandelt. Chicago besaß aber auch bedeutende Werke der Investitionsgüterindustrie, so die Fabrik von McCormick, dem größten Landmaschinenhersteller in den USA. An den Großen Seen gelegen, profitierte Chicago von ausgezeichneten Binnenschiffahrtsverbindungen in Ost-West-Richtung, war aber über einen Kanal und den Mississippi auch mit dem Süden verbunden. Außerdem trafen in der Stadt zahlreiche Eisenbahnverbindungen zusammen.

Nach dem Ende des Bürgerkrieges setzte in vielen amerikanischen Städten ein Bauboom ein. In Chicago wurde er kurz unterbrochen, als 1871 ein Großbrand fast ein Drittel der Stadt zerstörte. Die Flammen hatten so wüten können, weil die Stadt zum größten Teil aus Holzhäusern bestand. Beim Wiederaufbau legte man Wert auf Feuersicherheit und bediente sich besonders im Zentrum der Baustoffe Eisen, Kunststeine und Beton. So ummantelte man tragende gußeiserne Säulen, die die Temperaturen eines Großbrandes nicht aushielten, mit Ziegelmauerwerk. Die Brandkatastrophe heizte Bauboom, Bodenspekulation und Wachstum an. Im Laufe eines Jahrzehnts stiegen die Bodenpreise auf das Siebenfache. Zwanzig Jahre nach dem Brand überschritt die Einwohnerzahl die Millionengrenze. Jedes Jahr wurden Tausende neuer Gebäude errichtet. Wenn man den teuren Boden optimal ausnutzen wollte, mußte man hohe, mehrgeschossige Häuser bauen. Damit fiel der traditionelle Baustoff der Zeit vor dem Großbrand, Holz, weitgehend aus.

Bereits vor 1871 hatte man in Chicago einzelne fünfgeschossige Geschäftshäuser errichtet. Der Begriff »Elevator Building«, den man dafür prägte, macht deutlich, daß ein Aufzug für diese hohen Häuser als unerläßlich galt. Aufzüge für den Transport von Gütern hatten eine lange Tradition. Nachdem Elisha G. Otis (1811–1861) in den fünfziger Jahren eine automatisch wirkende Sperre entwickelt hatte, die den Aufzug beim Reißen des Tragseils vor dem Abstürzen sicherte, benutzte man Lifte seit 1870 auch zunehmend für den Vertikaltransport von Personen. Diese Sicherheitsaufzüge wurden zuerst mit Dampfmaschine und Drahtseil bewegt, seit den späten siebziger Jahren auch hydraulisch. Sie bildeten die wichtigste technische Voraussetzung für das Wachstum der Häuser in die Höhe, ehe dieses wiederum an technische Grenzen stieß. Die neuen Hochhäuser wurden getragen durch gußeiserne Säulen, eiserne und stählerne Verstrebungen und das Außenmauerwerk aus Kunst- oder Natursteinen. Das tragende Außenmauerwerk, das man aus ökonomischen Gründen nicht beliebig verbreitern konnte, begrenzte das Höhenwachstum der Neubauten, obwohl man mit dieser Technik bis zu sechzehn Stockwerke erreichte. Wegen des lockeren Bodens in Chicago mußten die Hochhäuser durch einen großen Sockel aus Eisenbeton fundamentiert werden.

Eine weitere Erhöhung der Bauten war nur möglich durch Anwendung einer anderen Technik: der Stahlskelettbauweise, bei der allein das aus Gußeisen und Stahl bestehende Skelett tragende Funktion besitzt, also nicht mehr das äußere Mauerwerk. Die einzelnen Teile des Mauerwerks tragen die stählernen Querträger. Grundlagen für die Stahlskelettbauweise hatten bereits die Eisenarchitektur und die Eisen-Glas-Architektur geschaffen. In den fünfziger Jahren in New York und in den sechziger Jahren in Frankreich hatte man auch schon Bauten errichtet, bei denen das Eisen das Mauerwerk trug. Alle diese Anregungen nahmen amerikanische Architekten auf und übertrugen sie auf ihre Bauvorhaben. Die Einführung des tragenden Stahlgerüsts erfolgte im Laufe der achtziger Jahre, indem das Mauerwerk seine tragende Funktion immer mehr und schließlich ganz verlor. Daß die neuen Frischverfahren den Stahl erheblich verbilligt hatten, erleichterte den Übergang auf die neue Bauweise. Mitte der achtziger Jahre verwendete man dafür in Chicago bereits Bessemer-Stahl. Die Stahlskelettbauweise veränderte allmählich das Ausse-

134. Das Masonic Temple Building in Chicago, erbaut 1891/92. Photographie, 1892. Chicago, IL, Art Institute. – 135. Das Bankers Trust Building in New York im Bau. Photographie, 1911. New York, Columbia University, Avery Architectural Library

hen der Häuser. Da man kein wuchtiges Außenmauerwerk mehr brauchte, ließen sich die Fensterflächen vergrößern. Dadurch gelangte mehr Tageslicht in die Büroräume, was wichtig war, weil sich die dicht stehenden Hochhäuser gegenseitig das Licht wegnahmen. Die Räume konnten freier angeordnet werden, da es im Inneren der Gebäude keine tragenden gußeisernen oder gemauerten Säulen mehr gab. Schließlich reduzierte die Stahlskelettbauweise die Baukosten und verkürzte die Bauzeit.

Zunächst errichtete man derart vor allem Büro- und Lagerhäuser, später zunehmend auch Wohnhäuser. Zweckbauten bildeten jetzt das Einsatzfeld der modernsten Bautechnik der Zeit, also weniger Pracht- und Repräsentationsbauten, wie das über Jahrhunderte der Fall gewesen war. Die Chicagoer Hochhäuser planten Architekten, die fast alle erst nach der großen Brandkatastrophe in die Stadt gezogen waren. Viele kamen von der amerikanischen Ostküste, andere aus Europa, besonders aus Deutschland. Um die Grundstücksparzellen soweit wie möglich auszunutzen, gab man den Bauten eine kompakte, rechteckige Grundstruktur. Spielräume für die Gestaltung boten vor allem die Fassaden. Der von Architekten wie William Le Baron Jenney (1832–1907) und Louis H. Sullivan (1856–1924) entwickelte »Commercial Style« war allerdings noch recht uneinheitlich. Teilweise vollzogen die Architekten den dominierenden Neoklassizismus nach und überzogen Fassaden mit einer üppigen Ornamentik, teilweise aber folgten sie bereits dem Grundsatz, daß die Form des Gebäudes aus der Funktion hervorgehen müsse. So schwankte der Hochhausbau auf der Suche nach einer Stilform lange zwischen Historismus und Funktionalismus.

Die Vorteile der neuen Bauweise für den Drang der Bauherren und Architekten in die Höhe lagen auf der Hand. Das Gewicht der tragenden Teile bei einem Hochhaus in Stahlskelettbauweise betrug nur noch etwa ein Drittel von dem eines mit tragendem Außenmauerwerk errichteten bei gleicher Höhe; die technischen Grundlagen für den Bau von Wolkenkratzern waren gelegt. Den Begriff »Wolkenkratzer«, der um 1890 herum aufkam, benutzte man, ohne daß die Festlegung sehr exakt war, für Gebäude mit mindestens zehn Stockwerken. Er war nicht an die Eisenskelettbauweise gebunden, sondern fand auch für hohe Gebäude mit tragendem Außenmauerwerk Verwendung. Das Höhenwachstum der Häuser über zwanzig Stockwerke hinaus, das in den neunziger Jahren einsetzte, war allerdings nur noch mit der neuen Bauweise zu bewältigen.

Entstand der Hochhausbau in Chicago, so erreichte er nach der Jahrhundertwende in New York neue Dimensionen. In Chicago hatte der große Brand die Möglichkeit eines Neuanfangs eröffnet, bei dem man auf alte Bausubstanz nicht Rücksicht nehmen mußte. Dagegen scheute man in New York zunächst vor Hochhäusern zurück, die die historischen Kirchen und Verwaltungsgebäude überragten. Als aufgrund des ökonomischen Drucks – in New York waren die Bodenpreise noch

136. Panorama von Chicago. Photographie von J. W. Taylor, 1913. Chicago, IL, Art Institute

dramatischer als in Chicago gestiegen – diese Hemmschwelle gefallen war, gab es kein Halten mehr. Die New Yorker Wolkenkratzer ließen die ägyptischen Pyramiden und die gotischen Kathedralen tief unter sich. 1908 überschritt man mit dem Singer Building erstmals die 200-Meter-Marke. Im Jahr 1916 gab es in New York mehr als tausend Gebäude mit über zehn Stockwerken, über fünfzig mit mehr als zwanzig. Während Chicago und andere amerikanische Städte – Wolkenkratzer gehörten bald zum Bild jeder größeren Stadt – die Höhe der Gebäude beschränkten, ließ man in New York bis 1916 der Entwicklung freien Lauf. Erst dann legte man Vorschriften fest, die eine übergroße Beschattung der Nachbargebäude verhinderten und trotzdem der architektonischen Gestaltung ausreichend Raum ließen.

Dominierte in der Chicagoer Architektur ein eher nüchterner Geschäftsstil, so suchte man in dem immer auch nach Europa schielenden New York die Moderne – repräsentiert durch die Stahlskelettbauweise – mit der Tradition – repräsentiert durch die architektonische Form – zu verbinden. Die historische Anlehnung an Gotik und Renaissance ging so weit, daß man Bauten wie den Campanile von San Marco in Venedig in Wolkenkratzerdimension nachbildete. Die Auftraggeber, meist große Firmen, sahen in ihren Bürohochhäusern nicht nur Zweckbauten, sondern auch Renommierobjekte, die dem Publikum im Geschmack der Zeit die Größe und Bedeutung der Unternehmen verdeutlichen sollten.

137. Das Woolworth Building in New York, vollendet 1913. Photographie von Irving Underhill. New York, Museum of the City. – 138. Elektrische Fahrstuhlanlage mit Treibscheiben für das 1913 fertiggestellte Woolworth Building in New York. Werbemittel im Katalog der Firma Otis. Berlin, Archiv J. Simmen

Das markanteste Zeugnis solchen Bauens als Öffentlichkeitsarbeit stellte das 1913 vollendete Woolworth Building dar, mit 260 Metern und 56 Stockwerken bis 1930 das höchste Haus der Welt. In dieser neogotischen »Kathedrale des Handels« arbeiteten 14.000 Menschen, und täglich gingen Tausende von Besuchern ein und aus. An diesem Beispiel wird deutlich, daß eine Menschenansammlung in der Größenordnung einer Kleinstadt in einem einzigen Gebäude ohne eine entwickelte innere und äußere technische Infrastruktur nicht möglich gewesen wäre. Massenverkehrsmittel wie Straßenbahnen, Hoch- und U-Bahnen sorgten für einen reibungslosen An- und Abtransport der Menschen. Im Woolworth Building gab es 2.800 Telephone, 29 Aufzüge und ein zentrales Heizungssystem. Ein gebäudeeigenes Kraftwerk produzierte so viel Strom für Beleuchtung, Lüftung, Wasserpumpen, Transporteinrichtungen und die elektrischen Kommunikationssysteme, daß er für die Lichtversorgung einer Stadt mit 50.000 Einwohnern ausgereicht hätte.

Bei derartigen Menschenansammlungen wuchs das Problem des vertikalen Transports innerhalb des Hochhauses in neue Dimensionen. Zum einen mußte die Zahl der Aufzüge vergrößert werden, zum anderen die Fahrgeschwindigkeit mit dem Höhenwachstum Schritt halten. Seit den neunziger Jahren hatte sich hierfür der elektrische Aufzug durchgesetzt. Später kombinierte man den elektrischen Antrieb mit der Treibscheibe, die 1877 der Bochumer Bergingenieur Friedrich Koepe (1835–1922) für den Bergbau entwickelt hatte. Dabei wurde die Umlenkscheibe unmittelbar angetrieben, und an dem einen Seilende hing ein Gegengewicht – die Grundkonstruktion, die noch heute verwendet wird. Sie bedeutete eine erhebliche Vereinfachung der Maschinerie, da das Seil nicht mehr aufgewickelt werden mußte. Die Steuerung des Aufzugs erfolgte durch den Liftboy eigenständig oder in Kooperation mit einer Leitzentrale.

Nach der Jahrhundertwende errichtete man Hochhäuser auch in Stahlbetonbauweise. Als 1902/03 im Zentrum von Cincinnati das Ingalls Building fertiggestellt wurde, war es mit 16 Geschossen und einer Höhe von 64 Metern zwar wesentlich niedriger als die höchsten zeitgenössischen Stahlskelettbauten, aber doppelt so hoch wie andere Stahlbetonhäuser. Man wählte für dieses Gebäude den Stahlbeton, weil er kostengünstiger war als das Stahlskelett. Über Stellenwert und Anwendungsbereich dieser beiden Bautechniken bei mittleren Hochhäusern entschied in den folgenden Jahren und Jahrzehnten die unterschiedliche Kostenstruktur. Im allgemeinen waren bei der Stahlskelettbauweise die Materialkosten, bei der Stahlbetonbauweise die Arbeitskosten höher, da Verschalung und Armierung einen relativ

139. Das Ingalls Building in Cincinnati im Bau. Photographie, 1902. Chicago, IL, Art Institute

hohen Arbeitsaufwand erforderten. Von den Kosten abgesehen, besaß die Stahlbetonbauweise für den Bereich der Innenstädte gewisse Vorteile. Das kompaktere Material konnte leichter transportiert werden als die riesigen Stahlträger, so daß der innerstädtische Verkehr nicht so stark behindert wurde.

Bei dem in den amerikanischen Großstädten zeitweise herrschenden Bauboom versuchte man, die Bauzeiten zu vermindern und die vorhandenen Kapazitäten optimal zu nutzen. So arbeitete man in den achtziger Jahren auch bei schlechter Witterung, indem man die Baugruben überdachte, und nachts bei elektrischer Beleuchtung. Im winterlichen Betonbau versah man den Mischer mit einem Kälteschutz und erhöhte den Gefrierpunkt durch Zugabe von Salz. Es kamen also zu den technischen Innovationen des Stahlskelettbaus und des Stahlbetonbaus auch arbeitsorganisatorische. Alle diese Neuerungen stellten Antworten auf zwei säkulare Herausforderungen dar: auf das überproportionale Bevölkerungswachstum in den großen Städten und die Verdichtung der Innenstädte, die sich allmählich zu Dienstleistungszentren entwickelten. Hatte sich diese Verdichtung bislang vorwiegend in der Fläche abgespielt, so ermöglichten die neuen Bautechniken jetzt auch das Ausweichen in die Höhe. In den größten Ballungszentren entstanden die Prototypen der durch Hochhäuser und riesige Verkehrsströme geprägten City, die heute weltweit das Gesicht der Millionenstädte bestimmt.

Die Stadt als Maschine

Im 19. Jahrhundert wuchsen die Einwohnerzahlen der Städte in bislang unbekanntem Ausmaß und Tempo, und zwar besonders in der zweiten Jahrhunderthälfte. Verdoppelten sich im Schnitt die Einwohnerzahlen in den ersten fünf Jahrzehnten, so stiegen sie in den zweiten um das Drei- bis Fünffache. Die höchsten Wachstumsraten hatten die jüngeren Industrie- und Verwaltungsstädte. Räumlich dehnten sich die Städte vor allem in der Fläche aus, während sich das Höhenwachstum noch in Grenzen hielt und auf den Bereich der Innenstädte konzentrierte, mit dem markanten Höhepunkt der ersten Wolkenkratzer in den USA. Die Städte begannen sich funktional weiter zu zergliedern. Die City wurde zum Dienstleistungsbereich mit Geschäften, Banken, Versicherungen und sonstigen Verwaltungen, der die gesamte städtische Bevölkerung und darüber hinaus das Umland ansprach und in dem man sich die rapide steigenden Mieten erlauben konnte. Außerhalb des städtischen Kerns entstanden Industrieviertel sowie Wohnviertel der Arbeiter oder der bürgerlichen Schichten.

Das Zusammenleben von Hunderttausenden oder gar Millionen Menschen auf engem Raum konnte nur auf der Grundlage einer hoch entwickelten technischen Infrastruktur erfolgen, die Grundbedürfnisse wie Nahrung, Wohnung, Wärme und Kommunikation zu befriedigen vermochte. Häufig aber setzte der Aufbau städtischer Versorgungs- und Entsorgungsnetze erst ein, als die Probleme – auch im buchstäblichen Sinne – gen Himmel stanken. Zuerst schufen die großen englischen Industriestädte zentrale Systeme der Wasserversorgung und Abwasserentsorgung, aus dem einfachen Grund, weil in Großbritannien die Industrialisierung und Urbanisierung am weitesten fortgeschritten und der Problemdruck entsprechend groß war. Die kleineren englischen Städte und die Städte der später industrialisierten Staaten folgten in teilweise erheblichem zeitlichen Abstand. So verfügten 1907 noch die Hälfte der deutschen Städte über 2.000 Einwohner über keine zentrale Wasserversorgung, das Trinkwasser zentral versorgter Städte besaß häufig eine schlechte Qualität, und der überwiegende Teil der städtischen Abwässer ging immer noch ungeklärt in Flüsse, Seen oder ins Meer. In anderen Städten dagegen gab es aufwendige Systeme, die Wasser über größere Entfernungen, in manchen Fällen aus Stauseen, heranführten, es filtrierten und aufbereiteten, mit Hilfe von dampfbetriebenen Pumpwerken in hochgelegenen Reservoirs oder Wassertürmen speicherten und den Verbrauchern durch gußeiserne Rohre zuleiteten.

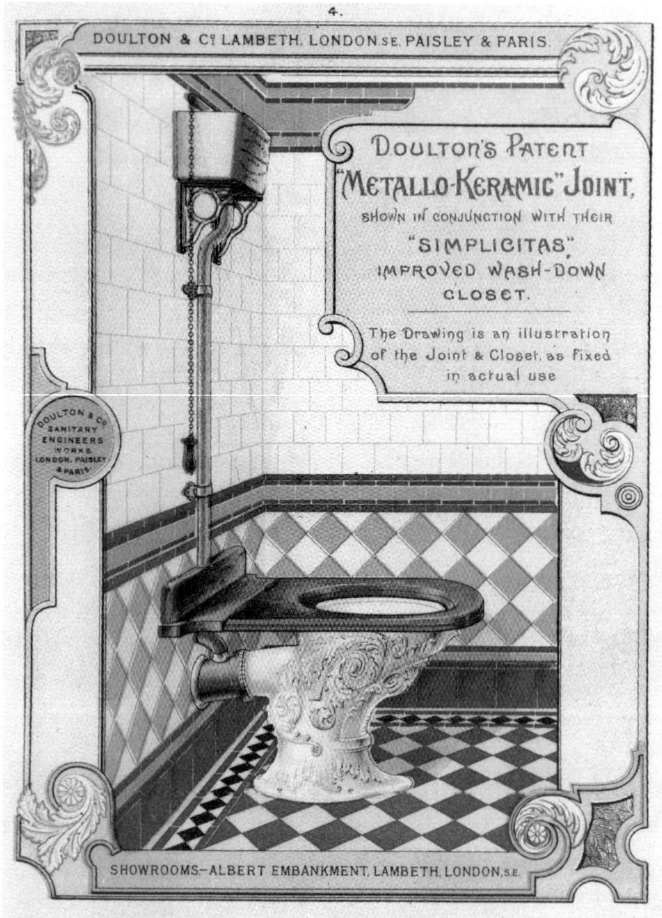

140. Wasserklosett der Londoner Firma Doulton & Co. Farblithographie in dem Firmenkatalog für das Jahr 1895. München, Deutsches Museum

Die Zentralisierung der Wasserversorgung und der zunehmende Wasserverbrauch ließen gleichzeitig das Abwasserproblem in neue Dimensionen wachsen. Einen Beitrag zu dieser Entwicklung leistete das seit langem bekannte Wasserklosett. In Deutschland verfügte 1880 jeder vierte städtische Haushalt über ein solches Klosett, bei zunehmender Tendenz. Der Bau von Abwasserkanälen brachte den Städten und ihren Bewohnern Abhilfe, verlagerte aber teilweise nur die Probleme, da man die Abwässer zunächst ungeklärt in Flüsse und Seen leitete, aus denen andere Städte und Dörfer ihr Trinkwasser entnahmen. Cholera, Typhus und weitere durch die Verseuchung des Trinkwassers mitverursachte Infektionskrankheiten, die im 19. Jahrhundert auch in den großen Industriestaaten Millionen Tote forderten, konnten erst zurückgedrängt werden, als Bakteriologen das Trinkwasser als

Übertragungsweg identifizierten, man das Wasser durch Sandfilter reinigte oder mit Chlor desinfizierte und die Abwässer vorklärte. Städte, die über ausreichende und geeignete Flächen verfügten, leiteten das mechanisch vorgereinigte Abwasser auf sogenannte Rieselfelder und führten es so einer natürlichen biologischen Reinigung zu. In den letzten Jahrzehnten des Jahrhunderts bauten viele Städte Klärwerke, die das Wasser durch Rechen, Siebe und Absetzbecken mechanisch reinigten, häufig unterstützt durch Zugabe von Chemikalien, die Schadstoffe ausfällten. Biologische Klärverfahren entwickelten britische Innovatoren zwar bereits in den neunziger

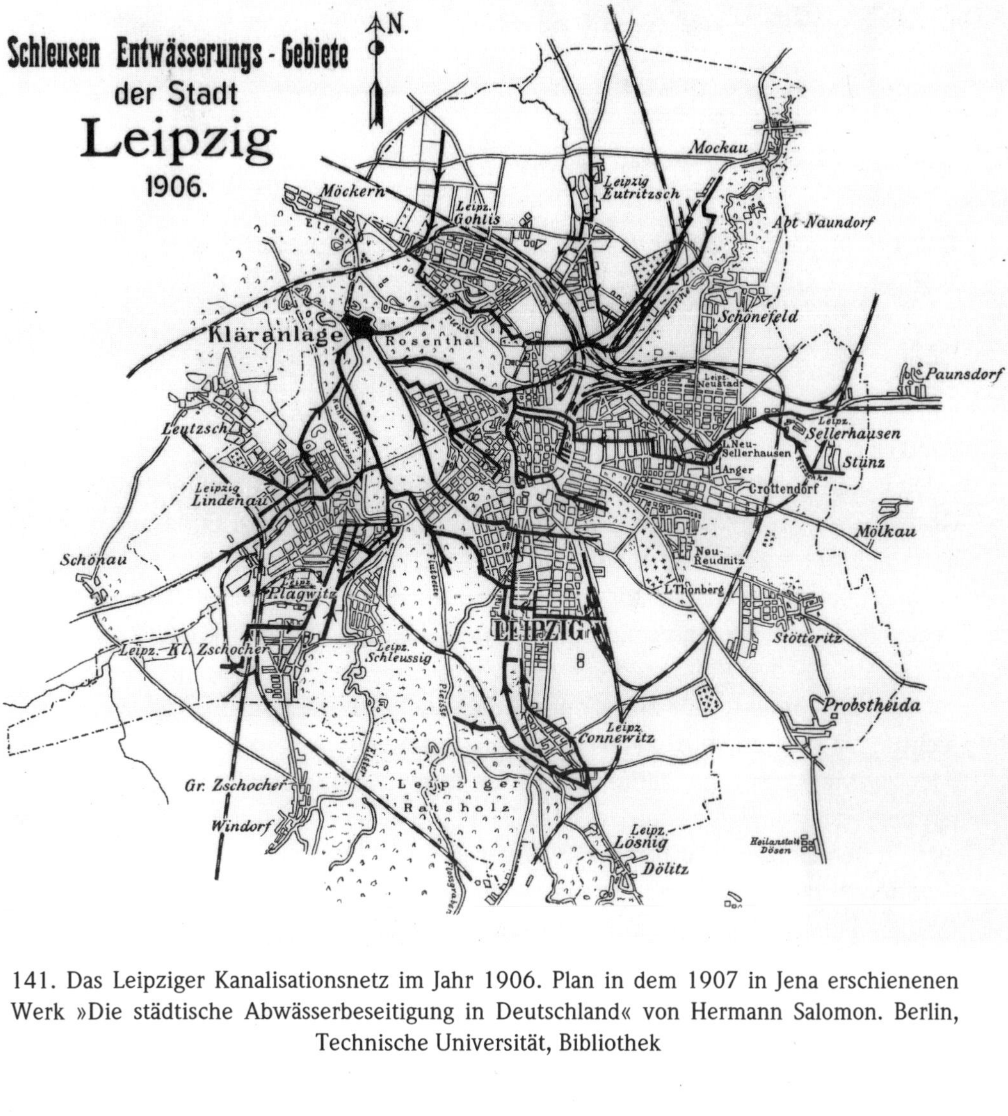

141. Das Leipziger Kanalisationsnetz im Jahr 1906. Plan in dem 1907 in Jena erschienenen Werk »Die städtische Abwässerbeseitigung in Deutschland« von Hermann Salomon. Berlin, Technische Universität, Bibliothek

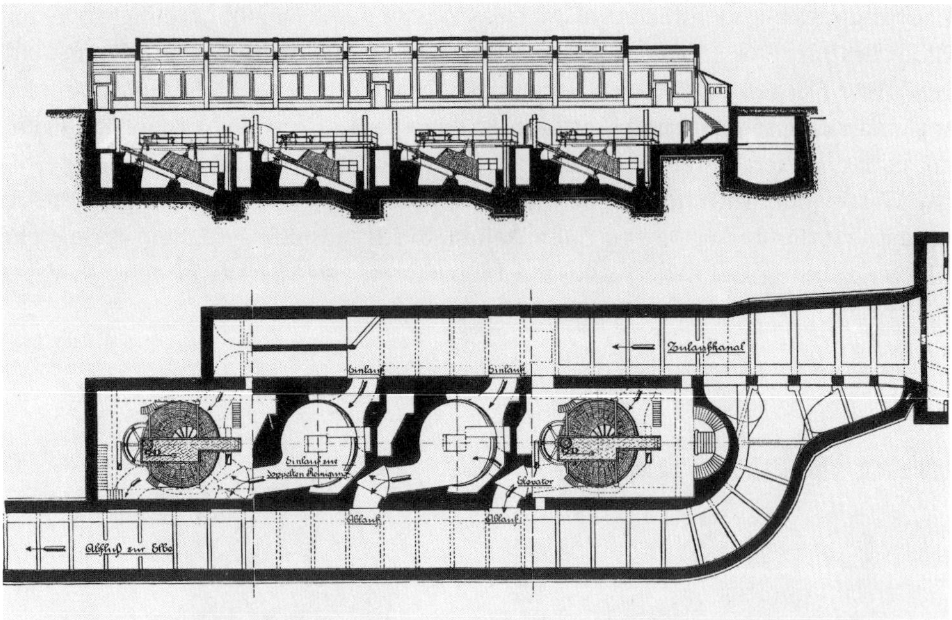

142. Das Dresdener Klärwerk im Jahr 1910. Schnitt und Grundriß in dem 1911 in Jena erschienenen Ergänzungsband des Werkes »Die städtische Abwässerbeseitigung in Deutschland« von Hermann Salomon. Berlin, Technische Universität, Bibliothek

Jahren zur Anwendungsreife, doch sie verbreiteten sich in der Zeit vor dem Ersten Weltkrieg noch kaum.

Die städtischen Hausbesitzer lagerten ihren Müll in der Regel in hauseigenen Gruben, von wo ihn private Unternehmer abfuhren. Seit dem Ende des Jahrhunderts ließ der wachsende Wohlstand die Müllmengen beträchtlich ansteigen. In vielen Fällen nahmen nun die Städte die Müllabfuhr und -beseitigung in eigene Regie. Verstärkt setzte man neuartige dichte Behälter und Wagen ein und reduzierte damit den bei der Abfuhr anfallenden Staub. Dagegen blieben Ansätze für eine getrennte Sammlung, für eine Separierung und Weiterverwertung oder eine Verdichtung in Pressen, wie in New York, ganz vereinzelt. An großen Flüssen, an Seen oder am Meer gelegene Städte versenkten ihren Müll, die meisten lagerten ihn in Gruben oder auf Halden im Umland. In den englischen Ballungsgebieten begann man in den siebziger Jahren, Müll zu verbrennen. Die Müllverbrennungsanlagen profitierten dabei von den aus dem Hausbrand stammenden hohen Kohleanteilen im Müll. Für die Müllverbrennung entwickelte man Spezialöfen mit besonders guter Luftzufuhr. Das entstehende Schwelgas wurde über dem Müllfeuer oder in einer besonderen Kammer durch Nachverbrennung beseitigt. Wenig später errichteten englische Ingenieure auch Kombianlagen, die außer Müll noch getrockneten Klärschlamm verbrannten. Am Vorabend des Ersten Weltkrieges arbeiteten in Großbritannien und in den USA an die tausend Müllverbrennungsanlagen, manche nutzten die Wärmeenergie, um Dampf oder Elektrizität zu erzeugen. In Deutschland führte man die Müllverbrennung etwas zögerlicher ein.

Die seit dem zweiten Jahrzehnt des 19. Jahrhunderts aufgebauten Gasnetze und die sechzig Jahre später begonnenen Elektrizitätsnetze dienten zuerst der Beleuchtung von Straßen, Plätzen und Gebäuden. Um 1880 besaß jede größere Stadt ein Gasnetz. Auch wenn mit der Zeit immer mehr Gas zum Heizen und Kochen und zum Betreiben von Kraftmaschinen Verwendung fand, so stand doch die Beleuchtung noch im frühen 20. Jahrhundert an der Spitze des Verbrauchs. Mit der Elektrizität erhielt das Gas seit den achtziger Jahren Konkurrenz. Dominierte in dieser Zeit noch der Lichtstrom, so lief ihm seit den neunziger Jahren der Kraftstrom für die elektrischen Straßenbahnen und die Industrie den Rang ab. Der Energiehunger der städtischen Industrie, des Verkehrs und der gesamten Bürgerschaft ließ die Elektroindustrie und ein komplexes, hohe technische Regelungsanforderungen stellendes Energiesystem entstehen.

Bei der räumlichen Begrenztheit der frühindustriellen Städte und der in vielen gewerblichen Bereichen weiterhin bestehenden Nähe von Wohnen, Arbeiten und Einkaufsmöglichkeiten hielt sich der innerstädtische Verkehr noch in Grenzen. Die meisten Gänge konnten die Stadtbewohner zu Fuß erledigen. Wohlhabende fuhren in eigenen oder gemieteten Pferdekutschen. Erste Bedürfnisse eines öffentlichen Verkehrs erfüllten Pferdeomnibusse und von Pferden gezogene Straßenbahnen bereits in der ersten Hälfte des 19. Jahrhunderts. Mit den steigenden Bevölkerungs-

143. Die Ursprungsform des Wechseltonnensystems der Müllabfuhr in Berlin. Photographie, 1910. Berlin, Umweltbundesamt

zahlen nahm der städtische Verkehr nicht nur gleichermaßen, sondern überproportional zu, da Wohnen, Arbeiten und Dienstleistungen auseinanderrückten. Der in den Innenstädten der Metropolen schon vom Kollaps bedrohte Verkehr verlangte nach einem leistungsfähigen Massentransportmittel, das sich nach einer durch verschiedene Techniken geprägten Übergangszeit um 1890 mit der elektrischen Straßenbahn fand. Die gesellschaftliche Aneignung des neuen Verkehrsmittels ging in den USA schneller vonstatten als in Europa. Das höhere Lohnniveau in Amerika machte die Straßenbahn für Arbeiter früher erschwinglich, und die Bürger akzeptierten die Veränderung des Straßenbildes durch Masten und Oberleitungen eher. Als der Verkehr weiter wuchs, begann man in den Metropolen auch die dritte Dimension mit Hoch- und Untergrundbahnen zu entdecken und zu nutzen. Die um die Jahrhundertwende eingeleitete Umstellung von Dampf auf elektrischen Betrieb entlastete die Städte von Lärm, Schmutz und Gestank.

Die Kommunen richteten in zunehmendem Maße Stadtplanung und Straßenbau auf den Verkehr aus. Das Leitbild einer verkehrsgerechten Stadt orientierte sich allerdings mehr am öffentlichen Nahverkehr und an dem durch Bahnhöfe und Eisenbahnlinien repräsentierten Fernverkehr als am noch schwach entwickelten Individualverkehr. Schon wegen der Beanspruchung der Straßen durch Pferde und mit der Verlegung von Straßenbahnschienen war der Zustand der städtischen Straßen verbessert worden. Als seit der Jahrhundertwende der Verkehr mit Kraftfahrzeugen zunahm, erhielten die Bemühungen um gute Straßen abermals einen Anstoß. Man befestigte weitere durch Pflaster, Asphalt oder Beton und hielt damit die Staubentwicklung in Grenzen. Die wachsende Verkehrsdichte und das größere Gefährdungspotential durch Kraftfahrzeuge machten Regelungen des innerstädtischen Verkehrs durch Geschwindigkeitsbeschränkungen oder die Konzessionierung von motorisierten Taxen unumgänglich. Dabei hatten die Städte, besonders in den USA, Widerstand von Vereinigungen der Automobilisten zu überwinden, die anfänglich jegliche Reglementierung bekämpften.

Wollte man in der Stadt des 19. Jahrhunderts jemanden sprechen, so stattete man ihm einen Besuch ab. Für formelle Kontakte oder zur Zeitersparnis standen eine effiziente, mehrmals am Tag ausgetragene Briefpost und die Telegraphie zur Verfügung. Die Briefpost kam, wenn man von Rohrpostnetzen in einigen Städten absieht, ohne spektakuläre technische Hilfsmittel aus. Als seit den achtziger Jahren das Telephon eingeführt wurde, zog es einen Teil des ständig zunehmenden Nachrichtenverkehrs an sich. Das Telephon bot besondere Kommunikationsleistungen an: Es war schneller als Briefpost und Telegraphie, vermittelte technisch die traditionelle Gesprächsform über größere Entfernungen und ermöglichte damit Absprachen über komplexere Themen. Doch bedurfte auch diese, heute selbstverständliche Nutzung zunächst der Gewöhnung. In vielen Fällen ersetzten die Unternehmen mit dem billigeren Telephon den Telegraphen und übermittelten nur Nachrichten und An-

144. Strom für Berlin: neue Technik in menschlicher Gestalt.Plakat der Berliner Elektricitäts-Werke nach einem Entwurf von Ludwig Sütterlin, 1896. Berlin, BEWAG-Archiv

weisungen in eine Richtung. In manchen Städten boten Unternehmer Nachrichten- und Unterhaltungssendungen über Telephon an, so daß sie Nutzungsfunktionen des Radios vorwegnahmen. Die Städte betrieben zwar nicht die öffentlichen Telephonnetze, aber sie hatten bei ihrer Einrichtung durch die Post oder durch private Telephongesellschaften ein Wörtchen mitzureden. Insbesondere setzten sie sich gegen die schnell überhandnehmenden Mastenwälder und Drahtdickichte zur Wehr. Solange bis ins 20. Jahrhundert hinein auf einer Leitung nur ein Gespräch übertragen werden konnte, mußte man zwischen jedem Teilnehmer und der Vermittlungsstation eine Leitung – und bei Rückleitung über Draht, nicht über Erde – zwei Leitungen ziehen. In den USA mit ihrer höheren Telephondichte und mit teilweise zwei oder mehr konkurrierenden Telephongesellschaften in einer Stadt sprang das Telephonnetz noch stärker ins Auge als in den europäischen Städten. Der Protest der Kommunen gegen diese Verschandelung des Stadtbildes trug dazu bei, daß die Telephonleitungen seit den neunziger Jahren unter die Erde verlegt wurden.

Mit den technischen Netzwerken der Wasserversorgung, der Kanalisation, der Gas- und Stromversorgung, des Straßenverkehrs, der Hoch-, Untergrund- und elektrischen Straßenbahnen, der Rohrpost und der Telegraphen- und Telephonleitungen bildete die Stadt selbst ein komplexes Maschinensystem mit ausgeprägten Arbeits- und Ruhezeiten, mit diffizilen Abstimmungs- und Regelungsproblemen und zahlreichen Optionen für seinen Aufbau, seinen Betrieb und seine Weiterentwicklung. Das Maschinensystem der Stadt stellte jedoch nicht die Realisierung einer detaillierten Konstruktions- oder Planzeichnung dar, sondern ein zumindest teilweise kontingentes Ergebnis von öffentlichen oder privaten Teilplanungen, von widerstrebenden Interessen und sich verändernden Rahmenbedingungen. Formal verantwortlich für dieses Maschinensystem zeichneten die meist ehrenamtlich, seltener hauptamtlich tätigen Stadtväter, die ihre Stellung durch das Votum einer

Mehrheit der männlichen Besitzbürger, nicht jedoch der Mehrheit der Stadtbewohner erlangt hatten. Teilweise gegen ihren Willen und mit großem Unbehagen sahen sich die städtischen Honoratioren mit einer Situation konfrontiert, in der sie als technische Innovatoren oder zumindest als die Technik gestaltende und verwaltende Politiker wirken mußten. Während sich die Staaten, dem Geist des Liberalismus folgend, weitgehend aus der Technikpolitik zurückgezogen hatten, mußten die Stadtväter technikpolitische Entscheidungen treffen, um die Funktionsfähigkeit der ihnen anvertrauten Kommune zu wahren.

Es war eine zentrale Frage bei der Errichtung technischer Netze, ob die Stadt das Netz in eigener Regie betreiben oder dafür eine Konzession an Private vergeben sollte. Die Entscheidung richtete sich nach den politischen Traditionen der Industriestaaten. Im amerikanischen und britischen Wirtschaftsliberalismus bevorzugte man mehr privatwirtschaftliche Lösungen, in Deutschland mehr kommunalwirtschaftliche. Nur in den Anfangsjahrzehnten des Aufbaus technischer Infrastrukturnetze nahmen auch die deutschen Kommunen, die das Risiko scheuten und ihre eigene Kompetenz als unzureichend einschätzten, private Investoren in Anspruch. Privatunternehmen engagierten sich vor allem beim risikoreichen Aufbau von Netzen, die weniger den Grund- als den Luxusbedürfnissen dienten, wie bei Gas, Strom und Verkehr, während viele Kommunen bei Wasser und Abwasser von vornherein auf sich verwiesen blieben; das Telephonsystem bildete in Deutschland bereits in seinen Anfängen ein staatliches Monopol. Den privaten Netzbetreibern erteilte die Stadt eine Konzession für die Dauer von einigen Jahrzehnten, die sie aber so faßte, daß eine frühere Auflösung möglich war.

Gegen Ende des Jahrhunderts ging die allgemeine Tendenz dahin, daß die privaten Netze von den Kommunen übernommen wurden. Die deutschen Städte standen an der Spitze dieser Entwicklung, aber auch die amerikanischen begannen nach der Jahrhundertwende, diesem Beispiel zu folgen. Hinter dieser Kommunalisierungspolitik verbargen sich ganz unterschiedliche Motive. Bei den ersten kommunalen Netzen, bei Wasser und Abwasser, hatten die Städte auf drängende Probleme reagiert, auf die Verschmutzung und die Gefahr von Seuchen, ohne daß sie erwarteten, aus den Netzen Gewinne zu ziehen. Dies sah bei der späteren Kommunalisierung von Gas- und Elektrizitätswerken wie von Verkehrsbetrieben schon anders aus. Einerseits zeigten sich die Kommunen unzufrieden über die Leistungsangebote der privaten Unternehmen, andererseits spekulierten sie auf deren Erträge zur Aufbesserung der städtischen Haushalte. Und schließlich erhielten sie mit den Versorgungsbetrieben ein probates Mittel, um ihre Eingemeindungspolitik voranzutreiben. Viele der kleinen Umlandgemeinden konnten sich eine Kanalisation oder eine elektrische Straßenbahn aus eigener Kraft nicht leisten, so daß ihre Bereitschaft zunahm, bei Einbeziehung in das städtische Netz ihre Selbständigkeit aufzugeben. Mit der Kommunalisierung der technischen Infrastrukturnetze seit den letzten

Jahrzehnten des 19. Jahrhunderts entstand die moderne städtische Leistungsverwaltung. Die Zahl der städtischen Verwaltungsangestellten und der kommunalen Techniker wuchs schneller als die der im Staatsdienst Beschäftigten.

Wenn die amerikanischen Städte zunächst privatwirtschaftliche Lösungen bevorzugten, dann bedeutete dies nicht unbedingt den Aufbau konkurrierender Systeme und die Vermeidung von Versorgungsmonopolen. Die mit hohen Investitionen verbundene erstmalige Installierung eines Netzes verschaffte einem Unternehmen häufig einen so großen ökonomischen Vorsprung, daß Konkurrenten später nicht mehr nachziehen konnten. Am ehesten kam Konkurrenz noch zum Zuge, wenn der anfängliche Monopolist eine restriktive Versorgungspolitik betrieb, wie die Bell-Firmen beim Aufbau von Telephonnetzen. Die in Deutschland vorherrschende eigenbetriebliche Organisationsform und die in den USA dominierende privatwirtschaftliche führten jedenfalls zu Unterschieden in der Genese und Struktur der kommunalen technischen Netze: In Deutschland errichtete man sie planmäßiger und einheitlicher, aber auch zögerlicher als in den USA.

145. Besuch von Elektrotechnikern und Honoratioren im Kraftwerk Lauffen aus Anlaß der Frankfurter Elektrotechnischen Ausstellung im Jahr 1891. Photographie des Oskar von Miller. München, Deutsches Museum

Unabhängig von der Frage kommunal oder privat mußten die Stadtverwaltungen Entscheidungen über die zur Wahl stehenden technischen Systeme treffen. Die städtischen Honoratioren konnten dabei auf die Unterstützung durch kommunale Baubeamte zurückgreifen. Reichte deren Kompetenz für die Beurteilung und Durchführung traditioneller Vorhaben aus, so gerieten sie in Schwierigkeiten, wenn es um die Einführung neuer Techniken und das Für oder Wider wenig erprobter konkurrierender technischer Systeme ging. Am deutlichsten zeigte sich dies, als in den achtziger Jahren die Elektrizität aufkam und Entscheidungen zwischen elektrischen, mechanischen, hydraulischen oder pneumatischen Energienetzen zu treffen waren, beziehungsweise bei einem Ja für die Elektrizität, zwischen Gleich-, Wechsel-, Drehstrom oder diversen Mischsystemen. Nichts kennzeichnet die Unsicherheit der Personen und Gremien, denen in den Kommunen solche technischen Wahlentscheidungen anvertraut waren, mehr als die vielen eingeholten und sich häufig widersprechenden Expertenvoten und die große Anzahl der eingesetzten Beratungsgremien, die die anstehenden Entscheidungen manchmal über Jahre und Jahrzehnte verzögerten. Während es dem rückblickenden Technikhistoriker leichter fällt, die Vor- und Nachteile der verschiedenen Systeme zu beschreiben, standen die Zeitgenossen bei den noch in den Kinderschuhen steckenden Techniken vor zahlreichen offenen Fragen. Insbesondere die Entwicklungspotentiale der technischen Alternativen ließen sich kaum genauer abschätzen. Auch im öffentlichen Nahverkehr boten sich in der Übergangsphase zwischen den Pferdestraßenbahnen, deren Schwächen man inzwischen kannte, und den elektrischen Straßenbahnen, also in der Zeit zwischen 1870 und 1890, mehrere technische Innovationen zur Wahl an: Kabelbahnen, die sich in einigen amerikanischen Städten durchsetzten, oder mit Dampfmaschinen, Benzol-, Benzinmotoren, mit Natronlokomotiven oder mit Druckluft angetriebene Straßenbahnen.

Bei manchen technischen Systemen reichen einzelne Verbindungen nicht aus, um einen Markt zu erschließen; es muß vielmehr von vornherein ein größeres Netz konzipiert werden. Am deutlichsten ist dies bei den Telephonnetzen, wo jeder Anschluß die Zahl der möglichen Verbindungen um die Zahl der bestehenden Anschlüsse erhöht und das Netz dadurch für weitere Teilnehmer attraktiver macht. Wenn man in technische Netze größere Summen investierte, dann verbesserten sich deren Chancen am Markt. Stellten solche Großinvestitionen schon für private Kapitalgesellschaften ein Problem dar, so taten sich der Staat und die Kommunen damit besonders schwer. Einerseits banden sie hohe Investitionsmittel über längere Zeit, andererseits trafen sie Entscheidungen, die das Funktionieren und das Gesicht der Städte über Jahre und manchmal Jahrzehnte bestimmten. In manchen Fällen drohte sich die Kommune mit der Errichtung oder Konzessionierung eines neuen Systems selbst Konkurrenz zu machen und die eigenen Investitionen zu entwerten, wie bei den kommunalen Gasnetzen mit den elektrischen Beleuchtungssystemen.

Ein aus zahlreichen Anlagen mit einer Fülle von Verbindungen bestehendes und eine große Fläche umfassendes technisches Netz stellt höhere Anforderungen hinsichtlich der Regelung des Gesamtsystems und der Abstimmung der Systemkomponenten. Zwar handelte es sich dabei nicht um ein prinzipiell neues Problem in der Technik, immerhin aber um quantitativ wie qualitativ neuartige Aufgaben. Besonders deutlich wird dies bei den elektrischen Versorgungssystemen, bei denen jederzeit so viel elektrische Leistung zur Verfügung stehen muß, wie die Kunden in Anspruch nehmen. Die Elektrizitätsversorgungsunternehmen sammelten zur Bewältigung dieser Aufgabe umfangreiche statistische Daten über die Stromabnahme, entwickelten ein Informationssystem mit Meßgeräten und Regelungseinrichtungen und stellten Akkumulatoren und Maschinensätze bereit, die in mehr oder weniger kurzer Zeit ans Netz geschaltet werden konnten.

Selbst wenn die neuen Systeme leistungsfähiger und wirtschaftlicher waren als die alten, wie die elektrischen Straßenbahnen im Vergleich zu den Pferdebahnen, mußten die Kommunen die für eine alte Technik getätigten Investitionen und deren Amortisation in ihr Kalkül einbeziehen. Wenn jedoch die neue Technik zunächst teurer war als die alte, wie die elektrische Beleuchtung im Vergleich zur Gasbeleuchtung, aber qualitative Vorteile hinsichtlich des Komforts und der Sicherheit bot, standen die Kommunen oder die privaten Betreiber vor komplexeren Aufgaben. Es genügte nicht, die Kunden über die – selbstverständlich meist umstrittenen – Kostenkalkulationen und die qualitativen Vor- und Nachteile der Systeme zu informieren. Der neue Markt mußte mit großem Aufwand und teilweise mit neuen Methoden erst erschlossen werden. Die Investoren setzten dabei erfolgreich an der herrschenden Wissenschaftsgläubigkeit und Technikeuphorie wie an den Bestrebungen zur sozialen Differenzierung an und bemühten sich, das Neue mit dem Image des Fortschritts oder des Prestiges zu versehen. Stellten die Investoren mit solcher Imagebildung das Moderne in den Vordergrund, so knüpften die Entwickler bei Konstruktion und Design der neuen Technik häufig an das Alte an und kamen damit den Nutzungs- und Sehgewohnheiten der Kunden entgegen. Aufgrund jener Strategie wurde der elektrische Drehschalter dem Gashahn nachgebildet oder brachten die Konstrukteure von Dampfstraßenbahnen die Dampfmaschinen in Wagen unter, die den alten Pferdebahnwagen ähnelten. Bei dieser »technischen Mimikry«, dem Nachahmen des Vorhandenen, drängten Marketingüberlegungen technische Funktionsüberlegungen ins zweite Glied.

Elektrifizierung

Obwohl die Elektrizität in der Elektrochemie und der Telegraphie vergleichsweise früh große industrielle Anwendungsbereiche fand, bereiteten erst um 1880 Bogen- und Glühlampen sowie elektrische Maschinen den Weg für eine zunächst punktuelle und später flächige Elektrifizierung. Anfangs trug die elektrische Beleuchtung den Elektrifizierungsboom, in den neunziger Jahren kamen elektrische Straßenbahnen und um die Jahrhundertwende die Industrien dazu. Damit regte zunächst der Dienstleistungs- und Konsumbereich die Entwicklung und Verbreitung einer neuen Schlüsseltechnologie an, noch bevor die industriellen Stromkunden wesentliche Bedeutung gewannen – eine Konstellation, die sich in der Folgezeit immer häufiger ergab.

Die heftigen Auseinandersetzungen in den achtziger Jahren zwischen den Protagonisten der verschiedenen Stromsysteme verweisen auf die Schwierigkeiten, die Entwickler und Anwender bei ihren Entscheidungen hatten, wenn sich die neue Technik noch im Entwicklungsstadium befand. Auch wenn diese Auseinandersetzungen in den neunziger Jahren an Schärfe verloren, hielt die Dynamik der Elektrifizierung und Kraftwerkstechnik ungebrochen an, wie die Verdrängung der Dampfmaschinen durch Dampfturbinen und Diesel-Motoren in den Kraftwerken nach 1900 illustriert. Noch vor dem Ersten Weltkrieg konsolidierten diejenigen Elektrokonzerne und Elektrizitätsversorgungsunternehmen ihre Marktmacht, die bis zur Gegenwart führende Positionen innehaben. Wenngleich die Elektrifizierungslandschaft damals eher einem bunten Muster aus Einzelanlagen, vielen kleineren und wenigen größeren Versorgungsgebieten glich, enthielt sie doch die Keime für die heutige totale elektrische Vernetzung, die die Zeitgenossen in ihren Projektionen vorweggenommen haben.

Elektrisches Licht

Das Zeitalter der industriellen Starkstromtechnik und der Elektrifizierung begann um 1880, als in größerem Umfang elektrische Beleuchtungsanlagen und Kraftwerke gebaut wurden. Allerdings gab es bereits seit den dreißiger Jahren des 19. Jahrhunderts industriell relevante Anwendungsbereiche der Elektrotechnik: die elektrische Telegraphie und die Galvanisieranstalten, in denen auf elektrolytischem Weg zum

Beispiel Geschirr und Prunkgegenstände versilbert wurden. Der Strom zum Telegraphieren und Galvanisieren kam aus Batterien.

Für die elektrischen Beleuchtungsanlagen, die den Aufschwung der Elektrotechnik in den achtziger Jahren einleiteten, waren als Voraussetzung zwei zentrale Entwicklungsaufgaben zu lösen: die Konstruktion leistungsfähiger elektrischer Maschinen zur Stromerzeugung und die Herstellung funktionstüchtiger Lampen. Elektrische Maschinen beruhen auf physikalischen Wirkungen zwischen Elektrizität und Magnetismus. Die magnetischen Wirkungen des elektrischen Stroms hatte bereits 1820 der dänische Arzt und Physiker Hans Christian Ørsted (1777–1851) beschrieben. Er stellte bei Experimenten fest, daß eine Magnetnadel durch einen von Strom durchflossenen Leiter in einer bestimmten Weise abgelenkt wurde. 1831 fand Michael Faraday (1791–1867) eine wissenschaftliche Lösung für die Aufgabe, Magnetismus in Elektrizität zu verwandeln, also das Grundprinzip für einen Generator. Faraday stand in den Diensten der Royal Institution in London, einer der zahlreichen wissenschaftlichen Gesellschaften der damaligen Zeit, in denen sich Wissenschaftler zum Gedankenaustausch und Experimentieren trafen. Seine eher dürftigen mathematischen Kenntnisse kompensierte er durch äußerst zielstrebiges, systematisches Experimentieren. Bei einem dieser Versuche bewegte er in einer Spule einen Permanentmagneten und stellte fest, daß auf diese Weise ein Stromfluß hervorgerufen wurde.

Ørsteds und Faradays Arbeiten lieferten Erkenntnisse über naturwissenschaftliche Effekte, die man nutzen konnte, um Elektrizität hervorbringende Maschinen, um Generatoren zu bauen. Bei diesen frühen elektrischen Experimentiermaschinen

146. Induktionsmaschine für Elektrotherapie aus den dreißiger Jahren. Holzschnitt in dem 1897 in Madrid erschienenen »Diccionario de electricidad y magnetismo« von Julian Lefevre. München, Deutsches Museum

erzeugte man mit einer Handkurbel eine rotierende Relativbewegung zwischen einem Permanentmagneten und einem spulenförmigen Leiter. Es handelte sich um physikalische Demonstrationsgeräte, die keine wirtschaftliche Bedeutung besaßen. Die einzige Ausnahme bildeten kleine tragbare Generatoren für elektrotherapeutische Zwecke, die Handwerksfirmen in größeren Stückzahlen fertigten. Die Anwendung von Reizstrom bei allen möglichen Krankheiten, weit über die heute üblichen Anwendungsbereiche hinaus, stand damals hoch im Kurs. In jener Hochschätzung der Elektrotherapie zeigte sich eine geradezu mythische Rezeption der neu entdeckten Naturkraft, die bis zu metaphorischen Gleichsetzungen von Elektrizität und Leben reichte. Anstöße für die Weiterentwicklung der Generatoren konnten jedoch von der Elektrotherapie kaum ausgehen. Einerseits waren die benötigten elektrischen Leistungen viel zu gering, andererseits ließ sich der Zusammenhang zwischen elektrotherapeutischen Maßnahmen und einer Verbesserung oder Verschlimmerung des Krankheitszustandes streng kausal kaum erschließen, so daß er mehr oder weniger der ärztlichen Spekulation überlassen blieb.

Da sah es bei der Nutzung der Elektrizität in den Galvanisieranstalten schon anders aus, weil man hier große Leistungen benötigte. Seit den späten dreißiger Jahren traten in der Galvanotechnik Generatoren in Konkurrenz zu den Batterien. So begann 1836 der englische Chemiker John Stephen Woolrich (um 1790–1843) mit der Konstruktion von Generatoren für Galvanisieranstalten in Birmingham und Sheffield. Seine Maschinen waren zwar nach dem gleichen Prinzip gebaut wie die physikalischen Experimentiermaschinen, aber für industrielle Zwecke ausgelegt.

147. Woolrich-Generator in der Galvanisieranstalt Elkington & Co. in Birmingham. Holzschnitt in »The Illustrated Exhibitor and Magazine of Art«, 1852. München, Deutsches Museum

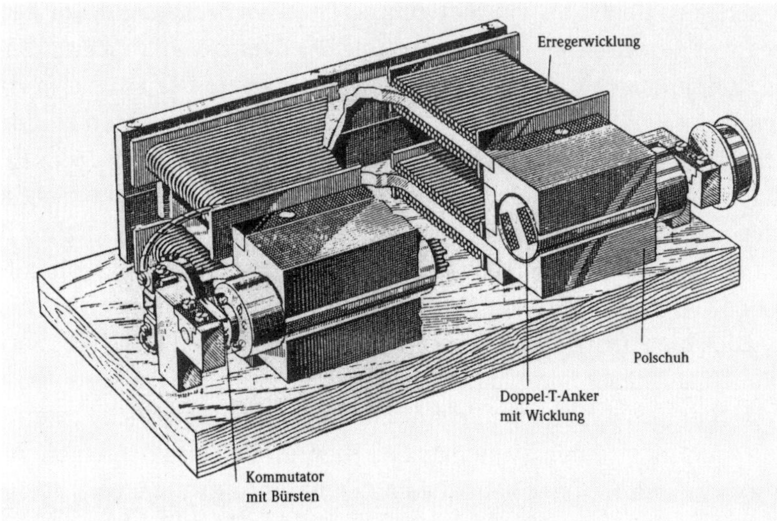

148. Elektrodynamische Maschine von Werner Siemens aus dem Jahr 1866. Schemazeichnung. München, Deutsches Museum

Die schwergewichtigen, fast zwei Meter breiten Generatoren wurden durch ein Wasserrad oder eine Dampfmaschine angetrieben. Selbst wenn die Leistungen der Woolrich-Maschinen noch relativ gering waren, bildeten sie doch das konstruktive Vorbild für den Bau weiterer Großmaschinen, die dann seit den fünfziger Jahren auch die elektrischen Bogenlampen von Leuchttürmen speisten. Die Generatoren verbesserte man empirisch, durch die Methode von Versuch und Irrtum sowie durch Kumulation von Erfahrung. Die Zusammenhänge zwischen den wichtigsten mechanischen und elektrischen Parametern konnten schon deswegen nicht wissenschaftlich geklärt werden, weil man für solche Großmaschinen keine geeigneten Meßinstrumente besaß. Die teuren Generatoren setzte man nur für spezielle Zwecke ein. Mit am teuersten waren die Permanentmagnete, die relativ schnell ermüdeten. Zwar konnte man an ihrer Stelle auch Elektromagnete verwenden, die mit Hilfe von Batterien erregt wurden, doch das brachte keine Kostenvorteile.

Diese technischen und wirtschaftlichen Schranken für die Entwicklung der Starkstromtechnik konnten erst überwunden werden, als im Jahr 1866 mehrere Experimentatoren unabhängig voneinander das sogenannte dynamoelektrische Prinzip entdeckten. Schon länger war bekannt, daß ein einmal magnetisierter Elektromagnet nach Abschalten des Stromes immer etwas Magnetismus zurückbehält. Die Entdecker des dynamoelektrischen Prinzips stellten nun fest, daß man diesen Restmagnetismus zur Erzeugung eines schwachen Stromes benutzen kann, mit dessen Hilfe dann wiederum der Elektromagnet verstärkt wird, so daß sich Strom und Magnetismus derart bis zur Sättigungsgrenze hochschaukeln. Im nachhinein betrachtet liegt die wirtschaftliche Bedeutung des dynamoelektrischen Prinzips auf der Hand. Indem man auf die teuren Permanentmagnete beziehungsweise auf die zur Erregung der Elektromagnete verwendeten Batterien verzichten konnte, verbilligten sich die Generatoren beträchtlich.

Aber auch bei dem dynamoelektrischen Prinzip zeigte sich, daß eine naturwissenschaftliche oder technische Entdeckung und die Erkenntnis und Nutzung der darin liegenden wirtschaftlichen Möglichkeiten zwei verschiedene Dinge sind. Nur Werner Siemens (1816–1892) erkannte bald das wirtschaftliche Potential dieser Entdeckung. Dies hing damit zusammen, daß Siemens, der seit 1847 ein florierendes Unternehmen aufgebaut hatte, das vor allem telegraphische Anlagen errichtete, in seiner Person unternehmerische, technische und wissenschaftliche Interessen vereinigte. Er kam nicht durch systematische theoretische Überlegungen zum dynamoelektrischen Prinzip. Eher handelte es sich um intuitiv angelegte Versuche und um die spätere richtige Interpretation der dabei gemachten Beobachtungen. 1866, also im Jahr des preußisch-österreichischen Krieges, beschäftigte sich Siemens mit der Konstruktion magnetelektrischer Minenzünder. Der kleine Generator, den er für diese Versuche verwendete, stammte aus den fünfziger Jahren und enthielt einen neuartigen Anker mit besonders günstigen mechanischen, magnetischen und elektrischen Eigenschaften. Anstelle der Permanentmagnete stattete Siemens die Maschine mit Elektromagneten aus, die zunächst durch eine Batterie erregt wurden. Als er dann die Batterie abklemmte, stellte er zu seinem Erstaunen fest, daß noch immer ein Strom induziert wurde. Es dauerte einige Monate, bis er die wirtschaftliche Bedeutung dieser Entdeckung erkannte und die Firma Siemens & Halske mit der Konstruktion der neuartigen Dynamomaschinen begann.

Kleinere Dynamomaschinen, die dem Prototyp entsprachen, wurden ein großer Erfolg. So verkaufte Siemens & Halske zwischen 1868 und 1870 allein über einhundert Minenzündgeräte nach Rußland. Schwierigkeiten hatte man dagegen beim Bau größerer Maschinen, bei denen sich der Anker zu sehr erwärmte. Man wußte damals noch nicht, daß für diese Erwärmung Wirbelströme verantwortlich waren. Wirbelströme entstehen in elektrisch leitenden Körpern, die man in einem veränderlichen Magnetfeld bewegt. Man kann sie unterdrücken, indem man anstelle massiven Eisens gegeneinander isolierte Drähte oder Bleche verwendet. Der erste, der diesen Weg in den siebziger Jahren bis zum kommerziellen Erfolg ging, war der in Frankreich produzierende belgische Elektrotechniker Zénobe Théophile Gramme (1826–1901). Damals stellte Gramme weit mehr elektrische Maschinen her als Siemens & Halske und andere Konkurrenten.

In den siebziger Jahren kam Siemens & Halske jedoch auch mit einer wesentlich verbesserten Dynamomaschine auf den Markt, deren Konstruktionsprinzip zukunftsweisend wurde. Während Grammes Maschinen Ringankermaschinen waren,

149 a bis d. Generatoren von Gramme, Siemens & Halske, Edison und Schuckert aus den siebziger beziehungsweise achtziger Jahren. Holzschnitte in dem 1890 in Stuttgart erschienenen »Handbuch der Elektrotechnik« von Erasmus Kittler. München, Deutsches Museum

entwarf der Chefkonstrukteur von Siemens & Halske, Friedrich von Hefner-Alteneck (1845–1904), eine Trommelankermaschine. Der Unterschied in der Form des Ankers ergibt sich schon aus den Begriffen. War bei den Gramme-Maschinen das ringförmige Eisen umwickelt, so brachte Hefner die Wicklungen axial auf der ganzen Oberfläche des zylinderförmigen Eisenkörpers an. Der Vorteil der Trommelankermaschinen lag darin, daß im Gegensatz zu den Ringankermaschinen der Strom in der gesamten Wicklung induziert wurde. Damit hatte Hefner das Prinzip gefunden, nach dem Siemens & Halske seine Generatoren etwa fünfundzwanzig Jahre lang baute. Um 1880 gab es schon zahlreiche Firmen, die Dynamomaschinen produzierten. Marktführer in Europa waren Gramme und Siemens & Halske, in den USA Brush und Edison.

Durch die effizienteren Dynamomaschinen verbesserten sich die Aussichten von Beleuchtungsanlagen mit Bogenlampen. Bei den Bogenlampen kommt ein Stromfluß zwischen zwei Kohleelektroden durch Ionisierung der Luft zustande. Auf diese Weise entsteht ein sehr heller Lichtbogen. Bogenlampen, zunächst durch Batterien, später auch zunehmend durch Generatoren gespeist, wurden seit den vierziger Jahren für besondere Zwecke eingesetzt, bei denen die hohen Kosten in Kauf genommen wurden. Wegen seiner großen Helligkeit war das Bogenlicht ideal für Leuchttürme – eine der wichtigsten frühen kommerziellen Anwendungen. Man installierte Bogenlampen bei Festlichkeiten oder um bei Theateraufführungen besondere Effekte zu erzielen, etwa zur Imitation eines Sonnenaufgangs. Sie ließen sich zum Beispiel auf Baustellen einsetzen, um die Arbeitszeit zu verlängern. Schon im Krim-Krieg benutzten die britischen Truppen Bogenlicht zur Beleuchtung des Gefechtsfeldes.

Obwohl dem Bogenlicht derartige Anwendungen erschlossen wurden, blieb es auch nach Einführung der Dynamomaschinen viel zu teuer, um in größerem Umfang mit dem Gaslicht konkurrieren zu können. Weiterhin wirkten sich einige technische Probleme negativ auf die Kosten aus. So war man nicht in der Lage, mehr als eine Bogenlampe in einen Stromkreis zu schalten, da sich die unregelmäßig abbrennenden Lampen gegenseitig störten und zum Verlöschen brachten. Für jede Lampe wurde ein Generator benötigt. Vierzig bis fünfzig Generatoren brauchte man zum Beispiel für die Beleuchtung von Bahnhöfen. Die abbrennenden Kohlestifte mußten per Hand oder elektromechanisch nachgeführt werden. Die dafür entwikkelten elektromechanischen Regulierungen waren jedoch noch kompliziert und störanfällig.

Im Jahr 1876 konstruierte der damals in Paris lebende ehemalige russische Offizier Pawel Nikolajewitsch Jablotschkow (1847–1894) eine Bogenlampe, die derartige Nachteile vermied. Indem er die beiden Kohleelektroden parallel nebeneinanderstellte, umging er auf ebenso einfache wie geniale Weise das Problem der Nachführung. Die mit Wechselstrom betriebenen Jablotschkowschen Kerzen brannten gleichmäßig ab, der Abstand der Kohleelektroden blieb unverändert. Zwischen den beiden Kohlestäben befand sich eine Masse, die bei hohen Temperaturen leitete. Bei mehreren in Reihe geschalteten Kerzen brach dadurch nicht mehr das ganze System zusammen, wenn eine ausfiel. Ende der achtziger Jahre errichtete Jablotschkow in Petersburg eine große Fabrik, die eine Vielzahl elektrotechnischer Produkte herstellte. Die Jablotschkowschen Kerzen blieben allerdings eine Übergangserscheinung, da auch sie erhebliche Nachteile aufwiesen. So hatten sie nur eine kurze Brenndauer; und wenn sie einmal brannten, mußte man sie bis zum Ende abbrennen lassen, das heißt, sie konnten nicht aus- und wieder eingeschaltet werden.

Abgelöst wurden die Jablotschkowschen Kerzen vor allem durch die Differential-Bogenlampen. 1878 stellte Friedrich von Hefner-Alteneck eine solche Konstruktion vor. Wie im Namen »Differential-Bogenlampe« angedeutet, beruhte das Prinzip dieser Lampen darauf, daß die Nachführung der Kohleelektroden elektromechanisch mit Hilfe zweier Teilstromkreise erfolgte. Es handelte sich also um eine sich selbst

150. Bogenlampenbeleuchtung mit Jablotschkow-Kerzen am Themse-Ufer in London. Holzschnitt, 1879. München, Deutsches Museum. – 151. Bogenlampen-Turmbeleuchtung im kalifornischen San José. Holzschnitt, 1882. München, Deutsches Museum

152. Bogenlampenbeleuchtung mit Differentiallampen von Siemens vor dem Mansion House in London. Aquatinta, 1881. München, Deutsches Museum

regulierende Lampe, die im Gegensatz zu früheren elektromechanischen Konstruktionen zuverlässig arbeitete. Schließlich waren die mit Gleichstrom betriebenen Differential-Bogenlampen gegenüber Schwankungen des Stromes unempfindlich, so daß man auch hier mehrere Lampen hintereinander zu schalten vermochte.

Wiewohl die wichtigsten Erfindungen bei den Bogenlampen europäischen Innovatoren gelangen, wurde die Marktführung doch bald von amerikanischen Firmen übernommen. Zum größten Hersteller entwickelte sich die Firma von Charles F. Brush (1849–1929) in Cleveland, der 1877 seine erste Bogenlampe gebaut hatte. Um 1880 errichteten Brush und seine Lizenznehmer in mehreren amerikanischen Städten Kraftwerke und Beleuchtungsanlagen. Dabei wurden die Bogenlampen auch auf hohen Türmen installiert, von wo sie ihr Licht über Spiegel in die Straßen warfen. So nahm man zum Beispiel in Detroit eine Anlage mit 400 Bogenlampen auf 90 Türmen in Betrieb. Dagegen ließen sich in Europa ähnliche gigantische Projekte nicht realisieren. Einen für die Pariser Weltausstellung von 1889 projektierten 360 Meter hohen »Sonnenleuchtturm« mit 100 Bogenlampen verwarf das Ausstellungskomitee. Erbaut wurde statt dessen der Eiffel-Turm. Die ständig verbesserten Bogenlampen setzte man in den folgenden Jahrzehnten dort ein, wo es um die Beleuchtung größerer Objekte und Flächen ging: bei Plätzen, Straßen und in großen

Räumen. Für kleinere Räume waren die damals gebräuchlichen Bogenlampen mit Leistungen zwischen 500 und 3.000 Watt zu hell.

Die Lösung des Problems der elektrischen Beleuchtung kleinerer Räume stellte das Glühlicht dar. Bei der Glühlampe wird ein relativ schlecht leitender Körper im Stromkreis zum Glühen gebracht. Das Hauptproblem bei der Herstellung von Glühlampen lag darin, eine Verbrennung des Glühkörpers zu verhindern. Dazu wurde der Glühkörper in einen Glaskolben eingeschlossen, dem man soweit wie möglich die Luft und damit den Sauerstoff entzog. Der Erfolg kam dabei erst mit einer vom Chemiker Hermann Sprengel (1834–1906) in England für Laborzwecke entwickelten und weiter verbesserten Quecksilber-Luftpumpe. Das zweite große Problem bei der Glühlampenherstellung bestand darin, ein für den Glühkörper geeignetes Material zu finden. Es mußte widerstandsfähig sein und mit einer möglichst hohen Temperatur glühen, weil die Lichtausbeute mit der Temperatur überproportional anwächst. Seit Beginn des 19. Jahrhunderts hatte man vor allem mit Kohlestückchen und Glühdrähten aus Platin experimentiert. Dabei zeigte sich aber, daß die Kohlestückchen wegen des in ihnen enthaltenen Sauerstoffs schnell verbrannten. Platin hingegen gibt erst in der Nähe seines relativ hohen Schmelzpunktes genügend Licht ab. Die Platindrähte mußten also hoch belastet werden und lösten sich früher oder später auf.

Wie so häufig in der Geschichte der Technik könnte man auch für die Erfindung der Glühbirne zahlreiche Namen aufzählen. Die wichtigsten Impulse für die Durchsetzung des Glühlichts am Markt kamen aber ohne Zweifel aus den Arbeiten von

153. Edisons Entwicklungslabor »Menlo Park« bei New York. Holzschnitt in »Leslie's Weekly«, 1880. München, Deutsches Museum

Thomas Alva Edison (1847–1931). In den siebziger Jahren richtete Edison bei New York ein großes Entwicklungslabor ein, in dem Mitarbeiter aus den unterschiedlichsten Fachgebieten an zahlreichen Innovationen arbeiteten. So wirkten zum Beispiel an der Glühlampenentwicklung Physiker, Elektrotechniker, Maschinenbauer, Chemiker und Glasbläser mit. Edison, dessen theoretische Kenntnisse eher gering waren, stellte die Aufgaben und organisierte die Arbeiten. Er repräsentierte den neuen Typ eines Managers des Erfindens. Obwohl die unmittelbaren Anteile Edisons an den auf seinen Namen eingetragenen Erfindungen häufig begrenzt waren, gehört er jedenfalls zu den Erfindern der Erfindungsindustrie. Viele seiner technischen Entwicklungsarbeiten hatten insofern Erfolg, als sie von vornherein auch von ökonomischen Überlegungen begleitet wurden. Während andere Pioniere der Elektrotechnik, wie Werner Siemens, sich in erster Linie als Entwickler und Fabrikanten verstanden, setzte Edison sein beträchtliches propagandistisches Talent aktiv für die Erschließung von Märkten ein. Sein folgerichtiges Experimentieren im Labor ergänzte eine planvolle Pressearbeit. Entsprach die öffentliche Resonanz einmal nicht seinen Vorstellungen, so scheute er nicht davor zurück, Journalisten für die positive Bewertung seiner Arbeiten zu kaufen.

Denken in Systemen, zielstrebiges Experimentieren sowie Versuch und Irrtum waren die Grundlagen, auf denen Edison seine Arbeiten vorantrieb. Abstrakte technisch-wirtschaftliche Überlegungen liefen darauf hinaus, daß er Glühlampen mit hohem Widerstand brauchte, um sein System mit hoher Spannung betreiben und damit Kupfer in den Leitungen sparen zu können. Zunächst verwendete er mit mäßigem Ergebnis Platin oder verkohlte Papierstreifen als Glühkörper. Nach diesen Fehlschlägen ließ er mehr als 6.000 natürliche Fasern sammeln und auf verschiedene Art und Weise verkohlen. Sein Ziel erreichte er schließlich im Jahr 1880 mit einem Glühfaden aus einer verkohlten Bambusfaser. Damit hatte er ein technisches Schlüsselproblem für die Glühlampenentwicklung gelöst, auch wenn man später bei der Produktion von Kohlefadenlampen wieder auf andere Ausgangsmaterialien umstieg. Edison beschränkte sich jedoch nicht auf die Entwicklung einzelner Produkte oder Verfahren, sondern dachte in kompletten technischen Systemen. Die Glühlampe stellte nur eine – wiewohl die wichtigste – Komponente für ein elektrisches Beleuchtungssystem dar. Seine planmäßige Anordnung, mit der er schließlich auf den Markt ging, umfaßte nicht nur Glühlampen mit dem heute noch gebräuchlichen Schraubgewinde, sondern auch das Kraftwerk mit den Generatoren für die Stromerzeugung, Kabel und Leitungen für die Stromverteilung und sämtliches Zubehör von Steckdosen über Sicherungen bis zu Elektrizitätszählern. Ohne den Systementwickler Edison wäre die Verbreitung der elektrischen Beleuchtung mit Sicherheit nicht in solchem Tempo erfolgt. Ihre Entwicklung erforderte außerordentlich hohe Anfangsinvestitionen und einen langen Atem bis zu deren Amortisierung. Edison gelang es, für dieses aufwendige Unternehmen die nötigen Geldgeber

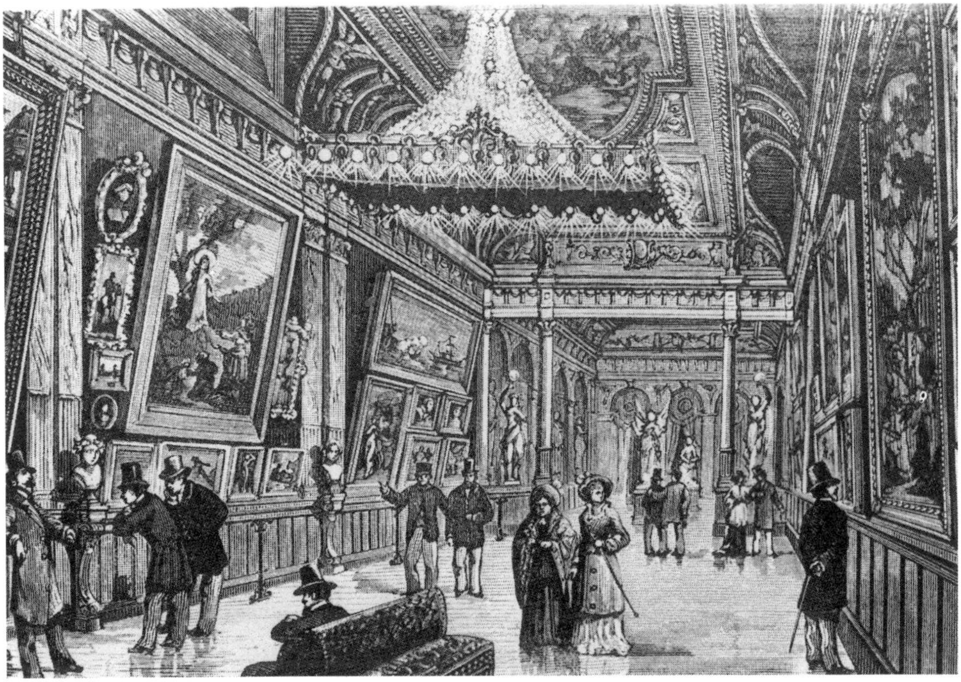

154. Glühlampenbeleuchtung einer Bildergalerie auf der Pariser Weltausstellung 1889. Holzschnitt. München, Deutsches Museum

aufzutreiben, die seine Politik mitmachten, zur Markterschließung über Jahre die Glühlampen unter den Herstellungskosten zu verkaufen. Die Früchte seiner Politik konnten sie dann seit der zweiten Hälfte der achtziger Jahre ernten.

Die eigentliche Konkurrenz des Glühlichts lag mehr beim Gas- als beim Petroleumlicht. Dieses war in erster Linie in den Außenbezirken von Städten und auf dem flachen Land anzutreffen, wo es keine Gasnetze gab. In den Industriestaaten besaßen um 1880 alle größeren und zahlreiche kleinere Städte ein Gasversorgungsnetz, das teilweise von privaten Gesellschaften betrieben wurde, teilweise – mit steigender Tendenz – sich in kommunalem Besitz befand. So war in Deutschland 1880 etwa die Hälfte der Gasanstalten Eigentum der Kommunen. Erteilten diese Kommunen Konzessionen für eine elektrische Beleuchtungszentrale, so genehmigten sie eine Konkurrenz für ihren eigenen Betrieb. Im heftigen Konkurrenzkampf zwischen Gasgesellschaften und Elektrizitätswerken ging es letztlich um Marktanteile, denn bis 1914 erlebten, absolut gesehen, beide Beleuchtungsarten enorme Zuwächse. Obwohl Gas zunehmend zum Heizen und für Gasmotoren verwendet wurde, stand am Vorabend des Ersten Weltkrieges Leuchtgas an der Spitze des Verbrauchs.

Bis zur Durchsetzung der Metallfadenlampen im ersten Jahrzehnt des 20. Jahr-

155. Elektrische Beleuchtung der Bühne und des Zuschauerraums der Pariser Oper. Holzschnitt von Auguste Tilly, 1884. München, Deutsches Museum

hunderts war elektrisches Licht teurer als Gaslicht. Die Elektrizitätswerke vermochten also nicht mit dem Preis zu werben. Ein Argument war die Sicherheit des elektrischen Lichts; die durch die Gasbeleuchtung verursachten Theaterbrände schienen Warnung genug zu sein. Auch wenn die umfassenden quantitativen Sicherheitsvergleiche immer umstritten blieben – bei der Installation und beim Betreiben elektrischer Anlagen kam es häufig zu Unfällen –, stellte das elektrische Licht für die Endverbraucher ein viel geringeres Risiko dar. Außerdem wurde die

Luft in den Wohn- und Geschäftsräumen nicht durch Verbrennungsgase und Sauerstoffentzug verschlechtert, und die Räume heizten sich nicht auf. Der Umgang mit elektrischem Licht war sauberer und bequemer; denn beim Gaslicht mußten die Brenner von Zeit zu Zeit gereinigt werden. Und schließlich vermittelte das elektrische Licht einen Hauch von Luxus und Prestige. Aufgrund des hohen Preises beschränkte sich seine Verbreitung vorerst auf spezielle Abnehmer. Dies zeigt sich, wenn man zum Beispiel die Kundenstruktur des Berliner Elektrizitätswerkes in seiner Anfangszeit, im Jahr 1886, betrachtet. Je etwa ein Viertel der Leistung nahmen die Theater, Banken, Geschäfte sowie die Gruppe der Gaststätten, Hotels und Pensionen ab. Privathäuser spielten praktisch keine Rolle, ebensowenig die Industrie.

Auch das Beispiel von Gaslicht und elektrischer Beleuchtung macht deutlich, daß Konkurrenz zwischen zwei Lösungen häufig den technischen Fortschritt in beiden Bereichen stimuliert. Das Gas gewann in diesem Wettstreit nach 1891 wieder an Boden, als der österreichische Chemiker Carl Auer von Welsbach (1858–1929) das von ihm entwickelte Gasglühlicht auf den Markt brachte. Beim Gasglühlicht brennt die Flamme in einem feinen Gewebe, das mit einer speziellen Substanz imprägniert ist, deren Metalloxide für ein helles Leuchten sorgen. Das Gasglühlicht nutzte das

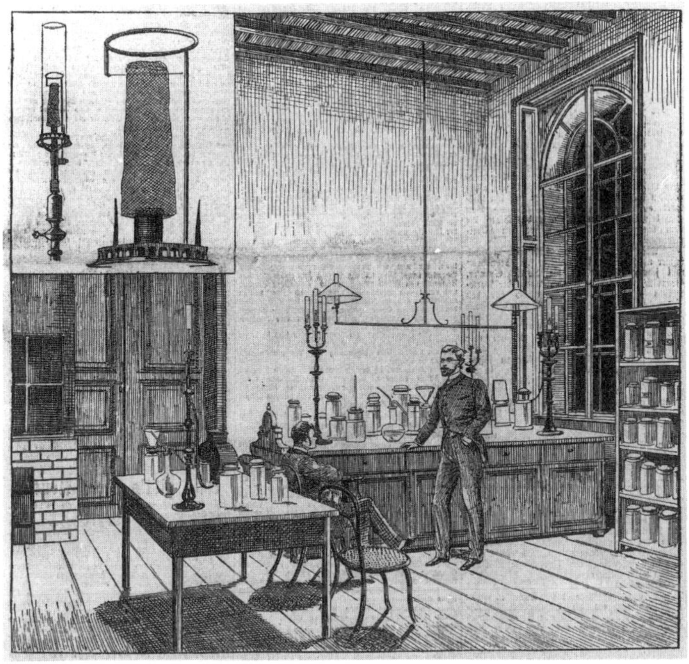

156. Der Erfinder des Gasglühlichts, Auer von Welsbach, in seinem Wiener Laboratorium. Holzschnitt, 1886. Wien, Österreichische Nationalbibliothek

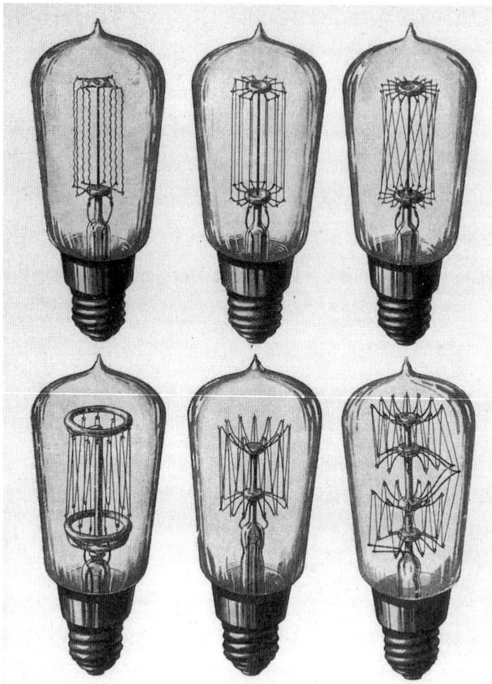

157. Vier Prototypen und zwei endgültige Ausführungen der Tantallampe, einer der Metallfadenlampen. Aquatinta, 1903/04. Verlagsarchiv

Gas besser aus. Außerdem konnte man jetzt die Gaserzeugung auf andere Verfahren umstellen. Bislang wurde das Leuchtgas in relativ kleinen Retorten aus speziellen Kohlesorten erzeugt. Das Verfahren war darauf abgestellt, daß bestimmte Leuchtstoffe, vor allem schwere Kohlenwasserstoffe wie Benzol, im Gas erhalten blieben. Dagegen sorgten beim Gasglühlicht die Metalloxide für das Leuchten. Nun ließ sich das Gas in großen Kammeröfen gewinnen, und man ging zunehmend dazu über, Gas aus Kokereien in die Gasnetze einzuspeisen. Vorher wurde Kokereigas in den Kokereien selbst als Energiequelle genutzt; jetzt konnte es einer hochwertigeren Verwendung zugeführt werden. Kokereien und Gaserzeugungsanlagen wuchsen derart zusammen. Die Zahl der nur der Gaserzeugung dienenden Werke ging zurück.

Nicht nur das Gaslicht, auch das elektrische Licht wies noch Entwicklungsreserven auf. Nach der Jahrhundertwende kamen verschiedene Metallfadenlampen auf den Markt. Sie besaßen längere Glühkörper und konnten mit höheren Temperaturen betrieben werden als die Kohlefadenlampen, was eine größere Lichtausbeute ergab. In erster Linie galt es fertigungstechnische Probleme bei der Herstellung der dünnen Fäden zu überwinden. Nach Osmium und Tantal setzte sich schließlich seit

1906 Wolfram als Material für die Glühfäden durch, das noch heute verwendet wird. Damit wurde das elektrische Licht auch unter reinen Kostengesichtspunkten konkurrenzfähig.

Kraftwerke und Stromsysteme

Bevor die ersten Elektrizitätszentralen gebaut wurden, benötigte jedes mit elektrischem Licht ausgestattete Objekt eine eigene Kraftstation. Die Generatoren konnten bei den sogenannten Eigenanlagen durch eine Dampfmaschine, einen Gasmotor oder ein Wasserrad angetrieben werden. Glüh- und Bogenlampen beleuchteten Schiffe, Eisenbahnwagen, Bahnhöfe, Fabriken, Geschäftsräume, Gaststätten oder Theater. Meistens wurde eine solche Anlage komplett von einer elektrotechnischen Fabrik geliefert und installiert, wobei häufig ein Beratender Ingenieur die Vermittlung übernahm. Obschon die öffentlichen Elektrizitätswerke stärker im Zentrum der Diskussion standen, übertraf die gesamte durch Eigenanlagen erzeugte elektrische Leistung im Zeitraum bis zum Ersten Weltkrieg die der Elektrizitätswerke. So betrug in Deutschland 1895 die Leistung der Eigenanlagen fast das Zehnfache derjenigen in Elektrizitätswerken, 1913 immer noch das Dreieinhalbfache.

Wenn man elektrische Energie in einer Zentrale erzeugte und über Leitungen in öffentlichen Straßen an verschiedene Verbraucher abgab, dann erforderte ein solches Unternehmen eine Konzession der Kommune. Eines der ersten öffentlichen Elektrizitätswerke in diesem Sinne eröffnete Edison 1882 in New York. Das Werk lag mitten im Geschäftsviertel und versorgte Büros, Geschäfte und Restaurants mit Lichtstrom. Technische Probleme hatte man anfangs vor allem mit den nichtelektrischen Komponenten, insbesondere mit den Dampfmaschinen, an deren Lauf bislang unbekannte Genauigkeitsforderungen gestellt wurden. Zunächst schrieb das Elektrizitätswerk rote Zahlen; Gewinne fuhr man erst seit Mitte der achtziger Jahre ein.

Edison zielte von vornherein über den amerikanischen Markt hinaus. Kontakte in europäische Länder hatte er bereits im Zusammenhang mit der Vermarktung seiner Patente auf anderen Gebieten geknüpft. Die in den einzelnen europäischen Staaten gegründeten Edison-Gesellschaften errangen unterschiedliche Erfolge. Am schwierigsten erwies sich das Geschäft in England. Zwar gab es dort einen kurzfristigen Gründungsboom von Elektrifizierungsgesellschaften, aber das erste 1882 in London gebaute Elektrizitätswerk mußte nach wenigen Jahren schließen. Als Gründe für diese verzögerte Elektrifizierung lassen sich aufzählen: die Sozialstruktur der englischen Städte, weitgehende Rechte kleiner kommunaler Verwaltungseinheiten, eine restriktive Gesetzgebung und die Stärke der britischen Gaswirtschaft. Schließlich hinkte Großbritannien bei der Elektrifizierung und der industriellen Elektrotechnik

158. Edisons Elektrizitätszentrale in der New Yorker Pearl Street. Holzschnitt in »Leslie's Weekly«, 1882. München, Deutsches Museum

um mehrere Jahre hinter den USA und Deutschland her. Nach Deutschland kam das Beleuchtungssystem Edisons über die erste internationale Elektrizitätsausstellung in Paris im Jahr 1881. In Paris lernte der Unternehmer und Ingenieur Emil Rathenau (1838–1915) Edisons System kennen und sicherte sich später von der französischen Edison-Gesellschaft die wichtigsten Rechte. Aus kleinen Anfängen entstand 1883 die Deutsche Edison-Gesellschaft (DEG) und 1887 die AEG. Das erste öffentliche Elektrizitätswerk in Deutschland baute die DEG 1885 in Berlin.

Die frühen Elektrizitätsnetze wurden für Gleichstrom konzipiert. Bis Anfang der neunziger Jahre kamen mit dem einphasigen und dem dreiphasigen Wechselstrom, dem sogenannten Drehstrom, weitere Stromsysteme als Konkurrenten dazu. Die Wahl zwischen den zur Verfügung stehenden Stromarten erwies sich gerade in diesem Zeitraum für die privaten oder kommunalen Elektrizitätsgesellschaften als außerordentlich schwierig. Einerseits waren dabei je nach dem intendierten Anwendungsbereich unterschiedliche Vor- und Nachteile zu berücksichtigen. Andererseits befanden sich wichtige Komponenten der einzelnen Systeme, wie Akkumulatoren, Transformatoren und Motoren, noch in der Entwicklung. Die Wahl des Stromsystems hing also davon ab, welches Potential man den weiterzuentwickelnden einzelnen Komponenten einräumte, aber auch, wie man die zukünftige Verbrauchsstruktur einschätzte.

Bleiakkumulatoren verwendete man seit der Mitte der achtziger Jahre in den Gleichstromkraftwerken, um die erheblichen Lastunterschiede während eines Tages auszugleichen. In Zeiten geringen Stromverbrauchs wurden sie von den Generatoren aufgeladen, damit sie in Spitzenzeiten hinreichend Strom abgeben konnten. Technisch verwendungsfähige Bleiakkumulatoren gab es bereits seit etwa 1860. Aber erst um 1880, als leistungsfähige Generatoren zum Laden zur Verfügung standen und sich mit der elektrischen Beleuchtung ein umfangreicherer Anwendungsbereich abzeichnete, begann eine kontinuierliche Weiterentwicklung. Das größte Problem lag in der schnellen und dauerhaften Formierung der Platten mit Bleioxid. Es dauerte bis Mitte der achtziger Jahre, ehe die Bleiakkumulatoren erstmals als Pufferbatterien in den öffentlichen Elektrizitätswerken eingesetzt wurden. Während sich diese Technik in Europa schnell verbreitete, verzögerte sie sich in den USA um etwa ein Jahrzehnt. Dies hing in erster Linie damit zusammen, daß Edison, der in den achtziger Jahren den amerikanischen Markt noch weitgehend beherrschte, an Stelle der Akkumulatoren zuschaltbare Maschinensätze präferierte. Erst seit Mitte der neunziger Jahre übernahm man in den amerikanischen Kraftwerken die europäische Lösung, und zwar zuerst in den Kraftwerken, die die elektrischen Straßenbahnen versorgten. Gerade für den Straßenbahnbetrieb mit seinem ständig an- und absteigenden Stromverbrauch waren die Akkumulatoren besonders gut geeignet. Bis nach der Jahrhundertwende bildeten die Elektrizitätswerke die bei weitem wichtigste Kundengruppe der Akkumulatorenhersteller, ehe die Verwendung in Motorfahrzeugen zunehmende Bedeutung gewann.

Zurück zu den Vor- und Nachteilen der einzelnen Stromsysteme. Ein Vorteil des Gleichstroms gegenüber dem Wechselstrom lag darin, daß er in Akkumulatoren gespeichert werden konnte. Gleichstrom ließ sich für elektrolytische Zwecke, zum Beispiel in den Galvanisieranstalten, verwenden. Für Gleichstrom standen auch leistungsfähige Elektromotoren zur Verfügung. Das größte Problem des Gleichstroms stellte seine begrenzte Reichweite dar. Bei den auf die Glühlampen abgestimmten Betriebsspannungen von 110 Volt und dem aufgrund von Wirtschaftlichkeitsüberlegungen verwendeten Leiterquerschnitt lag die Reichweite bei einem Zweileitersystem lediglich bei etwa sechshundert Metern. Das Elektrizitätswerk mußte also mitten im städtischen Zentrum errichtet werden und konnte nur einen relativ kleinen Bereich beliefern. Wollte man das Versorgungsgebiet ausdehnen, mußte ein neues Kraftwerk gebaut werden. Da die Leitungsverluste mit dem Quadrat der Stromstärke zunehmen, ist es günstiger, die gleiche elektrische Leistung mit hoher Spannung und niedriger Stromstärke zu übertragen, als umgekehrt. Die Entwicklungsarbeiten der Elektroingenieure konzentrierten sich auf Verteilungssysteme, mit denen das Versorgungsgebiet vergrößert werden konnte. Die bereits in der ersten Hälfte der achtziger Jahre entwickelten Mehrleitersysteme milderten das Reichweitenproblem von Gleichstrom, ohne es grundsätzlich zu lösen. Gegen Ende der achtziger Jahre benutzte man Umformer, die aus einem Elektromotor und einem Generator bestanden, um Gleichstrom hoher Spannung auf die für die Verbraucher erforderliche Volt-Zahl abzuspannen.

Inzwischen hatte jedoch die Erfindung und Entwicklung des Transformators das Reichweitenproblem für Wechselstrom gelöst. Das Transformatorenprinzip war zwar bereits seit Jahrzehnten bekannt, aber erst Ingenieure der Budapester elektrotechnischen Firma Ganz entwickelten 1884/85 einen erfolgreichen Transformator, mit dem Wechselströme ohne große Verluste hoch- und abgespannt werden konnten. Der Transformator machte den Wechselstrom zu einer realistischen Alternative für den Gleichstrom. Wenn sich die Städte für Wechelstrom entschieden, konnten sie die Kraftwerke außerhalb der Stadtzentren ansiedeln. Damit entlasteten sie die inneren Stadtbezirke von Lärm und Schadstoffen und profitierten von den niedrigen Bodenpreisen und – bei einem Standort des Kraftwerks am Wasser – von dem günstigeren Kohletransport sowie dem zur Verfügung stehenden Kühlwasser. Mit Transformatoren und hochgespanntem Wechselstrom ließen sich größere Gebiete versorgen. Die Vorteile des Gleichstroms glichen den Nachteilen des Wechselstroms. Denn ihn konnte man nicht speichern und für elektrolytische Zwecke nutzen, und einfache, brauchbare Motoren gab es bis Ende der achtziger Jahre noch nicht.

In der Folgezeit mit einem Höhepunkt zwischen 1885 und 1890 entspann sich eine heftige Diskussion über die Vor- und Nachteile von Gleichstrom und Wechselstrom und diverser Mischsysteme. Auch wenn diese Auseinandersetzungen, die als »Kampf der Systeme« oder »Transformatorenschlacht« in die zeitgenössische Literatur eingingen, in erster Linie mit technischen Argumenten geführt wurden, standen dahinter vor allem Interessengegensätze zwischen den Elektrofirmen. Die etablierten Firmen, wie Edison, Siemens & Halske und die AEG, propagierten den Gleichstrom, da sie hier eine gesicherte Marktposition, wichtige Patente und umfangreiche Erfahrungen besaßen. Für die jungen Firmen, wie Ganz in Ungarn, Helios in Deutschland und Westinghouse in den USA, bot der Wechselstrom eine günstigere Ausgangsbasis für den Konkurrenzkampf mit den älteren Unternehmen. Besonders in den USA wurden die Auseinandersetzungen mit Haken und Ösen geführt. Die Gleichstromfirmen versuchten erfolglos, hohe Spannungen verbieten zu lassen, wodurch der einzige große Vorteil des Wechselstroms weggefallen wäre. Sie brachten es aber zustande, daß 1890 erstmals ein zum Tode Verurteilter mit hochgespanntem Wechselstrom hingerichtet wurde – eine Finte, mit der sie der Welt die Gefährlichkeit hochgespannter Ströme vorführen ließen.

Als der Machtkampf um Gleichstrom und Wechselstrom seinen Höhepunkt bereits überschritten hatte, tauchte ein weiterer Konkurrent auf: der Drehstrom. Bei ihm handelt es sich um einen dreiphasigen Wechselstrom, wobei man die Phasen so einrichtete, daß – einschließlich Rückleitung – drei Leitungen ausreich-

159. Fertigung von kleinen Drehstrommotoren bei der AEG in Berlin. Photographie, um 1900. Berlin, Unternehmensarchiv der AEG

ten. Entscheidend für die Konkurrenzfähigkeit des Drehstroms erwies sich die Entwicklung gebrauchsfähiger Motoren um 1890, als man für Einphasenmotoren immer noch keine befriedigenden Lösungen vorweisen konnte. Beim Drehstrommotor erzeugt der Stator ein im Kreis herumwanderndes Magnetfeld, ein sogenanntes Drehfeld, das den Läufer bewegt. Dabei sind zwei wichtige Arten von Drehstrommotoren zu unterscheiden: Bei den Asynchronmotoren bleibt die Drehzahl des Läufers etwas hinter derjenigen des Drehfelds zurück, was als Schlupf bezeichnet wird. Auf diese Art und Weise findet eine Relativbewegung zwischen Drehfeld und Läufer statt, und im Anker wird ein Strom induziert. Den ersten wirtschaftlich einsetzbaren Drehstrom-Asynchronmotor entwickelte 1889 der Chefkonstrukteur der AEG, Michael von Dolivo-Dobrowolsky (1861–1919). Bei diesem Motor bestand der Läufer aus einem massiven Eisenzylinder, in dessen Bohrungen Kupferdrähte gesteckt und auf beiden Seiten kurzgeschlossen waren. Der Typ des Kurzschlußläufermotors gehört auch heute noch zu den verbreitetsten Bauweisen. Im Gegensatz zu den Asynchronmotoren sind bei den wenig später entwickelten Synchronmotoren die Drehzahlen des Läufers und des Drehfelds identisch. Da derart im Läufer kein Strom induziert wird, wird er von außen, mit einer Hilfsmaschine zugeführt.

Wie schwer die Wahl für ein Versorgungssystem in der Zeit des »Kampfes der Systeme« fiel, zeigt das Beispiel der Stadt Frankfurt am Main. Selbst jahrelange

Diskussionen in der zweiten Hälfte der achtziger Jahre führten zu keinem Ergebnis. Schließlich verschob man die Entscheidung bis zu einer internationalen Elektrizitätsausstellung, die für das Jahr 1891 nach Frankfurt einberufen wurde. Man erwartete nach der Vorführung der konkurrierenden Techniken klarer zu sehen. Die in den achtziger und neunziger Jahren üblich gewordenen internationalen, nationalen und regionalen Elektrizitätsausstellungen leisteten einen wesentlichen Beitrag zur Entwicklung und Popularisierung der Elektrotechnik. Dort konnten die Besucher die neuesten elektrotechnischen Errungenschaften bewundern, Wissenschaftler und Ingenieure sich informieren und Erkenntnisse austauschen, Geschäftsleute Lizenzen erwerben und Kooperationen verabreden. Darüber hinaus waren die Ausstellungen gesellschaftliche Ereignisse, auf denen sich die bürgerliche und die adelige Welt trafen. Bei der rapiden Entwicklung der Elektrotechnik setzte fast jede Industrieschau ein technisches Glanzlicht, so in Frankfurt eine Drehstromübertragung über eine Entfernung von 175 Kilometer, von Lauffen am Neckar in die Stadt am Main, mit einer Spannung von etwa 20.000 Volt bei hohem Wirkungsgrad. In Frankfurt betrieb man mit dieser Energie unter anderem einen künstlichen Wasserfall.

160. Drehstromübertragung Lauffen – Frankfurt am Main während der Frankfurter Elektrotechnischen Ausstellung im Jahr 1891. Holzschnitt im Ausstellungskatalog. München, Deutsches Museum

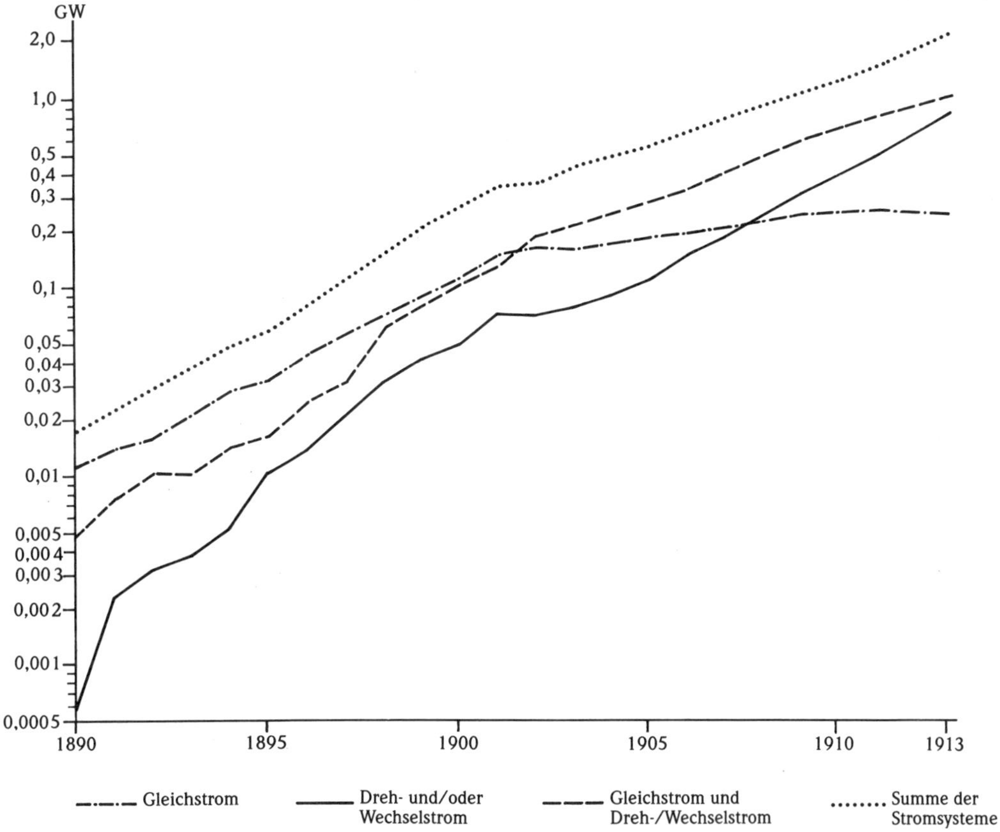

Leistung der verschiedenen Stromsysteme in den öffentlichen Elektrizitätswerken Deutschlands 1890 – 1913 (nach Ott)

Nach der Frankfurter Ausstellung versachlichten sich die Diskussionen um die Stromsysteme. Die konkurrierenden Technikangebote hatten jetzt eine relative technische Reife erreicht. Es setzte sich allgemein die Erkenntnis durch, daß die zu treffende Wahl von den jeweiligen lokalen und regionalen Bedingungen abhing. Dazu gehörten die Kosten der Primärenergieträger, die Verkehrssituation, die Grundstückspreise, vor allem aber die Struktur des Verbrauchs, die wiederum durch die wirtschaftlichen und sozialen Gegebenheiten des Versorgungsgebiets bedingt war. Dies bedeutete jedoch nicht, daß Interessengegensätze ausblieben: zwischen den Herstellern elektrotechnischer Anlagen, zwischen den mächtigsten Kundengruppen und innerhalb der kommunalen Körperschaften. Wenn die Kommune eine expansive Eingemeindungspolitik betrieb, lag die Entscheidung für ein großflächiges Versorgungssystem mit Wechselstrom nahe; bei konservativer Haltung votierte sie eher für ein preisgünstiges Gleichstromsystem.

Im Zeitraum bis zum Ersten Weltkrieg nahm in allen Industriestaaten der Anteil des Gleichstroms kontinuierlich ab, und zwar zugunsten des einphasigen Wechselstroms, des Drehstroms und der Mischsysteme. Bei den Mischsystemen wird je nach Verwendungszweck eine Stromart in eine andere umgeformt. Ein solcher Umformer bestand beispielsweise aus einem Drehstrommotor, der einen Gleichstromgenerator antrieb. Nicht zuletzt aufgrund der in den späten achtziger Jahren entwickelten Umformer verloren die Auseinandersetzungen um die Stromsysteme an Schärfe. In Deutschland besaßen jedenfalls vor 1914 die Mischsysteme den größten Anteil.

Die Dampfmaschine, die wichtigste Kraftmaschine im 19. Jahrhundert, längst ein Symbol der Industrialisierung, bildete inzwischen einen restriktiven Faktor für die Leistungssteigerung der Kraftwerke. Bei der Hin- und Herbewegung des Kolbens und deren Umwandlung in eine Drehbewegung traten hohe Massenkräfte auf, was die Laufgeschwindigkeit und das Größenwachstum der Dampfmaschinen begrenzte. Die mit den gebräuchlichen Dampfmaschinen erreichbaren Drehzahlen betrugen maximal dreihundert in der Minute; sie wurden über Getriebe auf die für die Generatoren nötigen höheren Drehzahlen gebracht. Schließlich war es mit Dampfmaschinen schwierig, den im damaligen Kraftwerksbetrieb nötigen schnellen Laständerungen zu entsprechen.

Eine Lösung für die neuen Anforderungen brachte um die Jahrhundertwende die Dampfturbine, bei der durch die Entspannung des Dampfes und den Dampfdruck unmittelbar eine Kreisbewegung erzeugt wird. Als erste Turbinen waren im Laufe des 19. Jahrhunderts verschiedene Wasserturbinenarten entstanden, die auf die Fallhöhe und die Menge des verfügbaren Wassers abgestellt waren. Dabei gewann man strömungstechnische Grundkenntnisse, die später auch die Entwicklung der Dampfturbinen beeinflußten. Frühe Überlegungen, mit Gasen oder Dämpfen betriebene Turbinen zu produzieren, mußten folgenlos bleiben, weil erst die Dynamomaschine und die Elektrizitätswerke das Bedürfnis nach einer schnellaufenden Kraftmaschine weckten. Außerdem war die Technik nicht vor Ende des Jahrhunderts so weit, um mit den Materialproblemen, die die hohen Umlaufgeschwindigkeiten mit sich brachten, fertig zu werden und die erheblich größeren Präzisionsanforderungen als bei der Fertigung von Dampfmaschinen zu erfüllen.

Die Turbine, von der die entscheidenden Impulse für die Entwicklung der Kraftwerksturbine ausgingen, ließ sich 1884 Charles A. Parsons (1854–1931) in England patentieren. Die hohen Drehzahlen der ersten Dampfturbinen von Parsons wurden durch ein Getriebe reduziert. Später baute er Turbinen, die den Dampf in zahlreichen Druckstufen, das heißt in hintereinander liegenden einzelnen Leit- und Laufrädern, entspannten. Dabei wurde im Gegensatz zu anderen Bauformen das gesamte Laufrad beaufschlagt. Die niedrigere Drehzahl dieser Turbinen erlaubte die direkte Kupplung von Turbine und Generator. Die neu konstruierten zweipoligen Turbogeneratoren legte man in Deutschland für eine Drehzahl von 3.000 Umdrehungen in der Minute aus, in den USA für 3.600 Umdrehungen, je nach der üblichen Stromfrequenz. Bei diesen Generatoren handelte es sich um Schenkelpolmaschinen mit ausgeprägten Polen. 1901 baute dann BBC erstmals eine Vollpolmaschine, einen sogenannten Walzenturboläufer, bei dem die Erregerspulen in Nuten über die gesamte Oberfläche des Läufers verteilt waren und das Magnetfeld umlief, vom Prinzip her die heute noch übliche Bauform.

Erstmals wurden Dampfturbinen von Parsons um 1890 in englischen Kraftwerken eingesetzt. Sie waren mechanisch noch nicht ausgereift, und es dauerte bis nach der Jahrhundertwende, ehe sie die Dampfmaschinen in den Kraftwerken zu verdrängen begannen. Bis etwa 1905 war der Wirkungsgrad der Dampfturbinen geringer als jener der besten Dampfmaschinen, doch das nahmen die Betreiber wegen ihrer sonstigen Vorteile in Kauf. Im Vergleich liefen die Dampfturbinen wesentlich ruhiger. Für die Umrüstung eines innerstädtischen Kraftwerks auf Dampfturbinen in London 1894 spielte die verminderte Geräuschemission ebenso eine wichtige Rolle wie ihre kleineren Ausmaße. Als im Jahr 1907 ein Berliner Kraftwerk umgerüstet wurde, brachte man auf derselben Fläche, auf der vorher eine Dampfmaschine und der dazugehörende Generator gestanden hatten, drei Turbogeneratoren mit der achtfachen Leistung unter. Wegen ihres geringeren Gewichts benötigten Dampfturbinen kleinere Fundamente. Sie waren leichter zu warten, schneller betriebsbereit und einfacher zu regulieren. Als nach 1900 die Dampfturbine nicht nur bei den Anlagekosten, sondern auch bei den Betriebskosten günstiger abschnitt als die Dampfmaschine, kam es zu einer schnellen Substitution. Innerhalb weniger Jahrzehnte ersetzte im Kraftwerksbereich die vom technischen Prinzip her überlegene Dampfturbine die in über hundertjähriger Entwicklung gereifte Dampfmaschine. Es war auch dieser rapide technische Wandel nach der Jahrhundertwende, der die Ingenieure anregte, sich mit der Geschichte der Dampfmaschine und allgemeiner mit der Geschichte der Technik zu beschäftigen.

Parsons eröffnete 1889 eine eigene Turbinen- und Generatorenfabrik in Newcastle, nachdem er sich von seinen alten Partnern getrennt hatte, mit denen zusammen er etwa dreihundert kleinere Turbinen produziert hatte. Für die Vermarktung der Maschine im internationalen Raum beschritt er den Weg der Lizenzvergabe. So erwarb Westinghouse 1896 eine Lizenz und die schweizerische BBC 1900 eine weitere für Deutschland, die Schweiz, Frankreich und Italien. Doch auch die anderen elektrotechnischen Großfirmen blieben nicht untätig. Die AEG übernahm zum Beispiel eine bei General Electric entwickelte Dampfturbine nach der Bauweise von Charles G. Curtis (1860–1953), die besonders erfolgreich wurde. Nach der Jahrhundertwende begannen viele Firmen mit dem Bau von Turbinen. Die Leistung der Kraftwerksturbinen konnte außerordentlich rasch gesteigert werden. Während im Jahr 1900 die Leistung der größten Turbinen 1.000 Kilowatt betrug,

161. Kraftwerk mit Parsons-Turbinen in England. Photographie, 1892. – 162. Maschinenhalle des Städtischen Elektrizitätswerkes in Mannheim mit einem 2.250-PS-Turbogenerator und drei Kolbendampfmaschinen von je 1.000 PS. Photographie, 1905. Mannheim, Asea Brown Boveri Aktiengesellschaft

waren es 1907 schon 18.000 und 1916 sogar 50.000. Darin spiegelten sich auch die Entwicklung zum Großkraftwerk und die Anfänge von größeren Verbundnetzen wider. Zwar wurde die Dampfturbine in Großbritannien entwickelt – ein weiterer Beleg dafür, daß die Insel nur wirtschaftlich, nicht technisch an Boden verloren hatte –, aber die wichtigsten Einsatzgebiete bildeten Staaten wie die USA und

Deutschland, wo die Elektrifizierung schon weiter vorangeschritten war und größere Elektrizitätswerke gebaut wurden. Für große Leistungen blieb die Dampfturbine in den Elektrizitätswerken ohne Konkurrenz, für kleinere konnte sich die Dampfmaschine länger halten, obschon der Diesel-Motor sie mehr und mehr verdrängte. Von den Kraftwerken abgesehen, waren Turbinen vor dem Ersten Weltkrieg auch als industrielle Kraftmaschinen und für Schiffsantrieb gefragt.

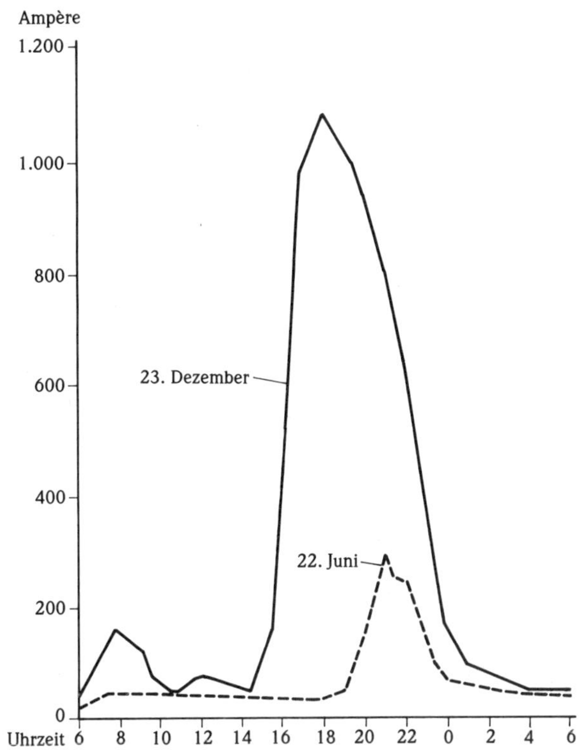

Tagesbelastungskurven der Elektrizitätszentrale Barmen für den 22. Juni und den 23. Dezember 1890 (nach Lehmhaus)

In der Anfangszeit der Elektrifizierung brauchte man den Strom fast ausschließlich für die Beleuchtung. In Deutschland machte Lichtstrom noch 1890 etwa 96 Prozent des erzeugten Stromes aus. Das bedeutete, daß Strom vor allem in den Abendstunden abgenommen wurde. Manche der frühen Elektrizitätswerke schalteten die Betreiber tagsüber ab. Wurde die Stromversorgung über vierundzwanzig Stunden aufrechterhalten, so war die Tagesauslastung denkbar schlecht. Schaut man sich die Verbrauchskurve eines damaligen Kraftwerks an, dann erinnert sie an einen mehrfach überhöhten Schnitt durch einen Vulkankegel. Doch bekanntlich läßt sich ein Kraftwerk am günstigsten betreiben, wenn es gleichmäßig ausgelastet ist. Es lag nahe, daß die Kraftwerke versuchten, durch Verkauf von billigem Kraftstrom die Tagestäler aufzufüllen. Das gelang in den neunziger Jahren zunächst bei den elektrischen Straßenbahnen und dann zunehmend bei der Industrie, die Elektrizität für Elektromotoren und als Prozeßwärme nutzte.

Elektrische Straßenbahn

Bevor die Einführung der elektrischen Straßenbahnen den innerstädtischen Verkehr umgestaltete, stellten die bereits in der ersten Hälfte des 19. Jahrhunderts entstandenen Pferdestraßenbahnen die wichtigsten öffentlichen Verkehrsmittel dar. Die Kapazität von Pferdestraßenbahnen war jedoch gering, und die hohen Fahrpreise veranlaßten den überwiegenden Teil der Bevölkerung, weiter zu Fuß zu gehen. Die Pferdehaltung machte etwa die Hälfte der Betriebskosten aus. Ein Pferd konnte nur etwa vier bis fünf Jahre verwendet werden, danach war es verbraucht. Zudem bestand die Gefahr von Tierkrankheiten und -seuchen. Als 1872 in den USA eine Seuche Tausende von Pferden dahinraffte, mußten die betroffenen Städte einen großen Teil des Straßenbahnverkehrs über längere Zeit stillegen. Obwohl manche Städte zweimal am Tag den Pferdemist sammeln und abfahren ließen, waren die hygienischen Verhältnisse in den Straßen wenig erfreulich. Pferde konnten gerade auf steileren Straßen leicht stürzen und erhebliche Unfälle verursachen. Außerdem ruinierten die beschlagenen Hufe der Pferde das Pflaster.

All diese Nachteile der Pferdestraßenbahnen, aber auch das Wachstum der Städte und die Zunahme des Verkehrs setzten in den siebziger und achtziger Jahren eine intensive Suche nach Alternativen für den öffentlichen Nahverkehr in Gang. In Großbritannien rüstete man zuerst Straßenbahnwagen mit Dampfmaschinen aus und griff damit auf eine erprobte Technik zurück. Dampfstraßenbahnen erwiesen sich jedoch als zu teuer, und die Belästigung durch Dampf, Funkenflug und Lärm wurden von den Bürgern nicht toleriert. Auch andere Innovationsversuche mit Gas- oder Benzolmotoren, Dampfspeicher- oder Druckluftwagen oder auch mit feuerlosen Natronlokomotiven scheiterten aus technischen oder wirtschaftlichen Gründen und blieben Episoden.

Relativ erfolgreich waren in den USA die sogenannten Cable Cars, die man im Deutschen am exaktesten mit dem Begriff »Drahtseil-Straßenbahnen« umschreibt, wobei sich die Bezeichnung »Kabelbahnen« durchgesetzt hat. Ein endloses Drahtseil, das in Schächten unter der Straßendecke verlief, wurde von stationären Dampfmaschinen und später von Elektromotoren bewegt. Die Wagen wurden mit einem Greifarm an dieses Drahtseil ein- beziehungsweise ausgeklinkt. Bei den Kabelbahnen fügte man bereits bekannte und bewährte technische Komponenten zu einem

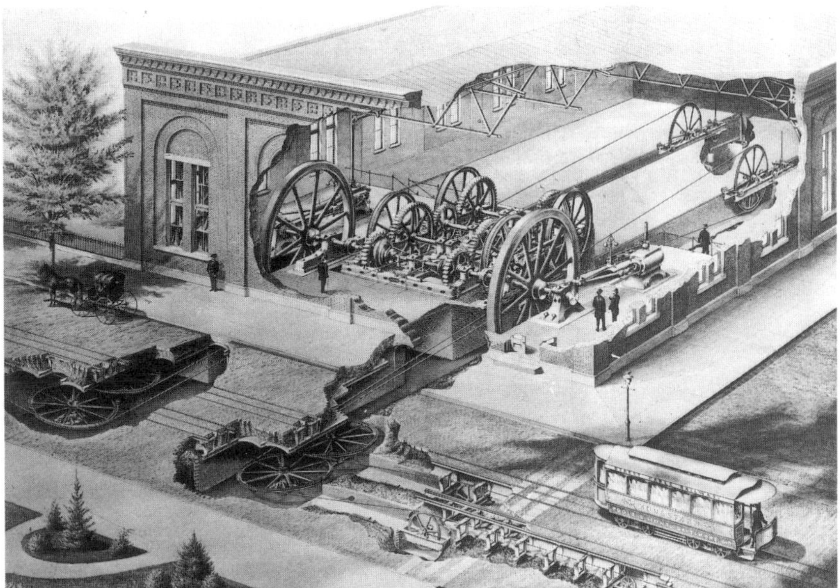

163. Eröffnung der Pariser Dampfstraßenbahn auf der Strecke Montparnasse – Pont d'Austerlitz im Jahr 1876. Holzschnitt in »L'Illustration« vom 19. August 1876. München, Deutsches Museum. – 164. Betriebsstation der Firma Poole & Hunt für die Drahtseil-Straßenbahn in Baltimore. Lavierte Zeichnung von P. F. Goist. Washington, DC, Smithsonian Institution

neuen Verkehrssystem zusammen. 1873 eröffnete ein Hersteller von Drahtseilen die erste Teilstrecke in San Francisco, das mit seinem rechteckigen, über steile Hügel gelegten Straßennetz sich besonders für das neue Verkehrssystem eignete. San Francisco baute von allen amerikanischen Städten mit maximal mehr als 85 Kilometern auch das längste Kabelbahnnetz.

Nachdem der Bau einer Linie in Chicago gezeigt hatte, daß sich Kabelbahnen auch in kontinentalen Städten des Flachlandes mit strengen Wintern betreiben ließen, verbreiteten sie sich in den achtziger Jahren in vielen amerikanischen Großstädten. Im Jahr 1890 wurden etwa 6 Prozent der städtischen Schienenwege mit Drahtseilen betrieben, insgesamt eine Streckenlänge von mehreren hundert Kilometern. Das bedeutendste Netz hatte Chicago, wo auf 65 Kilometer über 700 Wagen liefen. Um diese Zeit neigte sich jedoch die Blütezeit der amerikanischen Kabelbahnen bereits ihrem Ende zu. Auch sie stellten eine Episode dar, eine Übergangstechnik zwischen Pferdebahnen und elektrischen Straßenbahnen. Die Kabelbahnen besaßen gegenüber den Pferdebahnen wirtschaftliche Vorteile, doch den in den neunziger Jahren technisch ausgereiften elektrischen Straßenbahnen waren sie hoffnungslos unterlegen. Die Investitionskosten lagen bei den Kabelbahnen viel höher; die Betriebskosten etwa doppelt so hoch, weil ein Großteil der Energie allein für die Bewegung der Drahtseile verwendet wurde. Überdies waren die elektrischen Straßenbahnen sicherer. Bis zur Verbreitung der Motorbusse konnten sich die Kabelbahnen bis in die vierziger Jahre des 20. Jahrhunderts nur noch dort halten, wo Steigungen über 13 Prozent zu bewältigen waren. Als technische Denkmale sind einige Linien in San Francisco nach wie vor in Betrieb.

165. Erste elektrische Versuchslokomotive von Siemens & Halske auf der Berliner Gewerbeausstellung im Jahr 1879. Photographie. München, Deutsches Museum

Aussicht auf Erfolg besaßen Entwicklungsarbeiten an elektrischen Bahnen erst, als um 1880 leistungsfähige Elektromotoren zur Verfügung standen. Bereits 1879 führte Siemens & Halske in Berlin eine erste kleine, als Grubenbahn konzipierte elektrische Versuchslokomotive vor. Lokomotiven dieser Art bildeten die Attraktion auf zahlreichen elektrotechnischen Ausstellungen in den achtziger Jahren. Einige Exemplare wurden als Werkbahnen an die Schwerindustrie verkauft. Größere Bedeutung für die Entwicklung der elektrischen Bahnen zum öffentlichen Verkehrsmittel gewann eine Versuchsbahn, die Siemens & Halske 1881 in einem Außenbezirk Berlins errichtete und die bald darauf den Linienbetrieb aufnahm. Eine rasche Verdrängung der Pferdebahnen schien sich abzuzeichnen. Zweifellos besaßen die elektrischen Bahnen gegenüber den Pferdebahnen erhebliche Vorteile: Sauberkeit, mehr Sicherheit, leichtere Beleuchtung und Heizung, höhere Geschwindigkeit und größere Kapazität.

Verschiedene Gründe kamen zusammen, daß die Entwicklung und Verbreitung von elektrischen Straßenbahnen dann doch wesentlich langsamer vonstatten ging. Das größte technische und, wie sich bald erweisen sollte, auch gesellschaftliche Problem stellte in der ersten Zeit die Stromzuführung dar. Anfangs hatte man den Strom über die Schienen zugeführt, später über verschiedene Oberleitungssysteme; schließlich setzten sich zwei Varianten durch: In den USA wurde eine Kontaktstange mit einer Rolle entwickelt, die von unten an den Leitungsdraht gedrückt wurde. Siemens & Halske baute zuerst den bis heute gebräuchlichen Bügelstromabnehmer. Doch besonders in Deutschland und in einigen europäischen Ländern erhoben die Kommunen Einwände gegen oberirdische Stromzuführungssysteme. Einerseits hatte man Sicherheitsbedenken, andererseits sah man in den Stromleitungen, Masten und Befestigungsdrähten eine Verschandelung des Stadtbildes.

Die Bemühungen, solchen Bedenken durch die Entwicklung alternativer Techniken Rechnung zu tragen, blieben wenig erfolgreich. Bei Bahnen, denen der Strom unterirdisch zugeführt wurde, machten sich besonders bei feuchtem Wetter Isolationsprobleme bemerkbar. Bis weit in die neunziger Jahre hinein setzte man große Hoffnungen auf Bahnen mit Akkumulatorenantrieb. Bleiakkumulatoren wurden in großem Umfang schon in den Elektrizitätswerken benutzt, um die Verbrauchsspitzen und -täler abzufedern. In Fahrzeugen waren die Anforderungen an die Akkumulatoren aber viel größer. Sie mußten möglichst klein und leicht sein und die Erschütterungen wie den schnellen Lastwechsel des Fahrbetriebs aushalten. Trotz beträchtlicher Entwicklungsfortschritte seit den achtziger Jahren blieben Akkumulatorensysteme wesentlich teurer als Fahrdrahtsysteme. Nur wegen der Ressentiments gegen die Oberleitungen konnten sie sich eine Marktnische erobern, am erfolgreichsten in Großbritannien. Später kamen in manchen Städten auch Mischsysteme zum Einsatz, bei denen die Straßenbahnen in den Außenbezirken mit Oberleitungsstrom fuhren, der gleichzeitig die Akkumulatoren lud, auf die dann im innerstädtischen Bereich umgeschaltet wurde. Alle diese Probleme führten dazu, daß in Europa die Entwicklung elektrischer Straßenbahnen nicht mit Nachdruck vorangetrieben wurde. Die aufblühende elektrotechnische Industrie stand vor so vielen Aufgaben, daß sie es nicht nötig hatte, ihre Kräfte auf diesem schwierigen Feld zu verschwenden.

Der Durchbruch bei der Entwicklung elektrischer Straßenbahnen erfolgte in den USA. Wenig später als in Deutschland wurden dort von verschiedenen Pionieren elektrische Straßenbahnen konstruiert und einzelne Linien eingerichtet. Ein regelrechter Bauboom setzte aber erst ein, als 1887/88 Frank J. Sprague (1857–1934) in Richmond, Virginia, erstmals eine größere Linie von 20 Kilometer Länge baute. Sprague verbesserte die Kontaktrolle, die eine Feder von unten gegen den Fahrdraht drückte. Sein Straßenbahnmotor eignete sich besonders gut für schnelle Lastwechsel, lag unmittelbar über der Achse und trieb den Wagen über eine doppelte Zahnradübersetzung an. Die Richmonder Straßenbahn wurde geradezu zum Wallfahrtsort für Interessenten und brachte Sprague zahlreiche Aufträge ein. Seine Firma baute in den folgenden Jahren etwa die Hälfte der neuen Straßenbahnlinien; etwa 90 Prozent wurden nach seinen Patenten errichtet.

	USA	Europa	Deutschland	Großbritannien
1890	2.500	96		
1891				
1892				
1893	7.500	305	102	71
1894		700	366	69
1895	12.100	902	406	94
1896		1.459	643	109
1897		2.290	1.138	134
1898		2.876	1.403	211
1899			2.048	
1900			2.868	
1901			3.099	
1902			3.388	1.401
1903			3.692	2.354
1904				2.867
1905				3.209

Elektrische Straßenbahnen in den USA, Europa, Deutschland und Großbritannien 1890 – 1905: Streckenlänge in Kilometer (nach McKay)

Auch der ersten großen städtischen Straßenbahn in Deutschland, die die AEG 1891 in Halle baute, lagen die Sprague-Patente zugrunde. Dessen Firma war inzwischen von Edison aufgekauft worden, und die AEG arbeitete mit Edison-Lizenzen. Zu diesem Zeitpunkt waren in amerikanischen Städten bereits Hunderte von elektrischen Straßenbahnen in Betrieb. Obwohl Siemens & Halske der wichtigste Innovator bei der Straßenbahnentwicklung gewesen war, erfolgte jetzt der Bau in Deutschland und auch in anderen europäischen Ländern in erster Linie durch Technologietransfer aus den USA. Insgesamt hinkte man dabei fünf bis zehn Jahre hinter der amerikanischen Entwicklung her. Um 1900 gab es in den USA über 20.000 Kilometer elektrischer Straßenbahnstrecken, in Europa nur etwa 7.000, davon fast die Hälfte in Deutschland. Während in den USA nahezu das gesamte Straßenbahnnetz elektrifiziert war, fuhren in Europa noch zahlreiche Pferde- und Dampfbahnen.

166. Straßenbahn auf dem Hamburger Jungfernstieg. Photographie, um 1901. Hamburg, Museum der Elektrizität. – 167. Straßenbahnverkehr in Toronto. Photographie, 1915. Toronto Transit Commission

Die Gründe für diese Kluft lagen weniger im Technischen als im Gesellschaftlichen. Der Widerstand in den Kommunen war in den USA längst nicht so ausgeprägt wie in Europa, wenn auch einzelne Städte wie New York und Washington innerstädtische Bereiche ebenfalls von Fahrdrähten freihielten. Die meisten amerikanischen Städte erhoben keine Einwände gegen die rohen Holzmasten, an denen die Fahrleitungen verspannt waren. In den europäischen Kommunen überwand man deren ästhetische Vorbehalte schließlich durch Modifikationen des Systems. Man reduzierte die Zahl der oberirdisch geführten Leitungen und befestigte die Verspannungen unmittelbar an den Hauswänden oder an künstlerisch ausgestalteten gußeisernen Masten. In zahlreichen Städten bauten die Hersteller kürzere Versuchsstrecken und gewöhnten die Amtsträger und die Bürger langsam an die neue Verkehrstechnik. Die Erteilung von Straßenbahnkonzessionen banden die europäischen Kommunen aber immer an Auflagen hinsichtlich des Betriebs, der Tarife und der Technik. Wie sie es schon bei den Gas- und Elektrizitätsnetzen praktiziert hatten, beschränkten sie die Konzession auf einen Zeitraum von wenigen Jahrzehnten; danach gingen alle Anlagen in den Besitz der Kommune über. Dagegen liefen in den USA die Konzessionen über längere Zeiträume oder waren sogar zeitlich unbefristet. Überhaupt übten die amerikanischen Städte einen wesentlich geringeren Einfluß auf die privaten Straßenbahngesellschaften aus als die europäischen.

Aber die Unterschiede in der Technikakzeptanz der Bürger, im ästhetischen Empfinden und bei der Politik der Kommunen reichen nicht aus, um die Zeitverschiebung zwischen der Straßenbahnentwicklung in den USA und in Europa zu erklären. Um das Jahr 1890, als die Verbreitung der elektrischen Straßenbahnen gerade begonnen hatte, lag die Zahl der auf Straßenbahnen, vor allem Pferdebahnen, durchgeführten Fahrten pro Kopf der Bevölkerung in den amerikanischen Großstädten viermal so hoch wie in den europäischen. Vergleicht man nicht nur die Straßenbahnkilometer, sondern auch die Zahl der Straßenbahnwagen, so wird augenfällig, daß es in den USA auf den Kilometer gerechnet viel mehr Wagen gab. Das Verkehrsaufkommen war also in den amerikanischen Städten erheblich größer als in den europäischen, so daß auch Investitionen in diese neue Technik von vornherein mehr Attraktivität besaßen.

Unabhängig von den Zeitverschiebungen wuchsen innerhalb von zwei Jahrzehnten in den Großstädten aller Industrieländer die elektrischen Straßenbahnen in die Rolle des dominierenden öffentlichen Nahverkehrsmittels, während der Individualverkehr trotz des aufkommenden Automobils noch durch die Pferdekutsche bestimmt wurde. Die Elektrifizierung des öffentlichen Nahverkehrs machte ihn billiger und verminderte bis zum Ersten Weltkrieg auch die Unterschiede im Verkehrsaufkommen zwischen den amerikanischen und den europäischen Städten, ohne sie völlig einebnen zu können. Die Modernisierung der Straßenbahnsysteme bildete einerseits eine Antwort auf den Bevölkerungsanstieg und das Flächenwachstum der

Streckennetz der Überland Straßenbahnen in den Staaten des Mittleren Westens der USA um 1908 (nach Hilton und Due)

Städte, förderte andererseits den Urbanisierungsprozeß. Wohngebiete, Dienstleistungszentren und Arbeitsstätten rückten jetzt noch weiter auseinander; es entstand die nach Funktionen gegliederte Stadt. Darüber hinaus zeigt das hohe Verkehrsaufkommen auch an Sonntagen, daß die Straßenbahn nicht nur für Fahrten von und zur Arbeit, sondern ebenso für Ausflüge rege benutzt wurde.

Die Elektrifizierung der Untergrundbahnen und der Hochbahnen warf sowohl technisch als auch gesellschaftlich weniger Probleme auf. Die seit den sechziger Jahren in einzelnen Großstädten gebauten Untergrundbahnen stellten eher eine verkehrs- und bautechnische als eine maschinentechnische Innovation dar; dem Prinzip nach wurde die Dampfeisenbahn unter die Erde gelegt. Dampf und Rauch

168. Überland-Straßenbahn im Staat Connecticut. Photographie, um 1912. Sammlung George Krambles

dieser Bahnen belästigten nicht nur die Passagiere, sondern auch die in der Nähe der U-Bahn-Schächte Wohnenden. Es gab deshalb nur Zustimmung, als seit den neunziger Jahren dampfbetriebene U-Bahnen und Hochbahnen elektrifiziert wurden. Um die Jahrhundertwende baute man in zahlreichen weiteren Großstädten, wo der überirdische Verkehr aus den Nähten platzte, elektrische U-Bahnen. Erst die Möglichkeit des elektrischen Betriebs machte aus der U-Bahn ein verkehrstechnisches Kennzeichen der Metropolen.

Die elektrische Straßenbahn wurde in einzelnen Regionen der USA und in Kanada auch auf dem flachen Land zu einem wichtigen Verkehrsmittel. Die ersten Linien und Netze entstanden in den achtziger und neunziger Jahren, ein wahrer Bauboom fand dann zwischen 1901 und 1908 statt. Seine größte Ausdehnung erreichte dieses Streckennetz im Jahr 1916 mit fast 25.000 Kilometern. Die räumliche Struktur dieser Überland-Straßenbahnen erinnerte an Spinnennetze, in deren Zentren die großen Städte lagen. Die sogenannten Interurbans konzentrierten sich in den Staaten an der Ostküste und im Mittleren Westen – der Staat mit den meisten Streckenkilometern war Ohio –, während sie in den dünner besiedelten Flächenstaaten weniger zu finden waren. Mit den elektrischen Überland-Straßenbahnen ließen sich theoretisch bei oftmaligem Wagenwechsel größere Entfernungen zurücklegen; dennoch handelte es sich nicht um ein für den Fernverkehr geschaffenes großflächiges Netz, sondern um zahlreiche Einzelverbindungen und kleinere Netze, die von Privatgesellschaften betrieben wurden und allmählich zu einer heterogenen Struktur zusammenwuchsen. Die Überland-Straßenbahnen verbanden Kleinstädte, boten aber vor allem der Landbevölkerung eine Möglichkeit, in die Stadt zu fahren. Auch Geschäftsleute nutzten sie, besonders Vertreter. Somit füllten die Überland-

Straßenbahnen eine Lücke im Verkehrsangebot zwischen den in ihrer Reichweite begrenzten Pferdewagen und dem Eisenbahnnetz, das sich in den dünner besiedelten USA weniger dicht spannte als in Europa. Trotzdem konkurrierten die Eisenbahnen auf manchen Strecken. Dabei versuchten die Straßenbahnen zu bestehen, indem sie eine dichtere Wagenfolge und mehr Haltepunkte anboten. Vor allem aber unterboten sie die Eisenbahntarife. Die Überland-Straßenbahnen waren meist sehr einfach gebaut. Die Schienen wurden häufig auf oder unmittelbar neben der Straße verlegt. Beim Wagenmaterial gab es zwei Typen: In den Neuengland-Staaten unterschieden sich die Überland-Straßenbahnen häufig nicht von den innerstädtischen. In den anderen Staaten setzten die Gesellschaften in der Regel geschlossene, schwerere und schnellere Wagen ein.

Die elektrischen Straßenbahnen, die inner- wie die außerstädtischen, liefen mit Gleichstrom, weil die damals verwendeten Gleichstrom-Hauptschlußmotoren ein besonders gutes Anzugsmoment besaßen. Für die amerikanischen Überland-Straßenbahnen wäre allerdings die Reichweite des Stroms bei den für die Motoren üblichen Spannungen von 600 Volt zu gering gewesen. Man verlegte deshalb entlang der Strecken hochgespannten Drehstrom und formte ihn in Substationen in 600-Volt-Gleichstrom um. Als Alternative entwickelte Westinghouse nach 1904 ein einphasiges Wechselstromsystem, das auf die Überland-Straßenbahnen abgestellt war. Wie bei den städtischen Straßenbahnen wurde der Strom der Fahrleitung meist über eine Kontaktrolle entnommen. Über derartige Charakteristika hinaus gab es zahlreiche Abweichungen hinsichtlich des Strom- und Maschinensystems oder der Spurbreite. Es handelte sich eben nicht um ein monopolistisch geschaffenes und betriebenes Netz, sondern um eine heterogene Struktur von Einzelverbindungen und Teilnetzen. In der Zeit vor 1914 erlebten die Überland-Straßenbahnen ihre weiteste Verbreitung. In der Zwischenkriegszeit wurden ihre Verkehrsfunktionen – Verbindungen zwischen Kleinstädten, zwischen Stadt und Land sowie Zubringerdienste für die Eisenbahn – durch das Automobil übernommen. Ebenso schnell, wie sie sich durchgesetzt hatten, verloren sie an Bedeutung.

In vielen Ländern stellte man bereits vor der Jahrhundertwende Überlegungen an, auch Fernstrecken zu elektrifizieren und damit die Dampfeisenbahn zu ersetzen. Hierfür kam damals nur der Wechselstrom in Frage, der ohne viele Verluste über größere Entfernungen transportiert werden konnte. In Deutschland unternahm man entsprechende Versuche mit Drehstromsystemen, wobei schon Geschwindigkeiten über 200 Stundenkilometer erreicht wurden. Zwar elektrifizierte man in der Folgezeit in manchen Ländern einzelne Strecken, besonders bei Gebirgsbahnen, wobei unterschiedliche Stromsysteme Verwendung fanden, aber eine Elektrifizierung in großem Umfang setzte erst vor und nach dem Zweiten Weltkrieg ein. In diesem Fall zeigte sich ein außerordentliches Beharrungsvermögen der bewährten und teilweise monopolistisch betriebenen Dampftechnik.

Strom für die Industrie

Seit den neunziger Jahren bildeten die Straßenbahnen einen wichtigen Stützpfeiler der Elektrifizierung. Als in dieser Zeit auch gebrauchstüchtige Drehstrommotoren entwickelt wurden, kam allmählich die Industrie als Stromkunde dazu. Dabei stand der Elektromotor in Konkurrenz zu zahlreichen anderen Kraftmaschinen: zu den an günstigen Standorten immer noch vorhandenen Wasserrädern, zu Heißluftmotoren, zu den verschiedenen seit den sechziger Jahren entwickelten Gas- und Benzinmotoren und zur Dampfkraft, die besonders in der Großindustrie noch eindeutig dominierte. Ihnen gegenüber besaß der Elektromotor einige Vorteile. Er lief fast geräuschlos, und beim industriellen Anwender gab es keine Belastungen durch Abgase. Elektromotoren wiesen einen guten Wirkungsgrad auf, waren schnell betriebsbereit und brauchten bei Stillstand keine Energie. Sie verringerten die Unfallgefahr, weil die Transmissionen, mit denen sonst die Energie von der Dampfmaschine zu den Arbeitsmaschinen geleitet wurde, wegfielen oder sich zumindest reduzieren ließen. Nicht mehr in diesem Maße von den mechanischen Transmissionen abhängig, konnte man die Maschinen freier aufstellen und die Produktionsabläufe flexibler organisieren. Dabei trieb der Elektromotor als Gruppenantrieb mehrere Maschinen an, wenn sie öfter gleichzeitig benötigt wurden, oder als Einzelantrieb lediglich eine Maschine, wenn sie länger und unregelmäßig stillstand. Wiesen Transmissionsantriebe hohe Drehzahlschwankungen auf, so liefen mit elektrischem Einzelantrieb versehene Maschinen gleichmäßig und ließen sich gut regulieren.

Von unterschiedlichen gesellschaftspolitischen Standpunkten aus wurden mit der Einführung des Elektromotors große Hoffnungen verbunden. Ingenieure und konservative Gesellschaftstheoretiker sahen zum Beispiel in dem Elektromotor eine Kraftmaschine, die sich optimal für das Handwerk und die Kleinindustrie eigne, während die Dampfmaschinen nur in größeren Betrieben wirtschaftlich einzusetzen seien. Sie erwarteten, daß es mit dem Elektromotor und anderen Kleinkraftmaschinen gelingen werde, den Konzentrationsprozeß in der Industrie und die in Richtung Großbetrieb laufende Entwicklung wieder zurückzudrängen oder zumindest aufzuhalten. Doch es zeigte sich, daß der deterministische Glaube, aus der Einführung einer neuen Technik ergäben sich quasi automatisch gesellschaftliche Strukturänderungen, der Realität nicht entsprach. Gerade die Großindustrie war zu den mit der Elektrifizierung verbundenen Investitionen in der Lage. Besonders die Elektrokonzerne rüsteten ihre Produktionsstätten früh auf elektromotorischen Antrieb um, zumal sie nebenher als Demonstrationsanlagen für potentielle Kunden dienten. Zu den Stromgroßverbrauchern für motorische Zwecke gehörten auch bald der Bergbau mit seinen Schacht-Förderanlagen und Wettermaschinen und die Stahlindustrie mit ihren Walzstraßen. In Deutschland dauerte es bis 1906, ehe mehr Strom für Motoren verwendet wurde als für Beleuchtung.

169. Produktionsstätte mit Riementransmissionen bei Siemens & Halske. Photographie, um 1900. – 170. Stanzerei mit vorwiegend elektrischem Einzelantrieb bei der AEG. Photographie, um 1907. Beide: München, Deutsches Museum

Schließlich benötigte besonders die chemische und metallurgische Industrie riesige Mengen an elektrischer Energie für die Herstellung von Grundstoffen auf elektrothermischem und elektrochemischem Weg. Elektrowärme war allerdings gegenüber der konkurrierenden direkten Verbrennung von Primärenergieträgern relativ teuer, da sich bei ihr der niedrige Kraftwerkswirkungsgrad im Preis niederschlägt. Die Vorteile der Elektrowärme lagen in ihrer Sauberkeit, ihrer genauen Regelbarkeit und den relativ unproblematisch erreichbaren hohen Temperaturen. Außerdem innovierte man Prozesse, die nur mit Hilfe elektrischer Energie ablaufen konnten. Der 1879 von Wilhelm Siemens (1823–1883) konstruierte Elektrostahlofen gewann nach der Jahrhundertwende an Bedeutung, als in ihm Chrom-, Nickel-, Mangan- und Wolframstähle hergestellt wurden, die für besonders beanspruchte Bauteile Verwendung fanden – für große Wellen, Schiffsschrauben, Steinbrecher, Panzerplatten und Geschosse –, aber auch die Werkzeugstähle, mit denen Frederick W. Taylor um die Jahrhundertwende den Maschinenbau revolutionierte. Da der Elektrostahl wenig Gaseinschlüsse aufwies, wurde er auch für den Stahlformguß verwendet. Lagen darin schon die Anfänge für eine größere Verbreitung des Elektrostahls, so erlebte er seinen quantitativen Durchbruch erst im Ersten Weltkrieg und in der Zwischenkriegszeit.

Zu einem der größten Stromkunden wuchs die Aluminiumindustrie heran. Unabhängig voneinander wurden in den achtziger Jahren in Frankreich und in den USA Verfahren entwickelt, bei denen Aluminium elektrolytisch aus Bauxit hergestellt wurde. Die großindustrielle Nutzung dieser Schmelzflußelektrolyse erfolgte mit billigem Strom aus Wasserkraft als wichtigstem Standortfaktor. Zentren der Aluminiumindustrie entstanden in Nordamerika, in Frankreich und in der Schweiz.

171. Anlage zur Aluminium-Schmelzflußelektrolyse in einem französischen Werk. Holzschnitt in »La Nature«, 1891. Düsseldorf, VDI-Verlag

Aluminium verwendete man im Schiffsbau, beim Bau von Zeppelinen, für Fahrradrahmen, Baufassaden, Freileitungen, Blitzableiter und für Haushaltsgeschirr – eine Vielzahl unterschiedlichster Anwendungen. Einen enormen Wachstumsschub erlebte die Aluminiumindustrie in und zwischen den beiden Weltkriegen, als besonders von militärischer Seite, zum Beispiel für den Bau von Flugzeugen, die Nachfrage stieg. Seit den neunziger Jahren stellte man Calciumcarbid (CaC_2) im Lichtbogenofen her. Aus Calciumcarbid gewann man Acetylen, das als Leuchtgas oder zum Schweißen Verwendung fand. Nach der Jahrhundertwende diente Calciumcarbid auch zur großindustriellen Herstellung von Kalkstickstoff, einem künstlichen Düngemittel, das sich zu Explosionsstoffen weiterverarbeiten ließ.

Um die bestehenden Tagestäler zu füllen, propagierten die Elektrizitätsversorgungsunternehmen bereits in der Zeit vor dem Ersten Weltkrieg die Elektrifizierung der Haushalte und die Verwendung elektrischer Hausgeräte. Schon damals boten die Hersteller die wichtigsten Haushaltsgeräte auch als Elektrogeräte an. Doch alle mit hohem Aufwand durchgeführten Propagandaaktionen hatten relativ wenig Erfolg, weil der Strompreis noch zu hoch, aber das allgemeine Einkommensniveau zu niedrig war. Eine Elektrifizierung des Haushalts setzte in nennenswertem Umfang erst in der Zwischenkriegszeit, und zwar in den USA ein und dauert bis in die Gegenwart.

Versorgungssysteme und Elektrizitätskonzerne

Bei den Erzeugungs- und Verteilungssystemen für elektrische Energie lassen sich verschiedene Typen unterscheiden. In der Zeit bis zum Ersten Weltkrieg dominierten die im Besitz des Anwenders befindlichen Anlagen, die sogenannten Eigenanlagen. In diesen Fällen versorgte ein kleines oder in industriellen Großbetrieben auch größeres Kraftwerk ein Gebäude oder ein Gebäudeensemble. Bei den seit 1882 im innerstädtischen Bezirk errichteten öffentlichen Elektrizitätswerken wurde elektrische Energie dagegen über kommunalen Grund und Boden – in der Regel durch Kabel unter der Straßendecke – verteilt. Wegen des ganz unterschiedlichen Tagesverbrauchs an Strom mit seinen Tälern und Bergen, aber auch für notwendig werdende Reparaturen mußten die isolierten Kraftwerke erhebliche Reservekapazitäten vorhalten. Anfangs waren die Dampfmaschinenkraftwerke redundant ausgelegt, später bestanden die Reservekapazitäten aus Akkumulatoren, Diesel- oder Gasmotoren. Das Aufkommen des Wechselstroms und der verschiedenen Mischsysteme ermöglichte es, eine größere Fläche mit Strom zu versorgen. Die alten innerstädtischen Kraftwerke konnten gekuppelt werden, und die einzelnen städtischen Versorgungsnetze wuchsen zusammen. Neue Kraftwerke baute man meist außerhalb der Städte. Indem geschlossene städtische Versorgungsnetze entstanden, war ein Ausgleich zwischen den einzelnen Kraftwerken möglich, wenn einzelne Einheiten bei Reparaturen ausfielen. Doch das grundlegende Problem der ungleichmäßigen Tageslast und der Verschiebungen bei der Verbrauchsstruktur blieb bestehen. In dieser Situation bemühten sich die Elektrizitätsgesellschaften, durch Sondertarife neue Marktsegmente zu erschließen und die Verbrauchstäler auszufüllen. Eine solche Politik, die sich vorwiegend an den Verbrauchsspitzen orientierte, mußte zu einer ständigen Zunahme des Verbrauchs an elektrischer Energie führen und damit zu den Problemen für Umwelt und Gesellschaft, die die heutige energiepolitische Diskussion bestimmen.

Kritische Überlegungen dieser Art waren jedoch vor dem Ersten Weltkrieg kaum vorstellbar. Auch der Elektrifizierungsgrad der Großstädte lag in dieser Zeit noch nicht sehr hoch. So besaßen in Berlin 1914 nur 5,5 Prozent aller Wohnungen einen Anschluß an das Elektrizitätsnetz. Dies hing einerseits damit zusammen, daß das Netz weder weit noch dicht genug geknüpft war, andererseits, daß die Elektrizität für große Teile der Bevölkerung unerschwinglich war. Den höchsten Elektrifizierungsgrad wiesen die amerikanischen Städte auf. Im Jahr 1911 betrug der Stromverbrauch pro Einwohner in Chicago fast das Doppelte von dem in Berlin, das wiederum weit vor London lag. Solche Unterschiede ergaben sich aus dem höheren Durchschnittseinkommen in den USA und der dort herrschenden ungünstigeren Relation zwischen Arbeits- und Energiekosten. Energie wurde, wo möglich, zur Substitution von Arbeit verwendet.

In einem 1883 geschriebenen Brief gab Friedrich Engels (1820–1895) seiner Erwartung Ausdruck, daß mittel- und langfristig der Gegensatz zwischen Stadt und Land durch Fernübertragungen elektrischer Energie aufgehoben würde. Mit dieser Prognose stand er keineswegs allein. Bis zum Ersten Weltkrieg sahen jedoch die Elektrizitätsversorgungsunternehmen kaum eine ökonomische Möglichkeit, ihre Netze auf das flache Land auszudehnen. Nur um den Stallmägden im Winter den Melkeimer zu beleuchten, wie ein zeitgenössischer Beobachter anmerkte, lohnte es sich nicht, riesige Summen zu investieren. Wenn Bauern elektrisches Licht haben wollten, was selten vorkam, dann mußten sie eine eigene kleine Kraftstation errichten, mit einem Benzinmotor und einem Generator. Zwar bemühten sich zahlreiche Innovatoren, landwirtschaftliche Maschinen zu elektrifizieren, doch darin spiegelten sich nur die allgemeine gesellschaftliche Hochschätzung der Elektrizität und unrealistische Kostenschätzungen wider. Die Elektrizitätsnetze blieben vornehmlich auf die städtischen und industriellen Ballungszentren beschränkt oder bezogen im günstigsten Fall die Wohnquartiere weiträumig mit ein.

In Chicago und seiner Umgebung baute die Chicago Edison Company in den neunziger Jahren ein Versorgungsmonopol auf und integrierte die alten innerstädtischen Gleichstromkraftwerke in ein neues Mischsystem. Damit waren enorme Regelungsprobleme aufgeworfen. 1903 richtete man eine Zentrale ein, die einerseits auf der Basis statistischer Daten die Leistungsbereitstellung vorbereitete, andererseits mit Hilfe von Meßinstrumenten die Leistungsabnahme kontrollierte. Das Versorgungssystem der Chicagoer Region gehörte schließlich zu den modernsten der Welt. Die dort erzielten Produktivitätsfortschritte bei der Erzeugung elektrischer Energie und eine hervorragende Kraftwerksauslastung erlaubten es noch vor dem Ersten Weltkrieg, mit der Einbeziehung des Lake County, einer großflächigen Region mit kleinen Wohn- und Gewerbesiedlungen, in das Gesamtnetz zu beginnen.

Ein weiterer Typ der Elektrizitätsversorgung, nämlich der eines städtischen und industriellen Ballungsgebiets, soll am Beispiel des Rheinisch-Westfälischen Elektrizitätswerks (RWE) skizziert werden. Das RWE wurde 1898 als privates Unternehmen für die Lichtstromversorgung der Stadt Essen gegründet. Nicht zuletzt weil Essen Eingemeindungen plante, entschied man sich für ein Drehstromsystem mit seiner größeren Reichweite. Das schien schon deshalb vorteilhaft zu sein, weil man über den Lichtstrom hinaus größere Absatzchancen für den Kraftstrom sah. Das technische System war also von vornherein auf Expansion angelegt, was dem Interesse sowohl der Stadt als auch des Besitzers entsprach. Das erste Kraftwerk des RWE wurde auf einem Zechengelände errichtet. Dies bedeutete billigen Brennstoff durch Wegfall der Transportkosten; zudem ergab sich eine nahezu gleichmäßige Auslastung, da die Zeche in den verbrauchsschwachen Zeiten den Strom für die Wasserhaltung nutzte. 1902 erwarben Schwerindustrielle, an der Spitze Hugo Stinnes (1870–1924) und August Thyssen (1842–1926), die Mehrheit im RWE. Die ohnehin vorhandene Expansionspolitik wurde durch die neuen Besitzverhältnisse wesentlich verstärkt. Man träumte von einem Energieverbund, der das gesamte Ruhrgebiet umfassen und bis ins Aachener Revier reichen sollte. Aufgrund der Symbiose zwischen der öffentlichen Versorgung mit Strom für Licht und Straßenbahnen und der Elektrifizierung der Zechen und Hüttenwerke ließen sich hohe Kraftwerksauslastung und damit günstige Tarife erreichen.

Die Expansionspolitik des RWE stieß allerdings auf Widerstände. Einige preußische Landräte vertraten die antimonopolistische Politik des preußischen Staates, und einige Kommunen wollten ihren politischen Einfluß auf die Elektrizitätsversorgung nicht verlieren. Die Front der zweiten Gruppe konnte das RWE durchbrechen, indem es sich seit 1905 in ein gemischtwirtschaftliches Unternehmen umwandelte, in dem die in das Netz einbezogenen Kommunen Sitz und Stimme erhielten, die industrielle Führung aber erhalten blieb. Damit war eine Struktur gefunden, die bald andere Gesellschaften nachahmten und die in ihren Grundzügen bis zur Gegenwart die Elektrizitätswirtschaft in Deutschland bestimmt. In der Folgezeit kaufte das RWE kommunale Lichtstromkraftwerke und Straßenbahnkraftwerke auf und bezog sie in sein System mit ein. Da der Expansion in Westfalen andere Gesellschaften Grenzen setzten, gewann das RWE vor allem im Rheinland an Boden. Es entstanden zahlrei-

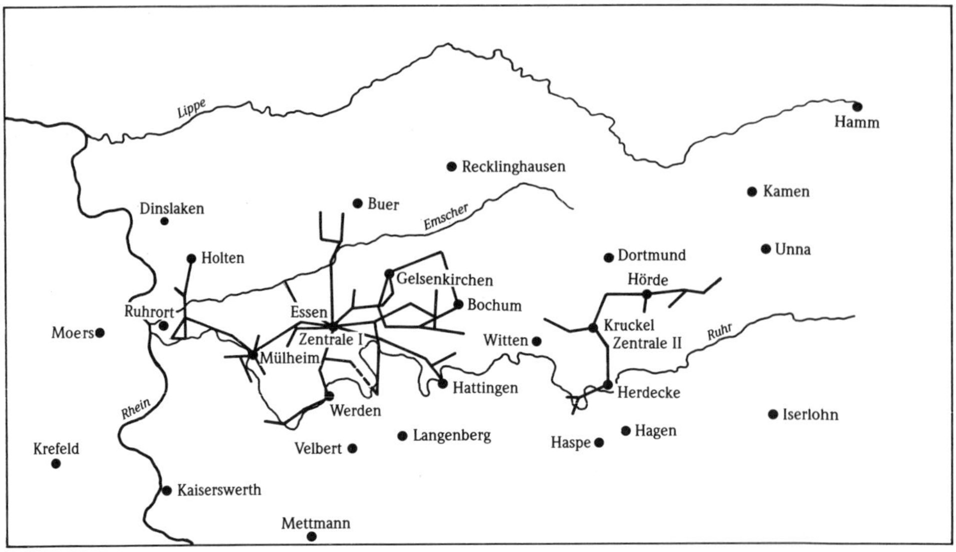

Kabelnetz des Rheinisch-Westfälischen Elektrizitätswerks 1907 (nach Dehne)

che lokale Versorgungsgebiete, die noch nicht miteinander verbunden waren. Neue Dimensionen peilte das RWE an, als es 1914 in der Nähe von Köln ein riesiges Braunkohlenkraftwerk eröffnete. Die Weichen waren so bereits vor dem Ersten Weltkrieg in Richtung auf ein großes Verbundnetz gestellt. Im Krieg konnte das RWE den Umfang seiner Stromerzeugung außerordentlich steigern; die Verkupplung des gesamten RWE-Imperiums wurde aber erst 1924 vollendet.

In seinem Versorgungsgebiet besaß das RWE vor 1914 keineswegs ein Monopol. Es gab Überschneidungen mit anderen gemischtwirtschaftlichen Unternehmen, die größere Regionen versorgten. Manche Kommunen erhielten die Selbständigkeit ihrer Energieversorgung. Schließlich verfügten einige der schwerindustriellen Unternehmen über Elektrizitätssysteme, die sich durchaus mit denen mancher gemischtwirtschaftlicher Unternehmen messen konnten. Dabei wurden in den Kraftwerken der Hüttenwerke die Gichtgase der Hochöfen in Großgasmaschinen genutzt. Die Zechen betrieben ihre Maschinen und Turbinen mit Dampf aus Abfallkohle. Mit den dadurch entstehenden niedrigen Energiekosten konnte ein öffentlicher Anbieter schwerlich konkurrieren. Auf diese Weise entwickelte sich in der Vorkriegszeit in der Rhein-Ruhr-Region aus unterschiedlichen Interessen ein heterogenes System der Elektrizitätsversorgung, das mit dem RWE allerdings ein herausragendes Element besaß.

Ein dritter Typ der Elektrizitätsversorgung entstand da, wo billige Wasserkraft und energiearme Ballungszentren relativ weit auseinander lagen. Die Frankfurter Elektrizitätsausstellung im Jahr 1891 zeigte die Möglichkeit auf, hochgespannte elektrische Energie über größere Entfernungen wirtschaftlich zu übertragen. Die meisten Fernübertragungssysteme wurden in den USA mit ihren wasserkraftreichen Gebirgen und in trockenen Tiefebenen liegenden Ballungszentren errichtet. So hatten solche Gebiete an der rohstoffarmen kalifornischen Küste ihren Energiehunger bislang durch Holz aus dem Gebirge und Kohle aus Australien gestillt. Seit Mitte der neunziger Jahre begannen dort verschiedene Unternehmen, in der Sierra Nevada Wasserkraftwerke zu bauen und den Strom in die großen Küstenstädte zu leiten. Später bezog man in die entstehenden Netze auch ölbefeuerte Dampfkraftwerke ein. Ein Zentrum eines überwiegend durch Fernleitungen gespeisten Netzes befand sich um die San Francisco Bay, ein anderes im Süden, um Los Angeles, mit einer fast 400 Kilometer langen Stromtrasse. Diese Beispiele zeigen, daß es vor dem Ersten Weltkrieg Ansätze zur Bildung ausgedehnter Verbundnetze gab. Flächendekkende, große Regionen und schließlich ganze Nationen umfassende Verbundnetze mit ihren zahlreichen technischen und politischen Regulierungsproblemen entstanden aber erst in den Jahrzehnten nach 1914.

Die volkswirtschaftliche Bedeutung der elektrotechnischen Industrie war in der Zeit vor dem Ersten Weltkrieg im Vergleich zu den klassischen Industrien wie Bergbau, Hüttenwesen und Maschinenbau quantitativ noch relativ gering. Immerhin gehörte die Elektrotechnik zu den Zukunftsindustrien, die ein enormes Veränderungspotential in sich bargen. Das zeigte sich einerseits in den hohen Zuwachsraten der Elektroindustrie selbst und andererseits in den Modernisierungsmöglichkeiten, die die Elektrotechnik anderen Zweigen eröffnete. Ihr eigentlicher Aufstieg setzte in den achtziger Jahren ein. Innerhalb kurzer Zeit verschob sich die Struktur der elektrotechnischen Produktion völlig. Während in Deutschland im Jahr 1875 noch etwa 90 Prozent aller Erzeugnisse Schwachstrom- und nur 10 Prozent Starkstromprodukte waren, hatte sich dieses Verhältnis um 1895 genau umgekehrt. Bis 1914 nahm die Konzentration in der elektrotechnischen Industrie ständig zu. Die Elektrotechnik ist geradezu als Musterbeispiel für den sogenannten organisierten Kapitalismus angeführt worden, das heißt für die Beherrschung eines Marktes durch wenige große Firmen, die so in der Lage waren, die Preise zu diktieren.

In den USA errangen zunächst die Firmen von Thomas Alva Edison eine Spitzenposition am Markt, besonders bei Beleuchtungssystemen. Trotzdem entstanden bereits in den achtziger Jahren zahlreiche konkurrierende Firmen, die teilweise wiederum mit innovativen Produkten bestimmte Marktsegmente beherrschten. Einige, wie 1890 Sprague, führend beim Bau elektrischer Straßenbahnen, und 1891 Brush, führend beim Bau von Bogenlampen und Akkumulatoren, wurden von Edison geschluckt. Im Jahr 1892, als Edison schon keinen entscheidenden Einfluß mehr auf die von ihm gegründeten Firmen besaß, fusionierten die Edison-Firmen und die Thomson-Houston-Company, ebenfalls ein Riese auf dem Elektromarkt. General Electric, die neue Firma, stellt auch heute noch das weltweit größte

Elektrounternehmen dar. In den USA besaß General Electric in den neunziger Jahren einen Marktanteil von etwa 50 Prozent, im besonders profitablen Glühlampengeschäft vor dem Ersten Weltkrieg sogar über 80 Prozent. Bei dieser Elefantenhochzeit spielten verschiedene Faktoren zusammen. Sie entsprach einer allgemeinen Tendenz zur Vertrustung, die auch von vielen zeitgenössischen Gesellschaftstheoretikern begrüßt wurde. Die Firmen hatten Finanzierungsprobleme, da viel Kapital im Kraftwerksbau gebunden war. Und schließlich trug man ständig publizistische und juristische Auseinandersetzungen um Patente aus, was die technische und wirtschaftliche Entwicklung behinderte. Der rapide Fortschritt in der Elektrotechnik hatte zu einer Flut von miteinander zusammenhängenden, sich widersprechenden und sich überschneidenden Patenten geführt, die selbst Fachleute kaum noch zu überschauen vermochten. Die Situation forderte geradezu zu Patentumgehungen und Patentklagen heraus. So fand in der Zeit der Fusionsverhandlungen zwischen Edison und Thomson-Houston eine gerichtliche Auseinandersetzung über das zentrale Glühlampenpatent von Edison statt, das aufgehoben wurde, ohne daß dies sich so spät wirtschaftlich noch spürbar ausgewirkt hätte.

Seit den achtziger Jahren begann auch die Firma von George Westinghouse, sich verstärkt auf dem Gebiet der Elektrotechnik zu engagieren. Westinghouse (1846–1914), ein Erfinder ähnlich Edison, errang erste Erfolge mit den von ihm seit 1869 entwickelten Luftdruckbremsen für Eisenbahnen. Knapp zwanzig Jahre später setzte er voll auf die Wechselstromtechnik. Durch die Ausnutzung dieser von Edison vernachlässigten technischen Entwicklungslinie und durch den Kauf rivalisierender Firmen erreichte Westinghouse schließlich einen Anteil von etwa 25 Prozent auf dem amerikanischen Markt. Zusammen also besaßen die beiden Riesen, General Electric und Westinghouse, einen Marktanteil von etwa 75 Prozent. Seit den neunziger Jahren trafen die beiden Firmen auch Absprachen über die Preisgestaltung bei einigen Produkten und die gegenseitige Nutzung von Patentrechten.

In Deutschland entwickelte sich die Situation innerhalb der elektrotechnischen Industrie ähnlich wie in den USA. Während der Schwachstromzeit vor 1880 überragte Siemens & Halske die gesamte Konkurrenz. In der durch den Starkstrom geprägten Zeit nach 1880 entstand mit der AEG ein weiterer Riese, der Mitte der neunziger Jahre Siemens & Halske zeitweise sogar überflügelte. Bei ihrem außergewöhnlichen Aufstieg stützte sich die AEG zunächst auf das technische Know-how der Edison-Firmen. Doch erst strategische Fehlentscheidungen von Siemens & Halske schufen Freiräume, die die AEG nutzte. So unterschätzte Werner Siemens anfänglich die Zukunft der Lichtzentralen und überließ dieses Geschäft weitgehend der AEG. Siemens verstand sich in erster Linie als dem technischen Fortschritt verpflichteter Fabrikant elektrotechnischer Produkte. Die Erschließung neuer Märkte, die sich mit der Elektrifizierung auftaten, vernachlässigte er. In den neunziger Jahren glichen sich dann die beiden Großfirmen einander wieder an. Die AEG

172. Die Siemens-Schuckert-Werke in der Berliner Franklinstraße. Lithographie, um 1905. Berlin, Archiv für Kunst und Geschichte

holte technisch auf, und Siemens & Halske beteiligte sich stärker an der Markterschließung.

Neben Siemens & Halske und der AEG gab es eine Reihe mittlerer Unternehmen, die einen Großteil ihres Geschäfts mit dem Bau von Kraftwerken machten. Eine durch die starke Konkurrenz im Kraftwerkbau in den Jahren 1901/02 ausgebrochene Krise mündete in eine weitere Konzentration der deutschen elektrotechnischen Industrie, so daß Siemens und die AEG schließlich etwa 75 Prozent der gesamten elektrotechnischen Produktion in Deutschland vertraten. Hierzulande bestand im Glühlampenbereich, anders als in den USA, kein Patentmonopol. Die über die Preise ausgetragene harte Konkurrenz auf diesem Markt drückte auf die Qualität und führte bereits in den neunziger Jahren zu Preisabsprachen. Nach der Jahrhundertwende wurden derartige Preisabsprachen auf weitere europäische Firmen und Länder ausgedehnt. Konzentration, Vertrustung und Kartellierung kennzeichneten somit sowohl die Entwicklung der elektrotechnischen Industrie in den USA als auch in Deutschland. Allerdings waren die Kartelle sehr im Fluß und schlossen Konkurrenz nicht völlig aus.

Produkte und Verfahren der chemischen Grossindustrie

Im Unterschied zur Elektrotechnik entstand eine chemische Industrie von beträchtlicher wirtschaftlicher Bedeutung bereits in der Zeit der Industriellen Revolution. Doch sie erfuhr seit den sechziger Jahren des 19. Jahrhunderts eine folgenreiche Umgestaltung. Für die alten Produkte wie Soda, Chlor und Schwefelsäure entwickelten die Chemiefirmen neue Herstellungsverfahren, die diese Grundstoffe ganz erheblich verbilligten. Hinzu kamen neue synthetische Produkte, vor allem Farbstoffe, sowie die ersten Kunststoffe und Kunstfasern, die wegen ihres niedrigen Preises Naturstoffe zu verdrängen begannen.

Da die meisten aus der chemischen Industrie kommenden Substanzen in anderen Industriebereichen weiterverarbeitet wurden, erkannte die Öffentlichkeit deren Bedeutung für Wirtschaft und Gesellschaft nur selten. Die äußerst preiswert gewordenen chemischen Produkte verbilligten zahlreiche Güter des täglichen Gebrauchs wie Seife, Glas, Papier und gefärbte Stoffe spürbar und leisteten damit einen Beitrag zur Hebung des Lebensstandards. Manche Produkte wurden jetzt erstmals überhaupt breiteren Bevölkerungsschichten zugänglich. Die Nebenfolgen dieser Entwicklung, nämlich die Belastung der Umwelt, erkannte man damals noch kaum. Das aus Wirtschaftlichkeitsüberlegungen resultierende Bestreben, nach Möglichkeit alle Abfallprodukte weiterzuverwerten, verminderte sogar die Schadstoffe bei den einzelnen Verfahren im Vergleich zur Zeit der Industriellen Revolution, als beispielsweise bei der Produktion von Soda große Mengen Salzsäuregas freigesetzt wurden. Doch mußte, langfristig gesehen, die gewaltige Erhöhung der Produktionsmengen zu vermehrten Umweltbelastungen führen.

Mit den neuen Erzeugnissen und Verfahren verlagerten sich auch die Schwerpunkte der chemischen Produktion. War die chemische Industrie in Großbritannien entstanden, wo sie in einigen wenigen Sparten ihren Führungsanspruch bis ins 20. Jahrhundert hinein zu halten vermochte, so wurde Deutschland bis 1914 das Weltzentrum der Chemie, was nicht ausschloß, daß in manchen Produktionszweigen andere Länder vorn lagen, wie die USA bei der Elektrochemie. In Deutschland bildeten sich in dieser Zeit die großen Chemiekonzerne mit ihrer charakteristischen Firmenstruktur heraus, die noch heute den deutschen Markt und Teile des internationalen Marktes bestimmen. So gehörte die Chemie zu den Bereichen der Technik, die den Verlust der industriellen Führungsrolle Großbritanniens beschleunigten sowie ein neues polyzentrales Gefüge der Weltwirtschaft entstehen ließen.

Chemische Grundstoffe wie Schwefelsäure, Soda und Chlor benutzte man seit der Industriellen Revolution in großen Mengen als Bleichmittel in der Textil- und Papierfabrikation. Soda brauchte man darüber hinaus bei der Herstellung von Glas und Seifen. Soda (Natriumcarbonat, Na_2CO_3) wurde aus Glaubersalz, Schwefelsäure, Kalk und Kohle nach einem Verfahren gewonnen, das 1789 der französische Arzt und Chemiker Nicolas Leblanc (1742–1806) gefunden hatte. Es handelte sich um ein diskontinuierliches Verfahren, bei dem also bestimmte Stoffmengen nacheinander verschiedenen Verarbeitungsprozessen zugeführt wurden. Beim sehr

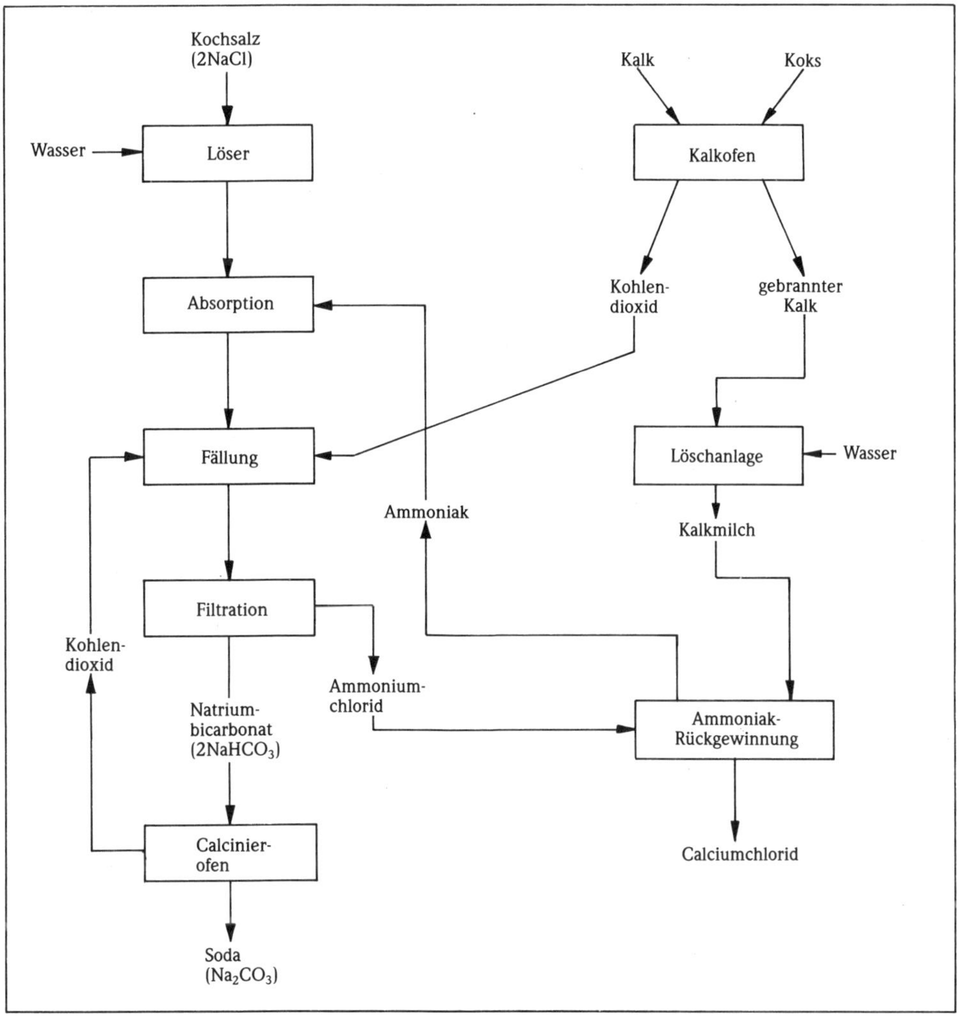

Schema des Solvay-Prozesses der Sodaherstellung (nach Osteroth)

energieintensiven Leblanc-Prozeß fielen schädliche Abfallprodukte wie Chlorwasserstoff und Calciumsulfid an, für die man erst in späterer Zeit Möglichkeiten der Weiterverarbeitung fand.

Dem Leblanc-Verfahren erwuchs in den siebziger Jahren eine ernsthafte Konkurrenz durch das 1861 von dem Belgier Ernest Solvay (1838–1922) entwickelte Ammoniak-Verfahren. Der Solvay-Prozeß ging von Kochsalz, Kohlendioxid, das aus Kalk und Kohle gewonnen wurde, und Ammoniak aus. Im Gegensatz zum Leblanc-Verfahren arbeitete man kontinuierlich mit Lösungen und bei niedrigeren Temperaturen. Man brauchte zwar mehr Salz als bei den Leblanc-Firmen, aber wesentlich weniger Energie. Solvay-Fabriken baute man deshalb in der Regel in der Nähe von Salzlagerstätten. Wesentlich wirtschaftlicher wurde das Verfahren, als es gelang, das recht teure Ammoniak wie das Kohlendioxid im Kreislauf zu fahren, das heißt die beim Prozeß selbst entstehenden Stoffe wieder in ihn einzubringen. Als Abfallprodukt entstand nur Calciumchlorid, das damals ins Abwasser geleitet wurde. Der Solvay-Prozeß enthielt also bereits einige Prinzipien, die die chemische Industrie in der Folgezeit auch bei anderen Verfahren zu verwirklichen strebte: die kontinuierliche Produktion, die Reduzierung des Energieaufwands und die Verminderung der anfallenden Mengen an Abfallstoffen. Die von Solvay gegründete Fabrik entging in den ersten Jahren nur knapp dem Konkurs. Erst in den siebziger Jahren ließ sich das Verfahren so weit verbessern, daß man den Leblanc-Fabriken Paroli bieten konnte. Solvay begann, seine Neuerung auch in Großbritannien, Frankreich und Deutschland zu etablieren. Aus einer Kooperation mit einem nach England ausgewanderten deutschen Chemiker, Ludwig Mond (1839–1909), entstand bei Northwich, Cheshire, die damals größte Sodafabrik der Welt, Brunner, Mond & Co. Aus ihr und anderen Fabriken ging 1926 der britische Chemiegigant ICI hervor.

Der Aufstieg der Solvay-Firmen ging zu Lasten der Leblanc-Industrie. Diese wehrte sich gegen den immer mächtiger werdenden Konkurrenten mit zwei Strategien. Die Leblanc-Fabriken zogen ihre Gewinne nicht mehr in erster Linie aus der Soda, sondern aus Nebenprodukten, die man in der Textil- und Papierindustrie benötigte, wie Ätznatron (Natriumhydroxid, NaOH) und Bleichpulver, das man aus dem beim Prozeß anfallenden Chlorwasserstoff gewann. Es war das Pech der Leblanc-Firmen, daß in den neunziger Jahren mit der Chlor-Alkali-Elektrolyse ein Verfahren auftauchte, mit dem sich diese Produkte billiger herstellen ließen. Die zweite Strategie bestand in einer Fusion der vor allem in Lancashire und Cheshire gelegenen Leblanc-Firmen. 1890 schlossen sie sich zur United Alkali Company zusammen, einer Firma, die es vom Umsatz her mit den größten deutschen Chemiefirmen aufnehmen konnte, aber im Gegensatz zu diesen eine überholte Technologie verteidigte und ständig mit der Existenz zu kämpfen hatte. Die United Alkali Company unternahm etliche Rationalisierungsanstrengungen, schloß unrentable Betriebe und konzentrierte die Produktion in einigen großen Werken. All dies konnte jedoch ihren Niedergang nicht aufhalten. 1895 wurde in Großbritannien erstmals die gleiche Menge Soda nach dem Verfahren Solvays hergestellt wie nach dem Leblancs. Beim Ausbruch des Ersten Weltkrieges hatte die Solvay-Soda die Leblanc-Soda weitgehend vom Markt verdrängt. Die Leblanc-Firmen hatten zwar ihr Produktionsspektrum gezwungenermaßen diversifiziert, es aber versäumt, einen radikalen Schnitt zu machen und eigene Anlagen für das Solvay-Verfahren und die Chlor-Alkali-Elektrolyse aufzubauen. Für den Konsumenten war der Konkurrenzkampf zwischen den beiden Verfahren und die allmähliche Dominanz des wirtschaftlicheren nur von Vorteil. Zwischen 1860 und 1900 sank der Preis für Soda auf etwa 15 Prozent des ursprünglichen Wertes.

Der Niedergang des Leblanc-Verfahrens belastete nicht nur die unmittelbar davon betroffenen Sodahersteller, sondern auch die gesamte britische Volkswirtschaft. Noch 1880 betrug der englische Anteil an der Weltsodaproduktion mehr als 60 Prozent; danach ging er ständig zurück. Trotzdem blieben Alkaliprodukte bis zum Ersten Weltkrieg das wichtigste Exportgut der britischen Chemieindustrie. Ihr gelang es, neue Märkte in Asien und Lateinamerika aufzutun und auf diese Weise Verluste wettzumachen, die durch jene Industriestaaten entstanden, die eine eigene Solvay-Industrie aufbauten. Als grundsätzliches Problem blieb jedoch bestehen, daß die britische Chemieindustrie ihre Stärke in einem Produktionszweig hatte, der aufgrund veralteter Methoden im Rückgang begriffen war, während sie bei zukunftsverheißenden Verfahren und Erzeugnissen den Anschluß verpaßt hatte.

Ausbau der Elektrochemie

Die Chlor-Alkali-Elektrolyse, die seit den neunziger Jahren den Niedergang der Leblanc-Industrie beschleunigte, war nur eines von zahlreichen damals entwickelten elektrochemischen Verfahren. Die ersten elektrochemischen Produktionsstätten mit wirtschaftlicher Bedeutung waren bereits in den vierziger Jahren mit den großen französischen und englischen Galvanisieranstalten entstanden, die zum Beispiel Metallgeräte wie Geschirr und Pokale versilberten oder vergoldeten. Daß die Elektrochemie in den neunziger Jahren einen beachtlichen Aufschwung nahm, hing entscheidend mit den Fortschritten in der Elektrotechnik zusammen. Große Wasserkraft- und Braunkohlekraftwerke mit leistungsfähigen Generatoren stellten jetzt den Strom zu so günstigen Preisen zur Verfügung, daß sie der Elektrochemie über die Wirtschaftlichkeitsschwelle halfen. Grundsätzlich muß man die Unterscheidung treffen zwischen elektrolytischen Verfahren, bei denen der elektrische Strom zur Zerlegung chemischer Verbindungen benutzt wird, und elektrothermischen Verfahren, bei denen die Elektrizität die Prozeßwärme liefert. Für elektrolytische Verfahren kommt nur Gleichstrom in Frage, für elektrothermische nahm man meistens Wechselstrom. Elektrowärme ist zwar im Vergleich zu anderen Energieträgern teuer, aber eine »saubere« Energie, da sich keine Probleme aus einer möglichen Reaktion des Energieträgers mit den Ausgangsstoffen ergeben.

Im Gegensatz zum Solvay-Verfahren fiel beim Leblanc-Prozeß Chlorwasserstoff an, den man in Chlor und dieses weiter zu Bleichpulver umwandelte. Als das Verfahren von Solvay das von Leblanc immer mehr verdrängte, mußte Chlor knapper und teurer werden. Die sich öffnende Marktlücke peilten Mitarbeiter der bei Frankfurt gelegenen Chemischen Fabrik Griesheim mit ihren Entwicklungsarbeiten zur Chlor-Alkali-Elektrolyse an. Die Chemische Fabrik Griesheim stellte vor allem Grundstoffe her, zum Beispiel Soda nach dem Leblanc-Verfahren und Schwefelsäure. Damit war sie selbst von der Krise der Leblanc-Industrie betroffen und verlor überdies jene Schwefelsäurekunden, die eigene Produktionsstätten errichteten. Ein weiterer Antrieb für die Entwicklung der Chlor-Alkali-Elektrolyse bestand darin, daß sich in Deutschland die reichsten Kalivorkommen der Welt befanden. 1889/90 konnte man in Griesheim die erste Produktionsanlage in Betrieb nehmen. In den Elektrolysebehältern zersetzte man Kaliumchloridlösung oder Kochsalzlösung in Chlor und Kalilauge oder Natronlauge sowie Wasserstoff. Damit sich das Chlor nicht wieder mit der Lauge zum Ausgangsstoff verband, besaßen die Behälter ein Diaphragma, eine Trennwand, die den Ionentransport ermöglichte, die entstehenden Stoffe aber voneinander trennte; hier lag das entscheidende Element des Verfah-

173. Weiträumige Anlage zur Chlor-Alkali-Elektrolyse bei der BASF. Photographie, 1913. Ludwigshafen, Unternehmensarchiv BASF

rens. Auf dieser Grundlage errichteten mehrere chemische und elektrotechnische Firmen in den neunziger Jahren große Produktionsstätten auf den Braunkohlefeldern bei Bitterfeld; das waren die Anfänge der mitteldeutschen Chemieindustrie. In anderen Firmen wurden weitere Methoden entwickelt. Besondere Bedeutung gewann dabei ein in England und den USA entstandenes Verfahren, bei dem an der Quecksilberkathode Natriumamalgam gebunden und in einer zweiten Zelle zersetzt wurde. Eine an den Niagara-Fällen errichtete große Fabrik begann 1896/97 mit der Produktion.

Justus von Liebig (1803–1873) hat einmal geäußert, daß sich der Kulturzustand eines Volkes am Verbrauch von Seife messe. Wenn man dieser Äußerung ein Körnchen Wahrheit zugesteht, dann leistete die Chlor-Alkali-Elektrolyse durch die Verbilligung der Alkalien einen wichtigen Kulturbeitrag. Seifen gewinnt man nämlich, indem man Fette mit Alkalien umsetzt. Natronlauge findet bei der Herstellung fester Kernseifen, Kalilauge bei der Herstellung von Schmierseife Verwendung. Neben der Seifenindustrie brauchte man Natronlauge auch in der Textil-, Papier- und Teerfarbenfabrikation. So hatte man bereits in den vierziger Jahren entdeckt, daß Baumwolle durch das Einwirken von Natronlauge aufquillt und einen seidigen Glanz erhält: das nach dem Erfinder benannte Mercerisieren der Baumwolle. Das Verfahren wurde industriell aber erst in den neunziger Jahren angewendet, als Natronlauge billiger war und man lernte, das Verkürzen des Garns oder des Gewebes durch Strecken zu kompensieren. Kalilauge verarbeitete man weiter zu Kaliumcarbonat, einem Grundstoff für die Glasherstellung, oder zu Kaliumchlorat, dem Ausgangsstoff für die Zündköpfe von Streichhölzern. Das elektrolytisch gewonnene Chlor führte in den Jahren nach 1895 zu einem Preiszerfall bei Bleichpulver. Den anfallenden Wasserstoff benutzte man nach der Jahrhundertwende zum autogenen Schweißen.

Von den industriell bedeutenden elektrochemischen Prozessen benötigt die Herstellung von Aluminium mit Hilfe der Schmelzflußelektrolyse aus Bauxit und Kryolith mit großem Abstand die meiste elektrische Energie. Nachdem unabhängig voneinander 1886 Charles M. Hall (1863–1914) in den USA und Paul L. T. Héroult (1863–1914) in Frankreich dieses auch heute noch verwendete Verfahren entdeckt hatten, errichtete man die großen Aluminiumhütten meist in der Nähe von Wasserkraftanlagen. Eine solche Hütte markierte 1895 den Entstehungsbeginn des großflächigen elektrochemischen Komplexes an den Niagara-Fällen. Noch vor dem Krieg wurden die USA der größte Aluminiumhersteller der Welt.

Im Jahr 1879 konstruierte Wilhelm Siemens, derjenige der fünf Siemens-Brüder, der das englische Unternehmen aufbaute, einen Elektrostahlofen. Durch einen Lichtbogen zwischen zwei Kohleelektroden – ähnlich wie bei den Bogenlampen – ließen sich Temperaturen bis zu 3.000 Grad erzeugen. Zunächst wurden die Lichtbogenöfen in verschiedenen Ausführungen vor allem für Laborexperimente benutzt. Bei dem Versuch, künstliche Diamanten herzustellen, gewann 1892 der systematisch mit dem Lichtbogenofen experimentierende französische Chemiker Henri Moissan (1852–1907) Calciumcarbid (CaC_2) durch Zusammenschmelzen von Kalk und Kohle. Ebenfalls durch Zufall und unabhängig von Moissan stellte der in den USA arbeitende kanadische Elektrochemiker Thomas L. Willson (1860–1915) fest, daß Acetylen (C_2H_2), ein mit heller Flamme brennendes Gas, entstand, wenn man den kurz »Carbid« genannten Stoff mit Wasser zusammenbrachte. Zwar waren diese Stoffe bereits Jahrzehnte früher bei Laborversuchen entdeckt worden – und wieder in Vergessenheit geraten –, aber erst jetzt verfügte man über Mittel, sie in industriellem Maßstab herzustellen. Im Jahrzehnt nach 1895 häuften sich die Fabrikgründungen überall da, wo billige Wasserkraft zur Verfügung stand. 1902 betrug die Weltproduktion an Carbid 100.000 Tonnen. Eine Überproduktionskrise zeichnete sich ab, die einige Firmen an den Rand des Zusammenbruchs brachte und der man durch ein Carbid-Kartell entgegenzuwirken suchte. Einige Fabriken gaben die Carbidproduktion auf und stellten in ihren Lichtbogenöfen statt dessen Stahllegierungen her, die zunehmend gefragt wurden.

Man hatte den Markt für Acetylenbeleuchtung offensichtlich überschätzt. Acetylen wurde nicht nur in kleinen Anlagen, sondern auch in zahlreichen Ortszentralen erzeugt und über Rohrnetze an die Verbraucher geliefert. Doch der gasförmige Kohlenwasserstoff kann unter Druck explodieren. Außerdem erwiesen sich die Acetylenbeleuchtungsanlagen gegenüber Steinkohlegas, Elektrizität und Petroleum als nicht konkurrenzfähig. Auch bei mit Acetylenlampen ausgerüsteten Fahrzeugen, bei Fahrrädern, Automobilen und Eisenbahnwagen, traten Probleme auf, da die Lampen mit der Zeit verschmutzten. Dauerhaftere Erfolge erzielte man mit der Benutzung von Acetylen beim autogenen Schweißen, das 1906 aufgenommen wurde.

Nachdem sich die auf die Beleuchtungsanlagen gesetzten Hoffnungen nicht erfüllt hatten, suchte man nach weiteren Anwendungsfeldern für Carbid. Da traf es sich gut, daß die deutschen Chemiker Adolf Frank (1834–1916) und Nicodem Caro (1871–1935) um 1900 ein Verfahren entwickelten, um bei hohen Temperaturen aus Carbid und flüssigem Stickstoff Calciumcyanamid ($CaCN_2$) und daraus einen Stickstoffdünger herzustellen. Auf dieser Grundlage wurden in den Jahren nach 1905 in verschiedenen Ländern Produktionsstätten geschaffen. Bis zum Ersten Weltkrieg bildete der Frank-Caro-Prozeß das wichtigste Verfahren für die künstliche Erzeugung von Stickstoffdünger. Nach einer konkurrierenden Methode, dem Lichtbogenverfahren, bei dem Stickstoff und Sauerstoff im Lichtbogenofen verschmolzen wurden, arbeiteten vor allem einige Werke in Norwegen. Die dritte Methode, das Haber-Bosch-Verfahren, erlebte ihren großen kommerziellen Durchbruch erst im Ersten Weltkrieg und in der Zwischenkriegszeit.

Über die Herstellung von Acetylen und Stickstoffdünger hinaus lag die Bedeutung der Carbidindustrie auch darin, daß sie die Lichtbogenöfen und die weitere Ausrüstung für die elektrothermische Umwandlung von Stoffen zur industriellen Reife entwickelte. Die dabei gewonnenen Erfahrungen befruchteten wieder andere elektrothermische Produktionszweige, etwa die Herstellung von Stahllegierungen. Für die Anlagen mit ihren hohen elektrischen Spannungen mußte man besondere Transformatoren, verschiebbare Elektroden und biegsame Leitungen entwickeln. So erreichten die aus einer gepreßten Masse von Anthrazit, Koks, Pech und Teer gebrannten Elektroden schließlich eine Länge von zwei und eine Dicke von einem halben Meter und wogen 6 bis 700 Kilogramm. Zunächst fuhr man den Carbidprozeß diskontinuierlich. War ein Ofen gefüllt, ließ man den Carbidblock erstarren, kippte ihn aus und zerkleinerte ihn. Später stellte man auf kontinuierlichen Betrieb um. Von oben führte man die Rohstoffe zu, das flüssige Carbid stach man von Zeit zu Zeit in Pfannen ab.

Elektrochemische Werke entstanden überall da, wo es billigen Strom gab, in Nordamerika, in Norwegen, in den Alpenländern auf der Basis von Wasserkraft, aber auch in Mitteldeutschland auf Braunkohle. Nach der Jahrhundertwende errangen besonders die USA eine weltweit führende Position im Bereich der Elektrochemie. Dabei setzte der große Aufschwung erst ein, als 1895 an den Niagara-Fällen für damalige Verhältnisse riesige Wasserkraftwerke in Betrieb gingen. In den folgenden

174. Der elektrochemische Komplex der Pittsburgh Reduction Company an den Niagara-Fällen. Photographie, nach 1900. Pittsburgh, PA, ALCOA-Archiv

Jahren entwickelte sich an den Fällen ein elektrochemisches Industrierevier, in dem zahlreiche Werke Aluminium, Elektrostahl, Siliciumcarbid, das als Schleifmittel Verwendung fand, Calciumcarbid, Acetylen, Graphit, Alkali- und galvanotechnische Produkte sowie Batterien herstellten. Nicht bloß die billige Wasserkraft, auch die günstigen Transportmöglichkeiten per Schiff und per Bahn boten diesen Werken ausgezeichnete Standortbedingungen. Hinzu kam ab einer gewissen Größenordnung des Reviers ein Selbstverstärkungseffekt. Die Grundstoffe und Zwischenprodukte, die die alteingesessenen Firmen erzeugten, lockten weitere auf sie angewiesene Firmen an.

Der billige Niagara-Strom allein erklärt aber noch nicht den Aufstieg der amerikanischen Elektrochemie. Beim Bau industrieller elektrochemischer Anlagen war neben chemischem auch elektro- und maschinentechnisches Know-how gefragt, bei dem die USA führend waren. Schon in großen Produktionskomplexen wie den Petroleumraffinerien oder den Stahlwerken hatte man anlagen- und verfahrenstechnische Kenntnisse gewonnen, von denen jetzt auch die Elektrochemie profitierte. Die amerikanische Industrie und ihre Ingenieure orientierten sich im Vergleich zu Europa stärker an Prozessen als an Produkten. Die Prozeßorientierung wirkte sich insbesondere bei der Umstellung von diskontinuierlichen auf kontinuierliche Produktionsvorgänge günstig aus. Firmen aus dem Niagara-Revier gehörten zu den ersten, die gezielt Forschungsanstrengungen unternahmen und eigene Forschungsabteilungen einrichteten. Parallel dazu bauten einzelne Universitäten Lehrangebote und Studiengänge für die Elektrochemie auf. Mit ihrer modernen Ausstattung, ihrer Prozeßorientierung, ihren Anstrengungen in Forschung und Entwicklung und der Entstehung einer Profession der Chemieingenieure zeigte die amerikanische Elektrochemie Wege auf, denen andere Zweige der chemischen Fabrikation in späterer Zeit folgten. Für die Entwicklung der amerikanischen Chemieindustrie, die heute die führende der Welt ist, gewann die Elektrochemie eine Schlüsselfunktion.

In ihrer Gesamtstruktur unterschied sich die amerikanische Chemieindustrie in der Zeit vor dem Ersten Weltkrieg grundsätzlich von der deutschen. Während in Deutschland die großen, vertikal integrierten Chemiekonzerne das Bild bestimmten, dominierten in den USA auf bestimmte Produkte spezialisierte mittlere und kleinere Firmen, die teilweise nur regionale Märkte versorgten, technisch aber hervorragend ausgerüstet waren und rationell produzierten. Zu diesen Spezialfirmen gehörte Du Pont, wo man überwiegend Sprengstoffe herstellte. Von dem Niedergang des Leblanc-Verfahrens blieb die amerikanische Chemieindustrie weitgehend unberührt, da sie ihren Sodabedarf überwiegend durch Importe aus Großbritannien deckte. Als das Solvay-Verfahren seine Überlegenheit bewies, entwickelte sich – auch durch Zollerhöhungen begünstigt – seit den neunziger Jahren eine große Solvay-Industrie. Dagegen blieben die USA bei Farbstoffen und in geringerem Maße bei Pharmazeutika von Importen aus Deutschland und der Schweiz abhängig.

Als 1856 William Henry Perkin (1838–1907) aus Anilin einen violetten Farbstoff herstellte, den er nach der Malvenblüte »Mauvein« nannte, stieß er mit dieser Zufallsentdeckung die Tür für die Entwicklung eines neuen Industriezweigs auf, der Teerfarbenchemie, aus der sich in den folgenden Jahrzehnten besonders in Deutschland die moderne chemische Großindustrie entwickelte. Der jugendliche Perkin, damals Schüler des am Royal College of Chemistry in London lehrenden August Wilhelm von Hofmann (1818–1892), befand sich eigentlich auf der Suche nach einem Verfahren für die synthetische Herstellung von Chinin. Das Mauvein, das er in einer kleinen Teerfarbenfabrik zu produzieren begann und das ihm die Seidenwebereien für reichlich Geld abkauften, löste an vielen Stellen eine intensive Suche nach weiteren Teerfarbstoffen und nach wirtschaftlicheren Herstellungsmöglichkeiten aus. Der erste von zahlreichen Firmen in Großbritannien, Frankreich und Deutschland in industriellen Maßstäben produzierte Teerfarbstoff war das Fuchsin, ein roter Farbstoff.

Teer fiel in großen Mengen als Abfallprodukt bei der Erzeugung von Leuchtgas an

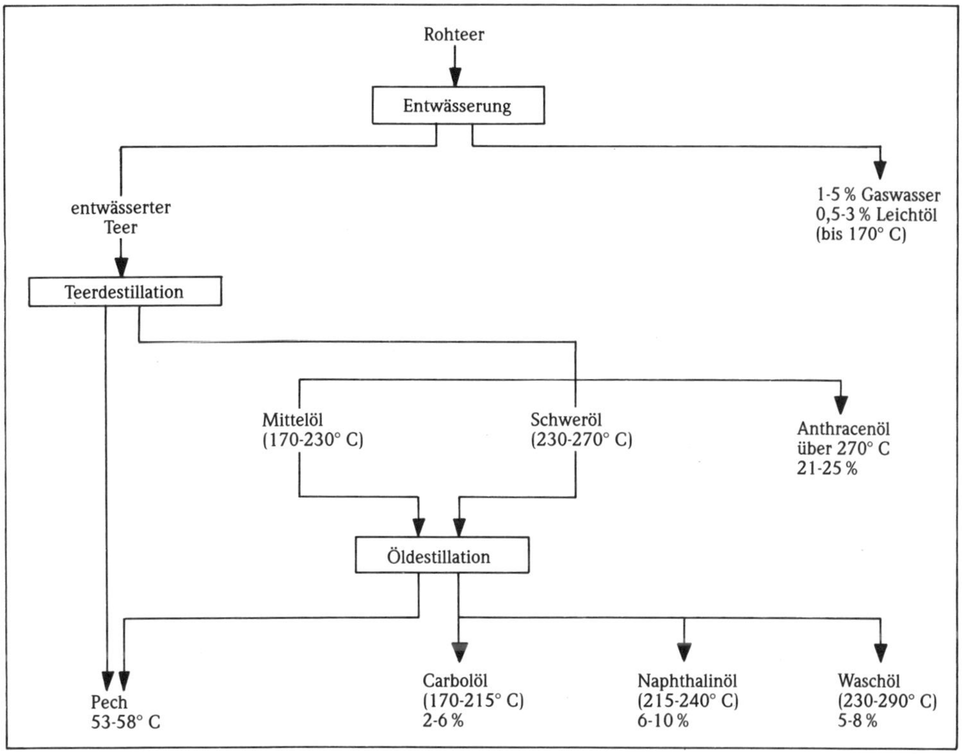

Schema der diskontinuierlichen Teerdestillation (nach Osteroth)

und war nur schwer zu verwerten. Zwar brauchte man ihn, um Schiffsplanken abzudichten oder Eisenbahnschwellen zu imprägnieren, doch dieser Markt war zu klein, so daß man viel davon vergrub oder ins Meer versenkte. Jetzt benötigten die entstehenden Farbenfabriken Teerderivate als Ausgangsstoffe für die Farbenproduktion. In Destillationsanlagen entwässerte man zunächst den Teer, erhitzte ihn und nutzte dabei die unterschiedlichen Siedepunkte seiner Bestandteile aus, um diese voneinander zu trennen. Die entstehenden Öle wurden dann zu Basismaterialien für die Farbenproduktion weiterverarbeitet. Als der in den Gasanstalten anfallende Teer nicht mehr für die Deckung der Nachfrage ausreichte, begann man auch mit der Destillation von Koksteer. Bis zur Jahrhundertwende lag der Schwerpunkt der Teerdestillation bei englischen Firmen, die die Derivate auch in großen Mengen an kontinentale Kunden lieferten.

Wie sah nun der Markt für die synthetischen Farbstoffe aus? Aus Pflanzen oder auch aus Tieren gewonnene Farbstoffe kannte man schon seit Jahrtausenden. Um die Mitte des 19. Jahrhunderts besaßen in Europa besonders der Krapp und der Indigo Bedeutung. Krapp, die getrockneten Wurzeln der Färberröte, einer Pflanze, die im Elsaß und in Südfrankreich in der Gegend von Avignon angebaut wurde, diente zur Herstellung von Türkischrot. Jährlich verarbeitete man etwa 50.000 Tonnen Wurzeln zu 500 bis 750 Tonnen Farbstoff mit einem Handelswert von 45 bis 60 Millionen Mark. Indigo, ein blauer Farbstoff, gewann man aus den Blättern eines vorwiegend in Indien angebauten Strauchs. 1880 betrug die Weltproduktion an Indigo-Farbstoff etwa 5.000 Tonnen mit einem Handelswert von 100 Millionen Mark. Wenn es gelang, diese Naturfarbstoffe synthetisch billiger herzustellen, so ließ sich ein riesiger Markt erschließen.

Zu dieser Zeit verfügten nur die Hochschulchemiker und -laboratorien über das Wissen und die Einrichtungen, um Naturfarbstoffe zu analysieren und systematisch auf Synthesen hinzuarbeiten. Für Alizarin, den Krappfarbstoff, fanden 1868 die Mitarbeiter Adolf von Baeyers (1835–1917) am Berliner Gewerbeinstitut, Carl Graebe (1841–1927) und Carl Liebermann (1842–1914), eine Laborsynthese. Damit besaß man aber noch kein technisch umsetzbares und vor allem noch kein wirtschaftliches Verfahren. Die Erfinder schlossen mit der Badischen Anilin- & Soda-Fabrik (BASF) einen Vertrag und entwickelten das Verfahren gemeinsam mit den BASF-Chemikern in den folgenden Monaten zur technisch-wirtschaftlichen Reife. Da die Patentierung des Verfahrens in Preußen nutzlos blieb – ein deutsches Patentrecht gab es noch nicht – und man sich in England mit der inzwischen in andere Hände übergegangenen Firma Perkins entsprechend arrangierte, nahmen bald weitere Firmen die Produktion auf. Im Laufe der siebziger Jahre gelang es, den Preis des Naturfarbstoffs zu unterbieten und die Produktion auf jährlich etwa 1.000 Tonnen zu steigern. Im gleichen Maß – mit Indigo geschah später ähnliches – ging der Krappanbau zurück, auch wenn einige Regierungen diesen Prozeß durch Subventionen zu verzögern suchten. Mit dem Alizarin erlebten die Chemiefirmen das, was sie später mit anderen Stoffen ebenfalls erfahren sollten. Die in der Anfangszeit erzielten hohen Gewinne lockten zahlreiche Produzenten ins Geschäft, Überproduktion und Preiszerfall waren die Folge. Daraufhin bildeten neun deutsche Unternehmen und eine englische Firma ein Kartell mit Preisabsprachen und Produktionsquoten. Doch vermochte man sich damit nur kurze Zeit Luft zu verschaffen, denn das Kartell zerfiel bald wieder, als einige Firmen sich aufgrund einer Umstrukturierung ihrer Produktion Vorteile gegenüber der Konkurrenz auszurechnen begannen.

Nicht immer verlief die Entwicklung von Laborerfolgen zu einem technisch-wirtschaftlichen Verfahren so schnell wie beim Alizarin. Ein gutes Beispiel für den bei manchen Entwicklungsarbeiten zu treibenden Aufwand bietet der synthetische Indigo. Die Laborsynthese gelang bei Adolf von Baeyer an der Universität München 1880. In bewährter Weise erwarb die BASF das Verfahren, und Mitarbeiter Baeyers wirkten in den BASF-Labors an der Weiterentwicklung mit. Die BASF begann auch mit der Produktion von Indigo nach verschiedenen Methoden, gab sie aber bald wieder als unwirtschaftlich auf. Als Ausgangspunkt für die erst 1897 von der BASF dauerhaft aufgenommene industrielle Produktion diente ein anderes Verfahren, das 1893 der Zürcher Chemiker Karl Heumann (1851–1894) gefunden hatte. Bis 1897 hatte die BASF bereits 18 Millionen Mark in die Indigo-Synthese investiert. In welchem Maße die Wirtschaftlichkeit eines Herstellungsprozesses von den besonderen Gegebenheiten in den einzelnen Firmen abhing, zeigt sich daran, daß Hoechst 1901 ein anderes Verfahren von Heumann, das die BASF als ungeeignet fallengelassen hatte, als Grundlage für ihre Indigoproduktion benutzte. Der Preis der eingesetzten Stoffe als wichtiges Element der Gesamtkosten war vom Produktsspektrum der jeweiligen Fabrik oder von ihren Geschäftsbeziehungen zu Fremdfirmen abhängig, so daß sich Erfahrungen, die eine Firma gemacht hatte, nicht ohne weiteres auf andere übertragen ließen. Um die Jahrhundertwende betrug der Wert des in Deutschland produzierten synthetischen Indigo 60 Millionen Mark; dem standen Importe von Naturindigo im Wert von 20 Millionen Mark gegenüber.

Neben synthetisierten Naturfarben stellten die Fabriken zahlreiche Farbstoffe her, die in der Natur keine Vorbilder hatten. Dazu gehörten die Azofarbstoffe, die eine außerordentliche wirtschaftliche Bedeutung gewannen. Die Grundlage für diese Farbstoffgruppe bildeten Entdeckungen von Peter Grieß (1829–1888), die dieser gegen Ende der fünfziger Jahre an der Universität Marburg machte. In den siebziger Jahren entwickelten die BASF und Hoechst Farben dieser Gruppe, vernachlässigten dann aber diesen Bereich, in den Bayer und die 1873 gegründete Berliner Aktiengesellschaft für Anilinfabrikation (Agfa) groß einstiegen.

Wie es das Beispiel Alizarin deutlich macht, erzielten die zuerst mit neuen Farbstoffen am Markt auftretenden Firmen hohe Gewinne, ehe nachziehende Produzenten für einen Preiszerfall sorgten. Dieser Marktmechanismus und die

175. Azo-Farbstoff-Betrieb von Bayer in Elberfeld. Photographie, um 1890. Leverkusen, Bayer AG. – 176. Musterfärberei der Teerfarbenfabrik Cassella. Photographie, 1895. Frankfurt am Main, Cassella AG

Modeabhängigkeit der synthetischen Farben drängten die Fabriken dazu, immer neue Farben zu entwickeln. Nicht zuletzt diesem Ziel dienten die Laboratorien, die die Firmen in den siebziger und achtziger Jahren einrichteten. Von den vielen Tausend auf chemischem Weg gefundenen Farbstoffen erreichten allerdings nur wenige die Färbereien. So entwickelte Bayer 1896 2.378 Farbstoffe, brachte davon aber nur 37 auf den Markt. Diese »geringe Ausbeute« hing einerseits mit der Aufnahmefähigkeit des Marktes zusammen, andererseits mit den hohen Anforderungen, die man an die Farben stellte. Sie mußten sowohl gute Färbeeigenschaften aufweisen, als auch gegenüber Einwirkungen von Licht, Feuchtigkeit oder chemischen Substanzen beständig sein. Schon in der Fabrik unterzog man sie umfangreichen Färbeversuchen und Echtheitsprüfungen. Darüber hinaus arbeiteten die Unternehmen eng mit den Färbereien zusammen, berücksichtigten deren Erfahrungen und ließen Firmenchemiker in Färbereien hospitieren.

Die Farbstoffe wirkten unterschiedlich, und zwar je nach Garn und Gewebe. Die ersten noch sehr teuren synthetischen Farben wie das Mauvein kauften vornehmlich die Seidenfärbereien; bei dem teuren Stoff fiel der hohe Farbstoffpreis nicht so ins Gewicht. Den Beizfarbstoff Alizarin, bei dem man Metalloxide als Bindemittel für den Farbauftrag benötigte, verwendete man anfangs vor allem für Baumwolle. Später löste man das Problem, Baumwolle auch unmittelbar einzufärben, und erweiterte den Anwendungsbereich von Alizarin in die Wollfärberei hinein. Indigo ist in Wasser nicht löslich, so daß er erst in eine wasserlösliche Verbindung gebracht werden muß. Nach dem Einfärben wird das Gewebe aufgehängt, damit die Substanz oxidieren und die Farbe sich ausbilden kann. Die technisch-wirtschaftliche Produktion von Farbstoffen allein reichte also nicht aus; die Farbenfirmen mußten darüber hinaus ein umfangreiches Know-how in der Anwendungstechnik erwerben.

In den ersten Jahrzehnten der Fabrikation synthetischer Farbstoffe stieg deren Gesamtproduktionswert alle zehn Jahre um mehr als das Dreifache – und das bei einem rapiden Preiszerfall. Schätzungen der Farbstoffproduktion beliefen sich für das Jahr 1862 auf 7,5 Millionen, für 1872 auf 30 Millionen und für 1883 auf 92 Millionen Mark. Um 1880 entfiel die Hälfte der Weltproduktion auf Deutschland, zwischen der Jahrhundertwende und dem Ersten Weltkrieg betrug der deutsche Anteil am Weltmarkt gleichbleibend zwischen 80 und 90 Prozent. Besonders eindrucksvoll ist die Entwicklung der absoluten Produktionszahlen. 1913 wurden weltweit 135.000 Tonnen synthetische Farbstoffe hergestellt; um die Jahrhundertmitte waren es bei den wichtigsten Naturfarbstoffen lediglich einige tausend Tonnen.

Im Laufe des 19. Jahrhunderts wuchs zusehends die Zahl der Hersteller für Konfektionskleidung, die ihr Programm in immer kürzer werdenden Zeiträumen modischen Revisionen unterwarfen. Damit drang die Mode auch in breitere bürgerliche Schichten vor. Preiswerte synthetische Farben eröffneten den Konfektionären ein neues, weites Spektrum für modische Variationen. In der Arbeiterbevölkerung begann die weniger haltbare, aber tragefreundlichere Baumwolle der Wolle und dem Leinen, die beide häufig nicht gefärbt waren, das Feld streitig zu machen. Der »Blaumann«, ein Anzug aus blau gefärbtem Baumwolltuch, wurde allmählich zur Uniform des Arbeiters. Die Chemie hatte angefangen, die Kleidung und somit die Welt bunter zu machen.

Vor der Zeit der synthetischen Pharmazeutika gewannen die Apotheken und pharmazeutischen Fabriken Heilmittel – ebenso wie Farben – aus Pflanzen und

Tieren. Um 1800 war die Lehre von den Wirkstoffen aufgekommen: Man schrieb die therapeutische Wirkung nicht mehr dem Mittel als Ganzem zu, sondern einzelnen Komponenten. Solche Extrakte konnten medizinisch leichter gehandhabt und gezielter eingesetzt werden. Um die Jahrhundertmitte begann man, diese Extrakte aus Naturstoffen in ihrer chemischen Zusammensetzung zu analysieren und sie künstlich herzustellen. Dabei profitierten die Pharmazeuten von den Forschungsergebnissen, die man bei der Suche nach Teerfarbstoffen machte. In die letzten Jahrzehnte des 19. Jahrhunderts fällt der Beginn der experimentellen Konstruktion von Arzneimitteln. Indem man Moleküle durch Einführung oder Herauslösung chemischer Gruppen veränderte, strebte man bestimmte therapeutische Wirkungen an oder versuchte, die Toxizität von Arzneimitteln zu reduzieren. Auch wenn die Pharmaziefirmen weiterhin auf der Grundlage gestiegener biochemischer Kenntnisse Wirkstoffe aus Pflanzen extrahierten, vergrößerte sich das Spektrum der Medikamente durch die synthetischen Stoffe ganz erheblich.

Teerfarbstoffe dienten in der Medizin und in der Biologie schon früh dazu, Präparate für mikroskopische Untersuchungen einzufärben. Später entdeckte man – anfänglich mehr durch Zufall –, daß manche Farben auch therapeutische Wirkungen besaßen. Als die Teerfarbenindustrie in den achtziger Jahren ein konjunkturelles Tief erlebte, war dies für einzelne Firmen wie Hoechst und Bayer der Anlaß, auch die Produktion von Heilmitteln aufzunehmen. Mit solcherart diversifizierter Produktion waren die Firmen für konjunkturelle Wechsellagen besser gerüstet. Ein weiteres Motiv lag in der Möglichkeit, bei der Farbenherstellung entstehende Abfallstoffe für Pharmazeutika zu verwerten. Auf diese Weise kamen einige Große der Branche aus der Farbstoffchemie, andere entwickelten sich wie Schering und Merck aus Apotheken oder wie Boehringer aus Arzneimittelgroßhandlungen.

Mit der Ausweitung der pharmazeutischen Industrie veränderte sich zunehmend die Funktion der Apotheken. Hatte der Apotheker bislang Arzneimittel selbst hergestellt, gemischt oder dosiert, so begann sich seine Aufgabe nun auf den Verkauf der Medikamente zu reduzieren, die ihm die pharmazeutischen Betriebe in Form von Tabletten, Gelatinekapseln oder Ampullen lieferten. Tablettiermaschinen kannte man schon um die Jahrhundertmitte, doch eine weite Verbreitung fanden sie erst gegen Ende des Jahrhunderts. Die Funktionsreduzierung der Apotheken lief nicht ohne Auseinandersetzungen ab, bei denen sich schließlich die pharmazeutische Industrie durchsetzte, die darauf hinweisen konnte, daß sie eher als die Apotheken in der Lage war, eine gleichmäßige Zusammensetzung der Medikamente und in Form der Tabletten ein und dieselbe Dosierung zu garantieren.

Den Laboratorien der Pharmaindustrie fiel denn auch zunächst vor allem die Aufgabe zu, die gleichmäßige chemische Zusammensetzung der verwendeten Substanzen wie der produzierten Arzneien zu überprüfen. Erst später entwickelten sie in Zusammenarbeit mit universitären und außeruniversitären Instituten neue Arz-

177. Packraum für Pharmazeutika bei Bayer in Leverkusen. Photographie, um 1912. Leverkusen, Bayer AG

neimittel. Schon vorher aber bemühte man sich in den Angebotsschriften, die man als Information und zugleich als Werbung an die Ärzte versandte, um ein möglichst wissenschaftliches Image. Damit kamen die Firmen der Wissenschaftsgläubigkeit der Zeit nach, auch wenn sich systematische Methoden zur Überprüfung der Mittel im Tierversuch und bei klinischen Erprobungen erst langsam herausbildeten. Für die Zunahme des Arzneimittelverbrauchs und für den Aufstieg der Pharmaindustrie bestanden gerade in Deutschland besonders günstige sozialpolitische Rahmenbedingungen. Bismarcks Sozialgesetzgebung, zumal das Krankenversicherungsgesetz von 1883, ermöglichte es auch den Arbeitern, häufiger Ärzte aufzusuchen und sich Medikamente verschreiben zu lassen. Dazu kam der allgemeine Anstieg der Einkommen.

Am Beginn der Produktion synthetischer Arzneimittel standen in den sechziger Jahren Antiseptika, als man bei der Herstellung einiger Farbstoffe auf deren desinfizierende Wirkung stieß. Mit Schmerz- und Fiebermitteln stieg Hoechst in der ersten Hälfte, Bayer in der zweiten Hälfte der achtziger Jahre in den Medikamentenmarkt ein. Besondere Erfolge erzielte Hoechst 1897 mit Pyramidon und Bayer 1898 mit Aspirin – beides bis heute auf dem Markt befindliche Arzneimittel. Seit dem letzten Jahrzehnt des 19. Jahrhunderts eröffnete sich ein neuer Markt durch die Herstellung von Impfstoffen und Sera. Aufgrund der Arbeiten von Louis Pasteur (1822–1895) und anderen hatte man in den Jahren nach 1860 Mikroorganismen als Verursacher von Krankheiten identifiziert. In der ersten Hälfte der achtziger Jahre entdeckten Robert Koch (1843–1910) und seine Mitarbeiter an der Universität Berlin den

Tuberkel- und den Diphteriebazillus. Unmittelbar daran knüpften Emil Behrings (1854–1917) grundlegende Arbeiten zur Immunologie an. Behring und seine Assistenten erkannten, daß der von der Krankheit befallene Körper Abwehrstoffe bildet und daß durch eine Impfung mit abgeschwächten Krankheitserregern eine Schutzwirkung zu erreichen ist. Von Hoechst finanziert, entdeckten sie zwischen 1890 und 1894 ein Serum gegen Diphterie, eine der verbreitetsten Kinderkrankheiten. Angespornt durch den Erfolg des Serums, richteten Hoechst, Schering und Merck in der Folgezeit bakteriologische Abteilungen ein, in denen Industrieforscher in Kooperation mit Universitätswissenschaftlern weitere Impfstoffe und Sera zu großem Nutzen der Menschen entwickelten.

Ebenfalls in Zusammenarbeit mit Hoechst fand Paul Ehrlich (1854–1915) in seinem privaten Frankfurter Forschungslabor 1909 das Syphilismittel Salvarsan, das als erstes Chemotherapeutikum unmittelbar in der Blutbahn auf den Erreger wirkte. Da es sich bei Salvarsan um eine Arsenverbindung handelt, mußte man bei der Produktion besondere Vorsicht walten lassen und hatte anfangs mit Dosierungsproblemen zu kämpfen. Nach der Jahrhundertwende fügten die pharmazeutischen Firmen Anaesthetika und Hypnotika, Gichtmittel und harntreibende Substanzen sowie künstlich hergestellte Hormone ihrem Produktionsprogramm hinzu. Viele der neuen synthetischen Medikamente stellten einen Segen für die Kranken wie für alle Menschen dar. Doch in der Tendenz zur Arzneimittelwerbung und zur Aufwertung einzelner Medikamente zu Markenprodukten waren bereits Probleme angelegt, die heute in Form von übertriebenem Arzneimittelkonsum und von Kostenexplosion das Gesundheitswesen belasten.

Die deutschen Chemiekonzerne in der internationalen Konkurrenz

Bildete Großbritannien um 1860 noch das unbestrittene Weltzentrum der chemischen Industrie, so verlor es seine Position in den folgenden Jahrzehnten an Deutschland. Die Verlagerung ging mit einer tiefgreifenden Umstrukturierung der chemischen Produktion einher. So löste bei der Sodaherstellung das Solvay-Verfahren das Leblanc-Verfahren ab. Eine Schlüsselfunktion gewann die Teerfarbenproduktion. Teerfarben machten den überwiegenden Teil des Umsatzes der Anfang der sechziger Jahre gegründeten deutschen Chemiefirmen aus, von Hoechst, Bayer und der BASF, die sich in wenigen Jahrzehnten zu Großfirmen entfalteten. Über die bloßen Umsatzzahlen hinaus vermochten die Chemiekonzerne mit synthetischen Farbstoffen und später mit Pharmazeutika besonders hohe Gewinne zu erzielen und sie dann wieder in die Modernisierung und den Aufbau anderer Produktionssparten zu investieren.

Dabei hatten englische und französische Unternehmen mit der Herstellung synthetischer Farbstoffe begonnen. Die englischen Firmen dieser Branche konnten mit der Nachfrage durch die starke einheimische Textilindustrie rechnen und sich auf die Gasindustrie stützen, die den bei der Gaserzeugung anfallenden Rohteer für die Farbenherstellung weiterverarbeitete. Auch die deutschen Teerfarbenfirmen bezogen bis nach der Jahrhundertwende ihre Ausgangsstoffe zum großen Teil von englischen Firmen. Als sie Anfang der sechziger Jahre mit der Farbenproduktion begannen, waren sie vorerst auf englisches und französisches Know-how angewiesen. Dort kauften sie Lizenzen, beispielsweise für die Herstellung von Fuchsin, des ersten in größeren Mengen erzeugten synthetischen Farbstoffs. Einige der frühen Industriechemiker und Firmengründer studierten oder arbeiteten in England und erwarben dort ihre Kenntnisse. Betrachtet man diesen Technologietransfer genauer, so stellt man fest, daß es sich um einen komplizierten Austauschprozeß gehandelt hat, bei dem die Hauptwege von der deutschen in die englische chemische Wissenschaft, von der englischen Wissenschaft in die englische Industrie und von dieser zurück in die deutsche Industrie führten. Deutschland war auf dem Gebiet der chemischen Wissenschaft mehr der gebende, im Bereich der industriellen Chemie mehr der nehmende Teil. In den siebziger Jahren überholte Deutschland auf dem Gebiet der synthetischen Farbstoffe die Vorbilder England und Frankreich. Um 1880 erzeugte es bereits die Hälfte der Weltproduktion, nach der Jahrhundertwende sogar zwischen 80 und 90 Prozent.

Von vornherein bestanden für die Entwicklung der Farbenindustrie in beiden Ländern unterschiedliche Voraussetzungen. Großbritannien beherrschte – ebenso wie Frankreich – einen größeren Teil des Weltmarktes an natürlichen Farbstoffen. Erfolge der Hersteller synthetischer Farben gingen also immer zu Lasten anderer Zweige der britischen Wirtschaft. Dies hätte Kapitalanleger sicher nicht zurückgehalten, wenn sie in der jungen Branche ein lohnendes Objekt gesehen hätten. Doch dieser Industriezweig war in seiner Anfangszeit zu unbedeutend, als daß er großes Interesse auf sich ziehen konnte. Solange man in zahlreichen bedeutenderen Bereichen hervorragende Gewinne zu erzielen vermochte, fühlte man sich nicht veranlaßt, in neue, kleine Produktionszweige mit ungewisser Zukunft zu investieren. Ähnlich wie bei der Elektrotechnik behinderte und verzögerte auch bei der englischen Teerfarbenherstellung die Stärke der alten Industrien die Gewährung ausreichender Geldmittel für die jungen.

Deutschland hingegen mußte einen Großteil seiner Naturfarben importieren. Die aufkommende deutsche Industrie konnte noch am ehesten auf Erfolge rechnen, wenn es ihr gelang, mit neuen Produkten Marktnischen zu besetzen, in denen Firmen aus den älteren Industriestaaten noch nicht feste Positionen errungen hatten. Dabei fiel der Aufstieg der Teerfarbenindustrie zeitlich zusammen mit der durch französische Reparationszahlungen gestützten allgemeinen Hochkonjunktur nach dem deutsch-französischen Krieg und der Konsolidierung des deutschen Binnenmarktes durch die Reichsgründung. Der Niedergang der Leblanc-Industrie belastete die deutsche Volkswirtschaft in geringerem Maße als die britische. Stellten 1887 in England die Fabriken noch 78 Prozent der Soda nach dem Leblanc-Verfahren her, so waren es in Deutschland lediglich 25 Prozent. Um die Jahrhundertwende konnte die im Vergleich zur britischen viel modernere Struktur der deutschen Chemieindustrie noch hinter rein quantitativen Größen verborgen bleiben. Die britische beschäftigte ähnlich viele Mitarbeiter, lag bei der Produktion einiger chemischer Grundstoffe gleichauf und bei den Exporten sogar vor der deutschen. Bei Kriegsausbruch hatte sich das quantitative Bild dem qualitativen angeglichen. Die Produktion der deutschen Chemieunternehmen übertraf die der britischen um das Vierfache und auch bei den Exporten hatte man den Inselstaat überholt.

Die internationale patentrechtliche Situation begünstigte ebenfalls den Aufstieg der deutschen Teerfarbenindustrie. Während englische und französische Firmen in den sechziger Jahren langwierige Auseinandersetzungen um Farbstoffpatente austrugen, gab es in Deutschland kein nationales Patentrecht, und die Patentrechte der Einzelstaaten blieben zumeist wirkungslos. Die jungen deutschen Unternehmen konnten sich also frei entfalten, und die fortgeschrittenere ausländische Konkurrenz besaß keine Möglichkeit, diesen Aufstieg durch Patente und Patentklagen zu hemmen. Der Wettbewerb spielte sich auf dem deutschen Markt über die Neuentwicklung von Produkten und über die Produktqualität ab, so daß die einheimischen Firmen von vornherein auf den Weg des technischen und wissenschaftlichen Fortschritts verwiesen waren. Als dann 1877 ein deutsches Patentgesetz verabschiedet wurde, sorgte die chemische Industrie dafür, daß in ihrer Branche das Patent, im Gegensatz zu anderen Industriezweigen, nicht das Produkt, sondern den Prozeß schützte. Diese Bestimmung regte die Suche nach neuen Verfahren zur Herstellung bekannter, erfolgreicher Produkte an. Selbst wenn dabei keine Erfolge erzielt wurden, erwarb man doch neues Wissen und machte manchmal unerwartet sogar wertvolle Entdeckungen.

Inzwischen hatte die deutsche chemische Industrie eine solche Stärke erlangt, daß die Patentierungsmöglichkeit keine Bedrohung mehr für sie darstellte. Im Gegenteil: In der Folgezeit nutzten die deutschen Firmen die Schwächen der älteren ausländischen Patentrechte konsequent aus, um ihre mittlerweile errungene führende Position im Ausland durch Sperrpatente und Patentverletzungsklagen besonders bei synthetischen Farben und Pharmazeutika zu festigen. Das amerikanische Patentrecht schützte chemische Produkte und keine Prozesse, so daß dort auch der Weg versperrt war, Umgehungsverfahren zu entwickeln. Und es besaß ebenso wie das englische Patentrecht keinen wirkungsvollen Anwendungszwang, so daß Sperrpatente den deutschen Importeuren den Markt freihalten konnten. Ähnlich wie die deutsche entwickelte sich die Schweizer chemische Industrie zunächst in einem

PATENT-URKUNDE

№ 1886.

AUF GRUND DER ANGEHEFTETEN BESCHREIBUNG UND ZEICHNUNG IST DURCH BESCHLUSS DES KAISERLICHEN PATENTAMTES

Badische Anilin- & Soda-Fabrik in Mannheim

EIN PATENT ERTHEILT WORDEN.

GEGENSTAND DES PATENTES IST:

Verfahren zur Darstellung blauer Farbstoffe aus Dimethylanilin und anderen tertiären aromatischen Monaminen.

GESETZ v. 25. MAI 1877

ANFANG DES PATENTES: 15. December 1877

DIE RECHTE UND PFLICHTEN DES PATENT-INHABERS SIND DURCH DAS PATENT-GESETZ VOM 25. MAI 1877 (REICHSGESETZBLATT FÜR 1877 SEITE 501) BESTIMMT.

ZU URKUND DER ERTHEILUNG DES PATENTES IST DIESE AUSFERTIGUNG ERFOLGT.

Berlin, den 7. August 1878.

KAISERLICHES PATENTAMT.

Beglaubigt durch

Sekretär des Kaiserlichen Patentamtes.

178. Das erste deutsche Farbstoffpatent. Urkunde für die BASF vom 7. August 1878. Ludwigshafen, Unternehmensarchiv BASF

patentfreien Raum zu beachtlicher Stärke, ehe sie dem internationalen Druck nachgab und an der Verabschiedung eines schweizerischen Patentrechts mitwirkte, das aber die chemischen Produkte und Verfahren erst seit 1907 erfaßte.

Die Besonderheiten des deutschen Patentrechts kamen vor allem Firmen zugute, die sich bei der Entwicklung neuer Produkte und Prozesse an der Spitze des technisch-wissenschaftlichen Fortschritts bewegten. Während in der Zeit davor die günstigen politischen und wirtschaftlichen Rahmenbedingungen für den Aufstieg der deutschen Chemiebranche bedeutsamer waren als die Wissenschaft, gewannen seit den achtziger Jahren die Kooperation der chemischen Industrie mit der Hochschulchemie und der Aufbau industrieller Forschungskapazitäten zunehmend an Wichtigkeit.

Nichts kennzeichnet die Bedeutung der Teerfarben für den Aufschwung der deutschen Chemie besser, als die Tatsache, daß die Vorgänger der Firmen, die sich unter den Namen BASF, Hoechst und Bayer zu Chemieriesen entwickelten, alle in der ersten Hälfte der sechziger Jahre für die Herstellung synthetischer Farben gegründet wurden. Im Fall von Bayer gingen ein Farbenhändler und ein Färber zusammen; die BASF entstand aus einer Gasbeleuchtungsfirma, die in den Teerfarben eine Möglichkeit sah, den anfallenden Teer zu verwerten. Die Farbenfabriken, die als erste am Markt waren, erreichten auch die größten Erfolge. Mitte der achtziger Jahre ging die Gründerzeit der deutschen chemischen Industrie zu Ende. Danach sind keine erfolgreichen Neugründungen mehr zu finden.

Die Firmen finanzierten ihren Aufstieg aus den Gewinnen, die sie mit »intelligenten« Produkten machten, zuerst mit Farben und später mit Pharmazeutika. Hoechst nahm in der ersten Hälfte der achtziger Jahre die Arzneimittelproduktion auf, Bayer in der zweiten Hälfte; allein die BASF verzichtete auf den Aufbau dieses Produktionszweiges. Wenn man bei Forschungen in der BASF auf medizinisch verwendbare Präparate stieß, patentierte man sie und vergab Lizenzen. In diese »intelligenten« Produkte floß sehr viel Wissen ein, anfangs eher Erfahrungswissen, das man bei der Produktion gesammelt hatte, danach mehr theoretische, wissenschaftliche Kenntnis von Hochschulchemikern.

Zwar tauchte bei einigen Firmen schon unter den Gründern ein studierter Chemiker auf, doch in größerem Umfang stellten die Unternehmen wissenschaftliches Personal erst seit den siebziger Jahren ein, als sich der Konkurrenzkampf zunehmend über neue Produkte und Verfahren abspielte. Bei Bayer, wo diese Entwicklung verschlafen worden war, mußte man in den achtziger Jahren große Anstrengungen unternehmen, um den Vorsprung der Konkurrenten aufzuholen. Wer mit einem neu entwickelten Produkt zuerst am Markt war, konnte hohe Anfangsgewinne abschöpfen, ehe die Konkurrenz erfolgreich andere Herstellungsverfahren zur Umgehung des Patents entwickelt hatte und ebenfalls auf den Markt drängte, was früher oder später zu einem Preiszerfall führte. Die in den achtziger Jahren aufgebauten firmeneigenen Forschungskapazitäten besaßen also eine strategische Position innerhalb des Unternehmens. Anfangs gehörte es noch zu den Aufgaben der einzelnen in der Forschung beschäftigten Chemiker, die gefundenen Produkte patentieren zu lassen, in den neunziger Jahren kümmerten sich eigene Patentabteilungen darum.

Die BASF wurde im Gegensatz zu den anderen Firmen als Aktiengesellschaft gegründet, da man Kapital brauchte, um auch Anlagen für die Produktion der anorganischen Stoffe wie Schwefelsäure zu errichten, die man für die Farbenherstellung, aber ebenso für die Sodaproduktion, ein weiteres Standbein der Firma, benötigte. Damit beschritt die BASF als erste deutsche Farbenfabrik den Weg der vertikalen Integration: Sie baute eine geschlossene, vom Grundstoff bis zum Farbstoff reichende Produktionsfolge auf. Hoechst folgte diesem Beispiel in den achtziger, Bayer in den späten neunziger Jahren. So waren die Firmen von Zulieferern unabhängig und besaßen die Möglichkeit, schnell und flexibel auf Veränderungen der Nachfrage zu reagieren, indem sie auch mit Stoffen auf den Markt gingen, die sie vorher nur für den Eigenbedarf produziert hatten. Die vertikale Integration und das breite differenzierte Produktionsprogramm unterschieden die deutschen Großunternehmen von den englischen oder amerikanischen Chemiefirmen, die sich stärker spezialisierten und nicht die Größe der deutschen Chemieriesen erreichten. Doch es gab auch in Deutschland zahlreiche spezialisierte Klein- und Mittelbetriebe, die nur einen lokalen Markt versorgten.

In den siebziger Jahren beschäftigten die BASF und Hoechst jeweils einige hundert Mitarbeiter, seit den achtziger einige tausend. Bayer war wesentlich kleiner und fand erst in den neunziger Jahren den Anschluß. Damit bewegten sich die Beschäftigungszahlen auf dem gleichen Niveau wie bei den Großen der deutschen elektrotechnischen Industrie, bei Siemens & Halske und der AEG. Erst durch die

179. Das Bayer-Werk in Elberfeld. Photographie, um 1900. Leverkusen, Bayer AG

Firmenfusionen nach der Jahrhundertwende wuchsen die elektrotechnischen Großunternehmen wesentlich schneller und erreichten Beschäftigungszahlen von einigen Zehntausend, während die drei Chemieriesen vor Kriegsausbruch jeweils um die zehntausend Mitarbeiter hatten.

Die BASF errichtete ihre Produktionsstätten am Rhein, Hoechst seine am Main. Die Lage an einem großen Fluß war mit einer Reihe von Vorteilen verbunden. Die Rohstoffe, wie Pyrit für die Herstellung von Schwefelsäure, von denen die Firmen in jedem Jahr Zehntausende Tonnen benötigten, konnten auf dem Wasserweg am kostengünstigsten transportiert werden. Wasser brauchte man aber auch als Produktionsmittel, und in den Fluß ließen sich viele Abfallstoffe kostensparend und unauffällig einleiten. Neben der anfänglichen wissenschaftlichen Rückständigkeit beruhte die Verzögerung in der Entwicklung von Bayer nicht zuletzt darauf, daß die Firma im engen Tal des Flüßchens Wupper unter Platz-, Transport- und Rohstoffproblemen zu leiden hatte. 1891 kaufte die Firma deshalb eine chemische Fabrik am Rhein und verlagerte allmählich die Produktion nach Leverkusen, dem neuen Zentrum des Konzerns. Hier stand genügend Platz zur Verfügung, um auf der grünen Wiese mustergültige, moderne Produktionsanlagen zu errichten.

Die Farbenkonzerne machten mehrmals die Erfahrung, daß die Preise erfolgreicher Stoffe verfielen, nachdem zahlreiche weitere Firmen die Produktion aufgenommen hatten. Diesen Überproduktionskrisen suchte man vermehrt seit den siebziger Jahren durch produktbezogene Kartelle mit Preisabsprachen und Produktionsquoten gegenzusteuern. Doch diese Absprachen, in die auch ausländische Hersteller einbezogen wurden, hielten häufig nicht lange. Wenn ein Hersteller sich aufgrund von Produktionsfortschritten Marktvorteile versprach, verließ er das Kartell wieder. Nach der Jahrhundertwende ging auch in der chemischen Industrie die Tendenz in Richtung auf weitere, produktübergreifende Kooperationen, 1904/05 gründeten die BASF, Bayer und Agfa den »Dreibund«, nachdem sich vorher Hoechst und Cassella zusammengetan hatten, deren Bündnis sich 1907 durch Beitritt von Kalle zum »Dreiverband« erweiterte. Zur Abwehr der Marktmacht dieser beiden großen Kartelle schlossen sich kleinere pharmazeutische Firmen zu Interessengemeinschaften zusammen. In diesen Kartellen konnte man sich über die Einrichtung neuer Produktionskapazitäten verständigen, Forschungsergebnisse austauschen oder Vereinbarungen treffen, sich nach dem Auslaufen wichtiger Patente keine Konkurrenz zu machen.

Kontaktschwefelsäure und Syntheseammoniak – Fortschritte der Verfahrenstechnik

Die synthetischen Farbstoffe begründeten den Aufstieg der deutschen chemischen Großindustrie, übten aber auch positive Rückwirkungen auf die Herstellung klassischer anorganischer Produkte aus. Zu den wichtigsten anorganischen Stoffen seit der Industriellen Revolution gehörte die Schwefelsäure. Man benötigte sie zum Bleichen, zur Herstellung von Soda nach dem Leblanc-Verfahren, bei Düngemittelproduzenten und als Beizmittel in der Metallindustrie. Seit der Wende vom 18. zum 19. Jahrhundert wurde Schwefelsäure chargenweise in Bleikammern hergestellt. Das diskontinuierliche Bleikammerverfahren entwickelte man in den sechziger Jahren zu einem kontinuierlichen. In die Bleikammern, die gegen Ende des Jahrhunderts ein Volumen von 1.000 bis 2.000 Kubikmetern erreichten, wurden Schwefeldioxid, Stickstoffdioxid und Wasserdampf geleitet. Mit diesem Verfahren erhielt man Schwefelsäure in einer Konzentration von etwa 75 Volumenprozent. Reichte diese Konzentration für viele Anwendungsbereiche aus, für die das Bleikammerverfahren bis zum Ersten Weltkrieg seine Bedeutung behielt, so war für die Herstellung von Farbstoffen, aber auch die Sprengstoffherstellung, Schwefelsäure höherer Konzentration erforderlich. Solche Schwefelsäure gewann man in Pfannen aus Platin oder Blei durch Eindampfen, in einem sehr energieintensiven Verfahren, oder man bezog teures Oleum, rauchende Schwefelsäure, aus Böhmen, wo sie aus einem besonderen Grundstoff hergestellt wurde. 1875 fand Clemens Winkler (1838–1904), Professor an der Bergakademie Freiberg, ein neues Verfahren zur Herstellung von Oleum aus konzentrierter Schwefelsäure, bei dem er einen Platin-Katalysator benutzte. Sein Verfahren setzte die Chemische Fabrik Dr. Jacob in Bad Kreuznach 1878 großtechnisch um; von da übernahmen es Hoechst und die BASF in den achtziger Jahren. Mit diesem Verfahren konnte man zwar die Preise des böhmischen Oleums unterbieten, doch es war immer noch energieintensiv und teuer.

Eine wesentliche Verbilligung hätte es bedeutet, wenn man das eingesetzte Schwefeldioxid nicht aus konzentrierter Schwefelsäure, sondern aus Pyrit gewonnen hätte. Das Problem bestand jedoch darin, daß die Röstgase nicht nur die Apparatur verunreinigten, sondern vor allem die Funktionsfähigkeit des Platin-Katalysators minderten. Die Lösung für dieses und für weitere Probleme brachte das von Rudolf Knietsch (1854–1906) bei der BASF bis 1890 entwickelte neue Kontaktverfahren. Knietsch erkannte, daß Arsenverbindungen in den Röstgasen als Katalysatorgifte wirkten. Er ließ Anlagen zur Reinigung der Röstgase bauen und benutzte Materialien, die das Entstehen der Katalysatorgifte unterbanden. Darüber hinaus entdeckte er, daß hochkonzentrierte Schwefelsäure das am besten geeignete Absorptionsmittel war, daß man in dem Prozeß Sauerstoff im Überschuß einsetzen

180. Schwefelsäureherstellung bei Bayer in Leverkusen. Photographie, um 1900. Leverkusen, Bayer AG

mußte und daß viel von der genauen Regelung der Reaktionstemperatur im Kontaktofen abhing. Schließlich wurde die entstehende Wärme wieder im Prozeß selbst eingesetzt und damit der Energieeinsatz minimiert.

Die Herstellung von Schwefelsäure im Kontaktverfahren erlangte eine Schlüsselfunktion in der physikalischen Chemie. Es handelte sich um den ersten großtechnischen Prozeß, der kontinuierlich in der Gasphase an einem Festkontakt ablief. Die BASF gewann bei diesem Verfahren ein umfangreiches Wissen über Katalysatoren, über die Massenwirkung von Gasen und über Möglichkeiten zur energiesparenden Prozeßführung, das in der Folgezeit auch in andere Verfahren einfloß. Verfahrenstechnisch hatte die BASF bis zum Ersten Weltkrieg weltweit keinen Konkurrenten zu fürchten. Andere Firmen übernahmen den von Knietsch gefundenen Prozeß oder entwickelten eigene Lösungen, bis heute vom Prinzip her die Standardverfahren für die Schwefelsäureherstellung.

Von den bei der Herstellung von Schwefelsäure nach dem Kontaktverfahren gewonnenen Erfahrungen profitierte die BASF auch bei der Entwicklung des Haber-Bosch-Verfahrens, das der Erzeugung eines künstlichen Stickstoffdüngemittels diente. Schon seit Beginn des 19. Jahrhunderts war die Landwirtschaft zur systematischen Düngung mit Mineralsalzen übergegangen. Im Laufe des Jahrhunderts gewann eine Reihe von Wissenschaftlern die Erkenntnis, daß die Pflanzen Stickstoff, Phosphat und Kali in einem bestimmten Verhältnis benötigen. In der Folge entstand in den meisten Ländern eine quantitativ bedeutende Düngemittelindu-

XVII. Das Eisenwalzwerk Hahnsche Werke in Großenbaum bei Duisburg. Gemälde von Hans Baluschek, 1910. Berlin, Bröhan-Museum

XVIII. Alltagsverkehr auf Berlins Spittelmarkt. Gemälde von Paul Hoeniger, 1912. Berlin-Museum

XIX. Die »Bowery« in New York bei Nacht. Gemälde von W. Louis Sonntag jun., um 1900. New York, Museum of the City

XX. Siegeszug der Elektrifizierung. Werbemittel der Firma Helios in Köln, 1888. Frankfurt am Main, Stadtarchiv

XXI. Ball im elektrisch beleuchteten Saal der Wiener Hofburg. Gemälde von Wilhem Gause, 1906.
Wien, Historisches Museum

XXII a. und b. Elektrifizierung der Haushalte. Titelseite der AEG-Zeitung vom Juni 1907 und Titelseite der BEW-Mitteilungen vom März 1910. Frankfurt am Main, AEG-Firmenarchiv, und Berlin, BEWAG-Archiv

XXIII a. Das Bayer-Werk in Leverkusen. Aus dem Gemälde von Otto Bollhagen, um 1912. Leverkusen, Bayer AG. – b. Das erste öffentliche Elektrizitätswerk in Deutschland: die von der Deutschen Edison-Gesellschaft 1885 an der Markgrafenstraße in Berlin errichtete Zentralstation. Gemälde von Fritz Jacobsen, 1929. München, Deutsches Museum

XXIV. Zündanlage für Kraftfahrzeuge. Sogenanntes Mephisto-Plakat der Firma Robert Bosch in Stuttgart, 1911. Stuttgart, Robert Bosch GmbH

XXV. Staunen und Entsetzen über das Geschwindigkeitsphänomen des Automobils. Französische Farblithographie, um 1900. Mannheim, Landesmuseum für Technik und Arbeit

XXVI. Titelseite einer Automobil-Zeitschrift. Farblithographie nach einem Entwurf von Jupp Wiertz, um 1920. Zürich, Museum für Gestaltung, Plakatsammlung

Nr. 280. Stuttgart, den 13. April. Mai 1897.

DER WAHRE JACOB

Abonnementspreis:
Pro Jahr . . . . M. 2.60
Pro Quartal . . . . . . „ —.65
Preis pro Nummer . . . „ —.10

Erscheint alle vierzehn Tage.
Abonnementsbestellungen nehmen alle Postämter entgegen (eingetragen im Postzeitungs-Katalog unter Nr. 7458). Ferner zu beziehen durch alle Buchhandlungen und Kolporteure; in Berlin auch durch jeden Zeitungsspediteur und Zeitungsverkäufer.

Verantwortlich für die Redaktion: Georg Baßler in Stuttgart.
Verlag und Druck von J. H. W. Dietz in Stuttgart, Furthbachstraße 12.

An gutem Willen fehlt's nicht.

Militarismus, Bureaukratismus, Kapitalismus und Ultramontanismus im fruchtlosen Bemühen, das Rad der Zeit aufzuhalten.

XXVII. Konservative politische Kräfte in ihrem vergeblichen Kampf gegen den Sozialismus als die Fortschrittsbewegung. Titelseite der satirischen sozialdemokratischen Zeitschrift vom Mai 1897. Berlin, Geheimes Staatsarchiv Preußischer Kulturbesitz

XXVIII. Filmatelier der Firma Pathé Frères in Vincennes. Aufnahme einer Szene aus »Wilhelm Tell« im Jahr 1903. Aquarellierte Zeichnung von Louis Nonguet, 1904. Paris, Cinemathèque Française

XXIX. Die Grundsteinlegung des Deutschen Museums in München durch Kaiser Wilhelm II. am 13. November 1906. Triptychon von Georg Waltenberger, 1916. München, Deutsches Museum

XXX. Einweihung des Simplon-Tunnels. Plakat nach einem Entwurf von Leopoldo Metlicovitz für die Internationale Ausstellung in Mailand im Jahr 1906. Nürnberg, Landesgewerbeanstalt Bayern

XXXI. Darstellung von Ingenieurarbeit. Einband des 1899 in Stuttgart und Leipzig erschienenen Buches von Max Eyth. Hamburg, Privatsammlung

XXXII. »Die Kräfte der Straße.« Gemälde von Umberto Boccioni, 1911. Privatsammlung strie, die natürlich vorkommende Mineralsalze oder Abfallprodukte aus industriellen Prozessen zu Düngemitteln weiterverarbeitete. Die quantitative Bedeutung geht schon daraus hervor, daß an der Spitze der deutschen chemischen Exportstatistik nach der Jahrhundertwende zwei Düngemittel vor den Teerfarben standen. Die in dieser Branche angewendeten Verfahren waren relativ einfach und erforderten wenig theoretisches Wissen. Doch die chemische Industrie profitierte von dem Düngemittelboom als Lieferant von Schwefelsäure, die für das Aufschließen bestimmter Mineralsalze gebraucht wurde. Zwischen 1880 und 1914 stieg in der deutschen Landwirtschaft der Verbrauch an Düngemitteln auf das Zehn- bis Zwanzigfache. Mit Hilfe künstlicher Dünger konnte die Landwirtschaft ihre Erträge auf alten Anbauflächen wesentlich erhöhen und neues Land unter den Pflug nehmen.

Die weltweit größten Kalisalzvorkommen lagen in Deutschland. Phosphatdünger gewann man ebenfalls aus natürlichen heimischen Vorkommen, aber es wurde auch in großen Mengen Guano aus Südamerika importiert. Nach 1880 kam das in den Stahlwerken anfallende Thomas-Mehl hinzu. Der größte Engpaß bestand beim Stickstoffdünger. Gründüngung oder Düngung mit Stalldung reichten bei weitem nicht aus, um den Bedarf zu decken. Neben dem importierten Chile-Salpeter wuchs seit den achtziger Jahren die Nachfrage nach Ammoniumsulfat aus der Koks- und Gaserzeugung. Der stark zunehmende Verbrauch, die Begrenztheit der Salpetervorkommen in Chile sowie Autarkieüberlegungen führten dazu, daß man seit den neunziger Jahren nach Verfahren suchte, aus Luftstickstoff Dünger herzustellen.

In der Zeit vor dem Ersten Weltkrieg gelang es, drei Verfahren bis zur kommerziellen Anwendung zu bringen: das Lichtbogenverfahren, das Frank-Caro-Verfahren und das Haber-Bosch-Verfahren. Bei dem von den Norwegern Kristian Birkeland (1867–1917) und Sam Eyde (1866–1940) bis 1903 entwickelten Lichtbogenverfahren wurden zunächst Stickstoff und Sauerstoff im Lichtbogenofen miteinander verschmolzen. Das energieintensive Verfahren war auf billigen Strom angewiesen, so daß die wenigen in Betrieb genommenen Produktionsanlagen an Wasserkraftwerken, vor allem in Norwegen, lagen. Vor dem Ersten Weltkrieg war das ebenfalls energieintensive Frank-Caro-Verfahren am weitesten verbreitet; es ging von Calciumcarbid und flüssigem Stickstoff aus. Das kurz vor Kriegsausbruch in industrielle Größenordnungen überführte Haber-Bosch-Verfahren erlebte in Deutschland seinen Ausbau während des Ersten Weltkrieges, jetzt aber nicht mehr für die Herstellung von Düngemitteln, sondern für die Sprengstoffproduktion. International setzte es sich dann in der Zwischenkriegszeit durch und blieb bis zur Gegenwart das wichtigste Verfahren für die Herstellung von Stickstoffdünger.

Dem Karlsruher Chemieprofessor Fritz Haber (1868–1934) war es 1909, schon damals finanziell unterstützt durch die BASF, gelungen, bei hohem Druck und hohen Temperaturen mit Hilfe eines Osmium-Katalysators Wasserstoff und Luftstickstoff zu Ammoniak zu synthetisieren. Carl Bosch (1874–1940) entwickelte bei der BASF bis 1913 diese Laborlösung zur industriellen Anwendungsreife weiter. Dabei waren zahlreiche verfahrenstechnische und chemische Probleme zu bewältigen. Die Reaktionsbehälter mußten zwei gegenläufigen Forderungen genügen. Sie sollten einem hohen Druck von 200 Atmosphären standhalten, so daß man dafür am besten harten, kohlenstoffreichen Stahl verarbeitete. Bei den Versuchen war jedoch festzustellen, daß der Wasserstoff durch den Stahl diffundierte, diesen entkohlte und versprödete, so daß die Reaktionsgefäße platzten. Boschs Lösung bestand in einem doppelwandigen Gefäß: Ein äußeres Rohr aus kohlenstoffreichem Hartstahl wurde mit kohlenstoffarmem Weichstahl ausgefüttert. Durch Bohrungen im Hartstahlmantel entwich der diffundierende Wasserstoff und konnte das Gefäß nicht mehr angreifen. Das noch von Fritz Haber als Katalysator benutzte Osmium war für eine großtechnische Anwendung zu selten. In Zehntausenden von Versuchen fand man bei der BASF schließlich einen aus einem Eisengemisch bestehenden geeigneten Katalysator. Die eingesetzten Methoden zur Darstellung von Wasserstoff wiesen zunächst technisch-ökonomische Schwächen auf. Und ein billigeres Herstellungsverfahren aus Wasser und Kohle stand erst während des Krieges zur Verfügung.

Immerhin lagen schon vor dem Krieg die Rohstoff- und vor allem die Energiekosten des Haber-Bosch-Verfahrens niedriger als die der beiden Konkurrenten. 1913 nahm die BASF in einem auf der grünen Wiese bei Oppau gebauten Werk die Produktion auf. Der kontinuierliche, teilweise im Kreislauf gefahrene, mit Gasen und Flüssigkeiten arbeitende Prozeß fand in einer einheitlich konzipierten Großanlage statt, die sich dem unkundigen Betrachter als ein verwirrendes Gebilde aus Gebäuden, Behältern und Rohrleitungen darbot. Das Verfahren leitete die beson-

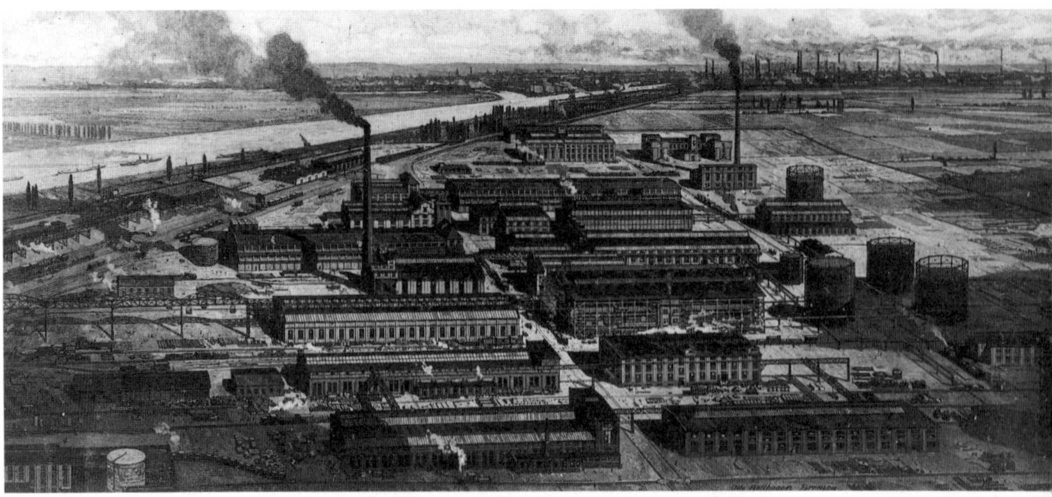

181. Die Ammoniakfabrik der BASF in Oppau. Gemälde von Otto Bollhagen, 1914. Ludwigshafen, Unternehmensarchiv BASF

ders beim Wasserstoff aufwendige Herstellung und Reinigung der Gase ein, die von Kompressoren, betrieben durch Großgasmaschinen, auf Hochdruck gebracht wurden. Die senkrecht stehenden doppelwandigen Reaktionsgefäße besaßen eine Länge von 8 Metern und einen Innendurchmesser von 30 Zentimetern. Die Reaktion wurde mit einem Brenner angefahren und unterhielt sich dann selbst. In einem weiteren Anlagenteil absorbierte man das entstehende Ammoniak durch Wassereinspritzung und leitete es von da in Vorratsbehälter, ehe die Weiterverarbeitung zu Stickstoffdüngern folgte. Große Umlaufpumpen hielten den Prozeß in Gang. Die Ammoniaksynthese bietet ein besonders prägnantes Beispiel dafür, wie noch in der Vorkriegszeit Chemie und Technik zur großchemischen Verfahrenstechnik zusammenwuchsen. Die Erkenntnisse, die die BASF beim Haber-Bosch-Verfahren mit der Hochdrucktechnik gewann, setzte sie später auch bei anderen Hochdruckprozessen ein: bei der von Friedrich Bergius (1884–1949) entwickelten Kohleverflüssigung und bei der Methanolsynthese.

Erste Kunststoffe und Kunstfasern

Ebenso wie bei der Acetylen- und der Stickstoffchemie liegen nur die frühesten Anfänge der Herstellung von Kunststoffen und Kunstfasern in der Vorkriegsära; ein breiter Aufschwung begann erst in der Zwischenkriegszeit. Dabei sind die Begriffe »Kunststoffe«, »Kunstfasern« oder »Plastik« außerordentlich unscharf und nur durch Tradition und Konvention zum heutigen Bedeutungsinhalt gelangt. In der Natur nicht vorkommende »Kunststoffe« wie das Glas oder die meisten Metalle stellten die Menschen schon vor Jahrtausenden her. Und in der ersten Hälfte des 19. Jahrhunderts benutzte man zahlreiche natürliche, in Grenzen modifizierte plastische Stoffe wie Gummi, Guttapercha oder Schellack. Heute spricht man denn auch präziser von makromolekularen Werkstoffen und unterscheidet zwischen Materialien, die durch chemische Umwandlung von makromolekularen Naturprodukten hergestellt werden, auch »halbsynthetische Kunststoffe« genannt, und solchen, die aus niedermolekularen Substanzen synthetisiert werden, sogenannten vollsynthetischen Kunststoffen.

Am Anfang des Zeitalters der vielfältigen künstlichen Stoffe stand das Zelluloid. Seit den dreißiger und vierziger Jahren des 19. Jahrhunderts gewann man Nitrozellulose durch Behandlung von Papier, Baumwolle oder Holz mit Salpeter- und Schwefelsäure. Je nach dem Grad der Nitrierung erhielt man dabei die explosive Schießbaumwolle oder einen weniger gefährlichen Stoff, den man in gelöster Form als Wundpflaster auftrug oder in der Photographie als Träger der lichtempfindlichen Schicht auf Glasplatten.

Auf diesen Kenntnissen fußten die Arbeiten des englischen Technologen und

Metallurgen Alexander Parkes (1813–1890) in den fünfziger Jahren. Parkes stellte auf der Londoner Weltausstellung 1862 einen Kunststoff aus Nitrozellulose vor, den er – nicht sehr bescheiden – »Parkesin« taufte. Für seinen Stoff hielt er nun Ausschau nach lohnenden Anwendungen. Seine Hoffnungen auf industrielle Verwertung, beispielsweise als Isoliermaterial für elektrische Leitungen oder als Korrosionsschutz für Schiffe, erfüllten sich nicht. Größeren Erfolg hatte er mit kleineren Mode- und Gebrauchsartikeln wie kunsthandwerklichen Gegenständen, Modeschmuck, Besteckgriffen, Haarspangen, Medaillen und Kästchen. Bereits 1868 mußte Parkes allerdings seine Firma schließen, in erster Linie weil seine Produkte Qualitätsmängel aufwiesen; sie brachen oder bekamen Risse. Im Bestreben, eine Produktion in großem Maßstab aufzuziehen, hatte er unreine Rohstoffe benutzt, den Fertigungsprozeß zu schnell gestaltet und vor allem – wie sich später herausstellte – ungeeignete Lösungsmittel verwendet. Das erworbene Wissen ging jedoch nicht verloren, denn einer seiner Angestellten, Daniel Spill (1832–1877), nahm, von Rückschlägen begleitet, die Produktion wieder auf. Ansehnliche Erfolge hatten die unter dem Marken- und Firmennamen »Xylonit« vertriebenen Produkte aber erst in den achtziger Jahren, als man bereits zu einem modifizierten Herstellungsprozeß übergegangen war.

Die entscheidende Modifikation gelang dem amerikanischen Erfinder John W. Hyatt (1837–1920). Im Gegensatz zu seinen Vorgängern Parkes und Spill fügte er Kampfer nicht in geringen Mengen dem Lösungsmittel bei, sondern benutzte ihn als Hauptlösungsmittel. Zwischen 1870 und 1872 entwickeltre Hyatt den Herstellungsprozeß zur industriellen Reife sowie in Kooperation mit einem Maschinenbauer eine Reihe von Spezialmaschinen. Zunächst nitrierte man in Hyatts Fabrik aus Abfällen von Baumwolltextilien hergestelltes spezielles Papier. Anschließend wusch man aus der Nitrozellulose die Säuren heraus, bleichte und zermahlte sie und gab eventuell Farbstoffe dazu. Das Pulver mischte man mit Kampfer, trocknete es und preßte es unter Hitze zu Halbzeug unterschiedlicher Form. Nach mehrmonatiger Lagerung ließ sich diesem Vorprodukt in anderen Maschinen die endgültige Gestalt geben. Seit 1872 lieferte Hyatts Unternehmen Halbzeug an Lizenznehmer, und zwar mit dem Namen »Zelluloid«, einer Bezeichnung, die sich schnell durchsetzte. Außer in den USA und in England wurde die Produktion bald in Frankreich, Deutschland und Japan aufgenommen.

Der Legende zum Trotz, daß Hyatt zu seinen Forschungen durch das Preisausschreiben eines Herstellers von Billardkugeln angeregt wurde, der einen Ersatzstoff für Elfenbein suchte, bewährte sich Zelluloid für diesen Zweck nicht. Kleinere Marktanteile errang Zelluloid bei der Herstellung von künstlichen Gebissen, die im Vergleich zu Hartgummi als dem dominierenden Material individueller zu färben waren. Mit der Zeit ergab sich ein außerordentlich heterogener Anwendungsbereich mit beträchtlichen nationalen Unterschieden. Während aus Zelluloid gefer-

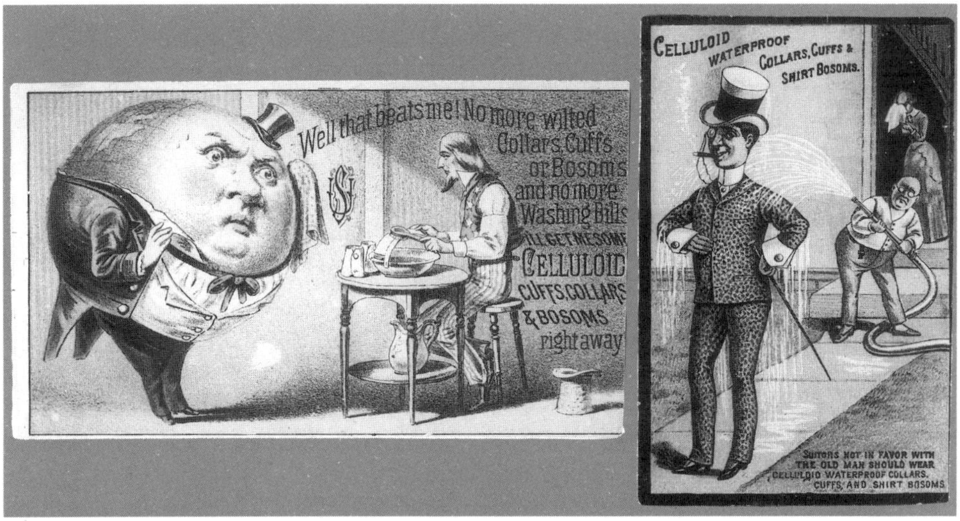

182 a und b. Amerikanische Werbekarten für Kleidungsstücke aus Zelluloid. Farblithographien, um 1900. Washington, DC, National Museum of American History

tigte Messergriffe in Großbritannien einen Marktanteil von 70 Prozent erreichten, verkauften sie sich in Frankreich und Deutschland schlecht. Zu den wichtigsten Produkten, zumal in der Anfangszeit, gehörten Kämme und sonstige Toilettenartikel. Bei Massenware verdrängte Zelluloid die bislang dominierenden natürlichen Materialien Horn und Hartgummi weitgehend bis zum Ersten Weltkrieg. Die alten kleinstädtischen Zentren der Kammfertigung stellten sich auf das neue Material um und wurden in den folgenden Jahrzehnten zu Zentren der Kunststoffverarbeitung. Seit den achtziger Jahren kamen Kleidungsteile aus Zelluloid auf den Markt: Kragen, Manschetten und Hemdbrüste, Utensilien, die der aufstrebende Mittelstand kaufte, um sich von den unteren sozialen Schichten abzugrenzen. Kleidungsteile aus Zelluloid kosteten meist mehr als solche aus Gewebe, waren aber unverwüstlich und konnten schnell abgewaschen werden. Viele Produkte aus Zelluloid wären zu nennen: Seitenscheiben für Kraftfahrzeuge, Puppen oder Schmuck.

In der Aufzählung klingt an, daß sich Zelluloid auf dem Markt in erster Linie als Substitut und Imitat für natürliche Materialien etablierte. Der billigere Kunststoff ersetzte oder imitierte Glas, Porzellan, Elfenbein, Schildpatt, Perlen, Horn oder Bernstein, weil er die freie Gestaltung von Struktur und Farbe erlaubte. Diese Verwendungsweise trug den Kunststoffen bis heute das Odium des Billigen und Minderwertigen ein, das auch dem Begriff »Plastik« anhaftet. Hinter der Suche nach Kunststoffen stand aber außer dem Imitationswillen ein weiteres Motiv, nämlich die Befürchtung, daß natürliche, stark nachgefragte Materialien wie Elfenbein und Gummi bald erschöpft sein würden.

Erst mit der Verwendung von Zelluloid als Filmmaterial verließ man den Anwendungsbereich als Ersatzstoff und nutzte die Eigenschaften des Kunststoffs, die kein Naturstoff besitzt. Zwar waren bereits in den siebziger Jahren Rollfilme aus Papier auf den Markt gekommen, doch man mußte bei der Entwicklung die lichtempfindliche Schicht vom Papier ablösen. Die 1889 marktfähig gewordenen Zelluloidfilme vereinfachten dagegen das Entwickeln beträchtlich. Kurze Zeit später begann man mit Zelluloidfilmen auch bewegte Bilder zu projizieren. Bald kennzeichnete der Begriff »Zelluloid« eine neue Branche: die Filmindustrie.

Die Verwendung als Kinofilm machte der breiteren Öffentlichkeit aber auch eine negative Eigenschaft des Zelluloids bewußt, nämlich seine leichte Entflammbarkeit. Nach einigen Fabrikbränden und Explosionsunfällen hatten die Zelluloidhersteller besondere Sicherheitsvorkehrungen eingeführt. Bei den nicht gerade seltenen Kinobränden sah die Öffentlichkeit – ob zu Recht oder zu Unrecht – die Ursache meist in den Filmen. Auf der Suche nach Ersatzmöglichkeiten für die Nitro-Gruppe, die für die Entzündlichkeit des Zelluloids verantwortlich ist, stieß man schnell auf die Acetat-Gruppe. Hier tauchte jedoch das Problem auf, daß man zunächst nur über toxische Lösungsmittel verfügte. Als man nach der Jahrhundertwende Aceton als geeignetes Lösungsmittel entdeckte, begann man auf dieser Basis Rollfilme herzustellen, die sich jedoch erst wesentlich später durchsetzten.

Die negative Eigenschaft des Zelluloids, bei Temperaturen um 100 Grad weich zu werden, regte die Suche nach temperaturbeständigeren Kunststoffen an. Fündig wurde man bei den Phenol-Formaldehyd-Harzen, den ersten vollsynthetischen Kunststoffen. Laborsynthesen waren schon in den siebziger Jahren gelungen, aber erst, als in den neunziger Jahren aufgrund verbesserter Herstellungsverfahren Phenol und Formaldehyd zu niedrigeren Preisen zur Verfügung standen, rückte eine kommerzielle Verwertung ins Blickfeld. Zahlreiche Innovatoren scheiterten an dieser Aufgabe, und erst der in die USA ausgewanderte belgische Chemiker und freie Erfinder Leo Hendrik Baekeland (1863–1944) entwickelte zwischen 1907 und 1909 ein erfolgreiches Verfahren. Es umfaßte mehrere Umwandlungsstufen, die unter Druck und bei hohen Temperaturen abliefen. Dabei verarbeitete er seinen Bakelit getauften Stoff kompakt oder mit Füllstoffen. Bakelit war im Unterschied zu Zelluloid nicht brennbar, konnte besser mit anderen Substanzen gemischt werden, wurde bei höheren Temperaturen nicht weich und kostete weniger, war allerdings zerbrechlicher. Vor dem Ersten Weltkrieg, als die Produktion wenige tausend Tonnen betrug, gehörten Billardkugeln, Lacke und elektrisches Isolationsmaterial zu den wichtigsten Produkten. Später kamen zahlreiche weitere Anwendungen dazu, wie Telephon- und Kameragehäuse.

Der für die ersten halbsynthetischen Fasern benutzte Begriff »Kunstseide« weist darauf hin, daß es sich hier ebenfalls um ein Material handelte, das einen natürlichen Stoff, die Seide mit ihrem charakteristischen Glanz, imitieren sollte. Chemiker in einigen europäischen Ländern arbeiteten in den neunziger Jahren mehrere Möglichkeiten zur Herstellung von Kunstseide aus: das Kollodium-, das Kupfer-, das Viskose- und das Acetatverfahren. Dabei profitierten einige dieser Entwicklungsarbeiten von der Suche nach künstlichen Glühfäden für Lampen. Bei allen Prozessen wurde zunächst das Ausgangsmaterial, Baumwolle oder Zellstoff, in eine Lösung überführt. Anschließend preßte man die Lösung durch dünne Spinnöffnungen, wobei bei den Trockenspinnverfahren das Lösungsmittel an der Luft verdunstete oder bei den häufiger angewendeten Naßspinnverfahren der gelöste Stoff in Fällbädern ausgeschieden wurde. Die Düsen waren in drehbaren, brauseähnlichen Mundstücken angebracht, die die Fäden vor dem Aufspulen verzwirnten. Durch Zug wurden die Fäden weiter verdünnt, ein Flüssigkeitswirbel fing gerissene wieder ein. Es folgten von der Art des Verfahrens abhängige Nachbehandlungen wie Waschen, Entschwefeln, Entsäuern und Trocknen. Die Anlagen waren recht kapitalintensiv, so daß nur größere Textilfabriken die Produktion aufnahmen.

Das Viskoseverfahren, 1892 von den englischen Chemikern Charles F. Cross (1855–1935) und Edward J. Bevan (1856–1921) vorgestellt, das in den folgenden Jahrzehnten von allen Methoden die weiteste Verbreitung fand, entwickelte sich aus Versuchen zum Mercerisieren von Baumwolle. Schon in den vierziger Jahren hatte man herausgefunden, daß sich Baumwolle verdichtete und einen seidigen Glanz erhielt, wenn man sie in Natronlauge quellen ließ. Beim Viskoseverfahren wurde die entstehende Natronzellulose in eine zähflüssige Spinnlösung überführt. Seine wirtschaftliche Überlegenheit gegenüber den anderen Prozeduren erhielt das Viskoseverfahren, als man dazu überging, an Stelle der Baumwolle als Ausgangsmaterial den billigeren Zellstoff einzusetzen, der in großen Mengen für die Papierfabriken erzeugt wurde. Viskose ähnelte der Seide, besaß aber, besonders in feuchtem Zustand, eine erheblich geringere Festigkeit. Aus Viskose stellte man vor allem Bänder, Quasten, Krawatten, Schleier, doch auch Möbelbezüge und Futterstoffe her. Die vornehmlich in Deutschland und Großbritannien produzierten Mengen waren vor 1914 noch recht klein, was sich erst in der Zwischenkriegszeit änderte, als man unter anderem zur Herstellung von Damenstrümpfen aus Viskose überging, ehe dann mit Nylon und Perlon vollsynthetische Fasern zur Verfügung standen.

Ebenso klein – verglichen mit heutigen Produktionszahlen von Kunststoffen und Kunstfasern – waren die Mengen an Zelluloid, die vor dem Ersten Weltkrieg hergestellt wurden: schätzungsweise maximal 20.000 Tonnen im Jahr; bei anderen Kunststoffen lagen sie noch wesentlich niedriger. Auch wenn so die wirtschaftliche Bedeutung dieser ersten Kunststoffe und Kunstfasern begrenzt war, bereiteten sie den Weg für andere vielfältige künstliche Materialien. Zelluloid, Viskose und sonstige Polymere setzten die Suche nach Materialien in Gang, die billiger waren und günstigere Eigenschaften als Naturstoffe aufwiesen. Neben das Bestreben, natürliche Stoffe zu imitieren und zu ersetzen, trat bald verstärkt die Suche nach Kunststoffen mit Eigenschaften, die den natürlichen Materialien überlegen waren und ganz neue Anwendungsbereiche erschlossen. Die Pionierstoffe Zelluloid und Bakelit verloren ihre Bedeutung und wurden in Anwendungsnischen zurückgedrängt, so in die Herstellung von Tischtennisbällen aus Zelluloid. Zu allen vor dem Ersten Weltkrieg entwickelten Kunststoffen war man auf empirischem Weg gelangt, durch Zufall oder durch Experimente nach dem Prinzip von Versuch und Irrtum. Viele der frühen Innovatoren verfügten kaum über chemische Kenntnisse. Erst in der Zwischenkriegszeit gewann man allgemeine Einsichten in die Struktur von Makromolekülen, die es ermöglichten, Kunststoffe gezielt zu konstruieren.

Bildung und Wissenschaft als Produktivkräfte

Technische Bildung und Ingenieurberuf

Der Zugang zum Ingenieurberuf erfolgte in den großen Industrieländern im 19. Jahrhundert auf unterschiedliche Weise. In Großbritannien und in den USA ging man bei einem selbständigen Ingenieur in die Lehre, oder man diente sich in der Industrie vom Arbeiter über Meister zum Ingenieur empor. Höhere technische Bildung erwarb man also empirisch in der beruflichen Praxis, schulische Ausbildung spielte kaum eine Rolle. Dagegen bauten Deutschland und Frankreich ein differenziertes System technischer Schulen auf, mit dessen Hilfe sie den industriellen Vorsprung der angelsächsischen Länder aufholen wollten. Damit standen sich in der Frühindustrialisierung ein praktisches Modell der Ingenieurausbildung und ein schulisches gegenüber.

Für die Aufgabe der nachholenden Industrialisierung hatten die einzelnen deutschen Länder in den zwanziger und dreißiger Jahren zahlreiche Gewerbeschulen und Polytechnische Schulen ins Leben gerufen. Seit der Jahrhundertmitte verbesserten diese technischen Bildungsstätten sukzessive ihr Niveau, wobei sie sich an dem Vorbild der Universitäten orientierten. Sie verlangten von den Studienanfängern eine höhere schulische Vorbildung, seit den achtziger Jahren tendenziell das Abitur, das über seine kognitiven Inhalte hinaus auch die Eintrittskarte in das deutsche Bildungsbürgertum bedeutete. Die Ingenieurfächer setzten besonders hohe Standards in der Mathematik und den Naturwissenschaften, also in etablierten universitären Fachdisziplinen. Die mathematische und naturwissenschaftliche Formalisierung der technischen Wissenschaften verfehlte in dieser Zeit häufig die eigentliche ingenieurwissenschaftliche Aufgabe, technische Phänomene angemessen abzubilden.

Hinter all diesen durch den 1856 gegründeten Verein Deutscher Ingenieure und die Ingenieurprofessoren vorangetriebenen Bestrebungen standen weniger fachliche und industrielle Bedürfnisse als Bemühungen, das gesellschaftliche Ansehen der technischen Schulen und damit das der Ingenieure und der Technik zu heben. Erfolge dieser Politik blieben denn auch nicht aus. Zwischen den siebziger und den neunziger Jahren erlangten die Polytechnischen Schulen Hochschulrang. Und schließlich erhielten die Technischen Hochschulen, nachdem Preußen unter persönlichem Einsatz von Kaiser Wilhelm II. vorangegangen war, zwischen 1899 und 1901 das Promotionsrecht als Ausweis der Gleichwertigkeit mit den Universitäten, diesen »Ritterschlag der Wissenschaft«, wie es ein Beobachter empfand.

Allerdurchlauchtigster und Grossmächtigster
Kaiser und König!
Allergnädigster Kaiser, König und Herr!
Eure Majestät, den glorreichen Beschützer aller friedlichen Arbeit
bittet der Verein deutscher Ingenieure bei der Feier seines
50 jährigen Bestehens
den Ausdruck alleruntertänigsten Dankes darbringen zu
dürfen für die rastlose Anregung zum Vorwärtsschreiten sowie für zahlreiche
Beweise huldvoller Anerkennung, welche die deutsche Ingenieurkunst
durch ihren Kaiserlichen Herrn erfahren hat.
Als sichtbares Zeichen unseres ehrfurchtsvollen Dankes haben wir eine
Jubiläums-Denkmünze
in Gold prägen lassen und nahen Eurer Majestät unter der Versicher-
ung unserer unwandelbaren Treue und Ergebenheit mit der unfertänig-
sten Bitte, diese Denkmünze in Gnaden annehmen zu wollen
Berlin, den 11. Juni 1906
Der Verein Deutscher Ingenieure.
Vorsitzender
Direktor
Vorsitzender-Stellvertreter

183. Dankadresse des Vereins Deutscher Ingenieure aus Anlaß seines fünfzigjährigen Bestehens: Verleihung der goldenen Denkmünze an Kaiser Wilhelm II. Urkunde vom 11. Juni 1906. Düsseldorf, VDI-Verlag

Frankreich besaß für die Ausbildung der technischen Staatsdiener ein bestens entwickeltes Schulsystem, das in seinen Wurzeln bis ins 17. und 18. Jahrhundert zurückreichte. Nach dem Besuch der École Polytechnique, auf der vor allem Mathematik und naturwissenschaftliche Fächer auf einem hohen Niveau gelehrt wurden, besuchten die Staatsdienstaspiranten für ein bis drei Jahre technische Spezialschulen, die Écoles d'Application, wie die École des Mines oder die École des Ponts et Chaussées. Als gegen Ende des Jahrhunderts der Staatsdienst an Anziehungskraft einbüßte und Absolventen dieser Schulen in die Industrie drängten, zeigte es sich, daß die Unternehmen an deren theoretischen Qualifikationen wenig interessiert waren. Die Industrie deckte ihren Bedarf an technischen Managern lieber durch Absolventen der 1829 gegründeten École Centrale des Arts et Manufactures und ihren Bedarf an Meistern, Betriebsingenieuren und Konstrukteuren durch Absolventen der in der ersten Jahrhunderthälfte gegründeten Écoles des Arts et Métiers. Im Gegensatz zu Deutschland, wo die Technischen Hochschulen gleichermaßen Ingenieure für die Privatindustrie wie für den Staatsdienst ausbildeten, markierten die Studiengänge an getrennten Institutionen in Frankreich auch eine sozial-kulturelle Kluft zwischen Wirtschaft und Staat.

Als im Laufe der Hochindustrialisierung die Nachfrage nach technischen Fach- und Führungskräften sowohl quantitativ als auch qualitativ zunahm, standen die Industriestaaten ihrer Tradition gemäß vor unterschiedlichen Aufgaben. In den USA und in Großbritannien ging es darum, ein System technischer Schulen erst zu entwickeln, in Frankreich und Deutschland dagegen darum, das bestehende System auszubauen und umzustrukturieren. Von den deutschen Ländern rief nach 1870 nur noch Preußen weitere Technische Hochschulen ins Leben. Mit der Gründung in Aachen 1870 erhielt der hochindustrialisierte Westen Preußens eine technische Ausbildungsstätte. Die Gründungen der Technischen Hochschulen Danzig 1904 und Breslau 1910 sollten zwar auch die Industrialisierung der agrarisch strukturierten preußischen Ostprovinzen fördern, aber darüber hinaus ebenso deren Germanisierung.

Seit den neunziger Jahren wandten sich Industrielle und Industrieingenieure gegen die ihres Erachtens zu weit getriebene Theoretisierung an den Technischen Hochschulen. Sie erreichten es, daß die Hochschulen zu Lasten der theoretischen Fächer, vor allem der Mathematik, wirtschaftliche Elemente bei der Ingenieurausbildung berücksichtigten und die Studenten wieder näher an praktische Probleme heranführten. Um die Jahrhundertwende richteten die Technischen Hochschulen nach amerikanischem Vorbild Maschinenbaulaboratorien und Versuchsfelder ein, durch die das systematische Experiment in Lehre und Forschung einen größeren Stellenwert erhielt. Für die Industrie wurden dadurch die Technischen Hochschulen als Kooperationspartner noch interessanter.

Diese Reformen kamen jedoch zu spät, um den Technischen Hochschulen ein von manchen angestrebtes Monopol in der Ingenieurausbildung zu sichern. Die Lücke an praxisnahen Qualifikationen, die nach Meinung vieler Industrieller und Industrieingenieure durch die Verwissenschaftlichung der Technischen Hochschulen entstanden war, schlossen Gründungen privater technischer Mittelschulen seit den siebziger Jahren. Seit 1890 kamen staatliche technische Mittelschulen dazu. Als Ergebnis dieser Entwicklung entstand in Deutschland ein zweigliedriges System der Ingenieurausbildung mit den Technischen Hochschulen als oberer und den technischen Mittelschulen, den Vorläufern der heutigen Fachhochschulen, als unterer Ebene. Im Gegensatz zu konsekutiven Modellen der technischen Ausbildung in anderen Staaten und in den meisten deutschen Ländern vor 1880 war jetzt ein Übergang von der unteren auf die obere Ebene nicht mehr möglich, da die Technischen Hochschulen, um ihr Sozialprestige zu erhöhen, auf das Abitur als Voraussetzung zum Studium bestanden.

Den zunehmenden Bedarf an praxisorientierten Ingenieurqualifikationen deckten in Frankreich zusätzliche Gründungen von Écoles des Arts et Métiers: 1891/1901 in Cluny, 1900 in Lille und 1912 in Paris; damit verdoppelte sich die Zahl der Schulen und die Zahl der Absolventen. Auch die Écoles des Arts et Métiers erhöhten ihre Aufnahmebedingungen und das wissenschaftliche Niveau ihrer Lehre, obschon nicht in dem Maße wie die deutschen Polytechnischen Schulen und Technischen Hochschulen. Als Ergebnis der Reformen erhielten sie 1907 das Recht, die bessere Hälfte ihrer Absolventen – nach 1920 dann alle – zu Ingénieurs des Arts et Métiers zu graduieren. Da die Écoles des Arts et Métiers ihre grundsätzliche Praxisorientierung beibehielten, ergab sich in Frankreich im Unterschied zu Deutschland mit den steigenden wissenschaftlichen Anforderungen der Industrie ein zusätzlicher Bedarf an Ingenieurqualifikationen vor allem im oberen Spektrum.

Die Nachfrage nach gehobenen wissenschaftlichen Qualifikationen technischer Fachkräfte machte sich in den neuen Industrien, in der Chemie und in der Elektrotechnik, besonders bemerkbar. In diese Lücke stießen zahlreiche von den Kommunen oder von der Industrie gegründete oder unterstützte technische Spezialschulen, wie die 1882 in Paris eröffnete École Municipale de Physique et de Chimie Industrielles oder die 1894 ins Leben gerufene École Supérieure d'Électricité. Eine quantitativ noch größere Bedeutung für die Ingenieurausbildung gewannen technische Institute, die sich seit den neunziger Jahren naturwissenschaftliche Universitätsfakultäten angliederten, womit man in Frankreich – wie in den USA und in Großbritannien – die deutsche Dichotomie zwischen Universität und Technischer Hochschule vermied. Auch wenn einzelne Fakultäten schon um die Jahrhundertmitte eine fruchtbare Kooperation mit der lokalen Industrie entfaltet hatten, lag ihre Hauptaufgabe bislang doch in der Abnahme der Bakkalaureatsprüfungen und in der Ausbildung von Lehrern für die Lyzeen. Nach der Jahrhundertwende besaßen bereits fünfzehn Universitätsfakultäten technische Institute. Den größten Bekanntheitsgrad erreichten die der Universitäten Grenoble, Nancy, Toulouse, Lille und Lyon. Der Staat unterstützte die Gründungen mit Anfangszuschüssen, bot aber keine Dauerfinanzierung, so daß die Institute darauf angewiesen waren, sich weitere regionale, städtische und industrielle Mittel zu beschaffen. Dieser heilsame Zwang ließ sie das Lehrangebot auf die praktische Anwendung und auf die lokale Industriestruktur hin ausrichten. Ihre Forschungs- und Unterrichtslaboratorien konnten an die experimentelle Tradition der französischen Naturwissenschaften anknüpfen. An manchen Universitäten verschmolzen mit der Zeit die naturwissenschaftliche Fakultät und ihre technischen Institute zu Lehr- und Forschungseinheiten, die den deutschen Technischen Hochschulen ähnelten. Die Universitätsinstitute nahmen auch zahlreiche Hörer ohne Bakkalaureat auf, wie ganz allgemein das französische technische Bildungssystem eher an Leistung gebundene Übergänge zwischen den einzelnen Schultypen erlaubte als das deutsche. Damit besaß Frankreich um die Jahrhundertwende ein gut ausgebautes vielfältiges technisches Ausbildungswesen, das von verschiedenen technischen Primar- und Sekundarschulen über die Écoles des Arts et Métiers und die Universitätsinstitute bis zu den Grandes Écoles, wie der École Centrale und der École Polytechnique, reichte. Schätzungen für das Jahr 1913 besagen, daß etwa 50 Prozent der französischen Ingenieure von den Écoles des Arts et Métiers, 25 Prozent von den Universitätsinstituten und technischen Spezialschulen und 25 Prozent von den Grandes Écoles kamen.

In Großbritannien und in den USA ergänzte und ersetzte mit der Zeit die schulische Ausbildung von Ingenieuren das weiter bestehende System der empirischen in der industriellen Praxis. Eine besondere Dynamik bei der Gründung von Ingenieurausbildungsstätten entfalteten die USA. Während hier um 1860 auf einen an einem College ausgebildeten Ingenieur noch acht Empiriker kamen, war das Verhältnis am Vorabend des Ersten Weltkrieges in etwa ausgeglichen. Weit über hundert Ingenieurcolleges entließen jetzt mehr als 4.000 Absolventen im Jahr. Mit überaus günstigen Bedingungen für Neugründungen in den sechziger Jahren hatte der Kongreß Initiativen unterstützt. Das entstehende amerikanische System der Ingenieurausbildung wies große formale und qualitative Unterschiede auf. Formal lassen sich Ingenieurcolleges unterscheiden, die in eine vorhandene Universitätsstruktur integriert wurden, wie an der Cornell University, oder die sich von vornherein auf die Ingenieurausbildung konzentrierten, wie das Massachusetts Institute of Technology. Das Niveau entsprach dem des gesamten Spektrums der deutschen Ausbildungsstätten, von den technischen Mittelschulen bis zu den Technischen Hochschulen.

Die meisten amerikanischen Ingenieurcolleges zeichneten sich durch ihre Praxisnähe aus. Schon seit den siebziger Jahren bezogen sie Arbeiten in hervorragend ausgestatteten Maschinenbaulaboratorien und Materialprüfungseinrichtungen in die Ausbildung ein. In der zweiten Studienhälfte mußten die Studenten umfangreiche Versuchsreihen durchführen und sie in Berichten zusammenfassen. An anderen Colleges wie dem Worcester Free Institute of Industrial Sciences bauten die Studenten in den hochschuleigenen Werkstätten sogar Maschinen mit dem Ziel, sie auf dem freien Markt zu verkaufen. Als – vorangetrieben durch die Ingenieurprofessoren – auch die amerikanischen Ingenieurcolleges wie die deutschen Technischen Hochschulen ihre Lehre mehr in Richtung Wissenschaft und Theorie umgestalteten, gerieten besonders die Hochschulwerkstätten unter Beschuß. Gegen Ende des

Jahrhunderts fanden auch an den Colleges Auseinandersetzungen um Theorie und Praxis in der Ingenieurausbildung statt. Ein von den industriellen Anforderungen weitgehend abgelöstes Studium wie zeitweise an manchen deutschen Technischen Hochschulen stand in den USA aber von vornherein auf verlorenem Posten. Wenn ein Dozent seine Überzeugung ausdrückte, daß ganz am Ende jeder technischen Formel ein Ergebnis in Dollar zu stehen habe, dann konnte er sich des Beifalls der meisten Kollegen sicher sein. Die in der amerikanischen Technik herrschende Praxisorientierung, aber auch mit der Industrie durch Forschungsaufträge und Beraterverträge verbundene Professoren sowie Unternehmer in den obersten Universitätsgremien sorgten schon dafür, daß die Bäume der Theoretiker nicht zu sehr in den Himmel wuchsen.

Seit den sechziger Jahren diskutierte man in Großbritannien über die sich abzeichnende Gefahr eines Verlustes der weltwirtschaftlichen und technischen Vormachtstellung. Die Stimmen mehrten sich, die als eine der Ursachen für diese Strukturverschiebungen die unzureichende Ingenieurausbildung ausmachen wollten. In Großbritannien dominierte ganz eindeutig das Lehrsystem auch für Ingenieure. Zwar gliederten sich einzelne Universitäten bereits seit den zwanziger Jahren technische Fächer an, aber diese konnten sich gegen das Leitbild der »Oxbridge«-Bildung, gegen die geistes- und naturwissenschaftlichen Fächer und das Ideal zweckfreier Bildung, wie sie die Eliteinstitutionen Oxford und Cambridge bestimmten, zu dieser Zeit noch nicht durchsetzen. Das änderte sich unter dem Druck der realistischen Bildungsreformer erst mit den siebziger Jahren, und zwar vor allem an den Universitäten in den Industriegebieten Mittel- und Nordostenglands. Bis zur Jahrhundertwende richteten die meisten britischen Universitäten auch Ingenieurstudiengänge ein. Daneben entstanden technische Schulen eines mittleren Niveaus, die sich mit der Zeit zu Universitäten entwickelten oder in Universitäten aufgingen. Doch litten diese unter chronischem Geldmangel. Weder reichten die staatlichen und sonstigen öffentlichen Zuschüsse aus, noch zeigte die Industrie große Bereitschaft, sich finanziell zu engagieren. So entließ selbst eine Institution wie das unter ausdrücklicher Berufung auf das Vorbild der Technischen Hochschule Berlin-Charlottenburg 1907 gegründete Imperial College of Science and Technology nur wenige Ingenieurabsolventen.

Die Vorstellung, technische Qualifikationen ausschließlich an Bildungsinstitutionen erwerben zu können, lief der englischen empirischen Tradition zu sehr zuwider, als daß sich dieses Modell schnell hätte durchsetzen können. Eher zeigte sich die Industrie geneigt, Modelle der Ingenieurausbildung zu unterstützen, die praktische und theoretische Elemente zusammenführten. Bis um 1930 erwarben denn auch die meisten britischen Ingenieure ihre Kenntnisse in der industriellen Praxis und besuchten nebenher Abendkurse an den Universitätscolleges oder anderen technischen Schulen, wenn sich nicht wie bei den sogenannten Sandwich-Systemen praktische und theoretische Unterweisung in längeren Zeitabständen abwechselten. Wer sich einer solchen Tortur erfolgreich unterwarf, hatte gleichzeitig ein hohes Maß an Arbeitsdisziplin bewiesen, was viele Unternehmer höher schätzten als den Nachweis abstrakten Wissens. Wie auch in anderen Ländern war die Position der Industrie in Ausbildungsfragen durchaus nicht widerspruchsfrei. Die Unternehmer sangen zwar immer das Hohelied der praktischen Ausbildung für Facharbeiter wie für Ingenieure, boten aber zu wenig Ausbildungsplätze an und griffen statt dessen vermehrt auf ungelernte Kräfte zurück. Offensichtlich war für die britische Industrie der Mangel an Ingenieuren noch nicht empfindlich genug, als daß sie bereit gewesen wäre, sich bei der Schaffung eines modernen Systems technischer Bildung zu engagieren.

Die unterschiedliche Einschätzung des Wertes der an Schulen erworbenen abstrakten technischen Qualifikationen bestimmte die Zusammensetzung der Ingenieurberufsgruppe in den einzelnen Ländern. Während in Deutschland und in Frankreich nach der Jahrhundertwende die meisten Ingenieure ein Studium absolviert hatten, herrschte in den USA ein Gleichgewicht und überwogen in Großbritannien die in der industriellen Praxis ausgebildeten Ingenieure. Trotz unterschiedlicher Gewichtung wies in allen Industriestaaten die Berufsgruppe der Ingenieure eine sehr heterogene Zusammensetzung auf. Dies galt auch für Deutschland und Frankreich, die Länder mit einer ausgeprägten »Schulkultur«; selbst hier blieb in der Industrie der Aufstieg vom Facharbeiter zum Ingenieur weiterhin möglich. In keinem Land erlangten also die Ingenieure vor dem Ersten Weltkrieg den Status einer Profession, einer durch gemeinsame Ausbildungsstandards und hohes gesellschaftliches Ansehen gekennzeichneten Berufsgruppe. Noch am weitesten gedieh jene Entwicklung in Deutschland, wo die Zahl der Empiriker relativ gering war und die Tendenz – in den Mitgliedsbestimmungen des Vereins Deutscher Ingenieure festgelegt – dahin ging, diese Berufsgruppe auf Absolventen der Technischen Hochschulen und der höheren technischen Mittelschulen einzugrenzen. Damit zeichnete sich schon damals die Entstehung einer beruflichen Zweigliedrigkeit ab – ein deutsches Spezifikum, das dann in den Ingenieurgesetzen nach 1970 endgültig festgeschrieben wurde.

Dagegen fühlten sich die französischen Ingenieure nicht so sehr wie die deutschen als Mitglieder einer mehr oder weniger einheitlichen Berufsgruppe. Wichtiger für ihr Gruppengefühl und für ihre weiteren Karrieremöglichkeiten war die Art der absolvierten Ausbildungsstätte. So setzten sich die Gadzarts, die geprüften Schüler der Écoles des Arts et Métiers, von den Centraliens ab, den Absolventen der École Centrale des Arts et Manufactures, und diese von den Polytechniciens, denjenigen, die die École Polytechnique besucht hatten. Die Absolventenorganisation der Écoles des Arts et Métiers besaß vor dem Ersten Weltkrieg stets mehr Mitglieder als die größte französische Ingenieurvereinigung, die ihre Mitglieder aus verschiedenen Schulen rekrutierte. Die Abgänger der einzelnen Schulen peilten ganz unterschiedliche Berufsfelder an, und Überschneidungen blieben begrenzt. Die Gadzarts gingen als Zeichner, Facharbeiter und Meister in die Industrie, wo sie in der Regel zu Betriebsingenieuren, Konstrukteuren oder in höhere Positionen aufstiegen oder sich selbständig machten. Die Centraliens sahen ihr Berufsziel von vornherein im höheren Management, insbesondere im Bau- und Verkehrsbereich. Die Absolventen der Universitätsinstitute landeten häufig in forschungsnahen Abteilungen der Industrie. Und die von der École Polytechnique und den Écoles d'Application Abgehenden besetzten die höheren technischen Stellen in der Staatsverwaltung.

Bestimmte in Deutschland und Frankreich in erster Linie die schulische Ausbildung die Zugehörigkeit zur Ingenieurberufsgruppe sowie den Karriereweg, so entschied bei den amerikanischen und britischen Ingenieuren der berufliche Erfolg darüber, welche Position sie in der Welt der Technik einnahmen. Der Unterschied zwischen Mechanic, einem Mechaniker, und Mechanical Engineer, einem Maschinenbauingenieur, lag weniger in der technischen Ausbildung begründet als in der innerbetrieblichen Stellung, und Engineer konnte sowohl Schlosser als auch Ingenieur heißen. Beruflicher Erfolg und nicht schulischer Werdegang entschied darüber, wer in die elitären britischen Ingenieurvereinigungen, die Institutions, oder in die 1880 gegründete American Society of Mechanical Engineers Aufnahme fand. Allerdings schlossen diese Vereinigungen mit der im Aufstieg begriffenen »Schulkultur« in den Jahrzehnten um die Jahrhundertwende einen Kompromiß, indem die American Society jetzt auch verstärkt Collegeabsolventen aufnahm und die britischen Institutions den Kandidaten zugestanden, einen Teil der für die Aufnahme erforderlichen beruflichen Erfahrung durch eine theoretische Prüfung zu ersetzen.

Deutschland stellte im 19. Jahrhundert im internationalen Vergleich das Musterbeispiel für Vorstellungen dar, Industrialisierung durch Bildung und – in den letzten Jahrzehnten des Jahrhunderts dazukommend – durch Wissenschaft zu fördern. Während man im Kaiserreich dazu neigte, die erfolgreiche industrielle Entwicklung Deutschlands als Ergebnis dieser Bildungs- und Wissenschaftspolitik anzusehen, ist man heute aufgrund bildungstheoretischer und -historischer Untersuchungen skeptischer. Der Beitrag von Bildung zum Wirtschaftswachstum scheint doch geringer zu sein, als man früher angenommen und behauptet hat. Dennoch bewirkte der Ausbau des technischen und allgemeinen Bildungswesens auf breiter Front zumindest, daß die deutsche Industrie immer auf ein großes Reservoir an technischen Fachkräften unterschiedlicher Qualifikation zurückgreifen konnte, technische Bildung somit keinen restriktiven Faktor für die industrielle Entwicklung darstellte. Die große Zahl der technischen Ausbildungsstätten in Deutschland – vor dem Ersten Weltkrieg gab es hier elf Technische Hochschulen, drei Bergakademien und viele technische Mittelschulen – stammte noch aus der Zeit der politischen Zersplitterung vor der Reichsgründung. Politische Schwäche wurde so im Bildungsbereich zur Stärke. Dabei nahmen die Bildungspolitiker in Kauf, daß einerseits etliche technische Schulen in der Zeit vor 1880 mehrmals aus Mangel an Studenten von der Schließung bedroht waren, andererseits eine beträchtliche Ingenieurarbeitslosigkeit nach der Jahrhundertwende entstand.

Führten in Deutschland die politische Zersplitterung und die Überzeugung, daß technisches Studium den Industrialisierungsprozeß fördere, zu einer Angebotsorientierung des Ingenieurarbeitsmarktes, so scheinen in anderen Industriestaaten technische Bildungsstätten erst dann gegründet worden zu sein, wenn allgemein

184. Schmuckblatt zur Hundertjahrfeier der Königlichen Technischen Hochschule zu Berlin. Farblithographie nach einer Vorlage von Carl Röhling in dem 1903 in Berlin erschienenen, vom Ausschuß der Studierenden herausgegebenen Festbericht. Berlin, Technische Universität, Bibliothek

eine gestiegene Nachfrage in der Wirtschaft angenommen wurde. Diese Nachfrageorientierung an technischer Bildung ergab sich in den USA und in Großbritannien allein daraus, daß der Staat in der Bildungspolitik viel zurückhaltender war und privaten Initiativen ein weites Feld überließ. In diesen Ländern neigte die Industrie dazu, einen Mangel an höher qualifiziertem technischen Personal aus den Reihen der eigenen Mitarbeiter zu beheben, und zwar durch gezielte innerbetriebliche Weiterbildungsmaßnahmen.

Wissenschaft – Technik – Industrie

Wissenschaft und Technik verfolgen unterschiedliche Ziele. Dem Wissenschaftler geht es primär darum, Einsichten in die unbelebte und belebte Welt zu gewinnen, während der Techniker gegenständliche Mittel ersinnt und realisiert, die diese Welt gestalten und verändern. Weitgehende Übereinstimmung besteht unter Historikern darüber, daß empirisch und theoretisch gewonnene abstrakte wissenschaftliche Erkenntnisse im 19. und 20. Jahrhundert zunehmend Eingang in die Technik fanden und die Art der technischen Problemlösung veränderten. Konkret kann man diese »Verwissenschaftlichung der Technik« an zwei Erscheinungen festmachen: Immer mehr Naturwissenschaftler und wissenschaftlich ausgebildete Ingenieure gingen in die Industrie, wo sie ihre an den Hochschulen erworbenen Kenntnisse und Problemlösungsfähigkeiten einsetzten, um neue Produkte zu schaffen oder die Produktion umzugestalten. Dabei handelte es sich aber häufig um eine diffuse Form des Wissenschaftstransfers; das heißt: Der Zusammenhang zwischen dem erworbenen Wissen und den technischen Ergebnissen der Arbeit in der Industrie war eher indirekt. Der zweite wichtige Typ des Wissenschaftstransfers bestand in der direkten Übertragung der an wissenschaftlichen Institutionen gewonnenen Erkenntnisse in die industrielle Produktion. Das Wissen konnte von den Hochschulen kommen, aber auch von den um die Jahrhundertwende an Bedeutung gewinnenden industriellen Forschungseinrichtungen.

Beide Arten des Wissenschaftstransfers zwischen Hochschule und Industrie liefen jedoch nicht in einer Einbahnstraße ab. Auch der umgekehrte Weg, von der Industrie in die Hochschule, wurde häufiger beschritten. Besonders in den technikwissenschaftlichen Fächern, aber auch in einigen naturwissenschaftlichen, rekrutierten die Hochschulen ihre Professoren in größerem Umfang aus der Industrie, wo diese sich vor allem empirische Kenntnisse im Umgang mit stofflichen Produkten angeeignet hatten, die an der Hochschule kaum zu erwerben waren. Und die Industrietechniker fanden nur zu oft auf empirischem Weg Lösungen für Probleme, an denen sich die Hochschulwissenschaft die Zähne ausgebissen hatte. Die Lösungen und mit ihnen verbundene Hypothesen stellten dann die Wissenschaft vor die

Aufgabe, sie zu überprüfen und in übergreifende theoretische Gebäude einzuordnen. Das Bild von rapide zunehmenden Wechselwirkungen zwischen Wissenschaft, Technik und Industrie entspricht den hier nur knapp skizzierten qualitativen und quantitativen Veränderungen besser als die eine Einbahnstraße suggerierenden Begriffe einer »Verwissenschaftlichung der Technik« oder einer auf Wissenschaft beruhenden Industrie, der »Science-based Industry«.

Am deutlichsten entfaltete sich das intensivierte Verhältnis zwischen Wissenschaft, Technik und Industrie gegen Ende des 19. Jahrhunderts in den neuen Techniken und Industrien, der Chemie und der Elektrotechnik in Deutschland und den USA. Die ersten Teerfarbstoffe fanden Hochschulwissenschaftler durch Zufall bei ihren Laborarbeiten. So suchte Henry Perkin, als er das am Anfang der Teerfarbenchemie stehende Mauvein entdeckte, eigentlich nach einem Verfahren zur künstlichen Herstellung von Chinin. Später forschte man systematisch nach neuen Farbstoffen, indem man Hunderte und Tausende von Reaktionen durchführte und die entstehenden Stoffe auf ihre Farbeigenschaften hin überprüfte. Die auf diesem empirischen Weg gefundenen Substanzen und Verfahren konnten im günstigsten Fall unmittelbar in die industrielle Produktion überführt werden.

Mehr theoretisches Wissen war erforderlich, wenn der Weg wie beim Alizarin und Indigo über die Analyse der natürlichen Farbstoffe zu ihrer Synthese führte. Solche Arbeiten konnten auf der von dem deutschen Chemiker Friedrich August Kekulé von Stradonitz (1829–1896) um 1860 aufgestellten Strukturtheorie aufbauen, die einen Zusammenhang zwischen den Eigenschaften eines Stoffes und der genauen Architektur des Moleküls herstellte. Wilhelm von Hofmann und Adolf von Baeyer, die in ihren Hochschullabors zahlreiche Farbstoffe analysierten und synthetisierten, arbeiteten diesen theoretischen Ansatz auf dem Gebiet der Teerfarbstoffe aus. Einzig die chemischen Laboratorien an den Hochschulen verfügten bis in die achtziger Jahre hinein über die dafür erforderlichen Einrichtungen und die notwendige Erfahrung.

Der Weg von der Laborsynthese zur Synthese im industriellen Maßstab konnte jedoch noch Jahre und Jahrzehnte intensiver Arbeit erfordern. Ein solcher enormer Zeit- und Kostenaufwand lag weniger darin begründet, daß für die Großproduktion geeignete Geräte und Apparate erst entwickelt werden mußten. Teilweise vergrößerte man einfach Laborgeräte, teilweise handelte es sich um neue Konstruktionen, und nur in seltenen Fällen wie bei dem Haber-Bosch-Verfahren bildete die Konstruktion der Kontaktgefäße eines der Schlüsselprobleme für die Entwicklung des Prozesses zur industriellen Reife. Die entscheidende Meßlatte für die industrielle Brauchbarkeit neuer Verfahren war deren Wirtschaftlichkeit. Die Bestrebungen zur Verbilligung der Verfahren gingen dahin, mit möglichst preiswerten Grundstoffen zu arbeiten, die Zahl der Reaktionsstufen zu vermindern, wenige oder wiederverwendbare Nebenprodukte anfallen zu lassen und die Anlagen- wie die Energiekosten niedrig zu halten. Einige dieser Faktoren hingen von dem Produktionsspektrum und dem Standort der jeweiligen Firma ab, so daß beispielsweise chemische Verfahren nicht ohne weiteres in ein anderes Unternehmen transferiert werden konnten. Bei der Entwicklung industrieller chemischer Prozesse spielte sich bis ins 20. Jahrhundert hinein noch vieles nach den traditionellen Methoden von Versuch und Irrtum oder auf dem Weg der systematischen Variation von Versuchsbedingungen ab. So untersuchte die BASF Tausende verschiedener Stoffzusammensetzungen, um einen für das Haber-Bosch-Verfahren geeigneten Katalysator zu finden.

Nicht zuletzt aufgrund der Erfolge der Agrikulturchemie hatte sich die Chemie bis zu den siebziger Jahren als eigenständige Disziplin an allen Universitäten etabliert. In der Folgezeit kamen weitere chemische Institute und Laboratorien an den Technischen Hochschulen dazu, auch wenn diese erst seit der Jahrhundertwende ihre Studenten promovieren konnten. Das Konkurrenzverhältnis zwischen den Universitäten und den Technischen Hochschulen wirkte sich positiv auf die Praxisnähe der Ausbildung aus. Sicher auch weil die junge chemische Wissenschaft noch nicht die Reputation älterer Disziplinen erreicht hatte, hielt sie – jedenfalls in offiziellen Bekundungen – die Fahne der zweckfreien Forschung hoch. Unterhalb dieser ideologischen Ebene jedoch begann sich in Teilen der Hochschulchemie eine intensive Kooperation mit der Industrie zu etablieren, die mit der Zeit wachsende Selbständigkeit gewann und dann auch öffentlich gemacht wurde.

Bevor die chemische Industrie in den achtziger Jahren eigene größere Forschungskapazitäten aufbaute, war sie besonders bei der Entwicklung neuer Farbstoffe auf die Zusammenarbeit mit der Hochschulchemie angewiesen. Die einzelnen Firmen bemühten sich, Professoren einschließlich ihrer Institute und Mitarbeiter an sich zu binden, sei es durch vertragliche Absprachen oder durch ein Netz formeller und informeller Kontakte. So arbeitete die Agfa eng mit von Hofmann und die BASF mit von Baeyer zusammen. Die Firmen kauften an den Hochschulen entwickelte Verfahren auf, finanzierten dort Forschungsarbeiten, belieferten die Institute umsonst mit Stoffen, schlossen mit den Professoren Beraterverträge, benannten sie als Gutachter in Patentprozessen oder beriefen sie in ihre Kontrollgremien. Die Professoren ließen Industriechemiker in den Hochschullaboratorien arbeiten, vergaben von den Firmen vorgeschlagene Dissertationsthemen und boten Forschungsergebnisse, die sie für industriell verwertbar hielten, zunächst der ihnen nahestehenden Firma an. Die Chemieunternehmen stellten bevorzugt Chemiker ein, die bei jenen Professoren studiert hatten, welche mit der Firma zusammenarbeiteten.

Obwohl an der Gründung von Teerfarbenfabriken in Deutschland in den sechziger Jahren häufiger studierte Chemiker beteiligt waren, lag hierin keine unbedingte Notwendigkeit. Verfahren für die Herstellung von Farbstoffen konnten von den damals noch führenden englischen und französischen Fabriken gekauft werden,

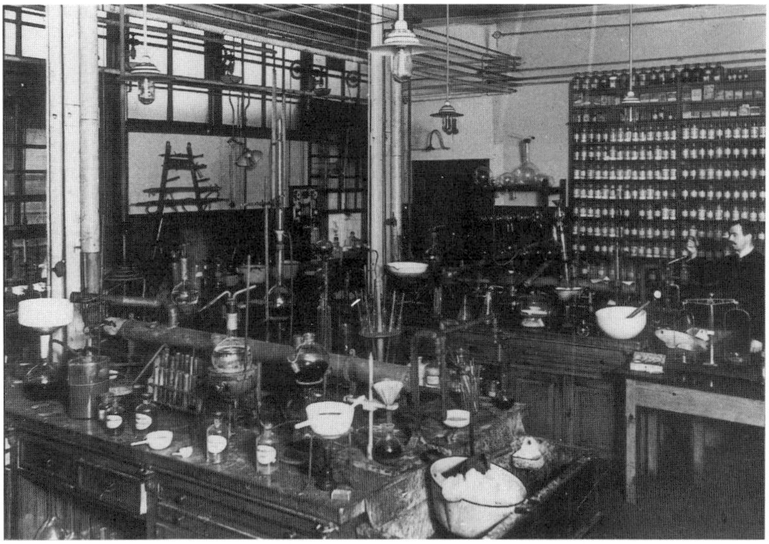

185. Farbstofflabor der Firma Hoechst. Photographie, um 1900. Frankfurt am Main, Firmenarchiv Hoechst AG. – 186. Laboratorium der Firma Bayer in Elberfeld. Photographie, um 1911. Leverkusen, Bayer AG

und für die Einrichtung und Kontrolle der Produktion reichten handwerkliche technologische Kenntnisse aus. Die Zahl der studierten Chemiker in den großen Farbenfabriken war denn auch in dieser Zeit noch außerordentlich gering und stieg bei den Größten der Branche erst in den achtziger Jahren auf einige Dutzend an, um dann in den neunziger Jahren das Hundert zu überschreiten. Jetzt kamen verstärkt auch Ingenieure dazu, besonders bei der verfahrenstechnisch führenden BASF. Vor 1880 fiel den wenigen Chemikern in erster Linie die Aufgabe zu, die Qualität der eingesetzten und produzierten Stoffe zu kontrollieren. Gefragt waren Chemiker mit praktischen Erfahrungen in der Industrie; mit Hochschulabsolventen konnte man weniger etwas anfangen.

Dies änderte sich in den achtziger Jahren. Der Konkurrenzkampf auf dem Farbstoffmarkt spielte sich jetzt zunehmend über die Entwicklung neuer Farben und Herstellungsverfahren ab. Das Patentgesetz von 1877 verschloß den deutschen Firmen den früher üblichen Weg der Imitation und schuf die von ihnen bald virtuos genutzte Möglichkeit, eigene Patente zur Eroberung und Kontrolle von Märkten einzusetzen. Die Firmen reagierten auf diese Situation, indem sie selber Laboratorien einrichteten, die jetzt nicht mehr der Qualitätskontrolle, sondern in erster Linie der Farbstofforschung dienten. Das Farbstofflabor gewann eine strategisch zentrale Funktion für die Sicherung des wirtschaftlichen Wohlergehens der Firma. Um die Jahrhundertwende spezialisierte sich das Forschungslabor in Abteilungen für Pharmazie, Bakteriologie, anorganische oder photographische Produkte. Um die Laboratorien herum schufen die Unternehmen eine der Forschung zuarbeitende Infrastruktur mit einer Bibliothek, die Hunderte von Zeitschriften hielt, einer Abteilung, die chemische Literatur in Form von Übersichten auswertete und sie den Chemikern zur Verfügung stellte, und einer Patentabteilung, die die Forscher bei der Patentierung ihrer Ergebnisse unterstützte.

In mittel- und langfristiger Perspektive konnten sich die entstehenden Forschungsfabriken als Herz des Unternehmens verstehen, das den anderen Abteilungen frisches Blut in Form neuer Produkte und Verfahren zuführte und sie am Leben hielt. Eine Analyse der Ergebnisse der Industrieforschung zeigt jedoch, daß diese eher erfolgreich war, wenn es galt, bereits von einer Firma besetzte Felder durch Verbesserungsinnovationen und deren Patentierung abzuschirmen, als bei der Erschließung ganz neuer Bereiche. Die meisten Verfahren, die neue Produktionszweige ermöglichten oder alte grundlegend umstrukturierten, stammten von Hochschulchemikern, selbst wenn sie in der Industrie noch zur technischen und wirtschaftlichen Reife gebracht werden mußten. So ergänzten sich in Deutschland das größere kreative Potential der Hochschulchemie und die besseren Möglichkeiten der Industriechemie zur systematischen, anwendungsorientierten Ausarbeitung von Forschungsergebnissen auf besonders fruchtbare Weise.

Am besten waren die Kenntnisse der in der Industrie eintretenden Hochschulabsolventen zunächst in den Forschungslaboratorien zu verwerten. Darüber hinaus machten die Firmen die jungen Chemiker hier mit den Erfordernissen und Normen eines wirtschaftlichen Unternehmens vertraut. Durch finanzielle Belohnungen für Forschungsergebnisse, die häufig die Gehälter weit übertrafen, schufen die Firmen Leistungsanreize, bemühten sich aber auch um ein Klima der Kooperation durch gemeinsame Besprechungen und Vortragsveranstaltungen. Der Kontrolle dienende Fortschrittsberichte forderte man in immer längeren Zeiträumen ein, zunächst täglich, später jährlich, was die Tendenz zu einer langfristigeren Orientierung der Forschungsarbeiten anzeigt. Nach einigen Jahren in der Forschung gingen die Chemiker in andere Abteilungen wie die Produktion, wo einige wenige mit erfolgreichen Verfahren zum Betriebsleiter und ins höhere Management aufsteigen konnten. Die Konzerne besetzten zahlreiche mittlere und höhere Managementpositionen, selbst wenn manche nicht unbedingt chemische Kenntnisse erforderten, mit promovierten Chemikern, da man diesen soziale Kompetenz für die innere Führung und die Außendarstellung des Unternehmens unterstellte. Um die Jahrhundertwende verlor die Forschung ihre Funktion als betriebliche Durchgangsstation. Nach einem längeren Einführungsprogramm in das Unternehmen konnte ein Teil der jungen Chemiker jetzt direkt in forschungsfernen Abteilungen beginnen. Forschung entwickelte sich auch in der Industrie zur selbständigen Karriere, die sich mit zunehmender Arbeitsteilung leicht als Sackgasse erweisen konnte.

Im Gegensatz zur Chemie fand die elektrotechnische Industrie im Wissenschaftssystem keine etablierte Disziplin als Kooperationspartner vor. Während es also in der Chemie darum ging, die bestehende Wissenschaft für die Probleme der Industrie und für eine Zusammenarbeit zu interessieren, mußte für die Elektrotechnik ein Wissenschaftszweig erst ins Leben gerufen werden. Lehrstühle, Institute und Studiengänge wurden schon in der ersten Hälfte der achtziger Jahre eingerichtet, als die industrielle Starkstromtechnik, die den Anstoß für diese Gründungen gegeben hatte und später die meisten Elektroingenieure beschäftigte, noch ganz in den Anfängen stand. Die Etablierung der Disziplin »Elektrotechnik« an den Hochschulen stellte in erster Linie eine Option auf die Zukunft der industriellen Elektrotechnik dar, ganz anders als die Genese naturwissenschaftlicher Disziplinen, die häufig durch grundlegende theoretische Problemlösungen, also innerwissenschaftliche Gründe, bestimmt wurde.

Bei der Einrichtung von Lehrstühlen, Instituten und Studiengängen ging im internationalen Vergleich Deutschland voran, das Land, wo die Überzeugung von den positiven wirtschaftlichen Auswirkungen der Investitionen in Bildung und Wissenschaft am größten war; die USA folgten in kurzem, Frankreich und Großbritannien in größerem Abstand. Die Institutionalisierung der Elektrotechnik als Wissenschaft wurde durch die Gründung von Fachzeitschriften und wissenschaftlichen Gesellschaften gefestigt. In ihrer Frühzeit lehnte sich die Elektrotechnik an die älteren Wissenschaften an, die bei ihrer Geburt Pate gestanden hatten, vor allem an die Physik und den Maschinenbau. Aus der Physik stammte das experimentelle Arbeiten in Laboratorien. Die elektrotechnische Industrie half den Instituten bei der Ausstattung mit elektrischen Maschinen, denn nur so waren diese in der Lage, die Lehre praxisnah zu gestalten und nicht bei der theoretischen physikalischen Elektrizitätslehre stehenzubleiben. Der Maschinenbau nahm in den Studienplänen einen breiten Raum ein.

Die überwiegende Mehrzahl der Absolventen ging in die elektrotechnische Industrie und in die Elektrizitätsversorgungsunternehmen, wo sie elektrische Maschinen konstruierten und bauten oder elektrische Anlagen projektierten, errichteten und betrieben. Wie auch die Chemieindustrie beschäftigte die Elektroindustrie einen größeren Anteil an Akademikern als andere Sparten. Im Vergleich zur Chemie kamen in der Elektrotechnik mehr grundlegende wissenschaftliche Beiträge von Industrieingenieuren. Eine Arbeit in den Versuchs- und Entwicklungsabteilungen der Firmen vermittelte als Voraussetzung für theoretische Aussagen einen reichen Schatz an Erfahrungen mit elektrischen Maschinen und Anlagen, der in den Hochschullaboratorien mit ihrer beschränkten Ausstattung kaum zu erwerben war. Deshalb übertraf auch der personelle Austausch zwischen Hochschule und Wissenschaft den in der Chemie. Die Hochschulen beriefen kaum einen Professor der Elektrotechnik, der nicht über eine längere Praxis in der Industrie verfügte. Und zahlreiche Hochschullehrer gingen nach einigen Jahren wieder als leitende Mitarbeiter in die Industrie zurück. Wenn die Hochschulprofessoren als Berater für die Industrie oder für kommunale und regionale Körperschaften tätig wurden, dann befaßten sie sich vorzugsweise mit der Konzipierung elektrotechnischer Anlagen, bei der sie ihre theoretischen Kenntnisse besser einsetzen konnten als bei der Ausarbeitung im Detail oder gar beim Bau elektrischer Maschinen, einem Feld, auf dem sie den Industrieingenieuren nicht das Wasser reichen konnten.

Das technische Schlüsselproblem für den Durchbruch der industriellen Starkstromtechnik lag in der Entwicklung funktionsfähiger und wirtschaftlicher elektrischer Maschinen. Solche um 1830 einsetzenden Entwicklungsarbeiten wurden zwar aufgrund der Entdeckung technischer Prinzipien durch Wissenschaftler, wie jene der magnetelektrischen Induktion durch Michael Faraday, ausgelöst, doch die Wissenschaft spielte bei den Bemühungen um die Ausarbeitung dieser Prinziplösungen zu marktfähigen Maschinen nur eine geringe Rolle. Die Industrie entwickelte ihre Maschinen durch die Kumulation praktischer Erfahrungen nach dem Prinzip von Versuch und Irrtum. Dies begann sich um die Mitte der achtziger Jahre allmählich zu ändern, als Industrie- und Hochschulingenieure die in den Maschinen ablaufenden elektromagnetischen Vorgänge auf der Basis der Maxwellschen Feldtheorie zu erklären begannen und ihre Erkenntnisse in Berechnungsformeln umsetzten. Dazu gehörten die Analyse der magnetischen Kreise, Theorien der Ankerwicklungen und der Kommutierung sowie Verlustberechnungen. Nach der Jahrhundertwende war eine weitgehende Vorausberechnung elektrischer Maschinen mit Hilfe handlicher Formeln möglich und üblich. Wie andere Zweige der Technik begann der Elektromaschinenbau also mit einer Phase der Empirie und die Wissenschaft hinkte der industriellen Praxis längere Zeit hinterher.

Nicht nur die Elektrotechnik, sondern auch andere technische Wissenschaften, insbesondere die des Maschinenbaus, machten in dieser Zeit eine methodische

Wandlung durch. Die aus sozialen Gründen erfolgte Anlehnung der Technischen Hochschulen an die Universitäten und die Universitätswissenschaften seit der Mitte des 19. Jahrhunderts hatte dazu geführt, daß man technische Vorgänge durch mathematisierte, aus naturwissenschaftlichen Gesetzen abgeleitete Modelle abzubilden suchte. Solche Modelle verfehlten allerdings nur zu häufig die Komplexität der technischen Wirklichkeit. Um die Jahrhundertwende begannen die Ingenieurwissenschaftler, in der industriellen Praxis kumulierte Erfahrungen gezielter in ihre Modelle zu integrieren und mit ihrer Hilfe Lücken im Stand der wissenschaftlichen Erkenntnis auszufüllen. Vor allem aber ermöglichte es jetzt die Ausstattung der Technischen Hochschulen mit Maschinenbaulaboratorien und Versuchsfeldern, systematische Experimente mit praxiserprobten Maschinen durchzuführen und die dabei gewonnenen Ergebnisse ebenfalls zur Anreicherung der ingenieurwissenschaftlichen Modelle zu nutzen. Erst die Zusammenführung aus naturwissenschaftlichen Gesetzen abgeleiteter technischer Regeln mit Ergebnissen aus systematischen Experimenten unter Berücksichtigung der in der industriellen Praxis angewachsenen Erfahrung brachte den Technikwissenschaften ihre methodische Eigenständigkeit und emanzipierte sie damit von dem naturwissenschaftlichen Leitbild.

Bis um 1900 blieb Grundlagenforschung weitgehend eine Domäne der Hochschulen. Die Aufgabe der in der Industrie angestellten, wissenschaftlich ausgebildeten Kräfte lag darin, neue Produkte und Verfahren zu entwickeln. Wenn einzelne Firmen in der Eisen- und Stahlindustrie oder in der Petroleumindustrie über Laboratorien verfügten, dann dienten diese in erster Linie der Durchführung von Material- und Stoffprüfungen, obschon man einzelne Arbeiten durchaus als angewandte Forschung interpretieren kann. Die Elektroindustrie baute von vornherein auf Forschungs- und Entwicklungsarbeiten auf. In den von Thomas Alva Edison 1876 in Menlo Park, New Jersey, eingerichteten Laboratorien arbeiteten Spezialisten aus mehreren technischen und naturwissenschaftlichen Disziplinen gleichzeitig an einer Vielzahl von Problemen. In der Edisonschen Erfindungsfabrik ging es aber nicht um die Gewinnung von Erkenntnissen um ihrer selbst willen, sondern um Technikentwicklung mit dem Ziel der industriellen Anwendung. Empirische Arbeiten rangierten weit vor abstrakten theoretischen Überlegungen – eine Rangfolge, die in dieser Zeit einzig erfolgversprechend war.

Auch wenn einzelne Angestellte und Abteilungen in den entstehenden elektrotechnischen Großfirmen schon Untersuchungen durchführten, die man der angewandten oder der Grundlagenforschung zurechnen kann, so überführten doch erst Großkonzerne wie General Electric und AT&T diese Ansätze der Industrieforschung nach der Jahrhundertwende in festere institutionelle Formen. Dahinter standen zahlreiche Motive. Die genannten Elektrokonzerne waren mit Basisinnovationen wie Glühlampen, städtischen Elektrizitätszentralen oder dem Telephon groß geworden, mit Innovationen, aus denen mit der Zeit riesige technische Netzwerke erwuchsen. Teilweise beruhte der wirtschaftliche Aufstieg der Unternehmen auf Patentbesitz, mit dem es ihnen gelang, Konkurrenten auszuschalten oder zumindest deren Entwicklung zu beeinträchtigen. Die Schlüsselpatente waren inzwischen jedoch ausgelaufen, so daß der Konkurrenzdruck wuchs. In manchen industriellen Bereichen stellte der schnelle und nur schwer einzuschätzende technische Fortschritt, etwa bei der drahtlosen Telephonie, ökonomische Positionen in Frage, die auf einer traditionellen Technik, beispielsweise der leitungsgebundenen Telephonie, basierten. Hinter der Einrichtung und dem Ausbau von Forschungskapazitäten konnte also die Strategie stehen, sich an die Spitze des technischen Fortschritts zu setzen, um von dort aus die Konkurrenz niederzuhalten. Mit dieser Strategie machte man sich gleichzeitig unabhängiger von den freien Erfindern, deren Patente man bislang aufgekauft hatte, wenn sie die technischen Interessen des Unternehmens tangierten. Funktionierte diese Politik im allgemeinen gerade bei den Großen der Branche ausgezeichnet, so bestand doch immer die Gefahr, daß Schlüsselpatente in die Hände der Konkurrenz fielen. Wie in der Chemieindustrie bereiteten auch in den Elektrokonzernen die Forschungslabors vor dem Ersten Weltkrieg nur den Weg für eine Expansion der Industrieforschung während der Zwischenkriegszeit. Zunächst konnten sich nur die Größten jener Industriezweige, in welchen der wirtschaftliche Konzentrationsprozeß am weitesten fortgeschritten war, eigene Forschungseinrichtungen leisten. Unter solchen Auspizien kann es nicht verwundern, daß die Anfänge der modernen Industrieforschung in Deutschland in der chemischen Industrie und in den USA in der Elektroindustrie lagen.

Um die Jahrhundertwende ließ sich die Konzernspitze von General Electric, 1892 durch Zusammenschluß der Thomson-Houston Company mit dem Edison-Konzern entstanden, überzeugen, die bereits bei den einzelnen Tochterfirmen bestehenden Forschungs- und Entwicklungsabteilungen durch ein zentrales Forschungslabor zu ergänzen und zu erweitern. Die Entscheidung bezog ihr wichtigstes Motiv aus der technischen Konkurrenz, die der Kohlefadenlampe drohte, welche nicht nur den Aufstieg Edisons begründet hatte, sondern immer noch die bedeutendste Gewinnquelle der Firma war. Die Konzernleitung zeigte sich zwar bereit, dem 1901 eröffneten Zentrallabor größere Freiheiten bei der Wahl der Forschungsfelder und des methodischen Vorgehens einzuräumen, doch dies geschah unter der Voraussetzung, daß sich die Resultate auch für das Unternehmen auszahlten. Von den schon vorher im Konzern durchgeführten Entwicklungsarbeiten unterschied sich das Vorgehen der neuen Forschungsabteilung dadurch, daß man die Probleme auf breiterer Front in Angriff nahm und auch Forschungen Raum ließ, deren wirtschaftliche Verwertung in weiter Ferne lag. Das zentrale Labor enttäuschte die Erwartungen nicht. Es verbesserte nicht nur die Kohlefäden für die Glühlampen, sondern entwickelte auch ein wichtiges Verfahren für die Herstellung von Glühfäden aus Wolfram sowie von gasgefüllten Lampen.

Diese Erfolge festigten die Positionen der Mitarbeiter des Forschungslabors und eröffneten ihnen die Möglichkeit, sich mit der Röhren- und der Röntgentechnik auf neue Felder zu wagen. Die Arbeiten für Zukunftsprodukte, mit der Hoffnung unternommen, eventuell später neue industrielle Anwendungsbereiche erschließen zu können, ergänzten die eher defensive Politik, durch Forschung eine marktbeherrschende Position zu verteidigen. Die Abteilung konnte jetzt ihre Forschungsziele langfristiger festlegen und zugleich Abschweifungen in entlegene Bereiche zulassen. Doch sie verstand sich auch als Feuerwehr innerhalb des Konzerns, wenn in anderen Abteilungen technische Probleme auftauchten. Besaß das Zentrallabor bereits 1906 mehr als 100 Mitarbeiter, so stieg diese Zahl bis 1916 auf 160, darunter 78 Wissenschaftler; der Etat belief sich in diesem Jahr auf über eine halbe Million Dollar. 1915 bezog die Abteilung einen Neubau, der 300.000 Dollar gekostet hatte, damals vielleicht das am besten ausgestattete Labor der Welt.

Die leitenden Forscher kamen meist aus den Naturwissenschaften, besonders aus der Physik und der Chemie, mehrere hatten in Deutschland studiert. Ingenieure arbeiteten eher auf der mittleren Ebene. Nur eine kleine Minderheit der naturwissenschaftlichen Universitätsabsolventen fand damals eine Stelle in der Industrie, die meisten gingen in den Staatsdienst. Doch Stellen in der Industrieforschung konnten für einen bestimmten Typ des Naturwissenschaftlers außerordentlich attraktiv sein. Die Ausstattung mit Personal und Geräten war besser als an den Universitätslaboratorien, Lehrverpflichtungen entfielen, die Gehälter lagen höher. Die Erfindungen gingen zwar ins Eigentum des Unternehmens über, bei einer meist großzügigen finanziellen Abfindung, aber die Industriewissenschaftler konnten ohne weiteres unter ihrem Namen publizieren, wenn eine Überprüfung ihrer Arbeiten ergab, daß sie keine geheimzuhaltenden Informationen enthielten.

Als 1893 die Grundpatente Bells für das Telephon ausliefen, ging die Firma schweren Zeiten entgegen. Zahlreiche konkurrierende Telephongesellschaften jagten ihr im folgenden Jahrzehnt die Hälfte ihres Marktanteils ab. Nach 1907 begann unter einem neuen Management eine Reorganisation von AT&T, jetzt die Dachgesellschaft des Konzerns, die auch die Forschung betraf. Zunächst straffte das Management die Forschungs- und Entwicklungsarbeiten der einzelnen Tochterunternehmen, legte Teile davon zusammen und richtete deren Arbeiten an dem Ziel der Typisierung und Standardisierung aus. Den Ausbau der Grundlagenforschung 1911 veranlaßten die von kleinen Entwicklungsgesellschaften mit großer publizistischer Lautstärke verkündeten Möglichkeiten der drahtlosen Telephonie. Die Konzernspitze sah sich mit der Gefahr konfrontiert, daß das gesamte technische System, in das Bell und AT&T Milliarden investiert hatten, durch eine neue Technik obsolet werden könnte. Außerdem erkannte man, daß die Verstärkerröhre, ein wichtiges Element für Systeme der drahtlosen Telegraphie und Telephonie, sich möglicherweise auch benutzen ließ, um die Reichweite der drahtgebundenen Telephonie zu vergrößern, die in dieser Zeit etwa die Hälfte der Breite des amerikanischen Kontinents betrug. AT&T ging sogar bis zur öffentlichen Ankündigung, daß man in einigen Jahren von New York bis nach San Francisco werde telephonieren können.

Auf der Forschungsabteilung, die innerhalb der viel größeren technischen Abteilung von Western Electric ihre Arbeit aufnahm, lastete also ein beträchtlicher Erfolgsdruck. Außer an der Verstärkerröhre arbeitete man noch an Verbesserungen von Telephonkabeln, auf denen gleichzeitig Gespräche in beide Richtungen abgewickelt wurden. Auch bei AT&T enttäuschte die Forschungsabteilung die hochgesteckten Erwartungen nicht. Man kaufte die Patente von Lee De Forest (1873–1961) und entwickelte darauf aufbauend eine technisch brauchbare Verstärkerröhre. 1915 fand in den USA das erste transkontinentale Telephongespräch statt. Hatte man so bei AT&T die aus der Defensive heraus gestarteten Forschungs- und Entwicklungsarbeiten erfolgreich abgeschlossen und Entwarnung hinsichtlich der technischen Möglichkeiten der drahtlosen Telephonie gegeben, so übersah man doch die kommerziellen Möglichkeiten des Radios, ein Gebiet, auf dem später andere Erfolge einheimsen sollten. Da die Interessen und Aktivitäten von AT&T enger umgrenzt waren als die von General Electric, konzentrierte die Forschungsabteilung ihre Mittel auf einen kleineren Bereich. Die Zahl der Mitarbeiter stieg von 23 im Jahr 1913 auf 106 im Jahr 1916 bei einem Etat von 250.000 Dollar – ein Zuwachs, der die Erfolge in der Röhrenentwicklung widerspiegelte.

Besonders das Forschungslabor von General Electric regte schon vor dem Ersten Weltkrieg andere Firmen an, selbst Forschungsabteilungen aufzubauen, die sie dann aber ihren eigenen Bedürfnissen entsprechend zuschnitten. Diese industriellen Forschungseinrichtungen, 1917 zählte man schon 375, bildeten in den USA einen Teil einer vielfältigen Forschungslandschaft. Neben von mehreren Firmen oder einer Branche finanzierten Forschungsinstituten gab es private, die Untersuchungen im Auftrag kleinerer Firmen durchführten, weil diese sich keine eigenen Forscher und Labore leisten konnten. Zu den bekanntesten privaten Forschungsinstituten gehörte das 1886 von Arthur D. Little (1863–1935) in Boston eingerichtete, das vor allem für Chemiefirmen arbeitete. Die Universitäten forcierten nach der Jahrhundertwende ebenfalls ihre Bemühungen um Forschungsaufträge aus der Industrie, wobei sie häufiger auf das deutsche Vorbild verwiesen. An manchen Hochschulen nahmen die Beziehungen zur Industrie ein solches Ausmaß an, daß sie, wie das Massachusetts Institute of Technology 1905 mit der Division of Industrial Cooperation, eigene Abteilungen für die Pflege dieser Kontakte einrichteten. Daneben schlossen zahlreiche Professoren private Beraterverträge mit Industriebetrieben ab. Wie es der amerikanischen Tradition entsprach, hielt sich der Staat bei der Finanzierung der Hochschulen und der Forschung eher zurück. In Deutschland dagegen finanzierte der Staat die Technischen Hochschulen und die Universitäten zum überwiegenden Teil. Als die Industrie den Universitäten, die sie um Finanzierung von Forschungsarbeiten angingen, die kalte Schulter zeigte, begann der Staat, die Förderung der Grundlagenforschung als seine originäre Aufgabe zu definieren. Konkret erwuchs daraus die Gründung der Kaiser-Wilhelm-Institute.

Nicht nur auf der institutionellen Ebene komplizierten sich in der Zeit vor dem Ersten Weltkrieg die Beziehungen zwischen Wissenschaft, Technik und Industrie. Auch die Wechselwirkungen bei der Technikentwicklung waren viel komplexer, als die gängigen Klischees von einer »Verwissenschaftlichung der Technik« oder gar von »Technik als angewandter Naturwissenschaft« glauben machen könnten. Häufig spielte sich das Wechselverhältnis nach folgendem Schema ab: Naturwissenschaftler gelangten durch Zufall, durch systematisches Experimentieren oder aufgrund theoretischer Überlegungen zu Ergebnissen, aus denen sich Prinziplösungen für technische Probleme ableiten ließen. Die Ausarbeitung der Prinziplösungen zu technisch funktionsfähigen und wirtschaftlich brauchbaren Maschinen und Verfahren erfolgte dann in einem langwierigen und aufwendigen Prozeß durch praktisch oder theoretisch ausgebildete Techniker in der Industrie, wobei empirische Vorgehensweisen dominierten und theoretische Überlegungen ganz in den Hintergrund traten. Man entwickelte ein Know-how, das ausreichte, um Maschinen und Anlagen zu bauen und zu betreiben, ohne deren Wirkprinzipien in allen Einzelheiten verstehen und erklären zu können. Mit ihrer Technikentwicklung stellte die technisch-industrielle Praxis den Natur- und Technikwissenschaften wieder eine Fülle theoretischer Probleme, die diese allmählich lösten, ohne damit immer einen konkreten Beitrag für die Verbesserung der Technik zu leisten. In dieses Schema lassen sich die Entwicklung elektrischer Maschinen, der drahtlosen Telegraphie oder auch die Herstellung von Teerfarben einordnen. Andere Techniken wie die Verbrennungskraftmaschinen gelangten in dem hier behandelten Zeitraum nicht über die Phase der empirischen Entwicklung hinaus. Die entscheidenden Parameter für die Motorenentwicklung, nämlich die Verbrennungsvorgänge und die Gemischverteilung, konnten mit den damals zur Verfügung stehenden Meßmethoden noch nicht untersucht werden. Im Gegensatz hierzu und eher als Ausnahme bildeten theoretische Erkenntnisse für manche technischen Lösungen eine notwendige Voraussetzung. So wären die von Campbell und Pupin zur Erhöhung der Reichweite von Telephonleitungen vorgeschlagenen Induktionsspulen ohne die Rezeption und Anwendung der Maxwellschen Theorie kaum denkbar gewesen.

Maschinenwelt und Fabrikorganisation

Das soziale System der Fabrik und sein Gefüge aus miteinander zusammenwirkenden Kraft- und Arbeitsmaschinen bildeten zentrale Konstituenten der Industriellen Revolution. Fabriksystem und Industrielle Revolution entstanden auf der Basis der Jahrhunderte alten Technik der Wasserkraftnutzung. Wasserräder trieben über komplizierte Transmissionen die in den Fabrikhallen aufgestellten Arbeitsmaschinen an. Standen so die Wasserkraftmaschinen an der Wiege der Industrialisierung, so wäre das industrielle Wachstum im 19. Jahrhundert ohne die verstärkte Erschließung von Kohle als Primärenergieträger durch die Dampfmaschine nicht möglich gewesen. Wo Kohle reichlich vorhanden und Wasserkraft knapp war, wie in England, verwies die Kohle die Wasserkraft bereits in den ersten Jahrzehnten des 19. Jahrhunderts auf den zweiten Platz, in wasserkraftreicheren Ländern wie in Frankreich und in den USA dauerte dies einige Jahrzehnte länger, und in Staaten mit großen Höhenunterschieden und Niederschlagsmengen, wie der Schweiz, wurde Kohle nie der führende Primärenergieträger.

Obwohl also die Bedeutung der die Kohle nutzenden Dampfmaschine je nach Zeit und Raum unterschiedlich zu veranschlagen ist, wurden für die Zeitgenossen Dampf und Dampfmaschine schon früh zu Symbolen der Industrialisierung und des Fortschritts, die sie in historisierenden metaphorischen Darstellungen feierten. Einen besonders einschneidenden Bruch nahmen sie wahr, als die Vormachtstellung der Kolbendampfmaschine in der zweiten Hälfte des 19. Jahrhunderts von zwei Seiten aus angegriffen wurde. Bei der Dampfmaschine waren die Erzeugung des Dampfes im Kessel und seine Nutzung im Arbeitszylinder getrennt. Die Trennung erforderte nicht nur einen beträchtlichen apparativen Aufwand, sondern brachte auch Energieverluste auf dem Weg des Dampfes vom Kessel zum Arbeitszylinder mit sich. Das Bestreben Hunderter von Erfindern im 19. Jahrhundert ging dahin, diese systemischen Nachteile der dampfbetriebenen Kolbenmaschinen zu vermeiden und eine Kraftmaschine zu entwickeln, bei der die Verbrennung im Arbeitszylinder stattfindet. Die ersten erfolgreichen Verbrennungskraftmaschinen, die zunächst mit Gas betrieben wurden, kamen in den sechziger Jahren auf den Markt. Später erschlossen der Otto- und der Diesel-Motor, zwei Typen, die bekanntlich bis zur Gegenwart überragende Bedeutung besitzen, den Verbrennungskraftmaschinen neue Anwendungsfelder.

Ein weiterer grundsätzlicher Nachteil der Dampfmaschinen wie aller Kolbenmaschinen liegt darin, daß bei der hin- und hergehenden Bewegung des Kolbens hohe Massenkräfte auftreten. Die seit den achtziger Jahren zur industriellen Reife entwikkelten Dampfturbinen hatten den Vorteil, daß sie den Druck und die Expansion des Dampfes in eine Kreisbewegung umwandelten. Nach 1900 verdrängten in den Elektrizitätswerken die Dampfturbinen die Dampfmaschinen in geradezu atemberaubendem Tempo. Die Ingenieure empfanden damals das herannahende Ende des Zeitalters der Dampfmaschine als das Ende einer Epoche. So gravierend erschien ihnen dieser Einschnitt, daß sie sich, von ihrem Selbstverständnis her eigentlich mehr der Zukunft und dem technischen Fortschritt verpflichtet, dazu hinreißen ließen, die technische Tradition durch historische Publikationen und Museumsgründungen zu sichern.

Das solche technikgeschichtlichen Anstrengungen noch bestimmende Leitbild des die Welt verändernden genialen Erfinders hatte inzwischen in der industriellen Wirklichkeit eine Konkurrenz durch den technischen Organisator erhalten. Nicht isolierte Maschinen und Verfahren bildeten den Gegenstand seiner Arbeiten, sondern das komplexe, aus Menschen und Maschinen bestehende soziotechnische System der Fabrik. »Rationalität«, »Effizienz« und »Wirkungsgrad« hießen die Zauberwörter, die die Reorganisationen in den Fabriken anleiten sollten. Wenn Angehörige der technischen Intelligenz heute noch einem zum Abschied »einen guten Wirkungsgrad« wünschen, dann zeigt dies die Beständigkeit dieser Leitvorstellungen. In seiner allgemeinsten Fassung lautete das allen Rationalisierungsüberlegungen zugrunde liegende Prinzip, mit einem möglichst geringen Aufwand einen möglichst hohen Ertrag zu erzielen. Rationalisierungsmaßnahmen konnten an ganz unterschiedlichen Punkten ansetzen: an der technischen Ausstattung des Unternehmens, an der Quantität und Qualität der Arbeit oder an der Organisation der Produktion. Von Ingenieuren und Kaufleuten getragene Bemühungen um Verbesserungen der Input-Output-Relationen innerhalb der Firmen wuchsen in den Jahrzehnten vor dem Ersten Weltkrieg besonders in den USA zu einer breiten Bewegung an. Lehre und Werk von einigen Exponenten dieser Rationalisierungsbewegung, beispielsweise von Frederick W. Taylor (1856–1915) und Henry Ford (1863 bis 1947), entzündeten Diskussionen, die auch in der Gegenwart noch nicht an ihr Ende gekommen sind.

Die Innovation der Verbrennungskraftmaschinen

Die Dampfmaschinen als die dominierenden Kraftmaschinen im 19. Jahrhundert besaßen wegen des Arbeitsmediums Dampf und wegen der räumlichen Trennung von Dampferzeugung und -nutzung einen relativ geringen Wirkungsgrad, der sich bei kleineren Maschinen weiter reduzierte. Dazu kamen weitere Nachteile: Bei den

187. Gasmotor von Lenoir auf der Pariser Weltausstellung 1867. Holzschnitt in »L'Exposition Universelle de 1867«. München, Deutsches Museum

unter hohem Druck stehenden Dampfkesseln bestand Explosionsgefahr, weswegen sie in den einzelnen Staaten unterschiedlich strengen Vorschriften unterlagen. Für diskontinuierlichen Betrieb waren Dampfmaschinen weniger geeignet, da der Kessel immer erst angeheizt werden mußte.

Es kann deshalb nicht verwundern, daß sich Hunderte von Technikern und Tüftlern auf die Suche nach einer der Dampfmaschine überlegenen Kraftmaschine machten. Ein Erfolg versprechendes Betriebsmittel schien Leuchtgas zu sein, das seit den zwanziger Jahren aus Steinkohle gewonnen wurde. Von den zahlreichen Ideen und Konzeptionen für Gasmaschinen – man dachte auch schon an ihre Verwendung als Fahrzeugmotor – gelangten nur wenige in das Stadium eines funktionsfähigen Prototyps. Die erste Konstruktion, die in größeren Stückzahlen gebaut wurde, stammte von dem in Paris arbeitenden luxemburgischen Erfinder und technischen Autodidakten Jean Joseph Étienne Lenoir (1822–1900). Pariser Maschinenbaufirmen verkauften von dem Anfang der sechziger Jahre von Lenoir der Öffentlichkeit vorgestellten Motorentyp bis in die achtziger Jahre hinein mehrere hundert Maschinen. Bei der Lenoirschen Konstruktion handelte es sich um einen doppeltwirkenden Zweitakter, das heißt, das unverdichtete Gas-Luft-Gemisch wurde abwechselnd auf beiden Seiten des Scheibenkolbens elektrisch gezündet. War bereits das doppeltwirkende Prinzip von den Dampfmaschinen her bekannt, so lehnte sich auch die Steuerung des Motors, mit Exzentern und Flachschiebern, an die Dampfmaschine an. Die Zündung erfolgte etwa in Zylindermitte, bei relativ hoher Geschwindigkeit des Kolbens. All dies führte zu hohen mechanischen Belastungen des Motors, der deshalb nur in kleinen Leistungsklassen zwischen einem

Viertel und vier Pferdestärken erfolgreich gebaut wurde. Der Lenoir-Motor besaß einen außerordentlich hohen Verbrauch, sowohl an Gas, vor allem im Teillastbetrieb, an Öl für das Schmieren und Kühlen der Scheiben als auch an Strom und damit Batterien für die Zündung. Insgesamt waren die Betriebskosten zwei- bis dreimal so hoch wie bei Dampfmaschinen gleicher Leistung. Der Motor konnte sich denn auch nur, und zwar besonders in Frankreich und England, in Anwendungsnischen durchsetzen, wo die Vorteile des diskontinuierlichen Betriebs die Kostennachteile überwogen.

Der partielle Erfolg des Lenoir-Motors rief großes Aufsehen hervor und regte andere Erfinder zu weiteren Arbeiten an, darunter den Kaufmann Nikolaus August Otto (1832–1891), wie Lenoir ein technischer Autodidakt. Die Versuche, den Lenoir-Motor zu verbessern, gab Otto aber bald wieder auf und wandte sich einem Funktionsprinzip zu, das vor ihm schon andere Gasmaschinenkonstrukteure der Dampfmaschine entlehnt hatten. Nachdem Otto sich mit dem rheinischen Unternehmer und studierten Maschinenbauingenieur Eugen Langen (1833–1895) zusammengetan hatte, entwickelte er seine Idee einer atmosphärischen Gasmaschine bis 1867 zur technischen Reife. Hinter der Wahl des atmosphärischen Prinzips stand die Überlegung, daß die mechanischen Belastungen der Maschine, ein kritischer Punkt bei den frühen Konstruktionen, nicht so groß wären, wenn die Arbeit nicht durch den Explosionsstoß, sondern durch den atmosphärischen Druck verrichtet würde. Bei Ottos atmosphärischer Gasmaschine wurde der Kolben mechanisch gehoben und saugte dabei ein Gas-Luft-Gemisch an. Die Zündung – Otto verwendete eine schiebergesteuerte Flammenzündung – schleuderte den Kolben und die noch nicht mit der Arbeitswelle verbundene gezahnte Kolbenstange nach oben. Der Kolben wurde abgepuffert, die Kolbenstange kuppelte an die Arbeitswelle an, und der entstandene Druckunterschied trieb den Kolben nach unten. Ein Schlüsselproblem der Konstruktion, die Kupplung, löste Eugen Langen durch eine Freilaufkupplung mit Klemmrollen, wobei ein bei Nähmaschinen benutztes Teil die entscheidende Anregung gab.

Die Maschine lief unregelmäßig und verursachte einen Höllenlärm. Trotzdem verkaufte sie sich gut, nachdem Vergleichsmessungen gezeigt hatten, daß sie nur ein Drittel der Gasmenge eines gleich starken Lenoir-Motors verbrauchte. Bis in die achtziger Jahre konnten die von Otto und Langen gegründete Gasmotorenfabrik Deutz und vor allem englische Lizenznehmer mehr als 5.000 Motoren absetzen. Die atmosphärischen Gasmaschinen wurden im Leistungsbereich zwischen einem Viertel und drei Pferdestärken geliefert. Mit dem Versuch, stärkere Mehrzylindermaschinen zu bauen, scheiterte Deutz. Auch die Leistung der Einzylindermaschine war nicht zu steigern, da die auftretenden Massenkräfte zu groß wurden und man Maschinenhöhen von über vier Meter hätte in Kauf nehmen müssen.

Während die Dominanz der Dampfmaschinen in den großen Leistungsklassen

188. Montagehalle für Ottos atmosphärische Gasmaschinen der Motorenfabrik Deutz. Photographie, 1875. Köln, Unternehmensarchiv KHD

unbestritten blieb, erhielten sie jetzt in den kleineren Leistungsklassen Konkurrenz durch die Gasmaschinen, aber auch durch andere Kraftmaschinen. In den siebziger Jahren waren kleine Dampfmaschinen mit Leistungen bis herunter zu einer Zwanzigstel Pferdestärke auf dem Markt, die nicht nur mit festen Brennstoffen, sondern auch mit Gas und Petroleum betrieben wurden, was die Anheizzeit auf ein Minimum reduzierte. Man legte Wert auf kompakte Bauweise mit einem am Kessel angebrachten oder sogar im Kessel liegenden Zylinder. Ein internationaler Vergleich zeigt, daß die Verbreitung dieser Kleindampfmaschinen entscheidend von der Strenge der behördlichen Auflagen abhing. In den USA, wo diese eher lasch gehandhabt wurden, waren die Kleindampfmaschinen in ganz beträchtlichen Stückzahlen verbreitet und wurden von den auf den Markt drängenden neuen Kleinkraftmaschinen kaum gefährdet. Aber auch in Deutschland, dem Land mit den strengsten Vorschriften, gab es selbst in der Blütezeit von Ottos atmosphärischem Motor mehr als doppelt so viele Kleindampfmaschinen im Leistungsbereich unter fünf

Pferdestärken. Zumindest regte die strenge deutsche Dampfkesselüberwachung die Suche nach Alternativen an.

Die neuen Gasmaschinen waren teuer – die kleinste atmosphärische Maschine kostete 1.000 Mark – und besaßen auch im Betrieb keine so großen Vorteile, als daß sie den ohnehin begrenzten Kleinkraftmaschinenmarkt zu usurpieren vermocht hätten. Fuß fassen konnten sie in Marktnischen, wo ihre spezifischen Vorteile zur Geltung kamen und ihre Nachteile nicht so zu Buche schlugen. So kauften Druckereien, die gut mit Kapital ausgestattet waren, Gasmaschinen zum Antrieb ihrer nur von Zeit zu Zeit benötigten Pressen. Und städtische Wasserwerke, die damit die ebenfalls im kommunalen Besitz befindlichen Gaswerke stützten, betrieben ihre Pumpen mit Gasmotoren.

Ohnehin zielten die Gasmaschinen auf ein Marktsegment, in dem sich zahlreiche Konkurrenten tummelten: außer den Kleindampfmaschinen auch Wasserräder, Wasserturbinen, Wassersäulenmaschinen und Heißluftmotoren. Waren die Wasserräder und Wasserturbinen an Flüsse gebunden, so standen einer weiten Verbreitung der an das städtische Netz angeschlossenen Wassersäulenmaschinen die hohen Wasserpreise entgegen. Die bereits in der ersten Jahrhunderthälfte entwickelten Heißluftmaschinen wurden in den siebziger Jahren wesentlich verbessert. Bei ihnen handelte es sich um Kolbenmaschinen mit Luft als Arbeitsmedium. Besonders verbreiteten sich geschlossene Maschinen, bei denen die im Zylinder befindliche Luft abwechselnd erhitzt und gekühlt wurde und derart für die Bewegung des Kolbens sorgte. Doch auch die Heißluftmaschinen wiesen erhebliche Nachteile auf. Die Kolbendichtungen und die aus Gußeisen bestehenden Feuertöpfe unterlagen starkem Verschleiß. Die Öfen für die großen Maschinen mußten in den Arbeitsraum eingemauert werden und strahlten eine große Hitze ab; zudem brauchten die Maschinen enorme Mengen Kühlwasser. Wie die Dampfmaschinen eigneten sich Heißluftmaschinen eher für Dauerbetrieb. Trotzdem verkauften die Hersteller bis 1890 insgesamt 6.000 bis 7.000 Heißluftmaschinen, die meisten davon im Leistungsbereich bis vier Pferdestärken. Bei größeren Leistungen traten Dichtungsprobleme auf. Auch die Heißluftmaschinen konnten sich in erster Linie in Nischen etablieren. So fanden sie eine ideale Anwendung als Pumpmaschinen in ländlichen Garten- und Gemüsebaubetrieben, wo es keine Gasversorgung gab und die Abwärme in den Gewächshäusern genutzt werden konnte.

Damit blieb insgesamt die Verbreitung von Kleinkraftmaschinen, jedenfalls im europäischen Raum, beschränkt. Dies hing nicht nur mit den spezifischen Nachteilen der verschiedenen Maschinentypen zusammen – die ideale Kleinkraftmaschine war noch nicht gefunden –, sondern auch mit der Enge des Marktes. Im Gegensatz zu diesem Befund gaben besonders in Deutschland zahlreiche Ingenieure ihre feste Überzeugung kund, daß nur eine geeignete Kleinkraftmaschine Handwerk und Kleingewerbe aus der Umklammerung durch die Großindustrie befreien könne. Aus gesellschaftspolitischen Überlegungen begrüßten sie deshalb die ersten Gasmaschinen, wie später den Otto-Motor und den Elektromotor, als Rettung des Mittelstandes. Die tatsächliche Verbreitung dieser Motoren und die weitere Entwicklung von Handwerk und Kleingewerbe sprachen diesen Prophezeiungen und Erwartungen Hohn. Beide Gruppen konnten ihre Stellung auch in der Zeit der Hochindustrialisierung zumindest halten, obwohl sie die für ihre Zwecke zu teuren neuen Kleinkraftmaschinen nur in geringem Umfang nutzten. Allerdings erfuhr das Handwerk einen tiefgreifenden Strukturwandel, indem alte Gewerbe verschwanden, neue entstanden und sich der Tätigkeitsschwerpunkt der Betriebe vom Produzieren zum Reparieren verlagerte.

Als die atmosphärischen Gasmaschinen Mitte der siebziger Jahre einen Absatzeinbruch erlebten – wahrscheinlich wirkten hierbei verschiedene Ursachen, wie die Gründerkrise der deutschen Industrie, eine gewisse Marktsättigung und die Konkurrenz der Heißluftmaschinen zusammen –, nahm Otto ältere Arbeiten für einen neuartigen Verbrennungsmotor wieder auf. 1876 konnte er diesen neuen Motor, der später nach ihm benannt wurde, der Öffentlichkeit vorstellen. Das umwälzend Neue dieses Motors lag in dem Viertaktprinzip und der Kompression des Gas-Luft-Gemischs. Daß ein Arbeitshub nur bei jedem vierten Takt stattfand, reduzierte die auf die Motorteile wirkenden mechanischen Belastungen, mit denen die Gasmotorenkonstrukteure bislang gekämpft hatten, und die Verdichtung des Gemischs erhöhte den Wirkungsgrad und damit die Wirtschaftlichkeit des Motors. Otto erkannte zwar die Bedeutung dieser beiden Faktoren, sah aber den Hauptvorteil seines Motors in einer weichen Verbrennung, die er durch die Art seiner Gemischbildung zu erreichen glaubte. Dies war nicht der einzige Fall, daß Erfinder trotz fehlerhafter theoretischer Vorstellungen zu revolutionären technischen Lösungen kamen.

Nach Überwindung einiger Kinderkrankheiten schlug Ottos neuer Motor voll ein. Im Vergleich zu seinen Vorgängern war er robust, sparsam, leise, kompakt und leicht zu bedienen. Außerdem konnten bald auch größere Motoren gebaut werden. Der Otto-Motor beschränkte sich also nicht wie seine Vorgänger auf ein Marktsegment. Doch einer weiten Verbreitung stand vorerst der hohe Preis entgegen. Ein Otto-Motor von einer halben Pferdestärke kostete über 1.000 Mark, einer von vier Pferdestärken über 3.000 Mark. Die Gasmotorenfabrik Deutz verkaufte diese Motoren – 20 bis 30 Prozent gingen in den Export – mit hohem Gewinn und vergab zahlreiche Lizenzen an ausländische Hersteller, die bald größere Stückzahlen produzierten als Deutz selbst. Die Situation änderte sich für die Firma, als ein Gericht Ottos deutsches Patent 1886 aufhob. Der Grund dafür lag darin, daß das Viertaktprinzip bereits in einem früheren Patent beschrieben worden war, ohne daß der Patentnehmer seine Bedeutung erkannt oder Viertaktmotoren gebaut hätte. Viele empfanden diese Gerichtsentscheidung als ungerecht; der Absatz des Motors je-

189. Ottos Viertaktmotor mit Verdichtung. Firmenanzeige der Motorenfabrik Deutz, 1876. München, Deutsches Museum

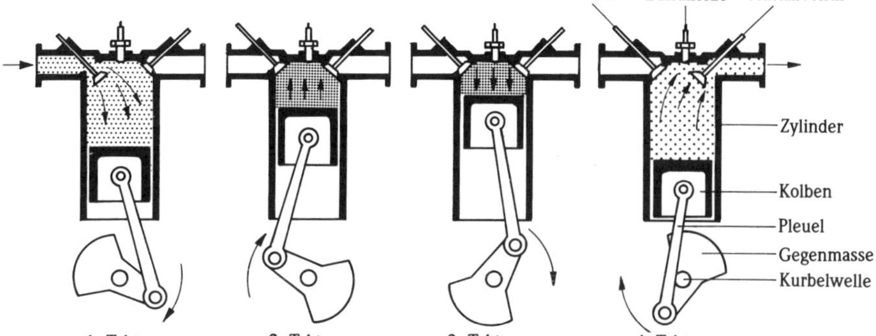

Schema der Arbeitsweise des Viertaktmotors von Otto

doch erhielt neuen Schwung. Mehrere Motorenbauer hatten sich wegen Ottos Patent mit eher mäßigem Erfolg auf den Bau von Zweitaktern verlegt und konnten jetzt auf die sparsameren Viertakter umsteigen. Es ist kein Zufall, daß Daimler und Benz 1886, als Ottos Patent aufgehoben wurde, ihre mit Viertaktmotoren ausgerüsteten Kraftfahrzeuge präsentierten. Jedenfalls nahm die Konkurrenz auf dem Motorenmarkt zu, und auch Deutz mußte seine Preise senken. Indem in den achtziger

Jahren verschiedene Firmen Gasgeneratoren entwickelten und den Otto-Motor auch für Benzin und andere flüssige Brennstoffe modifizierten, war er nicht mehr an die Gasnetze gebunden und konnte flexibler aufgestellt werden.

Der Einsatzbereich des Otto-Motors war nicht auf Pumpstationen, Buchdruckereien und lithographische Anstalten beschränkt. Besonders die mittlere Industrie setzte den Motor als universelle Kraftmaschine ein. Seit den neunziger Jahren verlor er zwar Marktanteile an die Elektromotoren, profitierte aber von der Elektrifizierung, indem kleine Kraftstationen mit Otto-Motoren ausgerüstet wurden oder mittlere und große Elektrizitätszentralen sie als Reservekapazitäten oder zur Abdekkung der Lastspitzen vorhielten – eine Aufgabe, die nach 1900 in zunehmendem Umfang die Diesel-Motoren übernahmen. Seit den neunziger Jahren kauften die Hüttenwerke große Gasmaschinen, die die Hersteller nach der Jahrhundertwende bis zu Leistungen von über 1.000 Pferdestärken entwickelten, um die anfallenden Hochofen-Gichtgase zu nutzen. 1909 waren mehr als 500 Großgasmaschinen in Betrieb und trieben Walzwerke oder Gebläse an. Bis weit nach der Jahrhundertwende übertraf die Zahl der stationären die der in Automobilen befindlichen Motoren. Erst die keimhaften Anfänge der Massenmotorisierung in den USA in den Jahren vor dem Ersten Weltkrieg kehrten dieses Verhältnis um. Dabei hatte gerade in den USA der Otto-Motor als stationäre Maschine mit beträchtlichen Startschwierigkeiten zu kämpfen. Die rationell und in großen Stückzahlen gefertigten Dampf-

190. Großmaschine in der ersten Gasmaschinenzentrale der BASF. Photographie, 1913. Ludwigshafen, Unternehmensarchiv BASF

PATENT-URKUNDE

№ 67207

AUF GRUND DER ANGEHEFTETEN BESCHREIBUNG UND ZEICHNUNG IST DURCH BESCHLUSS DES KAISERLICHEN PATENTAMTES

an Rudolf Diesel, Ingenieur, in Berlin

EIN PATENT ERTHEILT WORDEN.

GEGENSTAND DES PATENTES IST:

Arbeitsverfahren und Ausführungsart für Verbrennungskraftmaschinen.

GESETZ v. 7. APRIL 1891

ANFANG DES PATENTES: 28. Februar 1892.

DIE RECHTE UND PFLICHTEN DES PATENTINHABERS SIND DURCH DAS PATENTGESETZ VOM 7. APRIL 1891 (REICHS-GESETZBLATT FÜR 1891 SEITE 79) BESTIMMT.

ZU URKUND DER ERTHEILUNG DES PATENTES IST DIESE AUSFERTIGUNG ERFOLGT.

Berlin, den 23. Februar 1893.

KAISERLICHES PATENTAMT.

Beglaubigt durch Frank

Bureau-Vorsteher des Kaiserlichen Patentamtes.

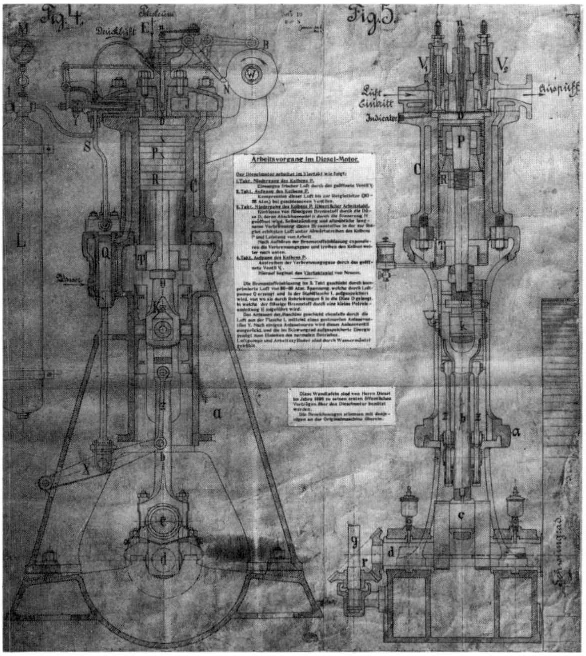

191. Patent für Verbrennungskraftmaschinen. Urkunde für Rudolf Diesel vom 23. Februar 1893. Augsburg, Historisches Archiv der MAN AG. – 192. Von Rudolf Diesel 1898 benutzte Schautafel zur Verdeutlichung der Funktionsweise seines Motors. München, Deutsches Museum

maschinen und später die durch niedrige Strompreise begünstigten Elektromotoren stellten hier eine noch härtere Konkurrenz dar als in Europa. Mit Stückzahlen von weltweit mehreren Hunderttausend im Zeitraum bis 1914 war der Otto-Motor die erste massenhaft verbreitete Verbrennungskraftmaschine, die ihre Bedeutung bis zur Gegenwart – wenn auch hauptsächlich im breiten Bereich des Verkehrs – behalten hat.

Um die Jahrhundertwende kam als weitere Verbrennungskraftmaschine der Diesel-Motor hinzu. Rudolf Diesel (1858–1913), ein studierter Maschinenbauer mit den besten Zeugnissen, sammelte seine ersten Erfahrungen mit der technischen Praxis als Mitarbeiter der Kältemaschinenfabrik Carl von Lindes (1842–1934). Lindes thermodynamische Vorlesungen an der Technischen Hochschule München hatten schon dem Studenten Diesel das Thema gewiesen, das seinen weiteren Lebensweg beherrschen sollte. Linde machte Diesel auf den außerordentlich geringen thermischen Wirkungsgrad der Dampfmaschinen aufmerksam und auf die theoretischen Überlegungen des französischen Physikers Sadi Carnot (1796–1832) zu einem idealen Kreisprozeß. Diesel, ganz auf den thermischen Wirkungsgrad fixiert, beschloß, das Konstruktionsprinzip für einen Motor zu suchen, der den Carnotschen Idealvorstellungen möglichst nahe kommen sollte.

Das von ihm in den Jahren 1892 und 1893 vorgelegte und patentierte Konzept enthielt bereits die meisten Prinzipien der später gefertigten Motoren, aber auch zahlreiche Irrtümer. Der Diesel-Motor sollte Luft komprimieren, also nicht ein Kraftstoff-Luft-Gemisch wie der Otto-Motor. Damit konnte Diesel eine weit höhere Verdichtung vorsehen. In seinen ersten theoretischen Überlegungen ging er von 250 Atmosphären aus, einem Druck, der die Möglichkeiten des damaligen Maschinenbaus weit übertraf; realisiert wurden später 30 bis 40. Danach sollte der Kraftstoff in den Arbeitszylinder eingebracht werden. Diesel zog zunächst verschiedene Brennstoffe in Betracht, darunter Kohlenstaub; bei den ersten Versuchsmotoren benutzte man schließlich Petroleum. Diesel rezipierte zwar später die Selbstentzündung des Brennstoffs aufgrund der Verdichtungshitze der Luft – heute als eines der wichtigsten Prinzipien des Motors angesehen –, hielt diese aber für nicht so wesentlich und experimentierte auch mit Zündkerzen. Entsprechend der Carnotschen Theorie strebte Diesel einen möglichst isothermen, das heißt ohne Temperaturveränderungen ablaufenden Betrieb seines Motors an; bei der Verbrennung fanden tatsächlich Temperaturerhöhungen von etwa 1.000 Grad statt. Aus all diesen Annahmen errechnete Diesel einen thermischen Wirkungsgrad seines Motors von 73 Prozent; der erste funktionsfähige Prototyp erreichte 1897 schließlich 26 Prozent. Das war immer noch viel mehr als bei den besten Dampfmaschinen und Otto-Motoren, die in dieser Zeit bei unter 10 beziehungsweise unter 20 Prozent lagen. Diesel glaubte an einen universellen Motor, der auch als Kleinmotor für Straßenfahrzeuge sowie für Handwerk und Kleingewerbe interessant sein werde. Gebaut wurden bis zum Ersten Weltkrieg nur große, schwere Ausführungen vor allem als stationäre Maschinen. Es war eben damals schwerlich möglich, eine Kraftmaschine theoretisch zu antizipieren. So groß seine Irrtümer im einzelnen waren, so erkannte Diesel doch die Bedeutung der durch die Verwendung von Luft ermöglichten hohen Kompression und setzte mit großer Hartnäckigkeit den Bau seines Motors durch, dessen Wirkungsgrad den aller anderen Wärmekraftmaschinen beträchtlich übertraf. Heute weiß man, daß neben der hohen Verdichtung auch die bei Luftüberschuß erfolgende gute Verbrennung die technische Überlegenheit des Diesel-Motors ausmachte.

Der Weg zur technischen Reife und zum wirtschaftlichen Erfolg sollte aber noch außerordentlich mühsam werden. Diesels theoretische konstruktive Überlegungen fanden von verschiedener Seite Beifall, doch blieben gerade einige prominente Fachleute für Verbrennungsmaschinen skeptisch. So lehnte zu Diesels großer Enttäuschung Eugen Langen für Deutz, wo man sicher die größten Erfahrungen auf diesem Gebiet besaß, eine Kooperation ab. Diesel gewann schließlich mehrere angesehene Firmen für die Entwicklung seines Motors; am erfolgreichsten gestaltete sich die Zusammenarbeit mit der Maschinenfabrik Augsburg. Dieses Unternehmen, das später zur Maschinenfabrik Augsburg-Nürnberg (MAN) fusionierte, hatte

193. Darstellung der Entwicklung des Diesel-Motors bei der Maschinenfabrik Augsburg, 1893, in einem Schaukasten. München, Deutsches Museum

bislang vor allem Dampfmaschinen gebaut und besaß bezeichnenderweise keine Erfahrungen mit dem Bau von Verbrennungskraftmaschinen. In mühsamer und aufwendiger vierjähriger Entwicklungsarbeit gelang es Diesel und den Augsburger Ingenieuren bis 1897 einen funktionstüchtigen Prototyp fertigzustellen. Die Präsentation dieses Typs mit seinem hohen Wirkungsgrad führte geradezu zu einer Diesel-Euphorie. Diesel vergab an weitere deutsche und ausländische Firmen Lizenzen und gründete mit fremdem Kapital eine eigene Motorenfabrik in Augsburg. Der Diesel-Motor schien über dem Berg zu sein.

Empfindlich gedämpft wurde dieser Glaube, als mehrere Kunden nach kurzer Zeit ihre Diesel mit Motorschäden an den Hersteller zurückschickten. Der Motor war für die Belastung eines Dauerbetriebs ohne intensive Wartung noch nicht ausgereift. Schon bei der Konstruktion des Prototyps hatte es sich als größte technische Schwierigkeit erwiesen, den Kraftstoff in den Arbeitszylinder mit seiner hoch komprimierten Luft einzubringen und zu zerstäuben. Man entwickelte hierfür einen Luftkompressor, der den Kraftstoff in den Zylinder blies, und einen aus Messinggaze bestehenden Siebzerstäuber. Der Luftkompressor machte den Motor teurer und so schwer, daß an eine Verwendung in Fahrzeugen nicht mehr zu denken war. Das im Luftpumpenzylinder befindliche Schmieröl konnte sich an der überhitzten Einblasluft entzünden und explodieren. Auch der zur Verschmutzung neigende Siebzerstäuber gehörte zu den Schwachstellen des Motors. Ingenieuren der MAN blieb nichts anderes übrig, als den Motor noch einmal zu überarbeiten. So

194. Amerikanischer Diesel-Motor. Lithographie in »Scientific American«, 1911. München, Deutsches Museum

entwickelten sie unter anderem einen neuen Zerstäuber, der aus zwei mit versetzten Bohrungen versehenen Metallplatten bestand, und gingen zu einer zweistufigen Verdichtung der Einblasluft über. Kurz nach der Jahrhundertwende waren die Kinderkrankheiten des Diesel-Motors überwunden.

In den Jahren 1907 bis 1909, als die Grundpatente Diesels ausliefen, waren bereits mehr als 1.000 Motoren in einem Leistungsbereich zwischen 20 und mehr als 100 Pferdestärken im Einsatz. Die MAN stellte den Dampfmaschinenbau ein und konzentrierte sich ganz auf den Diesel; weitere Firmen nahmen die Fertigung auf. Die Motoren – einige mit einer Leistung von mehreren tausend Pferdestärken – erwiesen sich als langlebig und sparsam, wofür die im Vergleich zu den Dampfmaschinen höheren Investitionskosten in Kauf genommen wurden. Diesel-Motoren ersetzten Dampfmaschinen in kleinen Kraftwerken – in größeren dominierte die Dampfturbine – sowie in Pumpstationen von Wasserwerken und Ölpipelines. Insgesamt mögen im stationären Betrieb vor dem Krieg mehr als 10.000 Diesel-Motoren eingesetzt worden sein, fast die Hälfte davon in Deutschland; der Rest verteilte sich auf zahlreiche Staaten, ohne daß ausgesprochene Schwerpunkte festzumachen sind. Eine weitere Verbreitung fanden auch die schon vor dem Diesel-Motor entwickelten Glühkopfmotoren, bei denen eine Stelle der Brennraumwandung von außen mit einer Gasflamme erhitzt wurde. Der Glühkopf und die Verdichtung führten zusammen zur Zündung.

Im Verkehrsbereich erzielte der Diesel-Motor in der Vorkriegszeit erste Erfolge bei Schiffen und Booten, da hier das Gewicht keine so ausschlaggebende Rolle spielte. Entwicklungsarbeiten an Diesel-Motoren für Lokomotiven und Kraftwagen brachten noch nicht den großen Durchbruch. Mit neuen technischen Lösungen fand dieser erst in der Zwischenkriegszeit statt. Diesel selbst erlebte die Entwicklung seines Motors in neue Anwendungsbereiche hinein nicht mehr. Der wirtschaftliche Niedergang seines Unternehmens in der Diesel-Krise vor der Jahrhundertwende und die schonungslose Aufdeckung seiner Irrtümer bei der Konzeption seines Motors hatten seine Gesundheit zerrüttet. 1913 verschwand er spurlos bei der Überfahrt über den Ärmelkanal; viele vermuten, daß er Selbstmord beging.

Rationalisierung und Massenproduktion

Auch das technisch-ökonomische Konzept der Rationalisierung stammte aus der Erbschaft der Aufklärung und des Rationalismus. Wie sich die Menschen in Wissenschaft und Politik mit Hilfe ihrer Vernunft aus ihrer Unmündigkeit befreit hatten, sollten sie – so lautete jetzt die Aufgabe – ihren Verstand einsetzen, um sich aus den Fesseln der Natur zu lösen und aus Technik und Wirtschaft Nutzen zu ziehen. In seiner allgemeinsten Fassung bedeutete das dabei formulierte ökonomische Rationalprinzip nichts anderes, als mit einem möglichst geringen Aufwand einen möglichst hohen Ertrag zu erzielen. So einleuchtend dieses Prinzip auf den ersten Blick zu sein scheint, so ergeben sich in betriebs- wie in volkswirtschaftlicher Betrachtung doch schnell Schwierigkeiten, wenn man die Frage stellt, an welchen Zielen und Werten die Ergebnisse rationellen Wirtschaftens gemessen und wie die Rationalisierungsgewinne verteilt werden sollen. In der betrieblichen Praxis steht die Verbesserung der Ertragssituation meist an der Spitze, darunter gibt es jedoch eine Fülle weiterer Unternehmensziele, wie die Verbesserung der Marktposition oder eine Erhöhung der Flexibilität, die durchaus auch miteinander konfligieren. Rationalisierungsmaßnahmen können an der Menge des investierten Kapitals, an der Quantität und Qualität der Arbeit oder an den technischen Produktionsmitteln ansetzen, wobei diese Faktoren auf mannigfaltige Weise miteinander zusammenhängen. Hier stehen Verbesserungen von Maschinen und Verfahren mit ihren Auswirkungen auf die Arbeitsqualität sowie arbeitsorganisatorische Veränderungen im Vordergrund der Betrachtung.

Der in der Zeit der Hochindustrialisierung zunehmende nationale und internationale Konkurrenzkampf verstärkte den auf den Unternehmen lastenden Rationalisierungsdruck. Bei den weniger exportabhängigen Firmen in den USA ging der Rationalisierungsdruck vor allem von den Besonderheiten des amerikanischen Binnenmarktes aus. Die allgemeine Knappheit an Arbeitskräften, und zwar besonders an qualifizierten Facharbeitern, und das hohe Lohnniveau veranlaßten die Firmen, Arbeit durch Kapital, das in neue Maschinen und Verfahren investiert wurde, zu ersetzen. Durch solche arbeitssparenden Investitionen verbesserten sie ihre Chancen, sich von dem mit geradezu atemberaubender Geschwindigkeit wachsenden Markt einen größeren Teil einzuverleiben.

Die in den USA während der ökonomischen Depression der siebziger Jahre einsetzende Rationalisierungsbewegung, die nach der Jahrhundertwende mit den Arbeiten von Frederick W. Taylor und Henry Ford einen Höhepunkt erlebte, konnte dabei auf den hohen Stand der amerikanischen Fertigungstechnik aufbauen. Für diese moderne Produktionsweise, die sich im Laufe des 19. Jahrhunderts herausgebildet hatte, bürgerte sich seit den achtziger Jahren die Bezeichnung »American System of Manufacture« ein; das bedeutete Typisierung, Normierung, Präzisionsfertigung und Austauschbau. Die amerikanischen Maschinenbaufirmen führten viel weniger Maschinentypen und sonstige Produkte in ihrem Programm als die europäischen. Dafür produzierten sie größere Mengen, was Investitionen in die Produktionsmittel rentabler machte. Die Normierung von häufiger einzubauenden Maschinenteilen, beispielsweise von Schrauben und Muttern, ergänzte die Typisierung. Solche Bestrebungen gingen meist von marktbeherrschenden Firmen der Investitions- oder Konsumgüterindustrien aus oder von Zulieferern, die zahlreiche kleinere Firmen mit ihren Produkten versorgten. Später nahmen sich Herstellervereinigungen oder Ingenieurorganisationen der Normierung an. Wie auch in den europäischen Industrieländern gewannen in den USA nationale Normierungsinstitutionen erst während des Ersten Weltkrieges und in der Zwischenkriegszeit an Bedeutung. Genormte Maschinenteile machten es möglich, bei spezialisierten Zulieferern zu kaufen. Waren europäische Maschinenbauer auf ihre Fertigungstiefe stolz, so zählte für die amerikanischen in erster Linie der Kostenvergleich zwischen Eigen- und Fremdfertigung.

Wollte man die selbst gefertigten oder auch von Zulieferern bezogenen Teile ohne Nacharbeiten einbauen, so setzte dies eine Präzisionsfertigung mit einer Genauigkeit auf einen Hundertstel Millimeter und weniger voraus. Im klassischen Maschinenbau in der ersten Hälfte des 19. Jahrhunderts wurden die vorgeformten Werkstücke zunächst durch Maschinen spanend bearbeitet und dann, da sie zu ungenau waren, per Hand durch handwerklich hochqualifizierte und gutbezahlte Facharbeiter nachbearbeitet. Auf diese Weise entstanden keine Serien gleicher Machinenteile, wie man sie für einen Austauschbau benötigte, sondern im Grunde genommen Einzelstücke, die nur für eine bestimmte Maschine paßten. Die geringe Zahl der qualifizierten Metallarbeiter stellte besonders in den USA mit ihren wachsenden Märkten immer mehr einen Engpaß dar.

Am frühesten kam man der Austauschbarkeit von Teilen in der ersten Hälfte des 19. Jahrhunderts bei kleinen Feuerwaffen nahe, und zwar durch die Konstruktion von Spezialmaschinen, die Anfertigung von Meßwerkzeugen, mit denen die Genauigkeit der Maschinenarbeit überprüft wurde, und durch hochqualifizierte Handarbeit. Der dafür notwendige Aufwand war so groß, daß diese Waffen anfänglich noch teurer waren als die in traditioneller Art gefertigten. Außerdem konnten die Maschinen und Meßwerkzeuge nicht ohne weiteres für andere Produkte Verwendung finden. In der zweiten Hälfte des Jahrhunderts breitete sich die Präzisionsfertigung allmählich in andere Zweige des Maschinenbaus aus. Sowohl Fachkräfte aus der Waffenindustrie als auch Werkzeugmaschinenhersteller wirkten an diesem Technologietransfer mit. Allerdings dauerte es bei den neuen, in großen Stückzahlen produzierten Qualitätsgütern, wie den Nähmaschinen von Singer oder den Mähmaschinen von McCormick, bis in die achtziger Jahre, ehe man eine Fertigungspräzision erreichte, die jegliches Nacharbeiten überflüssig machte. In den achtziger und neunziger Jahren spielte dann die Fahrradindustrie die Rolle eines Vorreiters auf dem Weg zur Präzisions- und Massenfertigung hochwertiger, komplexer Produkte. Aus der Fahrradindustrie übernahmen nach der Jahrhundertwende Automobilproduzenten zahlreiche Fertigungstechniken.

Der sich herausbildende rationelle Maschinenbau war geprägt durch eine hohe

195. Amerikanische Verkaufsausstellung von Hochrädern bei Pope. Holzschnitt in »Bicycling World« vom 1. April 1881. Washington, DC, Library of Congress

Präzision der maschinellen Fertigung und durch eine Verkürzung der Bearbeitungszeiten. Bekanntlich kann man aber nur so genau fertigen, wie man auch messen kann. Während das Messen im klassischen Maschinenbau an Einteilungsmaßstäbe, mit allen aus der Stärke der Striche resultierenden Ungenauigkeiten, gebunden war, benutzte man jetzt feste Maßverkörperungen, an denen die Maschinenteile überprüft wurden. So repräsentierten die sogenannten Grenzlehren zwei Maße, zwischen denen sich die Abmessungen des Teils bewegen mußten. Die Normierung solcher Meßwerkzeuge erlaubte es, unterschiedliche Maschinenteile zu prüfen. Da sich die Meßwerkzeuge abnutzten, mußten sie regelmäßig kontrolliert und gegebenenfalls erneuert werden.

Schließlich konstruierte man die Werkzeugmaschinen stärker, verminderte damit ihre Vibrationen und erhöhte ihre Genauigkeit. Eine stabilere Bauweise war auch wegen der Steigerung der Vorschübe und Schnittgeschwindigkeiten notwendig. Die Werte, die man vor der Jahrhundertwende erzielt hatte, verdoppelten die von Frederick W. Taylor eingeführten neuen Schneidwerkzeuge noch einmal. Solcherart ausgerüstete Werkzeugmaschinen erforderten einen anderen Antrieb, wobei es von zahlreichen Faktoren abhing, ob man hierfür eine elektrische oder eine mechanische Lösung wählte. Bislang hatten die Maschinenarbeiter häufig selbst die Werkzeuge gefertigt oder sie zumindest instandgehalten und während dieser Tätigkeit ihre Maschinen gestoppt. Die Einrichtung einer selbständigen Werkzeugmacherei und -instandhaltung reduzierte somit die Stillstandszeiten der Werkzeugmaschinen. Für Produkte oder Maschinenteile, die in größeren Stückzahlen gefertigt wurden, entwickelten die Ingenieure Einzweck-Werkzeugmaschinen, die an einem Werkstück nur einen Arbeitsgang ausführen konnten, diesen aber mit einem hohen Ausstoß und großer Präzision.

Der amerikanische Werkzeugmaschinenbau mit seinen schnellen, genauen Maschinen schuf also die Voraussetzung, daß die Industrie hochwertige, komplexe Produkte mit Austauschteilen arbeitsteilig und kostengünstig in Massenproduktion herstellen konnte. Der von Henry Ford in den zwanziger Jahren bekanntgemachte, aber bereits vor der Jahrhundertwende verwendete Begriff der Massenproduktion bezog sich dabei nicht allein auf die Stückzahlen. Schon in vorgeschichtlicher Zeit fertigte man gleichartige Produkte in großer Zahl, indem man mehr Arbeitskräfte einsetzte; man denke nur an die Herstellung von Lehmziegeln in den Stromkulturen. Massenproduktion in der Hochindustrialisierung bedeutete dagegen eine durch Maschineneinsatz erreichte Erhöhung der Produktion und der Durchlaufgeschwindigkeit der Produkte bei gleichzeitiger Verminderung der Zahl der Arbeitskräfte. Ein markantes Beispiel stellen in den achtziger Jahren entwickelte Zigarettenmaschinen dar, die an einem Arbeitstag 100.000 Zigaretten ausstießen. Dreißig Maschinen reichten aus, um den gesamten amerikanischen Markt zu versorgen. Solange der Markt in einem Tempo wuchs wie in den USA vor dem Ersten Weltkrieg, führte die technische Rationalisierung der Produktion höchstens in lokalen Bereichen zur Arbeitslosigkeit, auf das ganze Land bezogen wurde dagegen der angespannte Arbeitsmarkt entlastet.

In der sozial weniger differenzierten amerikanischen Gesellschaft hatte man mit dem negativen Beiklang des Begriffs »Massenproduktion« weniger Schwierigkeiten als in den hierarchisch stärker gegliederten Gesellschaften mancher europäischer Länder. Diese negative Wertung besaß im übrigen keine Berechtigung, denn die modernen Massenprodukte waren meist hochwertiger, aber auch teurer als die traditionell gefertigten. Der amerikanische Käufer nahm im allgemeinen keinen Anstoß an einer kleineren Produktauswahl, während die europäischen Hersteller in größerem Umfang dem individualistischen Publikumsgeschmack Konzessionen machen mußten. Wer als Einwanderer, herausgerissen aus nationalen, regionalen und familiären Bindungen, im Schmelztiegel der Nationen in der Neuen Welt zum Amerikaner umgeformt wurde, war eher bereit, sich auch im Konsumverhalten den gegebenen Standards anzupassen. Die amerikanischen Produzenten von Konsumgütern entwickelten neue Marketingstrategien, um den riesigen, aufnahmewilligen Markt zu erschließen und zu versorgen. Werbekampagnen mit Anzeigen in Zeitschriften und Zeitungen oder massenweise verteilte Handzettel machten neue Produkte in den entlegendsten Winkeln des Landes bekannt. Vertreter bereisten die Händler in den Kleinstädten sowie in den ländlichen Regionen und suchten sogar die Endverbraucher auf. Für kompliziertere technische Produkte wurden Service- und Reparaturstationen eingerichtet. Versandhäuser boten per Katalog bis hin zu Fahrrädern und Automobilen alles an, was sich auf dem Markt durchsetzen ließ, und lockten mit der Möglichkeit günstiger Ratenzahlungen.

Typisierung, Normierung, Präzisionsfertigung, Austauschbau, Massenproduktion und Produktmarketing veränderten den Maschinenbau auch in den europäischen Industrieländern, allerdings mit einer zeitlichen Verzögerung von Jahren und Jahrzehnten. Auch wenn einzelne Rationalisierungselemente ohne Kenntnis des amerikanischen Vorlaufs eingeführt wurden, reisten doch europäische Maschinenfabrikanten und -ingenieure seit den siebziger Jahren in großer Zahl in die USA, besichtigten amerikanische Fabriken und versuchten das eine oder andere, was sie sahen, zu transferieren und auf die Verhältnisse der eigenen Firma zuzuschneiden. An der Spitze dieser Transferbemühungen standen Werkzeugfabriken wie Loewe in Deutschland und Fachleute für Werkzeugmaschinen. Der deutschen Tradition entsprechend ging man bei der akademischen Institutionalisierung der die Rationalisierung tragenden Fachrichtungen dem amerikanischen Vorbild voran. 1904 berief die preußische Wissenschaftsverwaltung den Loewe-Mitarbeiter Georg Schlesinger (1874–1949) auf den ersten Lehrstuhl für »Werkzeugmaschinen und Fabrikbetriebe«; weitere Lehrstuhlgründungen folgten.

Die deutsche und die amerikanische Maschinen- und Werkzeugmaschinenindustrie entwickelten aufgrund der unterschiedlichen wirtschaftlichen und kulturellen Rahmenbedingungen besondere Schwerpunkte. Wenn man es auf einen kurzen Nenner bringen möchte, dann war die deutsche mehr konstruktionstechnisch, die amerikanische mehr produktionstechnisch orientiert. Deutsche Maschinenbaufirmen erschienen amerikanischen Beobachtern wie ein »Gemischtwarenladen« mit einem vielfältigen Angebot an stabilen, hochwertigen Maschinen. Solcher Kritik zum Trotz vermochten die deutschen Firmen mit ihrem breiten Angebot den heterogenen Kundenwünschen auf dem beschränkten Inlandsmarkt und in den zahlreichen Exportländern besser gerecht zu werden. Während die Produktionszahlen niedriger waren, übertrafen die Exportzahlen der deutschen Werkzeugmaschinenindustrie die der amerikanischen. Während die deutschen Konstrukteure mehr Spielraum für ihr Streben nach technischer Perfektion besaßen, bleuten die amerikanischen Firmen ihren Ingenieuren von Anfang an den »Zusammenhang zwischen Konstruktion und Dollar« ein. Die Konstruktionen sollten von vornherein auf Fertigungs- und Montagefreundlichkeit sowie auf große Stückzahlen hin angelegt sein. Da die amerikanischen Fabriken ihre Maschinen rascher auswechselten als die deutschen, konnten sie auf geringere Haltbarkeit hin berechnet und damit billiger gemacht werden.

Die von der amerikanischen Rationalisierungsbewegung benutzten Begriffe »Effizienz« und »Management« stießen nicht nur in Technik und Industrie, sondern auch in anderen gesellschaftlichen Bereichen auf Zustimmung. Streben nach Effizienz wurde weithin als eine moralische Pflicht von Einzelnen und Gruppen anerkannt und gesellschaftspolitisch oder religiös begründet. Anhänger der Effizienzbewegung forderten und initiierten Rationalisierungsmaßnahmen nicht allein in der Wirtschaft, sondern ebenso in staatlichen und kommunalen Verwaltungen, in Kirchen und Schulen. Einen Höhepunkt erreichte die Bewegung nach 1910 mit einer breiten öffentlichen Diskussion und der Gründung von Institutionen und Publikationsorganen, als eine Eisenbahngesellschaft ihre Tarife erhöhte und die »Effizienzler« diesen Anlaß benutzten, um Effizienzsteigerung als einziges erfolgversprechendes Mittel gegen den generellen Preisanstieg nach der Jahrhundertwende zu propagieren. Damit paßte sich die Effizienzdiskussion ein in sozialreformerische Bemühungen um die Verbesserung der Arbeits- und Lebensverhältnisse der Arbeiter. Eines der konkreten Ergebnisse bestand in der Einrichtung von Abteilungen in einzelnen Firmen, die sich um das Wohlergehen der Mitarbeiter kümmern sollten. Solange die Diskussionen relativ vage blieben, kamen kaum Zweifel daran auf, daß Effizienz und – wie man heute sagen würde – Humanisierung sich wechselseitig bedingten. Die Nagelprobe stand erst an, als es um die Umsetzung der abstrakten Effizienzforderung in die betriebliche Praxis ging.

Eine Form von Rationalisierung – technikgeschichtlich von geringerem Interesse – lag im Zusammenschluß von Unternehmen, die damit einerseits ihre Kosten

196. Chassis-Montage im Werk Untertürkheim der Daimler-Motoren-Gesellschaft. Photographie, um 1912. Stuttgart, Historisches Archiv der Mercedes-Benz AG

senkten, andererseits ihre Stellung am Markt verbesserten. Parallel zu diesem Konzentrationsprozeß erfolgte im Laufe der Hochindustrialisierung eine tendenzielle Ablösung des Besitzers durch den angestellten Manager in der Unternehmensleitung. Die Manager, die die Unternehmen auf verschiedenen Ebenen organisierten, erwarben ihre Kenntnisse und Erfahrungen in der betrieblichen Praxis; eine formalisierte Managerausbildung entstand erst in der Zwischenkriegszeit. Die meisten kamen entweder aus dem kaufmännischen oder aus dem technischen Bereich, und manche Unternehmen versuchten, sich die unterschiedlichen Erfahrungen und Denkweisen von Kaufleuten und Ingenieuren durch eine kollegiale Leitung zunutze zu machen.

Von dieser neuen Gruppe der Manager gingen die Initiativen zur Reform der organisch gewachsenen alten Fabrik aus, wobei die Vorschläge zur Umgestaltung der Produktionsabteilungen verständlicherweise nahezu ausschließlich von Ingenieuren kamen und in deren Fachzeitschriften publiziert und diskutiert wurden. Häufig übertrugen dabei die Rationalisierungsingenieure ihre an der Konstruktion von Maschinen geschulten und erprobten Denkweisen auf die Fabrik. Wenn bei einer Maschine die einzelnen Teile mit geringstmöglicher Reibung und bestmöglicher Effizienz zusammenwirkten, warum sollte dieses Maschinenmodell dann nicht als Richtschnur für die Umgestaltung der Fabrik dienen. In solchen Denkweisen wurden die Arbeiter, der »menschliche Faktor« oder das »Menschenmaterial«, wie es in den Rationalisierungsvorschlägen hieß, wie Räder im Getriebe der Produktion betrachtet.

Seit den siebziger Jahren entwickelten die Reformer in den USA eine Fülle von Rationalisierungsvorschlägen und setzten sie in den Unternehmen um. Sie veränderten die Funktion der Meister und Vorarbeiter, deren Herrschafts- und Aufgabenbereich in der alten Fabrik eine Art Unternehmen im Unternehmen gebildet hatte. Die Meister hatten die Produktion organisiert und beaufsichtigt, Arbeiter eingestellt und entlassen, Material und Werkzeuge bestimmt und bestellt. Die Reformer schnitten den Aufgabenbereich der Meister weitgehend auf die Überwachung und Anleitung der Arbeiter zurück. Sie richteten eine zentrale Materialverwaltung ein; der Durchlauf des Materials in den einzelnen Abteilungen wurde jetzt systematisch erfaßt und kontrolliert. Sie führten Verfahren der Selbstkostenberechnung ein, wobei die Maschinen- und Arbeitskosten für die einzelnen Produkte bestimmt und darauf Teile der Gemeinkosten aufgeschlagen wurden. Die Einstellung, Verwaltung und Entlassung der Arbeiter erfolgte nun durch besondere Abteilungen. Ein wichtiger Teil der Rationalisierungsdiskussion befaßte sich mit neuen Lohnsystemen als Anreiz für die Arbeiter, die weit verbreitete Drückebergerei aufzugeben oder einzuschränken.

Diese Reorganisationsmaßnahmen erforderten natürlich mehr Bürokratie. Während die Funktionsfähigkeit der alten Fabrik auf unmittelbaren persönlichen Beziehungen zwischen den Mitarbeitern und dem Prinzip der mündlich gegebenen Anweisungen beruhte, was nur zu oft auch Abhängigkeiten und Ungerechtigkeiten mit sich brachte, verlangte die neue Fabrik eine straffe Organisation, bürokratische Behandlung aller Einzelheiten und das Prinzip der Schriftlichkeit. Gedruckte Arbeitsordnungen und Organisationsschemata sowie eine Fülle von Formularen begannen das Leben in den Fabrikhallen und Büros zu regulieren. Die Zahl der Angestellten und des Verwaltungspersonals wuchs relativ zur Zahl der Arbeiter und der in der Produktion Beschäftigten. Die von Max Weber beschriebene säkulare Tendenz der Rationalisierung und Bürokratisierung drang auch in die Fabrik ein.

Frederick W. Taylor, dessen Name heute – nicht ganz zu Recht – zum Synonym für Arbeitszerlegung und Dequalifizierung geworden ist, war nur ein Exponent dieser von Ingenieuren getragenen Rationalisierungsbewegung in den USA. Taylor faßte zahlreiche bekannte Rationalisierungsmaßnahmen zu einer Lehre zusammen, die er mit dogmatischer Starrheit, aber auch großem propagandistischen Talent in der Fachwelt vertrat. Richtig bekannt wurde sein Name in der breiten Öffentlichkeit erst, als sich die Gewerkschaften in den Jahren vor dem Ersten Weltkrieg gegen seine Lehre wandten und sogar der Kongreß über Taylors Konzept des »Scientific Management«, der wissenschaftlichen Betriebsführung, diskutierte.

Taylor entstammte einer wohlhabenden Quäkerfamilie, die ihn zu einem puritanischen Arbeitsethos erzog. Eine geplante akademische Ausbildung gab er auf, um sich in der Industrie hochzudienen. Bei der Midvale Steel Company, einem Betrieb des Hüttenwesens und des Maschinenbaus, arbeitete er als Lehrling, Meister, Ingenieur und Betriebsleiter auf allen Hierarchieebenen. Den akademischen Grad eines Maschinenbauingenieurs erwarb er im Selbststudium nebenher. Bei Midvale konnte er einige seiner Rationalisierungsvorstellungen erproben, geriet aber in

Konflikt mit dem Management und schied 1890 aus der Firma aus. Zwischen 1890 und 1901 wirkte er als selbständiger Rationalisierungsberater für verschiedene Firmen und begann mit seiner publizistischen Tätigkeit. Danach erlaubten es ihm die Einkünfte, die aus den von ihm mitentwickelten Maschinenwerkzeugen aus Spezialstahl und aus verschiedenen Industriebeteiligungen stammten, sich aus dem aktiven Erwerbsleben zurückzuziehen und der Ausarbeitung und Verbreitung seiner Lehre in Wort und Schrift ganz zu widmen. Sein zusammenfassendes Hauptwerk »The principles of scientific management« erschien 1911.

Der Titel des Werkes »Die Prinzipien wissenschaftlicher Betriebsführung« sagt es schon: Taylor erhob den Anspruch, die von Erfahrung und Faustregeln geprägte Arbeit in der alten Fabrik durch exakte wissenschaftliche Methoden zu ersetzen. Dabei war Taylor kein theoretischer Kopf; sein Wissenschaftsbegriff erschöpfte sich in Systematik und Empirie. Im Mittelpunkt seiner Lehre stand eine Analyse des Arbeitsprozesses. Die dabei mit der Stoppuhr durchgeführten Zeitnahmen bildeten den wichtigsten originären Beitrag Taylors innerhalb der Rationalisierungsbewegung, der später am meisten ins Kreuzfeuer der Kritik geriet. Seine Vorstellung ging dahin, daß es für jede Arbeit »the one best way«, eine optimale Form der Ausführung, gebe. Dieses Optimum gelte es durch Beobachtung und Messung zu ermitteln und dann die Arbeiter entsprechend anzulernen. Verfeinert wurde das krude Instrumentarium Taylors durch seinen Schüler Frank Gilbreth (1868–1924), der die Technik der Photographie bei Bewegungsstudien und Zeitanalysen einsetzte. Die Brisanz der Taylorschen Zeitnahmen ergab sich daraus, daß die gemessenen Mindestzeiten und ein eher willkürlicher Zuschlag die Arbeits- und Lohnfestlegung bestimmten. Obwohl Taylor immer betonte, daß die Arbeiter nicht über Gebühr belastet werden sollten, bedeutete eine tayloristisch zugerichtete Arbeit meistens auch eine Arbeitsverdichtung. Deswegen stütze er seine Maßnahmen durch eine systematische Arbeiterauslese ab. An den Produktivitätsgewinnen wollte er die Arbeiter durch höhere Löhne beteiligen. Prämien sollten sie dazu bringen, die seiner Ansicht nach weit verbreitete Drückebergerei zu unterlassen.

Träger und Leiter der Rationalisierungsmaßnahmen sollten die Ingenieure sein. Nach erfolgter Umstellung der Firma schrieben die in den der Produktion angegliederten Arbeits- oder Betriebsbüros sitzenden Ingenieure – später sprach man von der Arbeitsvorbereitung – den Fertigungsablauf in detaillierten Arbeitsanweisungen genau vor. Damit übernahmen die Betriebsingenieure bislang den Meistern anvertraute Aufgaben. Die Methoden der wissenschaftlichen Betriebsführung ersetzten die Erfahrung der Meister und Facharbeiter. Mit dieser Umstrukturierung ging eine Polarisierung der Qualifikationen einher. Besonders in dem hier behandelten Zeitraum konnten in amerikanischen Firmen Meister und Facharbeiter noch in die Arbeitsvorbereitung überwechseln und zu Ingenieuren aufsteigen, die verbleibenden Arbeiter und Meister hingegen verloren einen Teil ihrer höherwertigen Aufgaben. Darüber hinaus redete Taylor einer Spezialisierung das Wort. So sollten die Meister neben ihrer allgemeinen Überwachungsaufgabe spezielle Funktionen bekleiden; einer sollte, um nur einige Beispiele zu nennen, für die Disziplin, ein anderer für das Anlernen der Arbeiter, ein dritter für die Überwachung der Maschinen zuständig sein. Doch setzte sich gerade dieser Teil von Taylors Lehre in den Betrieben nicht durch; die Zunahme der Arbeitszerlegung hielt sich in den taylorisierten Betrieben in Grenzen.

Taylors Lehre wies den Ingenieuren eine zentrale Rolle im Unternehmen zu. Sie übernahmen Funktionen der Meister und schoben sich zwischen die kaufmännische Leitung des Betriebes und die Werkstätten. Mit dem Anspruch, den Ablauf und die Organisation der Arbeit und sogar die Höhe der dafür zu gewährenden Entlohnung wissenschaftlich bestimmen zu können, drangen sie teilweise in Kompetenzbereiche ein, die bislang dem kaufmännischen Management vorbehalten waren. Es kann nicht wundernehmen, daß dieses in manchen Firmen den tayloristischen Rationalisierern einen Riegel vorschob. Insgesamt scheiterten mehr Rationalisierungsarbeiten Taylors und seiner Schüler am Widerstand des Managements als am Widerstand der Arbeiter. Doch aller Widerstände zum Trotz: In den beiden Jahrzehnten nach 1900 drangen die Ingenieure erfolgreich in die Fertigung ein, in einen Sektor also, der ihnen in der alten Fabrik weitgehend verschlossen geblieben war.

Zwar standen in Taylors Lehre die Arbeitsabläufe im Mittelpunkt, aber er betonte immer, daß sein System nur greifen könne, wenn zunächst das technische Potential der zu reorganisierenden Firma voll ausgeschöpft werde. Dabei ging er im allgemeinen von den vorhandenen Maschinen und Anlagen aus, ließ sie jedoch überholen und in Schuß bringen. Diese Vorgehensweise trug viel zur Attraktivität seiner Lehre für die Unternehmer bei, versprach sie doch Rationalisierungsgewinne bei relativ geringen Investitionen. Bei zahlreichen konkreten Rationalisierungsmaßnahmen bildete die Umrüstung der Werkzeugmaschinen den Angelpunkt für die Umgestaltung der Produktion. In jahrelangen Versuchsreihen hatte Taylor zusammen mit Mitarbeitern der Bethlehem Steel Company neue Werkzeuge und Betriebsweisen für die Maschinen zur spanenden Metallbearbeitung entwickelt. Die bei höheren Temperaturen gehärteten Werkzeuge aus bereits bekannten Stahllegierungen waren wärmefester und erlaubten deshalb höhere Schnittgeschwindigkeiten, was ihre Kennzeichnung mit dem Begriff »Schnellstahl« veranlaßte. Außerdem optimierten Taylor und seine Mitarbeiter das Verhältnis der wichtigsten Parameter für die Arbeit an Drehmaschinen, wie Schnittgeschwindigkeit und Vorschub. Die Art der Bearbeitung legten die Betriebsingenieure mit Hilfe von Tabellen und Spezialrechenschiebern fest und gaben sie den bislang ihrer Erfahrung vertrauenden Metallarbeitern auf Anweisungskarten vor – ein konkretes Beispiel für die im Taylorismus enthaltenen Dequalifizierungselemente. Die Produktivität der Werkzeugmaschinen erhöhte sich durch den Schnellstahl auf mindestens das Doppelte. Als Taylor um die

Jahrhundertwende seine Ergebnisse präsentierte, stellten sie eine Sensation ersten Ranges dar. Der Schnellstahl machte ihn in der Fachwelt erst richtig bekannt und begründete seinen Ruf als Ingenieur und Rationalisierungsfachmann. Um die Vorzüge der neuen Schneidwerkzeuge voll zu nutzen, mußten entweder neue Maschinen konstruiert oder zumindest die alten verstärkt und die Antriebe überarbeitet werden. Damit setzte eine auf den ersten Blick relativ unbedeutend erscheinende Verbesserung eine weitreichende technische und organisatorische Dynamik in Gang, da die Rationalisierer die gesamte Produktionsstätte dem größeren Ausstoß anpassen mußten.

So wichtig Taylor für die Verbreitung der Rationalisierungsdebatte in der Öffentlichkeit auch war, so klein blieb die Zahl der von ihm und seinen wenigen Schülern, die sich 1911 zur Taylor-Society zusammenschlossen, durchgeführten Firmenreorganisationen. Taylor selbst verdingte sich nach 1901 nicht mehr als Rationalisierungsberater, führte aber interessierten Unternehmern und Managern in Philadelphia zwei Musterbetriebe vor, an denen er finanziell beteiligt war, stellte auf Wunsch Kontakte zu seinen Schülern her und vermittelte und erteilte Ratschläge, wenn Schwierigkeiten auftauchten. Er machte gegenüber den Interessenten keinen Hehl daraus, daß die Einführung seines Systems einen großen Zeitaufwand erforderte, und warnte davor, einzelne von ihm vorgeschlagene Maßnahmen aus ihrem Zusammenhang zu reißen, nur weil sie schnellen Erfolg zu versprechen schienen. Die Schüler verhielten sich dagegen flexibler als ihr Meister, paßten ihre Maßnahmen den jeweiligen Verhältnissen an, verzichteten auf die Einführung einzelner Elemente der Lehre oder entwickelten diese sogar weiter, was Taylor als Häresie empfand. Nicht zuletzt seine Unduldsamkeit gegenüber Neuerungen hielt seinen Schülerkreis klein. Schätzungen besagen, daß 1914 nur ein Prozent der amerikanischen Industriearbeitsplätze tayloristisch umgestaltet war. Das war äußerst wenig, gemessen an der Zahl der von meist unbekannten, keiner Schule angehörenden Rationalisierern veränderten Arbeitsplätze.

Wie kam es, daß dennoch Taylors Name bis zur Gegenwart zum Synonym für die ganze Bewegung geworden ist? Taylor unterschied sich von seinen Kollegen dadurch, daß er die heterogenen Rationalisierungsvorschläge und -maßnahmen zu einer recht simplen Lehre zusammenfaßte und diese durch anschauliche Beispiele verdeutlichte. Seine beiden wichtigsten originären Beiträge, der Schnellstahl und die mit Hilfe der Stoppuhr durchgeführten Arbeitsplatzanalysen, erregten großes Aufsehen, wiewohl sie ganz unterschiedlicher Art waren. Während der Schnellstahl den Beifall und die Anerkennung der Fachwelt fand, wurde die Stoppuhr zum Symbol und wichtigsten Argument in der öffentlichen Diskussion um das Für und Wider des Taylorismus, die im zweiten Jahrzehnt des 20. Jahrhunderts einsetzte. Für die Anhänger des Taylorismus verkörperte die Stoppuhr die wissenschaftliche Exaktheit der Lehre, für die Gegner stand sie für Arbeitshetze und Antreiberei. In das öffentliche Bewußtsein geriet diese Auseinandersetzung, als 1911 in einer staatlichen Waffenfabrik, die Schüler Taylors nach den Lehren ihres Meisters umgestalteten und dabei Arbeitsanalysen mit der Stoppuhr durchführten, ein wilder Streik ausbrach. Die Gewerkschaft zog den Streik an sich und entfachte eine landesweite Kampagne gegen den Taylorismus, die sogar in Anhörungen vor dem amerikanischen Kongreß mündete. Taylor machte dabei zwar keine schlechte Figur, aber die Waffenarbeiter und die Gewerkschaften errangen nach Jahren der Auseinandersetzung zumindest einen Teilerfolg. In den Jahren 1915/16 untersagte die Regierung den staatlichen Waffenfabriken grundsätzlich die Durchführung von Zeitstudien wie auch das Prämienlohnsystem – beides wichtige Elemente der Lehre Taylors.

Die allgemeinen Grundsätze der amerikanischen Rationalisierungsbewegung und die tayloristische Lehre fanden bald auch in Europa Anhänger, die die bedeutendsten Schriften Taylors ins Deutsche oder Französische übersetzten. Die Hauptversammlung des Vereins Deutscher Ingenieure 1913 stand ganz im Zeichen der Diskussion über den Taylorismus. Versuche, Elemente des Systems in die Betriebe einzuführen, blieben aber ganz vereinzelt und riefen, wie in einigen französischen Firmen, Arbeitsauseinandersetzungen und Streiks hervor. Im Krieg und in der Zwischenkriegszeit erhielt die Rationalisierungsbewegung dann neuen Schwung. Die vor dem Krieg vorgetragenen Konzepte wurden überarbeitet, den neuen Zeitverhältnissen und nationalen Gegebenheiten angepaßt und teilweise von unternehmerischen Gestaltungsprinzipien zu Gesellschaftsmodellen weiterentwickelt.

Wenn Taylor vornehmlich die Rationalisierungsdiskussion befruchtete, dann Ford vor allem die Rationalisierungspraxis. Auch Ford übernahm aus dem amerikanischen Maschinenbau und der Rationalisierungsbewegung einzelne Elemente, verarbeitete sie jedoch nicht zu einer Lehre, sondern setzte sie am Produkt Auto in die betriebliche Wirklichkeit um und erweiterte sie in einigen entscheidenden Punkten. Den ideologischen Überbau zu seiner Rationalisierung der Automobilproduktion, die eine Massenmotorisierung einleitete, lieferten Ford und seine Mitarbeiter erst in der Zwischenkriegszeit nach. Gehörte es zu den ersten Aufgaben der tayloristischen Rationalisierer, erst einmal eine Menge Formulare für die Erfassung und Regulierung der Produktion drucken zu lassen, so bemühte man sich in Fords Fabriken, den Papierkram möglichst klein zu halten; man vertraute statt dessen auf die Dynamik des produktionstechnischen Fortschritts. Während Taylor zunächst Organisationsstrukturen veränderte und danach die Arbeitsinhalte und die technische Ausrüstung modifizierte, machte Ford das technische Produkt und die Produktionstechnik zum Ausgangspunkt seiner Maßnahmen und paßte beiden dann die Organisation an. Taylor war ein Reformer innerhalb der Rationalisierungsbewegung, Ford ein Revolutionär.

Ford trieb die zeitgenössischen Bestrebungen zur Reduzierung der Typenvielfalt auf die Spitze, als er sich 1908 entschloß, nur noch ein Automobil, das legendäre Modell T, zu fertigen. Diese Beschränkung auf ein einziges Modell erlaubte es ihm, eine hochmoderne Fertigung mit eigens entwickelten Spezialmaschinen aufzubauen. Wie es schon andere Automobilproduzenten vorgeführt hatten, waren die Teile austauschbar, und Nacharbeiten fanden nicht statt. Auch für die Aufstellung der Maschinen in der Reihenfolge der an den einzelnen Teilen durchzuführenden Bearbeitungsvorgänge gab es schon in der Automobilindustrie und in anderen Industriezweigen Vorbilder. Eine solche örtlich fortschreitende und zeitlich festgelegte Folge von Bearbeitungsschritten bezeichnete man als Fließfertigung, wobei die einzelnen Teile per Hand, auf Rolltischen oder mit Karren weitergegeben wurden.

Bei Ford entwickelte man nun die zeitgenössischen Ansätze zur Fließfertigung weiter, indem man in den Jahren 1913/14 den Teiletransport zwischen den einzelnen Arbeitsstationen konsequent mechanisierte, durch Fließbänder, Ketten- und Seilzüge oder Rutschen, und zwar sowohl in der Fertigung als auch in der Montage. Sich kontinuierlich bewegende Transportbänder stellten an sich nichts Neues dar – man denke an Rolltreppen, an die Transporteinrichtungen in Warenlagern oder für die Rinder in den Schlachthöfen von Chicago –, aber noch nie war ein technisch hochkomplexes Produkt wie das Automobil auf diese Weise gefertigt und montiert worden. Die Mechanisierung des Teiletransports und die räumliche Um-

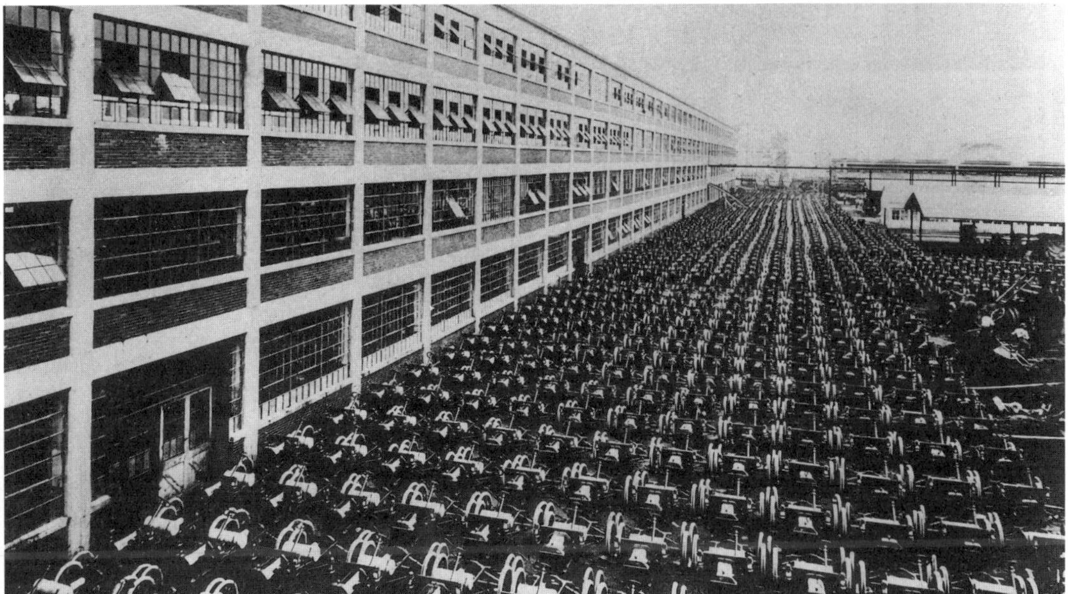

197. Tagesproduktion der Highland Park-Fabrik der Ford Motor Company. Photographie, 1915. Dearborn, MI, Henry Ford Museum & Greenfield Village

198. Fließbandmontage in Fords Highland Park-Fabrik. Photographie, 1914. Dearborn, MI, Henry Ford Museum & Greenfield Village

strukturierung der gesamten Fabrik auf fließende, mechanisierte Fertigung bildeten nur ein Problem, ebenso große Schwierigkeiten bereitete der Zuschnitt der Arbeitsstationen an einem Band auf die gleichen zeitlichen Grundeinheiten. Während bislang die einzelnen Arbeiten sinnvolle, durch die Technik und die Qualifikation der Mitarbeiter bestimmte Einheiten darstellten, kamen mit der Bandgeschwindigkeit und der zeitlichen Taktung weitere abstrakte Elemente dazu, die die Ford-Ingenieure bei der Festlegung der Teilarbeiten berücksichtigen mußten.

Die Mechanisierung und das Fließband erfüllten zwei Funktionen. Zunächst erhöhte sich die Durchlaufgeschwindigkeit der einzelnen Materialien und Teile bis zur Fertigstellung des Endprodukts und damit die Produktivität und die Produktionsmenge. Ford konnte auf diese Weise die Preise für das Modell T in einem Umfang reduzieren, der zu Beginn des Umstellungsprozesses noch ganz außerhalb seiner Vorstellungen lag. Mit den billigeren Wagen erreichte er neue Zielgruppen, erhöhte die Produktion und verwendete die zusätzlichen Gewinne für weitere Mechanisierungsvorgänge. Damit war der Weg gewiesen, auf dem sich das Automobil von einem Luxusgegenstand der Begüterten zu einem Massenprodukt auch für mittlere Einkommensschichten entwickelte. Die zweite Funktion des Fließbandes lag darin, daß das Arbeitstempo nicht mehr durch den Arbeiter selbst, sondern durch die Bandgeschwindigkeit bestimmt wurde. Das Band wies dem Arbeiter die von ihm erwartete Arbeitsleistung an, bedeutete ihm, daß er im Rückstand war, und belohnte ihn für schnelle Arbeit, indem es Atempausen gewährte. Das Fließband trieb die ohnehin vorhandene Fremdbestimmung der Arbeit auf die Spitze und übernahm teilweise die Überwachung und Kontrolle der Arbeiter. Darüber hinaus veränderten sich bei Ford die Arbeitsinhalte ins Negative. Die Tätigkeiten wurden weiter zerlegt, und den Arbeitern blieb das, was die Maschinen nicht übernehmen konnten. Ford belohnte die Arbeiter, die diesem Streß und dieser Monotonie standhielten, mit weit höheren Löhnen, als sie sonst in der Automobilindustrie bezahlt wurden. Das Paradoxon lag darin, daß die auf Technisierung und Mechanisierung ausgerichteten Rationalisierungsmaßnahmen von Ford die Arbeit viel weitgehender umgestalteten als die Rationalisierungsmaßnahmen Taylors, die unmittelbar auf Veränderungen der Arbeit zielten. Wie die Stoppuhr für den Taylorismus wurde das Fließband zum Symbol für den Fordismus, ein Symbol, das für Verdichtung und Entleerung der Arbeit stand, das aber auch schon die Versprechungen der Wohlstands- und Konsumgesellschaft enthielt.

Der Drang zur individuellen Mobilität

In vorindustrieller Zeit mußten die meisten Menschen ihre Wege zu Fuß erledigen. Damit beschränkte sich die ihnen durch unmittelbare Erfahrung zugängliche Welt auf einen kleinen Raum. Für weitere Reisen brauchten sie Tage oder gar Wochen. Pferde, Tragen und Wagen, also Verkehrsmittel, mit denen man zu Land größere Entfernungen zurücklegen konnte, blieben den Wohlhabenden vorbehalten. Seit den dreißiger Jahren des 19. Jahrhunderts änderte sich dies mit dem Massenverkehrsmittel Eisenbahn. Daß ein breites gesellschaftliches Bedürfnis nach Mobilität bestand, zeigt der enorme Verkehrszuwachs nach Einführung der billigeren Eisenbahn auf Strecken, die vorher mit der Postkutsche befahren wurden. Die Eisenbahn verdrängte nicht die älteren Verkehrsträger, sondern verhalf ihnen als Zubringer zu einer neuen Blüte. Die Städte mit ihrem begrenzten Areal ließen sich zunächst noch zu Fuß durchqueren, doch mit ihrer schnellen Ausdehnung in der zweiten Jahrhunderthälfte stieg der dafür notwendige Zeitaufwand immer mehr an. Die seit den achtziger Jahren entwickelten elektrischen Straßenbahnen, später durch Hoch- und Untergrundbahnen ergänzt, wurden allmählich preiswerter und damit für breitere Bevölkerungsschichten erschwinglich. Bei diesen Bahnen handelte es sich um kollektive Verkehrsmittel, die in erster Linie der Fortbewegung dienten. Auch wenn neue Bahnen eine Zeitlang Neugierige anlockten, so nutzte sich der Reiz des Neuen doch schnell ab, und obwohl manche Passagiere anfangs eine Bahnfahrt zum Vergnügen unternommen haben mögen, so war das zu erreichende Ziel bald das eigentlich Wichtige.

Dagegen eröffneten Fahrrad, Automobil und Flugzeug Möglichkeiten der individuellen Fortbewegung. Wiewohl die Räderfahrzeuge technisch von den Bahnen und Wagen profitierten, so knüpfte die Art ihrer Verwendung eher an das Reiten zu Pferd an. Das Fahren mit Rädern oder Automobilen sowie das Fliegen waren zunächst sportliche Aktivitäten von technikbegeisterten, mit Freizeit und Geld wohlversorgten jungen Leuten. Die sportliche Freizeitbeschäftigung konnte bei Rennen und Rekordversuchen auf die Spitze getrieben werden. Selbst wenn Passanten in den Pioniertagen der neuen Techniken deren Jünger belächelt oder mit einem Kopfschütteln begleitet haben mögen, so umgab sie in jedem Fall ein Nimbus von Fortschritt und Abenteuer. Waren die Kinderkrankheiten der neuen Techniken überwunden und hatten sie ein gewisses Maß an Gebrauchstauglichkeit erreicht, wurden sie auch als Symbole des Wohlstands interessant. Vom Sportfahrzeug und

Prestigeobjekt entwickelten sich Fahrrad wie Automobil allmählich zu Gebrauchsfahrzeugen. Damit ging die private Nutzung der neuen Techniken der beruflichen voraus – eine Reihenfolge bei der Technikverbreitung, mit der sich schon die Konsumgesellschaft des 20. Jahrhunderts andeutete.

Als zunehmende Kaufkraft und Nachfrage sowie rationelle Fertigungstechniken zunächst das Fahrrad und vor dem Ersten Weltkrieg auch das Automobil billiger und zu einem Massenprodukt machten, verlagerten sich die dominierenden Formen der Technikkonsumtion von einem Produkt zum anderen. Als um die Jahrhundertwende kleine Angestellte und Arbeiter begannen, mit ihren gebraucht gekauften Fahrrädern zur Arbeit zu fahren, war das Automobil immer noch vorrangig Sportfahrzeug und Prestigeobjekt. Und als Ford Automobile in bislang für unmöglich gehaltenen Stückzahlen fertigte, bastelten einzelgängerische technische Abenteurer weiter an ihren Flugmaschinen herum. Technisch profitierten sie voneinander: das Automobil vom Fahrrad und das Flugzeug vom Automobil. Auch die Formen ihrer Verbreitung mit Ausstellungen, Vereinen, Zeitschriften, Rennen oder Rekordversuchen ähnelten einander. Wer heute die häufig unfriedliche Koexistenz zwischen Fahrrad und Automobil erlebt, wird über die noch ausführlicher zu begründende These erstaunt sein, daß das Fahrrad für die Durchsetzung des Automobils ebenso große Bedeutung besaß wie die Erfindung der Verbrennungskraftmaschinen.

Hochrad und Sicherheitsfahrrad

Ende des 18. Jahrhunderts begannen an verschiedenen Orten Erfinder Laufräder zu bauen, bei denen der Benutzer auf einem Rahmen zwischen zwei Rädern saß und sich mit den Füßen abstieß. Auf diesen »Pferden mit Rädern« machten sportliche und gegenüber Modeströmungen aufgeschlossene Bürger und Adlige in den Parks der großen Städte ihre »Ausritte«. Doch wie es bei so vielen Moden geschieht, verschwand auch diese nach einigen Jahrzehnten von der Bildfläche. Eine kontinuierliche Entwicklung und Nutzung des Fahrrads setzte erst ein, als die Pariser Wagenbauer Pierre (1813–1883) und Ernest Michaux (1842–1882) um 1860 mit dem Bau von Rädern begannen, bei denen ein Kurbelantrieb mit Pedalen direkt auf die Vorderachse wirkte. Die schwergewichtigen Räder der Michaux' fuhren auf stählernen Felgen. Vater und Sohn Michaux fertigten und verkauften in den sechziger Jahren zunächst Hunderte und später Tausende Räder im Jahr. Von Frankreich aus kam das Fahrrad Ende der sechziger Jahre nach England und in die USA, wo sich auch Firmen um seine Verbesserung bemühten, die bereits über Erfahrungen mit der Präzisionsfertigung von Nähmaschinen verfügten. Als Ergebnis ihrer Bemühungen entstanden leichtere Räder; sie waren eine Voraussetzung dafür, daß sich das

199. Übungshalle eines Pariser Fahrradklubs. Holzschnitt in »L'Illustration«, 1869. München, Deutsches Museum. – 200. Fahrradausstellung in New York im Jahr 1895. Holzschnitt in »Scientific American«, 1895. Frankfurt am Main, Senckenbergische Bibliothek

Fahrradfahren allmählich als Freizeitvergnügen zu etablieren vermochte. So konnte man Räder ausleihen und auf eigens errichteten Fahrbahnen seine Fähigkeiten erproben. Besonders Sportliche traten gegeneinander in Rennen an oder versuchten, möglichst lange Strecken mit dem Rad zurückzulegen.

In den siebziger Jahren entwickelte sich England mit den Zentren Coventry, Birmingham und Nottingham zum führenden Land beim Fahrradbau. Verantwortlich dafür waren nicht nur die wirtschaftlichen Probleme Frankreichs als Folge des verlorenen Krieges gegen Deutschland, sondern auch, daß man in England mit dem Hochrad zu einem neuen Typ überging. Das Hochrad entstand aus dem Bestreben, die Fahrgeschwindigkeit durch Vergrößerung des Vorderrades zu erhöhen und gleichzeitig die Unebenheiten der Straßen besser zu überwinden. Auf dem Hochrad konnte der Fahrer beim Tritt in die Pedale sein Gewicht besser einsetzen. Im Unterschied zu ihren Vorgängern besaßen die neuen Hochräder auf Holz- oder Stahlfelgen aufgezogene Vollgummireifen und zunächst Radial-, später Tangentialspeichen, die gespannt werden konnten.

Der Fahrradbau gewann in England und einige Jahre später auch in den USA erhebliche wirtschaftliche Bedeutung. Mitte der siebziger Jahre schätzte man die Zahl der Hochräder in Großbritannien auf etwa 50.000, die der Hersteller auf über 30, Mitte der achtziger Jahre sprachen die Schätzungen bereits von 400.000 Hochrädern und etwa 200 Herstellern. Aus England führte seit den späten siebziger Jahren Albert A. Pope (1849–1909) Hochräder in die USA ein und schuf eine eigene Produktion bei einem Nähmaschinenfabrikanten mit 250.000 Rädern im Zeitraum bis 1887. Andere Firmen, darunter ehemalige Waffenhersteller, nahmen Lizenzen von Pope.

Die Industrie unterstützte die schnell um sich greifende Mode des Radfahrens tatkräftig, durch Werbeplakate, Fahrradausstellungen oder durch die Gründung von Zeitschriften. Die Fahrradenthusiasten schlossen sich in Klubs zusammen – um 1880 gab es davon in Großbritannien etwa 230 – und unternahmen gemeinsame Ausfahrten. Damit die Fahrer ihre Leistungen erfassen und vergleichen konnten, rüstete die Industrie die Räder mit Distanzmeßgeräten aus. Die Presse präsentierte ihren Lesern Langstreckenfahrten als moderne technische Abenteuer. So berichtete sie über eine Fahrt um die Welt, die ein amerikanischer Reporter zwischen 1884 und 1886 durchführte. Zur Bekanntheit des Rades trugen die Rennen bei, die zunächst im Freien und später auch in der Halle veranstaltet wurden. Die Fahrradzeitschriften registrierten penibel durch professionelle und halbprofessionelle Rennfahrer aufgestellte Geschwindigkeits- und Streckenrekorde.

Obwohl der eine oder andere das Hochrad für den Weg zur Arbeit benutzt haben mag, war es weniger ein Verkehrsmittel als ein Sport- und Freizeitgerät für Angehörige der Ober- und der gehobenen Mittelschicht. Für weniger gut Betuchte waren die Hochräder einfach zu teuer. So kostete eines der qualitativ hochwertigen Räder

201. Hochradrennen. Lithographie. München, Deutsches Museum

von Pope zwischen 125 und 135 Dollar. In Großbritannien erlebte das Hochradfahren seinen Boom zu einer Zeit, als zahlreiche Gentlemen ihr Faible für einen Sport entdeckten, den man in der freien Natur ausüben konnte, wie Bergsteigen oder Tennis. Hochradfahren zu lernen und zu beherrschen bedeutete eine Herausforderung. Der hoch und weit vorn liegende Schwerpunkt des Hochradfahrers führte offensichtlich so häufig zu Frontalstürzen, daß Berichte über Radtouren solche Unfälle wie etwas Selbstverständliches behandelten. Der Hochradfahrer mußte mit seinen Armen ständig den durch seinen Pedaltritt auf das Vorderrad ausgeübten Kräften entgegenarbeiten, was einem akrobatischen Können glich.

Hochradfahren war ein Männersport. Frauen finden sich auf den zeitgenössischen Abbildungen nicht. Gegen sie als Hochradfahrer sprachen gesellschaftliche Verhaltensmuster und Erwartungen; so wären die vorgeschriebenen langen Kleider oder Röcke in die großen Speichenflächen geraten und hätten zu Stürzen geführt. Für Frauen und weniger sportliche Männer bauten die Fahrradfabriken seit Ende der siebziger Jahre Dreiräder. Selbst Regenten und Fürsten ließen sich mit Dreirädern beliefern, was die Hersteller werbewirksam ausschlachteten. Auch bei den Dreirädern mit ihren überdimensionierten Rädern kamen häufiger Stürze und Verletzungen vor, zumeist dadurch verursacht, daß der Fahrer oder die Fahrerin von der Maschine nicht freikam. Bei den leichten Dreirädern wirkte sich negativ aus, daß bei Kurvenfahrten die beiden Räder eine unterschiedliche Strecke zurückzulegen haben – eine Erfahrung, die man schon mit Fuhrwerken und Kutschen gemacht hatte. Die Erfindung des Differentials löste das Problem. Schon in den achtziger Jahren benutzte man Dreiräder für das Ausfahren von Post und Zeitungen, ehe mit den Sicherheitsfahrrädern leichtere und beweglichere Fortbewegungsmittel zur Verfügung standen.

Die Anforderungen, die das Hochrad an das Fahrkönnen stellte, und seine Gefährlichkeit beschränkten seine Zielgruppe und Verwendungsart. Bereits Ende der siebziger Jahre begannen deshalb Erfinder und Hersteller, Räder zu konstruieren, die die Nachteile der Hochräder vermieden und deshalb »Sicherheitsfahrräder« genannt wurden. Sie machten das Vorderrad kleiner, womit sie den Sitz nach hinten verlegen und eine Transmission zur angetriebenen Achse entwickeln mußten. Das von John Kemp Starley (1855–1902), einem Mitglied einer Dynastie von Fahrradfabrikanten in Coventry, Mitte der achtziger Jahre auf den Markt gebrachte Modell »Rover« ähnelte schon weitgehend dem heutigen Fahrrad, besaß also eine ähnliche Rahmenform und Kettenantrieb auf die Hinterachse, auch wenn das Vorderrad noch etwas größer als das Hinterrad war.

Obgleich ein solches Sicherheitsfahrrad von jedem und jeder gefahren werden konnte, begann es erst um 1890 zur ernsthaften Konkurrenz für das Hochrad zu werden. Als Rennfahrern auf Sicherheitsrädern, die anfänglich belächelt wurden, dann einige spektakuläre Siege gegen Hochradfahrer gelangen, setzte sich allgemein die Auffassung von einer Überlegenheit der neuen Konstruktion durch. Die in Rennen erfolgreichen Sicherheitsräder waren schon mit Luftreifen ausgerüstet, was zur Expansion des Fahrradmarktes wohl entscheidend beigetragen hat. 1888 hatte der schottische Tierarzt John Boyd Dunlop (1840–1921) einen Luftreifen für das Dreirad seines Sohnes gebastelt, den dann eine Fabrik in Dublin weiterentwickelte und vermarktete. Daß das Patent Dunlops keinen Bestand hatte, weil der Luftreifen bereits Jahrzehnte vorher erfunden, wenn auch nicht angewendet worden war, begünstigte eher seine schnelle Verbreitung. Besonders nachdem sich die Reifen auswechseln ließen, setzten sie sich rasch durch. Aufwendige Federungskonstruk-

202. Fahrradausflug in die Umgebung Berlins. Karikatur von Lyonel Feininger, 1898. Mannheim, Landesmuseum für Technik und Arbeit

203. Michael Dolivo-Dobrowolsky, technischer Direktor in der AEG, an der Spitze des Velo-Klubs der Firma in Berlin. Photographie, nach 1909. Darmstadt, Technische Hochschule, Archiv

tionen, mit denen man bislang beim Befahren schlechter Straßen die Stöße zu dämpfen versucht hatte, ließen sich jetzt vereinfachen.

In den neunziger Jahren erlebte das Fahrrad einen zweiten Boom, der den des Hochrades beträchtlich übertraf. Hatte man Hunderttausende Hochräder verkauft, so gingen die Absatzzahlen der Sicherheitsräder in die Millionen. Das Zentrum des Fahrradbaus verlagerte sich von England in die USA. Für die Mitte der neunziger Jahre sprachen in Großbritannien Schätzungen von anderthalb Millionen Fahrrädern. Allein 1896, im besten Jahr, verkauften in den USA Hunderte von Herstellern mehr als 1,2 Millionen Fahrräder. Das Sicherheitsrad hatte dem Radfahren neue Zielgruppen erschlossen. Frauen entdeckten das Fahrrad als Mittel und Zeichen ihrer Emanzipation. Mit Kettenschutz konnten sie in langen Röcken fahren, doch man sah immer häufiger auch über Hosen getragene kürzere Röcke. Für die radfahrende Dame wie für den radfahrenden Herrn bot eine Zubehörindustrie funktionale, aber auch modische Spezialkleidung an.

Weniger Begüterte konnten sich die noch recht teuren Fahrräder höchstens auf dem entstehenden Gebrauchtmarkt kaufen. Gründungen von Arbeiter-Fahrradvereinen deuteten an, daß sich das Fahrrad langsam zum allgemeinen Verkehrsmittel entwickelte. Doch erst in der Zwischenkriegszeit fuhren Arbeiter massenweise auf Fahrrädern in die Fabrik, wenn sie nicht die Straßenbahnen benutzten. Vor dem Ersten Weltkrieg blieb das Fahrrad in erster Linie ein Freizeitgerät. Die sportliche Radfahrszene professionalisierte und differenzierte sich. Es bildeten sich Spezialisten für die Bahnrennen oder für die großen Straßenrennen heraus, beispielsweise für die Tour de France, die 1903 erstmals durchgeführt wurde. Wie zuvor die Dreiräder, so nutzte man die Sicherheitsräder auch für geschäftliche Zwecke. Postverwaltungen, Zeitungshäuser und andere staatliche und private Dienstleistungsunternehmen statteten ihre Boten mit Fahrrädern aus. Auch Polizei und Militär begannen seine Verwendungsmöglichkeiten zu erproben.

Viele der Firmen, die die Fahrradfertigung aufnahmen, kamen aus dem Präzisionsmaschinenbau. Nur mit Hilfe moderner Werkzeugmaschinen und durch Austauschbau konnten sie die hohen Stückzahlen erzielen. Die wichtigsten Teile wurden im Gesenk vorgeschmiedet und dann spanend bearbeitet. Als in den neunziger Jahren nach der Einführung des Sicherheitsrades der Markt noch größere Stückzahlen verlangte, führten einige im Mittleren Westen der USA gelegene Fabriken neue Bearbeitungstechniken ein. Sie ersetzten teilweise das arbeitsaufwendige, viel Erfahrung erfordernde Löten durch das von Elektrotechnikern entwickelte Widerstandspreßschweißen, bei dem die beiden miteinander zu verbindenden Teile jeweils mit den entgegengesetzten Polen eines Stromgebers verbunden werden. Manche Teile, die bislang spanend bearbeitet wurden, erhielten jetzt ihre Form durch mehrmaliges Stanzen und Pressen. Später transferierte Ford das Stanzen und Pressen aus dem Fahrrad- in den Automobilbau. Er überwand sogar beim technisch komplexeren Automobil den Engpaß, mit dem auch die Fahrradhersteller zu kämpfen hatten: die aufwendige Montage. Wenn im Mittleren Westen seßhaft gewordene Fahrradhersteller die neuen Fertigungstechniken einführten und nicht Fabriken in den Neuengland-Staaten, so hing das wohl vor allem damit zusammen, daß die jüngeren Firmen im Mittleren Westen aus Mangel an Tradition und an qualifizierten Facharbeitern den arbeitssparenden technischen Neuerungen gegenüber aufgeschlossener waren.

Rationalisierten die fortschrittlichsten Fahrradfabriken die Fertigung, so verbesserten sie und andere das Produkt auch konstruktiv. Nabenschaltungen erleichterten die Bergauffahrt, verbesserte Bremsen machten das Bergabfahren sicherer. Die neu eingeführten Luftreifen verlangten reifenschonende Bremsen. Bald ging man bei den besseren Modellen zu Bremsen über, die nicht auf die Reifen, sondern auf die Felgen wirkten. Freilauf und Rücktrittsbremse setzten sich erst nach der Jahrhundertwende durch. Vorher mußte der Bergabfahrende zusätzlich zu den Bremsen mit seiner Beinkraft der Pedalbewegung entgegenwirken. Für sanftere Abfahrten besaßen die Räder vorn kleine Querstangen, auf denen man die Füße abstützen konnte, während sich die Pedale weiter drehten. Da sich nicht jeder Berg gut überschauen läßt, brachten die Fahrradklubs vor gefährlichen Abfahrten Warnschilder an.

Das Automobil: Sportgerät, Repräsentationsobjekt und Gebrauchsfahrzeug

Straßenfahrzeuge mit Dampfmaschinenantrieb waren schon seit vielen Jahrzehnten erprobt und um 1830 sogar als Omnibusse im Linienbetrieb eingesetzt worden, doch sie hatten sich vor allem wegen ihres hohen Gewichts nicht bewährt. Mit dem Gasmotor von Otto stand jetzt in den achtziger Jahren eine neue Antriebstechnik zur Verfügung, die Hoffnungen auf ein gebrauchstüchtiges Automobil nährte. Aber auch der Otto-Motor war für ein Automobil zunächst noch zu schwer, und Gas hätte als Brennstoff nur in kleinen Mengen in einem Fahrzeug mitgeführt werden können. Damit sind die beiden Schlüsselprobleme für die Weiterentwicklung des stationären Otto-Motors zum Fahrzeugmotor genannt, mit deren Lösung sich eine ganze Reihe von Tüftlern und Erfindern beschäftigte. Da der Otto-Motor durch ein Patent geschützt war, hielten sie ihre Arbeiten geheim. Erst als Ottos Patent aufgehoben wurde, stellte der Gang in die Öffentlichkeit kein Problem mehr dar.

Eine besonders gute Ausgangsposition besaßen zwei Ingenieure, die 1872 in die von Nikolaus August Otto und Eugen Langen gegründete Gasmotorenfabrik Deutz eingetreten waren und sie 1882 wieder im Streit verlassen hatten: Gottlieb Daimler (1834–1900), der die Serienfertigung von Ottos atmosphärischem Gasmotor organisiert hatte, und Wilhelm Maybach (1846–1929), der die Konstruktionsabteilung geleitet hatte. Bei gleichbleibender Leistung konnte der Otto-Motor kleiner und leichter gebaut werden, wenn es gelang, die Drehzahl zu erhöhen. Für hohe Drehzahlen war aber die schiebergesteuerte Flammenzündung des Otto-Motors zu träge. In ihrer kleinen Versuchswerkstatt bei Stuttgart konstruierten Daimler und Maybach einen Motor mit einer im Prinzip bekannten Glührohrzündung. Dabei heizte eine Flamme von außen ein Rohr an, das Verbindung mit dem Brennraum hatte. Für das als Brennstoff gewählte Benzin entwickelte Maybach einen Vergaser, der für eine konstante Gemischzusammensetzung sorgte. Der 1884 fertiggestellte Motor, wegen seiner Form »Standuhr« genannt, besaß ein Volumen von knapp 500 Kubikzentimetern und leistete etwa eine Pferdestärke. Daimler und Maybach hatten besonders auf Gewichtsersparnis geachtet. Sie legten die einzelnen Motorteile möglichst leicht aus, kühlten den Motor mit Luft statt mit Wasser und übertrugen die Kolbenbewegung über eine Pleuelstange direkt auf die Kurbelwelle.

Die beiden Erfinder sahen in ihrem Motor in erster Linie ein universelles Antriebsmittel. Anwendungen konnten sie sich überall da vorstellen, wo geringes Gewicht von Bedeutung war, bei Booten, Draisinen, Straßenbahnen, Feuerwehrspritzen, Sägen, aber ebenso bei Straßenfahrzeugen. 1885 bauten sie für Fahrversuche den Motor in ein hölzernes Zweirad ein, das an das Laufrad des Freiherrn Drais von Sauerbronn (1785–1851) erinnert, und 1886 in eine nur leicht modifizierte Kutsche, die sie von einer Stuttgarter Firma kauften. Dahinter stand der Gedanke, daß die Kunden ihre Pferdekutschen auf motorischen Antrieb umrüsten sollten. Später konstruierte Maybach auch Fahrzeuge, die sich vom Kutschendesign entfernten. Die Hoffnungen, die man auf den Motorwagen gesetzt hatte, erfüllten sich jedoch zunächst nicht. Ein einigermaßen gutes Geschäft machte man in den ersten Jahren mit Bootsmotoren.

Der zweite deutsche Innovator im Automobilbau, Carl Benz (1844–1929), fertigte in Mannheim seit den siebziger Jahren sparsame Zweitakt-Gasmotoren. Der

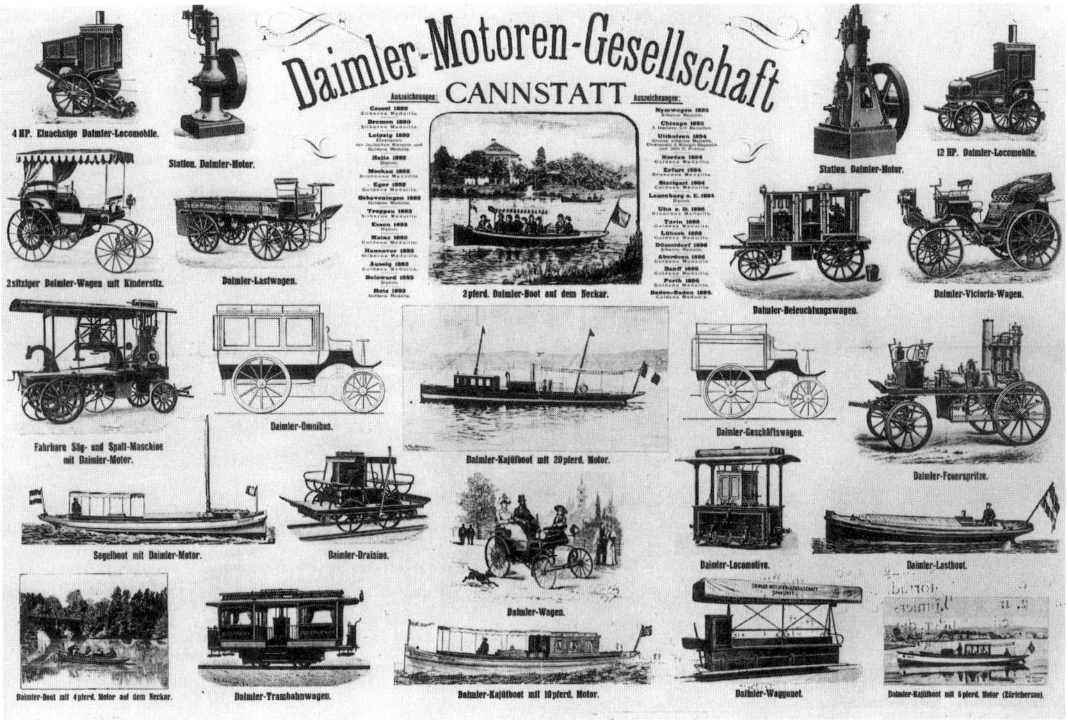

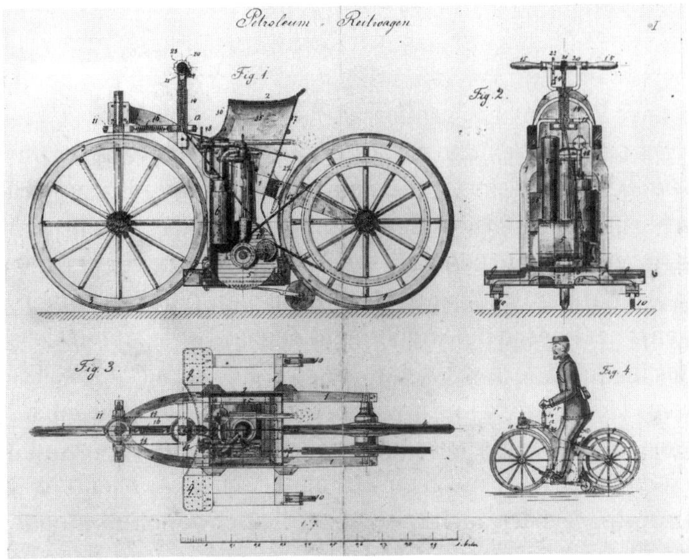

204. Das Produktionsprogramm der Daimler-Motoren-Gesellschaft. Firmenwerbung für das Jahr 1896. – 205. Motorrad als Versuchsträger für den »Standuhr-Motor« von Daimler und Maybach. Lavierte Zeichnung zur Patentschrift vom 29. August 1885. Beide: Stuttgart, Historisches Archiv der Mercedes-Benz AG

von ihm für ein Fahrzeug gebaute Viertaktmotor mit einem relativ hohen Leistungsgewicht konnte sich nicht mit dem Maybachschen messen. Indem er von vornherein Motor und Fahrzeug als Einheit konzipierte, ging Benz aber über die Intentionen der Stuttgarter Innovatoren hinaus. Sein dreirädriger Wagen war ein eigenständiger Entwurf, obgleich er Anregungen aus dem Kutschen- und Fahrradbau übernahm. Die Kraftübertragung erfolgte über einen Riemen auf eine Vorgelegewelle und von dort über Ketten auf die Hinterräder. Der Wagen besaß schon ein Differential, um die unterschiedlichen Kurvengeschwindigkeiten der Hinterräder auszugleichen.

In den ersten Jahren fanden weder Daimler noch Benz in Deutschland Kunden für ihre Wagen. Das Automobil schien auf dem besten Weg, ein großer Flop zu werden. Als es sich dann doch in den neunziger Jahren durchsetzte, geschah dies nicht in Deutschland, sondern in Frankreich. Bis um die Mitte der neunziger Jahre beherrschten drei Firmen den französischen Markt: Benz sowie Panhard & Levassor und Peugeot, die zunächst Daimler-Motoren in ihre Wagen einbauten. Die Wagen von Benz wurden in Frankreich durch den Unternehmer Emile Roger vertrieben. Bis 1898 ging fast die Hälfte der Mannheimer Produktion nach Frankreich, weitere Wagen wurden in andere Länder exportiert.

Panhard & Levassor, eine bedeutende Pariser Metallwaren- und Maschinenbaufabrik mit Hunderten von Mitarbeitern, hatte eine Zeitlang in Lizenz auch Otto-Motoren gebaut. Jetzt erwarb sie von Daimler Lizenzen für den Bau seines Motors; eigene Motoren fertigte sie erst seit 1899. Im Jahr 1891 stellte sie einen Wagen vor mit einem vorn liegenden, längs eingebauten Motor, einer Bauweise, die sich in der Folgezeit durchsetzte. Mit dem Automobilbau, der hohe Gewinne abwarf, wuchs die Firma in den neunziger Jahren beträchtlich. Panhard & Levassor baute in erster Linie solide, stärker motorisierte Wagen der Mittel- und Oberklasse.

Peugeot, ein Metallwaren- und Maschinenbaukonzern in Burgund mit über zweitausend Mitarbeitern, war innerhalb kurzer Zeit zum bedeutendsten französischen Fahrradhersteller aufgestiegen. Bevor man sich für den Benzinwagen entschied, konstruierte man versuchsweise auch einige Dampfwagen. Peugeot setzte bis in die Mitte der neunziger Jahre ebenfalls Daimler-Motoren, die man von Panhard & Levassor bezog, in seine Fahrzeuge ein. In ihrem Produktionsprogramm führte die Firma vor allem leichte, preiswerte Wagen und Motorräder. Der Automobilbau war zwar selbständig, blieb jedoch personell und finanziell mit dem Konzern verbunden. Peugeot zog aus dem Automobilbau geringere Gewinne als Panhard & Levassor, hatte einige Krisen zu überwinden, war aber vor dem Ersten Weltkrieg wieder zusammen mit Renault der größte französische Automobilhersteller; in Europa fertigte nur Ford in seiner Fabrik in Manchester mehr Autos.

Gegen Ende des Jahrhunderts kam es in Frankreich zu einem regelrechten Automobilboom mit Lieferfristen bis zu zwanzig Monaten. Das lockte zahlreiche weitere Firmen ins Geschäft, von denen hier nur zwei besonders wichtige erwähnt

206. Der erste Automobilprospekt der Welt. Werbung der Firma Benz & Co., 1888. Stuttgart, Historisches Archiv der Mercedes-Benz AG. – 207. Das neue Automobil von Panhard & Levassor mit dem Daimler-Motor. Firmenwerbung, 1892. München, Deutsches Museum

seien. Die von dem aristokratischen Lebemann und nationalkonservativen Politiker Albert de Dion (1856–1946) und dem Techniker Georges Bouton (1847–1938) gegründete Firma baute zunächst und bis ins 20. Jahrhundert hinein auch Dampffahrzeuge in einem weiten Modellspektrum, von Personenwagen über Zugmaschinen bis zu Lastwagen. Der erste Benzinwagen entstand 1895. De Dion-Bouton spezialisierte sich auf leichte drei- und vierrädrige Wagen, deren Rahmen von Fahrradherstellern geliefert wurden. Allein von den Dreirädern verkauften sie zwischen 1895 und 1901 etwa 15.000. Damit war De Dion-Bouton eine Zeitlang die größte Automobilfabrik der Welt. Für diese Fahrzeuge entwickelte die Firma leichte, besonders schnell laufende Motoren, die überall zum Verkaufsschlager wurden. Große Hersteller in den automobilbauenden Ländern, in Deutschland zum Beispiel Adler und Opel, bezogen ihre Motoren von der Firma De Dion-Bouton, die allein im ersten Jahrzehnt des 20. Jahrhunderts etwa 200.000 Motoren – auch für andere Anwendungsbereiche – lieferte. Graf de Dion trug nicht nur als Fabrikant, sondern auch als Organisator und Propagandist dazu bei, daß sich das Automobil in Frankreich durchsetzte. Ob es um die Organisation von Automobilrennen ging, um die Gründung von Automobilklubs oder um einen Zusammenschluß der Automobilhersteller, immer hatte der Graf seine Hände im Spiel.

Die 1898 gegründete Firma Renault war bis 1903 eher ein Montagebetrieb, der unter anderem Teile und Motoren von De Dion-Bouton bezog, obwohl man hier den Kardanwellenantrieb in den Automobilbau einführte. Mit dem Bau kleiner Taxen, die in die großen Städte der gesamten Welt geliefert wurden, stieg die Firma bis 1907 zum größten französischen Automobilproduzenten auf. Sie verkaufte in ihrer besten Zeit 2.000 bis 3.000 Taxen im Jahr. Der Rückgang des Taximarktes brachte die Firma später in Schwierigkeiten.

Mittlerweile hatte sich der Automobilbau in Frankreich, aber auch in anderen

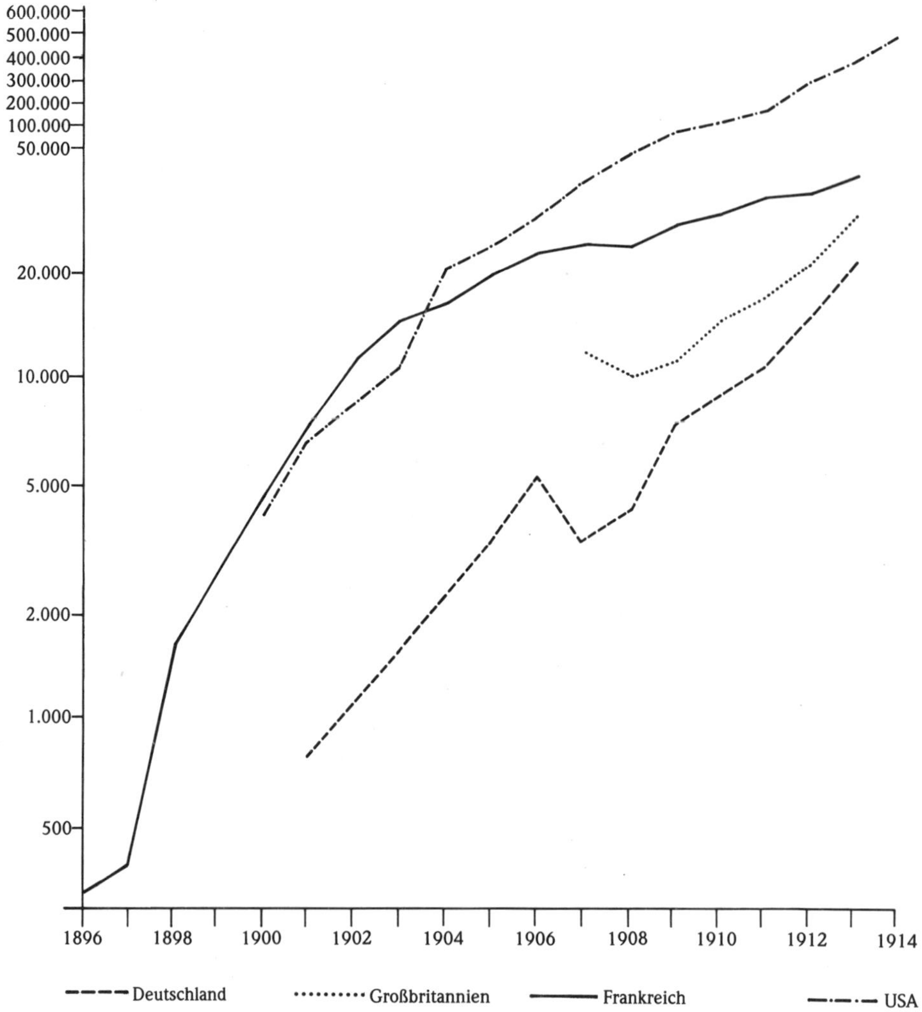

Automobilproduktion in den USA, Frankreich, Großbritannien und Deutschland 1896 – 1914 (nach Laux und Historical Statistics)

Ländern, als ein Gewerbe von volkswirtschaftlicher Bedeutung etabliert. Lieferten die größten Hersteller in der zweiten Hälfte der neunziger Jahre noch Hunderte von Wagen im Jahr, so stiegen die jährlichen Produktionszahlen nach der Jahrhundertwende auf Tausende; jede der großen Firmen beschäftigte mehrere tausend Mitarbeiter. Die französischen Hersteller und ihre Wagen waren technisch führend; beim Motorenbau hatte man sich von der Abhängigkeit von deutschem Know-how befreit. Allerdings bezog die französische Automobilindustrie ihre Werkzeugmaschinen weiterhin im großen Umfang von amerikanischen und von deutschen Firmen. Auch wenn um 1900 die Zahl der in den USA und in Großbritannien zugelassenen Wagen die der französischen übertraf, so produzierte man in Frankreich doch bis 1904 weltweit die meisten Autos, ehe sich die USA an die Spitze schoben, in Europa sogar bis in die Zwischenkriegszeit hinein. Obwohl der französische Vorsprung vor den europäischen Konkurrenten nach 1908 zurückging, war Frankreich bis zum Ersten Weltkrieg der größte Automobilexporteur der Welt, zumal für Großbritannien. Das Automobil bildete das wichtigste Exportgut im französischen Maschinenbau. In den Vorkriegsjahren reüssierten auch die europäischen Konkurrenzländer mit Automobilen in ihren klassischen Exportgebieten: Großbritannien besonders in den Ländern des Empire und Deutschland in Ost- und Südosteuropa.

	1907	1913
USA	143.200	1.258.000
Großbritannien	63.500	250.000
Frankreich	40.000	125.000
Deutschland	16.214	70.615

Zahl der zugelassenen Kraftfahrzeuge 1907 und 1913 (nach Bardou, Chanaron, Fridenson und Laux)

Bezieht man die Zahl der zugelassenen Wagen auf die Einwohnerzahlen, dann war in den neunziger Jahren Frankreich das Land mit der höchsten Automobildichte, ehe es in der Zeit danach zunächst durch Großbritannien und dann durch die USA abgelöst wurde. In dieser Verschiebung zeigt sich die überragende Bedeutung des Durchschnittseinkommens und der Einkommensverteilung in den einzelnen Ländern für die Automobilverbreitung. Um so schwerwiegender ist die Frage, warum sich das Automobil zunächst in Frankreich durchgesetzt hat und nicht in den wohlhabenderen Industrieländern Großbritannien und USA oder in Deutschland, wo der benzinbetriebene Kraftwagen erfunden wurde. Die Antworten sind vielfältig. Aufgrund persönlicher Bemühungen und Beziehungen der deutschen Innovatoren stießen das Automobil und die für den Kraftfahrzeugantrieb geeigneten Verbrennungsmotoren in Frankreich gleich auf das Interesse der größeren Firmen, die über Erfahrungen mit der Serienfertigung und der Vermarktung verschiedenartiger Produkte verfügten. Im Vergleich zu Panhard & Levassor und Peugeot handelte es sich bei Daimler und bei Benz dagegen nur um kleine Werkstätten. Beide deutschen Autohersteller hatten sich aus dem Motorenbau entwickelt, der hohe technische Qualitätsanforderungen stellte, doch die wesentlich differenzierteren und komplexeren Kenntnisse im Fahrgestell- und Karosseriebau sowie im Marketing von Konsumgütern mußten sie sich erst erwerben.

Die meisten französischen Automobilproduzenten saßen in Paris und Umgebung. Paris bot nicht nur ein großes Reservoir an qualifizierten Facharbeitern, auch um die jahreszeitlichen Produktionsspitzen abzudecken, sondern ebenso an Zuliefererfirmen für Lampen, Batterien, Reifen oder Guß- und Schmiedeteile. Insbesondere die Nähe der Fabriken zum Pariser Markt war von Bedeutung. Die Automobilfirmen vermochten so besser auf die sich wandelnden Kundenwünsche zu reagieren, und die Kunden konnten ihre noch recht störanfälligen Wagen bei den Herstellern warten und reparieren lassen. Für die das Image von Sportlichkeit und Luxus vermittelnden Automobile stellte Paris den idealen Markt nicht allein in Frankreich, sondern in ganz Europa dar. Auf den breiten Boulevards und im Bois de Boulogne konnten die französischen und ausländischen Mitglieder des Geburts- und Geldadels und Technikbegeisterte aus dem wohlhabenden Bürgertum dem staunenden Publikum die neue Mode des Automobilismus vorführen. Daran gemessen stand Berlin, wo sich auch später nur wenige Automobilproduzenten niederließen, als gesellschaftliches Zentrum weit zurück. Der ländliche Adel spielte in Deutschland eine größere Rolle als in Frankreich, und die jahrhundertelange einzelstaatliche Entwicklung Deutschlands hatte eine Vielzahl gesellschaftlicher und wirtschaftlicher Zentren entstehen lassen. Sorgte in Paris eine kritische Masse für die Durchsetzung des Automobils, so war es dem ausgezeichneten französischen Straßennetz, dem besten auf der Welt, zu verdanken, daß das Auto auch außerhalb der Hauptstadt immer häufiger zu sehen war. Die Konkurrenz der Eisenbahn wirkte sich weniger stark aus als in Deutschland. Das französische Eisenbahnnetz war weiter geknüpft als das deutsche und sternförmig auf Paris ausgerichtet, so daß es die Querverbindungen vernachlässigte.

Der anfängliche Mißerfolg des Automobils in Deutschland macht deutlich, daß der Markt für die technische Innovation erst entwickelt werden mußte. In Frankreich knüpfte die Automobilindustrie an die Tradition der Pferde- und Radrennen an. 1891 ließ Peugeot beim Fahrradrennen Paris–Brest–Paris einen Benzinwagen mitfahren. Dieser konnte zwar mit den schnellsten Radfahrern nicht mithalten, machte aber das nach Tausenden zählende Publikum auf das Automobil aufmerksam. Bald wurden eigene Wettbewerbe für Automobile organisiert: 1894 eine Zuverlässigkeitsfahrt zwischen Paris und Rouen, in der Folgezeit Kurz- und Langstreckenrennen auf öffentlichen Straßen. Dabei verbanden sich technischer Pioniergeist, individualistischer sportlicher Wettbewerb und das Geschäftsinteresse der teilnehmenden Firmen, für die die Rennen Werbeveranstaltungen waren. Bereits

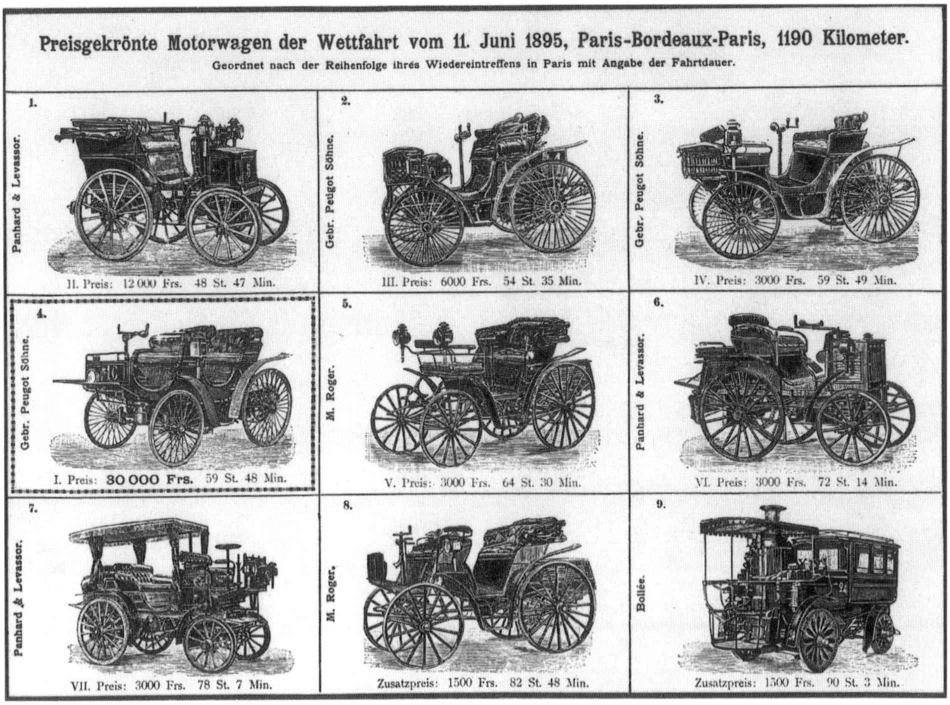

208. Die Ergebnisse des Autorennens Paris – Bordeaux – Paris am 11. Juni 1895. Lithographie, 1895. München, Deutsches Museum

vor 1900 tauchen in den Teilnehmerlisten die Namen von Fabrikanten als Fahrer oder Beifahrer auf: de Dion, Levassor, Peugeot und Michelin. Technische Neuerungen konnten hier getestet und später eventuell allgemein in den Automobilbau eingeführt werden. Als es nach der Jahrhundertwende zu einigen spektakulären Unfällen mit Toten kam, verzichteten die Veranstalter auf die Rennen über öffentliche Straßen. Das Geschehen verlagerte sich auf abgesperrte Strecken und fächerte sich auf: in Rundstrecken- und Kurzstreckenrennen, in Geschwindigkeitsrekordversuche und Zuverlässigkeitsfahrten, die schließlich sogar durch die großen Kontinente führten. Die Firmen, die sich am Renngeschehen beteiligten, beschäftigten nun professionelle Renn-, Rekord- und Testfahrer. Derart hielt die Spezialisierung auch in den motorisierten Sport Einzug.

Eine große Zeitung, die schon Radrennen veranstaltet hatte, ermöglichte die Zuverlässigkeitsfahrt 1894 zwischen Paris und Rouen. Im selben Jahr erschien die erste Automobilzeitschrift der Welt, und um die Jahrhundertwende waren es in Frankreich schon fünfundzwanzig. Es entstand eine Symbiose und Kooperation zwischen Automobilindustrie sowie Fach- und Tagespresse, durch die das Auto im Bewußtsein der Öffentlichkeit verankert wurde. Zunächst zeigten die Hersteller

209. Automobilsalon »Smith & Mabley« auf dem Broadway in New York. Photographie, 1905. New York, Museum of the City

ihre Produkte auf den regelmäßig stattfindenden Fahrrad-, später auf eigenen Automobilausstellungen. Bald fanden in den Zentren des Automobilismus jährlich Salons statt, was die Hersteller zu kosmetischen Korrekturen an ihren Wagen zwang.

Die Rezeption und Weiterentwicklung der Konstruktionen von Daimler, Maybach und Benz durch erfahrene französische Techniker und Kaufleute, der Pariser Ballungsraum und die professionelle Vermarktung wirkten bei der erfolgreichen Durchsetzung des Automobils in Frankreich zusammen. Damit war ein grobes Muster vorgegeben, an dem sich Hersteller und Importeure in anderen wohlhabenden Industrieländern orientieren konnten. Es lag auf der Hand, daß England mit seinem wirtschaftlichen Reichtum, seinem hoch entwickelten Verkehr und seiner Verkehrsinfrastruktur sowie mit dem gesellschaftlichen Leitbild des sportlichen Gentleman ein guter Markt sein mußte. Tatsächlich fand sich hier in den Jahren nach 1900 die weltweit größte Automobildichte, ehe die USA 1907 die Spitze erklommen. Als restriktiven Faktor für das Entstehen einer mächtigen englischen Automobilindustrie benennt die populäre Literatur immer wieder den »Red Flag Act«. In den sechziger und siebziger Jahren waren für Straßendampfzüge mit Schwergütern Bestimmungen erlassen worden, die besagten, daß ein Mann mit einer roten Warnflagge voranzugehen habe. Diese Regelung sollte jedoch nicht überschätzt werden, denn sie fiel gleich im Jahr 1896 fort, als leichte, schnelle

Kraftfahrzeuge in nennenswerter Zahl auf den Markt kamen. Auch die Bemühungen Harry J. Lawsons, ein Automobilimperium aufzubauen und keine Konkurrenz aufkommen zu lassen, wirkten sich nur ganz kurze Zeit hemmend aus. Lawson scheiterte mit seiner Strategie, Schlüsselpatente aufzukaufen, an der Geschwindigkeit des technischen Fortschritts. Für das Zurückbleiben der englischen Autoindustrie gibt es eine Vielzahl von Gründen, die kumulativ zusammengewirkt haben. Im Gegensatz zu den USA, die diesen Industriezweig mit Importzöllen bis zu 45 Prozent schützten, erhob Großbritannien als klassisches Freihandelsland auf Automobile keine Zölle. Die Produkte der früher und weiter entwickelten französischen Automobilindustrie fanden also einen offenen Markt vor. In dem nach 1900 einsetzenden Automobilboom wurden auch in England zahlreiche Fabriken gegründet, von denen aber viele aufgrund Kapitalmangels scheiterten. Die hier vorhandene Großindustrie samt dem Großkapital interessierte sich nur wenig für den Automobilbau, da es genügend andere Branchen gab, in denen man leicht Gewinne erzielen konnte. Viele englische Automobilfirmen wie British-Daimler, Rolls-Royce, Napier und Lanchester produzierten technisch hochwertige Luxuswagen. Damit ließen sich zwar gute Erträge, aber keine großen Stückzahlen erreichen. Standen die englischen Hersteller – ähnlich wie die deutschen – konstruktionstechnisch an der Spitze, so hinkten sie produktionstechnisch hinter französischen oder gar amerikanischen Automobilbauern her. Man besaß den Ehrgeiz, die meisten Teile in handwerklicher Präzisionsarbeit selbst herzustellen und verzichtete auf eine Kooperation mit Zulieferern. Daß man dabei ein existierendes Bedürfnis nach kleinen, preiswerten Wagen übersah, zeigte sich, als Ford 1911 in Manchester eine Montagefabrik eröffnete. Bereits 1913 lag sein Anteil am britischen Markt bei über 22 Prozent. Nach diesem Erfolg zogen einzelne englische Hersteller wie Singer nach und bauten ebenfalls preiswerte Wagen.

Für Deutschland ist immer eine unmittelbare Verbindungslinie zwischen der Innovation der Verbrennungskraftmaschinen, insbesondere des Otto-Motors, und der des Automobils gezogen worden. Tatsächlich war dieser direkte Zusammenhang auch bei den deutschen Innovatoren, bei Daimler, Maybach und Benz, gegeben. Abgesehen davon, daß die Dampfstraßenwagen den Benzinwagen vorausgingen, besaß das Automobil aber auch in Kutsche und Fahrrad wichtige Wegbereiter. Baute Daimler seinen neuen Motor in eine modifizierte Kutsche ein, so benutzte Benz beim Bau seines Wagens Fahrradteile. Erst im Laufe von Jahren emanzipierte sich die Bauweise des Automobils von diesen Vorbildern. Noch wichtiger war, daß das Automobil auf einen Markt und auf Verwendungszwecke zielte, die bislang Kutsche und Fahrrad abdeckten. Von den Zeitgenossen vorgenommene Kostenvergleiche zwischen Automobil und Kutsche dokumentieren diesen Zusammenhang, auch wenn für die begüterten Mittel- und Oberschichten als Hauptzielgruppen des Autos die Kosten wahrscheinlich weniger wichtig waren als das Image.

Noch deutlicher als dem Vorbild der Kutsche folgte das Automobil dem des Fahrrads. Viele Automobilfabrikanten, besonders die der zweiten Generation, kamen aus dem Fahrradbau: Peugeot in Frankreich, Rover in England, Pope in den USA, Opel in Deutschland, um nur jeweils ein Beispiel für die wichtigsten automobilproduzierenden Nationen zu nennen. Da diese Fabriken schon Fahrräder in großen Stückzahlen hergestellt hatten, fiel es ihnen leichter, auch Automobile in Serien zu fertigen. Bauteile, die sich bei Fahrrädern bewährt hatten, wie Stahlrohrrahmen, Speichenräder, Kugellager und Luftreifen, wurden in den neuen Produktionszweig übernommen. Mit den Dreirädern und motorisierten Fahrrädern, den Motorrädern, wie sie bald genannt wurden, gab es Übergangsformen zwischen beiden Entwicklungslinien. Automobilfabrikanten verwendeten Fertigungstechniken aus der Fahrradherstellung, zum Beispiel Henry Ford das Stanzen und Pressen von Teilen, die in der Automobilindustrie bislang im Gesenk geschmiedet und spanend bearbeitet wurden. Auch alle Formen und Hilfsmittel zur Verbreitung des Automobils hatten sich schon beim Fahrrad bewährt: Rennen, Ausstellungen, Zeitschriften, Streckenbeschreibungen und Reisehandbücher sowie Klubs. Gleich den Fahrradherstellern appellierten die Automobilfabrikanten an die Sportlichkeit und an die Repräsentationsbedürfnisse ihrer Kunden. Allerdings hatte sich das Kundenspektrum inzwischen gewandelt. Die Fahrräder, einst Luxusspielzeug der begüterten sportlichen Oberschicht, hatten sich verbilligt, so daß sie mittlerweile vor allem von Angehörigen der Mittelschicht, aber auch schon von Arbeitern gefahren wurden. Das Automobil dagegen drängte in das Feld, das das Fahrrad geräumt hatte.

Die meisten der grundlegenden technischen Elemente und Lösungen der heutigen Autos standen bereits um die Jahrhundertwende zur Verfügung, natürlich in viel geringerer Perfektion. Vor 1914 ging es in erster Linie um eine Verbesserung dieser Elemente und ihres Zusammenwirkens. Die Nutzung der ersten Automobile litt sowohl unter der hohen Reparaturanfälligkeit als auch darunter, daß die notwendigen Betriebsmittel ungeheuer schnell verbraucht wurden. Dies galt nicht nur für das Benzin, sondern gleichermaßen für Kühlwasser, Schmiermittel und die für die elektrische Zündung mitgeführten Batterien. Mit verbesserten Motoren und Vergasern konnte der Benzinverbrauch gesenkt werden. Schmierung und Kühlung entwickelte man zu geschlossenen, leistungsfähigeren Systemen. Einen enormen Sprung bei den Zündsystemen brachte 1902 die Hochspannungs-Magnetzündung mit Zündkerzen und Unterbrechern von Bosch, von der die Firma bis 1914 etwa zwei Millionen Stück verkaufte. Die zunächst aus Kutschen- oder Fahrradkonstruktionen entlehnten mechanischen Teile wurden bei den zumeist schlechten Straßen außerordentlich stark belastet. Lange Zeit blieben die Bremsen Schwachstellen, die jetzt viel größeren Kräften entgegenwirken mußten. Beim Antrieb ging die Entwicklung von Riemen-, Zahnrad- und Kettentransmissionen zur Kardanwelle, die Re-

210. Der Mercedes des Barons Henri de Rothschild mit W. Bauer, dem späteren Fahrer Kaiser Wilhelms II., am Steuer während der Rennwoche von Nizza im Jahr 1901. Photographie. Stuttgart, Historisches Archiv der Mercedes-Benz AG

nault 1898 in den Automobilbau einführte. Luftreifen hatten sich bereits im Fahrradbau durchgesetzt. Michelin verwendete sie in der zweiten Hälfte der neunziger Jahre auch für das Automobil. Mit Bauteilen aus neuen Stahllegierungen und aus Leichtmetall wurde nach der Jahrhundertwende die Festigkeit der Wagen erhöht und ihr Gewicht vermindert.

Die Konstrukteure testeten diese Neuerungen meistens zunächst bei Rennwagen, um sie dann gegebenenfalls in den Serienbau zu übernehmen. Um 1900 konstruierte Maybach für den österreichischen Unternehmer und Daimler-Großhändler Emil Jellinek (1853–1918) einen Wagen, mit dem dieser an der Rennwoche in Nizza teilnahm. Nach einer Tochter Jellineks erhielt der technisch besonders fortschrittliche Rennwagen den Namen »Mercedes«. Der niedrige Wagen mit Kettenantrieb über die Hinterräder und sehr langem Radstand besaß einen vorn liegenden, längs angeordneten Vierzylindermotor von 35 Pferdestärken. Der Zylinder-Füllungsgrad wurde wesentlich erhöht, indem zwei Nockenwellen die Ventile steuerten. Maybach legte besonderen Wert auf Gewichtsersparnis. So besaß der Mercedes ein Kurbelwellengehäuse aus Leichtmetall und einen Rahmen aus leichtem Preßstahl, der nur etwa ein Viertel der üblichen Holz-Winkeleisen-Rahmen wog, aber eine größere Verwindungsfestigkeit aufwies. Eine Neuerung stellte auch der sogenannte Bienenwabenkühler dar. Die Rennerfolge des Mercedes lockten viele neue Kunden an und führten Daimler aus einem Auftragstief.

Bis zur Jahrhundertwende befand sich der Benzinwagen in einem harten Konkurrenzkampf mit dampf- und elektrisch betriebenen Fahrzeugen. So waren in den USA im statistischen Erhebungsjahr 1900 bei einer Gesamtproduktion von über 4.000 Kraftfahrzeugen 40 Prozent Dampfwagen, 38 Prozent Elektromobile und nur 22 Prozent Benzinwagen. Selbst wenn die USA einen Extremfall darstellen, so besaßen

211. Dampfwagen von De Dion-Bouton. Holzschnitt in »La Nature« vom 9. August 1884. München, Deutsches Museum

212. Elektromobil der Berliner Neuen Automobil-Gesellschaft. Photographie, um 1912. Berlin, BEWAG-Archiv

Dampfwagen und Elektromobile auch in anderen Ländern erhebliche Marktanteile. Versuche, Fahrzeuge mit Dampfmaschinen anzutreiben, hatte es bereits im 18. Jahrhundert gegeben. Um 1830 nahmen nicht nur in England Omnibusgesellschaften sogar einen Linienbetrieb mit großen Dampffahrzeugen auf, der allerdings aus technischen wie aus ökonomischen Gründen wieder eingestellt werden mußte. Als verschiedene Innovatoren in den siebziger Jahren neue Anläufe unternahmen, konnten sie bessere Stahlqualitäten und Hochdruckdampfmaschinen benutzen und damit ihre Wagen wesentlich leichter bauen. Das Spektrum der Fahrzeuge, die in den folgenden Jahrzehnten entstanden, reichte von Personenwagen über Omnibusse und Zugmaschinen bis zu Lastwagen. Vom Preis her waren die dampfbetriebenen Fahrzeuge mit den benzinbetriebenen durchaus konkurrenzfähig. Die entscheidenden Nachteile lagen in dem hohen Gewicht von Dampfkessel, Dampfmaschine, des mitzuführenden Brennstoffs und des Betriebsmittels Wasser. Die lange Vorbereitungszeit bei festen Brennstoffen wurde durch den Umstieg auf flüssige Brennstoffe und durch einen 1887 durch Léon Serpollet (1859–1907) entwickelten Schnellkocher reduziert. Während die Dampfwagen in Deutschland wegen der strengen Vorschriften zur Dampfkesselüberwachung chancenlos waren, verbreiteten sie sich in Großbritannien, in Frankreich und besonders in den USA. In Frankreich verkaufte allein Serpollet zwischen 1900 und 1906 etwa 1.000 Wagen, in den USA Stanley bis 1914 etwa 8.000.

Als Prototypen bauten verschiedene Techniker und Firmen in den achtziger Jahren Lastwagen und Omnibusse mit Elektroantrieb. Solche großen Gefährte konnten die zentnerschweren Batterien leichter tragen. Gegen Ende der neunziger Jahre erlebten dann die Elektromobile – jetzt auch leichtere Personenwagen – einen enormen Aufschwung. Bekannte Innovatoren aus der Elektrotechnik und aus dem Automobilbau, wie Thomas A. Edison, Ferdinand Porsche (1875–1951) und Ransom E. Olds (1864–1950), engagierten sich auf diesem Gebiet. Besonders in den USA und in Deutschland wurden solche Fahrzeuge in Serien hergestellt. In Deutschland sahen vor allem Firmen der elektrotechnischen Industrie und Elektrizitätsversorgungsunternehmen in den Elektromobilen eine Chance, mehr Elektromotoren und Strom zu verkaufen. In den USA war eine Batteriefirma der Marktführer. Diese Unternehmen stellten nicht nur Elektromobile her, sondern sorgten auch für die nötige Infrastruktur mit Werkstätten und Ladestationen.

Der größte Nachteil der Elektromobile gegenüber den Benzinwagen lag in ihrer geringen Reichweite und ihrer langen Ladezeit. Der Aktionsradius reichte zwar für Stadt-, aber nicht für Überlandfahrten aus, obwohl es in den USA Ladestationen zwischen einzelnen Großstädten im Osten gab. Das hohe Gewicht der Wagen führte zu niedrigen Beschleunigungswerten, zu großem Reifenverschleiß und zu mechanischen Problemen. Wegen der Batterien und der stabilen Bauweise waren Elektromobile immer teurer als vergleichbare Benzinwagen. Doch die Elektromobile wiesen auch erhebliche Vorteile auf. Von den stinkenden und knatternden Benzinern mit ihren häufigen Fehlzündungen hoben sich die geruchlosen und geräuscharmen Elektrofahrzeuge vorteilhaft ab. Elektromobile ließen sich viel leichter bedienen als Benzinwagen. Die Fahrer von Benzinwagen mußten den Motor mit großem Kraftaufwand ankurbeln – eine nicht ungefährliche Arbeit, bei der man sich leicht den Arm brechen konnte – und beim Schalten mit den unsynchronisierten Getrieben Schwerarbeit verrichten. Bei den Elektromobilen war das Starten kein Problem, und das Schalten entfiel.

213. Elektromobile der Siemens-Schuckert-Werke als Fahrzeuge der Bayerischen Post auf dem Würzburger Bahnhof. Photographie, 1912. München, Siemens-Archiv

Aus den Vor- und Nachteilen entwickelten die Elektromobilhersteller eine besondere Vermarktungsstrategie. Sie priesen die Elektromobile als ideale Stadtwagen an, die bedienungsfreundlich und deswegen auch für Frauen geeignet seien. Mit diesem Argument konnten gerade die amerikanischen Fabrikanten auf Erfolge hoffen, da es in den USA mehr autofahrende Frauen gab als in Europa, wo der Typ des sportlichen Herrenfahrers dominierte. In den USA bestand denn auch länger eine Marktnische für elektrisch angetriebene Privatwagen. Als in Europa der Elektromobilboom schon längst abgeflaut war, verkauften die amerikanischen Hersteller immer noch einige tausend Wagen im Jahr. Das Stadtwagenkonzept konnte so lange aussichtsreich erscheinen, als eine Überlandfahrt mit einem Benzinwagen ein abenteuerliches, häufig von Reparaturen unterbrochenes Unternehmen darstellte. Als die Automobile immer zuverlässiger wurden und zunehmend die Landstraßen unsicher machten, begann das Stadtautokonzept obsolet zu werden. Zwei Wagen, einen für die Stadt und einen für Überlandfahrten, konnte sich bei den damaligen Preisen kaum jemand leisten. Längere Zeit interessant blieben die Elektromobile für rein städtische Verwendungszwecke: als Taxen und als Lieferwagen. Um die Jahrhundertwende prägten elektrisch angetriebene Taxen das Straßenbild der Großstädte. Viele Typen waren aber noch nicht ausgereift und versagten im harten Dauerbetrieb. Die Elektrotaxen verschwanden innerhalb weniger Jahre wieder von der Bildfläche, und in die entstandene Marktlücke drangen Benzinwagen ein. Der Aufstieg von Renault fällt mit diesem Substitutionsprozeß zusammen. Als leicht zu startende Fahrzeuge waren Elektromobile für Auslieferungsfahrten in der Stadt ideal. In den amerikanischen Großstädten wurden sie in großem Umfang von Kaufhäusern und Großbäckereien eingesetzt. Für diesen Zweck wiesen Wirtschaftlichkeitsberechnungen weiterhin Kostenvorteile gegenüber dem Benzinantrieb aus.

Dennoch blieben das Elektromobil wie der Dampfwagen Episoden der Technikgeschichte, auch wenn heute wieder über eine Renaissance diskutiert wird. Die Jahre nach 1900 zeigten, daß die Benzinwagen über weit größere technische Entwicklungspotentiale verfügten als die Konkurrenz. Ihre Zuverlässigkeit wuchs rapide, und elektrische Anlasser sowie großvolumige, elastische Motoren machten die Bedienungsvorteile des Elektromobils beim Anlassen und Schalten wett. Die Dampfwagen hatten anfänglich von den hundert Jahre währenden Entwicklungsarbeiten an den Dampfmaschinen profitiert, konnten ihre Nachteile aber nicht überwinden. Auch die Elektromobile profitierten vom Technologietransfer aus der Elektrotechnik wie aus dem Akkumulatoren- und Straßenbahnbau. Doch die Hoffnungen, die die Hersteller auf den technischen Fortschritt setzten, erwiesen sich in diesem Fall als trügerisch. Obwohl die Akkumulatoren, die die wichtigste Schwachstelle der Elektrofahrzeuge bildeten, im ersten Jahrzehnt des 20. Jahrhunderts wesentlich verbessert wurden, reichte dies bei weitem nicht aus, um erfolgreich mit dem Benzinauto konkurrieren zu können.

Blieb das Automobil in den europäischen Ländern bis 1914 ein Produkt für Begüterte, so wurden in den USA in den Vorkriegsjahren die Grundlagen für die Massenmotorisierung in der Zwischenkriegszeit gelegt. Daß in den USA um die Jahrhundertwende die Zahl der Dampfwagen und Elektromobile die der Benzinwagen übertraf, hing nicht zuletzt damit zusammen, daß die Besitzer ein altes Patent für einen Wagen mit Verbrennungsmotor benutzten, um Aktivitäten anderer Hersteller zu behindern. Trotzdem bauten verschiedene Automobilpioniere seit den neunziger Jahren Benzinwagen, wobei sie Anregungen aus den europäischen, vor allem aus den französischen Werken übernahmen. Nach 1900 entstanden in den USA Hunderte kleiner Automobilfabriken, die meisten davon als reine Montagebetriebe, die die Teile von zahlreichen Zulieferern bezogen. Häufig war das Auto nur eines unter anderen Produkten. Der Automobilboom, der innerhalb weniger Jahre die USA an die Spitze der automobilproduzierenden Nationen brachte, führte dann zu einem Konzentrationsprozeß und drängte die kleineren Hersteller vom Markt. Gleichzeitig verlagerte sich das Zentrum der amerikanischen Automobilindustrie von der Ostküste in den Mittleren Westen. Die meisten Automobilfabriken befanden sich nun in Michigan mit Detroit und in Illinois. Diese Verlagerung hing damit zusammen, daß die Fabriken in den agrarischen Flächenstaaten stärker auf das Benzinauto gesetzt hatten als die an der Ostküste und daß sich das Kundenspektrum inzwischen vom wohlhabenden Stadtbürgertum zu den Farmern verschoben hatte.

Anfänglich besaß das Automobil in den USA wie in Europa ein schlechtes Image.

214. Autounfall an der Schlesischen Brücke in Berlin am 26. März 1913 mit fünf Todesopfern. Photographie. Berlin, Ullstein Bilderdienst

Die unabhängige Presse geißelte die sportliche Raserei, schilderte spektakuläre Unfälle in allen Einzelheiten und betonte die Lärm- und Geruchsbelästigung. Insgesamt gesehen scheint aber in den USA die öffentliche Meinung etwas zurückhaltender gewesen zu sein. Für die individualistisch orientierte und mobile amerikanische Gesellschaft war das Auto wie geschaffen. Die USA hatten um die Jahrhundertmitte den heutigen territorialen Umfang erreicht, und die Erschließung des riesigen Landes war noch in vollem Gang. Viel häufiger und selbstverständlicher als die Bewohner europäischer Staaten wechselten die Amerikaner Beruf und Wohnsitz. Außerdem waren hier schon früh grundsätzliche Statements gegen kollektive Verkehrsmittel laut geworden. Solange die Begegnung mit einem Automobil auf einer öffentlichen Straße noch ein seltenes Ereignis darstellte, kümmerte sich der Staat kaum um den Automobilismus. Als die Zahl der Autos um die Jahrhundertwende zunahm, setzten Diskussionen um die Registrierung und Kennzeichnung, um die Regelung des Verkehrs und um Fragen der Erteilung der Fahrerlaubnis, der Haftpflicht bei Unfällen und der Besteuerung ein. In Europa waren die Bestimmungen, die die Kommunen, Länder und Staaten in den folgenden Jahren erließen, zwar inhaltlich, aber nicht in ihrer Notwendigkeit umstritten. Dagegen gab es in den USA starke Kräfte, die administrative Regelungen des Automobilismus jeglicher Art entschieden ablehnten, angefangen von der Registrierung der Autos bis zur Erteilung von Fahrlizenzen und der Festsetzung von Geschwindigkeitsbeschränkungen. Doch diese Kräfte konnten auf Dauer nicht verhindern, daß auch hier das Automobil mit einer Reihe von moderaten Vorschriften belegt wurde, die von Staat zu Staat und manchmal von Stadt zu Stadt und County zu County differierten.

Obwohl sich die Straßenverhältnisse von Region zu Region sehr unterschieden, waren die amerikanischen Straßen im allgemeinen schlechter als die europäischen. Starke Regenfälle machten die Schotter- und Naturstraßen regelmäßig unpassierbar. So gelang es erst im Jahr 1903, den amerikanischen Kontinent mit einem Automobil zu durchqueren. Letzten Endes wurden damals nicht die Straßen den Automobilen, sondern die Automobile den Straßen angepaßt. Leichte, aus Fahrrädern entwickelte drei- und vierrädrige Wagen und Motorräder besaßen denn auch in den USA geringere Marktanteile als in Europa. In den USA träumte man bereits vor der Jahrhundertwende von einer Massenmotorisierung und versuchte Wagen für breitere Käuferschichten zu produzieren. Dazu gehörten Fahrzeuge vom Buggy-Typ, die Kutschen ähnelten und zwischen 250 und 600 Dollar kosteten, und Runabouts, etwas teurere Kleinwagen. Den größten Erfolg errang Oldsmobile mit dem 650 Dollar teuren Curved Dash, von dem zwischen 1900 und 1904 rund 11.000 Wagen verkauft wurden.

Nach 1905 verdrängten größere Tourenwagen die Buggies und Runabouts. Auch technisch emanzipierten sich die amerikanischen Automobilbauer von den europäischen. In den folgenden Jahren bildete sich ein eigenständiger amerikanischer Stil des Automobilbaus heraus. Die amerikanischen Wagen waren in der gleichen

215. Überlandfahrt in Virginia. Photographie, 1904. München, Deutsches Museum

216. Straßenbau in Lauf an der Pegnitz. Photographie, um 1910. Nürnberg, Bildstelle der Stadt

Preisklasse im Durchschnitt komfortabler und leichter als die europäischen, obwohl sie diesen an Stabilität und Haltbarkeit nicht nachstanden. Die Tendenz zum komfortablen Gebrauchsfahrzeug zeigte sich in der geschlossenen Bauweise, der guten Federung und der Ausrüstung mit Acetylen-Lampen für Nachtfahrten. Die Motoren – der wassergekühlte Vierzylinder wurde der Standardtyp – waren auf ihre Leistung bezogen großvolumig und deshalb elastisch, schluckten aber viel Benzin, das allerdings in den USA billig war. Bei den elastischen Motoren konnte man mit wenigen Gängen auskommen. Dem amerikanischen Hang zur einfachen Bedienung entsprach auch die Entwicklung des elektrischen Anlassers. 1911 für Cadillac konstruiert, setzte sich der elektrische Anlasser seit 1914 schnell durch. Einzelne Firmen boten komfortabel ausgestattete Tourenwagen schon zu Preisen unter 1.000 Dollar an. Der Niedrigpreis ermöglichte die Fertigung einzelner Modelle in Zehntausenden von Exemplaren nach dem neuesten Stand der Produktionstechnik. Es handelte sich bereits um eine Massenproduktion mit Austauschteilen, was eine qualitativ hochwertige Präzisionsarbeit voraussetzte. Die Maschinen und Arbeiten wurden so angeordnet, daß Fließfertigung mit einem Transport von Teilen auf fahrbaren Tischen oder Plattformen stattfinden konnte. Der Zusammenbau erfolgte allerdings noch durch Arbeitsteams, die in der Fabrikhalle von Montagestation zu Montagestation gingen.

An diesen hohen produktionstechnischen Stand der amerikanischen Automobilindustrie konnte Henry Ford (1863–1947) anknüpfen, als er nach seinem Start in den neunziger Jahren 1906 begann, Autos in größeren Stückzahlen zu fertigen. Die Verwendung genormter Teile hatte sich in den USA längst durchgesetzt. Die Vereinigungen der Hersteller und die großen Zulieferer, die zahlreiche Firmen versorgten, wirkten in jene Richtung. Je weniger Modelle eine Firma produzierte, desto mehr Kosten konnte man durch Normierung einsparen. Als sich Ford 1908 entschloß, nur noch ein Modell zu bauen, ließen sich die Normierung und die Rationalisierung der Produktion weiter vorantreiben. Fords Ingenieure konstruierten keinen leichten Billigwagen, sondern ein robustes Gebrauchsfahrzeug mit großer Bodenfreiheit, das auf die amerikanischen Straßen und auf die Bedürfnisse der Kunden besonders im ländlichen Raum abgestellt war. Das berühmte Modell T besaß einen elastischen Vierzylinder mit 3.000 Kubikzentimetern und 24 Pferdestärken, der es erlaubte, mit zwei Vorwärtsgängen auszukommen. Der Wagen wurde mit verschiedenen Aufbauten geliefert.

Die mit dem Einheitsmodell bei relativ niedrigen Dividenden erzielten hohen Gewinne erlaubten es Ford, in der neuen, 1910 eröffneten Highland Park-Fabrik in Detroit umfangreiche Rationalisierungsinvestitionen vorzunehmen. In Kooperation mit Werkzeugmaschinenfabriken entwickelten Fords Mitarbeiter Spezialmaschinen, die jeweils nur einen Bearbeitungsvorgang, aber diesen mit großer Präzision und hoher Arbeitsgeschwindigkeit erledigten. Bald besaß Ford eine so große Zahl moderner Einzweck-Werkzeugmaschinen wie sonst kein amerikanischer Automobilfabrikant. Mit speziell angefertigten Lehren und anderen Meßgeräten wurden die einzelnen Teile überprüft. Nacharbeiten waren nicht vorgesehen. Aus der Fahrradherstellung übernahm Ford rationelle Fertigungstechniken, beispielsweise das Stanzen und Pressen. So waren bislang Kurbelwellengehäuse gegossen und spanend bearbeitet worden, bei Ford wurden sie nun gepreßt. Um derartige Umstellungen zu beschleunigen, kaufte Ford eine Spezialfirma auf, die vorher Fahrradfabriken beliefert hatte, und verlagerte sie nach Detroit.

Fords Highland Park-Fabrik, ein imposanter moderner Gebäudekomplex mit

	Preis des Tourenwagens (in $)	Verkaufte Exemplare (auf 100 gerundet)
1908	850	6.000
1909	950	12.300
1910	780	19.300
1911	690	40.400
1912	600	78.600
1913	550	182.800
1914	490	260.700
1915	440	355.300
1916	360	577.000

Preisentwicklung und Verkaufszahlen von Fords Modell T 1908 – 1916 (nach Hounshell)

Sägedächern und großen Fensterflächen, war von vornherein für Fließfertigung und leichten Materialtransport gebaut. Bald stellte sich aber heraus, daß es einen wichtigen Engpaß gab: die Montage, die durch Arbeitsgruppen erfolgte, die von Station zu Station wanderten. Mit dem Gedanken, Montagebänder einzuführen, hatte man bei Ford schon 1908 gespielt. Als man jetzt Stückzahlen produzierte, die alles bisher in der Branche Dagewesene weit übertrafen, wurde ein solches Vorhaben wieder aktuell. Ford und seine leitenden Ingenieure konnten dabei an bekannte Vorbilder anknüpfen: an das Zerlegen von Rindern in den Schlachthöfen von Chicago, an die Produktion von Lebensmittelkonserven und an den Arbeitsablauf in Großmühlen oder Brauereien. Viel mehr als die Idee des Fließbandes war den Vorbildern jedoch nicht zu entnehmen. Um die Fließbandmontage für das hochkomplexe Automobil zu realisieren, mußten die Ford-Ingenieure ganz von vorn anfangen. Im Frühjahr 1913 begann man mit den ersten Versuchen. Zunächst schoben die Arbeiter die Teile, an denen sie einzelne Montagehandgriffe vornahmen, per Hand oder auf Karren weiter. Nachdem man so Erfahrungen mit der Zerlegung der Montagearbeiten und mit dem -tempo gesammelt hatte, wurde der Transport der Teile mit Hilfe von Seilzügen, Ketten und Bändern mechanisiert. Das laufende Band gab jetzt den Arbeitern die Geschwindigkeit vor. Innerhalb von anderthalb Jahren, bis Ende 1914, gelang es den Ford-Ingenieuren, das gesamte Werk auf Fließbandmontage umzustellen. Die daraus resultierenden Produktivitätsgewinne waren sehr unterschiedlich; sie differierten von Komponente zu Komponente zwischen 50 und 1.000 Prozent, übertrafen aber insgesamt alle Erwartungen. Als man bei Ford das Modell T konzipierte, lagen die Preiskalkulationen, denen man die traditionellen Fertigungstechniken zugrunde legte, bei 850 Dollar. Um hohe Verkaufszahlen erreichen zu können, setzte man sich das Ziel, den Preis durch Rationalisierung der Fertigung auf 600 Dollar zu drücken, was bis 1912 erreicht wurde. Mit der Fließbandmontage war es dann möglich, das Modell T im Jahr 1916 für 360 Dollar anzubieten. Ford mußte weitere Montagewerke errichten, um die Nachfrage zu befriedigen. Betrug sein Anteil am amerikanischen Markt 1908 etwa 10 Prozent, so waren es sechs Jahre später fast 50 Prozent. Die Vision der Massenmotorisierung war dabei, Realität zu werden.

Ford erkaufte seine Erfolge allerdings durch eine Verdichtung und Dequalifizierung der Arbeit in seinen Fabriken. Charlie Chaplin hat später in seinen »Modern times« die Essenz einer solchen Fließbandarbeit ins Skurrile übersteigert. Tagaus, tagein mußte der Arbeiter stets die gleichen Handgriffe in der vom Band vorgegebenen Geschwindigkeit ausführen. Daß die Arbeiter dies als belastend und unbefriedigend empfanden, zeigen die Fluktuations- und Abwesenheitszahlen bei Ford. Waren sie in Detroit, wo Arbeitskräftemangel herrschte und man jederzeit einen neuen Job finden konnte, schon hoch, so lagen sie bei Ford noch wesentlich höher. Von tausend Leuten, die Ford einstellte, blieben am Ende nur hundert. Das Management wirkte solchen kontraproduktiven Tendenzen schließlich durch ein Bündel von Maßnahmen erfolgreich entgegen. Der Lohn wurde auf fünf Dollar am Tag erhöht, wenn der Arbeiter die hohen Anforderungen erfüllte. Das war etwa das Doppelte von dem, das damals die anderen Automobilfirmen bezahlten. Außerdem verkürzte Ford den Arbeitstag auf acht Stunden im Dreischichtenbetrieb. Eine besondere Abteilung widmete sich den sozialen Sorgen der Werktätigen, übte auf diese Weise aber auch Kontrolle über sie aus. Die großzügige Beteiligung der Arbeiter an den Rationalisierungsgewinnen war aus der Not des Arbeitskräftemangels geboren, auch wenn Ford sie später als ein Mittel zur Hebung der Massenkaufkraft interpretierte.

Die ersten Automobile zu fahren erforderte Geschicklichkeit, körperlichen Einsatz und Leidensfähigkeit. Die Metall- oder Vollgummireifen und die ungenügende Federung dämpften kaum die Stöße auf den schlaglöcherübersäten Straßen. Eine längere Strecke ohne Reparaturen zurückzulegen grenzte schon an ein Wunder. Täglich mußte der Wagen gewartet werden. Technische Versiertheit erwies sich als

217. Endmontage bei Opel. Zeichnung von Hans Wendt, 1912. Rüsselsheim am Main, Adam Opel AG

218. Luxus und Eleganz in der Automobilwerbung. Farblithographie, um 1913. Mannheim, Landesmuseum für Technik und Arbeit

sehr vorteilhaft. Unter den frühen Automobilisten befanden sich viele Ingenieure und Techniker. Jede Ausfahrt bedeutete ein technisches Abenteuer. Den sportlichen Herrenfahrer, der die Torturen auf sich nahm, entschädigten der Rausch der Geschwindigkeit und das Staunen der Passanten. Dem Automobilismus lag eine Verbindung von Technikeuphorie und Sportlichkeit zugrunde, Einstellungen, die sich bei Automobilrennen und Langstreckenfahrten ausleben ließen. Weniger technisch Versierte vermochten im Automobilismus eine moderne Form von Jagd und Reitsport zu sehen. Für sie boten Hersteller, Automobilklubs oder eigens errichtete Werkstätten Wartungsverträge und Abstellplätze in Garagen an.

Die Verbesserung der Wagen erschloß neue Kundengruppen, die im Auto vornehmlich ein Repräsentationsobjekt erblickten. Vor der Oper fuhr man jetzt nicht mehr mit der Kutsche, sondern mit dem Automobil vor. Die morgentliche Ausfahrt ersetzte den Ausritt. Der von einem Chauffeur gesteuerte stark motorisierte Wagen, dessen Karosserie in aufwendiger Handarbeit hergestellt war, offenbarte unübersehbar den Wohlstand seines Besitzers. In Europa kostete eines der nach der Jahrhundertwende gebauten Luxusautos den Gegenwert eines Hauses. Zeitgenössische Berechnungen besagen, daß man für die jährlichen Unkosten noch einmal die gleiche Summe ausgeben mußte; ganz oben auf der Liste standen die Kosten für

Reifen, Benzin und den Chauffeur, der auch als Mechaniker gute Dienste leistete. Die ersten Mitgliedslisten der Automobilklubs lesen sich wie Verzeichnisse des Besitzbürgertums und des begüterten Adels. Auch Mitglieder regierender Häuser entdeckten in dieser Zeit ihre Liebe zum Automobil und wurden zu kostenlosen Werbeträgern der von ihnen bevorzugten Automarken.

Zwar nutzten manche Automobilisten schon vor der Jahrhundertwende ihre Kraftfahrzeuge für berufliche Zwecke, doch diese Art der Verwendung wurde erst nach 1900 üblicher. Schätzungen für Deutschland im Jahr 1907 besagen, daß noch 50 Prozent aller Automobile zur Gruppe Sport- und Luxuswagen gehörten. In den Ländern mit größerer Automobildichte dürfte die Entwicklung in Richtung auf das Auto als Gebrauchsgegenstand schon weiter fortgeschritten gewesen sein. Ärzte, Handlungsreisende und Versicherungsvertreter besuchten ihre Kunden mit dem Wagen. Indem die Autos billiger wurden und außerdem ein Gebrauchtwagenmarkt entstand, war es möglich, auch weniger begüterte Kundengruppen zu erschließen. Im Mitgliederspektrum der Automobilklubs schlug sich diese Entwicklung ebenfalls nieder. Während die Lastwagen die Zahl der Pferdefuhrwerke bei weitem nicht erreichten, eroberten in den großen Städten die Motorwagen den Droschkenmarkt. Nach dem vorübergehenden Boom der Elektrotaxen um die Jahrhundertwende wurden Benzintaxen ein großes Geschäft. Französische Finanziers gründeten nach 1905 in Paris, London und New York große Taxigesellschaften und statteten sie mit

219. Das Automobil für berufliche Zwecke. Titelseite eines Werbeblattes, 1909. Rüsselsheim am Main, Adam Opel AG

französischen Wagen, vorwiegend mit Renaults, aus. Gleichzeitig setzten sich die Taximeter durch. Überall legten nun die Käufer größeren Wert auf Robustheit, Zuverlässigkeit und Wirtschaftlichkeit, während Leistung, Geschwindigkeit und Aussehen mehr zurücktraten. Die Zahl der geschlossenen Wagen nahm zu.

Die Hersteller hatten es nicht leicht, ihre Modellpolitik dem dynamischen und heterogenen Markt anzupassen, der zudem nationale und regionale Unterschiede aufwies. Im allgemeinen brachten Wagen der Mittel- und Oberklasse höhere Gewinne, während man bei billigeren Autos knapper und risikoreicher kalkulieren mußte. Den unterschiedlichen Kundenwünschen und den wechselnden Modeströmungen entsprach man mit einer großen Modellpalette, häufigem Modellwechsel und der Erfüllung von Sonderwünschen. Wenn heute einige Kritiker den Herstellern den Vorwurf machen, sie hätten die Möglichkeiten einer weiteren Verbreitung des Automobils nicht erkannt und genutzt, so übersehen sie, daß damals nur in den USA entsprechende Voraussetzungen vorhanden waren.

Trotzdem kamen zahlreiche leichte zwei-, drei- und vierrädrige Fahrzeuge auf den Markt, die in ihrer Bauweise Anleihen bei Fahrrädern und Kutschen verraten: Motorräder, Voiturettes, Cycle-Cars oder Buggies. Schon in den siebziger und achtziger Jahren hatten verschiedene Innovatoren Prototypen dampf- und benzingetriebener Motorräder gebaut. Größere Stückzahlen fertigten deutsche und französische Firmen dann seit den neunziger Jahren. Die Bauweisen reichten dabei von Fahrrädern mit Einbaumotor bis zu schwereren Maschinen, die nur noch wenig Ähnlichkeit mit Fahrrädern besaßen und bei denen der Motor im Rahmendreieck untergebracht war. In Ländern mit schwächerer Kaufkraft, wie in Deutschland, konnte die Zahl der Motorräder die der Automobile eine Zeitlang übertreffen.

Nach der Jahrhundertwende ging die Tendenz allmählich stärker in Richtung auf preiswerte Fahrzeuge. Verkaufte die amerikanische Automobilindustrie im Jahr 1903 zwei Drittel der Autos in der Preisklasse über 1.400 Dollar, so 1907 bereits zwei Drittel in der Preisklasse darunter. Die Intentionen Henry Fords entsprachen

220. Das Benz-Velo-Modell. Photographie, 1892. München, Deutsches Museum

221. Fords Modell T als ländliches Transportmittel. Photographie, nach 1917. Dearborn, MI, Henry Ford Museum & Greenfield Village

also der Entwicklung des Marktes. Von den früheren Produzenten preiswerter Fahrzeuge unterschied sich Ford allerdings dadurch, daß er kein unkomfortables Leichtfahrzeug anbot, sondern mit dem Modell T ein voll taugliches, robustes und gut ausgestattetes Auto. Sein Erfolg hing auch damit zusammen, daß er die Bedeutung der Farmer als Kunden erkannte. Für die Farmer war das Automobil zunächst eine Art Schreckgespenst, mit dem die Städter das flache Land unsicher machten. Erst das auf diese Zielgruppe hin konzipierte Modell T bewies, daß das Automobil – wie das Telephon – ein Mittel sowohl zur Arbeitserleichterung als auch zur Überwindung der sozialen Isolation auf den Farmen sein konnte. Es war zwar bloß ein Kalauer, wenn eine Farmfrau auf die Frage, warum sie ein Auto, aber noch kein fließendes Wasser hätten, die Antwort gab: »Weil man mit einer Badewanne nicht in die Stadt fahren kann!«; doch er machte die Bedürfnisse nach Mobilität deutlich. Im Gegensatz zu den meisten Städtern konnten die Farmer kleinere Reparaturen selbst ausführen. Ersatzteile kauften sie bei den Vertragshändlern Fords, die bis 1913 in jeder kleineren Stadt bis hinunter zu 2.000 Einwohnern vertreten waren. Ford hatte einen beträchtlichen Anteil daran, daß noch in der Vorkriegszeit einige Staaten des Mittleren Westens eine größere Automobildichte besaßen als manche in Neuengland. Im Jahr 1915 verkaufte die amerikanische Automobilindustrie 75 Prozent ihrer Produktion an Farmer. Damit hatte eine Kundengruppe relevanten Anteil am Erfolg Henry Fords und an den Anfängen der Massenmotorisierung, die es in den europäischen Staaten in dieser Form nicht gab.

Kommunikation und Information – Keime der Dienstleistungsgesellschaft

Telegraph und Eisenbahn, die beiden spektakulärsten technischen Errungenschaften aus der ersten Hälfte des 19. Jahrhunderts, von den Zeitgenossen als Überwinder von Zeit und Raum gefeiert, schufen neue Möglichkeiten der Kommunikation und Information sowie des Transports, die auch von Privatpersonen, in erster Linie aber von der Geschäftswelt genutzt wurden. In vielen Bereichen hätten große nationale und internationale Märkte ohne die beiden Basisinnovationen kaum entstehen können. Telephon und drahtlose Telegraphie ergänzten zunächst den leitungsgebundenen Telegraphen, ohne daß sie gleich die Kommunikationsstrukturen in der Wirtschaft grundlegend umgestalteten. Immerhin konnte man mit der drahtlosen Telegraphie jetzt auch Handelsschiffe auf hoher See erreichen; hier lag das wichtigste Anwendungsfeld vor dem Ersten Weltkrieg, obschon auch die macht- und kolonialpolitische Bedeutung der neuen Technik zunehmend erkannt und genutzt wurde.

Um die durch die verkehrs- und kommunikationstechnischen Innovationen möglich gewordenen nationalen und internationalen Märkte zu versorgen, entstanden vertikal und horizontal integrierte Großunternehmen, die Massenprodukte herstellten und sie in eigener Regie mit neuen Marketingmethoden vertrieben. Diese modernen Großfirmen entwickelten bürokratische Verwaltungsstrukturen mit zahlreichen Angestellten auf den verschiedenen Ebenen des Unternehmens. Zur Unterstützung ihrer umfangreichen internen und externen Aufgaben bauten sie die traditionellen Formen der schriftlichen Kommunikation aus, stützten sich aber auch in großem Umfang auf das Telephon als neues Kommunikationsmittel. Wenn man vom ländlichen Bereich in den USA absieht, wo das Telephon für die Farmen die wichtigste Verbindung zur Außenwelt wurde, diente es überwiegend geschäftlichen Zwecken. Die großbetriebliche Entwicklung verhalf zudem maschinellen Hilfsmitteln für die Verwaltung zum Durchbruch. Bildete die Privatwirtschaft den wichtigsten Markt für die Büromaschinenindustrie, so profitierte als Ausnahme die Lochkartentechnik vom staatlichen Aufgabenbereich. Nur bei Volkszählungen und statistischen Erhebungen fielen die Datenmengen an, die den Einsatz von Lochkartenmaschinen lohnten.

Obwohl die Verlage immer mehr an den Produkt- und Empfehlungsanzeigen der Industrie verdienten, beruhte das Wachstum der Printmedien in erster Linie auf der Tendenz zur erweiterten politischen Partizipation der Bürger und auf deren zunehmendem Interesse an Informationen aus Politik, Wirtschaft und Gesellschaft. Die Herstellung von Druckerzeugnissen hatte im Laufe des 19. Jahrhunderts eine Fülle technischer Verbesserungen und dadurch hervorgerufener Kostenreduzierungen erfahren, so daß um 1880 das Setzen per Hand, das immer noch wie zu Gutenbergs Zeiten erfolgte, als technisch-ökonomischer Engpaß übrigblieb. Die Erfindung von Setzmaschinen beseitigte ihn.

Bücher, Zeitschriften und Zeitungen dienten der ernsthaften Information, aber auch der Unterhaltung. Ganz im Zeichen der Unterhaltung stand eine neue Industrie, ermöglicht durch die Erfindung des Zelluloids; die Industrie der bewegten Bilder, die Filmindustrie. Den unbewegten photographischen Bildern hatte schon vorher George Eastman mit seinem Kodak-System den Zugang zu den Massen erschlossen. Die Amateurphotographie trat an die Seite der professionellen Photographie und übertraf sie bald an wirtschaftlicher Bedeutung.

Um die Jahrhundertwende wurden die Keime für eine Entwicklung gelegt, die sich im 20. Jahrhundert durchsetzte: die zunehmende Bedeutung des Dienstleistungsbereichs, der seinen relativen Anteil gegenüber den anderen volkswirtschaftlichen Sektoren, der Landwirtschaft und der Industrie, ständig steigerte. Im Gefolge der Entstehung und Ausweitung großer Märkte und Unternehmen wuchsen auch Banken, Versicherungen, Antwaltskanzleien und Werbeagenturen in neue Größenordnungen. Und die technischen Neuerungen auf dem Gebiet der Kommunikation und Information riefen weitere Dienstleistungsunternehmen ins Leben wie Telephon-, Telegraphie- und Filmgesellschaften.

Bürokratisierung, Bürotechnik und die Anfänge der Datenverarbeitung

Während man in der Fertigung seit der Industriellen Revolution zunehmend Maschinen einsetzte, kamen die Büros noch lange Zeit ohne maschinelle Hilfsmittel aus. Selbst größere Fabriken und Handelsunternehmungen beschäftigten nur wenige Schreiber und Buchhalter, die an Stehpulten Briefe schrieben und kopierten oder in dicke Folianten Plus und Minus eintrugen. Das erste kompliziertere maschinelle Hilfsmittel, das im 19. Jahrhundert in einige Büros eindrang, war die Rechenmaschine. Der Besitzer zweier französischer Versicherungsgesellschaften, Charles Xavier Thomas (1785–1870), baute seit 1820 für die vier Grundrechenarten Rechenmaschinen, die vom Prinzip her den im 17. und 18. Jahrhundert entstandenen Apparaten vom Staffelwalzentyp entsprachen. Kamen diese aber nur in wenigen Exemplaren zum Einsatz, so verkaufte Thomas' Pariser Fabrik bis 1878 trotz des außerordentlich hohen Preises immerhin etwa 1.500 seiner Maschinen. Sie gingen an Behörden, an statistische Ämter, an Universitäten, aber auch an Handels- und Bankhäuser, Versicherungsgesellschaften und Fabriken, also an die aufstrebende

Geschäftswelt. Über die Hälfte der Produktion wurde exportiert, und zwar überwiegend nach Großbritannien und in die USA, wo die Industrialisierung am weitesten fortgeschritten war.

Der Büromarkt mit seinen überschaubaren Rechenoperationen war jedoch noch zu begrenzt, als daß die Rechenmaschinen weite Verbreitung hätten finden können. Dies änderte sich in dramatischer Weise seit den siebziger Jahren. Danach wuchs der Bürobereich wesentlich schneller als der Produktionssektor, und die Zahl der Angestellten nahm überproportional zu. Die gesellschaftlichen und wirtschaftlichen Hintergründe dieser Entwicklung lassen sich am besten am Beispiel der USA erläutern. Hier ging das Wachstum des Bürobereichs einher mit der Tendenz zu größeren wirtschaftlichen Einheiten, und zwar sowohl im Handel als auch in der Industrie. Im Laufe des 19. Jahrhunderts entstand, zusätzlich zu den bestehenden lokalen und regionalen Märkten, ein amerikanischer Markt, auf dem Großhändler in einem komplizierten System zwischen Produzenten und Endverkäufern vermittelten. Seit den siebziger Jahren erhielt dieses System Konkurrenz durch große Kauf- und Versandhäuser, die alles mögliche, vom Hut bis zum Mähdrescher, in ihrem Programm führten, und durch Ladenketten. Solche Verkaufsorganisationen, wandten sich unmittelbar an den Endverbraucher. Die neuen Firmen, von denen viele wie Macy's, Sears oder Woolworth heute noch zu den Größten der Branche zählen, bemühten sich, die Geschwindigkeit des Warenumschlags durch eine effiziente Organisation des Ankaufs und Verkaufs, der Lagerhaltung und der Kreditabteilung zu erhöhen. Hierfür brauchten sie nicht zuletzt viele qualifizierte Angestellte.

In der Industrie ermöglichte der vermehrte Maschineneinsatz eine massenhafte Produktion von Investitions- und Konsumgütern. Deren Hersteller begannen, sich von Zulieferern unabhängiger zu machen, indem sie die Vor- und Zwischenprodukte selber fertigten und den Vertrieb in die eigene Hand nahmen. Etliche waren mit dem traditionellen Handel unzufrieden, weil er Schwierigkeiten bekam, die gestiegene Produktion abzusetzen. Anderen Firmen gelang es, Artikel am Markt zu etablieren, die teilweise eine Änderung der Nahrungsgewohnheiten mit sich brachten, so den Lebensmittelproduzenten mit Quaker Oats, Kellogs Cornflakes, Wrigleys Chewing Gum oder Coca Cola. Produkte wie Fleisch oder Bier mußten, bei Marktausweitung in entferntere Regionen, gekühlt werden, so daß die Hersteller eine technische Vertriebsinfrastruktur mit Kühlwagen und Kühlhallen aufbauten. Und schließlich bedurften in hohen Stückzahlen gefertigte Präzisionswaren wie Nähmaschinen und landwirtschaftliche Maschinen der Vorführung, Wartung und Reparatur, was der Fabrikant am besten selbst in die Hand nahm. Die Integration von Massenproduktion und Massendistribution ließ nicht nur die Unternehmen wachsen, sondern erforderte auch eine Vielzahl sowohl von Angestellten, die den Einkauf, die Produktion und den Verkauf organisierten, als auch von Managern auf der mittleren Ebene, die die einzelnen Abteilungen koordinierten. Die Rationalisierungsbewegung in der Produktion, im Taylorismus auf die Spitze getrieben, hatte an dieser allgemeinen Entwicklung einen lediglich bescheidenen Anteil.

Die um die Jahrhundertwende zunehmenden Konzentrationstendenzen in der amerikanischen Wirtschaft trugen das ihre zum Größenwachstum der Unternehmen bei. Unternehmenszusammenschlüsse wie in der Elektroindustrie sollten die Kosten senken und die Marktposition verbessern. Darüber hinaus suchten die Firmen durch Kartelle und Trusts Konkurrenz aufzuheben und Überproduktionskrisen zu verhindern. Die meisten der neuen Großunternehmen organisierten sich als Aktiengesellschaften und wurden durch angestellte Manager geleitet, die ihre Kenntnisse in der betrieblichen Praxis erworben hatten. Während die frühindustriellen Unternehmer noch patriarchalisch durch persönliche Kontakte und mündliche Anweisungen regiert hatten, kamen die neuen Konzerne ohne eine bürokratische Organisation nicht mehr aus. Organisations- und Geschäftsverteilungspläne legten die Stellung innerhalb der Firmenhierarchie und die Zuständigkeiten fest, Arbeits- und Geschäftsordnungen den Arbeitsablauf und die Formen der Kommunikation. Die Kommunikation zwischen den Abteilungen spielte sich in erster Linie schriftlich ab und wurde in Akten dokumentiert.

Die neuen Formen der Warendistribution ließen die moderne Werbewirtschaft entstehen, auch wenn sie sich noch vorwiegend auf Printmedien und die unmittelbare Ansprache des Kunden stützte. Betrugen 1867 die Werbeausgaben in den USA 50 Millionen Dollar, so stieg diese Summe bis 1916/17 auf 1,5 Milliarden – ein Betrag, der sich in der Zwischenkriegszeit etwa verdoppelte. Eine Firma wie Duke's, damals der größte Zigarettenhersteller, besaß schon 1889 einen Werbeetat von 800.000 Dollar. Ähnliche Wachstumsraten erlebten Dienstleistungsbereiche, die mit Handel und Industrie eng zusammenarbeiteten, beispielsweise Banken, Versicherungen und Anwaltskanzleien.

Das Werden der modernen Großunternehmen in Industrie, Handel und anderen Dienstleistungsbereichen wie das Wachstum der öffentlichen Verwaltungen und die damit verbundene Bürokratisierung ließen die Nachfrage nach Angestellten in die Höhe schnellen. So geriet der ohnehin angespannte Arbeitsmarkt in den USA noch mehr unter Druck. Nur durch Einbeziehung größerer Teile der weiblichen Bevölkerung in die Erwerbswirtschaft konnten die entstandenen Probleme einigermaßen bewältigt werden. Vor Ausbruch des Ersten Weltkrieges waren etwa 40 Prozent der in Büros Beschäftigen Frauen. Ihr Einsatz in diesem Bereich hatte im Bürgerkrieg begonnen. Die Frauen schlossen die Lücken, die durch die Einberufung der Männer gerissen worden waren. Diktierte der Arbeitskräftemangel den Ausbau der Frauenarbeit auch nach dem Krieg, so erkannten etliche Fimen den Vorteil, der niedrigen diskriminierenden Löhne. Die in den Büros arbeitenden weiblichen Kräfte kamen anfangs zumeist aus der Mittelschicht, später sehr viel mehr aus Arbeiterfamilien. Zwar fand man Frauen in allen Büroberufen, doch überproportional in schlechter bezahlten und hierarchisch niedriger angesiedelten, wie dem der Stenotypistin. Die steigende Zahl sowohl der Angestellten als auch der Frauen minderte das soziale Ansehen dieser Berufsgruppe, die bislang mit Aufstiegschancen gelebt hatte, selbst wenn sich viele Männer weiterhin die Mentalität eines Aufsteigers bewahrten.

Beförderten Bürokratisierung und die Zunahme der Büroberufe die Frauenarbeit, so eröffneten sie, und zwar besonders in den USA mit ihrem Arbeitskräftemangel, erstmals einen Markt für arbeitssparende Büromaschinen. Zu erschwinglichen Preisen konnten die Hersteller ihre Präzisionsmaschinen aber nur in den Handel bringen, wenn sie diese nicht mehr in handwerklicher Einzelfertigung, sondern mit Maschinen im Austauschbau produzierten, wozu die fortschrittlichsten Firmen seit etwa 1880 in der Lage waren. Massenfertigung von Austauschteilen, die Entfaltung eines Marktes durch die säkularen Tendenzen der großbetrieblichen Entwicklung, der Bürokratisierung und der Anfänge der Dienstleistungsgesellschaft sowie der Mangel an Arbeitskräften in den USA bildeten somit die Voraussetzungen für eine Verbreitung der Büromaschinen.

Besonders deutlich ist jener Zusammenhang bei der Entwicklung der Schreibmaschine. Vom Beginn des 18. Jahrhunderts bis in die siebziger Jahre des 19. Jahrhunderts, als erstmals Schreibmaschinen in Serie gebaut wurden, wären an die hundert Erfindungen und Erfinder zu nennen. Die meisten dieser Maschinen waren kaum funktionsfähig, und die wenigen, deren mechanische Grundkonstruktion befriedigte, hätten wegen ihrer hohen Herstellungskosten kaum Käufer gefunden. Doch die frühen Erfinder entwickelten im Laufe der Zeit die wichtigsten Konstruktionselemente der mechanischen Schreibmaschine, auf die erfolgreiche Innovatoren zurückgreifen konnten. Dazu gehörte die Anregung von Tasteninstrumenten aufgreifende Tastatur, durch die man jeden Buchstaben einzeln betätigen konnte. Außer Typenhebel- gab es Kugelkopf- und Typenradkonstruktionen. Geschrieben wurde durch Anschlag von unten oder von oben auf flach liegende Blätter, oder bereits auf mit Papier umspannten Walzen. Die seitliche Verschiebung des Blattes erfolgte durch einen Wagen, und bei manchen Maschinen verschob sich die Tastatur. Kohlepapier sorgte für den Abdruck der Typen, denn das Farbband kam ziemlich spät auf. Anregungen konnten die Erfinder von mehreren Seiten erhalten: von den Prototypen der Kurzschriftmaschinen, bei denen das Schriftbild aus Punktkombinationen auf verschiedenen Ebenen bestand, von Blindenschriftmaschinen, die Zeichen in Papier prägten, und von den Typendrucktelegraphen.

Nahezu alle Konstruktionselemente, wie man sie noch heute kennt, standen schon vor den siebziger Jahren zur Verfügung. Die erste seit 1870 kommerziell in Kleinserie gefertigte Schreibmaschine des dänischen Pfarrers und Taubstummenlehrers Malling Hansen (1835–1890) arbeitete dagegen nach einem heute unüblichen Prinzip. Bei seiner »Schreibkugel« waren die auf einer blechernen Kugelkalotte angebrachten Tastenstößel auf einen gemeinsamen Mittelpunkt ausgerichtet. Die Stößel schrieben auf flach liegendes Papier und wurden durch Federn wieder zurückbewegt. Bei Telegraphengesellschaften und anderen Institutionen waren die Hansenschen Schreibkugeln über Jahre und Jahrzehnte im Einsatz.

Um 1870 gab es noch keine Kommunikationsgemeinschaft der an Schreibmaschinen arbeitenden Tüftler, aber einzelne Nachrichten fanden doch den Weg in die Erfinderwerkstätten. So regte ein Artikel im »Scientific American« über eine Schreibmaschinenkonstruktion 1867 den gelernten Buchdrucker Christopher Latham Sholes (1819–1890) an, sich ebenfalls an der Entwicklung einer solchen Maschine zu versuchen. Sholes arbeitete als Angestellter beim Zoll, baute aber in seiner Freizeit mit Gleichgesinnten in einer kleinen Mechanikerwerkstatt Maschinen und Apparate. Zwischen 1867 und 1872 fertigten Sholes und seine Partner 25 bis 30 verschiedene Modelle von Schreibmaschinen, wobei die letzten weitgehend den heutigen mechanischen Schreibmaschinen entsprachen, ohne allerdings voll befriedigend zu funktionieren. So ordneten sie die Tasten in der noch immer gebräuchlichen Form an, indem sie, von einer alphabetischen Anordnung ausgehend, diejenigen Tasten, die sich leicht verhakten, räumlich voneinander trennten. Sholes hatte inzwischen Finanziers gefunden, die ihn ständig zu weiteren Verbesserungen drängten, aber selbst knapp bei Kasse waren und nach finanzkräftigeren Partnern oder einem erfahrenen Hersteller suchten. Diesen fanden sie schließlich mit der Waffenfabrik Remington.

Die in Ilion im Staat New York ansässige Waffenfabrik Remington sah sich nach Beendigung des amerikanischen Bürgerkrieges gezwungen, nach anderen Produktionszweigen Ausschau zu halten, um die zurückgegangenen Waffenaufträge zu kompensieren. Man nahm die Produktion von landwirtschaftlichen Maschinen, Nähmaschinen und zahlreichen weiteren Produkten auf, ohne durchschlagende Erfolge erzielen zu können. Zwar besaß man das fertigungstechnische Know-how für die Produktion dieser mechanisch komplexen Maschinen, doch bereitete das Marketing Schwierigkeiten. Die Schreibmaschine kam Remington also wie gerufen. Trotzdem ließ die Firma große Vorsicht beim Einstieg in das neue Geschäft walten; die Rückschläge bei den früheren Diversifizierungsversuchen stellten eine deutliche Warnung dar. Der 1873 geschlossene Vertrag sah eine Auftragsproduktion von tausend Maschinen vor, und die Firma sicherte sich eine Option auf die Herstellung weiterer 24.000. In der Nähmaschinenabteilung – der Schreibmaschine sah man diese Herkunft deutlich an – ließ man Sholes' Maschine verbessern und umkonstruieren, so daß sie in Serie gefertigt werden konnte. Die erste Remington schrieb nur Großbuchstaben, einen Umschalter für große und kleine Typen fügte man erst 1878 hinzu, und das Geschriebene blieb verdeckt, bis man das Blatt aus der Maschine nahm.

Das Geschäft ließ sich in den siebziger Jahren nicht gerade vielversprechend an.

222. »Miss Remington«. Photographie, 1908. Washington, DC, Library of Congress

Die Verkaufszahlen beschränkten sich auf einige hundert im Jahr. Vielen potentiellen Kunden erschien die Investition von 125 Dollar für eine Maschine, die technisch noch nicht völlig ausgereift war, einfach zu hoch. Texte konnte man mit diesen frühen Maschinen kaum schneller als mit Hand schreiben. Da bedurfte es beim Käufer schon einer gehörigen Portion Technikenthusiasmus wie bei Mark Twain (1835–1910), der 1874 zu den ersten Käufern gehörte und für seine Artikelserie »Old times on the Mississippi« seinem Verleger die ersten maschinengeschriebenen Manuskripte der Literaturgeschichte lieferte. Maschinengeschriebene Briefe erforderten eine soziale Gewöhnung; man verwechselte sie anfangs mit gedruckten Mitteilungen und empfand sie als unpersönlich. Die Geschäftspartner von Sholes, die die von Remington gebauten Maschinen zunächst in Eigenregie vertrieben, peilten als Kundengruppen Schriftsteller, Stenographen und Telegraphenbüros an; die übrige Geschäftswelt lag noch ganz außerhalb ihrer Vorstellungen. Erst 1882 wandte sich Remington erstmals mit einer Schreibmaschinenwerbung unmittelbar an Geschäftsleute.

Der kommerzielle Durchbruch der Schreibmaschine erfolgte in den achtziger Jahren. Im Jahr 1880 verkaufte Remington etwa 700 Maschinen, 1890 waren die Verkaufszahlen auf etwa 65.000 angestiegen. Schon in den siebziger Jahren hatte Remington das Schreibmaschinengeschäft von jenen Leuten, die Sholes' Maschine vermarkteten, weitgehend übernommen. Seit 1878 ließ die Firma die Schreibmaschinen von Fairbanks vertreiben, dem führenden amerikanischen Hersteller von Bürowaagen, und 1882 begann man mit dem Aufbau einer eigenen Verkaufsorganisation. Als die Waffenfabrik 1886 in Schwierigkeiten geriet, übernahmen die Verkaufsleute die Schreibmaschinenproduktion und gründeten die Remington Typewriter Company. In den folgenden Jahrzehnten expandierte der Markt mit beispielloser Geschwindigkeit. Man kann schätzen, daß bis zum Ersten Weltkrieg allein in den USA mehr als hundert Hersteller mehrere Millionen Schreibmaschinen bauten. Um die Jahrhundertwende konnte man sich ein nicht mit Schreibmaschinen ausgestattetes größeres Geschäftsbüro kaum vorstellen. Im öffentlichen Dienst ging die Einführung der Schreibmaschine etwas zögerlicher vonstatten. Nach 1900 verlor Remington die Marktführung. Zu den großen Konkurrenten gehörte Underwood, ein früherer Farbbandhersteller, der in der zweiten Hälfte der neunziger Jahre eine Maschine auf den Markt brachte, deren Schrift man während des Schreibvorgangs sah und überprüfen konnte. Remington zog erst ein Jahrzehnt später mit einer eigenen Konstruktion nach.

Maschineschreiben und die gleichzeitig an Bedeutung gewinnende Stenographie bildeten die Domäne der weiblichen Büroangestellten. In diesem Bereich betrug in den USA 1880 der Anteil der weiblichen Arbeitskräfte etwa 40 Prozent, 1910 war er auf über 80 Prozent gestiegen. Doch es wäre falsch, von einer Verdrängung des männlichen Schreibers durch die weibliche Stenotypistin zu sprechen, denn auch die absolute Zahl der männlichen Stenotypisten nahm in diesem Zeitraum stark zu. Männliche Schreiber konnten in der Bürohierarchie aufsteigen und ihren Platz für

223. Ausstattung eines »modernen« Büros in New York. Photographie, um 1908. New York, Museum of the City

224. Schreibmaschinen-Meisterschaft in Österreich. Photographie, um 1910. Berlin, Bildarchiv Preußischer Kulturbesitz

Berufsanfänger beiden Geschlechts freimachen, sie konnten aber auch in manchen Fällen ihren Posten verlieren, besonders in Ländern, wo der Arbeitsmarkt nicht so angespannt war wie in den USA. Dem anfänglichen Mangel an ausgebildeten Schreibern und Schreiberinnen versuchten die Maschinenhersteller abzuhelfen, indem sie selbst ausbildeten oder private Kurse unterstützten, die seit den achtziger Jahren überall aus dem Boden schossen. In den neunziger Jahren entstanden Handelsschulen, die – in geschlechtsspezifischer Differenzierung – Qualifikationen vermittelten, die über das Maschineschreiben und die Stenographie hinausgingen. Das Schreiben selbst war damals noch nicht geschlechtsspezifisch besetzt. Die Identifizierung des Maschineschreibens mit Frauenarbeit erfolgte erst später, als kaum noch ein Mann diesen Beruf ergriff. Frauenarbeit und Schreibmaschine bedingten sich also nicht in strengem Sinne wechselseitig, sondern beide profitierten von der Entwicklung zu größeren Wirtschaftseinheiten, der dadurch ausgelösten Bürokratisierung und den Anfängen und dem Ausbau des Dienstleistungssektors.

Zur Grundausstattung moderner Büros gehörten noch weitere Apparate. Die seit den späten siebziger Jahren aufgebauten öffentlichen Telephonnetze dienten in erster Linie der Geschäftskommunikation. Weil in den USA in den neunziger Jahren konkurrierende Telephonnetze entstanden und man mit einer Staffelung der Tarife begann, erwies es sich als günstig, in einem Büro auch mehrere Telephonapparate anzuschließen. Kauf- und Versandhäuser nahmen über Telephon Bestellungen entgegen. Die großen Firmen schufen eigene Netze für die interne Kommunikation mit bis zu Tausenden von Anschlüssen. Ohne diese Telephoninfrastruktur konnten wirtschaftliche Großorganisationen kaum geführt und koordiniert werden. Das eigene Telephon und besonders der Außenanschluß erfüllten jedoch nicht nur funktionale Erfordernisse, sondern zeigten auch die Position des Besitzers an. In der Firmenhierarchie tiefer angesiedelte Mitarbeiter oder ganze Mitarbeitergruppen mußten sich häufig mit einem Telephon ohne Außenanschluß begnügen, das an einem zentralen Platz im Großraum oder im Flur angebracht war.

Im Gegensatz zu Schreibmaschinen und Telephonen fanden auf dem Prinzip des Edisonschen Phonographen beruhende Diktiergeräte keine weitere Verbreitung. Größere Verkaufszahlen erzielten Bürowaagen, wie sie in den USA Fairbanks fertigte. Innerbetriebliche Mitteilungen, aber auch Schreiben an die Kunden mußten die Unternehmen in hohen Stückzahlen vervielfältigen. Das früher übliche Abschreiben kam hierfür nicht mehr in Betracht. Als Mitte der neunziger Jahre die zugrunde liegenden Patente ausliefen, verbreitete sich die Hektographie. Dabei schrieb man mit einer Spezialtinte die Mitteilung per Hand oder mit einem speziellen Farbband auf der Maschine. Die Schrift wurde auf eine Kolloidplatte übertragen, wovon man einige Dutzend Abzüge auf Papier machen konnte, das vorher mit einer alkoholischen Flüssigkeit angefeuchtet worden war. Wesentlich mehr Abzüge erlaubten Schablonenvervielfältigungsgeräte. Unabhängig voneinander hatten Mitte der siebziger Jahre Edison und der in Österreich-Ungarn geborene David Gestetner (1854–1939) dieses Verfahren entwickelt, indem sie die Wachsbeschichtung von feinem Seidenpapier mit einem Schreibinstrument perforierten – später konnte man Schreibmaschinen verwenden – und dann die Farbe auf gut saugendes Papier durchdrückten. Edison verkaufte seine Erfindung an die Firma Dick in Chicago, und Gestetner errichtete eine Fabrik in England; sie wurden Marktführer in den USA und in Europa. Die beiden Firmen entwickelten die Grundkonstruktion bis zu elektrisch angetriebenen, vollautomatisch arbeitenden Maschinen mit zwei Walzen weiter, die in kurzer Zeit über tausend Vervielfältigungen lieferten. Bei solchen Massenversendungen lohnten sich auch schon Adressiermaschinen.

Das ansteigende Geschäftsvolumen von Banken und Versicherungen, aber auch in Handel und Industrie, die höheren an eine geordnete Buchführung gestellten Ansprüche und der Wunsch nach mehr Informationen über die wirtschaftlichen Aktivitäten des Unternehmens ließen die Nachfrage nach leistungsfähigen Rechen- und Addiermaschinen in die Höhe schnellen. Arbeiteten die 1820 entstandenen Rechenmaschinen von Thomas noch nach dem von Gottfried Wilhelm Leibniz im 17. Jahrhundert gefundenen Staffelwalzenprinzip, so kamen seit den achtziger Jahren des 19. Jahrhunderts Rechenmaschinen nach dem Sprossenradprinzip hinzu. Sprossenradmaschinen baute zuerst der in Rußland arbeitende schwedische Ingenieur Willgodt Theophil Odhner (1845–1905) – seit 1886 in größeren Stückzahlen. Maschinen nach Odhners Bauart verbreiteten sich schnell, da er Lizenzen an

Hersteller in zahlreichen Ländern vergab. Bei den Sprossenradmaschinen verschoben sich radial auf einem Rad angebrachte Sprossen oder Stifte durch die Bewegung des Einstellhebels über eine Verstellnut nach außen. Durch die Umdrehung einer Kurbel übertrug man dann die der Sprossenzahl entsprechenden eingestellten Zahlen in ein Zählwerk. Der Zehnerübertrag erfolgte durch eine zusätzliche Sprosse. Im Vergleich zu den Staffelwalzenmaschinen besaßen Sprossenradmaschinen mechanische Vorteile und konnten kompakter gebaut werden. Schließlich vermochte man mehr Maschinenteile – eine Rechenmaschine enthielt Hunderte von Teilen – zu stanzen und damit kostengünstiger zu fertigen als durch Drehen oder Fräsen. Allerdings lohnten sich die teuren Stanzmaschinen nur bei größeren Stückzahlen.

Damit sind die technisch-ökonomischen Hintergründe für eine internationale Arbeitsteilung benannt, die sich bei der Herstellung von Rechenmaschinen herausbildete. Deutsche Firmen wie Mercedes oder Grimme, Natalis & Co. fertigten vor allem hochwertige, für alle vier Grundrechenarten geeignete Rechenmaschinen, wobei sie sich auf das große Reservoir an geschulten Facharbeitern stützten. Nach den USA stand Deutschland bei der Herstellung von Rechenmaschinen an zweiter Stelle in der Welt. Dagegen profitierten die amerikanischen Fabrikanten mit ihrer geringeren feinmechanischen Tradition von dem viel ausgedehnteren Markt und von ihren Fähigkeiten, mit hochwertigen Einzweck-Werkzeugmaschinen eine Massenproduktion von Präzisionsmaschinen aufzuziehen. Über die USA hinaus gewannen Hersteller wie Burroughs, Dalton und Sundstrand besonders bei Addiermaschinen eine führende Position. Besaßen diese Maschinen anfangs noch eine Volltastatur mit 99 Tasten, bereits ein Fortschritt gegenüber den Maschinen mit Hebeleinstellung, so setzte sich nach der Jahrhundertwende allmählich die bis heute gebräuchliche Zehnertastatur durch. Erfolgten das Ausdrucken der eingestellten Zahl sowie die Addition zunächst durch eine Kurbeldrehung, so stattete man die Maschinen später mit elektrischem Antrieb aus. Hinter der schnellen Verbreitung der Rechenmaschinen standen nicht nur Rationalisierungsgesichtspunkte, auch wenn sie gerade in den USA mit zunehmendem Rechenbedarf in Großunternehmen bei Mangel an qualifizierten Arbeitskräften eine große Rolle spielten. Mit Rechenmaschinen produzierten die Angestellten einfach weniger Fehler, als wenn sie per Hand rechneten.

Seit den achtziger Jahren rüsteten Bars und die neuen Verkaufsorganisationen, die Kaufhäuser und Ladenketten, ihre Geschäfte mit Registrierkassen aus, von denen der amerikanische Marktführer National Cash Register (NCR) schon 1892 jährlich etwa 15.000 produzierte. Die Registrierkassen dienten nicht zuletzt der Kontrolle der männlichen und weiblichen Kellner und Verkäufer, die in ihren traditionslosen Jobs kein Berufsethos entwickelt hatten und zudem miserabel bezahlt wurden. In der Industrie kontrollierten Stechuhren die Anwesenheitszeiten der für die Geschäftsleitung und das Überwachungspersonal immer anonymer werdenden Arbeiter. Waren die allgemeinen Verwaltungsabteilungen in der Industrie mit den gleichen Büromaschinen ausgestattet wie die Büros in anderen Wirtschaftszweigen, so drangen beispielsweise in die Konstruktionsbüros nach der Jahrhundertwende Spezialmaschinen ein. Hatte man zuvor mit selbstpräpariertem Papier von den Konstruktionszeichnungen Blaupausen in einfachen, gezimmerten Holzrahmen mit Hilfe des Sonnenlichts hergestellt, so arbeitete man jetzt mit Blaupausmaschinen und Bogenlampen, die innerhalb von Minuten Kopien auswarfen. Hatten die Konstrukteure und Zeichner bislang an flach auf dem Tisch liegenden Reißbrettern gearbeitet, so bot sich jetzt als Alternative die Zeichenmaschine an, bei der alle Instrumente mit Hilfe eines Parallelogrammgestänges und einer Federmechanik am Steilbrett angebracht waren.

Alle bisher genannten Büromaschinen verbreiteten sich zuerst in der Privatwirtschaft und erst später im öffentlichen Dienst. Umgekehrt verhielt es sich mit den Lochkartenmaschinen, in denen die Anfänge der modernen Datenverarbeitung liegen. Der Einsatz von Lochkartenmaschinen lohnte sich, wenn große Datenmengen zu verarbeiten waren. Mengen solcher Art fielen zunächst nur bei Volkszählungen an, die sich seit den achtziger Jahren zu großen statistischen Erhebungen ausweiteten. Schon die amerikanische Verfassung schrieb regelmäßige Volkszählungen vor. Man benötigte ihre Ergebnisse, um die Steuern auf die Bundesstaaten zu verteilen und die Sitzzahlen im Repräsentantenhaus festzulegen. Seit 1790 fand in den USA alle zehn Jahre eine Volkszählung statt. Die 1880 durchgeführte Erhebung enthielt bereits mehr als zweihundert Fragen, die auch die Grundlage für eine umfangreiche Industrie- und Gewerbestatistik bildeten. Die Erheber markierten die Antworten auf Zählbögen, die dann mit Hilfe von Strichlisten ausgewertet wurden. Obwohl 1.500 Mitarbeiter mehr als sieben Jahre an der Auswertung arbeiteten, unterblieb eine Reihe von Statistiken aus Zeit- und Geldgründen.

An der Auswertung der Erhebung von 1880 beteiligte sich als Statistiker in der Abteilung für gewerbliche Produktion und Energiewirtschaft auch ein junger Bergbauingenieur, Herman Hollerith (1860–1929), ein Sohn deutscher Einwanderer. 1882 verließ Hollerith das Volkszählungsbüro, arbeitete zunächst als Lehrer für Maschinenbau am Massachusetts Institute of Technology, dann beim amerikanischen Patentamt, um sich schließlich als Patentanwalt und Erfinder selbständig zu machen. Hollerith betätigte sich auf mehreren Gebieten; so entwickelte er – ohne wirtschaftlichen Erfolg – elektropneumatische Bremsen für Eisenbahnen und versuchte, eine Rechenmaschine zur Serienreife zu bringen. Schon während seiner Beschäftigung im Volkszählungsbüro ergriff ihn die Idee, die zeitaufwendige Arbeit des Auszählens mit Strichlisten zu mechanisieren. In den achtziger Jahren entwarf er dafür ein elektromechanisches Lochkartensystem und sicherte es in den USA wie in europäischen Ländern durch Patente ab.

Lochkarten konnten prinzipiell zum Zählen, Rechnen oder zum Steuern von Maschinen verwendet werden. So benutzte man Lochkarten oder Lochstreifen bereits im 18. Jahrhundert zum Steuern von Musikautomaten, um 1800 in der Jacquard-Weberei, später für die Eingabe telegraphischer Signale; durch das Lochen von Fahrkarten markierten die Eisenbahngesellschaften die Strecke oder den Preis. Hollerith kannte einige dieser Anwendungen, doch mehr als die Grundidee seiner Erfindung konnte er aus diesen Vorläufern nicht gewinnen. Zwischen 1886 und 1889 erprobte er sein System bei mehreren lokalen und regionalen gesundheitsstatistischen Erhebungen. All dies diente der Vorbereitung auf ein großes Ziel: die ins Haus stehende Volkszählung von 1890. Den Zuschlag für den größten Teil der Erhebung, nicht die gesamte, erhielt er, weil sich sein System bei einer Probezählung als besonders schnell erwies. Hollerith vermietete seine Maschinen an das Volkszählungsbüro, dem der Kongreß für die Auswertung nur die äußerst knappe Zeit von zwei Jahren bewilligt hatte, überwachte die Arbeitsabläufe und wartete und reparierte die Anlage.

Für jede Grundeinheit der Zählung, eine Person oder ein Gewerbebetrieb, gab es eine Karte mit Platz für die Kennzeichnung von maximal 288 Merkmalen durch Löcher. Hilfskräfte legten die Karte in eine von Hollerith entwickelte Lochmaschine, steuerten die zu markierende Position über eine Schablone an und lochten sie per Handdruck. Stichprobenkontrollen sollten die Fehlerhäufigkeit vermindern. Dem Lochen folgte das Zählen in der Kontaktpresse, dem Herzstück des Systems. Eine Hilfskraft legte eine gelochte Karte auf eine Platte mit elektrischen Kontakten aus Quecksilbernäpfchen. Anschließend führte sie über einen Hebel einen Kasten mit beweglich gelagerten Metallstiften auf die Kontaktplatte. An den gelochten Stellen tauchten die Stifte in die Quecksilbernäpfchen und schlossen damit Stromkreise, die elektrische Zählwerke auslösten. Andere Kontakte öffneten die Klappen von Sortierkästen, in denen die Karten manuell abgelegt wurden, um sie später Spezialauswertungen zuzuführen. Jeder Zähltisch enthielt 44 Zählwerke und ein Sortierwerk. Sämtliche Arbeiten konnten ungelernte Kräfte erledigen, was allerdings beim Führen von Strichlisten auch nicht anders war. An den Hollerith-Maschinen arbeiteten doppelt so viele Frauen wie Männer. Der viel bestaunte Erfolg von Holleriths System lag vor allem in der Zeitersparnis. Bereits 1891 konnte man das Endergebnis der Volkszählung bekanntgeben, die statistischen Erhebungen waren 1893 abgeschlossen.

Nach dieser Großdemonstration der Leistungsfähigkeit seines Systems erhielt Hollerith auch Aufträge aus anderen Ländern, zum Beispiel aus Norwegen, Kanada und Österreich. Doch die völlige Abhängigkeit vom nur temporären Volkszählungsgeschäft stellte die Firma vor große Probleme. 1895 mußte Hollerith den Produktionsbetrieb für seine Lochkartenmaschinen schließen; er ging zur Auftragsfertigung durch Fremdfirmen über, nahm weitere Geldgeber in sein Unternehmen auf

225. Die Verwendung des Lochkartensystems von Hollerith bei der Volkszählung in den USA. Holzschnitt auf der Titelseite von »Scientific American« vom 30. August 1890. München, Deutsches Museum

und begann sich mehr mit der Möglichkeit kommerzieller Anwendungen zu beschäftigen. Nicht dieser noch ganz unterentwickelte Geschäftszweig, sondern neue Volkszählungsaufträge aus Rußland, Italien und Frankreich führten die Firma aus der Krise. Bei seinen Bemühungen in den neunziger Jahren, neue Aufträge hereinzuholen, stieß Hollerith in manchen Staaten auf unterschiedlich begründete Ablehnung. In Preußen setzte man bei den Zählungen Tausende von Invaliden und sonstige Unterstützungsempfänger ein und empfand deshalb sein Angebot als sozialpolitisch unklug und als zu teuer. In England machten liberale Kräfte geltend, daß der Maschineneinsatz bei der Erhebung die staatliche Planung vermehren könne.

In den neunziger Jahren arbeitete Hollerith, von seinen Interessen her immer mehr Ingenieur als Kaufmann, ständig an einer Verbesserung seines Systems, auch schon im Hinblick auf die amerikanische Volkszählung im Jahr 1900. Er entwarf eine neue Lochkarte, bei der Volkszählung in mehr als 15 Millionen Exemplaren verwendet, deren Größe bis in die Gegenwart unverändert geblieben ist. Mit einer neuen Maschine, die die Locher über eine Art Schreibmaschinentastatur bedienten, konnten wertstatistische Daten leichter kodiert werden. Die elektromechanischen Zählmaschinen erhielten die Karten nicht mehr per Hand, sondern halbautomatisch oder automatisch zugeführt. Auch das Sortieren der Karten für Spezialauswertungen erfolgte nicht mehr manuell, sondern wurde über Lochkodierungen in die Wege geleitet.

Obwohl sich Holleriths System bei der Zählung im Jahr 1900 erneut bewährte, begann damit der Verlust seines Monopols. Während man in den USA bislang das Volkszählungsbüro nur für einen vom Kongreß bewilligten Zeitraum eingerichtet und einer anderen Behörde angegliedert hatte, machte man es 1902 zur Dauereinrichtung. In der Folge kam es zu Spannungen zwischen dem dickköpfigen Hollerith und der selbstbewußten Behörde, die ihm vorwarf, seine Leistungen zu unangemessen hohen Preisen zu verkaufen. Als sich die Auseinandersetzungen zuspitzten und Hollerith nicht nachgab, begann die Behörde, eigene Entwicklungs- und Fertigungskapazitäten aufzubauen – ein im damaligen amerikanischen Gesellschafts- und Wirtschaftssystem ganz außergewöhnlicher Vorgang. Patentrechtliche Hindernisse standen dem nicht mehr entgegen, weil die Grundpatente Holleriths inzwischen ausgelaufen waren. Die Behörde stellte frühere Angestellte von Hollerith ein, baute dessen Maschinen nach, entwickelte aber auch Neukonstruktionen, wie einen besseren Locher und ein Druckwerk, das die Zählergebnisse unmittelbar ausdruckte. Bis zuletzt versuchte Hollerith durch politischen Druck und durch gerichtliche Schritte vergebens, die Behörde von der Durchführung der Zählung abzuhalten. Auch Erwartungen, daß sie dieser Aufgabe nicht gewachsen sein werde, erwiesen sich als Irrtum, selbst wenn sich mit dem unerprobten System einzelne Probleme ergaben. Damit war das Monopol der Hollerith-Gesellschaft endgültig gebrochen. Die von der Behörde beschäftigten Entwicklungsingenieure gingen nach Beendigung der Zählung in die Privatwirtschaft und halfen beim Aufbau konkurrierender Unternehmen mit. Die amerikanische Datenverarbeitungsindustrie begann sich zu diversifizieren.

Der Verlust des amerikanischen Volkszählungsgeschäfts bedeutete einen Wendepunkt für die Geschäftspolitik Holleriths. Die Firma bemühte sich nun verstärkt um Auslandsaufträge und Privatkunden. 1907 gründete Hollerith eine Tochtergesellschaft in England, 1910 ein deutsches Tochterunternehmen. Ließen sich die privaten Anwendungen des Systems in den neunziger Jahren an einer Hand abzählen, so nahm dieser Geschäftsbereich nach 1905 rapide zu. 1908 besaß das Unternehmen 30 Kunden in der Privatwirtschaft, 1911 schon 100 und 1915 sogar 550. Zu den Kunden gehörten vor allem Großfirmen aus der Metall-, Elektro- und Textilindustrie sowie Kaufhäuser, die die Lochkartenmaschinen für Verkaufsstatistiken, Lagerhal-

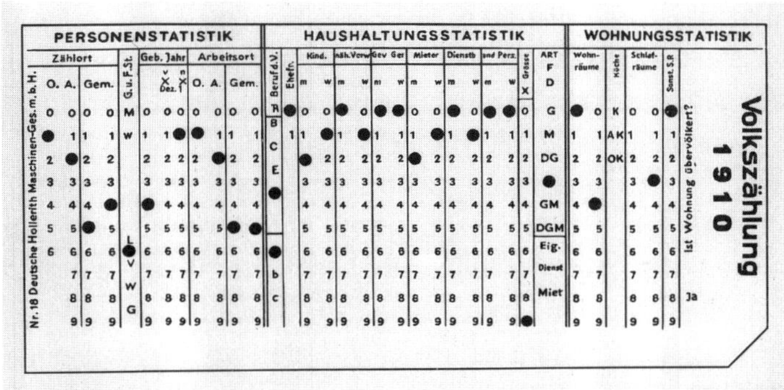

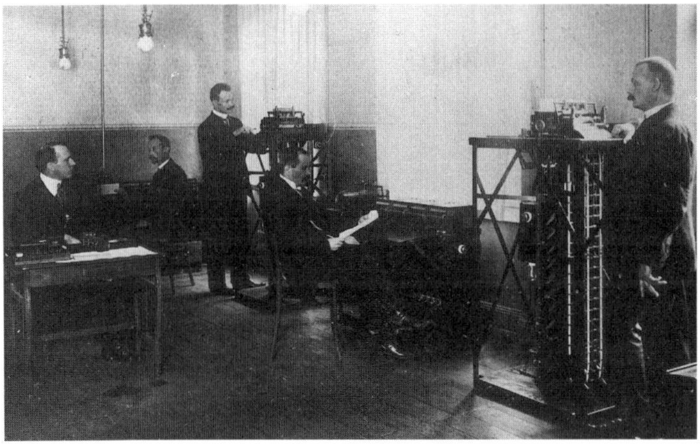

226 a und b. Die vierunddreißigstellige deutsche Volkszählungs-Lochkarte aus dem Jahr 1910 und die erste in Deutschland 1911 bei Bayer errichtete Hollerith-Maschinen-Abteilung. Stuttgart, IBM Pressephoto

tung, Kostenerfassung oder Lohnabrechnung benutzten. Eisenbahngesellschaften brauchten die Maschinen, um gesetzlich vorgeschriebene umfangreiche Statistiken aufzustellen. Im Vergleich zur amerikanischen besaß die deutsche Gesellschaft viel weniger Kunden: 1914 waren es 44, und bei den meisten handelte es sich um staatliche oder öffentlich-rechtliche Institutionen, wie das Statistische Reichsamt, die Statistischen Ämter der Städte, die Reichsversicherungsanstalt, die Reichspost und Krankenkassen. In diesen Kundenspektren spiegelte sich die unterschiedliche Struktur der beiden nationalen Wirtschafts- und Gesellschaftssysteme wider: die weiter fortgeschrittene großbetriebliche Entwicklung und die höheren Arbeitskosten in den USA sowie die größere Bedeutung des öffentlichen Sektors in Deutschland. Holleriths Firma entwickelte die technischen und kaufmännischen Grundlagen des Lochkartensystems zwar bereits in der Vorkriegszeit, doch in der Privatwirtschaft kam es erst in der Zwischenkriegszeit so richtig zum Zug.

Einige kaufmännische Prinzipien, die sich bei den Volkszählungen bewährt hatten, beispielsweise das Leasingsystem, übertrug die Hollerith-Gesellschaft in das Geschäft mit den Privatkunden. Die für die einzelnen Maschinen zu entrichtenden Raten waren so kalkuliert, daß die Herstellungskosten in weniger als zwei Jahren wieder hereinkamen. Gewinne zog man außerdem aus den Lochkarten, zu deren Bezug sich die Kunden verpflichten mußten, von deren Qualität aber auch die Funktionsfähigkeit des Systems abhing. Die Lochkartenanlage wurde den Anforderungen des einzelnen Kunden entsprechend aus Bausteinen zusammengestellt. Da es in der Privatwirtschaft häufig darum ging, Daten unter wechselnden Gesichtspunkten auszuwerten, ersetzte man die bei den Volkszählungen benutzten festen, angelöteten Drahtverbindungen durch Steckkontakte. Damit entstand der Beruf des Programmierers, der je nach den Fragestellungen die Schaltungen veränderte.

Zunächst hatte Hollerith Schwierigkeiten, den in so beachtlichem Umfang nicht erwarteten Bestellungen aus der Privatwirtschaft nachzukommen. Es ergaben sich Koordinationsprobleme mit den Zulieferern, so daß man den Kunden lange Wartezeiten zumuten mußte. Obwohl die Firma sich bei der Akquisition zurückhielt, hatte sich das Geschäft inzwischen zum Selbstläufer entwickelt. Nachdem Hollerith, gesundheitlich angegriffen und der kaufmännischen Probleme überdrüssig, 1911 seine Firma verkauft hatte, gelang es seinen Nachfolgern, die Lieferfristen zu verkürzen, indem sie eigene Produktionskapazitäten aufbauten. Aus der neuen Gesellschaft ging 1924 die International Business Machines Corporation (IBM) hervor, bis heute der führende Hersteller auf dem Gebiet der Datenverarbeitung.

Telephon

Mit seinen vielen Millionen Anschlüssen auf allen Kontinenten und seinen vielen Milliarden Verbindungsmöglichkeiten ist das Telephonnetz heute das weltweit größte technische System. Der Griff zum Telephon ist so selbstverständlich geworden, daß die Aussage überrascht, seine Nutzungsmöglichkeiten hätten erst einmal entdeckt werden müssen. Und doch war dies beim Telephon der Fall. Seine Erfindungsgeschichte und besonders der häufig mit nationalistischen Argumenten geführte Streit, ob Johann Philipp Reis (1834–1874) oder Alexander Graham Bell (1847–1922) das Telephon erfunden hat, zeigen, daß für den Erfolg einer Erfindung zumindest drei Faktoren wichtig sind: die Entwicklung der Erfindung zur technischen Reife, die Identifizierung von Nutzungsmöglichkeiten der Erfindung, die einem gesellschaftlichen Bedürfnis entsprechen, und schließlich ein gesellschaftliches Umfeld, das die Weiterentwicklung bis zur Marktreife und ihre erfolgreiche Durchsetzung am Markt begünstigt. Bei den Entwicklungsarbeiten von Johann Philipp Reis war letztlich keiner dieser drei Faktoren gegeben.

Bereits in der ersten Hälfte des 19. Jahrhunderts hatten verschiedene Experimentatoren das Phänomen entdeckt, daß man elektrische in mechanische und diese in akustische Schwingungen umwandeln und auf diese Weise mit Elektrizität Töne erzeugen kann. Einige Experimentatoren stellten sich die Aufgabe, mit Hilfe der Elektrizität nicht nur Töne, sondern auch Musik oder sogar menschliche Sprache zu erzeugen oder zu übertragen. In diesem Zusammenhang standen auch die Arbeiten

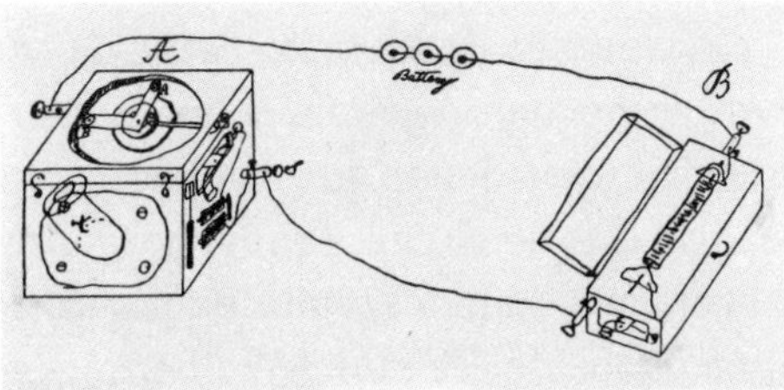

227. Das Telephon von Reis. Skizze des Erfinders in seinem Brief an den Mechaniker Ladd in London vom 13. Juli 1863. Faksimile. München, Deutsches Museum

von Reis, damals Lehrer der Naturwissenschaften an einer Privatschule im Hessischen. Anfang der sechziger Jahre konnte Reis die elektrische Übertragung von Tönen demonstrieren. Seinen ersten Sendeapparat, von dem sich die späteren im Prinzip nicht unterschieden, baute er analog dem menschlichen Ohr. Über die Ausgangsöffnung einer aus Holz geschnitzten Ohrmuschel spannte sich eine Membran aus Schweinsdarm, die sozusagen das Trommelfell bildete. Auf der Membran war ein Platinplättchen aufgekittet, auf dem wiederum ein Platinstift ruhte; man kann diese Anordnung als Gehörknöchelchen interpretieren. Dieser Platinkontakt war Teil eines durch eine Batterie betriebenen Stromkreises, die Leitungen stellten die Gehörnerven dar. Wenn man in dieses Ohr hineinsprach, geriet die Membran durch den Schalldruck in Schwingungen und brachte den Platinkontakt im günstigsten Fall mehr oder weniger fest zum Schließen. Dies bedeutete eine Widerstandsänderung und eine Modulation des Stroms analog den Veränderungen der Schallschwingungen. Reis war zwar der falschen Auffassung, sein Gerät würde durch Öffnen und Schließen des Stromkreises funktionieren, aber dieser Irrtum spielte für die grundsätzliche Funktionsfähigkeit seines Apparats keine Rolle. Im Grunde handelte es sich bei dem Reisschen Sender um ein noch sehr unvollkommenes Mikrophon, das besser funktioniert hätte, wenn er wie die späteren Mikrophonerfinder statt der Platinkontakte solche aus Kohle verwendet hätte. Als Empfänger benutzte Reis eine seit den dreißiger Jahren bekannte Anordnung: eine Spule und einen Stab, die auf einem Resonanzkörper angebracht waren. Da Reis den Zusammenhang zwischen Elektrizität und Akustik öffentlich demonstrieren wollte, strahlte sein Empfänger frei ab, was den Hörempfang ungünstig beeinflußte.

Um die Reisschen Vorführungen bildeten sich viele Legenden. Sätze wie »Pferde fressen keinen Gurkensalat« oder den Gesang »O du lieber Augustin« glaubten Zuhörer deutlich zu vernehmen. In Wirklichkeit muß es sich hierbei um die semantische Rekonstruktion von Hörfetzen gehandelt haben. Analysiert man Aussagen von Zeitgenossen genauer und zieht moderne technische Untersuchungen an Reisschen Apparaten heran, dann zeigt sich, daß mit ihnen Töne gut übertragen werden konnten, einzelne Worte eher unbefriedigend und zusammenhängende Sätze wohl schwerlich. Ein weiteres Problem lag darin, daß die einzelnen Apparate unterschiedlich und überdies noch unregelmäßig funktionierten; der Platinkontakt mußte ständig nachjustiert werden. Schon aufgrund der mangelhaften technischen Funktionsfähigkeit war also das Reissche Tonübertragungsgerät für sprachliche Kommunikation nicht geeignet. Zudem konnte es nur in eine Richtung benutzt werden; hätte man Töne in beide Richtungen übertragen wollen, wären zwei Gerätepaare erforderlich gewesen. Reis wollte mit seinem Gerät in erster Linie die Gehörfunktion veranschaulichen und Töne elektrisch übertragen. Nach seinen Entwürfen wurden die Apparate von einem Frankfurter Mechaniker gebaut und an Physikalische Sammlungen und Institute in aller Welt verkauft. Eindeutige Hinweise darauf, daß Reis auch die spätere Nutzung des Telephons als Kommunikationsmittel erahnte, liegen nicht vor.

Schon bevor Alexander Graham Bell 1873 eine Stelle als Professor für Stimmphysiologie und Sprecherziehung an der Universität Boston antrat, hatte er begonnen, sich mit einem Problem der Telegraphie zu beschäftigen, das viele Fachleute damals bewegte. Seit den vierziger Jahren überzog die großen Industriestaaten ein immer dichter werdendes Netz telegraphischer Verbindungen. Als sich der Nachrichtenverkehr ausweitete, machte es sich negativ bemerkbar, daß auf einer Telegraphenleitung immer nur eine Nachricht übertragen werden konnte. Besonders auf den Hauptstrecken verlegte man deshalb gleich mehrere Leitungen. Eine gewisse Abhilfe brachte Anfang der siebziger Jahre die Duplex-Telegraphie, die Möglichkeit, gleichzeitig auf einer Leitung gegenläufig zwei Nachrichten zu übertragen. Es war klar, daß der Erfinder eines brauchbaren Multiplex-Systems ein gemachter Mann sein würde.

Auch Bell begann, als er erstmals von der Duplex-Telegraphie hörte, sich mit dem Problem der Multiplex-Telegraphie zu beschäftigen. Seine Vorstellungen gingen dahin, akustische Schwingungen unterschiedlicher Frequenz in elektrische umzuwandeln, diese zu übertragen und dann die verschiedenen Frequenzen wieder herauszufiltern. Bald erkannte er, daß man auf diese Weise auch Sprache übertragen konnte. Sprachübertragung und Mehrfachtelegraphie wurden zu gleichgewichtigen technischen Zielen und kommerziellen Motiven seiner Entwicklungsarbeiten. Im

Glauben an die kommerziellen Möglichkeiten der Sprachübertragung stand Bell ziemlich allein. Sein wichtigster Rivale bei der Entwicklung des Telephons, Elisha Gray (1835–1901), sah in der Möglichkeit der Sprachübertragung nur eine Spielerei und konzentrierte sich ganz auf die Mehrfachtelegraphie. Im Gegensatz zu dem elektrotechnischen Amateur und Autodidakten Bell, der bei seinen Experimenten häufig auf den Rat von Fachleuten zurückgreifen mußte, handelte es sich bei Elisha Gray um einen führenden Telegraphenfachmann und praktischen Elektrotechniker. Gray war bis 1874 leitender Mitarbeiter und Anteilseigner der von ihm mit gegründeten Western Electric Manufacturing Company, des größten Herstellers von telegraphischem Gerät in den USA. Weitere Anteile an Western Electric besaß Western Union, die größte amerikanische Telegraphiegesellschaft. Als sich Gray 1874 als professioneller Erfinder selbständig machte, war er finanziell abgesichert und hatte weiterhin die besten Kontakte zur Telegraphieindustrie. Bei dem Wettlauf zwischen dem Amateur Bell und dem durch Western Electric gestützten Profi Gray um die Entwicklung eines Systems für Mehrfachtelegraphie und Sprachübertragung handelte es sich somit um ein ungleiches Rennen. Daß schließlich doch Bell den Sieg davontrug, hing damit zusammen, daß seine Kreativität sich auch auf die Identifizierung der sprachlichen Kommunikation als einer kommerziellen Nutzungsmöglichkeit seiner Erfindung erstreckte, während Gray diese technische Möglichkeit zwar ebenfalls sah, ihr aber keine kommerzielle Bedeutung beimaß.

In einem dramatischen Endspurt um die Erfindung reichte Bell am 14. Februar 1876 ein Patentgesuch ein und kam damit Grays Voranmeldung lediglich um zwei Stunden zuvor. Gray und Western Union, die die Möglichkeit einer Übernahme der kleinen Bell-Firma und des Bell-Patents zunächst nicht nutzten, entdeckten erst im Laufe des Jahres 1877, als es bereits zu spät war, die kommerziellen Chancen des Telephons. Bells Patente überstanden unversehrt mehr als sechshundert Prozesse. 1879 schloß die Bell-Firma einen Vergleich mit dem wirtschaftlich zunächst übermächtigen Konkurrenten Western Union. Die Grundpatente Bells, die durch den Ankauf weiterer Verbesserungspatente abgestützt wurden, bildeten bis zu ihrem Auslaufen in den Jahren 1893/94 das entscheidende Kapital der Firma, die in dieser Zeit zu einem der größten amerikanischen Konzerne aufstieg.

Als Bell 1876 sein Patentgesuch einreichte, hatte er zwar klare Vorstellungen von der Konstruktion seines Telephons, besaß aber noch keinen funktionsfähigen Apparat. In den folgenden Monaten schloß er seine Entwicklungsarbeiten ab und führte seine ersten Modelle vor allem der wissenschaftlichen Öffentlichkeit vor. Bei dem 1877 erstmals verkauften Modell waren Sender und Empfänger gleich aufgebaut und damit elektrisch optimal aufeinander abgestimmt. Das Telephon besaß eine Membran aus Stahlblech. Geriet durch den Schalldruck der Stimme die Membran in Schwingungen, wurde das Magnetfeld eines stabförmigen Dauermagneten verändert und in einer Spule ein den akustischen Schwingungen analoger Strom indu-

THE NEW BELL TELEPHONE.

Professor Graham Bell's telephone has of late been somewhat simplified in construction and also arranged in more compact portable form. It consists now of but three metal portions and is contained in a casing of wood or light hard rubber, but five and five eighths inches in length and two and seven eighths inches in diameter at the enlarged end. It will be remembered that this telephone differs from all others in that it involves the use of no battery nor of any extraneous source of electricity whatever. The only current employed is that generated by the voice of the speaker himself.

The simplicity of the construction is clearly shown in Fig. 1 of our engravings, in which both sectional and exterior views of the device are given. Referring to the sectional view, A is a permanent magnet, held by the screw shown in the rear. Around one end of this magnet is wound a coil, B, of fine insulated copper wire (silk covered), the ends of which are attached to the larger wires, C, which extend to the rear and terminate in the binding screws, D. In front of the pole and coil, B, is a soft iron disk, E. Finally the whole is inclosed in a wooden casing having an aperture in front of the disk, and which, besides serving to protect the magnet, etc., acts somewhat as a resonator.

The principle of the apparatus we have already explained in some detail, but it may be summarized here as follows: The influence of the magnet induces all around it a magnetic field, and the iron diaphragm, E, is attracted towards the pole. Any alteration in the normal condition of the diaphragm, produces an alteration in the magnetic field, by strengthening or weakening it, and any such alteration of the magnetic field causes the induction of a current of electricity in the coil, B. The strength of this induced current is dependent upon the amplitude and rate of vibration of the disk, and these depend in turn upon the air disturbance made by the voice in speaking, or in any other similar source. Therefore, first, a wave of air throws the diaphragm into vibration; second, each movement produces a change in the magnetic field; and third, an induced

[Continued on page 212.]

228. Das Telephon von Bell. Holzschnitt auf der Titelseite von »Scientific American« vom 6. Oktober 1877. München, Deutsches Museum

ziert. Beim Empfänger lief der Vorgang umgekehrt ab. Während also das Tonübertragungsgerät von Reis aufgrund von Widerstandsänderungen funktionierte, arbeitete das Bellsche Telephon mit Induktionsströmen. Damit war es sehr einfach aufgebaut und brauchte keine Batterien. Im Vergleich zum Reisschen Apparat wies vor allem der Hörer Vorteile auf, da er als Druckkammer wirkte und gleichzeitig das Ohr von Störgeräuschen abschirmte. Bis 1879 bekleidete Bell die Funktion eines Entwicklungsingenieurs in der von ihm gegründeten Firma, ehe er sich aus dem Geschäft zurückzog.

Das Telephon verbreitete sich in den folgenden Jahren in den USA, aber auch in anderen Ländern außerordentlich schnell. Bis zum Entstehen ausgedehnter flächiger Netze mit vielen tausend Teilnehmern war aber noch eine Fülle technischer Schwierigkeiten zu lösen. Die Schlüsselprobleme lagen in der Reichweite und in der Vermittlungstechnik. Für die Telegraphie stellte die Überwindung großer Entfernungen von vornherein kein großes Problem dar, weil die telegraphischen Signale digital ohne weiteres durch einfache Relais verstärkt werden konnten. Dagegen benötigten Telephone analoge Verstärker, die erst unmittelbar vor dem Ersten Weltkrieg zur Verfügung standen. Während die Telegraphenleitungen bald große Entfernungen überbrückten und die weitmaschigen Telegraphienetze mit der Zeit immer enger geknüpft wurden, entstand das Telephonsystem aus einer Vielzahl kleinflächiger Netze, die erst allmählich zusammenwuchsen. Anfangs ergänzten sich die beiden Kommunikationsmittel, doch mit der Reichweitenerhöhung des Telephons wurden sie mehr und mehr zu Konkurrenten.

Die Verständigung mit den ersten Bell-Telephonen erwies sich als nicht gerade einfach. Da ein und dasselbe Rohr zunächst sowohl zum Sprechen als auch zum Hören verwendet wurde, war bei den Nutzern eine große Sprechdisziplin gefordert. Später rüstete Bell die Telephone mit getrenntem Sprech- und Hörrohr aus. In das Bellsche Telephon mußte man sehr laut hineinsprechen, um ausreichend starke Ströme zu induzieren. Betrug seine Reichweite anfangs etwa 30 Kilometer, so geriet man mit den verbesserten Modellen, die mit Induktionsströmen arbeiteten, bei etwa 70 Kilometer an eine Grenze. Ende der siebziger Jahre ging man deshalb beim Sender wieder vom Induktionsprinzip ab und zum Widerstandsprinzip über. Mit Hilfe des Übergangswiderstands eines Kontaktmikrophons wurde ein batteriebetriebener Stromkreis moduliert. Besonders das Kohlemikrophon von Edward Hughes (1831–1900) setzte sich schnell durch, da es nicht durch ein Patent geschützt war. Später wurde es zum Kohlegrus- beziehungsweise zum auch heute noch gebräuchlichen Kohlekörnermikrophon weiterentwickelt. Die Batterien, die sich bei den einzelnen Teilnehmern befanden, wartete die Telephongesellschaft.

Wie telegraphische Nachrichten wurden Telephongespräche zunächst über Leitungen aus Stahldraht übertragen. Stahldraht war preiswert und wies eine hohe mechanische Festigkeit auf. Sofern Telegraphie und Telephonie in einer Hand lagen, wie in manchen europäischen Ländern, übertrug man Gespräche auch auf Telegraphenleitungen. Anfang der achtziger Jahre entwickelte der Belgier François van Rysselberghe (1846–1893) ein System, mit dem auf einem Draht gleichzeitig telegraphiert und telephoniert werden konnte. Das bedeutete natürlich eine enorme Reduzierung der Investitionskosten, da man auf das bereits vorhandene Netz zurückgreifen konnte. Insgesamt wurden nach dem System Rysselberghe auf dem europäischen Kontinent 17.000 Leitungskilometer betrieben, mehr als in derselben Zeit eingerichtete Telephonfernlinien. Indem man seit den achtziger Jahren vom Stahldraht ab und zum besser leitenden Bronze- oder später Kupferdraht überging, ließen sich die Reichweite weiter erhöhen und die Verständigung verbessern. Bislang erfolgte die Rückleitung über Erde. Als um 1890 die Störungen durch elektrische Straßenbahnen und andere Starkstromquellen zunahmen, begann man, auch Drähte für die Rückleitung zu verlegen. Seit den neunziger Jahren wurden in

229. Werbung für das Telephonieren über größere Entfernungen. Plakat von AT & T, neunziger Jahre. München, Deutsches Museum

den USA die bei den Teilnehmern untergebrachten leistungsschwachen Batterien durch stärkere Zentralbatterien in den Vermittlungsämtern ersetzt.

Schon in den frühen neunziger Jahren hatte der englische Physiker Oliver Heaviside (1850–1925) aufgrund theoretischer Überlegungen auf die mögliche Verminderung der Dämpfung in elektrischen Leitungen durch eine Erhöhung der Induktivität hingewiesen. George A. Campbell (geboren 1870), ein Forschungsingenieur von Bell, entwickelte für diesen Zweck Induktionsspulen, die den bestehenden Leitungen hinzugefügt werden konnten. Als Campbell seine Spulen im Jahr 1900 zum Patent anmeldete, wies ihn das Patentamt darauf hin, daß ihm Michael I. Pupin (1858–1935), der 1901 eine Professur für Mathematik an der Columbia University erhielt, mit der Anmeldung einer parallelen Entwicklung zuvorgekommen war. AT&T, inzwischen die Muttergesellschaft der Bell-Firmen, kaufte das Patent Pupins auf, um es der Konkurrenz vorzuenthalten. Pupin wurde dadurch ein reicher Mann und erntete den Erfinderruhm. Obwohl AT&T die Campbellschen Entwicklungen weiter ausarbeitete, hießen die Induktionsspulen, die auch heute noch zusammen mit den Telephonleitungen verlegt werden, von nun an »Pupin-Spulen«. Die Arbeiten, die zur Entwicklung dieser Spulen führten, setzten profunde Kenntnisse der Maxwellschen Theorie voraus. Sie sind ein gutes Beispiel dafür, daß in einigen Teilbereichen der Elektrotechnik mittlerweile das traditionelle empirisch geprägte Arbeiten an eine Grenze geraten war und die Bedeutung theoretischer Überlegungen wuchs.

Die Pupin-Spulen verdoppelten die Reichweite des Telephons. Oder man konnte bei gleichbleibender Strecke den Leitungsdurchmesser reduzieren und damit die Kosten beträchtlich vermindern; entfiel doch bei der Neuanlage von Strecken etwa ein Viertel der Investitionskosten auf die Kupferleitungen. Bereits 1884 war man in der Lage, etwa 500 Kilometer weit zu telephonieren, zum Beispiel zwischen New York und Boston. 1892 betrug die Reichweite etwa 1.500 Kilometer; nun waren Gespräche zwischen New York und Chicago möglich. Mit den Pupin-Spulen wurden 2.000 bis 3.000 Kilometer überbrückt, die Entfernung zwischen New York und Denver.

Als dann seit 1915 Telephongespräche über den gesamten amerikanischen Kontinent, zwischen New York und San Francisco, über eine Entfernung von 4.800

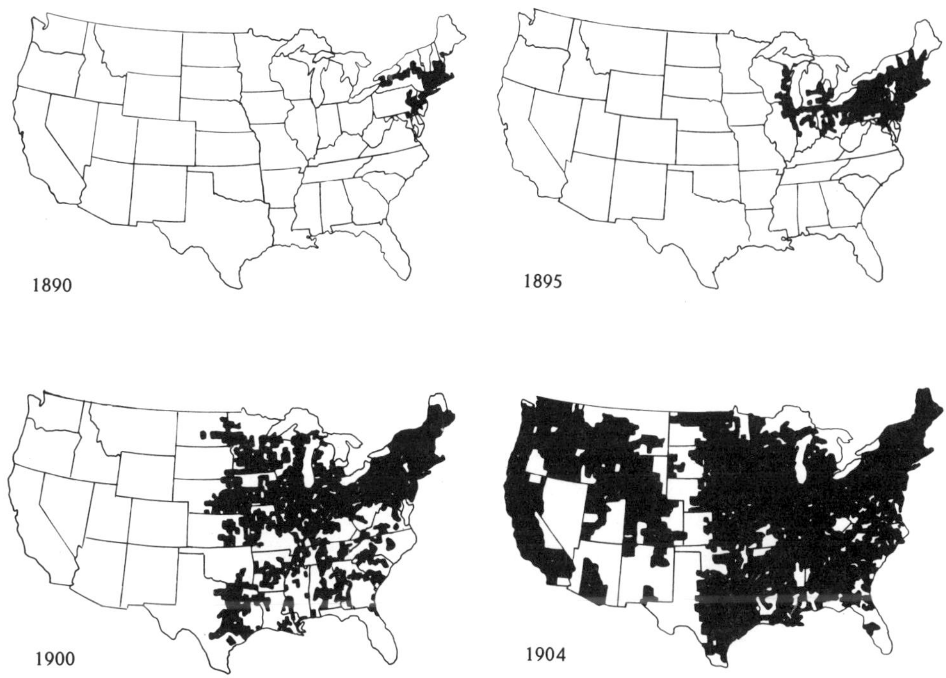

Reichweitenvergrößerung des Telephons in den USA 1890 – 1904. Markiert sind die Counties, in denen eine oder mehrere Städte an das AT & T-Fernnetz angeschlossen sind (nach Abler)

Anweisung

zur Benutzung der Fernsprecheinrichtungen.

Allgemeine Bemerkungen.

Die Benutzung der Fernsprechvermittelung steht den Theilnehmern in den Tagesstunden von 8 Uhr Morgens bis 11 Uhr Abends frei.

Jeder Theilnehmer erhält eine Theilnehmerliste, deren Reihenfolge nach dem Eingange der Anmeldungen geordnet ist.

Zu einer guten Verständigung ist kein sehr lautes, wohl aber ein deutliches und nicht zu langsames Sprechen erforderlich.

Im Zustande der ruhenden Korrespondenz muß der Fernsprecher *b* (siehe die beigefügte Zeichnung) im Haken *c* hängen, weil nur unter dieser Bedingung der Wecker in Thätigkeit treten kann.

Im Interesse einer schnellen und sicheren Bedienung der Theilnehmer durch die Vermittelungsanstalt ist die genaue Beachtung der **nachfolgenden** Angaben erwünscht.

I. Theilnehmer A wünscht mit Theilnehmer B zu sprechen.

Zu diesem Zwecke weckt A zunächst die Vermittelungsanstalt, indem er kurze Zeit (2 bis 3 Sekunden lang) gegen den Knopf *a* (siehe Zeichnung) drückt, hebt hierauf den Fernsprecher *b* vom Haken *c* und hält ihn mit der Schallöffnung gegen das Ohr.

Die Vermittelungsanstalt antwortet: »Hier Amt, was beliebt?«

A erwiedert durch den Fernsprecher *d*: »Wünsche mit Nummer . . . (Nr. von B in der Theilnehmerliste) zu sprechen.«

Die Anstalt giebt zurück: »Bitte rufen« und stellt die gewünschte Verbindung her. Oder sie sagt: »Schon besetzt, werde melden, wenn frei.« In letzterem Falle erwiedert A: »Verstanden,« hängt den Fernsprecher *b* wieder in den Haken, bis der Wecker ertönt, worauf er denselben wieder abhebt, an das Ohr hält und der Anstalt durch Fernsprecher *d* seine Bereitschaft mit den Worten: »Hier . . .« zu erkennen giebt. Die Anstalt meldet nun: »Nummer . . . . jetzt frei, bitte rufen.«

A weckt nunmehr B durch nochmaliges Knopfdrücken, indem er den Fernsprecher *b* am Ohre behält. Nachdem die Gegenmeldung: »Hier B, wer dort?« eingegangen ist, beginnt er endlich die Unterhaltung mit: »Hier A« und bezeichnet den Abschluß der einzelnen Mittheilungen, Fragen rc. durch »Bitte Antwort« bz. durch »Schluß«.

Von der Beendigung der Unterhaltung benachrichtigt A die Vermittelungsanstalt durch letztmaliges Drücken auf den Knopf *a*.

II. Theilnehmer B wird geweckt.

Sobald der Wecker ertönt, hebt B den Fernsprecher *b* vom Haken, hält ihn gegen das Ohr und meldet: »Hier B, wer dort?«

Hierauf nennt A seinen Namen (siehe unter I) und beginnt die Unterhaltung.

III. Zur Bestellung einer Nachricht durch die Vermittelungsanstalt

weckt der rc. Theilnehmer die Anstalt, wie unter I angegeben und sagt: »Ersuche zu schreiben«; nachdem die Anstalt mit »Bitte bringen« geantwortet hat, diktirt er die Nachricht und bezeichnet die Beförderungsart durch: »mit Post« (als Brief oder Postkarte), »durch Eilboten«, oder »als Telegramm«.

230. Anweisung der Deutschen Post für die Benutzung des Telephons. Broschüre, um 1900. Frankfurt am Main, Bundespostmuseum

Kilometern geführt wurden, geschah dies schon auf der Basis einer neuen Technik: der Elektronenröhre. Damit war das technische Mittel vorhanden, um nationale und später auch internationale Telephonnetze zu installieren – eine Entwicklung, die in die Zeit nach dem Ersten Weltkrieg fällt.

Die ersten Telephonleitungen verbanden zwei Sprechstellen. Vermittlungsmöglichkeiten zu weiteren Teilnehmern gab es nicht. So gehörten zu den ersten Kunden von Bell Geschäftsleute, die sich eine Telephonleitung zwischen ihrer Wohnung und ihrem Geschäft legen ließen. Seit 1877 wurden kleine Netze eröffnet und dafür Vermittlungsämter eingerichtet. Der Teilnehmer nahm durch Drücken einer Batterietaste oder durch Drehen eines Kurbelinduktors eine Verbindung zur Vermittlungszentrale auf, wo sein Gesprächswunsch durch elektromechanisches Auslösen einer Klappe an einem Vermittlungsschrank angezeigt wurde. Daraufhin nannte der Telephonkunde seinen gewünschten Gesprächspartner, und der Telephonist stellte die Verbindung durch Steckkontakte her. Die umfangreichen frühen Gebrauchsanleitungen für das Telephon weisen darauf hin, daß die Kunden Gesprächsaufnahme und -führung per Telephon erst einmal lernen mußten.

Mit der Vergrößerung der Reichweite stieg die Zahl der in einem Netz zusammengefaßten Sprechstellen an und wuchsen die zahlreichen kleinen Einzelnetze allmählich zusammen. Da sich mit jedem an das Netz neu angeschlossenen Apparat die Zahl der möglichen Verbindungen entsprechend der Zahl der bereits vorhandenen Telephone erhöht, mußten die Vermittlungsämter personell und technisch ausge-

232. Telephonleitungen in Philadelphia. Holzschnitt in dem 1897 in Madrid erschienenen »Diccionario de electricidad y magnetismo« von Julian Lefèvre. München, Deutsches Museum

stand entgegen. In den USA legten darüber hinaus in jedem Winter Stürme und Eisbrüche Teile der Telephonnetze lahm. All dies führte dazu, daß seit den neunziger Jahren immer mehr Leitungen unter die Erde verlegt wurden. Eine Vielfachausnützung begann erst um 1910 mit der Wechselstrom-Telephonie, bei der man die Gespräche auf getrennten Frequenzen übertrug.

Die von Bell und seinen Kapitalgebern gegründete Firma entschied sich, die Telephone an die Kunden zu vermieten und nicht zu verkaufen. Dabei ließ man sich von den Erfahrungen eines Gesellschafters mit dem Leasing von Schuhmaschinen leiten. Das Vermieten der Telephone und insofern ein Verkaufen von Kommunikationsdienstleistungen wurden in anderen Ländern und von anderen amerikanischen Firmen übernommen und bilden teilweise auch heute noch die Grundlage des Telephongeschäfts. Das Mietsystem trug dazu bei, daß Bell in den Anfangsjahren unter Kapitalproblemen litt. Für die Einrichtung und das Betreiben der Telephonnetze in den einzelnen Städten und Stadtteilen gründete die Firma deshalb Tochtergesellschaften. Mit zunehmender Reichweite des Telephons wurden einzelne Netze zusammengelegt und technisch vereinheitlicht. Auch die lokalen Bell-Tochtergesellschaften wuchsen auf diese Weise zu regionalen Gesellschaften zusammen. Für das Telephonieren über größere Entferungen gründete Bell 1885 ein eigenes Unternehmen, die American Telephone and Telegraph Company (AT&T). Aus gesellschaftsrechtlichen Gründen wurde AT&T 1899 Muttergesellschaft des Konzerns und drängte den Namen des Firmengründers, der bereits 1879 ausgeschieden war, ins zweite Glied.

Bis 1893/94 besaß Bell in den USA ein Monopol auf dem Gebiet der Telephonie. Eine Konkurrenz bestand mit den Telegraphiegesellschaften, so mit Western Union. Allerdings war sie begrenzt, da beide Techniken unterschiedliche Eigenschaften hatten. Per Telegraph vermochte man Nachrichten unproblematisch über größere Entfernungen zu leiten, per Telephon konnte man über kürzere Entfernungen in Rede und Gegenrede kommunizieren. Als die Grundpatente Bells erloschen, veränderte sich die Situation auf dem Markt. Nach 1893 wurden innerhalb kurzer Zeit Tausende von unabhängigen Telephongesellschaften gegründet, die den Fernsprechapparat in bislang unversorgten Gebieten einführten, Bell aber durch den Aufbau paralleler Netze Konkurrenz machten. Da sich zunächst die Wohlhabenden Telephone bei Bell angeschafft hatten, sprachen die unabhängigen Gesellschaften nun eher die weniger Begüterten an. Die technische Grenze zwischen den beiden Systemen konnte zugleich auch eine soziale sein. Wenn jemand mit allen Telephonbesitzern verbunden sein wollte, mußte er mit zwei Apparaten arbeiten. Die Unabhängigen unterboten die Preise von Bell und zwangen die Firma nachzuziehen. Galten bislang meist Einheitsgebühren, so konnten die Kunden jetzt nutzungsabhängige Tarife wählen. Der Verbreitung des Telephons tat dieser Konkurrenzkampf nur gut. Während sich in den USA – jeweils auf die Bevölkerung bezogen – die Zahl der Apparate im Jahrzehnt vor dem Auslaufen der Bell-Patente nur verdoppelte, verzehnfachte sie sich in dem Jahrzehnt danach. Betrug 1893 der Marktanteil von Bell noch 100 Prozent, so war er bis 1907 auf 49 Prozent gesunken.

Im Jahr 1907 begann AT&T mit einer aggressiven Politik, diese Entwicklung allmählich wieder umzukehren. Man arbeitete in besonders umkämpften Regionen mit Niedrigtarifen, die teilweise unter den Selbstkosten lagen, und kaufte unabhängige Gesellschaften auf, die häufig unterkapitalisiert waren. Das Problem der Unabhängigen lag auch darin, daß sie kaum über Fernverbindungen verfügten und AT&T einen Zusammenschluß mit eigenen Netzen und Linien verweigerte. Zeitweise erlangte AT&T die Kontrolle über Western Union, womit eine Kooperation von Telephonie und Telegraphie in den Bereich des Möglichen rückte. In den Jahren vor dem Ersten Weltkrieg mußte AT&T zwar, politischem Druck nachgebend, seine aggressive Monopolpolitik revidieren und seine Netze mit denen der unabhängigen

Gesellschaften zusammenschließen, doch dies änderte nichts daran, daß AT&T im Laufe der folgenden Jahrzehnte den amerikanischen Markt immer mehr beherrschte und weltweit zur dominierenden Telephonfirma wurde.

Nach 1900 kam eine neue große Kundengruppe für das Telephon hinzu, die von den Telephongesellschaften – von Bell sowieso, aber auch von den Unabhängigen – vernachlässigt worden war: die Farmer. Die Landbewohner in den USA, 1905 waren dies etwa 60 Prozent der amerikanischen Bevölkerung, besaßen wegen der isolierten Lage der Farmen ein besonders großes Bedürfnis nach Verbindungen zur Außenwelt. Über Telephon konnten sie in Notfällen, zum Beispiel bei Krankheiten, rasch Hilfe herbeirufen, die Marktpreise für Feldfrüchte erfragen, für die Ernte den Wetterbericht abhören, Hilfskräfte aus der Stadt anfordern oder Bestellungen aufgeben. Über Telephon konnten sich die Familienmitglieder mit den Nachbarn unterhalten und Neuigkeiten austauschen. So trug das Telephon zum Entstehen eines Gemeinschaftsgefühls unter der ländlichen Bevölkerung bei, das seinen Niederschlag in Nachbarschaftshilfe, aber auch in politischen Aktivitäten fand. Da die Preise für ein Telephon zunächst zu hoch waren, entfaltete sich eine Art Do-it-yourself-Bewegung. Die Farmer errichteten so einfach und billig wie möglich, oft unter Verwendung von Zaundrähten, kleine Netze und betrieben sie selbst. Ein solches Netz umfaßte 15 bis 50 Farmen mit einem Anschluß in die nächste Kleinstadt. Die umschichtig besetzten Vermittlungsstellen gewannen den Charakter von Nachrichtenzentralen, wo Informationen gesammelt und bei Bedarf weitergegeben wurden. Zu festgesetzten Zeiten konnten auch mehrere Teilnehmer miteinander sprechen. 1902 gab es etwa 6.000 ländliche, kooperativ betriebene Netze.

Als sich die Einkommen der Farmer erhöhten und das Telephonieren verbilligte, wurde die Landbevölkerung als Zielgruppe für die großen Telephongesellschaften interessant. Sie übernahmen deren Netze, verbanden sie mit ihren eigenen und dehnten städtische Netze auf das flache Land aus. 1907 gab es in ländlichen Gebieten 1,5 Millionen Telephone, 24 Prozent der Gesamtzahl; 1912 waren es bereits 3 Millionen und somit 38 Prozent; etwa 30 Prozent aller Farmen hatten nun ein Telephon. In einigen Staaten, wie zum Beispiel Iowa, erreichten die Verbreitungszahlen die Sättigungsgrenze. Den Höhepunkt dieser Entwicklung bildete das Jahr 1920, als in den USA mehr Farmen Telephone besaßen als städtische Haushalte.

In Deutschland wurde das Telephon ebenfalls außerordentlich schnell aufgenommen, wenn auch ganz anders als in den USA. Seit 1877 begann die Reichspost, mit Hilfe des Telephons die Zahl der telegraphischen Stationen zu vermehren und die Telegraphie in den ländlichen Raum hinein zu erweitern. Auf solchen Stationen nahmen die Postbediensteten Telegramme an und gaben sie fernmündlich zur nächsten mit Schreibtelegraphen ausgestatteten Station weiter. Die Telephonstationen waren wesentlich billiger als die mit telegraphischen Apparaten ausgestatteten, da die nach dem Induktionsprinzip arbeitenden Telephone keine Batterien wie die telegraphischen Geräte benötigten und die Beamten keine besondere Ausbildung haben mußten. Bei der Reichspost blieb die Telegraphie eine männliche Domäne, während die Telephonstationen mit weiblichen Kräften besetzt wurden. Die Telephone stammten von Siemens & Halske und anderen deutschen Herstellern, weil es Bell versäumt hatte, ein deutsches Patent auf seine Erfindung zu nehmen. Das Motiv für die Anwendung des Telephons im Rahmen der Telegraphie lag darin, daß diese in Deutschland schon längere Zeit defizitär war. Mit Hilfe des Telephons gelang es der Reichspost tatsächlich, die Telegraphie wieder in die schwarzen Zahlen zu bringen.

Wesentlich schwerer tat sich die Post mit der Einrichtung eines Teilnehmerbetriebs. Die Erfahrungen in anderen europäischen Ländern wirkten nicht sehr ermutigend. Schließlich drängten private Interessenten die Post aus ihrer passiven Haltung. Als sie um Konzessionen für den Aufbau von Telephonnetzen ersuchten, definierte die Post das Telephon als ein staatliches Monopol und sicherte dies bis zur Jahrhundertwende schrittweise rechtlich ab. Als sie 1881 die ersten Ortsnetze installierte, zeigte sich, daß die Nachfrage nicht besonders groß war. Allerdings agierte die Post in den folgenden Jahren auch nicht sehr dynamisch und mußte häufig von Seiten der Wirtschaft zur Einrichtung und zum Ausbau von Ortsnetzen veranlaßt werden, wobei sie das Risiko auf die Kunden abwälzte. Dagegen war sie schnell präsent, wenn es galt, das Entstehen rechtlich möglicher nichtstaatlicher Netze in Orten, wo es noch kein Telephon gab, zu unterbinden. Das probate Mittel hierzu bildete die Umdefinition und Umwandlung von Telegraphenämtern mit Telephonen zu »öffentlichen Sprechstellen«, womit eine Sperrklausel in Kraft trat.

Das Motiv für die eher restriktive Haltung der Post lag in erster Linie darin, daß die Verbreitung des Telephons meist zu Lasten der Briefpost und der Telegraphie ging, in die sie große Summen investiert hatte. In den USA lagen die Verhältnisse ganz anders: Briefpost, Telegraphie und Telephon wurden von verschiedenen Gesellschaften und Institutionen betrieben und machten sich teilweise Konkurrenz, ergänzten sich aber auch. Dagegen war bis 1893 der Monopolcharakter der Telephonie in beiden Ländern durchaus vergleichbar. In den USA besaß Bell aufgrund seiner Patente ein Monopol, in Deutschland die Reichspost aufgrund politischer Entscheidungen und rechtlicher Regelungen. Erst, als die Grundpatente von Bell ausliefen und Konkurrenten auf den Markt drängten, erhielt in den USA das Telephon neuen Schwung. Die von Anfang an zwischen den USA und Deutschland bestehende Schere bei der Telephonverbreitung begann sich seit Mitte der neunziger Jahre wesentlich weiter zu öffnen. Sucht man nach Erklärungen für die unterschiedlich schnelle Ausweitung des Telephonbetriebs in beiden Ländern, so findet man sie eher in der Belebung durch Konkurrenz und dem hemmenden Einfluß von Monopolen als im Gegensatz zwischen einem staatswirtschaftlichen und einem privatwirtschaftlichen System. In anderen europäischen Staaten gab es vor dem Ersten Weltkrieg Telephonsysteme, die teilweise staatlich, teilweise privatgesellschaftlich betrieben wurden. Die Tendenz ging aber eindeutig in Richtung auf Verstaatlichung, die die meisten Nationen noch vor dem Krieg zum Abschluß brachten. Die USA, wo das Telephonsystem von Anfang an privat, und Deutschland, wo es von vornherein staatlich war, stellen Pole dar, die sich besonders gut für einen Vergleich eignen.

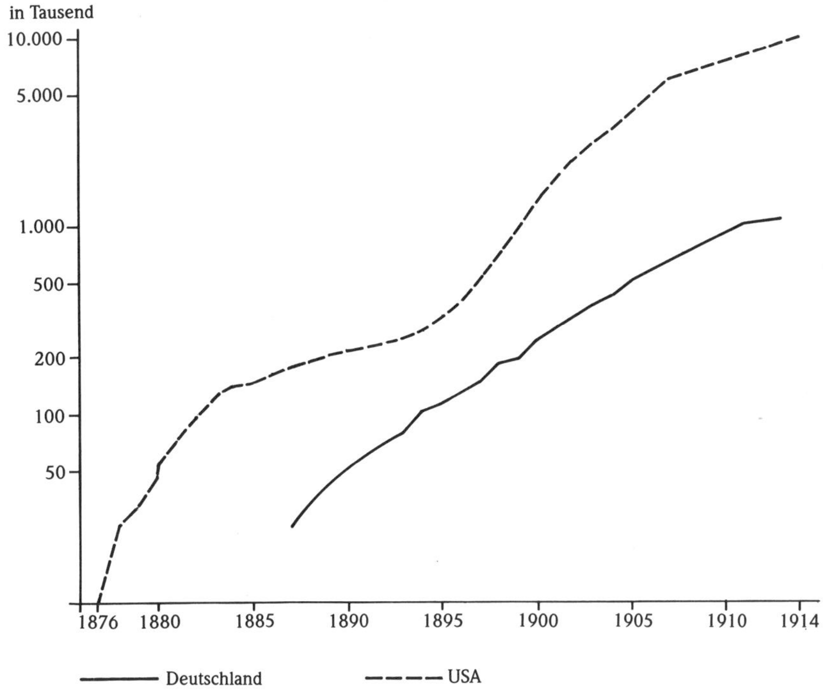

Telephone in den USA und in Deutschland 1876 – 1914 (nach Historical Statistics und Wessel)

Noch um die Mitte der neunziger Jahre bestanden keine wesentlichen Unterschiede zwischen der Telephondichte in amerikanischen und in europäischen Großstädten. Daß die Schere zwischen den beiden Erdteilen sich danach in solchem Umfang zu öffnen begann, hängt zu einem großen Teil damit zusammen, daß in den USA bis zum Ersten Weltkrieg und darüber hinaus mit den Farmern eine Nutzergruppe an Bedeutung gewann, die es in dieser Form in den europäischen Ländern nicht gab. Nicht nur die Durchschnittseinkommen, sondern vor allem die bäuerlichen Einkommen lagen in Europa wesentlich niedriger als in den USA. Zudem lebten in den meisten europäischen Ländern die Bauern in Dorfgemeinschaften, wo das Bedürfnis nach den Raum überwindenden Kommunikationsmitteln kaum bestand. Einzelne Länder mit einer ausgeprägten Einzelhofstruktur wie Schweden besaßen dagegen ebenfalls eine relativ große Telephondichte. Um die Jahrhundertwende kamen auf ein Telephon in Frankreich etwa 1.200 Einwohner, in Deutschland 400, in Schweden und der Schweiz 120 und in den USA 60. In den folgenden Jahren veränderten sich diese Zahlen zugunsten der USA.

	1905	1915
USA	4,0	9,8
Schweden	2,2	4,2
Dänemark	2,0	4,7
Schweiz	1,6	2,7
Deutschland	0,9	2,2
Großbritannien	0,8	1,7
Frankreich	0,3	0,8

Telephondichte in den USA und in ausgewählten europäischen Ländern 1905 und 1915 pro 100 Einwohnern (nach Fischer)

Als die ersten Telephone auf Welt- und Elektrizitätsausstellungen sowie bei sonstigen öffentlichen Vorführungen noch Sensationen darstellten, übertrug man mit ihnen vornehmlich Musikstücke und Theateraufführungen. Damit umging man nicht nur das heikle, anfänglich noch technische, aber auch psychosoziale Problem des Hin- und Rücksprechens, sondern stellte den rätselhaften technischen Apparat in einen positiv besetzten und vertrauten kulturellen Nutzungszusammenhang. Ob von den Innovatoren gewollt oder ungewollt: Diese Demonstrationen zeigten Möglichkeiten auf, das Telephonsystem nicht zur Kommunikation, sondern zur Unterhaltung und Information, quasi als Vorläufer des Radios zu nutzen und weiterzuentwickeln. Entsprechende Versuche wurden in zahlreichen Großstädten unternommen, doch ihr Erfolg blieb – wahrscheinlich wegen der hohen Kosten – begrenzt. So offerierte eine Budapester Gesellschaft seit 1893 ein »Radio«-Programm per Telephon mit Musik- und Theaterübertragungen, Nachrichtensendungen, Lesungen und Bildungsangeboten. Bis zu 6.000 Abonnenten waren an dieses Netz angeschlossen.

Noch bevor in Deutschland die Post das Telephon an einen Teilnehmer ausgeliefert hatte, verkaufte Siemens & Halske Tausende Apparate an private Kunden. Man weiß über die Verwendung dieser Telephone wenig. Manche mögen als technisches Spielzeug verwendet worden sein, ähnlich wie heute Computer im Privatbereich, andere als Glockenersatz zum Heranrufen der Dienstboten. In Firmen und Geschäften sind mit diesen Telephonen vielleicht schon Nachrichtenverbindungen und Kommunikationsnetze aufgebaut worden. Besonders Hotels installierten sie schnell und wiesen in Empfehlungsanzeigen ausdrücklich auf diesen Luxus hin. Um die

233. Operettenübertragung per Telephon in eine Privatwohnung. Lithographie nach einer Vorlage von E. Eltze, 1906. Berlin, Sammlung Joseph Hoppe

Jahrhundertwende verfügte zum Beispiel das Waldorf-Astoria in New York über 1.000 Telephone. In Firmen und Konzernen ersetzte oder ergänzte man bestehende Rohrpost- oder Sprechrohrverbindungen und -netze durch telephonische. Im Jahr 1907 gab es bei Krupp 600 Telephone, amerikanische Eisenbahngesellschaften besaßen Tausende. Die Unternehmen schlossen ihre internen Netze später an das öffentliche an. Dabei verbreiteten sich das Telephon und der Netzanschluß in der Firmenhierarchie von oben nach unten, gleichsam als Statussymbole. Für viele technische Großprojekte bildete es eine wichtige Kommunikationserleichterung. In einem Verbundnetz zusammengefaßte Kraftwerke tauschten Betriebsdaten per Telephon aus. Beim Bau von Wolkenkratzern wurde der Vertikaltransport der riesigen Stahlträger über Telephon dirigiert. Und beim Bau des Panama-Kanals

234. Das Telephon als Hilfsmittel zur Stückkostenerfassung in einer amerikanischen Maschinenfabrik. Photographie, 1908. München, Deutsches Museum

liefen zahlreiche logistische Anweisungen über Telephon. Die Telephonleitungen waren die Nerven, die die Muskeln der industriellen Arbeit koordinierten.

Die meisten dieser Beispiele dokumentieren, daß das Telephon in erster Linie für geschäftliche Zwecke genutzt wurde. Besonders in den ersten Jahren waren die Telephonverzeichnisse zugleich Firmen- und Geschäftslisten. Einige Branchen standen hier an der Spitze. Im ersten Berliner Telephonbuch von 1881 gehörten etwa 30 Prozent der Teilnehmer zum Bank- und Kreditgewerbe. Für Zwecke des privaten Gebrauchs war das Telephon zunächst selbst für Wohlhabende zu teuer. Dies änderte sich nur langsam. Noch am ehesten hielten sich geschäftliche und private Nutzung bei den amerikanischen Farmern die Waage. Die heute bestehende Dominanz der Privatkommunikation, das Telephon als selbstverständliches Alltagsgerät, auch für Kinder, und eine Telephondichte von mehr als 90 Prozent in den großen Industriestaaten – diese Entwicklungen setzten erst in den sechziger und siebziger Jahren des 20. Jahrhunderts ein.

Wenn sich elektrische Ladungen schnell bewegen, senden sie elektromagnetische Wellen aus. Auf der Grundlage dieses Phänomens werden heute Rundfunk- und Fernsehsendungen oder Telephongespräche drahtlos übertragen. Bereits im 19. Jahrhundert beobachteten Experimentatoren Erscheinungen, die etwas mit der Ausbreitung elektromagnetischer Wellen zu tun haben, interpretierten sie jedoch falsch, indem sie zum Beispiel glaubten, sie seien durch magnetelektrische Induktion hervorgerufen. Als der schottische Physiker James Clerk Maxwell (1831–1879) in den sechziger und siebziger Jahren seine grundlegende Theorie über den Zusammenhang und die Wechselwirkungen zwischen elektromagnetischen Feldern und elektrischen Ladungen und Strömen formulierte, sagte er auch die Existenz elektromagnetischer Wellen voraus, die sich mit Lichtgeschwindigkeit im Raum ausbreiten. Die Maxwellsche Theorie wurde in der Physik aber erst allgemeiner beachtet und anerkannt, als es 1888 dem deutschen Physiker Heinrich Hertz (1857–1894) gelang, elektromagnetische Wellen experimentell nachzuweisen.

Für seine Laborexperimente entwickelte Hertz Apparate zur Generierung und zum Empfang elektromagnetischer Wellen. In den folgenden Jahren wiederholten verschiedene Physiker die Hertzschen Versuche und verbesserten seine Sende- und Empfangsgeräte. So lernte an der Universität Bologna auch der damals gerade zwanzigjährige Guglielmo Marconi (1874–1937) durch einen mit der Familie befreundeten Hochschullehrer die Hertzschen Wellen kennen. Im Gegensatz zu den meisten Universitätsphysikern, die sich nur für die naturwissenschaftliche Erklärung dieses Phänomens interessierten, dachte Marconi gleich an praktische Anwendungen: an die Übertragung von Signalen. Damit stand er nicht allein. Andere Elektrotechniker kamen auf den gleichen Gedanken und unternahmen Experimente in die gleiche Richtung, hatten aber weniger Erfolg. Wie sie übernahm Marconi aus den physikalischen Labors die Grundkonstruktionen von Sender und Empfänger, fand jedoch für ein wichtiges Systemelement, die Antennenanordnung, eine neue Lösung, die eine Übertragung von Signalen über größere Entfernungen ermöglichte. Marconi benutzte eine hohe Antenne und erdete sie, so daß die Erde einen Teil des Antennensystems bildete. Damit konnte er lange Wellen abstrahlen, die wegen ihrer starken Beugung noch in einer Entfernung über Sichtverbindung hinaus empfangen werden konnten. Auch wenn Marconi die physikalische Funktionsweise seiner Übertragungsanordnung nicht in allen Einzelheiten verstand, so hatte er doch auf experimentellem Weg eine Lösung gefunden, die an der Schwelle zur kommerziellen Nutzung stand und auf der alle Weiterentwicklungen basierten.

Zwar stammte Marconi aus einer wohlhabenden Familie, doch für eine Ausarbeitung seiner Erfindung brauchte er zusätzliche finanzielle und, da die drahtlose Telegraphie staatliche Hoheitsrechte berührte, auch politische Unterstützung. Beides war in Italien nicht zu erhalten. Zusammen mit seiner Mutter, die schottisch-irischer Abstammung war, ging der Zweiundzwanzigjährige deshalb nach England, wo er auf die Förderung der mütterlichen Familie rechnen konnte. Das war zweifellos eine kluge Entscheidung. England, zumal London bildeten in dieser Zeit die unbestrittenen Weltzentren des Handels und des Nachrichtenwesens. Wo, wenn nicht hier, konnte ein neues Nachrichtensystem zum kommerziellen Erfolg geführt werden? Zunächst gelang es Marconi, die Unterstützung der englischen Post zu gewinnen sowie Armee und Marine auf seine Versuche aufmerksam zu machen. Die englische Post hatte gerade ein Telegraphenmonopol etabliert, so daß sie an allen technischen Neuerungen auf diesem Gebiet interessiert sein mußte. Als Marconi bei einer Demonstration für die Post 1897 über einen fünf Kilometer breiten Meeresarm in der Nähe von Bristol funkte, eilte diese Nachricht wie ein Lauffeuer um die ganze Welt.

War nun die technische Funktionstüchtigkeit der Erfindung bewiesen, so stellte sich die Frage ihrer kommerziellen Verwertung. Eine wichtige organisatorische Vorentscheidung traf Marconi im selben Jahr mit der Gründung einer privaten Gesellschaft, in die Angehörige und Freunde der Familie das nötige Kapital einbrachten. An die Spitze des Unternehmens traten Kaufleute. Marconi konzentrierte sich auf die technische Weiterentwicklung. Damit war in England – aus Gründen, die nicht ganz klar sind – die Entscheidung für eine private, kommerzielle Weiterentwicklung der drahtlosen Telegraphie und gegen eine Kooperation mit der Post gefallen, so daß sich kein staatliches System zu entfalten vermochte. Obwohl die neue Firma spektakuläre Funkversuche vorführte und sie propagandistisch auswertete, blieb die Frage der kommerziellen Einsatzfelder zunächst weiterhin ungeklärt.

Die eigentliche nachrichtentechnische Revolution hatte Jahrzehnte früher stattgefunden, als mit Hilfe der leitungsgebundenen Telegraphie erstmals über größere Entfernungen zeitgleich Nachrichten übertragen werden konnten. Inzwischen war weltweit ein mehr oder weniger dichtes Telegraphienetz aufgebaut worden, mit dessen Existenz und Konkurrenz die Marconi-Gesellschaft rechnen mußte. Die leitungsgebundene Telegraphie besaß gegenüber der drahtlosen erhebliche Vorteile. Sie wurde durch atmosphärische Störungen nicht negativ beeinflußt. Nachrichten, die über Leitungen und Seekabel liefen, hatten so etwas wie einen privaten Charakter. Dagegen ließen sich Nachrichten, die drahtlos übertragen wurden, durch jedermann, der über die entsprechende Ausrüstung verfügte, mithören. Allerdings bot die drahtlose Telegraphie etwas, das der leitungsgebundenen fehlte: Mit ihr konnte man Nachrichten zu und zwischen beweglichen Zielen übertragen. Damit gerieten neue Kundengruppen und Anwendungsfelder in den Blick: die Handelsschiffahrt, die Marine und die Armee. Die ersten funktechnischen Systeme, die 1899/1900 von der Marconi-Gesellschaft in England verkauft wurden, bezogen denn auch die Marine und das Heer. Die kommerziellen Möglichkeiten der neuen

235. Marconi hinter seiner drahtlosen Funkanlage. Photographie, 1896. Chelmsford, Marconi Company Ltd.

Technik hingen nicht zuletzt von der Entwicklung ihrer Leistungsfähigkeit ab. Entwicklungsarbeiten mit dem Ziel der Reichweitenvergrößerung, die in allen großen Industriestaaten, besonders in Großbritannien, Deutschland und den USA, von verschiedenen Firmen und Forschungsgruppen unternommen wurden, konnten sich auf alle Komponenten des Systems beziehen: auf eine Leistungserhöhung der Sender, auf eine größere Empfindlichkeit der Empfänger und auf eine bessere Abstimmung zwischen Sender und Empfänger. Entscheidend war dabei die durch den Sender abgestrahlte und durch den Empfänger aufgenommene Energie.

Als Sender benutzte Marconi zunächst einen von seinem Bologneser Universitätslehrer entwickelten batteriebetriebenen Induktionsapparat, bei dem zwischen zwei Kugelkondensatoren Funken erzeugt wurden. Diese Funken gaben im deutschen Sprachraum der ganzen Technik ihren Namen und haben sich im Wort »Rundfunk« bis zur Gegenwart erhalten, obwohl die Technik eine ganz andere geworden ist. Der Marconische Sender lag in der Antennenstrecke. Von einem solchen System werden stark gedämpfte Wellen auf einem breiten Frequenzband abgestrahlt. Nur ein kleiner Teil der aufgewandten Energie wird gesendet und von dieser wiederum nur ein kleiner Teil empfangen. Die Entwicklungsarbeiten auf der Senderseite konzentrierten sich deshalb darauf, die Dämpfung der Signale zu vermindern und die Bandbreite einzuengen, wodurch erst mehrere sich überlagernde Sender und Empfänger gleichzeitig miteinander kommunizieren können. Eine Verbesserung brachte die 1898 von dem deutschen Physiker Ferdinand Braun (1850–1918) vorgeschlagene zweikreisige Schaltung, das heißt die Trennung von Antennen- und Funkenkreis auf der Senderseite, und eine entsprechende Anordnung auf der Empfängerseite. Zusammen mit Marconi erhielt Braun für seine funkentelegraphischen Arbeiten 1909 den Nobel-Preis für Physik. Einen weiteren Entwicklungssprung bedeuteten die zwischen 1906 und 1908 von der deutschen Firma Telefunken zur technischen Reife entwickelten Lösch- oder Tonfunkensender, die aus mehreren in Serie geschalteten Plattenkondensatoren bestanden. Ungefähr zur gleichen Zeit kamen Lichtbogen- und Hochfrequenzmaschinensender dazu, die keine gedämpften, sondern ungedämpfte Wellen erzeugen. Besonders mit den Maschinensendern konnten jetzt große Energiemengen einer bestimmten Frequenz abgestrahlt werden. Die Sender hatten sich von batteriebetriebenen Laboreinrichtungen zu Kraftwerken entwickelt, mit Leistungen bis zu 300 Kilowatt und der entsprechenden Ausrüstung mit Elektromotoren, Generatoren und Transformatoren.

Manche Zeitgenossen glaubten, daß eine Signalgebung über größere Entfernungen nicht möglich wäre, weil die elektromagnetischen Wellen nicht der Krümmung der Erdoberfläche folgen, sondern tangential im Raum verschwinden würden. Erst als Marconis erfolgreiche Funkversuche über den Atlantik dies 1901 als irrig erwiesen, erklärten Wissenschaftler dieses Phänomen mit der reflektierenden Eigenschaft der Ionosphäre. Eine Faustregel der Experimentatoren für die Überwindung von Entfernungen lautete, die Wellenlängen zu vergrößern. Damit hatte man über kürzere und mittlere Strecken Erfolg gehabt, und es gab keinerlei Hinweise darauf, daß dies über große anders sein sollte. Heute ist bekannt, daß man mit Kurzwellen schneller und billiger hätte zum Ziel gelangen können. Doch der Zufall, sonst häufig der Vater des Erfolgs, kam in diesem Fall den Experimentatoren nicht zu Hilfe. Man war also auf ein übliches Mittel einer Technik im Entwicklungsstadium verwiesen: auf Gigantismus. Hatte man, um große Wellenlängen zu erzielen, anfangs die Antennendrähte mit Drachen oder Fesselballonen hochgezogen, so errichtete man jetzt riesige zusammengesetzte Antennen in den unterschiedlichsten Formen. Masten von hundert Meter Höhe trugen den hin- und hergespannten Antennendraht. Durch Zufall entdeckte man dabei, daß bestimmte Antennenformen eine Richtcharakteristik besaßen. Nach der Jahrhundertwende standen Geräte für die Messung der Wellenlänge zur Verfügung. Durch Kondensatoren und Spulen konnten die Frequenzen von Sender und Empfänger verändert und aufeinander abgestimmt werden.

Auch das zentrale Element in Marconis erstem Empfänger, der Kohärer, entstammte den physikalischen Labors. Dabei handelte es sich um eine mit Metallspänen gefüllte Röhre, die in einen Batteriestromkreis gelegt wurde. Wenn der Kohärer von elektromagnetischen Wellen getroffen wird, verbacken die Späne, und der Stromkreis wird geschlossen. Durch Klopfen kann man die Späne wieder trennen. Die Signale zeichnet ein mit dem Kohärer gekoppelter Morseschreiber auf. Der außerordentlich empfindliche Kohärer war das Sorgenkind aller Funker. Die einzelnen Kohärer reagierten unterschiedlich und konnten vor allem schwache Signale nicht von atmosphärischen Störungen unterscheiden. Zwar tauchte mit dem Empfang über Kopfhörer bald eine Alternative zum Schreibempfang mit Kohärer und Morseschreiber auf, aber Post und militärische Stellen bestanden lange Zeit auf einer schriftlichen Dokumentation der Nachricht. Wo kommerzielle Anwendungen im Mittelpunkt standen, wie bei Marconi, setzte sich der Hörempfang schneller durch. Nach 1902 wurden für den Empfang per Kopfhörer Detektoren entwickelt, die nach unterschiedlichen physikalischen Prinzipien arbeiteten. Das menschliche Ohr konnte das Knarrgeräusch von Funksignalen besser von atmosphärischen Störungen unterscheiden als der Kohärer, der nur auf Spannungsspitzen reagierte. Noch einfacher wurde dies nach 1908 mit der Einführung des Lösch- oder Tonfunkensystems. Dessen regelmäßige, schwach gedämpfte Wellenzüge ergaben beim Empfang einen hohen, gleichmäßigen Ton, der gut zu identifizieren war.

All diese Verbesserungsinnovationen trugen dazu bei, daß ein weltweites Funknetz im zweiten Jahrzehnt des 20. Jahrhunderts in den Bereich des technisch Möglichen rückte. Bereits 1907 vermochte Marconi eine seiner Lieblingsideen zu verwirklichen: die Einrichtung eines regelmäßigen Funkverkehrs zwischen dem alten und dem neuen Kontinent. Wegen der Konkurrenz der transatlantischen Kabelverbindungen machte man jedoch auf dieser Strecke kein großes Geschäft. Wenn in den folgenden Jahren von Marconi, Telefunken und anderen Gesellschaften Funkdienste zwischen festen Stationen aufgebaut wurden, so konnten dahinter ganz unterschiedliche politische und technisch-wirtschaftliche Motive der Nutzer und Auftraggeber stehen. Etliche Staaten wollten sich von den englischen Telegraphiekabeln unabhängig machen. Bei manchen transkontinentalen Verbindungen, zum Beispiel durch die Urwaldgebiete Südamerikas, wäre die Verlegung einer Telegraphenleitung teurer gewesen als die drahtlose Telegraphie. Eine bemerkenswerte geschäftliche Bedeutung gewannen die Funkstationen auf Inseln. Entweder waren diese noch nicht durch ein Telegraphenkabel mit der Außenwelt verbunden, oder die Funkverbindungen wurden zusätzlich eingerichtet, so daß bei Ausfällen und Reparaturen der Kabel ein Ersatz zur Verfügung stand.

Die meist an der Küste gelegenen festen Funkstationen betreuten die ebenfalls mit Funk ausgestatteten Schiffe. Bis zum Ersten Weltkrieg bildete der Schiffsfunk den wichtigsten Geschäftszweig. Bei der Handelsschiffahrt gelang es Marconi nach der Jahrhundertwende Fuß zu fassen. Den Durchbruch brachte ein Vertrag, der 1901 mit Lloyd's Versicherungsgesellschaften geschlossen wurde. Marconi stellte die funktechnische Ausrüstung und das Betriebspersonal auf den Schiffen und übermittelte die Nachrichten der Reedereien. Auf diese Weise nahm man nicht nur den Schiffahrtsgesellschaften die Aufgabe ab, eigenes funktechnisches Personal und Know-how aufzubauen, sondern umging auch das Telegraphenmonopol der britischen Post, da man ja nicht gegen Gebühr telegraphische Nachrichten weitergab, sondern Informationsdienstleistungen verkaufte. Bis 1907 rüstete Marconi die meisten Überseeschiffe, und nicht nur die britischen, mit Funkstationen aus. Er war auf dem besten Weg, ein Monopol zu etablieren. Da sich die Marconi-Gesellschaft weigerte – außer in Notsituationen –, Nachrichten anderer Gesellschaften weiter-

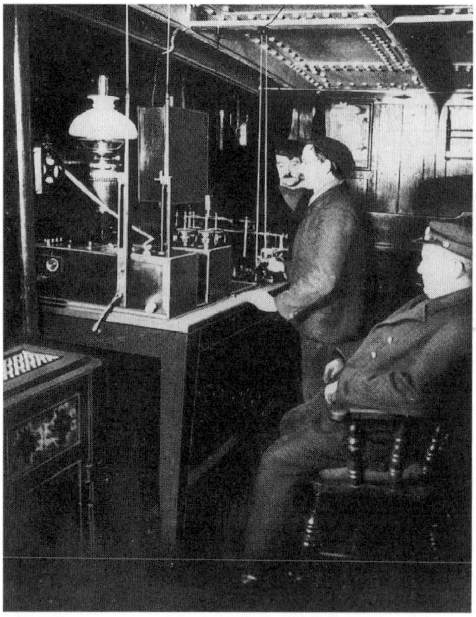

236. Marconi-Funkstation auf einem Schiff. Photographie, um 1900. Bremerhaven, Deutsches Schiffahrtsmuseum

zuleiten, blieb den Reedereien kaum eine Wahl. Das Funknetz aller anderen Gesellschaften war viel zu weitmaschig, als daß es eine verlockende Alternative geboten hätte. Natürlich liefen viele Regierungen, allen voran die deutsche, gegen diese Monopolpolitik Sturm. Tatsächlich gelang es ihnen auf mehreren internationalen Konferenzen, Vereinbarungen über einen freien Funkverkehr und zur Weitergabepflicht von Funksprüchen durchzusetzen.

Handelsschiffe konnten jetzt unterwegs in andere Häfen umdirigiert werden. Passagieren war es möglich, wichtige geschäftliche und persönliche Mitteilungen per Funk zu empfangen und abzusenden. Auf den großen Passagierdampfern wurden die über Funk empfangenen Nachrichten in Bordzeitungen zusammengefaßt. Ein in Seenot geratenes Schiff konnte über Funk schnell Hilfe herbeirufen. Beim Untergang der »Titanic« im Jahr 1912 zeigte sich aber auch, daß die beste funktechnische Ausrüstung nichts nutzte, wenn die Funkstation des nächstgelegenen Schiffes unbesetzt war. Als Konsequenz wurden auf einer internationalen Konferenz Standards für das Betreiben von Schiffsfunkanlagen festgelegt.

In Deutschland entstanden bereits vor der Jahrhundertwende, angeregt durch die Nachrichten über die erfolgreichen Versuche Marconis, zwei Entwicklungszentren für die drahtlose Telegraphie: das eine bei Ferdinand Braun, Physikprofessor in Straßburg, das andere bei Adolf Slaby (1849–1913), Professor für Elektrotechnik an der Technischen Hochschule Berlin. Slaby kooperierte später mit der AEG, Braun mit Siemens & Halske. Die beiden deutschen elektrotechnischen Großfirmen lieferten sich einen scharfen Konkurrenzkampf, der zwar die technischen Entwicklungsarbeiten befruchtete, ihre Stellung auf dem durch Marconi beherrschten internationalen Markt aber schwächte. In Deutschland sah man in der drahtlosen Telegraphie mittlerweile eine Angelegenheit von nationalem Rang. Dabei wurden wirtschaftliche Argumente ins Feld geführt, aber auch militärische, die funktechnische Ausrüstung von Heer und Marine, sowie politische, ein eventueller Aufbau funktechnischer Verbindungen in und zu den Kolonien. Der durch Öffentlichkeit und Politik auf die beiden Großfirmen ausgeübte Druck, ihre Aktivitäten zusammenzuschließen, wuchs. Auch Kaiser Wilhelm II. befürwortete eine Fusion, wobei der Stellenwert seiner Intervention bis heute unklar ist. Schließlich führten 1903 die AEG und Siemens & Halske ihr funktechnisches Know-how zusammen und gründeten Telefunken.

Obwohl technisch gleichwertig und von Großbanken und der deutschen Regierung auf den internationalen Märkten gefördert, hatte es Telefunken zunächst gegen die wirtschaftlich übermächtige Marconi-Gesellschaft sehr schwer. Beim Schiffsfunk konnten, bis das Marconi-Monopol gebrochen wurde, nur deutsche Reeder als Kunden gewonnen werden. Größere Erfolge erzielte man mit funktechnischen Ausrüstungen für das Militär und auf den klassischen Exportmärkten der deutschen elektrotechnischen Industrie, in Rußland und in Südosteuropa. Beim Herero-Aufstand in Deutsch-Südwestafrika 1904 setzten die deutschen Truppen und im russisch-japanischen Krieg 1904/05 die russischen funktechnisches Material von Telefunken ein. Erst als in den Jahren zwischen 1911 und 1913 Absprachen mit Marconi über die Abgrenzung der beiderseitigen Interessen eine Klärung brachten, konnte man sich mit großem Erfolg auch im Bereich des Schiffsfunks und auf weiteren internationalen Märkten engagieren. Marconi und Telefunken ragten als die einzigen weltweit operierenden Funkfirmen aus der großen Zahl der kleineren nationalen und regionalen Unternehmen heraus. Besonders deutlich zeigte sich dies auf dem amerikanischen Markt, wo nach 1900 mehrere mittlere Firmen entstanden waren. Nachdem die amerikanische Marconi-Gesellschaft, die weitgehend selbständig von der britischen Muttergesellschaft tätig war, die Konkurrenten mit Patentklagen überzogen und 1912 das wichtigste Unternehmen, United Wireless, gekauft hatte, war sie auch hier die bei weitem stärkste Firma. Die internationale Ausnahmestellung der beiden funktechnischen Konzerne überlebte den Ersten Weltkrieg nicht. Der Krieg machte deutlich, daß die Staaten aus machtpolitischen Gründen über nationale Systeme der drahtlosen Telegraphie verfügen mußten. Schließlich wurde die technische Basis der einzelnen Gesellschaften durch die Innovation der elektronischen Röhrentechnik völlig verändert, so daß in und nach dem Krieg die Karten wieder neu gemischt wurden.

Alle Staaten mit Kolonialbesitz legten Wert auf telegraphische Verbindungen mit ihren Kolonien. Dabei stellte sich die Ausgangssituation für Großbritannien und für Deutschland ganz unterschiedlich dar. Großbritannien beherrschte die Weltmeere, und die meisten britischen Kolonien waren über Seekabel mit dem Mutterland verbunden. Die britische Regierung lehnte denn auch lange Zeit Angebote der Marconi-Gesellschaft ab, das Empire durch drahtlose Telegraphie nachrichtentechnisch zu vernetzen. Als man diesen Vorschlag später doch aufgriff, verschob sich seine Realisierung wegen einer politischen Affäre, in die Marconi verwickelt war, und wegen des Kriegsgeschehens bis in die Nachkriegszeit.

Zwar bestanden Kabelverbindungen auch mit den deutschen Kolonien und Interessensgebieten, aber es lag auf der Hand, daß sie im Fall eines Konflikts leicht von anderen Mächten unterbrochen werden konnten. Deutsch-Südwestafrika und Deutsch-Ostafrika waren sogar nur über in englischem Besitz befindliche Kabel zu erreichen. In Deutschland betrieb man deshalb Pläne für drahtlose Verbindungen mit den Kolonien viel energischer als in Großbritannien. Schon 1905 diskutierte man bei Telefunken diffuse Projekte für ein weltweites Netz. Obwohl die Durchführung eines solchen Gesamtplans erst während des Krieges von den zuständigen politischen Stellen beschlossen wurde, war ein Gerippe für ein Weltfunknetz bereits bei Kriegsausbruch vorhanden. Das Herz dieses Netzes bildete die Großfunkstation Nauen bei Berlin, die 1906 eröffnet und bis in den Krieg hinein ausgebaut wurde. Noch vor Kriegsbeginn konnten eine Großfunkstation in Togo und eine Verbindung

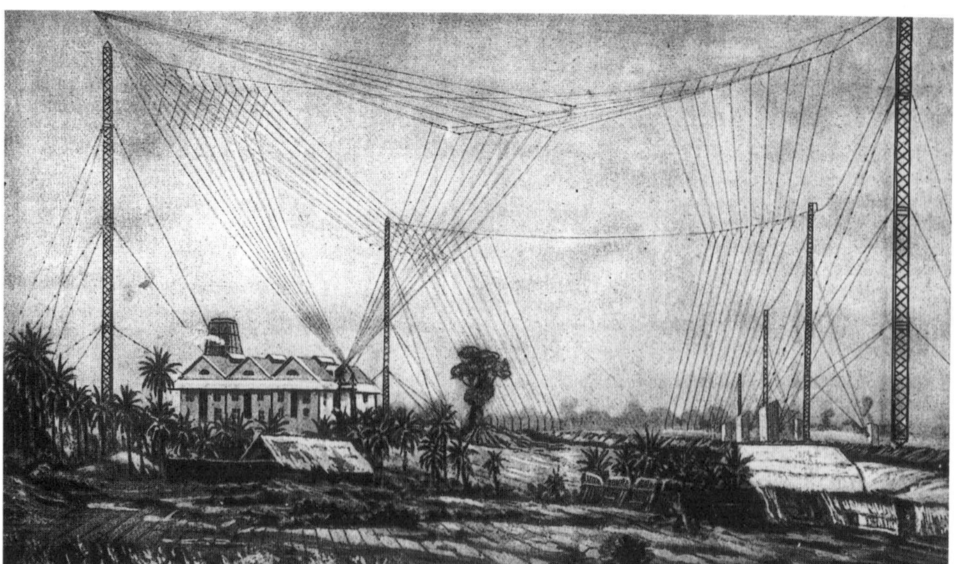

237. Die von Telefunken 1914 errichtete Funkstation in Togo. Gemälde von Ernst Vollbehr. Frankfurt am Main, AEG-Telefunken AG

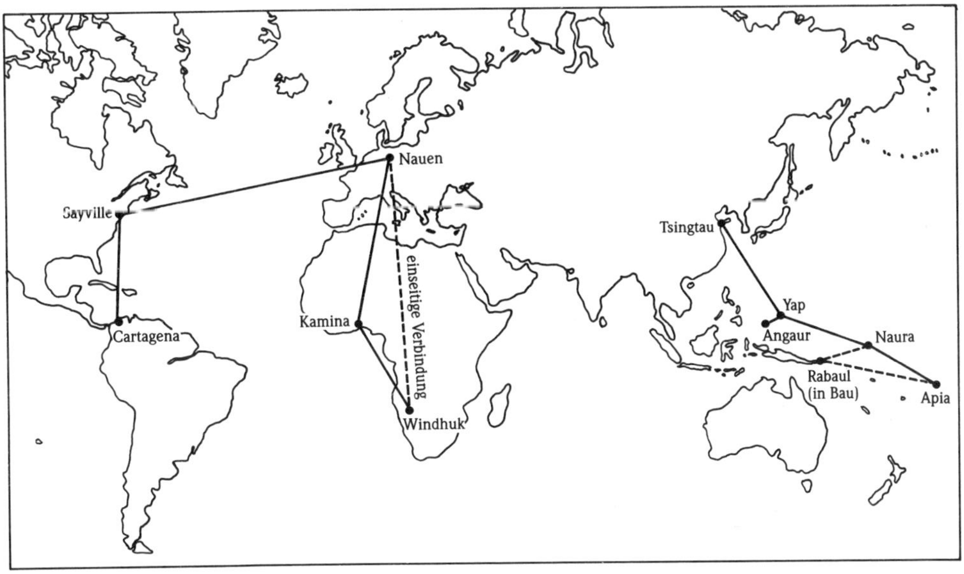

Deutsche Funkverbindungen 1914

nach Deutsch-Südwestafrika in Betrieb genommen werden. Ein Anschluß nach Deutsch-Ostafrika war geplant. Zusammen mit den 1912/13 eröffneten Stationen im amerikanischen Sayville und in Cartagena deckten Nauen und die afrikanischen Stationen den Atlantik ab und konnten die deutschen Handels- und Kriegsschiffe dirigieren. Auch die deutschen Besitzungen in der Südsee und in Ostasien waren telegraphisch zu erreichen. Von Tsingtau, das von Nauen aus angefunkt werden konnte, gab es Funkverbindungen in die Südsee. Für die umgekehrte Strecke nach Deutschland war man auf ein deutsch-niederländisches Kabel angewiesen. Alles in allem wirkten bei der Entwicklung der Funktechnik, besonders in Deutschland, kommerzielle, politische und militärische Interessen und Motive zusammen. Staatliche Wirtschafts- und Machtpolitik und kommerzielle Firmeninteressen gingen eine Symbiose ein – ein frühes Beispiel für technologiepolitische Konstellationen, wie sie sich im 20. Jahrhundert immer häufiger ergeben sollten.

Maschinensatz – Beseitigung eines Engpasses in der Drucktechnik

Im 19. Jahrhundert stieg die Menge der Druckerzeugnisse steil an. Dahinter standen komplexe gesellschaftliche Entwicklungen. In vielen Ländern hatte die Einführung der allgemeinen Schulpflicht das Analphabetentum zurückgedrängt. Demokratische Tendenzen förderten das Interesse größerer Bevölkerungskreise an der Politik. Ein

Informations- und Meinungsmarkt tat sich auf, den Zeitschriften, Zeitungen und Nachrichtenagenturen besetzten. Der Telegraph und die Eisenbahn beschleunigten die Verbreitung von Informationen und dehnten den Einzugsbereich einzelner Publikationsorgane aus. Obwohl viele Staatsverwaltungen noch Zensurbestimmungen praktizierten, lockerten sich die dem freien Wort angelegten Zügel. Die wirtschaftliche Entwicklung mit ihrer nationalen und internationalen Ausdehnung der Märkte schuf eine Werbewirtschaft und erweiterte den Anzeigenteil in Zeitungen und Zeitschriften. Bilder im Anzeigen- wie im redaktionellen Teil sollten das Publikum zur Lektüre anregen. Diese Expansion und dieser Funktionswandel des Marktes an Druckerzeugnissen hätten sich ohne zahlreiche technische Innovationen wohl kaum so rasch vollziehen können.

Seit 1800 begannen Papiermaschinen das Schöpfen von Papier mit Hand abzulösen. In der zweiten Hälfte des 19. Jahrhunderts kam zu Lumpen als dem traditionellen Papierrohstoff Holz hinzu, das man zunächst zerfaserte und in späterer Zeit zu Zellulose verarbeitete. Aus Zellulose, einem kettenartigen Riesenmolekül, bestehen die Zellwände der Holzpflanzen. Zellulose gewann man, indem man die übrigen Stoffe mit verschiedenen chemischen Verfahren aus dem Holz herauslöste. Mechanische Pressen ersetzten in den Druckereien die Handpressen. Den Höhepunkt dieser Entwicklung markierten Rollenrotationsmaschinen, die man seit der Jahrhundertmitte vor allem im Zeitungsdruck verwendete. Schon in den neunziger Jahren konnte eine Maschine in einer Stunde zehntausend Zeitungen ausdrucken.

Texte illustrierte man mit Holzschnitten, Steindrucken oder Kupferstichen. Um die Jahrhundertwende kam mit der Photographie ein Medium dazu, mit dem die Verlage dem Leser eine neue Dimension der Authentizität erschlossen. Dabei benutzten sie nach 1880 entwickelte Verfahren, um Halbtonvorlagen in Rasterpunkte zu zerlegen und diese auf Druckplatten zu übertragen. In Zeitschriften erschienen Photographien seit der Mitte der achtziger Jahre, in Zeitungen seit den neunziger Jahren. Bei diesen frühen Zeitungsphotos handelte es sich vor allem um Gebäude-, Landschafts- oder gestellte Personenaufnahmen, die man mit Plattenkameras machte. Ein Photojournalismus im modernen Sinn, bei dem die Reporter mit leichten Kameras, Rollfilmen und kurzen Verschlußzeiten arbeiteten, entwickelte sich erst in der Zwischenkriegszeit.

Um 1880 bildete das Setzen von Texten per Hand, das im Prinzip immer noch wie zu Gutenbergs Zeiten erfolgte, den entscheidenden technisch-ökonomischen Engpaß in den Druckereien. Selbst um die Jahrhundertwende kamen in Deutschland auf einen Drucker noch sechs Setzer. Zahlreiche Indizien beleuchten die Bedeutung dieses Engpasses für die Verleger und Druckereibesitzer. Sie veranstalteten Wettbewerbe im Setzen, sicher mit der Vorstellung, auf diese Weise die im Betrieb üblichen Normen in die Höhe zu treiben, oder sie schrieben Preise für Vorschläge zur Mechanisierung des Setzens aus. Die Erfinder, die sich um die Konstruktion einer

Setzmaschine bemühten, arbeiteten also nicht nur an der Lösung eines der schwierigsten mechanischen Probleme der Zeit, sondern konnten auch sicher sein, mit einer erfolgreichen Konstruktion ein Vermögen zu machen. Über lange Zeit gingen allerdings bei den Bemühungen um die Mechanisierung des Setzens, die schon im 18. Jahrhundert begonnen hatten, eher Vermögen verloren und Existenzen in die Brüche. Hunderte von verliehenen Patenten und weit mehr Patentgesuche oder nicht patentierte Vorschläge erreichten nicht das Ziel, eine technisch funktionsfähige und dem Handsatz wirtschaftlich überlegene Maschine herzustellen.

Beim Handsatz handelt es sich um eine komplizierte Arbeit, bei der der Setzer vor allem die einzelnen Bleitypen im Winkelhaken aufreiht und die Zeile ausschließt, indem er Spatien zwischen den einzelnen Wörtern einfügt und dadurch für ein gleichmäßiges Zeilenbild und eine gefüllte Zeile sorgt. Nach dem Druck legt er die Bleitypen wieder im Setzkasten ab. Eine Faustregel besagt, daß der Setzer ein Drittel seiner Arbeitszeit für die Aneinanderreihung der Buchstaben im Winkelhaken, ein Drittel für das Ausschließen und das letzte Drittel für das Ablegen und weitere kleinere Arbeiten benötigt. Bemühungen, den Handsatz zu beschleunigen, zu mechanisieren oder sonstwie zu ersetzen, konnten ganz verschiedene Wege einschlagen. Seit den Anfängen der Drucktechnik hatte man dem Setzer häufig benutzte Buchstabenkombinationen oder Wörter als Block zur Verfügung gestellt. Im 18. und 19. Jahrhundert bemühten sich einige Innovatoren, dieses System zu erweitern. Letzten Endes scheiterten sie daran, daß der größere Aufwand beim Heraussuchen und Ablegen der Typen in den riesigen Setzkästen, im Extremfall mit fast 1.250 Fächern, den Zeitgewinn aufzehrte. Andere Erfinder arbeiteten daran, die gesamte maschinell geschriebene Vorlage direkt oder indirekt auf die Druckplatte zu übertragen, wofür sie zum Beispiel lithographische Verfahren benutzten. Die Konstrukteure von Materprägemaschinen wollten mit Stempeln die Buchstaben direkt in eine weiche Masse prägen und von dieser Stereotypiemater die Druckform abgießen. Sie scheiterten unter anderem an dem Problem des Ausschließens und dem, die Zeile exakt auf eine Ebene zu bringen.

Sollte bei den letztgenannten Vorschlägen der Handsatz quasi umgangen werden, so bemühten sich weitaus die meisten Innovatoren, ihn zu mechanisieren, also die gesamte Arbeit einer oder mehreren Maschinen zu übertragen. Obwohl einzelne Konstruktionen diesem Ziel nahekamen, gelang die Mechanisierung des Handsatzes doch nicht vollständig; besonders das mechanische Ausschließen bereitete große Schwierigkeiten. Manche Teilarbeiten mußten die Setzer weiterhin per Hand erledigen, und manche Maschinen mußten von mehreren Personen bedient werden, so daß die Rationalisierungsgewinne fraglich waren. Ein Hauptproblem stellten die weichen Bleitypen dar. Sie konnten beim Transport in der Maschine oder beim Ablegen leicht zerbrechen und nutzten sich schnell ab, so daß die Materialkosten anstiegen.

Blieb es bei den meisten Vorschlägen für Typensetzmaschinen bei der Patentnahme, so wurden von anderen Prototypen gebaut, und einige wenige gingen sogar in Serienproduktion. Hierzu gehörten die nach dem Produzenten benannte, 1869 patentierte Kastenbein, die 1875 patentierte Empire und die 1880 nach dem Erfinder benannte Thorne, später unter dem Namen »Simplex« vertrieben. Die zunächst in Brüssel und später in Hannover gebaute Kastenbein erstellte einen Endlossatz, den ein weiterer Setzer per Hand umbrach und ausschloß; das Ablegen erfolgte auf einer zweiten Maschine halbautomatisch. Insgesamt arbeiteten an der Anlage vier bis fünf Personen, so daß die wirtschaftlichen Vorteile gegenüber dem Handsatz sehr zweifelhaft waren. Die Empire unterschied sich von der Kastenbein dadurch, daß drei Maschinenbediener ausreichten und das Ablegen automatisch erfolgte. Bis 1904 fertigte die kleine amerikanische Herstellerfirma etwa 170 Maschinenanlagen, ehe Mergenthaler Linotype sie aufkaufte und die Produktion einstellte. Die Thorne vereinigte in sich eine Setz- und eine Ablegemaschine. Die Belegschaft bestand aus dem Maschinensetzer, einem per Hand arbeitenden Ausschließer und einem Hilfsarbeiter. Der Erfinder ließ die Maschine in der Waffenfabrik von Colt bauen und verkaufte etwa 2.000 Stück.

Auch wenn die Typensetzmaschinen das Problem der Mechanisierung des Setzens nicht restlos befriedigend lösten, sammelte man auf diesem Entwicklungspfad so viele Erfahrungen, daß alle späteren Innovatoren davon profitierten. An der Schwachstelle der weichen Bleitypen setzte Ottmar Mergenthaler (1854–1899) mit seiner Idee an, statt ihrer eine Metallmatrize, ein Metallteil, in das der Buchstabe eingeprägt war, zum Grundelement seiner Setzmaschinenkonstruktion zu machen und das Ausgießen in Blei an den Satz anzuschließen. Dieser geniale Gedanke einer Matrizensetzmaschine traf Mergenthaler jedoch nicht wie ein Blitz aus heiterem Himmel, sondern ihm ging eine jahrelange intensive Beschäftigung mit dem Konstruktionsproblem einer Setzmaschine voraus.

Ottmar Mergenthaler hatte in Deutschland eine Ausbildung als Feinmechaniker erhalten, ging dann im Alter von achtzehn Jahren in die USA, wo er in einer feinmechanischen Werkstatt in Washington unter anderem Modelle für Erfinder baute, die das amerikanische Recht für das Erteilen von Patenten vorschrieb. In den Jahren 1876/77 geriet er erstmals mit dem Problem des Setzens in Berührung, als er das Modell einer Schreibmaschine anfertigte, deren Typendruck zwei Erfinder lithographisch vervielfältigen wollten. Einer der beiden regte Mergenthaler zur Konstruktion einer Materprägemaschine an, deren Entwicklung 1883 abgeschlossen war, dem Jahr, in dem er sich in Baltimore selbständig machte. Seine Maschine prägte durch Tastenanschlag die Buchstaben in einen Pappmachéstreifen ein. Von der aus den einzelnen Streifen zusammengestellten Mater konnte man die Druckform abgießen. Ein im folgenden Jahr fertiggestelltes Modell arbeitete mit Patrizenstangen, also Metallstangen, auf denen die Buchstaben erhaben angebracht waren.

Über eine Tastatur wurde zunächst eine Zeile durch Verschieben der Stangen zusammengestellt und dann gegen den Pappmachéstreifen gepreßt.

Im Jahr 1885 stellte Mergenthaler dann eine Maschine nach dem neuen revolutionären Prinzip des Matrizensatzes fertig. Statt der Patrizen benutzte er Matrizen, Metallplättchen mit eingeprägten Buchstaben, aus denen der Maschinensetzer zunächst eine Zeile zusammenstellte, die dann ausgegossen wurde, wonach die Matrizen wieder in das Magazin zurückwanderten. Konnte Mergenthaler für die Mechanik seiner Maschine vieles von den Konstrukteuren der Typensetzmaschinen übernehmen, so war er für zwei Schlüsselelemente seiner Maschine gleichfalls auf Erfindungen anderer angewiesen. Die Wirtschaftlichkeit seiner Maschine hing zu einem beträchtlichen Teil von billigen Matrizen ab. Nachdem ein Schriftgießer eine Maschine für das Schneiden von Stahlstempeln entwickelt hatte, die man für das Prägen der Messingmatrizen benötigte, konnte Mergenthaler maschinell Matrizen in einer eigenen Fabrik preisgünstig herstellen. Bei dem ersten Prototypen der Setzmaschine erfolgte das Ausschließen der Matrizenzeilen noch per Hand. Als Mergenthaler eine Vorrichtung zum maschinellen Ausschließen der Zeile mit Keilspatien nach einem fremden Patent in seine Maschine integrierte, ließ sie sich jetzt von nur einem Setzer bedienen. Mergenthalers Setzmaschine integrierte und me-

238. Mergenthalers Maschine nach dem revolutionären Prinzip des Matrizensatzes. Firmenwerbung, um 1910. Eschborn, Linotype

chanisierte nicht nur die Arbeiten des Setzens, Ausschließens und Ablegens, sondern vereinigte auch Setzen und Gießen. Obschon die Grundkonstruktion erhalten blieb, verbesserten Mergenthaler und, nachdem er sich aus gesundheitlichen Gründen aus der aktiven Entwicklungsarbeit zurückgezogen hatte, die Techniker der Firma die Setzmaschine ständig weiter. Die ersten an Druckereien gelieferten Modelle arbeiteten noch mit Preßluft, ehe man auf elektrischen Betrieb umstellte. Nach der Jahrhundertwende ersetzte im Gießapparat Elektrowärme das Gas oder Petroleum, was gleichmäßigere Gießtemperaturen ermöglichte.

Der Verlag der »New York Tribune« nahm 1886 die erste von Mergenthalers Maschinen in Betrieb. Der Verleger der Zeitung, der sich an der Finanzierung der Entwicklungsarbeiten beteiligt hatte, soll ihr den Namen »Linotype« gegeben haben, der den Output der Maschine kennzeichnete: eine Buchstabenzeile, a line of types. Unter den Anteilseignern der Mergenthaler Linotype Company befanden sich mehrere Zeitungsverleger, was der schnellen Verbreitung der Maschine nur zugute kam. Die Linotype eignete sich besonders für Fließsatz in Zeitungen. Damit peilte die Linotype den damals schon wichtigsten Massenmarkt an. Bis zur Jahrhundertwende verkaufte Mergenthaler Linotype etwa 8.000 Setzmaschinen, eine Zahl, die sich im folgenden Jahrzehnt etwa verdreifachte. Schätzungsweise drei Viertel aller Setzmaschinen gingen in die USA, das Industrieland mit den höchsten Arbeitskosten und der größten Bereitschaft, Arbeit durch Kapital zu substituieren. Doch vernachlässigte Mergenthaler Linotype auch das Ausland nicht und zog schon in den neunziger Jahren eine Produktion in Europa, in England und Deutschland, auf. In Deutschland kostete 1910 eine Linotype 12.000 bis 13.000 Mark, was selbst für einen florierenden Verlag kein Pappenstiel war. Wegen ihrer überragenden Stellung am Markt konnte sich die Firma diese hohen Preise erlauben. In der bewährten Manier vieler amerikanischer Unternehmen, die mit technischen Neuerungen groß geworden waren, stützte sich Mergenthaler Linotype auf die Macht seiner Patente, überzog die Konkurrenz mit Patentklagen oder versuchte sie aufzukaufen. Mehrere Konkurrenten umgingen die starke patentrechtliche Stellung der Mergenthaler Linotype in den USA, indem sie eine Fabrikation im Ausland, in Kanada oder Europa, aufnahmen.

Keiner der Konkurrenten konnte jedoch die Position von Mergenthaler Linotype auf dem Weltmarkt auch nur ansatzweise erreichen. Die amerikanische Firma, die den 1890 konstruierten Typographen baute, wurde von Mergenthaler Linotype für einige hunderttausend Dollar gekauft, um an ein für sie wichtiges Patent zu kommen. Doch Firmen in Kanada, Großbritannien und Deutschland, hier die Berliner Maschinenfabrik von Ludwig Loewe, produzierten weiter. Der Typograph unterschied sich von der Linotype durch eine zwangsweise Führung der Matrizen an Drähten, durch das Ausschließen mit einem konischen Spatienring und das Komplettgußverfahren; die Zeile mußte nach dem Gießen nicht mehr beschnitten

239. Linotype-Setzmaschinen im Verlag Ullstein an der Kochstraße in Berlin. Photographie, um 1900. Berlin, Ullstein Bilderdienst

werden. Der Typograph arbeitete langsamer als die Linotype, war aber billiger, was den deutschen Verhältnissen besser entsprach. Auch die 1892 von einem Techniker der Mergenthaler Linotype entwickelte Monoline, eine Maschine mit Matrizenstangen, konnte in den USA aus patentrechtlichen Gründen nicht gebaut werden. Der Erfinder wandte sich deswegen ebenfalls nach Kanada und Europa. Einige Namen der Hersteller von Setzmaschinen, wie Colt und Loewe, weisen darauf hin, daß die mechanisch außerordentlich komplizierten Maschinen, die aus Hunderten von Teilen bestanden, nur von Maschinenbaufirmen produziert werden konnten, die fertigungstechnisch führend waren, sei es, daß sie mit anderen Produkten, in den genannten Fällen mit der Herstellung von Waffen, reiche Erfahrungen im Austauschbau erworben hatten, sei es, daß sie sich das nötige Know-how über Personen einkauften.

Schon in den siebziger Jahren tauchten Vorschläge auf, jeden Buchstaben vor dem Setzen neu zu gießen und dadurch die starke Abnutzung bei den Typensetzmaschinen zu vermeiden. Solche Überlegungen griff der in Washington lebende Jurist und Erfinder Tolbert Lanston (1844–1913), der sich seit 1883 mit Setzmaschinen beschäftigte, bei seiner später erfolgreichen Monotype auf. Sein erstes Setzmaschinenpatent 1887 bezog sich allerdings noch auf eine Typenprägemaschine. Das Originelle dieser Maschine bestand darin, daß Lanston die Prägevorgänge durch vom Setzer perforierte Lochstreifen steuern ließ. Lochstreifen waren zum Beispiel aus der Telegraphie wohlbekannt. 1890 ging Lanston zum Guß der Typen von Matrizen über. Im Laufe der neunziger Jahre bauten Lanston, der sich allmählich aus den Entwicklungsarbeiten zurückzog, und seine Mitarbeiter verschiedene Prototypen, bis die Maschine 1897 bei der Maschinenfabrik von William Sellers in Philadelphia in Serienproduktion ging.

Im Gegensatz zur Linotype handelte es sich bei der Monotype, wie es der Name schon ausdrückt, um eine Buchstaben-Setz- und -Gießmaschine. Die Anlage bestand aus zwei Teilen: der Setz- und der Gießmaschine. Zunächst gab der Setzer den Text über eine Tastatur in kodierter Form auf einen Lochstreifen. Eine Zählvorrichtung rechnete die Wortabstände aus und wies dem Setzer eine Taste an, durch deren Anschlag er diese Information ebenfalls auf den Lochstreifen übertrug. Ein Schriftgießer oder eine angelernte Kraft führte den Lochstreifen später in die Gießmaschine ein, die die einzelnen Typen in der auf dem Lochstreifen angegebenen Reihenfolge goß. Die ersten Maschinen lasen den Lochstreifen mit Hilfe von Preßluft, später gebaute auch elektromechanisch. Korrekturen konnten wie beim Handsatz vorgenommen werden. Bildete der Zeitungssatz die Domäne der Linotype, so fand die Monotype besonders bei Zeitschriften und Büchern Anwendung. Auch die erste Auflage seiner berühmten Kunstgeschichte ließ der Propyläen Verlag auf Monotype-Maschinen setzen. Der Satz war qualitativ besser als jener der Linotype und leichter zu korrigieren; außerdem konnte man die Lochstreifen für spätere Auflagen aufbewahren. Bei Wörterbüchern, Katalogen und Tabellen kam als Alternative zum Handsatz sowieso nur die Monotype in Frage. 1911 arbeiteten in den USA etwa 3.500 Monotype-Maschinen, aber etwa fünfmal so viele Linotypes.

Maschinensatz war um das Fünffache schneller als Handsatz. Die gewerkschaftlichen Organisationen der Drucker fürchteten denn auch, daß zahlreiche Setzer ihre Arbeit verlieren würden. Selbst wenn es in etlichen Fällen zu Entlassungen kam, nahm doch insgesamt die Zahl der Setzer weiter zu. Die Menge der Druckerzeugnisse vermehrte sich so rasant – hierzu trug die durch die Setzmaschinen bewirkte Verbilligung einiges bei –, daß dies den Rationalisierungseffekt der Setzmaschinen völlig kompensierte. Positiv wirkten sich die Setzmaschinen auf die Arbeitshygiene aus. Die Bleikrankheit, die gefährlichste Berufskrankheit, ging zurück, da die Setzer nicht mehr ständig mit dem Metall in unmittelbaren Kontakt kamen.

Die Art der Einfügung der Setzmaschinen in das historisch gewachsene Druckereigewerbe hing von den unterschiedlichen Verhältnissen in den einzelnen Staaten ab. In den USA schulten die Verlage zwar ihre Handsetzer um, beschäftigten darüber hinaus aber auch ungelernte Kräfte an den Setzmaschinen und ließen Störungen nicht durch die Setzer, sondern durch Mechaniker beheben. Diese Beschäftigungspolitik resultierte in erster Linie aus dem Mangel an Arbeitskräften, auch wenn in manchen Fällen das Motiv eine Rolle gespielt haben mag, durch den Umstieg vom gelernten Setzer auf angelernte Kräfte die Löhne zu drücken. Dagegen erzielten die gewerkschaftlich gut organisierten deutschen Setzer mit dem Setzmaschinentarif von 1900 ein Ergebnis, das man in moderner Terminologie als Rationalisierungsschutzabkommen bezeichnen kann. Die Verleger verpflichteten sich, an Setzmaschinen nur ausgebildete Handwerker zu beschäftigen und ihnen einen Lohnzuschlag gegenüber dem Minimum beim Handsatz zu gewähren. Die Interessen der Arbeitgeber und Arbeitnehmer trafen sich in diesem Abkommen insofern, als sie hoffen konnten, die überproportionale Beschäftigung von angelernten Frauen und Lehrlingen durch kleine Druckereien, die die Preise für Satz- und Druckarbeiten unterboten und den großen Druckereien das Leben schwer machten, in Grenzen zu halten. Allerdings erhöhte das Abkommen die Wirtschaftlichkeitsschwelle bei der Anschaffung von Setzmaschinen, die sich in Deutschland viel zögerlicher verbreiteten als in den USA. Schätzungen vermuten, daß in Deutschland 1914 immer noch zwei Drittel des Setzens per Hand erfolgte. Zu berücksichtigen ist dabei, daß bei komplizierten Satzbildern, etwa bei Anzeigen, die Setzmaschinen noch keine Vorteile boten.

Bilder für die Massen: Amateurphotographie und Kino

Seit den dreißiger Jahren des 19. Jahrhunderts hatten französische und englische Innovatoren die technischen Grundlagen für die Photographie entwickelt. Die Möglichkeit, sich ein dauerhaftes Abbild von der Wirklichkeit zu machen, stellte eine wissenschaftliche, künstlerische und gesellschaftliche Sensation ersten Ranges dar. Nach der Jahrhundertmitte verbreitete sich diese Kunst besonders als Porträt- und Repräsentationsphotographie über die Welt. Angehörige der oberen Schichten fanden es schick, sich in standardisierten Posen auf die Platte bannen zu lassen. Seine technischen Eigenschaften beschränkten die Anwendung des neuen Mediums auf professionelle Photographen oder auf außerordentlich ambitionierte Amateure. Die Photographen mußten nämlich die lichtempfindliche Schicht unmittelbar vor der Aufnahme zubereiten und auf die Platten auftragen. Wegen der schweren Plattenkameras blieb das Studio der photographische Ort schlechthin.

Das aristokratisch-bürgerliche Europa war das technische und wirtschaftliche Zentrum der Photographie, ehe ihm George Eastman (1854–1932) in den achtziger Jahren in dem demokratischen Amerika einen neuen Massenmarkt erschloß. Eastman fand seinen Einstieg in das Photogeschäft mit einer technischen Innovation, die einen wichtigen Schritt in Richtung auf Vereinfachung und Erleichterung bedeutete. In Großbritannien hatte man in den siebziger Jahren Platten entwickelt, bei denen Trockengelatine die lichtempfindliche Schicht trug. Die Platten hielten sich mehrere Monate, mußten also nicht mehr vor der Aufnahme präpariert werden. Mit der Trockenplatte verlagerte sich deren Herstellung vom Photographen in die Fabrik. Die Industrialisierung eines handwerklichen Prozesses eröffnete den Firmen die Möglichkeit, einen nationalen oder sogar internationalen Markt zu erschließen.

Eastman beteiligte sich an diesem Geschäft, indem er mit einem Partner 1881 in Rochester im Staat New York eine Fabrik errichtete, die neben anderen Photoarbeiten auch Trockenplatten herstellte. Unter den verschiedenen Produzenten – Eastman war weder der erste noch der größte am Markt – entwickelte sich bald ein harter Konkurrenzkampf, dem sie mit einem damals in den USA gewohnten Mittel, mit einem Preiskartell, Zügel anzulegen suchten. Eastman jedoch blieb bei dieser wirtschaftlichen Maßnahme zur Sicherung seines Unternehmens nicht stehen, sondern verfolgte darüber hinaus eine Strategie der technischen Entwicklung, um sich von seinen Konkurrenten abzusetzen. Im Mittelpunkt des von ihm in Angriff genommenen neuen Systems der Photographie stand der Rollfilm, der die Photoplatten ersetzen sollte. Seit den fünfziger Jahren hatten einige Innovatoren schon mit Rollfilmen experimentiert, ohne daß ihre Arbeiten zu technisch ausgereiften Systemen oder gar zum kommerziellen Erfolg geführt hätten. Eastman knüpfte an solche Arbeiten an und tat sich mit einem Kamera- und Zubehörhersteller zusammen, der einen verbesserten Mechanismus für den Filmtransport mit auswechselbaren Spulen entwickelte. Gemeinsam konstruierten sie Maschinen, mit denen sie Rollfilme kontinuierlich fertigen konnten. Der Film als Kern des Systems war in erster Linie Eastmans Werk. Bislang hatte man mit Negativfilmen aus Papier gearbeitet, bei denen man das Papier nach der Belichtung und Entwicklung mit Hilfe von Flüssigkeiten transparent machte. Solche Filme ergaben Positive von lausiger Qualität, da die Struktur des Papiers auf den Abzügen zu sehen war. Eastmans Film wies dagegen drei Schichten auf: eine aus Papier, eine aus wasserlöslicher Gelatine und eine wasserunlösliche aus Gelatine, die die lichtempfindlichen Substanzen trug. Nach der Entwicklung löste der Photograph die die Aufnahmen tragende Schicht in Wasser von dem Papier und brachte sie auf eine Glasplatte, so daß er Abzüge machen konnte.

Es war jener diffizile Umgang mit dem Film, der einen kommerziellen Erfolg dieses Systems verhinderte. Eastmans 1884 weitgehend abgeschlossene Entwicklungsarbeiten und seine durch zahlreiche Patente abgesicherte Vorbereitungen für die Massenproduktion von Filmen und Rollfilmzubehör schienen sich als Flop zu erweisen. Daß die Firma trotz des Fehlschlags weiter florierte, verdankte sie nach modernsten Methoden hergestelltem Photopapier, mit dem sie zwei Drittel ihres Umsatzes erzielte, und dem Geschäft mit Abzügen und Vergrößerungen. Möglicherweise brachte dies Eastman auf den Gedanken, die Entwicklung des Films und die schwierige Herstellung von Abzügen, an denen sein Rollfilmsystem gescheitert war, von den Photographen in seine Firma zu verlagern. Dies sollte in der Branche einer Revolution gleichkommen. Wenn der Photograph lediglich die Bilder belichten mußte, alle anderen Arbeiten aber der Fabrik überlassen konnte, ließ sich für die Photographie eine ganz neue Kundengruppe erschließen. Jeder wurde zum potentiellen Kunden, der sich Kamera und Film leisten konnte. Das einzige, was noch fehlte, um diesen revolutionären Gedanken in die Tat umzusetzen, war eine handliche, einfache Kamera. Leichte Kameras, die man mit sich herumtragen konnte, stellten keine prinzipielle Neuerung dar, doch arbeiteten die Vorgängermodelle mit Trockenplatten und nicht mit einem Rollfilm. Die von Eastman 1888 auf den Markt gebrachte Kodak, die dem ganzen System und schließlich auch der Firma ihren Namen gab, wurde zuerst von der Fachwelt und dann vom Markt als Sensation aufgenommen. Sie war von vornherein für die Massenproduktion konstruiert und kostete 25 Dollar. Eastman pries sein System mit dem Werbeslogan an: »You press the button – we do the rest!« Tatsächlich beschränkte sich die Aufgabe des Photographen nunmehr darauf, den hundert Aufnahmen fassenden Film durch Knopfdruck zu belichten, ihn weiterzuspulen und die Kamera an Eastmans Firma zu schicken. Dort wechselte man für 10 Dollar den Film aus, entwickelte die Bilder und sandte sie samt Kamera an den Kunden zurück.

240. Eastman mit seiner Kodak-Kamera. Kodak-Aufnahme, 1890. Rochester, NY, International Museum of Photography at George Eastman House

Das Kodak-System erforderte völlig neue Formen der Vermarktung. Während sich die Hersteller photographischer Artikel bisher über den Großhandel und durch Werbung in Fachzeitschriften an die Profis gewandt hatten, schaltete Eastman Kodak, wie die Firma bald hieß, Anzeigen in Publikumszeitschriften und umwarb damit Kunden aus der bürgerlichen Schicht. Die Kameras wurden von den Amateuren in Fachgeschäften gekauft, bald auch in firmeneigenen Läden, aber ebenso in

Drogerien und in Kaufhäusern. Schon vor dem Kodak-System, um die Mitte der achtziger Jahre, hatte Eastman sich dem außeramerikanischen Markt zugewandt, 1889 eröffnete er ein Tochterunternehmen in London, um von dort aus den Weltmarkt zu erschließen und zu versorgen. Das Zeitalter der Amateurphotographie hatte begonnen. In der zweiten Hälfte der neunziger Jahre verkaufte Eastman Kodak in jedem Jahr Kameras für eine halbe Million Dollar, und der mit Filmen gemachte Umsatz lag noch höher. Um diese Zeit hatte Eastman Kodak bereits eine weltweit führende Position auf dem Photomarkt errungen, und zwar auf einem Teilgebiet der Chemie und der Optik, die eine traditionelle deutsche Domäne bildeten. Zwischen 1879 und 1904 stiegen die Umsätze der amerikanischen Photoindustrie um mehr als das Fünfzigfache, wobei Eastman Kodak einen Anteil von über einem Drittel hielt.

241. Betrachtungsapparat von Anschütz. Holzschnitt in dem »Jahrbuch für Photographie und Reproduktionstechnik«, 1891. – 242. Bewegungsaufnahmen von Anschütz, 1885. Beide: München, Deutsches Museum

Der Erfolg beruhte auf zwei Säulen: auf der Verbindung von Massenproduktion mit der Erschließung eines Massenmarktes sowie auf dem Vorsprung vor der Konkurrenz durch technische Innovationen und deren Absicherung durch Patente. Eastman hatte nicht nur die Kodak und das Rollfilmsystem in zahlreichen Ländern durch Patente abgesichert, sondern bemühte sich auch, Neuerungen aufzukaufen, die sein System tangierten. Den zweiten großen technischen Erfolg landete er 1889, als er ein von ihm und einem Mitarbeiter entwickeltes Verfahren zur Herstellung von Zelluloidfilmen patentieren ließ. Das Patent hatte zwar keinen Bestand, weil das eines anderen Innovators älter war, garantierte aber bis zu seiner Aufhebung eine überragende Marktposition. Die Entwicklung des Kunststoffs Zelluloid hatte seit den siebziger Jahren zahlreiche Erfinder auf den Plan gerufen, die sich – schließlich mit Erfolg – um die Verwendung des Materials für Photoplatten bemühten, woran Eastman und seine Mitarbeiter anknüpfen konnten. Mit dem Zelluloidfilm entfielen die Schwierigkeiten, die der Umgang mit dem Papier-Gelatine-Film machte. Der Zelluloidfilm ermöglichte das Kino, das wiederum der Filmherstellung enorme Zuwachsraten bescherte. Filmte man anfangs mit normalem photographischen Material, so begann die Branche bald spezielle, wegen der größeren mechanischen Belastung dickere Kinofilme herzustellen. Eastman Kodak produzierte Kinofilme seit 1896 und seit 1900 in einem kontinuierlichen Verfahren. 1910 betrug sein Anteil am Weltmarkt mehr als 90 Prozent. Die überragende Stellung beruhte auf der überlegenen Produktionstechnik, mit der sich andere nicht messen konnten. 1910 übertraf bei Eastman Kodak der Umsatz durch Kinofilm mit mehr als zwei Millionen Dollar erstmals den an photographischem Film.

Das Kino macht sich zunutze, daß menschliches Auge und Gehirn eine schnelle Folge von Einzelbildern zu Bewegungen zusammensetzt und kurze Unterbrechungen der Bildfolge nicht als solche wahrnimmt. Auf diesem Prinzip beruhten Jahrmarktsattraktionen und Spielzeuge, beispielsweise die seit den dreißiger Jahren entwickelten sogenannten Lebensräder, bei denen sich zwei Räder gegenläufig drehten; das eine enthielt Sehschlitze und das andere eine Folge von gemalten Bildern, die etwa ein Tier in seiner Bewegung darstellten. Wenn man keine gemalten, sondern photographisch aufgenommene Bilder von Bewegungsabläufen zeigen wollte, lag das Problem in der Aufnahmetechnik, bei den Kameras und bei der Lichtempfindlichkeit der Filme. Anfänglich benutzten die Pioniere der Bewegungsphotographie viele Kameras, später bauten sie Kameras mit einer rotierenden Filmscheibe oder mit mehreren Objektiven. Solcherart entstandene Bewegungsaufnahmen konnte man auf rotierende Scheiben aufbringen, wie bei den elektrisch betriebenen und beleuchteten Betrachtungskästen, von denen Siemens & Halske bis 1895 etwa achtzig Stück baute.

Der erste, der diese Innovationen mit der Neuerung des Zelluloidfilms zusammenführte, war Thomas Alva Edison. William Kennedy Laurie Dickson

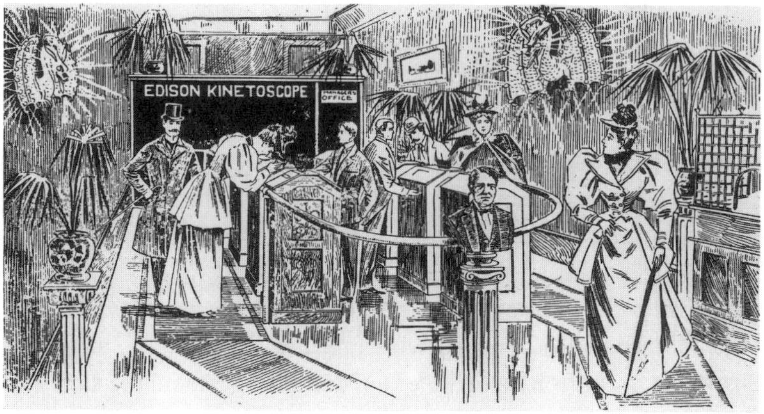

243. Kinetoskop-Salon in New York. Holzschnitt, um 1895. München, Deutsches Museum

(1860–1935), Mitarbeiter in Edisons Erfindungsfabrik und später sein Konkurrent, entwickelte das Kinetoskop, wie es Edison nannte, zur technischen Reife. Der für den Weitertransport beidseitig perforierte Film und das bis heute gebräuchliche 35-Millimeter-Format entstanden aus der Halbierung eines handelsüblichen Zelluloidfilms. Für die Aufnahme der Streifen, die etwa 600 Einzelbilder, zum Beispiel von einem Boxkampf, enthielten, gliederte Dickson den Edisonschen Entwicklungslaboratorien ein Filmstudio an. Der an den Enden zusammengeklebte Endlosfilm lief, mechanisch oder elektrisch bewegt, in einem Betrachtungskasten ab, wobei eine Blende dafür sorgte, daß der Blick immer nur ein volles Bild erfaßte. Als Edison 1894 sein Kinetoskop auf den Markt brachte, erfreute es sich schnell großer Beliebtheit. Bald fand man es in allen amerikanischen Städten und über die USA hinaus überall. In den USA installierten einige Unternehmer Kinetoskope auf Wagen und fuhren damit über Land. In den Städten standen sie zusammen mit Spiel- und Geschicklichkeitsautomaten, die man ebenfalls per Münzeinwurf in Gang setzte, in besonderen Läden, den Vorläufern unserer Spielsalons, oder in Arkaden und Passagen. Die Kinetoskope bereiteten nicht nur technisch, sondern auch kulturell und ökonomisch das Medium Kino vor. Sie führten die Attraktion längerer Bewegungsbildsequenzen erstmals einem breiteren Publikum vor Augen. Unter den Unternehmern, die die Kinetoskope vermarkteten, tauchen mit Fox, Warner Brothers und vielen anderen Namen auf, die später zu den Großen der Filmindustrie gehören sollten.

Um die Mitte der neunziger Jahre standen somit im Prinzip die meisten Elemente zur Verfügung, die man für eine Kinoprojektion benötigte. Von den Innovatoren, die als letzten Schritt zum Kino diese Elemente zusammenführten, gewannen die Brüder Auguste (1862–1954) und Louis Lumière (1864–1948) den größten Einfluß auf die weitere Entwicklung. Ihr Vater besaß in Lyon eine Fabrik für die Herstellung photographischer Artikel, so daß die Brüder sowohl über ausreichende Mittel und

Material für die Entwicklungsarbeiten als auch über die richtigen Beziehungen für die öffentliche Verbreitung der Kinematographie verfügten, wie sie ihre Erfindung später nannten. Die Brüder Lumière ließen sich von dem Kinetoskopen Edisons anregen und bauten zudem einen Vorführapparat, mit dem sie Filmstreifen projizieren konnten. Der entscheidende Bestandteil dieses Apparats lag in einem Mechanismus, der in die Perforation des Films eingriff und diesen ruckweise mit einer Frequenz von 15 bis 20 Bildern in der Sekunde vor die Projektionseinrichtung beförderte. Bei der Filmprojektion werden die Einzelbilder durch einen kurzen Lichtblitz projiziert, und die Dunkelheit wird für den Weitertransport des Films benutzt. Im Laufe der Zeit verbesserte man unter Beibehaltung des Grundprinzips die Projektionsapparate beträchtlich. Eine einigermaßen flimmerfreie Projektion wurde um die Jahrhundertwende erreicht, als man die Bildwechselfrequenz durch eine Mehrfachblende verdoppelte und verdreifachte.

Im Jahr 1894 begannen die Lumières mit der Aufnahme von etwa einminütigen Filmen, die Szenen aus dem Alltag zeigten, zum Beispiel Arbeiter, die bei Feierabend eine Fabrik verlassen, oder die Ankunft eines Zuges. Im Vordergrund stand die Bewegungsdarstellung, während der Inhalt zweitrangig blieb. Zunächst führten die Lumières die Filme vor einem ausgewählten Publikum vor, das vornehmlich aus der Welt der Photographie kam, 1895 in Paris zum ersten Mal öffentlich gegen Eintritt. Obwohl der Erfolg überwältigend war und ihre Filme bald in allen großen Städten der Welt auf Interesse stießen, blieben die Lumières gegenüber der Zukunft

244. Filmprojektion mit Edisons Gerät. Holzschnitt, 1896. München, Deutsches Museum

des neuen Mediums skeptisch, stiegen nicht voll in die Filmproduktion ein, sondern konzentrierten sich, die Tradition der väterlichen Firma fortsetzend, auf die Fabrikation von Rohfilmen und von Aufnahme- und Projektionsapparaten.

Andere wie Edison legten dagegen den Grundstein für die Filmindustrie. Sie erkannten, daß es darauf ankam, immer neue Filme zu zeigen, um Zuschauermengen anzulocken. Die entstehende Filmindustrie war einerseits Hersteller von Apparaten für die Aufnahme und die Projektion, andererseits Produzent von Filmen. Die wirtschaftliche Bedeutung der Filmproduktion überwog allmählich die der Apparatefertigung. Zum weltweiten Marktführer vor dem Ersten Weltkrieg entwickelte sich eine französische Firma, die bald Tochterunternehmen in aller Welt gründete: Pathé Frères. Charles Pathé (1863–1957) begann seine geschäftliche Karriere, indem er Edisons Phonographen, den Vorläufer des Schallplattenspielers, auf Jahrmärkten und in Vergnügungsparks gegen Entgelt vorführte und zum Verkauf anbot. In diesem Zusammenhang interessierte ihn auch das Kinetoskop. Um 1896 stieg er voll in das Filmgeschäft ein. Von französischen Banken finanziert, baute er einen aus zahlreichen Aktiengesellschaften bestehenden Konzern auf, dessen Einlagekapital 1913 schließlich 30 Millionen Franc betrug und der riesige Gewinne abwarf. 1908 kontrollierten Pathé Frères ein Drittel des globalen Filmgeschäfts, und bis 1914 produzierten sie 70.000 Projektionsapparate.

Pathé Frères und andere Produktionsgesellschaften verkauften ihre Filme, die bald eine Länge von 15 bis 20 Minuten erreichten, an Schausteller, die Jahrmärkte und Messen bereisten. Diese Vertriebsform ergab sich schon aus der geringen Zahl der zur Verfügung stehenden Filme, die nicht ausreichte, um an einem Ort ein abwechslungsreiches Programm anzubieten. Die Filme waren außerdem zu kurz, um das Programm eines solchen Jahrmarktkinos zu füllen. Mehrere Streifen wechselten sich mit Live-Vorführungen von Schauspielern und Artisten ab. Auch inhaltlich lehnten sich die schnell, häufig an einem Tag abgedrehten Streifen an die Tradition des Varietétheaters an. Die Filme enthielten keine komplexe Handlung, sondern vermittelten flüchtige, emotionale Seherlebnisse. Sie appellierten an Instinkte und Gefühle wie Schadenfreude, wenn sich eine Radfahrerin von Sturz zu Sturz strampelte, oder Mitleid, wenn in vielen melodramatischen Inszenierungen die Liebenden sich schließlich doch nicht fanden. Sie spielten die Stärke des Mediums, die Darstellung von Bewegung, in Verfolgungsszenen mit immer neuen, jedoch auch gleichartigen Situationen voll aus. Waren bewegte Bilder zunächst eine technische Attraktion für das gebildete Bürgertum, so sprach das Jahrmarktskino das breite Volk an, Handwerker, kleine Angestellte, Facharbeiter, alle diejenigen, die das niedrige, aber für eine Arbeiterfamilie immer noch beträchtliche Eintrittsgeld aufbringen konnten. Billiger als das Theater, doch weniger ambitioniert – mit solcher Strategie erreichte das Jahrmarktskino sein Publikum.

Im Jahr 1907 änderten Pathé Frères den Vermarktungsmodus für ihre Filme.

Bislang hatten sie die Filmkopien verkauft, und die Schausteller konnten sie benutzen, bis sie unbrauchbar waren, oder vorher weiterveräußern. Jetzt gingen Pathé Frères zum Leihsystem über. Mit dieser Veränderung folgten sie der Tendenz zu ortsfesten Kinos, die bequem kontrolliert werden konnten. In den folgenden Jahren nahmen die Zahl der Kinos und deren Größe rapide zu. 1911 eröffnete in Paris ein Filmtheater mit 4.800 Plätzen. Die mittlerweile längeren Filme liefen häufig über mehrere Wochen. Der mit Stars besetzte Spielfilm, der eine komplexere Handlung bot, ersetzte den Episodenfilm mit seinen unbekannten Darstellern. Die Kinos, die damals gebaut wurden, waren sehr unterschiedlich ausgestattet und sprachen als Arbeiterkino oder als Filmpalast eine breite soziale Schicht an. Das Kino hatte sich zum Massenmedium entwickelt. Manche Filme sahen Millionen von Menschen. Schätzungen für das Jahr 1914 beliefen sich auf etwa 15.000 Kinos in den USA, 5.000 in Großbritannien und 2.500 in Deutschland.

Bildete Frankreich das Zentrum der Weltfilmproduktion, so waren die USA der weltweit größte Filmmarkt. Das höhere Einkommensniveau erlaubte dort auch Arbeitern häufigere Kinobesuche, und die vielen Millionen Einwanderer fanden im Kino eine Form der Unterhaltung, die keine hohen kulturellen und sprachlichen Ansprüche stellte. Das in jeder amerikanischen Kleinstadt anzutreffende »Theater des kleinen Mannes« bot ein buntes Programm aus 15 bis 20 Minuten langen Filmstreifen, Musikunterhaltung und Revuevorführungen. Um 1908 gab es Tausende von privaten kleinen Kinos, aber auch Kinoketten mit Hunderten von Theatern, etwa 150 Verleihanstalten, aber nur rund ein Dutzend Produktionsgesellschaften aus dem In- und Ausland. Um diesen riesigen, heterogenen Markt, auf dem zahlreiche Raubkopien kursierten, besser unter Kontrolle zu bringen und die Konkurrenz in Grenzen zu halten, bildeten die großen Produzenten mit Eastman Kodak 1908 ein Patent- und Preiskartell, bei dem sie sich vor allem auf dessen überragende Position bei Rohfilmen stützen konnten. Das Kartell scheiterte später am Widerstand der Kinobesitzer, die unabhängige Produktionsgesellschaften gründeten und in den Jahren nach 1911 den Grundstein für die Filmindustrie von Hollywood legten. Dabei machten sich die neuen Produktionsgesellschaften die konservative Politik des Kartells zunutze, das vom Episodenfilm mit einer Dauer von 15 bis 20 Minuten, was einer Filmrolle entsprach, nicht abging. Hiergegen setzten die unabhängigen Gesellschaften den bis zu einer Stunde dauernden Spielfilm mit Starbesetzung und gewannen damit schnell die Gunst des Publikums. Das Genre erweiterten sie um Cowboyfilme und Slapsticks. Diese Entwicklung vermochte Eastman Kodak nicht zu verhindern, und somit wurden in den USA bereits vor dem Ersten Weltkrieg die Grundlagen für eine mächtige, differenzierte Filmindustrie gelegt – eine Tendenz zur Amerikanisierung der Filmkultur und Filmindustrie, die der Kriegsausbruch forcierte, indem er die USA von der Versorgung mit europäischen, vor allem französischen Filmen abschnitt.

Technikentwicklung und Technikkonsum – ein gesellschaftlicher Grundkonsens

Die Industrielle Revolution und die tiefgreifenden gesellschaftlichen Veränderungen in der Frühindustrialisierung forderten grundsätzliche Diskussionen um Kapitalismus, Wirtschaftsliberalismus und das im Entstehen begriffene Industriesystem heraus. Gegen die von liberalen Theoretikern empfohlene Freisetzung der Marktkräfte und die dadurch ausgelöste Dynamik in Wirtschaft und Gesellschaft propagierten deren Kritiker ökonomische und politische Organisationsformen der altständischen Gesellschaft, in der politische Partizipation an Grundbesitz und das Wirtschaftsgeschehen an Kriterien der sozialen Ordnung gebunden war. Obwohl die Teilnehmer an diesen gesellschaftspolitischen Grundsatzdebatten häufig die technische Entwicklung argumentativ anführten, ging es ihnen nicht um eine prinzipielle Diskussion über Technik, sondern um technisch induzierten politischen und sozialen Strukturwandel. Auch den »Maschinenstürmen«, der Zerstörung von Maschinen bei Arbeiterunruhen in der Frühindustrialisierung, lag keine wie auch immer theoretisch fundierte Technikfeindlichkeit zugrunde. Die Protestbewegungen der Arbeiter richteten sich gegen Arbeitslosigkeit, überlange Arbeitszeiten und niedrige, kaum das Existenzminimum sichernde Löhne. Die Zerstörung von Maschinen konnte als besonders schlagkräftig erscheinen.

Im Laufe des 19. Jahrhunderts machten auch die zunächst ablehnenden Kräfte ihren Frieden mit dem Industriesystem, selbst wenn diesem Friedensschluß unterschiedliche Überlegungen zugrunde lagen. Die die Restitution der altständischen Gesellschaft verfolgenden Gruppierungen sahen sich durch den historischen Wandel ins Abseits gedrängt. Mit ihrer Entwicklung zum Konservativismus verband sich die Überzeugung, daß die negativen Auswirkungen des Industriesystems einzugrenzen oder zu beheben seien. Am entgegengesetzten Pol des politischen Spektrums erfolgte die Befriedung der Arbeiter von zwei Seiten her: von der materiellen Basis wie vom ideologischen Überbau. Konnte man bis zur Jahrhundertmitte noch mit Fug und Recht unterschiedlicher Meinung sein, ob sich die Lebensverhältnisse der Arbeiter durch die Industrialisierung verbessert oder verschlechtert hätten, so entwickelten sie sich in der zweiten Jahrhunderthälfte unzweifelhaft zum Besseren. Die Arbeiter akzeptierten die Grundstrukturen des Industriesystems und trachteten danach, einen möglichst großen Anteil der Produktivitätsgewinne zu erobern und damit ihre Arbeits- und Lebensbedingungen zu verbessern. Der sich durchsetzende ideologische Überbau des Marxismus sammelte die Bewegungen der Arbeiter zur

Arbeiterbewegung und vermittelte ihr ein theoretisch begründetes positives Verhältnis zur Technik. Nicht ohne Ironie bilanzierte der Liberale Friedrich Naumann (1860–1919): »Das größte, was Marx der deutschen Arbeiterbewegung geleistet hat, ist die Grundstimmung, die er in der Arbeiterschaft dem technischen Fortschritt gegenüber geweckt hat.«

Indem Karl Marx (1798–1883) und Friedrich Engels (1820–1895) in ihrer Lehre vom historischen Materialismus die Dialektik von Produktionsverhältnissen und Produktivkräften als entscheidende geschichtsbildende Kraft bestimmten, betonten sie auch den historischen Stellenwert der Technik als beweglichstes Element der Produktivkräfte. Die von ihnen postulierte Gesetzmäßigkeit des Übergangs von der feudalen über die kapitalistische zur sozialistischen Gesellschaft beließ ihnen zwar die Möglichkeit, einzelne negative Erscheinungen des kapitalistischen Industriesystems mit ätzender Sozialkritik zu brandmarken, kennzeichnete sie zugleich aber als historisch notwendig. Auf die Technik übertragen, hieß dies, daß technischer Fortschritt in seiner kapitalistischen Anwendung zwar durchaus die Arbeits- und Lebensbedingungen verschlechtern könne, jedoch gleichzeitig die Keime zur Überwindung der kapitalistischen Gesellschaft und zur Verbesserung der Arbeits- und Lebensverhältnisse im Sozialismus in sich berge.

Blieben Engels und besonders Marx bei ihrer Beschreibung des Sozialismus noch eher theoretisch und allgemein, so veröffentlichte August Bebel (1840–1913) mit »Die Frau und der Sozialismus« einen viel konkreteren Entwurf der sozialistischen Zukunftsgesellschaft und ein Werk, das zu einem der meistgelesensten Bücher in der Sozialdemokratie avancierte. In Bebels zentral geplanter, hochtechnisierter sozialistischer Zukunftsgesellschaft hatten die Maschinen die Menschen von unangenehmer Arbeit weitgehend befreit. Rationelle, arbeitsteilige Produktion in Großbetrieben reduzierte die zur Erfüllung von Grund- und Luxusbedürfnissen notwendige Arbeit auf wenige Stunden am Tag, so daß die Menschen Zeit für Kunst und Wissenschaft, Geselligkeit und Unterhaltung gewannen. Eine fabrikmäßig betriebene Landwirtschaft trug zur Überwindung des Gegensatzes zwischen Stadt und Land bei. Die Natur war in Bebels sozialistischer Zukunftsgesellschaft der menschlichen Ausbeutung und Gestaltung anheimgegeben und sollte mit Hilfe der Technik verbessert werden, indem man zum Beispiel das Klima durch die Anlage großer Wasserflächen veränderte. Die Befreiung der Frau aus ihrer doppelten Abhängigkeit, gegenüber dem Mann und gegenüber der Gesellschaft, erwartete Bebel zudem durch eine Technisierung des Haushalts, die bis zur Verwendung künstlich hergestellter Lebensmittel reicht.

Die sozialistischen und sozialdemokratischen Gruppierungen definierten sich selbst als Vertreter des Fortschritts, was im Rahmen des gesellschaftlichen den technischen Fortschritt einschloß. Wenn es auf staatlicher, regionaler oder kommunaler Ebene um Entscheidungen ging, die die Technikentwicklung berührten, dann

245. Kontroverse Aspekte der Weltausstellungen. Titelillustration der Zeitschrift »Der Wahre Jacob« vom September 1896. Berlin, Geheimes Staatsarchiv Preußischer Kulturbesitz

konnten die bürgerlichen Kräfte mit einer grundsätzlichen Unterstützung durch die Sozialisten und Sozialdemokraten rechnen. Dies schloß nicht aus, daß es innerhalb der Sozialdemokraten bei einzelnen Entscheidungen zu Konflikten zwischen der grundsätzlichen Bejahung des technischen Fortschritts und der grundsätzlichen Kritik am bürgerlichen Staat kam. Auf kaum einem anderen Feld der Politik herrschte zwischen den verschiedenen politischen und gesellschaftlichen Gruppierungen ein solch hohes Maß an Übereinstimmung wie auf dem der Technik. Da sich die Staaten im Geist des Wirtschaftsliberalismus bei der aktiven Gestaltung der Technik zurückhielten und sie meist nur mittelbar über Unternehmungen wie Post und Bahn oder das Militär beeinflußten, zeigte sich die grundsätzliche gesellschaftliche Übereinstimmung besonders bei den Diskussionen über technische Projekte der Kommunen, die durch den Ausbau von Infrastrukturnetzen zu wichtigen Gestaltern der Technik geworden waren.

Auf nationaler Ebene sahen die herrschenden bürgerlichen und adeligen Kräfte im technischen Fortschritt vornehmlich ein Mittel, um den privaten und staatlichen Wohlstand zu mehren. In einer zunehmend international verflochtenen Konkurrenzwirtschaft konnten technische Innovationen und technisch bedingter Strukturwandel historisch gewachsene weltwirtschaftliche Positionen sichern oder erschüttern. Den ökonomischen Aufstieg der USA und Deutschlands auf Kosten Großbritanniens brachten zeitgenössische Kommentatoren mit tatsächlichen oder vermeintlichen Spezifika der nationalen technischen Kultur in Zusammenhang: mit der pionierhaften Erfindungs- und Innovationskraft in den USA oder der systematischen wissenschaftlichen Entwicklung der Technik in Deutschland.

Die historische Erfahrung hatte gezeigt, daß wirtschaftliche Stärke eine Bedingung politischer Macht darstellte. Technik gewann aber nicht nur auf diese Weise mittelbar machtpolitische Bedeutung, sondern stärkte auch unmittelbar das militärische Potential der Industriestaaten. Nach dem Abschluß des imperialistischen Wettlaufs um die letzten Kolonien und die Aufteilung der Welt forcierten die Kolonialstaaten den Auf- und Ausbau leitungsgebundener und drahtloser telegraphischer Verbindungen zu ihren Besitzungen, um sie politisch, wirtschaftlich und militärisch kontrollieren zu können. Die Leistungsfähigkeit der nationalen Stahlindustrien beurteilte man nicht nur unter ökonomischen Gesichtspunkten, sondern auch als Grundlage für die militärische Rüstung, so für den Bau einer starken Kriegsflotte, die die kolonialpolitischen Ambitionen förderte. Eine kräftige chemische Industrie garantierte für den Kriegsfall die Versorgung mit Explosivstoffen und stärkte die Hoffnungen auf eine Unabhängigkeit von ausländischen Rohstoffen. Wenngleich die Militärs die Möglichkeiten einer Motorisierung des Krieges mit Kraftfahrzeugen und Flugzeugen nur langsam erkannten, so lag darin doch ein zusätzliches Argument der Protagonisten der Kraftfahrzeug- und Flugtechnik.

Die Ingenieure konnten, wenn sie Spitzentechniken entwickelten und Lobgesänge auf die Technik anstimmten, mit einem breiten gesellschaftlichen Konsens rechnen, der von sozialistischen über liberale bis zu konservativen Gruppierungen reichte. Triumphe der Technik feierte man als Triumphe über die Natur, als Erfolge in dem Bestreben, die dem Menschen naturbedingt gesetzten Grenzen weiter hinauszuschieben oder gar aufzuheben. In einer solchen Perspektive bildete die Natur im kartesianischen Sinn eine »Res extensa«, eine der menschlichen Ausbeutung anheimgegebene Sache, die es zu unterwerfen und zu beherrschen gelte. Mit Stolz konnten die Ingenieure auf Erfolge beim Kampf um die Zähmung der Natur verweisen. Mit dem 1869 eröffneten Suez-Kanal und dem 1914 fertiggestellten Panama-Kanal durchstach man Kontinente und verband Weltmeere: »Das Land geteilt – die Welt vereint«, wie das Motto der Panama-Kanal-Gesellschaft lautete. In diesem Kampf mit der Natur konnte auch einmal eine Schlacht verlorengehen, wie bei Ferdinand de Lesseps' (1805–1894) Versuch in den achtziger Jahren, die Panama-Landenge zu durchstechen, der in einem Desaster mit etwa 20.000 Toten und einem Korruptionsskandal endete. Doch – so die zeitgenössische martialische Terminologie – mit militärischer Organisation und dem Einsatz fortgeschrittenster Technik errangen amerikanische Ingenieure den Sieg.

Mit dem Bau der großen Alpentunnel schuf man effiziente Eisenbahnverbindungen und rückte Mitteleuropa und die Mittelmeerregion verkehrstechnisch näher zusammen. 1871 eröffnete der Mont Cenis-Tunnel, 1881 der Gotthard-Tunnel und 1905 der fast 20 Kilometer lange Simplon-Tunnel. Während man den Bau des Mont Cenis-Tunnels zunächst noch in traditioneller Handarbeit in Angriff genommen hatte, entwickelte man bald pneumatische und hydraulische Schlagbohrmaschinen und konnte so, obwohl die Tunnellängen und die geologischen Schwierigkeiten wuchsen, die Kosten und die Bauzeiten vermindern. Der touristischen Erschließung der Alpen und anderer Gebirge dienten die Zahnradbahnen, die man um 1870 auf markante Ausgangspunkte und Gipfel zu bauen begann: 1868 nahm in den USA die Mount Washington-Bahn ihren Betrieb auf, 1871 in der Schweiz die Rigi-Bahn, 1912 führte die Jungfrau-Bahn in Regionen jenseits der 3.000 Meter-Grenze, und Pläne für eine Bahn auf den Gipfel des Mont Blanc lagen schon bereit. Die Technik war im Begriff, nicht nur die Alpen als Naturhindernis zu überwinden, sondern sie auch als Attraktion zu erschließen.

In den Industrieländern, wo die totale technische Überformung der Natur noch am ehesten als eine realistische Projektion erscheinen konnte, entstand mit Initiativen zum Schutz gefährdeter Naturlandschaften auch eine Gegenbewegung. Diese Naturschutzbewegung gelangte jedoch kaum zu einer grundsätzlichen Überprüfung des Verhältnisses zwischen Mensch, Technik und Natur, sondern konzentrierte sich in realistischer Beschränkung darauf, den Schutz einiger Gebiete und Flecken vor dem menschlichen Nutzungszugriff zu erreichen; damit dokumentierte sie letzten Endes die Dominanz des zeitgenössischen Leitbildes der Naturbeherrschung. Mißt man den Erfolg solcher Bestrebungen an der Größe der unter Schutz gestellten Flächen, so hing sie in erster Linie von den geographischen Gegebenheiten und der Besiedlungsdichte ab. Während man in den USA seit den siebziger Jahren riesige Gebiete als Nationalparks auswies, stellte man in Deutschland markante Landschaftsflecken wie Wasserfälle, Felsformationen oder Baumgruppen unter Schutz.

Das Motiv, die dem Menschen gesetzten natürlichen Grenzen zu erproben und zu verschieben, zeigte sich auch in dem Streben nach Höchstleistungen der Technik, nach technischen Rekorden. Der Hang zum Schneller, Höher und Stärker bestimmte nicht nur die Welt des Sports – in den achtziger Jahren begannen

246. Zahnradbahn auf den Rigi in der Schweiz. Kupferstich in der Leipziger »Illustrierten Zeitung«, 1877. München, Deutsches Museum

verschiedene Sportarten, Weltmeisterschaften zu organisieren, und 1896 veranstaltete man wieder Olympische Spiele –, sondern auch die Welt der Technik. 1889 setzte der 300 Meter hohe Eiffel-Turm eine neue Höhenrekordmarke für ein Bauwerk und damit einen Glanzpunkt der Pariser Weltausstellung. Das 1913 in New York fertiggestellte Woolworth Building hielt zum Ruhm der Firma mit seinen 260 Metern fast zwei Jahrzehnte lang den Höhenrekord für ein Haus. Mit dem anläßlich der Weltausstellung von Chicago 1893 errichteten Riesenrad begann ein unter ökonomischen Gesichtspunkten schon absurder Wettlauf um das größte Rad, in dem 1899 jenes in Paris mit einem Durchmesser von 100 Metern den Superlativ erzielte.

Zahlreiche weitere Beispiele dieser technischen Rekordsucht könnten gegeben werden: von den längsten Tunneln über die steilsten und höchsten Zahnradbahnen zu den weitest gespannten Brücken, von den schnellsten Automobilen, Lokomotiven und Flugzeugen bis zu den weitesten mit Fahrrad, Automobil oder Flugzeug zurückgelegten Entfernungen, von der Registrierung der stärksten Gasmaschinen, Dieselmotoren und Turbinen bis zur Aufzeichnung des Outputs von Zigaretten- oder Lochkartenmaschinen. Noch vor dem Ersten Weltkrieg kennzeichnete der Soziologe Werner Sombart (1863–1941) seine Zeit als »Zeitalter des Rekords« und geißelte den herrschenden »Größen- und Schnelligkeitswahn«. Wie sehr die Leitbilder der Rekorde und der Wettkämpfe die Zeit und die Technik bestimmten, zeigte sich daran, daß Fahrrad und Automobil das Interesse der breiten Öffentlichkeit zunächst vor allem über Sportveranstaltungen erreichten. Wettbewerbe im Maschinenschreiben ermittelten das beste aus Schreiberin und Schreibmaschine bestehende Mensch-Maschine-System, und die Überlegenheit einer Technik über den Menschen erwies ein Wettkampf zwischen einer Zigarettenmaschine und einer Zigarettenrollerin.

Obwohl sich in manchen Erscheinungen der technische Superlativ verselbständigte, stellten in der Technik Geschwindigkeit und Leistung in der Regel keinen Selbstzweck dar, sondern dienten dazu, bestimmte Kraftwirkungen zu erzielen, produzierte Güter zu verbilligen und schnell wachsende Märkte zu versorgen. Die die zeitgenössische Produktionstechnik bestimmende Maxime brachte der Ingenieurwissenschaftler Alois Riedler (1850–1936) auf die Formel: »Erhöhung der Betriebsgeschwindigkeit = Erhöhung der Wirtschaftlichkeit.« Am weitestgehenden setzte die amerikanische Industrie diese Maxime praktisch um: in tayloristisch mit Hilfe der Stoppuhr analysierter und verdichteter Arbeit, mit den mechanisch angetriebenen Fließbändern Henry Fords, mit dem Schnellbetrieb in den Stahlwerken und dem Schnellstahl in der spanenden Metallbearbeitung. Hinzu kam die immer schnellere »Überwindung von Zeit und Raum« in Verkehr und Kommunikation. Das Verhältnis zur Zeit hatte sich radikal gewandelt, was Sprichwörter wie »Zeit ist Geld« zum Ausdruck brachten. In einer optimistischen Perspektive konnte die

247. Allegorie auf die Stromerzeugung eines Wärmekraftwerks. Plakat der Berliner Elektricitäts-Werke nach einem Entwurf von Ludwig Sütterlin, 1896. Berlin, BEWAG-Archiv

Beschleunigung der technischen Abläufe und der Arbeit als Zeitgewinn, zum Beispiel in Form von Freizeit, interpretiert werden, der – so die pessimistische – wieder in hastige, flüchtige Zerstreuung investiert wurde. Jedenfalls offenbarten sich die Kehrseiten einer allgemeinen Beschleunigung der Arbeits- und Lebenswelt in den Klagen über Arbeitshetze und in der Entdeckung der Nervosität als Krankheit.

Als »Überwindung von Zeit und Raum« interpretierten die Zeitgenossen auch die Möglichkeiten zur Speicherung und Fernleitung elektrischer Energie. Man begrüßte die Elektrizität als Energieform, die billig und in unbegrenzt großen Mengen erzeugt werden könne. Während die Verbrennung von Kohle in Dampfkraftanlagen die Anwohner belaste, stelle die Elektrizität, für deren Erzeugung man zunächst vorzugsweise an die Wasserkraft dachte, eine saubere Energieform dar. Besonders in den beiden letzten Jahrzehnten des 19. Jahrhunderts steigerten sich die mit der Elektrifizierung verbundenen Erwartungen zu grandiosen Utopien eines neuen Zeitalters, in dem durch die totale Anwendung der Elektrizität Industrie und Gesellschaft von den Schranken des Energiemangels befreit seien. Der »Mythos der Elektrizität« löste den »Mythos des Dampfes« ab, der die Zeit der Dampfmaschinen und Eisenbahnen bestimmt hatte, und manifestierte sich in bildlichen und literarischen Allegorien, die die Elektrizität in Gestalt antiker Götter und Helden darstellten. Die Elektrotherapie, die die Elektrotechnik seit der Zeit der Reibungselektrizität im 18. Jahrhundert begleitet hatte, erlebte eine neue Konjunktur mit der durch therapeutische Erfolge kaum gerechtfertigten Anwendung von Reizstrom bei allen möglichen Krankheiten. In landwirtschaftlichen Versuchsstationen leitete man Strom durch den Boden oder spannte Drähte über die Felder, in der Hoffnung, damit das Wachstum von Pflanzenkulturen günstig zu beeinflussen.

Als Folge der »elektrotechnischen Revolution« erwarteten manche Zeitgenossen gesellschaftliche Umwälzungen, auch wenn solche Erwartungen je nach weltanschaulicher Ausrichtung stark divergierten. Sozialisten sahen in der Elektrotechnik eine weitere Expansion der Produktivkräfte, die die kapitalistische Gesellschaft überwinden werde, und bürgerliche Kräfte verbanden mit der Elektrifizierung die Hoffnung, die Großindustrie und deren negative Seiten zurückzudrängen und dem Handwerk und Kleingewerbe zu einem neuen Aufschwung zu verhelfen. Die Propagierung von Elektromotoren für den Kleinbetrieb knüpfte an Erwartungen an, die Ingenieure seit den sechziger Jahren in Gasmotoren oder Heißluftmaschinen gesetzt hatten. Einerseits richteten sie ihr Augenmerk auf einen Markt für ihre neuen Maschinen, die vorerst nur in kleinen Leistungsklassen gebaut werden konnten, andererseits betrachteten viele die Entstehung von industriellen Großbetrieben und Konzernen mit Unbehagen und Mißtrauen. Ihr gesellschaftliches Harmonieideal ließ sie nach Lösungen der sozialen Frage suchen, nach Möglichkeiten, den von der marxistischen Arbeiterbewegung behaupteten Grundwiderspruch zwischen Kapital und Arbeit zu überwinden. Mit der Propagierung der Kleinkraftmaschinen verbundene technikdeterministische Erwartungen, einzelne Innovationen könnten komplexe gesellschaftliche Entwicklungen verhindern oder einleiten, erwiesen sich als verfehlt. Auch wenn das Handwerk in der Zeit der Hochindustrialisierung seine Bedeutung wahrte, hatte dies kaum mit der Frage der motorischen Energie zu tun, vielmehr damit, daß es sich von einem produzierenden zu einem reparierenden Gewerbe wandelte. Andere Ingenieure sahen die Lösung der sozialen Frage in sozialpolitischen Maßnahmen, oder sie legten rational durchkonstruierte, damit aber auch Unverständnis für politische Prozesse dokumentierende Entwürfe für eine bessere Gesellschaft vor, wie Rudolf Diesel, der sein Buch »Solidarismus, Natürliche und wirtschaftliche Erlösung der Menschen« höher bewertete als die Erfindung seines Motors.

Die Ingenieure fühlten sich als Vertreter von Vernunft, Wissenschaft und Planung. Sie seien zur Lösung nicht nur technischer, sondern auch wirtschaftlicher und gesellschaftlicher Probleme berufen. Ihr Selbstverständnis äußerte sich in Begriffen wie »Rationalisierung« oder in Frederick W. Taylors »Scientific Management«, die sie zwar im Zusammenhang mit der Organisation des industriellen Betriebs entwikkelten, deren Inhalte sie aber für leicht auf andere gesellschaftliche Bereiche übertragbar hielten. Dabei unterschätzten sie die Komplexität von Wirtschaft und Gesellschaft und übersahen die Wertorientierung und Interessengebundenheit wirtschaftlicher und politischer Entscheidungen. Ihre Ansprüche, Problemlöser par excellence zu sein, konkretisierten die Ingenieure in Forderungen nach besserer Repräsentation und nach leitenden Positionen in der staatlichen Exekutive und Legislative. Schon in den Jahren nach der Jahrhundertwende formulierten die Ingenieure und ihre Organisationen Ansprüche und Forderungen, die dann, nach dem Ersten Weltkrieg, in der sogenannten Technokratiebewegung größere gesellschaftliche Bedeutung gewannen.

Eine Art Kehrseite der mit zunehmendem Selbstbewußtsein vorgetragenen Forderungen stellten die Klagen der Ingenieure dar, die Technik – und sie selbst als deren Schöpfer – erführen durch die Gesellschaft eine viel zu geringe Anerkennung. Solche Beschwerden der entstehenden technisch-industriellen Leistungselite richteten sich einerseits gegen aristokratische Geburtseliten, andererseits gegen die literarisch-geisteswissenschaftliche Intelligenz. Obschon die durch die Klagen der Ingenieure dokumentierten gesellschaftlichen Spannungen in allen Industriestaaten auftraten, waren sie in Europa ausgeprägter als in den USA und spitzten sich besonders in Deutschland zu, wo es sich, einer neuhumanistischen Tradition folgend, eingebürgert hatte, Technik und Industrie als Teile bloßer Zivilisation von der als höherwertig qualifizierten Kultur abzugrenzen. Während manche Ingenieure darauf verwiesen, daß die Technik den Menschen von Arbeit entlaste und ihm dadurch Zeit für geistig-kulturelle Aktivitäten schaffe, betonten andere das geistige Element im technischen Schaffen und bezogen die Technik solcherart in einen erweiterten Kulturbegriff mit ein. Die Diskussion um Kultur und Zivilisation bildete nur einen Teil der von den Ingenieuren mit einer Mischung aus aggressivem Selbstbewußtsein und defensiver Anpassungsbereitschaft geführten Auseinandersetzungen um eine gesellschaftliche Emanzipation der Technik. Einen in ihren Augen überragenden Erfolg errangen sie, als die Technischen Hochschulen um die Jahrhundertwende gegen den entschiedenen Widerstand der Universitäten das Promotionsrecht erhielten und somit die Ingenieure einen Ausweis ihrer Gleichwertigkeit mit den alten akademischen Berufsständen.

Die um die Jahrhundertwende einsetzende Pflege der Technikgeschichte durch die Ingenieure bezweckte denn auch weniger eine Sicherung der Akzeptanz der Technik in der Bevölkerung, bei der sie ohnehin nicht gefährdet zu sein schien; vielmehr sollte sie die Bemühungen der Ingenieure unterstützen, den gesellschaftlichen Status ihrer Berufsgruppe zu erhöhen. Indem man die Geschichte der Technik und der Ingenieure dokumentierte und darstellte, schuf man sich eine Tradition – in einer durch den Historismus geprägten Zeit eine Voraussetzung gesellschaftlicher Wertschätzung. Das 1903 gegründete »Deutsche Museum von Meisterwerken der Naturwissenschaft und der Technik« knüpfte zwar an ältere technische Schausammlungen an, begründete aber mit seiner expliziten Analogie der Museumswürdigkeit von technischen Erfindungen und Entdeckungen und von Werken der bildenden Künste eine neue Tradition, der spätere Museumsgründungen in anderen Ländern folgten.

Die Januskopfigkeit der Emanzipationsbewegung der Ingenieure mit ihrer aggressiven Distanzierung von dominierenden kulturellen Leitbildern, aber auch mit ihrer defensiven Anpassung an herrschende Traditionen zeigte sich auch in der literarischen Verarbeitung der Technik im Werk von Max Eyth (1836–1906). Eyth, als Maschinenbauingenieur und Spezialist für Dampfpflüge weit in der Welt herumgekommen, propagierte wie die italienischen Futuristen die Ablösung überkommener literarischer Themen durch moderne zeitgemäße wie die Technik, deren funktionalistische Schönheit er mit antitraditionalistischen und antiklassizistischen Vergleichen pries.

Im Gegensatz zur Suche der Funktionalisten nach modernen, dem neuen Gegenstand angemessenen literarischen Darstellungsformen griff Eyth auf konventionelle Mittel zurück und verarbeitete seine Themen, die Technik und die Ingenieurwelt, in der Form allegorischer Gedichte, von Heldenepen, Tragödien, Reise- und Briefromanen. Die Beliebtheit seiner Werke in der breiten Öffentlichkeit und die ihm gewährten Ehrungen von seiten seiner Berufskollegen verraten, wie genau er den Zeitgeschmack und das emanzipatorische Anliegen der Ingenieurberufsgruppe traf.

Beginnend mit den Romanen von Jules Verne (1828–1905) in den sechziger Jahren erreichten in den folgenden Jahrzehnten technische Abenteuer- und Zukunftsromane ein Massenpublikum. Verne entwickelte in seinen von Wissenschafts- und Fortschrittsoptimismus getragenen Romanen eine neue Form der Behandlung von Technik, die andere Autoren aufgriffen. Er setzte an neuesten technischen Entwicklungen an, von denen die Leser bereits eine oberflächliche Kenntnis haben mochten, erklärte sie in einer Art Exkurs in ihrer prinzipiellen Funktionsweise und extrapolierte sie mit viel Phantasie in die Zukunft, sei es, daß er neuartige Anwendungen ersann, sei es, daß er vorhandene Techniken zu neuen kombinierte. Damit versah er seine Schilderungen mit einem Flair des technisch Seriösen, ohne auf den Reiz des Utopischen zu verzichten. In den Jahren vor und nach dem Ersten Weltkrieg fanden, den allgemeinen Tendenzen der Zeit entsprechend, zunehmend nationalistische und rassistische Untertöne Eingang in die Gattung des technischen Zukunftsromans, so in der Herausstellung deutscher Genialität bei Hans Dominik (1872–1945) oder im 1913 erschienenen »Tunnel« Bernhard Kellermanns (1879 bis 1951), in dem sich bei einem Tunnelprojekt zwischen Europa und Amerika ein geradezu monomanischer amerikanischer Ingenieur schließlich gegen einen den Spekulationskapitalismus verkörpernden Juden durchsetzt.

Seit den achtziger Jahren erlebte in den USA die traditionsreiche Gattung der utopischen Literatur einen neuen Aufschwung. Nicht zuletzt der Erfolg von Edward Bellamys (1850–1898) »Looking backward: 2000–1887« rief zahlreiche Nachfolger auf den Plan, unter denen sich viele Autoren mit Erfahrungen in Naturwissenschaft, Technik und Industrie befanden, mit dem Brückenbauer George Shattuck Morison (1842–1903) und dem Reformer der amerikanischen Ingenieurausbildung Robert Henry Thurston (1839–1903) auch zwei der bekanntesten amerikanischen Ingenieure. Die amerikanischen Utopien entstanden aus der Unzufriedenheit mit der Gegenwart, drückten aber die Überzeugung aus, daß eine bessere Zukunft durch Arbeit und Planung und den umfassenden Einsatz technischer Mittel zu erreichen sei. Wie im technischen Abenteuerroman verlängerten die Autoren dabei technische und gesellschaftliche Tendenzen ihrer Zeit in die Zukunft. Die Attraktivität solcher positiven Gesellschafts- und Technikutopien schlug sich in der Gründung zahlreicher Bellamy-Klubs nieder, die sich das Ziel setzten, die Visionen des Meisters von einer besseren Welt zu realisieren.

Wie die gesellschaftspolitische Diskussion um die Technik dokumentiert auch ihre literarische Verarbeitung einen eng mit dem Stand und der Entwicklung der Technik verbundenen Zukunftsoptimismus in den Jahrzehnten um die Jahrhundertwende, wie er weder davor bestand noch danach wieder erreicht wurde. Das allgemeine hohe gesellschaftliche Akzeptanzniveau bedeutete jedoch nicht, daß nicht unmittelbar negativ Betroffene gegen diese oder jene technische Neuerung Front machten. Landbewohner schleuderten Steine gegen Automobile und rücksichtslose Fahrer, städtische Anwohner wandten sich gegen den Bau von Kraftwerken, chemischen Fabriken und Verkehrsanlagen, Konkurrenten stellten die Funktionsfähigkeit oder Wirtschaftlichkeit neuer Produkte in Frage, Handwerker und Arbeiter fürchteten um ihre Existenz als Folge der Einführung arbeitssparender Techniken. Solche negativen Stimmen bezogen sich jedoch immer auf singuläre technische Objekte und deren negative Folgewirkungen und verdichteten sich nicht zu einer breiten kritischen Grundsatzdiskussion um Ziel und Richtung des technischen Fortschritts. Die ersten Brüche in der positiven Grundstimmung gegenüber der Technik entstanden durch die Erfahrung des Ersten Weltkrieges und des Zerstörungspotentials der Kriegstechnik sowie durch das Erlebnis der Wirtschaftskrisen und der Massenarbeitslosigkeit in den zwanziger Jahren, die man auch der technischen Rationalisierung zuschrieb.

Die Selbstverständlichkeit, mit der die Bevölkerung technische Neuerungen aufnahm und nutzte, kann als Indiz für Technikakzeptanz gelten. Bis weit ins 19. Jahrhundert hinein diente die industrielle Produktion in erster Linie der Erfüllung von Grundbedürfnissen der Ernährung, Kleidung und Behausung sowie der Bereitstellung von Wärme. Bedeutende Industriezweige, die komplizierte technische Investitionsgüter nachfragten, wie die Textilindustrie, produzierten selbst relativ einfache Konsumgüter. Auch wenn man schon in vorindustrieller Zeit mechanisch komplizierte Konsumgüter wie Uhren baute, so entstanden diese doch in aufwendiger Handarbeit und als Einzelstücke, was zu einem derart hohen Preis führte, daß sie sich nur ganz wenige leisten konnten. Um die Jahrhundertwende drangen immer mehr hochwertige technische Konsumgüter in den privaten Bereich vor. Sie beschränkten sich nicht mehr auf die Erfüllung von Grundbedürfnissen, sondern dienten der Bequemlichkeit und der Unterhaltung wie der Verfeinerung der Lebensführung.

Das Telephon eroberte sich seinen Markt in erster Linie als geschäftliches Kommunikationsmittel, doch auch die Zahl und der relative Anteil der in Privathaushalten stehenden Telephone nahm ständig zu. Nach 1900 wuchs die Bedeutung der Farmen für den amerikanischen Telephonmarkt, wobei sich hier noch am ehesten private und geschäftliche Nutzung die Waage hielten. Die Photographie, zunächst als professionelles Medium entstanden, erschloß sich in den neunziger Jahren einen Massenmarkt von Amateuren. Das elektrische Licht ersetzte zwar nur andere Arten der Beleuchtung, bot aber erhebliche Komfortvorteile. Über längere Zeit zu teuer für private Haushalte, bildete es in Theatern, Ausstellungen, Gasthäusern und Geschäften einen zusätzlichen Anziehungspunkt für das breitere Publikum. Die entstehende chemische Großindustrie zog einen ansehnlichen Teil ihrer Gewinne aus dem Geschäft mit synthetischen Farben und Pharmazeutika und damit aus dem steigenden Mode- und Gesundheitsbewußtsein der Bevölkerung. Die seit den sechziger Jahren entwickelten Kältemaschinen vermochten sich vor dem Ersten Weltkrieg im privaten Bereich nicht durchzusetzen, doch es entstand besonders in den USA seit den späten siebziger Jahren eine riesige Industrie für die Versorgung vor allem der Stadtbewohner mit gekühlten oder gefrorenen Lebensmitteln, mit Getränken, Fleisch, Fisch, Milchprodukten, Früchten und Gemüse. Lokale und regionale Lebensmittelmärkte erweiterten sich zu nationalen und durch den Versand von Lebensmitteln mit Kühlschiffen zu globalen. Damit die Waren die Kunden in gutem Zustand erreichten, mußten die Kühlkostfirmen ein großräumiges technisches Versorgungssystem schaffen, bei dem die Lebensmittel unmittelbar nach der Zubereitung, der Ernte oder dem Schlachten gekühlt wurden, mit Kühlschiffen oder Eisenbahn-Kühlwagen Kühlhallen als Zwischenstationen erreichten und schließlich in eigens dafür eingerichteten Kaufhallen dem Endverbraucher angeboten wurden. Seit den achtziger Jahren rüsteten die Firmen immer mehr Stationen dieser Transportkette von Natur-und Kunsteis auf Kältemaschinen um, wobei Kompressoranlagen mit Ammoniak als Kältemittel zahlenmäßig vorherrschten.

Verbreiteten sich Telephon, elektrisches Licht und Photographie erst einmal im geschäftlichen Bereich und drangen von dort in den privaten vor, so verlief die Entwicklung beim Fahrrad und beim Automobil umgekehrt. Das Fahren mit Rädern und Automobilen stellte zunächst ein sportliches Freizeitvergnügen dar, ehe man später damit zur Arbeit fuhr oder geschäftliche Erledigungen machte. Wie sehr die Vorstellung einer Dominanz der geschäftlichen Technikverwendung das Denken von Ingenieuren und Kaufleuten noch bestimmte, zeigt die Geschichte der Tonaufzeichnungsgeräte. Nachdem Edison 1878 ein Patent auf einen Phonographen ge-

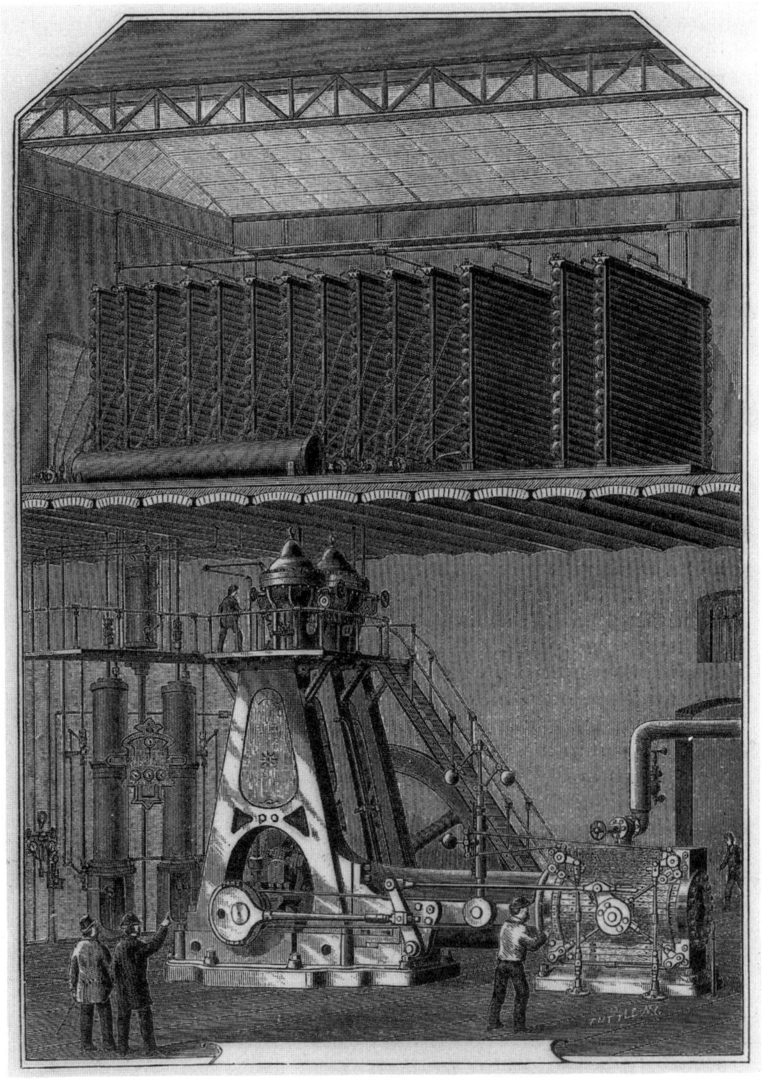

248. Großkühlanlage in den USA. Holzschnitt in »The Popular Science Monthly«, 1891. Washington, DC, Library of Congress

nommen hatte, verfolgte er vor allem kommerzielle Anwendungen als Aufzeichnungsgerät für Telephonnachrichten und als Diktiergerät. Nach dem Scheitern dieser Vermarktungsbemühungen verbesserten andere den Walzen-Phonographen, konzentrierten sich auf den Verwendungszweck der Musikwiedergabe und verkauften schon in den neunziger Jahren Millionen von Musikwalzen. Ähnliche Größenordnungen erreichten die Firmen, die nach den Patenten von Emil Berliner (1851–1929) Schallplatten für Grammophone fertigten.

249. Das imposante Riesenrad auf der Weltausstellung in Chicago 1893. Kupferstich in »Das Buch für Alle«. München, Stadtmuseum und Puppentheatermuseum

Waren viele technische Konsumgüter für den überwiegenden Teil der Bevölkerung noch unerschwinglich, so eröffneten sich zu manchen doch kollektive Zugänge. Fahrrad- und Automobilrennen lockten zahlreiche Besucher an. Technische Neuerungen bildeten die Attraktion auf Ausstellungen, die manchmal ein Millionenpublikum anzogen. Das Spektrum dieser Ausstellungen reichte von Weltausstellungen, die jahrelang vorbereitet werden mußten, über nationale und regionale technische Messen bis zu Volksjahrmärkten. Die spektakulärsten Vorführungen fanden bei den Weltausstellungen statt. Auf der Jahrhundertschau in Paris konnte das Publikum die Illusion eines Ballonaufstiegs genießen. Im Zentrum eines kreisförmigen Saales von 30 Metern Durchmesser und 10 Metern Höhe standen Vorführapparate und projizierten bei einem echten Aufstieg aufgenommene Filme auf die Saalwände, so daß der Eindruck von Bewegung und Weite vermittelt wurde. Überhaupt trat das Kino seinen Siegeszug als Massenmedium auf Jahrmärkten an. Erst als die entstehende Filmindustrie Filmsequenzen und Spielfilme in ausreichender Zahl produzierte, setzten sich ortsfeste Kinos durch. Auch die ersten Rolltreppen liefen in den neunziger Jahren in Vergnügungsparks und auf Ausstellungen. Nach ihrer Erprobung als Vergnügungsobjekte wurden sie vor dem Ersten Weltkrieg in Kaufhäuser als den neuen Tempeln des Konsums und in U-Bahn-Stationen eingebaut. Auf Jahrmärkten und in Vergnügungsparks stahlen seit den siebziger Jahren zunehmend technische Fahrgeschäfte den traditionellen Darbietungen die Schau und das Publikum. Dampfmaschinen und seit der Jahrhundertwende Elektromotoren trieben Karussells an, darunter Berg- und Talbahnen sowie Fliegerkarussells, auch Schiffschaukeln, Riesenräder und ihre kleineren Schwestern, die russischen Schaukeln, oder Achterbahnen. Die Technik beschränkte sich nicht mehr darauf, schaustellerische Effekte zu unterstützen, sondern wurde selbst ganz unverhüllt zum Objekt des Vergnügens.

Die in den achtziger Jahren in allen Industriestaaten aufkommenden Münzautomaten dienten der Unterhaltung oder boten Waren zum Kauf an. Bei Ausstellungen, auf Jahrmärkten, in Bahnhöfen, Passagen, Automatenhallen oder auf der Straße aufgestellt, offerierten sie den Konsumenten Postkarten, Zigaretten, Süßigkeiten, Parfüms, Getränke und Horoskope, boten ihnen die Vorführung von Musikstücken und Filmen an, hießen sie, sich selbst zu photographieren, zu elektrisieren, mit Hilfe von Röntgenstrahlen, deren Gefährlichkeit man nur begrenzt durchschaute, die Knochen ihrer Hände zu betrachten oder ihr Gewicht, ihre Kraft oder ihr Lungenvolumen zu prüfen. Geschicklichkeitsautomaten luden zum Schießen oder zum Kegeln, zum Billard oder zum Boxkampf ein, Münzschleuder- und Kugelspielautomaten winkten mit Gewinnen. Um die Jahrhundertwende kamen in den USA die Drei-Walzen-Geldspielautomaten auf, die sich auch heute noch großer Beliebtheit erfreuen. Auf die zunehmende Kritik an solchen Automaten reagierten die Behörden einiger Staaten mit restriktiven Maßnahmen, wie der Festsetzung hoher Steuern oder der Klassifizierung einiger Automatenspiele als verbotene Glücksspiele. Mehr als eine Regulierung und Kanalisierung des Geschäfts mit Geschicklichkeits- und Glücksspielautomaten war von solchen Maßnahmen jedoch nicht zu erwarten. Mit der Überzeugung der Menschen, daß ihre Zeit immer kostbarer werde, machten seit den neunziger Jahren die in den großen Städten eröffneten Automatenrestaurants ein gutes Geschäft. Kalte Speisen und Getränke konnte der Kunde unmittelbar entnehmen, warme Speisen orderte er durch Knopfdruck, und die Küche lieferte sie ihm nach wenigen Minuten über ein Transportband zu. Wie kaum eine andere Technik suggerierten und symbolisierten die Automaten in ihrer Vielfalt die »automatische« Befriedigung von Bedürfnissen und damit die Erfüllung der Versprechungen der Technik und des anbrechenden Konsumzeitalters.

Viele Formen der Konsumierung der Technik wie der Technisierung des Konsums ermöglichte erst die Technik der Massenproduktion. Erst die Fertigung von Maschinen, Maschinenteilen und technischer Produkte durch Maschinen sowie die Reduzierung oder Eliminierung des handwerklichen Nacharbeitens und generell der Handarbeit ließen die Preise auf ein Niveau sinken, das Konsumgüter für breitere Bevölkerungsschichten erschwinglich machte. Die Verbreitung hochwertiger, komplexer technischer Konsumgüter, etwa der Fahrräder und Automobile, aber auch der Telephone und Kameras, beschränkte sich anfangs auf technikbegeisterte Angehörige der einkommensstarken Ober- und Mittelschichten, doch es zeichnete sich bereits die Tendenz ab, auch die unteren sozialen Schichten als Kundengruppen zu erreichen. Ingenieure in europäischen Ländern konnten deshalb Rationalisierung und Massenproduktion als Mittel zur Einebnung sozialer Unterschiede interpretieren und insofern als Mittel zur Verwirklichung ihres harmonistischen Gesellschaftsbildes. Amerikanische Ingenieure drückten ihre Überzeugung aus, daß sich Demokratie und Technik wechselseitig bedingten. Die Entwicklung zur Konsumgesellschaft mußte um so schneller vor sich gehen, je größer der Anteil an den Produktivitätsgewinnen war, den sich die Arbeitnehmer erkämpften. Erhöhung der allgemeinen Kaufkraft und Senkung des allgemeinen Preisniveaus durch Massenproduktion und rationelle Organisation bildeten die beiden mächtigen Flügel des Tores, das sich zum Zeitalter des Massenkonsums öffnete – mit all seinen Verheißungen und Gefahren.

Bibliographie
Personen- und Sachregister
Quellennachweise der Abbildungen

Wolfhard Weber
Verkürzung von Zeit und Raum

Abkürzungen

TaC = Technology and Culture
TG = Technikgeschichte

Allgemeines, Übergreifendes

W. E. Bijker, Th. P. Hughes und T. P. Pinch (Hg.), The social construction of technological systems, New directions in the sociology and history of technology, Cambridge, MA, 1984; M. Daumas (Hg.), Histoire générale des techniques, Bde 4 und 5: Les techniques de la civilisation industrielle, Paris 1978/79; B. Gille (Hg.), Histoire des techniques, Technique et civilisation, Technique et sciences, Paris 1978; K. Hausen und R. Rürup (Hg.), Moderne Technikgeschichte, Köln 1975; Th. P. Hughes, American genesis, A century of invention and technological enthusiasm 1870–1970, New York 1989; W. König und K. H. Ludwig (Hg.), Technikgeschichte in Schule und Hochschule, Köln 1987; M. Kranzberg und C. W. Pursell, Jr. (Hg.), Technology in Western civilisation, 2 Bde, New York 1967; D. S. Landes, Der entfesselte Prometheus, Technologischer Wandel und industrielle Entwicklung in Westeuropa von 1750 bis zur Gegenwart, München 1983; R. Mayntz und Th. P. Hughes (Hg.), The development of large technical systems, Frankfurt am Main 1988; J. Radkau, Technik in Deutschland, Vom 18. Jahrhundert bis zur Gegenwart, Frankfurt am Main 1989; Ch. Singer, E. J. Holmyard, A. R. Hall und T. I. Williams (Hg.), A history of technology, Bd 5: The late 19th century, Oxford 1958; J. M. Staudenmaier, S. J., Technology's storytellers, Reweaving the human fabric, Cambridge, MA, 1985; U. Troitzsch und W. Weber (Hg.), Die Technik, Von den Anfängen bis zur Gegenwart, Braunschweig [3]1989; U. Troitzsch und G. Wohlauf (Hg.), Technik-Geschichte, Historische Beiträge und neuere Ansätze, Frankfurt am Main 1980; T. I. Williams (Hg.), A history of technology, Bde 6 und 7: The 20th century, Oxford 1978; T. I. Williams, A short history of 20th century technology, Oxford 1982.

Akzeptanz der industriellen Technik als gesellschaftliches Problem

A. Briggs, The age of improvement 1774–1874, London 1959, dt.: Das 19. Jahrhundert, München 1972 und Berlin 1973; M. Daumas (Hg.), Histoire générale des techniques, 5 Bde, Paris 1962–1979; A. Fürst, Das Weltreich der Technik 4 Bde, Berlin 1923–1927, repr. Düsseldorf 1985–1987; C. Grimm (Hg.), Aufbruch ins Industriezeitalter, 4 Bde, München 1985; F. Klemm (Hg.), Technik der Neuzeit, 3 (unvollständige) Bde, Potsdam 1941; J. Radkau, Technik in Deutschland, Vom 18. Jahrhundert bis zur Gegenwart, Frankfurt am Main 1989; F. Rapp, R. Jokisch und H. Lindner, Determinanten der technischen Entwicklung, Strukturmodelle in der Geschichtsschreibung über die Industrialisierung in Europa, Berlin 1980; H. Sachsse (Hg.), Technik und Gesellschaft, 3 Bde, Pullach 1974–1976; M. Schumacher, Auslandsreisen deutscher Unternehmer 1750–1851 unter besonderer Berücksichtigung von Rheinland und Westfalen, Köln 1968; Ch. Singer u. a. (Hg.), A history of technology, 8 Bde, London 1954–1978; U. Troitzsch und W. Weber, Methodologische Überlegungen für eine künftige Technikhistorie, in: W. Treue (Hg.), Deutsche Technikgeschichte, Göttingen 1977, S. 99–121; U.

Troitzsch und W. Weber, Die Technik, Von den Anfängen bis zur Gegenwart, Braunschweig [3]1989.

Energetische Grundlagen

K. H. Ludwig und W. König (Hg.), Technik, Ingenieure und Gesellschaft, Geschichte des Vereins Deutscher Ingenieure 1856–1891, Düsseldorf 1981; C. Matschoß, Die Entwicklung der Dampfmaschine, 2 Bde, Berlin 1908; H. H. Müller (Hg.), Produktivkräfte in Deutschland 1870 bis 1917/18, Berlin 1985; J. Radkau und I. Schäfer, Holz, Ein Naturstoff in der Technikgeschichte, Reinbek 1987; R. P. Sieferle, Der unterirdische Wald, Energiekrise und Industrielle Revolution, München 1982; B. Sinclair, Philadelphia's philosopher mechanics, A history of the Franklin Institute 1824–1865, Baltimore, PA, 1974; S. Strandh, Die Maschine, Geschichte, Elemente, Funktion, Freiburg 1979.

Wind und Wasser

H.-J. Braun, Technische Neuerungen um die Mitte des 19. Jahrhunderts, Das Beispiel der Wasserturbinen, in: TG 46, 1979, S. 285–305; W. Fairbairn, Treatise on mills and millwork, Bd. 1: Principle of mechanism and on prime movers, London [2]1864; J. B. Francis, Lowell hydraulic experiments, Boston 1855; L. C. Hunter, A history of industrial power in the United States, 1780–1930, Bd 1: Waterpower in the century of the steam-engine, Charlottesville, VA, 1979; D. W. Mead, Water power engineering, The theory, investigation, and development of water power, New York 1908; T. S. Reynolds, Stronger than a hundred men, A history of the vertical water wheel, London 1983; M. Rühlmann, Die horizontalen Wasserräder und besonders die Turbinen oder Kreiselräder, ihre Geschichte, Construction und Theorie, Chemnitz 1840; J. Weisbach, Lehrbuch der Ingenieur- und Maschinenmechanik, 3 Bde, Braunschweig 1845–1863.

Steinkohlen

E. Althans, Die Entwicklung der mechanischen Aufbereitung, Berlin 1878; B. und H. Becher u. a., Zeche Zollern 2, München 1977; W. Bersch, Mit Schlägel und Eisen, Leipzig 1898, repr., mit Einführung von W. Kroker, Düsseldorf 1985; Bezirksgruppe Sachsen der Fachgruppe Steinkohlenbergbau Zwickau (Hg.), Fünfundsiebzig Jahre Gemeinschaftsarbeit der sächsischen Steinkohlenbergwerke, Zwickau 1936; J. Bieker (Hg.), Bergbauarchitektur, Bochum 1986; R. Church, The history of British coal industry, Bd 3: 1830–1913, Victorian pre-eminence, Oxford 1986; E. Heuchler, Bergmanns Lebenslauf, Freiberg 1867; W. Köllmann u. a. (Hg.), Das Ruhrgebiet im Zeitalter der Industrialisierung, 2 Bde, Düsseldorf 1990; C. Koschwitz, Die Hochbauten auf den Steinkohlenzechen des Ruhrgebiets, Essen 1930; E. Kroker, Bergverwaltung, in: Deutsche Verwaltungsgeschichte, Bd 3: Das Deutsche Reich bis zum Ende der Monarchie, Stuttgart 1984, S. 514–526; R. Mahim, Le grand hornu, Monument industriel exception au Borinage, [2]1978; F. Schunder, Lehre und Forschung im Dienste des Ruhrbergbaus, Westfälische Berggewerkschaftskasse 1864–1964, Herne 1964; F. Schunder, Tradition und Fortschritt, Hundert Jahre Gemeinschaftsarbeit im Ruhrbergbau, Stuttgart 1959; L. Suhling, Aufschließen, Gewinnen und Fördern, Geschichte des Bergbaus, Reinbek 1983; K. Tenfelde, Sozialgeschichte der Bergarbeiterschaft an der Ruhr im 19. Jahrhundert, Bonn 1977; G. Unverferth und E. Kroker, Der Arbeitsplatz des Bergmanns in historischen Bildern und Dokumenten, Bochum [2]1981; Verein für die bergbaulichen Interessen im Oberbergamtsbezirk Dortmund (Hg.), Die Entwickelung des niederrheinisch-westfälischen Steinkohlen-Bergbaus in der zweiten Hälfte des 19. Jahrhunderts, 12 Bde, Berlin 1903–1904.

Bohrverfahren, Fördermaßnahmen und Nutzbarmachung von Brennstoffen

H.J. van den Berg, Hundert Jahre Friedrich Siemens Regenerativöfen, Berlin 1956; Einhundert Jahre Cowper Winderhitzung, Burgbrohl 1958; G. Gach, In Schacht und Strecke, Essen 1986; O. Johannsen, Geschichte des Eisens, Düsseldorf [3]1953; G. Klepel, Die Gas- und Kokserzeugung aus Steinkohlen in Deutschland, Ein Rückblick auf hundertfünfzig Jahre technische Entwicklung, Berlin 1958; F. M. Ress, Geschichte der Kokereitechnik, Essen 1957.

Salz und Petroleum

E. Hieke, Wilhelm Anton Riedemann, Anfang und Aufstieg des deutschen Petroleumhandels in Geestemünde und Hamburg 1860–1894, Hamburg 1963; R.P. Multhauf, Neptune's gift, A history of common salt, London 1978; B. Silliman, Report on the rock oil, or petroleum from Venango Co., Pennsylvania, New Haven, CT, 1855; R. Wagner, Handbuch der chemischen Technologie, Leipzig [11]1880; H.F. Williamson und A.R. Daum, The American petroleum industry, The age of illumination 1859–1899, Evanston, IL, 1959.

Betriebsdampfmaschinen

L.C. Hunter, A history of industrial power in the United States, 1780–1930, Bd 2: Steam power, Charlottesville, VA, 1985; C. Matschoss, Die Entwicklung der Dampfmaschine, 2 Bde, Berlin 1908; M. Matthes, Technik zwischen bürgerlichem Idealismus und beginnender Industrialisierung in Deutschland, Ernst Alban und die Entwicklung seiner Hochdruckdampfmaschine, Düsseldorf 1986; O. Mayr, Von Charles Talbot Potter zu Johann Friedrich Radinger, Die Anfänge der schnellaufenden Dampfmaschine und der Maschinendynamik, in: TG 40, 1973, S. 1–32; A. van Neck, Les débuts de la machine à vapeur dans l'industrie belge 1800–1850, Brüssel 1979; J. Payen, La machine a vapeur fixe en France, Paris 1985; T. Ch. Porter, Engineering reminiscences, New York 1908; F. Reuleaux, Kurzgefaßte Geschichte der Dampfmaschinen, in: E. Scholl, Der Führer des Maschinisten, Braunschweig [6]1864, S. 549–581; O. Wagenbreth und E. Wächtler, Dampfmaschinen, Leipzig 1986.

Heißluftmotoren, Gasmotoren

S. Carnot, Betrachtungen über die bewegende Kraft des Feuers und die zur Entwicklung dieser Kraft geeigneten Maschinen, Leipzig 1892 (zuerst 1824); E. Diesel, G. Goldbeck und F. Schildberger, Vom Motor zum Auto, Stuttgart 1957; G. Goldbeck, Kraft für die Welt, 1864–1964, Klöckner-Humboldt-Deutz-AG, Düsseldorf 1964; A. Langen, Nicolaus August Otto, Der Schöpfer des Verbrennungsmotors, Stuttgart 1949; C. Matschoss, Geschichte der Gasmotorenfabrik Deutz, Berlin 1921; K. Mauel, Die Rivalität zwischen Heißluftmaschine und Verbrennungsmotor als Kleingewerbemaschinen zwischen 1860 und 1890, Der Sieg des Verbrennungsmotors und seine Gründe, Düsseldorf 1967; F. Sass, Geschichte des deutschen Verbrennungsmotorenbaues von 1860 bis 1918, Berlin 1962; G. Schmoller, Zur Geschichte der deutschen Kleingewerbe, Halle 1870; W. Treue, Eugen Langen und Nic. August Otto, Zum Verhältnis von Unternehmer und Erfinder, Ingenieur und Kaufmann, München 1963.

Materialien

L. Beck, Die Geschichte des Eisens in technischer und kulturgeschichtlicher Beziehung, Bde 4 und 5, Braunschweig 1899–1903; R. Fremdling, Technologischer Wandel und internationaler Handel im 18. und 19. Jahrhundert, Die Eisenindustrien in Großbritannien, Belgien, Frankreich und Deutschland, Berlin 1986; W.T. Hogan, Economic history of the iron and steel industry in the United States, 5 Bde, Lexington, MA, 1971; Ch. Hyde, Technological change and the British iron industry 1700–1870, Princeton, NJ, 1977; O. Johannsen, Geschichte des Eisens, Düsseldorf [3]1953; Th. J. Misa, Science, technology and industrial structure, Steelmaking in America, 1870–1925, Diss. phil. Philadelphia, PA, 1987; T. S. Ashton, Iron and steel in the industrial revolution, Manchester [3]1963; L. Beck, Die geschichtliche Entwicklung der Walzwerke, Manuskript, um 1914/15; Beckert, Gemeinfaßliche Darstellung des Eisenhüttenwesens, Düsseldorf 1889; W. Berg, Wirtschaft und Gesellschaft in Deutschland und Großbritannien im Übergang zum »organisierten Kapitalismus«, Unternehmen, Angestellte, Arbeiter und Staat im Steinkohlenbergbau des Ruhrgebietes und von Südwales 1850–1914, Berlin 1984; H. Bessemer, An autobiography, London 1905; A. Birch, The economic history of the British steel industry 1784–1879, London 1967; W. Boelcke, Krupp und die Hohenzollern, Frankfurt am Main [2]1970; J. A. Cantrell, James Nasmyth and the Bridgewater Foundry, A study of entrepreneurship in the early engineering industry, London 1985; W. Fairbairn, Iron its history, properties, and processes of manufacture, Edinburgh 1861; W. Feldenkirchen, Die Eisen- und Stahlindustrie des Ruhrgebietes 1879–1914, Wachstum, Finanzierung und Struktur ihrer Großunternehmen, Wiesbaden 1982; A. Fishlow, American railroads and the transformation of the antebellum-economy, Cambridge, MA, 1965; J. Fritz, The autobiography of John Fritz, New York 1912; C. Hartmann (Hg.), Berg- und hüttenmännischer Atlas, Text- und Tafelband Weimar 1860; A. Holley, A treatise on ordnance and armor, New York 1865; Kupfer in Natur, Technik, Kunst und Wirtschaft, o. O. 1966; C. M. Lossen, Geschichte meines Lebens und Wirkens, hg. von R. Stahlschmidt, Düsseldorf 1988; B. Martin, Industrialisierung und regionale Entwicklung, Die Zentren der Eisen- und Stahlindustrie im Deutschen Zollgebiet, 1850–1914, Diss. rer. oec. FU Berlin 1983; J. McHugh, Alexander Holley and the makers of steel, Baltimore, MD, 1980; G. Milkereit, Von Bessemer zu Thomas, Ein Innovationsprozeß, in: Stahl und Eisen 100, 1980, S. 1463–1470; F. M. Osborn, The story of the Mushets, London 1951; A. Paulinyi, Das Puddeln, München 1987; G. Plumpe, Die württembergische Eisenindustrie im 19. Jahrhundert, Eine Fallstudie zur Geschichte der Industriellen Revolution in Deutschland, Stuttgart 1982; K. Roesch, Dreitausendfünfhundert Jahre Stahl, München 1979 (Deutsches Museum, Abhandlungen und Berichte 47, Heft 2); H. Seeling, Wallonische Industriepioniere in Deutschland, Historische Reflektionen, Lüttich 1983; U. Troitzsch, Innovation, Organisation und Wissenschaft beim Aufbau von Hüttenwerken im Ruhrgebiet 1850–1870, Dortmund 1976; G. Tweedale, Sheffield steel and America, A century of commercial and technological interdependance 1830–1930, Cambridge 1978; P. Uselding, Elisha K. Root, forging, and the »American System«, in: TaC 15, 1974, S. 543–568; J. Vial, L'industrialisation de la siderurgie française 1814–1864, Paris 1967; D. Vorsteher, Borsig, Eisengießerei und Maschinenbauanstalt zu Berlin, Berlin 1983; U. Wengenroth, Unternehmensstrategien und technischer Fortschritt, Die deutsche und britische Stahlindustrie 1865–1895, Göttingen 1986; D. Woronoff, L'industrie sidérurgique en France pendant la révolution et l'Empire, Paris 1984.

Maschinen und Fabriken

M. Berg, The machinery question and the making of political economy 1815–1848, Cambridge 1980; S. Giedion, Die Herrschaft der Mechanisierung, Ein Beitrag zur anonymen Geschichte, Frankfurt am Main 1983; H. Grothe, Die Industrie Amerikas, Berlin 1877; H. J. Habakkuk, American and British technology in the 19th century, The search for labor saving inventions, Cambridge, MA, 1962; D. Hounshell, From the American system to mass production, 1800–1932, The development of manufacturing technology in the United States, Baltimore, MD, 1984; O. Mayr und R. Post,

Yankee enterprise, The rise of the American system of manufactures, Washington, DC, 1981; A. PAULINYI, Industrielle Revolution, Vom Ursprung der modernen Technik, Reinbek 1989; W. WEBER, Arbeitssicherheit, Historische Beispiele – aktuelle Analysen, Reinbek 1988.

Werkzeugmaschinen

E. AMES und N. ROSENBERG, The Enfield armory in theory and history, in: Economic Journal 78, 1968, S. 827–842; A. ARMENGAUD, Publication industrielle des machines, outils, et appareils les plus perfectionné et le plus récents employés dans les différents branches de l'industrie française et étrangere, 32 Bde Texte und 32 Bde Pläne, Paris 1841–1889; B. BUXBAUM, Der Werkzeugmaschinen- und Werkzeugbau im 19. Jahrhundert, in: Beiträge zur Geschichte der Technik und Industrie 9, 1919, S. 97–129; 10, 1920, S. 121–155; 11, 1921, S. 117–142; J. A. CANTRELL, James Nasmyth and the Bridgewater Foundry, A study of entrepreneurship in the early engineering industry, London 1985; R. I. FRIES, British response to the American System, The case of the small arms industry after 1850, in: TaC 16, 1975, S. 377–403; G. HERBERT, Pioneers of prefabrication in the 19th century, Baltimore, MD, 1976; C. MATSCHOSS, Geschichte des Zahnrades, Berlin 1940; C. MATSCHOSS, Ein Jahrhundert deutscher Maschinenbau, Von der mechanischen Werkstätte bis zur deutschen Maschinenfabrik 1819–1919, Berlin ²1922; L. W. VON MOESER, Die Leistungen des Maschinenbaues und der Mechanik in den letzten Jahrzehnten (bis zum Jahr 1873), Leipzig 1875; K. H. MOMMERTZ, Vom Bohren, Drehen, Fräsen, Zur Kulturgeschichte der Werkzeugmaschinen, Reinbek 1981; J. NASMYTH, James Nasmyth, engineer, an autography, London 1883; J. V. PONCELET, Lehrbuch der Anwendung der Mechanik auf Maschinen, hg. von C. H. SCHUSE, 2 Bde, Darmstadt 1841–1845; J. W. RAE, Aus der Geschichte der amerikanischen Werkzeugmaschinen, in: Beiträge zur Geschichte der Technik und Industrie 17, 1927, S. 106–116; L. T. C. ROLT, Tools for the job, A short history of machine tools, London 1965; N. ROSENBERG (Hg.), The American system of manufactures, The report of the committee on the machinery of the United States 1855 and the special reports of George Wallis and Joseph Whitworth 1854, Edinburgh 1969; S. B. SAUL (Hg.), Technological change, The United States and Britain in the 19th century, London 1970; A. SCHRÖTER und W. BECKER, Die deutsche Maschinenbauindustrie in der Industriellen Revolution, Berlin 1962; H. CHR. GRAF VON SEHER-TOSS, Die Entwicklung der Zahnradtechnik, Berlin 1965; B. SUPPLE (Hg.), Essays in British business history, Oxford 1977; F. K. H. WIEBE, Zweiundvierzig Tafeln zu den Maschinen-Baumaterialien und deren Bearbeitung, Stuttgart 1858; R. WILLIS, Principles of mechanisms, London 1841; R. S. WOODBURY, Studies in the history of machine tools, Cambridge, MA, 1972.

Nähmaschinen

R. BRANDON, A capitalist romance, Singer and the sewing machine, Philadelphia, PA, 1977; F. V. CARSTENSEN, American enterprises in foreign markets, Studies of Singer and International Harvester in imperial Russia, Chapel Hill 1984; G. R. COOPER, The sewing machine, Its invention and development, Washington, DC, ²1976; R. B. DAVIES, Peacefully working to conquer the world, The Singer sewing machine company in foreign markets, 1854–1920, New York 1976.

Holzbearbeitungsmaschinen

E. FINSTERBUSCH und W. THIELE, Vom Steinbeil zum Sägegatter, Ein Streifzug durch die Geschichte der Holzbearbeitung, Leipzig 1987; J. RICHARDS, On the arrangement, care, and operation of wood-working factories and machinery, London 1885.

Spinn- und Webmaschinen

A. Bohnsack, Spinnen und Weben, Entwicklung von Technik und Arbeit im Textilgewerbe, Reinbek 1981; D. A. Farnie, The English cotton industry and the world market, Oxford 1979; A. Föhl und M. Hamm, Die Industriegeschichte des Textils, Düsseldorf 1987; H. Grothe, Geschichte vom Spinnen, Weben, Nähen, Berlin [2]1876; O. Johannsen, u. a., Die Geschichte der Textil-Industrie, Leipzig 1932; F. Orth, Der Werdegang wichtiger Erfindungen auf dem Gebiete der Spinnerei und Weberei, in: Beiträge zur Geschichte der Technik und Industrie 12, 1922, S. 61–108; 17, 1927, S. 89–105; P. Scranton, The textile manufacture of Philadelphia, London 1983.

Fabrikarbeiterschaft

P. Borscheid, Textilarbeiterschaft in der Industrialisierung, Soziale Lage und Mobilität in Württemberg (19. Jahrhundert), Stuttgart 1978; J. Buttrick, The inside contract system, in: Journal of Economic History 12, 1952, S. 205–221; A. D. Chandler, Jr., The visible hand, The managerial revolution in American business, Cambridge, MA, 1977; W. O. Henderson, Manufacturies in Germany, Frankfurt am Main 1985; L. Kroneberg und R. Schloesser, Weber-Revolte 1844, Der schlesische Weberaufstand im Spiegel der zeitgenössischen Publizistik und Literatur, Köln 1979; D. McCauley, Mill, Boston 1983; L. Oeser (Hg.), Album der sächsischen Industrie, 2 Bde, Langensalza 1856; L. von Rönne, Die Gewerbe-Polizei des Preußischen Staates, 2 Bde, Breslau 1851; H. Schäfer, Fabrikkultur im Elsaß während der Industrialisierung, in: TG 52, 1985, S. 275–298; J. N. Tarn, Five percent philantropy, An account of housing in urban areas between 1840 and 1914, Cambridge 1973; B. M. Tucker, Samuel Slater and the origins of the American textile industry, 1790–1860, London 1984; A. Ure, Das Fabrikwesen in wissenschaftlicher, moralischer und kommerzieller Hinsicht, Leipzig 1847.

Ingenieure und Technik in Staat und Wirtschaft

R. Fremdling, Technologischer Wandel und internationaler Handel im 18. und 19. Jahrhundert, Die Eisenindustrien in Großbritannien, Belgien, Frankreich und Deutschland, Berlin 1986; S. C. Gilfillan, Sociology of invention, An essay on the social causes of technical invention and some of its social results, Chicago, IL, 1935; Th. P. Hughes, American genesis, Harmondsworth 1989; D. S. Landes, Der entfesselte Prometheus, Köln 1973; K.-H. Ludwig und W. König (Hg.), Technik, Ingenieure und Gesellschaft, Geschichte des Vereins Deutscher Ingenieure 1856–1891, Düsseldorf 1981; P. Lundgreen, Engineering education in Germany and the USA, 1750–1930, The rise to dominance of school-culture and the engineering professions, in: A. J. Heidenheimer und M. Burrage (Hg.), Professions in the state, 1989; H. Sachsse (Hg.), Technik und Verantwortung, Freiburg 1972; W. Treue, Wirtschafts- und Technikgeschichte Preußens, Berlin 1984.

Technische Bildung und Berufsstand

G. Ahlström, Engineers and industrial growth, London 1982; H. Blankertz, Bildung im Zeitalter der großen Industrie, Pädagogik, Schule und Berufsbildung im 19. Jahrhundert, Hannover 1969; L. Boehm u. a. (Hg.), Technik und Bildung, Düsseldorf 1989; E. Bolenz, Baubeamte, Baugewerksmeister, freiberufliche Architekten – Technische Berufe im Bauwesen (Preußen/Deutschland, 1799–1931), Diss. phil. Bielefeld 1988; H.-J. Braun, Methodenprobleme der Ingenieurwissenschaft 1850 bis 1900, in: TG 44, 1977, S. 1–18; R. A. Buchanan, Institutional proliferation in the British engineering profession, 1847–1914, in: The Economic History Review 38, 1985, S. 42–60; D. S. L. Cardwell (Hg.), Artisan to graduate, Manchester 1974; W. Conze und J. Kocka, Bildungsbürgertum im 19. Jahrhundert, T. 1, Stuttgart 1985; C. R. Day, Education for the industrial world, The Écoles d'Arts et Metiers and the rise of French industrial engineering, Cambridge, MA, 1987; J. M. Edmonson, From méchanicien to ingénieur, Technical education and the machine building industry in 19th century France, New York 1987; M. Fessner, Rheinisch-Westfälische Hüttenschule zu Bochum, in: Beiträge zur Geschichte Dortmunds und der Grafschaft Mark 80, 1989, S. 99–125; R. Fox, Science, industrie et société, Mulhouse 1798–1871, in: Culture Technique 18, 1988, S. 10–29; R. Fox und G. Weisz (Hg.), The organization of science and technology in France 1808–1914, Cambridge 1980; C. W. R. Gispen, Technical education and social status, The emergence of the mechanical engineering occupation in Germany, 1820–1890, Michigan, IN, 1984; G. Goldbeck, Technik als geistige Bewegung in den Anfängen des deutschen Industriestaates, Düsseldorf [2]1968; G. Grüner, Die Entwicklung der höheren technischen Fachschulen im deutschen Sprachgebiet, Ein Beitrag zur historischen und angewandten Berufspädagogik, Braunschweig 1967; K. Harney, Die preußische Fortbildungsschule, Eine Studie zum Problem der Hierarchisierung beruflicher Schultypen im 19. Jahrhundert, Frankfurt am Main 1980; G. Hortleder, Ingenieure in der Industriegesellschaft, Zur Soziologie der Technik und der naturwissenschaftlich-technischen Intelligenz im öffentlichen Dienst und in der Industrie, Frankfurt am Main 1973; W. Jost, Gewerbliche Schulen und politische Macht, Zur Entwicklung des gewerblichen Schulwesens in Preußen in der Zeit 1850 bis 1880, Basel 1982; H. Kaelble, Soziale Mobilität und Chancengleichheit im 19. und 20. Jahrhundert, Deutschland im internationalen Vergleich, Göttingen 1983; E. Kapp, Grundlinien einer Philosophie der Technik, Braunschweig 1877; P. Lundgreen, Standardization-testing-regulation, Bielefeld 1986; K. H. Manegold, Universität, Technische Hochschule und Industrie, Ein Beitrag zur Emanzipation der Technik im 19. Jahrhundert unter besonderer Berücksichtigung der Bestrebungen Felix Kleins, Berlin 1970; K. Marx, Theilung der Arbeit und mechanisches Atelier, Werkzeug und Maschinerie, in: Zur Kritik der Politischen Ökonomie (Manuskript 1861–1863), Marx-Engels Gesamtausgabe, 2. Abt. Bd 3, Berlin 1982, S. 1913–2036; J. Morrell und Th. Arnold, Gentlemen of science, Early years of the British Association for the Advancement of Science, Oxford 1981; H. W. Paul, From knowledge to power, The rise of the science empire in France 1860–1938, Cambridge 1985; F. Rapp u. a. (Hg.), Philosophie und Wissenschaft in Preußen, Berlin 1982; F. Rapp (Hg.), Technik und Philosophie, Düsseldorf 1990; W. Ruske, Reichs- und preußische Landesanstalten in Berlin, in: Berichte der Bundesanstalt für Materialprüfung 23, 1973, S. 1–40; Ch. Schiersmann, Zur Sozialgeschichte der preußischen Provinzial-Gewerbeschulen im 19. Jahrhundert, Basel 1979; L. U. Scholl, Ingenieure in der Frühindustrialisierung, Staatliche und private Techniker im Königreich Hannover und an der Ruhr (1815–1873), Göttingen 1978; F. Schunder, Lehre und Forschung im Dienste des Ruhrbergbaus, Westfälische Berggewerkschaftskasse 1864–1964, Herne 1964; T. Shinn, L'École Polytechnique 1794–1914, Savoir scientifique et pouvoir sociale, Paris 1980; O. Simon, Die Fachbildung des preußischen Gewerbe- und Handelsstandes im 18. und 19. Jahrhundert nach den Bestimmungen des Gewerberechts und der Verfassung des gewerblichen Unterrichtswesens, Berlin 1902; C. P. Snow, The two cultures, and a second look, Cambridge 1965, dt.: Die zwei Kulturen, Literarische und wissenschaftliche Intelligenz, Stuttgart 1967; G. S. Sonnenberg, Hundert Jahre Sicherheit, Düsseldorf 1968; H. Trischler, Steiger im deutschen Bergbau, Zur Sozialgeschichte der technischen Angestellten 1815–1945, München 1988; W. L. Volz, Über höhere Polytechnik, in: Polytechnische Mitteilungen 1, 1844, S. 1–6; J. H. Weiss, The making of technological man, The social origins of French engineering education, London 1982; P. Zwiauer, Berichte und Vorträge des Internationalen Verbandes der Dampfkessel-Überwachungsvereine 1875–1914, Berlin 1923.

Patente – monopolartige Nutzung technischer Kreativität

V. Böhmert, Die Erfindungspatente nach volkswirtschaftlichen Grundlagen und industriellen Erfahrungen, in: Vierteljahreszeitschrift für Volkswirtschaft und Culturgeschichte 1, 1869; M. Chevalier, Die Weltindustrie in der zweiten Hälfte des 19. Jahrhunderts, Bd 1, Stuttgart 1869; Deutsches Patentamt (Hg.), Hundert Jahre Patentamt, München 1977; R. H. Dumke, Anglo-Deutscher Handel und Frühindustrialisierung in Deutschland 1822–1865, in: Geschichte und Gesellschaft 5, 1979, S. 175 bis 200; A. Fischer, Patentgesetzgebung und chemisch-pharmazeutische Industrie im Deutschen Kaiserreich (1871–1918), Stuttgart 1984; H. Grothe, Das Patentgesetz für das Deutsche Reich, 1877; A. Heggen, Erfindungsschutz und Industrialisierung in Preußen 1793–1877, Göttingen 1975; V. Hentschel, Die deutschen Freihändler und der volkswirtschaftliche Kongreß 1858–1885, Stuttgart 1975; I. N. Lambi, Free trade and protection in Germany 1868–1879, Wiesbaden 1963; Ch. MacLeod, Inventing the industrial revolution, The English patent system 1660–1800, Cambridge 1988; K. H. Manegold, Der Wiener Patentschutzkongreß von 1873, in: TG 38, 1971, S. 158–165.

Anfänge der chemischen Industrie

J. J. Beer, The emergence of the German dye industry, Urbana, IL, 1959; P. Borscheid, Naturwissenschaft, Staat und Industrie in Baden (1848–1914), Stuttgart 1976; H. Caro, Über die Entwicklung der Theerfarbenindustrie, in: Berichte der Deutschen Chemischen Gesellschaft 1892, S. 953–1105; P. M. Hohenburg, Chemicals in Western Europe 1850–1914, An economic study of technical change, Amsterdam 1967; G. Jacob, Friedrich Engelhorn, Der Begründer der Badischen Anilin- & Soda-Fabrik, Mannheim 1959; J. von Liebig, Über das Studium der Naturwissenschaften und über den Zustand der Chemie in Preußen, Braunschweig 1840; J. von Liebig, Chemische Briefe, Leipzig 1865; D. Osterroth, Soda, Teer und Schwefelsäure, Der Weg zur Großchemie, Reinbek 1985; H. Schultze, Die Entwicklung der chemischen Industrie in Deutschland seit 1875, Halle 1908; W. Strube, Der historische Weg der Chemie, Bd 1: Von der Urzeit bis zur Industriellen Revolution, Leipzig [4]1984.

Technik auf dem Lande

Great industries of Great Britain, 3 Bde, London o. J. (um 1880); W. Hamm, Die landwirthschaftlichen Geräthe und Maschinen Englands, Braunschweig 1845; K. Herrmann, Pflügen, Säen, Ernten, Landarbeit und Landtechnik in der Geschichte, Reinbek 1985; P. C. Johnson, Farm power in the making of America, Des Moines, IO, [3]1981; I. Weber-Kellermann, Landleben im 19. Jahrhundert, München 1987.

Industrielle Konzentrationen

D. H. Aldcroft, M. Freeman und J. Michael (Hg.), Transport in the industrial revolution, Manchester, NH, 1983; T. C. Barker und C. I. Savage, An economic history of transport in Britain, London 1974; H. J. Dyos und D. H. Aldcroft, British transport, An economic survey from the 17th century to the 20th, Leicester 1969; J. Engelmann u. a. (Hg.), Der Weltverkehr und seine Mittel, Berlin 1868, Leipzig [3]1879–1880; H. J. Habakkuk, American and British technology in the 19th century, The search for labor-saving inventions, Cambridge, MA, 1962; H. W. Hoffacker, Entstehung der Raumplanung, konservative Gesellschaftsreform und das Ruhrgebiet 1918–1933, Essen 1989; P. O'Brien (Hg.), Railways and the economic development of Western Europe 1830–1914, New York 1983; W. Sombart, Die Deutsche Volkswirtschaft im 19. Jahrhundert, Berlin 1903; W. Treue, Achse, Rad und Wagen, München [2]1986.

Schiffsverkehr und Technik

D. H. ALDCROFT (Hg.), The development of British industry and foreign competition, 1875–1914, London 1968; N. R. P. BONSOR, North Atlantic Seaway, 5 Bde, Newton Abbot 1975–1980; J. D. BURKE, Kesselexplosionen und bundesstaatliche Gewalt in den USA, in: K. HAUSEN und R. RÜRUP (Hg.), Moderne Technikgeschichte, Köln 1975, S. 314–336; B. M. DEAKIN, Shipping conferences, A study of their origins, development and economic practises, London 1973; G. S. EMERSON, L. T. C. Rolt and the Great Eastern affair of Brunel versus Scott Russell, in: TaC 21, 1980, S. 553–569; S. C. GILFILLAN, Inventing the Ship, Chicago, IL, 1935; R. HAAK und C. BUSLEY, Die technische Entwicklung des Norddeutschen Lloyd und der Hamburg-Amerikanischen Packetfahrt Aktien-Gesellschaft, 2 Bde, Berlin 1893, repr. Düsseldorf 1986; E. VON HALLE und T. SCHWARZ, Die Schiffbauindustrie in Deutschland und im Ausland, Berlin 1902, repr. Düsseldorf 1987; D. R. HEADRICK, The tools of Empire, Technology and European imperialism in the 19th century, Oxford 1981; E. HIEKE, Wilhelm Anton Riedemann, Hamburg 1963; F. E. HYDE, Cunard and the North Atlantic crossing, London 1975; A. KLUDAS, Die Geschichte der deutschen Passagierschiffahrt, Bd 1: Die Pionierjahre 1850 bis 1890, Hamburg 1986; D. MACGREGOR, The Tea Clippers, their history and development, 1833–1875, London 1973; M. F. MAURY, The physical geography of the sea, 1854; M. F. MAURY, Wind and current charts, 1847; W. J. M. RANKINE, On the working of steam in compound engines, London 1881; W. J. M. RANKINE, Shipbuilding theoretical and practical, London 1866; L. U. SCHOLL, Im Schlepptau Großbritanniens, Abhängigkeit und Befreiung des deutschen Schiffbaus von britischem Know-How im 19. Jahrhundert, in: TG 50, 1983, S. 213–233; W. TREUE, Der Krimkrieg und seine Bedeutung für die Entstehung der modernen Flotten. Herford ^{2}1982; A. B. C. WHIPPLE, Die Klipper, o. O. ^{3}1983.

Hochseeschiffahrt und Auswanderer

L. BEUTIN, Bremen und Amerika, Bremen 1953; F. F. V. HARCOURT, Harbours and docks, 2 Bde, London 1885; CH. K. HARLEY, The shift from sailing ships to steamships, 1850–1890, A study in technological change and its diffusion, in: D. N. MCCLOSKEY (Hg.), Essays on a mature economy, Britain after 1840, London 1971, S. 215–237; W. HELBICH u. a. (Hg.), Briefe aus Amerika, Deutsche Auswanderer schreiben aus der Neuen Welt 1830–1930, München 1988; E. HIEKE, Robert M. Sloman, Hamburg 1968.

Kanalbau

D. A. FARNIE, East and west of Suez, The Suez canal in history, Oxford 1969; LORD KINSON, Between two seas, the creation of the Suez canal, London 1968; F. VON LESSEPS, Entstehung des Suezkanals, Berlin 1888, repr. mit Einleitung von W. TREUE, Düsseldorf 1984; J. MARLOWE, World ditch, The making of the Suez Canal, New York 1964.

Das Eisenbahnwesen

T. C. BARKER und M. ROBBINS, A history of London transport, 2 Bde, London 1963–1974; I. R. BARTKY, The adoption of Standard Time, in: TaC 30, 1989, S. 25–56; M. BERGER, Historische Bahnhofsbauten Sachsens, Preußens, Mecklenburgs und Thüringens, Berlin 1980; H. BUDDEMEIER, Panorama, Diorama, Photographie, Entstehung und Wirkung neuer Medien im 19. Jahrhundert, München 1970; E. CLARK, The Britannia and Conway tubular bridges, London 1850; T. COLEMAN, Passage to America, London 1972; T. COLEMAN, The railway navvies, London 1976; F. COTTRELL, Technological change and labor in the railroad industry, A comparative study, Lexington, MA, 1970; E. T. DERMOTT, History of the Great Western Railway, T. 2, 1863–1921, London ^{2}1964; J. DETHIER (Hg.), Die Welt der Bahnhöfe, Berlin 1980; DEUTSCHE REICHSBAHN (Hg.), Die deutschen Eisenbahnen in ihrer Entwicklung 1835–1935, Berlin 1935; W. FAIRBAIRN, An account of the construction of the Britannia and Conway tubular bridges, London 1849; Festschrift über die Thätigkeit des Vereins Deutscher Eisenbahnverwaltungen in den ersten fünfzig Jahren seines Bestehens 1846–1896, Berlin 1896; R. FREMDLING, Eisenbahnen und deutsches Wirtschaftswachstum 1840–1879, Dortmund ^{2}1986; Geschichte der Eisenbahn der österreichisch-ungarischen Monarchie, 4 Bde, Wien 1897–1899; G. GRIESTER und O. P. KRÄTZ (Hg.), Die Entwicklung der Eisenbahn im Spiegel der Leipziger Illustrierten Zeitung 1843–1870, Weinheim 1985; F. HARKORT, Die Eisenbahn von Minden nach Köln, Hagen 1833; K. HARTMANN, Praktisches Handbuch über die Anlage von Eisenbahnen, ihre Kosten, Unterhaltung und ihren Ertrag, über die Anfertigung und Prüfung guß- und stabeiserner Schienen und die Einrichtung der Dampf- und anderen Eisenbahnwagen, Augsburg ^{2}1840; W. HEFTI, Tramway Lokomotiven, Basel 1980; K. HERRMANN, Thurn und Taxis-Post und die Eisenbahnen, Kallmünz 1981; H. KOBSCHÄTZKI, Streckenatlas der deutschen Eisenbahnen 1835–1892, Düsseldorf 1971; E. KRAFFT, Hundert Jahre Eisenbahnunfall, Berlin 1925; H. KROHN, ... auf der Schiene, Die Geschichte der Reisezug- und Güterwagen, München 1988; B. MORGAN, Civil engineering, Railways, London 1971; J. PAYEN, La machine locomotive en France des origines au milieux du 19 siècle, Lyon 1988; K. RADLBECK, Bahnhof und Empfangsgebäude, Die Entwicklung vom Haus zum Verkehrswegekreuz, Diss. TU München 1981; The railway in England and Wales 1830–1914, 2 Bde, Leicester 1978 und Newton Abbot 1986; H. J. RITZAU, Schatten der Eisenbahngeschichte, Ein Vergleich britischer, US- und deutscher Bahnen, Bd 1, Pürgen 1987; L. T. C. ROLT, Victorian engineering, London ^{2}1974; N. ROSENBERG und W. G. VINCENTI, The Britannia Bridge, The generation and diffusion of technological knowledge, Cambridge 1978; Rückblick auf die Thätigkeit des Vereins deutscher Eisenbahn-Verwaltungen in technischer Beziehung 1850–1900, Berlin 1900, S. 75 bis 98; W. RUSKE, Hundert Jahre Materialprüfung in Berlin, Berlin 1971; W. RUSKE, Reichs- und preußische Landesanstalten in Berlin, in: Berichte der Bundesanstalt für Materialprüfung 23, 1973, S. 1–40; H. W. SCHARF, Eisenbahnen zwischen Oder und Weichsel, Freiburg 1981; W. SCHIVELBUSCH, Geschichte der Eisenbahnreise, Zur Industrialisierung von Raum und Zeit im 19. Jahrhundert, München 1977; J. SIMMONS, The railway in town and country 1830–1914, Newton Abbot 1986; S. SMILES, The life of George Stephenson, London 1857; H. STEINLE, Ein Bahnhof auf dem Abstellgleis, Der ehemalige Hamburger Bahnhof in Berlin und seine Geschichte, Berlin 1983; C. E. STEPHENS, Inventing standard time, Washington, DC, 1983; L. VON STORKERT, Eisenbahnunfälle, Ein Beitrag zur Eisenbahnbetriebslehre, Leipzig 1913; B. H. STROUSBERG, Dr. Strousberg und sein Wirken von ihm selbst geschildert, Berlin 1876; G. TIFFE, Geschichte des deutschen Lokomotivbaus, Berlin 1985; H. WAGENBLASS, Der Eisenbahnbau und das Wachstum der deutschen Eisen- und Maschinenbauindustrie 1835–1860, Stuttgart 1973; J. G. H. WARREN, A century of locomotive building by Robert Stephenson and Co. 1823 bis 1923, Newcastle 1923; M. M. VON WEBER, Der Zusammensturz der Brücke über den Tay, in: Vossische Zeitung vom 12. März 1880; M. M. VON WEBER, Die Technik des Eisenbahnbetriebes in Bezug auf die Sicherheit desselben, Leipzig 1854; E. WERNER, Die Britannia- und Conway-Röhrenbrücke, Düsseldorf 1969; C. WEYHE, Max Maria von Weber, Ein Lebensbild des Dichteringenieurs – mit Auszügen aus seinen Werken, Berlin 1918; Zug der Zeit, Zeit der Züge, Deutsche Eisenbahnen 1835–1985, 2 Bde, Berlin 1985.

Fahrstühle

J. SIMMEN und U. DREPPER, Der Fahrstuhl, Die Geschichte der vertikalen Eroberung, München 1984; W. H. UHLAND, Die Hebeapparate, deren Construction und Betrieb, Jena 1882.

Staat und Eisenbahn

T. R. GOURVICH, Railways and the British economy 1830–1914, London 1980; G. HAWKES, Railways and economic growth in England and Wales 1840–1870, Oxford 1970; M. C. REED (Hg.), Railways in the Victorian economy, Newton Abbot 1969; A. VON SCHWEIGER-LERCHENFELD, Die Überschienung der Alpen, Semmering, Brenner, Pustertal, östliche Alpen, Mont Cenis, St. Gotthard, Arlberg, Schoonwald, hg. von E. BORN, 1884; repr. Moers 1983.

Telegraphie

V. ASCHOFF, Geschichte der Nachrichtentechnik, 2 Bde, Berlin 1984–1987; B. DIBNER, The Atlantic cable, Norwalk, CT, 1959; G. R. M. GARRAT, One hundred years of submarine cables, London 1950; D. HERBARTH, Die Entwicklung der optischen Telegraphie in Preußen, Köln 1978; J. KOCKA, Unternehmensverwaltung und Angestelltenschaft am Beispiel Siemens 1847–1914, Stuttgart 1969; R. OBERLIESEN, Information, Daten und Signale, Geschichte technischer Informationsverarbeitung, Reinbeck 1982; W. POLE (Hg.), The life of Sir William Fairbairn, London 1877; W. VON SIEMENS, Lebenserinnerungen, München ¹⁶1956; S. VON WEIHER, Die Entwicklung der englischen Siemens Werke und des Siemens Überseegeschäftes in der zweiten Hälfte des 19. Jahrhunderts, Diss. phil. Freiburg 1959; S. VON WEIHER und H. GOETZELER, Weg und Wirken der Siemens Werke im Fortschritt der Elektrotechnik 1847–1980, Wiesbaden ³1981; H. A. WESSEL, Die Entwicklung des elektrischen Nachrichtenwesens in Deutschland und die rheinische Industrie, Wiesbaden 1983.

Papier, Druck, Photographie

W. BAIER, Quellendarstellungen zur Geschichte der Photographie, München 1977; G. BAYERL und K. PICHOL, Papier, Reinbek 1986; G. BAYERL, Die Papiermühle, Vorindustrielle Papiermacherei auf dem Gebiet des alten deutschen Reiches, Technologie, Arbeitsverhältnisse, Umwelt, Frankfurt am Main 1987; H. BUDDEMEIER, Panorama, Diorama, Photographie, München 1970; H. HABERKORN, Anfänge der Fotografie, Entstehungsbedingungen eines neuen Mediums, Reinbek 1981; F. KREMPE, Daguerreotypie in Deutschland, Seebruck 1979; C. M. ROSENHAIN, Die Holz-Cellulose in ihrer geschichtlichen Entwickelung, Fabrikation und bisherigen Verwendung, Berlin 1878; R. WEBER, Die Papierindustrie, Braunschweig 1874.

Ausstellungen

CH. BABBAGE, The exposition of 1851, or, views of the industry, the science and the government of England, London ²1851; U. BECKMANN, Gewerbeausstellungen in Westeuropa vor 1851, Ausstellungswesen in Frankreich, Belgien und Deutschland, Gemeinsamkeiten und Rezeption der Veranstaltungen, Diss. phil. Bochum 1988; W. F. EXNER, Die neuesten Fortschritte im Ausstellungswesen, Weimar 1868; W. F. EXNER, Der Aussteller und die Ausstellungen, Weimar ²1873; H. GROTHE, Die Industrie Amerikas, Berlin 1877; W. HAMM, Umschau in dem gesamten Gebiet der Londoner Industrie-Ausstellung 1862, in: Illustrierter Katalog der Londoner Industrie-Ausstellung von 1862, Leipzig 1863; U. HALTERN, Die Londoner Weltausstellung von 1851, Ein Beitrag zur Geschichte der bürgerlich-industriellen Gesellschaft im 19. Jahrhundert, Münster 1971; H. HEINE, Professor Reuleaux und die deutsche Industrie, Berlin 1876; V. HÜTSCH, Der Münchener Glaspalast 1854–1931, Geschichte und Bedeutung, München 1981; E. KROKER, Die Weltausstellungen im 19. Jahrhundert, Industrieller Leistungsnachweis, Konkurrenzverhalten und Kommunikationsfunktion unter Berücksichtigung der Montanindustrie des Ruhrgebietes zwischen 1851 und 1880, Göttingen 1975; I. MIECK, Preußische Gewerbepolitik in Berlin 1806–1844, Berlin 1965; F. REULEAUX, Briefe aus Philadelphia, 1877, repr., mit Nachwort von H.-J. BRAUN, Weinheim 1983.

Stadttechnik

W. Bertelsmann, Lehrbuch der Leuchtgasindustrie, 2 Bde, Stuttgart 1911; A. von Castell-Rüdenhausen, Volksgesundheit und Fürsorgestaat, Habil. Bochum 1987; S. Clegg, Practical treatise on the manufacture and distribution of coal gas, London ²1853; A. Föhl und M. Hamm, Die Industriegeschichte des Wassers, Düsseldorf 1985; W. Hendlmeier, Handbuch der deutschen Straßenbahngeschichte, 2 Bde, München 1981; R. de Herdt und F. Vercoutere (Hg.), Leven onder de gaslantaarn, Ausstellungskatalog Gent 1980; W. Huss und W. Schenk, Omnibus-Geschichte, 2 Tle, München 1982; J. R. Kellet, The impact of railways on Victorian cities, London 1969; J. Körting, Geschichte der deutschen Gasindustrie, Mit Vorgeschichte und bestimmenden Einflüssen des Auslandes, Essen 1963; W. R. Krabbe, Kommunalpolitik und Industrialisierung, Die Entfaltung der städtischen Leistungsverwaltung im 19. und 20. Jahrhundert, Fallstudien zu Dortmund und Münster, Stuttgart 1985; G. Merkl u. a., Historische Wassertürme, Beiträge zur Technikgeschichte von Wasserspeicherung und Wasserversorgung, München 1985; H. Müller, Hundert Jahre Deutscher Verein von Gas- und Wasserfachmännern, Festschrift, den Mitgliedern und Freunden zur Jubiläumstagung 1959 überreicht, München 1959; D. H. Pinkney, Napoleon III and the rebuilding of Paris, Princeton, NJ, 1958; J. Reulecke (Hg.), Die deutsche Stadt im Industriezeitalter, Beiträge zur modernen deutschen Stadtgeschichte, Wuppertal 1978; J. Reulecke, Geschichte der Urbanisierung in Deutschland, Frankfurt am Main 1985; V. Rödel, Ingenieurbaukunst in Frankfurt am Main 1806–1914, Frankfurt am Main 1983; N. H. Schilling, Handbuch für Steinkohlengas-Beleuchtung, München 1860; W. Schivelbusch, Lichtblicke, Zur Geschichte der künstlichen Helligkeit im 19. Jahrhundert, München 1983; J. von Simson, Kanalisation und Städtehygiene im 19. Jahrhundert, Düsseldorf 1983; F. M. L. Thomson, Victorian England, The horse-drawn society, London 1970.

Vier Jahrzehnte mit fehlendem Gleichgewicht

J. Boberg, Die Metropole, Industriekultur in Berlin, Berlin 1986; F. J. Brüggemeier und Th. Rommelspacher (Hg.), Besiegte Natur, Geschichte der Umwelt im 19. und 20. Jahrhundert, München 1987; E. Chadwick, Report on the sanitary conditions of the labouring population of Great Britain, London 1842, repr., mit Einleitung von M. W. Flinn, London 1964; U. Frevert, Krankheit als politisches Problem 1770–1880, Göttingen 1984; M. V. Melosi (Hg.), Pollution and reform in American cities, 1870–1930, Austin, TX, 1980; W. Schmidt (Hg.), Von »Abwasser« bis »Wandern«, Ein Wegweiser zur Umweltgeschichte, Hamburg 1986; L. und R. Schua, Wasser, Lebenselement und Umwelt, Die Geschichte des Gewässerschutzes in ihrem Entwicklungsgang, Freiburg 1981; R. P. Sieferle (Hg.), Fortschritte der Naturzerstörung, Frankfurt am Main 1988; Waldsterben im 19. Jahrhundert, Sammlung von Abhandlungen über Abgase und Rauchschäden 1860–1916, Düsseldorf 1985.

Wolfgang König
Massenproduktion und Technikkonsum

Abkürzungen

Chandler	=	A. D. Chandler, Jr., The visible hand, The managerial revolution in American business, Cambridge, MA, 1977
Tarr/Dupuy	=	J. A. Tarr und G. Dupuy (Hg.), Technology and the rise of the networked city in Europe and America, Philadelphia, PA, 1988
TaC	=	Technology and Culture
TG	=	Technikgeschichte

Allgemeines, Übergreifendes

W. E. Bijker, Th. P. Hughes und T. P. Pinch (Hg.), The social construction of technological systems, New directions in the sociology and history of technology, Cambridge, MA, 1984; M. Daumas (Hg.), Histoire générale des techniques, Bde 4 und 5: Les techniques de la civilisation industrielle, Paris 1978/79; B. Gille (Hg.), Histoire des techniques, Technique et civilisation, Technique et sciences, Paris 1978; K. Hausen und R. Rürup (Hg.), Moderne Technikgeschichte, Köln 1975; Th. P. Hughes, American genesis, A century of invention and technological enthusiasm 1870–1970, New York 1989; W. König und K. H. Ludwig (Hg.), Technikgeschichte in Schule und Hochschule, Köln 1987; M. Kranzberg und C. W. Pursell, Jr. (Hg.), Technology in Western civilisation, 2 Bde, New York 1967; D. S. Landes, Der entfesselte Prometheus, Technologischer Wandel und industrielle Entwicklung in Westeuropa von 1750 bis zur Gegenwart, München 1983; R. Mayntz und Th. P. Hughes (Hg.), The development of large technical systems, Frankfurt am Main 1988; J. Radkau, Technik in Deutschland, Vom 18. Jahrhundert bis zur Gegenwart, Frankfurt am Main 1989; Ch. Singer, E. J. Holmyard, A. R. Hall und T. I. Williams (Hg.), A history of technology, Bd 5: The late 19th century, Oxford 1958; J. M. Staudenmaier, S. J., Technology's storytellers, Reweaving the human fabric, Cambridge, MA, 1985; U. Troitzsch und W. Weber (Hg.), Die Technik, Von den Anfängen bis zur Gegenwart, Braunschweig [3]1989; U. Troitzsch und G. Wohlauf (Hg.), Technik-Geschichte, Historische Beiträge und neuere Ansätze, Frankfurt am Main 1980; T. I. Williams (Hg.), A history of technology, Bde 6 und 7: The 20th century, Oxford 1978; T. I. Williams, A short history of 20th century technology, Oxford 1982.

Zentren der technisch-industriellen Entwicklung

D. H. Aldcroft (Hg.), The development of British industry and foreign competition, 1875–1914, London 1968; D. J. Boorstin, The Americans, The democratic experience, New York 1974; Chandler; E. S. Ferguson, The American-ness of American technology, in: TaC 20, 1979, S. 3–24; W. Fischer (Hg.), Handbuch der europäischen Wirtschafts- und Sozialgeschichte, Bd 5: Europäische Wirtschafts- und Sozialgeschichte von der Mitte des 19. Jahrhunderts bis zum Ersten Weltkrieg, Stuttgart 1985; R. C. Floud, The adolescence of American engineering competition, 1860 bis 1900, in: The Economic History Review 27, 1974, S. 57–71; R. Fox, Contingency or mentality? Technical innovation in France in the age of science-based industry, in: M. Kranzberg (Hg.), Technological education – technological style, San Francisco 1986, S. 59–68; H. J. Habakkuk, American and British technology in the 19th century, The search for labor-saving inventions, Cambridge 1962; Th. S. Hamerow, The birth of a new Europe, State and society in the 19th century, London 1983; Historical statistics of the United States, Colonial times to 1957, Washington, DC, 1960; Th. P. Hughes, American genesis, A century of invention and technological enthusiasm 1870–1970, New York 1989; Hundert Jahre »Made in Germany«, Deutsche Technik und Industrie zwischen 1880 und 1914 in der internationalen Konkurrenz (TG 54, 1987, Heft 2); F. G. Kilgour, Technological innovation in the United States, in: Journal of World History 8, 1965, S. 742–767; P. Léon (Hg.), Histoire economique et sociale du monde, Bd 4: La domination du capitalisme 1840–1914, Paris 1978; J. Liebenau (Hg.), The challenge of new technology, Innovation in British business since 1850, Aldershot 1988; J. Radkau, Technik in Deutschland, Vom 18. Jahrhundert bis zur Gegenwart, Frankfurt am Main 1989; S. Ratner, J. H. Soltow und R. Sylla, The evolution of the American economy, Growth, welfare, and decision making, New York 1979; H. Pohl, Aufbruch der Weltwirtschaft, Geschichte der Weltwirtschaft von der Mitte des 19. Jahrhunderts bis zum Ersten Weltkrieg, Wiesbaden 1989; N. Rosenberg, Inside the black box, Technology and economics, Cambridge 1982; W. S. und E. S. Woytinsky, World population and production, Trends and outlooks, New York 1953.

Grundstoffe der Technik

Kohle als Energiequelle

J. Beer, Kohle und Öl, in: U. Troitzsch und W. Weber (Hg.), Die Technik, Von den Anfängen bis zur Gegenwart, Braunschweig [3]1989, S. 350–365; F. J. Brüggemeier, Leben vor Ort, Ruhrbergleute und Ruhrbergbau 1889–1919, München [2]1984; U. Burghardt, Die Rationalisierung im Ruhrbergbau (1924–1929), Ursachen, Voraussetzungen und Ergebnisse, in: TG 57, 1990, S. 15–42; K. Dix, Work relations in the coal industry, The handloading era, 1880–1930, in: A. Zimbalist (Hg.), Case studies in the labor process, New York 1979, S. 156–169; A. Donovan, Carboniferous capitalism, Excess productive capacity and institutional backwardness in the U. S. coal industry, in: Materials and Society 7, 1983, S. 265–278; A. Kleinebeckel, Unternehmen Braunkohle, Geschichte eines Rohstoffs, eines Reviers, einer Industrie im Rheinland, Köln 1986; H. Kundel, Der technische Fortschritt im Steinkohlenbergbau, dargestellt an der Entwicklung der maschinellen Kohlengewinnung, Essen 1966; L. Suhling, Aufschließen, Gewinnen und Fördern, Geschichte des Bergbaus, Reinbek 1983; A. J. Taylor, The coal industry, in: D. H. Aldcroft (Hg.), The development of British industry and foreign competition, 1875–1914, London 1968, S. 37–70; J. Temple, Mining, An international history, New York 1972; K. Tenfelde, Der bergmännische Arbeitsplatz während der Hochindustrialisierung, in: W. Conze und U. Engelhardt (Hg.), Arbeiter im Industrialisierungsprozeß, Herkunft, Lage und Verhalten, Stuttgart 1979, S. 283–335; G. Unverferth und E. Kroker, Der Arbeitsplatz des Bergmanns in historischen Bildern und Dokumenten, Bochum [2]1981; W. S. und E. S. Woytinsky, World population and production, Trends and outlooks, New York 1953.

Stahl als Werkstoff und Machtfaktor

L. Beck, Die Geschichte des Eisens in technischer und kulturgeschichtlicher Beziehung, Bd 5: Das 19. Jahrhundert, Braunschweig 1903; W. Feldenkirchen, Die Eisen- und Stahlindustrie des Ruhrgebiets 1879–1914, Wachstum, Finanzierung und Struktur ihrer Großunternehmen (Zeitschrift für Unternehmensgeschichte, Beiheft 20), Wiesbaden 1982; W. T.

Hogan, Economic history of the iron and steel industry in the United States, 5 Bde, Bde 1 und 2, Lexington, MA, 1971; O. Johannsen, Geschichte des Eisens, Düsseldorf [3]1953; M. Nuwer, From batch to flow, Production technology and work-force skills in the steel industry, 1880–1920, in: TaC 29, 1988, S. 808–838; P. L. Payne, Iron and steel manufactures, in: D. H. Aldcroft (Hg.), The development of British industry and foreign competition, 1875 bis 1914, London 1968, S. 71–99; U. Wengenroth, Deutscher Stahl, Bad and cheap, Glanz und Elend des Thomasstahls vor dem Ersten Weltkrieg, in: TG 54, 1987, S. 197–208; U. Wengenroth, Technologietransfer als multilateraler Austauschprozeß, Die Entstehung der modernen Stahlwerkskonzeption im späten 19. Jahrhundert, in: TG 50, 1983, S. 224–237; U. Wengenroth, Unternehmensstrategien und technischer Fortschritt, Die deutsche und britische Stahlindustrie 1865–1895, Göttingen 1986.

Stahl und Beton als Grundlagen neuen Bauens

F. Becker, Die Entwicklung der Eisenbetonbauweise, in: Beiträge zur Geschichte der Technik und Industrie 21, 1931/32, S. 43–58; F. Becker, Die Industrialisierung im Eisenbetonbau, Diss. TH Karlsruhe 1930; C. W. Condit, The Chicago school of architecture, A history of commercial and public building in the Chicago area, 1875–1925, Chicago, IL, 1964; C. W. Condit, The first reinforced-concrete skyscraper, The Ingalls Building in Cincinnati and its place in structural history, in: TaC 9, 1968, S. 1–33; H. J. Cowan, Science and building, Structural and environmental design in the 19th and 20th centuries, New York 1978; G. Huberti (Red.), Vom Caementum zum Spannbeton, Wiesbaden 1964; H. M. Mayer und R. C. Wade, Chicago, Growth of a metropolis, Chicago, IL, 1969; F. Mujica, History of the skyscraper, New York 1929, repr. 1977; J. Simmen und U. Drepper, Der Fahrstuhl, Die Geschichte der vertikalen Eroberung, München 1984; H. Straub, Die Geschichte der Bauingenieurkunst, Ein Überblick von der Antike bis in die Neuzeit, Basel [2]1964; J. C. Webster, The skyscraper, Logical and historical considerations, in: Journal of the Society of Architectural Historians 18, 1959, S. 126–139; H. Wurm, Vorgefertigte Bauwerke des 19. Jahrhunderts, in: TG 33, 1966, S. 228–255; J. Zukowsky (Hg.), Chicago Architektur 1872–1922, Die Entstehung der kosmopolitischen Architektur des 20. Jahrhunderts, München 1987.

Die Stadt als Maschine

E. L. Armstrong (Hg.), History of public works in the United States 1776–1976, Chicago, IL, 1976; J. Boberg, T. Fichter und E. Fichter (Hg.), Exerzierfeld der Moderne, Industriekultur in Berlin im 19. Jahrhundert, München 1984; H.-J. Braun, Gas oder Elektrizität? Zur Konkurrenz zweier Beleuchtungssysteme, 1880–1914, in: TG 47, 1980, S. 1–19; H.-D. Brunckhorst, Kommunalisierung im 19. Jahrhundert dargestellt am Beispiel der Gaswirtschaft in Deutschland, München 1978; L. P. Cain, Unfouling the public's nest, Chicago's sanitary diversion of Lake Michigan water, in: TaC 15, 1974, S. 594–613; Ch. W. Cheape, Moving the masses, Urban public transit in New York, Boston, and Philadelphia, 1880 bis 1912, Cambridge, MA, 1980; Ch. Engeli und H. Matzerath (Hg.), Moderne Stadtgeschichtsforschung in Europa, USA und Japan, Ein Handbuch, Stuttgart 1989; G. Garbrecht, Wasser, Vorrat, Bedarf und Nutzung in Geschichte und Gegenwart, Reinbek 1985; Ch. Hamlin, William Dibdin and the idea of biological sewage treatment, in: TaC 29, 1988, S. 189–218; G. Hösel, Unser Abfall aller Zeiten, Eine Kulturgeschichte der Städtereinigung, München 1987; W. Hofmann, Aufgaben und Struktur der kommunalen Selbstverwaltung in der Zeit der Hochindustrialisierung, in: K. G. A. Jeserich, H. Pohl und G.-Chr. von Unruh (Hg.), Deutsche Verwaltungsgeschichte, Bd 3: Das Deutsche Reich bis zum Ende der Monarchie, Stuttgart 1984, S. 578–644; TH. P. HUGHES, Networks of power, Electrification in Western society, 1880–1930, Baltimore, MD, 1983; TH. KLUGE und E. SCHRAMM, Wassernöte, Umwelt- und Sozialgeschichte des Trinkwassers, Aachen 1986; U. KOPPENHAGEN, Zur Entwicklung des öffentlichen Personennahverkehrs in Groß-Berlin 1865–1914, Diss. FU Berlin 1961; W. R. KRABBE, Die Entfaltung der kommunalen Leistungsverwaltung in deutschen Städten des späten 19. Jahrhunderts, in: H. J. TEUTEBERG (Hg.), Urbanisierung im 19. und 20. Jahrhundert, Historische und geographische Aspekte, Köln 1983, S. 373–391; W. R. KRABBE, Kommunalpolitik und Industrialisierung, Die Entfaltung der städtischen Leistungsverwaltung im 19. und frühen 20. Jahrhundert, Fallstudien zu Dortmund und Münster, Stuttgart 1985; J. P. MCKAY, Tramways and trolleys, The rise of urban mass transport in Europe, Princeton, NJ, 1976; C. MCSHANE Transforming the use of urban space, A look at the revolution in street pavements, 1880–1924, in: Journal of Urban History 5, 1979, S. 279–307; M. V. MELOSI, Garbage in the cities, Refuse, reform, and the environment, 1880–1980, College Station, TX, 1981; M. V. MELOSI (Hg.), Pollution and reform in American cities, 1870–1930, Austin, TX, 1980; I. DE S. POOL (Hg.), The social impact of the telephone, Cambridge, MA, 1981; V. RÖDEL, Ingenieurbaukunst in Frankfurt am Main 1806 bis 1914, Frankfurt am Main 1983; G. ROPOHL, Allgemeine Technologie der Netzwerke, in: TG 55, 1988, S. 153–162; M. H. ROSE, Urban environments and technological innovation, Energy choices in Denver and Kansas City, 1900–1940, in: TaC 25, 1984, S. 503–539; D. SCHOTT und H. SKROBLIES, Die ursprüngliche Vernetzung, Die Industrialisierung der Städte durch Infrastrukturtechnologien und ihre Auswirkungen auf Stadtentwicklung und Städtebau, Eine Forschungsskizze, in: Die alte Stadt, Zeitschrift für Stadtgeschichte, Stadtsoziologie und Denkmalpflege 14, 1987, S. 72–98; J. VON SIMSON, Kanalisation und Städtehygiene im 19. Jahrhundert, Düsseldorf 1983; TARR/DUPUY; J. A. TARR u. a., Water and wastes, A retrospective assessment of wastewater technology in the United States, 1800 bis 1932, in: TaC 25, 1984, S. 226–263; S. B. WARNER, JR., Streetcar suburbs, The process of growth in Boston, 1870–1900, Cambridge, MA, 1962.

ELEKTRIFIZIERUNG

B. BOWERS, A history of electric light and power, London 1982; P. DUNSHEATH, A history of electrical engineering, London 1962; TH. P. HUGHES, The electrification of America, The system builders, in: TaC 20, 1979, S. 124 bis 161; TH. P. HUGHES, Networks of power, Electrification in Western society, 1880–1930, Baltimore, MD, 1983; H. LINDNER, Strom, Erzeugung, Verteilung und Anwendung der Elektrizität, Reinbek 1985.

Elektrisches Licht

H.-J. BRAUN, Gas oder Elektrizität? Zur Konkurrenz zweier Beleuchtungssysteme, 1880 bis 1914; in: TG 47, 1980, S. 1–19; A. A. BRIGHT, JR., The electric lamp industry, Technological change and economic development from 1800 to 1947, New York 1949; J. E. BRITTAIN, The international diffusion of electrical power technology, 1870–1920, in: The Journal of Economic History 34, 1974, S. 108–121; A. KÖRTING, Geschichte der Gastechnik, in: TG 25, 1936, S. 82–108; J. KÖRTING, Geschichte der deutschen Gasindustrie, Mit Vorgeschichte und bestimmenden Einflüssen des Auslandes, Essen 1963; O. MAHR, Die Entstehung der Dynamomaschine, Berlin 1941; F. SEDLACEK, Auer von Welsbach, Wien 1934; W. SCHIVELBUSCH, Lichtblicke, Zur Geschichte der künstlichen Helligkeit im 19. Jahrhundert, München 1983; H. J. TEUTEBERG, Anfänge kommunaler Stromversorgung dargestellt am Beispiel Hamburgs, in: K.-H. MANEGOLD (Hg.), Wissenschaft, Wirtschaft und Technik, Studien zur Geschichte, W. Treue zum 60. Geburtstag, München 1969, S. 363–378; T. I. WILLIAMS, A history of the British gas industry, Oxford 1981.

Kraftwerke und Stromsysteme

J. C. R. BYATT, The British electrical industry, 1875–1914, The economic returns to a new technology, Oxford 1979; W. KÖNIG, Hochschullehrer und Elektrifizierungsberater, Erasmus Kittler, das »Darmstädter Modell« und die frühe Elektrifizierung im Spiegel seiner Briefe aus den Jahren 1888/89, in: TG 54, 1987, S. 1–14; W. KÖNIG, Die technische und wirtschaftliche Stellung der deutschen und britischen Elektroindustrie zwischen 1880 und 1900, in: TG 54, 1987, S. 221–229; F. LEHMHAUS, Von Miesbach-München 1882 zum Stromverbundnetz, München 1983 (Deutsches Museum, Abhandlungen und Berichte 51, Heft 3); K. MAUEL, Die Bedeutung der Dampfturbine für die Entwicklung der elektrischen Energieerzeugung, in: TG 42, 1975, S. 229–242; H. OTT (Hg.), Statistik der öffentlichen Elektrizitätsversorgung Deutschlands 1890–1913, St. Katharinen 1986; R. H. PARSONS, The development of the Parsons steam turbine, London 1936; ; K. SCHÄFF, Die Entwicklung zum heutigen Wärmekraftwerk, Ein Beitrag zur Geschichte der Kraftwerkstechnik 1765–1975, Essen 1977; R. H. SCHALLENBERG, The anomalous storage battery, An American lag in early electrical engineering, in: TaC 22, 1981, S. 725–752; R. H. SCHALLENBERG, Bottled energy, Electrical engineering and the evolution of chemical energy storage, Philadelphia, PA, 1982; A. STROBEL, Zur Einführung der Dampfturbine auf dem deutschen Markt 1900 bis 1914 unter besonderer Berücksichtigung der Brown, Boveri & Cie. AG Baden (Schweiz) und Mannheim, in: Landesgeschichte und Geistesgeschichte, Festschrift für O. Herding, Stuttgart 1977, S. 442–482; E. N. TODD, A tale of three cities, Electrification and the structure of choice in the Ruhr, 1886–1900, in: Social Studies of Science 17, 1987, S. 387–412; J. F. WILSON, Ferranti and the British electrical industry, 1864–1930, Manchester 1988; Die zweite industrielle Revolution, Frankfurt und die Elektrizität 1800–1914, Bilder und Materialien zur Ausstellung im Historischen Museum, Frankfurt am Main 1981.

Elektrische Straßenbahn

B. BOBRICK, Labyrinths of iron, A history of the world's subways, New York [2]1982; S. BOHLE-HEINTZENBERG, Architektur der Berliner Hoch- und Untergrundbahn, Planungen, Entwürfe, Bauten bis 1930, Berlin 1980; G. W. HILTON, The cable car in America, A new treatise upon cable or rope traction as applied to the working of street and other railways, Berkeley, CA, 1971; G. W. HILTON und J. F. DUE, The electric interurban railways in America, Stanford, CA, 1960; J. P. MCKAY, Comparative perspectives on transit in Europe and the United States, 1850–1914, in: Tarr/Dupuy, S. 3–21; J. P. MCKAY, Tramways and trolleys, The rise of urban mass transport in Europe, Princeton, NJ, 1976; A. SUTCLIFFE, Street transport in the second half of the 19th century, Mechanization delayed? in: Tarr/Dupuy, S. 22–39.

Strom für die Industrie

H.-J. BRAUN, Ingenieure und soziale Frage, 1870–1920, in: Technische Mitteilungen 73, 1980, S. 793–798 und 867–874; L. DUNSCH, Geschichte der Elektrochemie, Ein Abriß, Leipzig 1985; G. HENNINGER, Der Einsatz des Elektromotors in den Berliner Handwerks- und Industriebetrieben 1890 bis 1914 unter besonderer Berücksichtigung des Anteils der Berliner Elektrizitäts-Werke, Ein Beitrag zur Geschichte der Elektrifizierung der Industriebetriebe, Diss. Berlin 1979; M. M. TRESCOTT, The rise of the American electrochemicals industry, 1880–1910, Studies in the American technological environment, Westport, CT, 1981; U. WENGENROTH, The electrification of the workshop, in: F. CARDOT (Hg.), 1880–1980, Un siècle d'électricité dans le monde, Paris 1987, S. 362–366.

Versorgungssysteme und Elektrizitätskonzerne

ALLGEMEINE ELEKTRICITÄTS-GESELLSCHAFT (Hg.), Fünfzig Jahre AEG, Als Manuskript gedruckt, Berlin 1956; A. A. BRIGHT, JR., The electric lamp industry, Technological change and economic development from 1800 to 1947, New York 1949; P. CZADA, Die Berliner Elektroindustrie in der Weimarer Zeit, Eine regionalstatistisch-wirtschaftshistorische Untersuchung, Berlin 1969; G. DEHNE, Deutschlands Großkraftversorgung, Berlin ^{2}1928; TH. P. HUGHES, Networks of power, Electrification in Western society, 1880–1930, Baltimore, MD, 1983; J. KOCKA, Siemens und der aufhaltsame Aufstieg der AEG, in: Tradition, Zeitschrift für Firmengeschichte und Unternehmerbiographie 17, 1972, S. 125–142; J. KOCKA, Unternehmensverwaltung und Angestelltenschaft am Beispiel Siemens 1847–1914, Stuttgart 1969; W. KÖNIG, Friedrich Engels und »Die elektrotechnische Revolution«, Technikutopie und Technikeuphorie im Sozialismus in den achtziger Jahren, in: TG 56, 1989, S. 9–37; H. C. PASSER, The electrical manufacturers, 1875–1900, A study in competition, entrepreneurship, technical change, and economic growth, Cambridge 1953; H. L. PLATT, City lights, The electrification of the Chicago region, 1880–1930, in: Tarr/Dupuy, S. 246–281; G. SIEMENS, Geschichte des Hauses Siemens, 3 Bde, München 1947–1951; C. C. SPENCE, Early uses of electricity in American agriculture, in: TaC 3, 1962, S. 142–160; E. N. TODD, Technology and interest group politics, Electrification of the Ruhr, 1886–1930, Diss. University of Pennsylvania 1984.

PRODUKTE UND VERFAHREN DER CHEMISCHEN GROSSINDUSTRIE

L. F. HABER, The chemical industry during the 19th century, A study of the economic aspect of applied chemistry in Europe and North America, Oxford 1958; L. F. HABER, The chemical industry 1900–1930, International growth and technological change, Oxford 1971; R. MULTHAUF, The history of chemical technology, An annotated bibliography, New York 1984; D. OSTEROTH, Soda, Teer und Schwefelsäure, Der Weg zur Großchemie, Reinbek 1985; F. S. TAYLOR, A history of industrial chemistry, Melbourne 1957.

Veränderungen bei der Sodaherstellung

D. OSTEROTH, Soda, Teer und Schwefelsäure, Der Weg zur Großchemie, Reinbek 1985; K. WARREN, Chemical foundations, The alkali industry in Britain to 1926, Oxford 1980.

Ausbau der Elektrochemie

L. DUNSCH, Geschichte der Elektrochemie, Ein Abriß, Leipzig 1985; M. M. TRESCOTT, The rise of the American electrochemicals industry, 1880–1910, Studies in the American technological environment, Westport, CT, 1981.

Farben und Pharmazeutika

J. J. BEER, The emergence of the German dye industry, Urbana, IL, 1959; H. VAN DEN BELT und A. RIP, The Nelson-Winter-Dosi model and synthetic dye chemistry, in: W. E. BIJKER u. a. (Hg.), The social construction of technological systems, New directions in the sociology and history of technology, Cambridge, MA, 1984, S. 135–158; A. FLEISCHER, Patentgesetzgebung und chemisch-pharmazeutische Industrie im Deutschen Kaiserreich (1871–1918), Stuttgart 1984; J. LIEBENAU, Medical science and medical industry, The formation of the American pharmaceutical industry, London 1987; A. VON NAGEL, Fuchsin, Alizarin, Indigo, Der Beginn eines Weltunternehmens, Ludwigshafen 1970 (Schriftenreihe der BASF 1); D. OSTEROTH, Soda, Teer und Schwefelsäure, Der Weg zur Großchemie, Reinbek 1985.

Die deutschen Chemiekonzerne in der internationalen Konkurrenz

E. Bäumler u. a., Ein Jahrhundert Chemie, Düsseldorf 1963; P. Borscheid, Die Chemie Süddeutschlands im Spannungsfeld von Wissenschaft, Technik und Staat, 1850–1914, in: P. Lundgreen (Hg.), Zum Verhältnis von Wissenschaft und Technik, Erkenntnisziele und Erzeugungsregeln akademischen und technischen Wissens, Vortragstexte einer Tagung (Report Wissenschaftsforschung 7), Bielefeld 1981, S. 239–259; P. Borscheid, Naturwissenschaft, Staat und Industrie in Baden (1848–1914), Stuttgart 1976; L. Burchardt, Die Zusammenarbeit zwischen chemischer Industrie, Hochschulchemie und chemischen Verbänden im Wilhelminischen Deutschland, in: TG 46, 1979, S. 192–211; H.-J. Flechtner, Carl Duisberg, Vom Chemiker zum Wirtschaftsführer, Düsseldorf 1959; G. Meyer-Thurow, The industrialization of invention, A case study from the German chemical industry, in: Isis 73, 1982, S. 363–381; W. Ruske, Wirtschaftspolitik, Unternehmertum und Wissenschaft am Beispiel der chemischen Industrie Berlins im 19. Jahrhundert, in: W. Treue und K. Mauel (Hg.), Naturwissenschaft, Technik und Wirtschaft im 19. Jahrhundert, Acht Gespräche der Georg-Agricola-Gesellschaft zur Förderung der Geschichte der Naturwissenschaften und der Technik, Göttingen 1976, Bd 2, S. 694–715; P. A. Zimmermann, Chemie, Politik, Fortschritt, Notizen zur Entwicklung eines Industriezweiges im Europa des 19. Jahrhunderts, in: TG 41, 1974, S. 53–67; P. A. Zimmermann, Patentwesen in der Chemie, Ursprünge, Anfänge, Entwicklung, Ludwigshafen 1965.

Kontaktschwefelsäure und Syntheseammoniak

A. Mittasch, Geschichte der Ammoniaksynthese, Weinheim 1951; A. Mittasch, Der Stickstoff als Lebensfrage, Ein Überblick, Berlin 1941 (Deutsches Museum, Abhandlungen und Berichte 13, Heft 1); A. v. Nagel, Stickstoff, Die technische Chemie stellt die Ernährung sicher, Ludwigshafen 1969 (Schriftenreihe der BASF 3); Schwefelsäure Hoechst, Vom Kammerverfahren zum Kontaktprozeß 1880–1914 (Dokumente aus Hoechst-Archiven), Frankfurt am Main 1975; E. Welte, Die Bedeutung der Mineralischen Düngung und die Düngemittelindustrie in den letzten hundert Jahren, in: TG 35, 1968, S. 37–55; W. Witschakowski, Hochdrucktechnik, Ludwigshafen 1974 (Schriftenreihe der BASF 12).

Erste Kunststoffe und Kunstfasern

W. E. Bijker, The social construction of bakelite, Towards a theory of invention, in: W. E. Bijker u. a. (Hg.), The social construction of technological systems, New directions in the sociology and history of technology, Cambridge, MA, 1984, S. 159–187; R. Friedel, Pioneer plastics, The making and selling of celluloid, Madison, WI, 1983; F. Grotius, Die deutsche Kunstseidenindustrie, ihre Produtionsbedingungen, ihre Entwicklung und Marktstellung, Diss. Kiel 1936, Emsdetten 1938; M. Kaufman, The first century of plastics, Celluloid and its sequel, London 1963; F. Klein, Die künstlichen Seiden, Vortrag mit Demonstrationen, gehalten am 19. Mai 1911 im Bezirksverein Hannover des Vereins Deutscher Chemiker, Wochenschrift des Verbandes technisch-wissenschaftlicher Vereine 8, 1911, S. 170 bis 173.

Bildung und Wissenschaft als Produktivkräfte

Technische Bildung und Ingenieurberuf

H. Albrecht, Technische Bildung zwischen Wissenschaft und Praxis, Die Technische Hochschule Braunschweig 1862–1914 (Veröffentlichungen der Technischen Universität Carolo-Wilhelmina zu Braunschweig 1), Hildesheim 1987; P. Alter, Wissenschaft, Staat, Mäzene. Anfänge moderner Wissenschaftspolitik in Großbritannien 1850–1920 (Veröffentlichungen des Deutschen Historischen Instituts London 12), Stuttgart 1982; R. A. BUCHANAN, The engineers, A history of the engineering profession in Britain, 1750–1914, London 1989; M. A. CALVERT, The mechanical engineer in America, 1830–1910, Professional cultures in conflict, Baltimore, MD, 1967; CH. R. DAY, Education for the industrial world, The Ecoles d'Arts et Metiers and the rise of French industrial engineering, Cambridge, MA, 1987; J. M. EDMONDSON, From mécanicien to ingenieur, Technical education and the machine building industry in 19th century France, New York, 1987; G. S. EMMERSON, Engineering education, A social history, Newton Abbot 1973; R. FOX und G. WEISZ (Hg.), The organization of science and technology in France 1808–1914, Cambridge 1980; C. W. R. GISPEN, New profession, old order, Engineers and German society, 1815–1914, Cambridge 1989; W. KÖNIG, Höhere technische Bildung in Preußen im Kaiserreich, in: G. SODAN (Hg.), Die Technische Fachhochschule Berlin im Spektrum Berliner Bildungsgeschichte, Berlin 1988, S. 183–213; W. KÖNIG, Stand und Aufgaben der Forschung zur Geschichte der deutschen Polytechnischen Schulen und Technischen Hochschulen im 19. Jahrhundert, in: TG 48, 1981, S. 47–67; M. KRANZBERG (Hg.), Technological education – technological style, San Francisco, CA, 1986; P. LUNDGREEN, Engineering education in Europe and the USA, 1750–1930, The rise to dominance of school culture and the engineering professions, in: Annals of Science 47, 1990. K.-H. LUDWIG und W. KÖNIG (Hg.), Technik, Ingenieure und Gesellschaft, Geschichte des Vereins Deutscher Ingenieure (VDI) 1856–1981, Düsseldorf 1981; K.-H. MANEGOLD, Universität, Technische Hochschule und Industrie, Ein Beitrag zur Emanzipation der Technik im 19. Jahrhundert unter besonderer Berücksichtigung der Bestrebungen Felix Kleins, Berlin 1970; D. F. NOBLE, America by design, Science, technology, and the rise of corporate capitalism, Oxford 1977; R. RÜRUP (Hg.), Wissenschaft und Gesellschaft, Beiträge zur Geschichte der Technischen Universität Berlin 1879–1979, 2 Bde, Berlin 1979; B. SINCLAIR, A centennial history of the American Society of Mechanical Engineers 1880–1980, Toronto 1980; G. ZWECKBRONNER, Ingenieurausbildung im Königreich Württemberg, Vorgeschichte, Einrichtung und Ausbau der Technischen Hochschule Stuttgart und ihrer Ingenieurwissenschaften bis 1900, Eine Verknüpfung von Institutions- und Disziplingeschichte, Stuttgart 1987.

WISSENSCHAFT – TECHNIK – INDUSTRIE

J. J. BEER, Coal tar dye manufacture and the origins of the industrial research laboratory, in: Isis 49, 1958, S. 123–131; K. A. BIRR, Science in American industry, in: D. D. VAN TASSEL und M. G. HALL (Hg.), Science and society in the United States, Homewood, IL, 1966, S. 35–80; L. BURCHARDT, Wissenschaft und Wirtschaftswachstum, Industrielle Enflußnahmen auf die Wissenschaftspolitik im Wilhelminischen Deutschland, in: U. ENGELHARDT, V. SELLIN und H. STUKE (Hg.), Soziale Bewegung und politische Verfassung, Beiträge zur Geschichte der modernen Welt, Festschrift W. Conze, Stuttgart 1976, S. 770–797; R. KLINE, Science and engineering theory in the invention and development of the induction motor, 1880–1900, in: TaC 28, 1987, S. 283–313; W. KÖNIG, Elektrotechnik, Entstehung einer wissenschaftlichen Disziplin, in: Berichte zur Wissenschaftsgeschichte 10, 1987, S. 83–93; E. LAYTON, Mirror-image twins, The communities of science and technology, in: G. H. DANIELS (Hg.), 19th century American science, A reappraisal, Evanston, IL, 1972, S. 210–230; E. T. LAYTON, Technology as knowledge, in: TaC 15, 1974, S. 31–41; G. MEYER-THUROW, The industrialization of invention, A case study from the German chemical industry, in: Isis 73, 1982, S. 363–381; D. F. NOBLE, America by design, Science, technology, and the rise of corporate capitalism, Oxford 1977; J. RAE, The application of science to industry, in: A. Oleson und J. Voss (Hg.), The organization of knowledge in modern America, 1860–1920, Baltimore, MD, 1979, S. 249–268; L. S. Reich, The making of American industrial research, Science and business at GE and Bell, 1876–1926, Cambridge, MA, 1985; H.-W. Schütt, Zum Berufsbild des Chemikers im Wilhelminischen Zeitalter, in: E. Schmauderer (Hg.), Der Chemiker im Wandel der Zeiten, Skizzen zur geschichtlichen Entwicklung des Berufsbildes, Weinheim 1973, S. 285–309; C. Schuster, Wissenschaft und Technik, Ihre Begegnung in der BASF während der ersten Jahrzehnte der Unternehmensgeschichte, Ludwigshafen 1976 (Schriftenreihe der BASF 14); G. Wise, A new role for professional scientists in industry, Industrial research at General Electric, 1900–1916, in: TaC 21, 1980, S. 408–429.

Maschinenwelt und Fabrikorganisation

Die Innovation der Verbrennungskraftmaschinen

L. Bryant, The development of the Diesel engine, in: TaC 17, 1976, S. 432–446; L. Bryant, The origin of the four-stroke cycle, in: TaC 8, 1967, S. 178–198; L. Bryant, The silent Otto, in: TaC 7, 1966, S. 184–200; G. Goldbeck, Kraft für die Welt, 1864–1964, Klöckner-Humboldt-Deutz AG, Düsseldorf 1964; R. H. Lytle, The introduction of Diesel power in the United States, 1897–1912, in: Business History Review 42, 1968, S. 115–148; K. Mauel, Die Rivalität zwischen Heißluftmaschine und Verbrennungsmotor als Kleingewerbemaschinen zwischen 1860 und 1890, Der Sieg des Verbrennungsmotors und seine Gründe, Düsseldorf 1967; F. Sass, Geschichte des deutschen Verbrennungsmotorenbaues von 1860 bis 1918, Berlin 1962; D. E. Thomas, Jr., Diesel, Technology and society in industrial Germany, Tuscaloosa, AL, 1987; J. Varchmin und J. Radkau, Kraft, Energie und Arbeit, Energie und Gesellschaft, Reinbek 1981.

Rationalisierung und Massenproduktion

H. G. J. Aitken, Scientific management in action, Taylorism at Watertown Arsenal, 1908 bis 1915, Princeton, NJ, 1985; V. Benad-Wagenhoff, Rationalisierung vor der Rationalisierung, Der zweite Umbruch in der Fertigungstechnik 1895–1914, in: TG 56, 1989, S. 205–218; H.-J. Braun, Der deutsche Maschinenbau in der internationalen Konkurrenz 1870–1914, in: TG 54, 1987, S. 209–220; H.-J. Braun, Produktionstechnik und Arbeitsorganisation, in: U. Troitzsch und W. Weber (Hg.), Die Technik, Von den Anfängen bis zur Gegenwart, Braunschweig [3]1989, S. 398–419; Chandler; S. Haber, Efficiency and uplift, Scientific management in the progressive era, 1890–1920, Chicago, IL, 1964; D. A. Hounshell, From the American system to mass production, 1800–1932, The development of manufacturing technology in the United States, Baltimore, MD, [3]1987; J. M. Jordan, Society improved the way you can improve a dynamo, Ch. P. Steinmetz and the politics of efficiency, in: TaC 30, 1989, S. 57–82; W. König, Konstruieren und Fertigen im deutschen Maschinenbau unter dem Einfluß der Rationalisierungsbewegung, Ergebnisse und Thesen für eine Neuinterpretation des »Taylorismus«, in: TG 56, 1989, S. 183–204; O. Mayr und R. Post (Hg.), Yankee enterprise, The rise of the American system of manufactures, Washington, DC, 1981; D. Nelson, Frederick W. Taylor and the rise of scientific management, Madison, Wi, 1980; D. Nelson, Managers and workers, Origins of the new factory system in the United States, 1880–1920, Madison, WI, 1975; Massenproduktion und Rationalisierung, Theorie und Praxis in historischer Perspektive (TG 56, 1989, Heft 3).

Der Drang zur individuellen Mobilität

Hochrad und Sicherheitsfahrrad

F. Alderson, Bicycling, A history, London 1972; A. E. Harrison, The competitiveness of the British cycle industry, 1890–1914, in: The Economic History Review 22, 1969, S. 287–303; D. A. Hounshell, From the American system to mass production, 1800–1932, The development of manufacturing technology in the United States, Baltimore, MD, [3]1987; J. Krausse, Versuch, auf's Fahrrad zu kommen, Zur Technik und Ästhetik der Velo-Evolution, in: Absolut modern sein, Zwischen Fahrrad und Fließband, Culture technique in Frankreich 1889–1937, Ausstellungskatalog der Staatlichen Kunsthalle Berlin 1986, S. 59–74; Räder, Autos und Traktoren, Erfindungen aus Mannheim, Wegbereiter der mobilen Gesellschaft, Mannheim 1986 (Schriften des Landesmuseums für Technik und Arbeit 1); W. Treue, Neue Verkehrsmittel im 19. und 20. Jahrhundert, Dampf-Schiff und -Eisenbahn, Fahrrad, Automobil, Luft-Fahrzeuge, in: H. Pohl (Hg.), Die Bedeutung der Kommunikation für Wirtschaft und Gesellschaft, Referate der 12. Arbeitstagung der Gesellschaft für Sozial- und Wirtschaftsgeschichte im April 1987 in Siegen, Stuttgart 1989, S. 321–357; G. Williamson, Wheels within wheels, The story of the Starleys of Coventry, London 1966; J. Woodforde, The story of the bicycle, London 1970.

Das Automobil

J.-P. Bardou, J. J. Chanaron, P. Fridenson und J. M. Laux, La révolution automobile, Paris 1977; M. Barthel und G. Lingnau, Hundert Jahre Daimler-Benz, Die Technik, Mainz 1986; T. A. Boyd, The self-starter, in: TaC 9, 1968, S. 585–591; E. Eckermann, Vom Dampfwagen zum Auto, Motorisierung des Verkehrs, Reinbek 1981; J. J. Flink, America adopts the automobile, 1885–1910, Cambridge, MA, London 1970; J. J. Flink, The automobile age, Cambridge, MA, 1988; Historical statistics of the United States, Colonial times to 1957, Washington, DC, 1960; D. A. Hounshell, From the American system to mass production, 1800–1932, The development of manufacturing technology in the United States, Baltimore, MD, [3]1987; A. Kugler, Von der Werkstatt zum Fließband, Etappen der frühen Automobilproduktion in Deutschland, in: Geschichte und Gesellschaft 13, 1987, S. 304–339; M. Kruk und G. Lingnau, Hundert Jahre Daimler-Benz, Das Unternehmen, Mainz 1986; J. M. Laux, In first gear, The French automobile industry to 1914, Liverpool 1976; A. Nevins und F. E. Hill, Ford, Bd 1: The times, the man, the company, New York 1954; J. B. Rae, The American automobile, A brief history, Chicago, IL, 1965, [2]1969; J. B. Rae, The American automobile industry, Boston, MA, 1984; K. Richardson, The British motor industry, 1896–1939, New York 1977; S. B. Saul, The motor industry in Britain to 1914, in: Business History 5, 1962/63, S. 22–44; R. H. Schallenberg, Bottled energy, Electrical engineering and the evolution of chemical energy storage, Philadelphia, PA, 1982.

Kommunikation und Information

Chandler; R. Oberliesen, Information, Daten und Signale, Geschichte technischer Informationsverarbeitung, Reinbek 1982.

Bürokratisierung, Bürotechnik und die Anfänge der Datenverarbeitung

M. H. Adler, The writing machine, London 1973; J. H. Andrew, The copying of engineering drawings and documents, in: Transactions of the Newcomen Society for the Study of the History of Engineering and Technology 53, 1981/82, S. 1–15; G. D. Austrian, Herman Hollerith, Forgotten giant of information processing, New York 1982; W. A. Beeching, Century of the typewriter, London 1974; Chandler; M. Crozier, The world of the office worker, Chicago, IL, 1971; M. W. Davies, Woman's place is at the typewriter, Office work and office workers 1870–1930, Philadelphia, PA, 1982; A. Delgado, The enormous file, A social history of the office, London 1979; S. Dohm, Die Entstehung weiblicher Büroarbeit in England 1860 bis 1914, Frankfurt am Main 1986; E. M. Horsburgh (Hg.), Napier tercentenary celebration, Handbook of the exhibition of Napier relics and of books, instruments, and devices for facilitating calculation, Edinburgh 1914, repr. 1982; A. Knie, Das Konservative des technischen Fortschritts, Zur Bedeutung von Konstruktionstraditionen, Forschungs- und Konstruktionsstilen in der Technikgenese, (Veröffentlichungsreihe des Wissenschaftszentrums Berlin für Sozialforschung); Berlin 1989; I. F. Marcosson, Whereever men trade, The romance of the cash register, New York 1945; E. Martin, Die Schreibmaschine und ihre Entwicklungsgeschichte, Pappenheim 1949; U. R. Merriam, The evolution of American census-taking, in: The Century Magazine, 1903, S. 831–842; H. Petzold, Rechnende Maschinen, Eine historische Untersuchung ihrer Herstellung und Anwendung vom Kaiserreich bis zur Bundesrepublik, Düsseldorf 1985; O. Pfeiffer, Die Schreibmaschine bis 1900, in: Beiträge zur Geschichte der Technik und Industrie 13, 1923, S. 89–124; Th. Pirker, Büro und Maschine, Zur Geschichte und Soziologie der Mechanisierung der Büroarbeit, der Maschinisierung des Büros und der Büroautomation, Tübingen 1962; I. de S. Pool, The social impact of the telephone, Cambridge, MA, 1981; H. Reinke, Die Einführung und Nutzung des Telefons in der Industrie des Deutschen Reiches, 1880–1939, Eine Untersuchung westdeutscher Großunternehmen, Max-Planck-Institut für Gesellschaftsforschung, Discussion Papers 88/6, Köln 1988; A. G. Schranz, Addiermaschinen, Einst und jetzt, Aachen o. J.

Telephon

R. Abler, The Telephone and the evolution of the American metropolitan system, in: I. de S. Pool (Hg.), The Social impact of the telephone, Cambridge, MA, 1981, S. 318–341; J. E. Brittain, The introduction of the loading coil, George A. Campbell and Michael I. Pupin, in: TaC 11, 1970, S. 36–57; J. Brooks, Telephone, The first hundred years, New York 1976; R. W. Bruce, Alexander Graham Bell and the conquest of solitude, London 1973; R. J. Chapuis, Hundred years of telephone switching (1878–1978), T. 1: Manual and electromechanical switching (1878 to the 1960s), Amsterdam 1982; E. Feyerabend, Fünfzig Jahre Fernsprecher in Deutschland, 1877–1927, Berlin 1927; C. S. Fischer, The revolution in rural telephony, 1900–1920, in: Journal of Social History, 1987, S. 5–26; C. S. Fischer, »Touch Someone«, The telephone industry discovers sociability, in: TaC 29, 1988, S. 32–61; W. Fischer (Hg.), Handbuch der europäischen Wirtschafts- und Sozialgeschichte, Bd 5: Europäische Wirtschafts- und Sozialgeschichte von der Mitte des 19. Jahrhunderts bis zum Ersten Weltkrieg, Stuttgart 1985; L. Galambos, Looking for the boundaries of technological determinism, A brief history of the US telephone system, in: R. Mayntz und Th. P. Hughes (Hg.), The development of large technical systems, Frankfurt am Main 1988, S. 135–153; Historical Statistics of the United States, Colonial times to 1957, Washington, DC, 1960; G. Hohorst, J. Kocka und G. A. Ritter, Sozialgeschichtliches Arbeitsbuch, Bd 2: Materialien zur Statistik des Kaiserreiches 1870–1914, München [2]1978; E. Horstmann, Fünfundsiebzig Jahre Fernsprecher in Deutschland, 1877–1952, o. O. 1952; D. A. Hounshell, Bell and Gray, Contrasts in style, politics, and etiquette, in: Proceedings of the IEEE 64, 1976, S. 1305–1314; D. A. Hounshell, Elisha Gray and the telephone, On the disadvantages of being an expert, in: TaC 16, 1975, S. 133 bis 161; I. de S. Pool, The social impact of the telephone, Cambridge, MA, 1981; H. Reinke, Die Einführung und Nutzung des Telefons in der Industrie des Deutschen Reiches, 1880 bis 1939, Eine Untersuchung westdeutscher Großunternehmen, Max-Planck-Institut für

Gesellschaftsforschung, Discussion Papers 88/6, Köln 1988; C. REINLÄNDER, Die Entstehung des Telephons, in: Jahrbuch des elektrischen Fernmeldewesens, 1960/61, S. 35–69; F. THOMAS, Korporative Akteure und die Entwicklung des Telefonsystems in Deutschland 1877 bis 1945, in: TG 56, 1989, S. 39–65; F. THOMAS, The politics of growth, The German telephone system, in: R. MAYNTZ und TH. P. HUGHES (Hg.): The development of large technical systems, Frankfurt am Main, 1988, S. 179 bis 213; D. G. TUCKER, François van Rysselberghe, Pioneer of long-distance telephony, in: TaC 19, 1978, S. 650–674; H. A. WESSEL, Die Entwicklung des elektrischen Nachrichtenwesens in Deutschland und die rheinische Industrie, Von den Anfängen bis zum Ausbruch des Ersten Weltkrieges, Wiesbaden 1983.

Drahtlose Telegraphie

H. G. J. AITKEN, Syntony and spark, The origins of radio, New York 1976; W. J. BAKER, A history of the Marconi Company, London 1970; H. BREDOW, Im Banne der Ätherwellen, Bd 1: Der Daseinskampf des deutschen Funks, Stuttgart ^{2}1960; Fünfundzwanzig Jahre Telefunken, Festschrift der Telefunken-Gesellschaft 1903 bis 1928, Berlin 1928; F. KURYLO und CH. SUSSKIND, Ferdinand Braun, A life of the Nobel prizewinner and inventor of the cathode-ray oscilloscope, Cambridge, MA, 1981; W. T. RUNGE, Geschichte der Funkentelegrafie, in: TG 37, 1979, S. 146–166.

Maschinensatz

C. W. GERHARDT, Geschichte der Druckverfahren, T. 2: Der Buchdruck, Stuttgart 1975; O. HÖHNE, Geschichte der Setzmaschinen, Leipzig 1925; R. E. HUSS, The development of printer's mechanical typesetting methods, 1822 bis 1925, Charlottesville, VA, 1973; W. MENGEL, Die Linotype erreichte das Ziel, Berlin 1955.

Bilder für die Massen

C. W. CERAM, Archaeology of the cinema, New York o. J.; H. HABERKORN, Anfänge der Fotografie, Entstehungsbedingungen eines neuen Mediums, Reinbek 1981; R. V. JENKINS, Images and enterprise, Technology and the American photographic industry 1839 to 1925, Baltimore, MD, 1975; R. V. JENKINS, Technology and the market: George Eastman and the origins of mass amateur photography, in: TaC 16, 1975, S. 1–19; F. KITTLER, Grammophon, Film, Typewriter, Berlin 1986; J. MITRY, Histoire du cinéma, Art et industrie, Bd 1: 1895–1914 (Encyclopédie Universitaire), Paris 1967; J. TOEPLITZ, Geschichte des Films, Bd 1: 1895–1928, München 1973; F. VON ZGLINICKI, Der Weg des Films, Die Geschichte der Kinematographie und ihrer Vorläufer, Berlin 1956; S. ZIELINSKI, Audiovisionen, Kino und Fernsehen als Zwischenspiele in der Geschichte, Reinbek 1989.

TECHNIKENTWICKLUNG UND TECHNIKKONSUM

O. E. ANDERSON, JR., Refrigeration in America, A history of a new technology and its impact, Princeton, NJ, 1953; A. BEBEL, Die Frau und der Sozialismus, Berlin ^{55}1946 (zuerst 1878); E. BELLAMY, Looking backward, 2000–1887, Boston 1888; H.-J. BRAUN, Ingenieure und soziale Frage 1870–1920, in: Technische Mitteilungen 73, 1980, S. 793–798 u. 867–874; CHANDLER; F. DERING, Volksbelustigungen, Eine bildreiche Kulturgeschichte von den Fahr-, Belustigungs- und Geschicklichkeitsgeschäften der Schausteller vom 18. Jahrhundert bis zur Gegenwart, Nördlingen 1986; R. DIESEL, Solidarismus, Natürliche und wirtschaftliche Erlösung der Menschen, München 1903; D. HOWARTH, Panama, Die abenteuerliche Geschichte der Landenge und des Kanals, Wien 1966; J. KASSON, Civilizing the machine, Technology and republican values in America 1776–1900, New York 1976; B. KELLERMANN,

Der Tunnel, Berlin 1913; C. Kemp und U. Gierlinger, Wenn der Groschen fällt... Münzautomaten gestern und heute, München 1988; W. König, Auffassungen von den Aufgaben des Faches Technikgeschichte zwischen 1900 und 1945 in der Ingenieurwelt, in: Humanismus und Technik 29, 1986, S. 23–45; W. König, Friedrich Engels und »Die elektrotechnische Revolution«, Technikutopie und Technikeuphorie im Sozialismus in den achtziger Jahren, in: TG 56, 1989, S. 9–37; W. König, Ideology and practice of technology in history, in: History and Technology 2, 1985, S. 1–15; D. MacKenzie, Marx and the machine, in: TaC 25, 1984, S. 473–502; K.-H. Manegold, Universität, Technische Hochschule und Industrie, Ein Beitrag zur Emanzipation der Technik im 19. Jahrhundert unter besonderer Berücksichtigung der Bestrebungen Felix Kleins, Berlin 1970; W. F. Mangels, The outdoor amusement industry, From earliest times to the present, New York 1952; K. Möser, Poesie und Technik, Zur Theorie und Praxis der Technikthematisierung bei Max Eyth, in: TG 52, 1985, S. 313–330; H.-W. Niemann, Die Beurteilung und Darstellung der modernen Technik in deutschen Romanen des 19. und 20. Jahrhunderts, in: TG 46, 1979, S. 306–320; W. W. Rostow, Stadien wirtschaftlichen Wachstums, Göttingen ^{2}1967; H. P. Segal, Technological utopianism in American culture, Chicago, IL, 1985; H. Segeberg, Literarische Technik-Bilder, Studien zum Verhältnis von Technik- und Literaturgeschichte im 19. und frühen 20. Jahrhundert, Tübingen 1987; R. P. Sieferle, Fortschrittsfeinde? Opposition gegen Technik und Industrie von der Romantik bis zur Gegenwart, München 1984; C. C. Spence, Early uses of electricity in American agriculture, in: TaC 3, 1962, S. 142–160; H. Straub, Die Geschichte der Bauingenieurkunst, Ein Überblick von der Antike bis in die Neuzeit, Basel ^{2}1964; R. Wendorff, Zeit und Kultur, Geschichte des Zeitbewußtseins in Europa, Opladen 1980; H. Wettich, Die Maschine in der Karikatur, Ein Buch zum Siege der Technik, Berlin 1920; H. F. Williamson, Mass production for mass consumption, in: M. Kranzberg und C. W. Pursell, Jr. (Hg.), Technology in Western civilisation, Bd 1, New York 1967, S. 678–692; S. Wollgast und G. Banse, Philosophie und Technik, Zur Geschichte und Kritik, zu den Voraussetzungen und Funktionen bürgerlicher »Technikphilosophie«, Berlin 1979; R. E. Zimmermann, Das Technikverständnis im Werk von Jules Verne und seine Aufnahme im Frankreich des 19. Jahrhunderts, Diss. TU Berlin 1988; Die zweite industrielle Revolution, Frankfurt und die Elektrizität 1800–1914, Bilder und Materialien zur Ausstellung im Historischen Museum, Frankfurt am Main 1981.

Personenregister

Sachregister

Quellennachweise der Abbildungen

Die Vorlagen für die Tafelseiten fertigten an oder liehen dem Verlag:
Bildarchiv Preußischer Kulturbesitz, Berlin XXVII · Bridgeman Art Library Ltd., London XII b · Hans Hinz, Allschwil / Schweiz XXXII · Hörlein, Nürnberg XXX · Gustav Kiepenheuer Verlag, Leipzig V · Walter Klein, Düsseldorf XVI · Ralph Kleinhempel, Hamburg XXXI · Kreisbildstelle, Euskirchen III a · Andreas Müller-Franz, Zürich XXVI · Ursula Seitz-Gray, Frankfurt am Main XX. – Die hier nicht aufgeführten Quellen sind mit den in den Legenden genannten Archiven, Bibliotheken, Museen und Sammlungen identisch.
Die Vorlagen für die textintegrierten Bilddokumente stammen von:
Peter Ammon, Luzern 120 · Hans-Joachim Bartsch, Berlin 116 · Tilmann Buddensieg, Bonn 159 · Deutsches Bergbau-Museum, Bochum 7 · Deutsches Museum, München 183 · Barbara Fromman, Bonn 159 · Hochbauamt, Nürnberg 54 · Lichtbildstelle des Fernmeldetechnischen Zentralamts, Darmstadt 230 · Othmer KG, Dortmund 39 · Karl H. Paulmann, Berlin 4, 102, 103 b, 117 b · C. Vetterli, Zürich 50. – Alle übrigen Aufnahmen lieferten die in den Bildunterschriften erwähnten Archive, Bibliotheken, Museen und Sammlungen.
Die Erlaubnis zur Wiedergabe von Originalen erteilten freundlicherweise die in den Bildunterschriften und Quellennachweisen genannten Institutionen und privaten Besitzer.